情系云天
——我记忆中的一些事和人

毛耀顺 著

图书在版编目（CIP）数据

情系云天：我记忆中的一些事和人 / 毛耀顺著. --北京：气象出版社，2021.3
　　ISBN 978-7-5029-7393-3

Ⅰ. ①情… Ⅱ. ①毛… Ⅲ. ①气象－工作－中国 Ⅳ. ① P4

中国版本图书馆 CIP 数据核字（2021）第 038829 号

情系云天——我记忆中的一些事和人
Qing Xi Yun Tian——Wo Jiyizhong de Yixieshi he ren

出版发行：气象出版社	
地　　址：北京市海淀区中关村南大街 46 号	邮政编码：100081
电　　话：010—68407112（总编室）　010—68408042（发行部）	
网　　址：http://www.qxcbs.com	E—mail：qxcbs@cma.gov.cn
责任编辑：张锐锐　刘瑞婷	终　　审：吴晓鹏
责任校对：张硕杰	责任技编：赵相宁
封面设计：地大彩印设计中心	
印　　刷：北京建宏印刷有限公司	
开　　本：787 mm×1092 mm　1/16	印　　张：36.75
字　　数：941 千字	
版　　次：2021 年 3 月第 1 版	印　　次：2021 年 3 月第 1 次印刷
定　　价：168.00 元	

本书如存在文字不清、漏印以及缺页、倒页、脱页等，请与本社发行部联系调换。

序

耀顺同志是与我相识最早、接触最多的老同志之一。早在1977年8月，全国气象测报工作座谈会在山西太原召开，他随中央气象局领导邹竞蒙同志来参加会议，我当时在山西省气象局工作，在这次会议上我们有了初次接触。之后几乎每年的全国气象局长会议都能相遇。有时候我被借调到国家气象局办公室参加一些专项工作，我们就有机会在一起讨论修改全国气象会议文件，逐渐熟悉了。特别是我1985年调任国家气象局副局长后，由于分管局办公室的工作，而他又时任局办公室副主任，工作接触就更密切了。1994年他调任气象出版社社长后，我又分管出版社的工作，工作接触从未间断。2003年底他退休、我也退出了局领导岗位，但我们又在编纂《中国气象灾害大典》、撰写《新中国气象事业60年》等专项工作中在一起工作了几年。在长达40多年的接触共事中，我对他的了解是比较深的，他爱岗敬业、勤奋工作、勇于创新、敢于担当、与人为善的品质和谦虚谨慎、求真务实、艰苦朴素的工作作风都给我留下了深刻的印象。他退休15年之后，又撰写了《情系云天——我所记忆的一些事和人》的长篇回忆录，实属难能可贵，精神可嘉。

这部著作分为往事回忆、照片选编和附录三部分。往事回忆按时间顺序回忆了他从记事以来到2018年间的主要经历，时间跨度70多年，涉及的事和人比较多，内容相当丰富；照片选编是在他保存的大量工作照片和生活照片中遴选出来的，形象化的表现出许多文字难以表达的事和人，能够引发更多的回忆；附录主要记载了他在不同工作岗位、不同载体上发表的一些文章目事录、诗词和个人大事年表、家谱等。三部分内容，文体不一，有记叙文，有说明文，有诗词，有照片，看似互不搭界，其实都贯穿和围绕着"我记忆中的一些事和人"这一主题，使得全书有叙有议、有图有文，图文并茂，相得益彰，别有一格。

耀顺同志1973年调到中国气象局办公室工作，他先后任业务秘书、局党组秘书兼局长秘书、秘书处副处长、局办公室副主任，这段时间比较长，经历的事和人比较多，他既回忆了中国气象事业改革和发展中的许多大事要事，又回忆了局办公室文秘方面的一系列具体工作。比较系统地回忆了气象部门管理体制、服务机制、结构调整和机构改革这"四大改革"的启动缘由、推进历程和取得的成效；比较全面地回忆了《气象现代化纲要》的酝酿制定过程、推进实施过程及取得的丰硕成果。他1978—1985年担任局党组秘书，参加了这一时期国家气象局的党组会，了解国家气象局一系列重大决策的详细情况；1985年后他任局办公室副主任，又参加了许多气象事业发展重大事项的决策讨论，可以说是我国气象事业改革和现代化建设的参与者和见证人，他所回忆的这些资料具有一定的历史价值。

该书还用较大的篇幅回忆了在局办公室的文秘工作，说他的文秘生涯是从做会议记录开始的，然后分节记叙了他承办信访、起草文件、组织会议、审核公文、管理宣传、负责政务信息、组织调研活动等事项。特别是在公文方面回忆更加详细，包括公文管理办法、公文运转流程、公文种类划分、公文写作要求、公文审核注意事项都记叙得非常具体。这些内容，既有公文的基础知识，又有个人起草公文和审核公文的经验之谈，对于文秘人员有较好的参考价值。

耀顺同志1994年调气象出版社工作，开始任社长，后来兼任社党委书记、总编辑，一直到2003年底退休。他主要回忆了在气象出版社推行深化改革、出版业务现代化建设、组织气象重要图书出版和开拓图书发行市场等方面所做的工作和取得的成效，以及参与这些工作涉及的一些事和人等。这十年在他的不懈努力下，气象出版社连续被新闻出版署评为全国良好出版社，不少精品图书获奖，使气象出版社成为了中国气象局各直属单位中深化改革的先行者，并跻入了全国500多家出版社的前列。

耀顺同志退休后接受气象出版社返聘继续工作，他和几位老同志完成了他在职时尚未完成的几部大书的编纂出版任务，包括《中国气象灾害大典》《中国气象百科全书》《全球变化热门话题》丛书等气象行业的重大典籍的出版。后来又新增了《中华大典·地学典·气象分典》《中国气象年鉴》的编纂任务。他策划和担任常务副主编出版的《全球变化热门话题》丛书荣获2005年国家科技进步二等奖。他在回忆中比较详细记载了这些重大气象典籍的编纂出版过程、参加编纂人员、全书的结构和内容概要，为引导大家阅读这些书典提供了方便。。

耀顺同志要我为他的这部著作写序，我就欣然命笔写了上面这么多的话，实际上是对他这部著作的推介。因为耀顺同志一贯细心收藏有价值的资料，晚年又在疾病缠身的状态下用心整理成这部作品，使我非常感动。我认为他的这部著作不仅有社会价值，而且对新中国气象事业发展史的研究提供了有益的佐证，适合于气象行业各级领导和文秘人员参阅。

温克刚
2020年10月15日

前　言

人到了一定年龄，一方面怀旧，随着年岁的增长，怀旧的情绪越来越浓，对过去经历的一些事和人总是时不时地想起来念叨一番；另一方面忘事，也是随着年岁的增长，记忆力越来越差，忘掉的事越来越多，不但忘掉了过去的许多事和人，眼前的事也常常记不清楚。这大概是一条生理法则吧，看来我也逃脱不了这一法则。

我今年已经78岁了，也像许多老人一样，怀旧的情绪越来越浓厚。但是，许多事和人却又想不起来了，很是懊恼。最近，翻出中学时代的一些同学老照片，其中有一张高中同班8位同学的合影，我就只能说出包括自己在内5位的名字了，还有3位面相很熟，但就是说不出他们的姓名了。要是再过一些年可能会有更多的事和人被遗忘了。上帝给我们这些老年人的时间不多了，如果现在不抓紧时间把还在记忆中的事和人记载下来，以后就可能没有机会了。

2004年，即我退休后的第一年，就有写回忆录的计划。但那时，我被单位返聘负责在职时未完成的《中国气象灾害大典》编纂工作，抽不出时间来撰写回忆录。2008年底，完成了《中国气象灾害大典》的编辑出版，接着又参与组织《中华大典·地学典·气象分典》的编纂工作，直到2013年才完成。这时我想可以安下心来写回忆录了。但气象出版社的领导同志又找我说，《中国气象年鉴》的编辑质量和发行数量不断下降，要我帮助负责《中国气象年鉴》组稿、编审和发行一条龙的工作，扭转前些年下滑局面，这样又做了三年。在这三年中还同时参与了《中国气象百科全书》的撰稿和审稿等工作。2016年又应气象出版社的聘请，做了一年整理编辑古代气象灾害数据库资料的工作。古代气象灾害资料数据库整编的工作量很大，全部做完可能还需要几年。我想不能再做下去了，于是向出版社提出了坚辞报告才得以解脱。这样从退休至2018年底，一晃就是十五年过去了。从2017年起我下决心要静下心来写回忆录，但实际上也未完全静下心来，到各地游山玩水，与中学大学同学聚会，回老家探亲访友，分散了不少精力，使得书稿直到2018年底才出了一个毛坯。

年过古稀，为什么还要自寻烦恼，苦思冥想、搜肠刮肚地写回忆录呢？其目的，首先是想把我这一生，从成长、求学、工作、退休全过程的经历回顾、梳理、总结一下。这种回顾、梳理和总结并非像在职时那样，不是为了指导以后更好的工作，而是为了回头来看看自己这一辈子是怎么走过来的，把走过的足迹整理得清晰明了一些。也就是所谓的"雁过留声，人过留痕"，在这广袤无垠的人世间走了一回，也应该留下一点细微的痕迹。

其次，我既不是显官达贵，也算不上名人雅士，从未有树碑立传的奢念。但我作为一名国家干部和知识分子，确实有一个艰难成长和为国效力的经历，确实为国家、为人民克己奉公、忠于职守、奋斗终身，付出了许多汗水，做了一些有益的工作，也确实遇到了许多困难，经过了不少曲折。由于我一向鄙视好大喜功，不擅长表现自己，这些努力和付出以往很少向亲友、同学们交流，所以鲜为人知。而现在把几十年的奋斗经历，几十年的人生旅途中的曲折和点滴感悟实事求是地记载下来，再现历史画面，真实地反映出那个时代的社会背景和人们的精神面貌，可以作为留给后世子孙们的一份精神遗产，可以使后代或学习借鉴，或引以为戒，少走弯路，也或许若干年后在部门、单位和家族回顾发展历史时能找到一些佐证资料。

再次，我的一生，从童年到现今的古稀之年，得到过许许多多好人的帮助、提携，包括父母等长辈的养育呵护，弟弟、妹妹、妻子等亲友的无微不至的关怀，师长、领导的精心培养和提携，同学、同事的热心帮助。我希望通过回忆所经历的事和人，向他们奉上一份最真诚的谢意，告诉世人，对他们的关爱、帮助、提携，我从来都不曾忘记，是铭记在心、感恩不尽的！

最后，通过撰写本回忆录，能促使自己开动脑筋，尽量回忆过去的那些事和人，防止或减缓老年痴呆症的发生，或许还能收到延年益寿之功效。鉴于上述诸多动因的驱使，我决心写一部能反映自己经历的回忆录。

人的一生所经历的事和人是很多的。经历的事，有大事、小事、公事、私事，成功的事、失败的事等；经历的人，有亲人、朋友、同学、同事、同乡等。本回忆录以亲闻、亲见、亲历"三亲"为原则，以《情系云天——我记忆中的一些事和人》为书名，以气象生涯的坦然回忆为情怀，按时间顺序将本人所经历的尚未忘却的事和人通过记述的方式，尽量客观、真实地整理出来。记述按"时经事纬"来编排，即按各个不同时间段的先后顺序展开对事和人的交织记述。

回忆录本是比较枯燥无味的文体，为了改变这种状况，我在资料性、知识性和可读性上下了一些功夫。在回忆我所经历的事时，尽力将事情的时间、地点、内容、参与人员等情况写得具体些，以增加回忆录的资料性。在回忆文秘、出版等本职工作和家乡风貌时，尽量增加一些基本知识、基本概念的解读，如在局办公室部分对公文的写作、公文的分类、公文处理程序及个人体会等进行了比较详细的记述。在出版社部分对组稿、列选、编辑、审稿、排版印制等一系列出版基本知识进行了简要记述。在我退休后与病共舞部分，对本人所犯疾病的原因诊断、发病机理、治疗方法和个人的体会等进行了记述，通过这些记述以增加回忆录的知识性。在局办公室部分我还辑录了鲜为人知的轶事拾零内容，以增加回忆录的可读性；在回忆家乡部分，我尽量记述了20世纪50年代农村的道路、住房、劳动方式、劳动工具和风土习俗，以使回忆录具有传承性和教育性。

在回忆我所经历的人中，对交往较多、印象较深、关系较密切的同学、同乡、同事都专门记述了一段文字，有长有短，长者几千字，短者几百字。记述的内容都是我个人与之交往中留下的印象，是一个侧面，"一孔之见"，不一定全面准确。而且对绝大多数人我都是从正面记述的，很少涉及负面，并不说明他们没有不足之处。对其他同学、同乡、同事，至今尚能回忆起姓名的，我都尽量将其名字记录了下来。但不排除会有不少是真忘记而漏掉了，只能留下遗憾。

本书的框架结构分为三部分：第一部分往事回忆；第二部分照片选编；第三部分附录。

第一部分往事回忆为全书的主体部分。该部分一共分为十章。第一章是回忆家乡二十世纪五、六十年代的面貌和民风民俗，以反映其巨大变化。第二章是记述我的家和家人，主要是回忆我的祖父母和父母成家立业的过程和对我的养育呵护之情等。第三章是回忆我的童年和小学时代，除对小学时期的学习生活，包括对老师、同学的回忆外，还回忆了自己参加生产劳动的情况，包括参加"大跃进"、遭遇1954年大水灾的经历等。第四章是回忆我的中学时代，分初中和高中两部分，除对中学时期的学习生活，包括对老师、同学的回忆外，还回忆了参加半工半读，渡过"三年困难时期"、忍饥挨饿的经历等。第五章是回忆我的大学时代，对大学时期的学习生活，包括对老师、同学的回忆等。第六章是回忆我1970年大学毕业后到1973年在国家卫星气象中心前身701办公室工作情况。第七章是回忆我1973年至1994年在中国气象局办公室工作的情况。这段时间比较长，经历的事和人比较多，既涉及中国气象事业改革和发展中的许多大事和重要领导、同事等，又涉及局办公室公文处理、会议安排与文件起草、政务信息、宣传和档案管理等具体工作和从事这些具体工作的同事，内容较多，篇幅较长，是本回忆录的重要一章。第八章是回忆我1994年调任气象出版社工作直到2003年退休这10年的工作情况。主要回忆了我在气象出版社推行三轮每轮为期3年的深化改革、出版业务现代化建设、组织重要气象图书出版和开拓图书发行市场等方面所取得的成效，以及涉及的一些事和人等。第九章是记述我2003年退休后返聘至2016年这13年的工作情况，主要是参加组织编纂出版《中国气象灾害大典》《中华大典·地学典·气象分典》《中国气象年鉴》《中国气象百科全书》等气象行业重大典籍所涉及的一些事和人。第十章是回忆我退休后的休闲旅游和与病共舞的生活，前者主要是记载我与气象出版社退休干部、家人、亲友和同学在各地的旅游经历，后者是记录我一生患病的经历，包括患病的原因、治疗、体会等。

  第二部分为照片选编。照片选编也是我所记忆的事和人的重要组成部分之一，而且是最真实、最形象化的部分。照片蕴藏着非常丰富的信息，一方面能促使人们回忆起工作中的许多重大事件、重要工作、重要人物；另一方面也能勾起对家人前辈的怀念，对亲人、同学、朋友的亲情、友情的珍惜，以及我个人对涉足过的国内外名胜古迹和旅游景点的回味。照片还客观记载了个人一生的足迹和成长的历程，是留存于世的宝贵资料。我花费了很大精力，从几万幅照片中精选出来的几百幅工作和生活照片，原本想专门出一本个人画册，后来权衡再三，还是纳入《情系云天——我记忆中的事和人》一书之中为好。所以本书实际上是回忆录和相册合一的图书，都属于我所记忆的事和人这一主题范畴。

  第三部分为附录。附录一是发表文章目录表，这部分文章原想作为本书第二部分，全文刊载，由于篇幅所限，改为目录附后。好在这些文章大多在公开出版物上发表过，很容易查到。附录二是休闲诗词。附录三是本人大事年表。附录四是毛氏探源。附录五是毛氏家谱中的家族人员名单。后面三个附录资料主要供家族后人查阅名册。

  由于时隔久远，手头资料有限，在回忆的事和人中，可能会有重要遗漏，也可能有不准确，甚至错误之处，请阅读者多多海涵。

  完稿之时，甚为高兴，吟打油诗两首，结束本书前言。

（一）

一部生平账，了结心头愿。

有日归西天，留痕在人间。

前　言

从事无显赫，敬业有奉献。
他人无需问，亲友闲时翻。

（二）

今日完稿把笔封，谱写生平报精忠。
此后不闻风云事，一心只做逍遥翁。

又及，我好友张明席赠言：

一生积善多，谁人不认可？
何须战功著，德高是长河。

目　录

序
前言

第一部分　往事回忆

概　述 ……………………………………………………………………………………（2）

第一章　我的家乡 ……………………………………………………………………（3）
　　一、美丽的家乡 …………………………………………………………………………3
　　二、家乡巨变 ……………………………………………………………………………4
　　三、家乡的风俗 ………………………………………………………………………13

第二章　我和我的家人 ……………………………………………………………（21）
　　一、我的简历 …………………………………………………………………………21
　　二、家庭主要成员概述 ………………………………………………………………21
　　三、我的祖父、祖母 …………………………………………………………………22
　　四、我的父亲、母亲 …………………………………………………………………25
　　五、我的伯父、叔叔和姑姑 …………………………………………………………30
　　六、我的外公、外婆和舅舅、姨妈 …………………………………………………31
　　七、我的弟弟妹妹 ……………………………………………………………………31
　　八、我的妻子 …………………………………………………………………………33
　　九、我的女儿、女婿、外孙 …………………………………………………………35

第三章　我的童年和小学时代 ……………………………………………………（36）
　　一、我的童年 …………………………………………………………………………36
　　二、我的小学时代（1951—1958年） ………………………………………………39

第四章　我的中学时代 ……………………………………………………………（58）
　　一、初中（1958—1961年） …………………………………………………………58
　　二、高中时代（1961—1964年） ……………………………………………………67

第五章　我的大学时代 ……………………………………………………………（80）
　　一、大学前后 …………………………………………………………………………80
　　二、南京气象学院简介 ………………………………………………………………81
　　三、大学的前两年（1964—1966年） ………………………………………………82
　　四、大学的后四年（1966—1970年） ………………………………………………85
　　五、我大学的老师和同学 ……………………………………………………………85
　　六、毕业分配前夕 ……………………………………………………………………94

第六章　参加工作的前四年（在卫星气象中心） （96）
　　一、642 工程处锻炼（半年） 96
　　二、在"701"办公室工作（3 年） 99

第七章　在中国气象局办公室工作的 21 年 （106）
　　一、调中央气象局办公室工作 106
　　二、从会议记录做起 109
　　三、承办信访工作 111
　　四、起草公文 113
　　五、组织会议 121
　　六、负责办理公文 135
　　七、负责政务信息 149
　　八、出差调研 154
　　九、经历气象部门的改革 164
　　十、经历气象现代化建设 178
　　十一、在局办工作期间的主要同事 187
　　十二、局办公室轶事拾零 227

第八章　在气象出版社工作的 10 年 （237）
　　一、出版社 10 年工作概述 237
　　二、明确气象出版社指导思想和发展理念 238
　　三、营造气象出版工作的良好氛围 242
　　四、大力推进气象出版社的深化改革 249
　　五、努力推进气象出版社的现代化建设 257
　　六、着力抓好气象图书出版 259
　　七、千方百计扩大气象图书的发行 281
　　八、参加国际图书展 288
　　九、在气象出版社的其他日常工作 289
　　十、气象出版社工作期间的同事 298

第九章　退休后返聘工作的 13 年 （305）
　　一、组织气象专业图书巡回展 305
　　二、参加起草《中国气象事业改革开放三十年总结》 306
　　三、参加起草《新中国气象事业 60 年》 307
　　四、继续主持完成《中国气象灾害大典》编纂和出版任务 308
　　五、编纂出版《中国气象灾害大典》工作的部分纪事 310
　　六、发起并参与编纂《中华大典·地学典·气象分典》 312
　　七、又编《中国气象年鉴》 319
　　八、参与重新启动《中国气象百科全书》的编纂出版 321
　　九、参加古代气象灾害资料数据库的建立工作 324
　　十、退休后的其他工作 326

第十章　休闲旅游和与病共舞 （328）
　　一、休闲旅游 328
　　二、我的病历（与病共舞） 334

第二部分　照片选编

概　述 ……………………………………………………………………………………（350）

　　一、与中国气象局领导同志合影 ……………………………………………………… 351
　　二、局办公室期间的会议合影 ………………………………………………………… 371
　　三、与局办公室同事合影 ……………………………………………………………… 380
　　四、局办公室工作期间与各地气象部门同事合影 …………………………………… 385
　　五、出版社时期工作照 ………………………………………………………………… 393
　　六、与气象出版社同事的合影 ………………………………………………………… 398
　　七、气象出版社工作期间与各地气象部门同事合影 ………………………………… 403
　　八、退休后与同事的合影 ……………………………………………………………… 414
　　九、与出版社离退休干部休闲合影 …………………………………………………… 429
　　十、与家人及亲属合影 ………………………………………………………………… 441
　　十一、与中小学老师、同学合影 ……………………………………………………… 486
　　十二、与大学老师、同学合影 ………………………………………………………… 495
　　十三、与其他人员合影 ………………………………………………………………… 504
　　十四、在不同时期不同地点的个人留影 ……………………………………………… 506

第三部分　附录

附录一　发表文章目录	……………………………………………………………… （530）
附录二　休闲诗词	……………………………………………………………………… （534）
附录三　个人大事年表	………………………………………………………………… （550）
附录四　毛氏探源	……………………………………………………………………… （568）
附录五　龙阳毛氏七修家谱中的家族人员名单	……………………………………… （570）

第一部分
往事回忆

概　述

　　第一部分是全书篇幅最长、内容最多的重点，一共十章。前五章记述了我成长环境的全过程，是一个从孩童，到小学、中学、大学长身体、长知识过程。我重点回忆了在这一过程中家人的帮助、老师的教导、同学的鼓励和个人的奋斗，同时还回忆了家乡的巨变和风土人情等。后五章是记述我参加工作的全过程，记述我从初出茅庐在311组（即701办公室、国家卫星气象中心前身）到中国气象局办公室、气象出版社所做的主要工作和在这些工作中所涉及的一些事和人；其中在中国气象局办公室工作了21年，所经历的事和人最多，故第七章篇幅要长一些；第八章是在气象出版社所经历的一些事和人，到我2003年底退休也有10年，由于离现在近，记忆的东西会多一些，其篇幅也比较长一点；最后两章是我退休后经历的一些事和人，一般来说是多余的了，但对我来说是退而未休，被返聘13年，做了几件看得见、摸得着、自认为是在气象部门很有影响的事情，还很有成就感，觉得应该记忆；同时我退休后一方面返聘上班，另一方面休闲旅游、与病共舞觉得也是我人生经历的一部分，也值得很好回味。

　　我的一生所经历的事和人是很多的，事有大事、小事、公事、私事、成功的事、失败的事等；人有亲人、同事、同学、同乡、朋友等。这些事和人都是我记述的范围，而本篇所记述的事和人是我目前还能回忆起来的那一部分，或者是从我的工作笔记本中能查到的部分。主观上是想把我所经历的那些重要的事和人都能全部如实记载下来，但实际上是不大可能的，由于时间的久远和大脑的衰退，不少事和人忘记了，即使现在还记忆的也很难保证都是重要的事和人，也很难保证百分之百的准确无误。好在有许多同事、同学还健在，可以咨询；好在本人长期做秘书工作，养成了记录习惯，有几十个工作笔记本可供查证，应该能保证本回忆内容是基本符合事实的。

第一章　我的家乡

一、美丽的家乡

我出生在湖南省常德县黄珠州乡荷包湖村，属于洞庭湖西岸平原地区，典型的鱼米之乡。我的家乡是很美丽的，到处是一派湖区风光，大大小小的湖泊，星罗棋布；宽窄不一的沟港，纵横交错；一望无际的田野，翠绿欲滴；星星点点的农户，炊烟四起。春天，花香鸟语，特别是那一眼望不到边的金黄色的油菜花，放出阵阵芳香，令人陶醉。夏天到处都郁郁葱葱，大大小小的湖塘里，开满了鲜艳夺目的荷花，美不胜收。秋天，是丰收的季节，那广袤的田野成了金黄色海洋，轻风吹来，谷浪滚滚，令人心旷神怡。冬天，成群结队的野鸭，从北方飞来，遮天蔽日，落到水田里自由自在啄食丰盛的小鱼小虾，真是一派奇观。可以豪迈地说，家乡的一年四季，都是美丽的。

家乡的历史　常德县（现名鼎城区），古称朗州，辖37个乡镇（场），环抱常德市区，面积2451平方公里，人口88万左右，地据武陵、雪峰两山，汇沅、澧两水，有控山锁河之险，襟江带湖之势，且历史悠久，文化灿烂，一直是历朝州、郡、府、路治所之地。境内古迹、胜景甚多，自古是一些名流雅士的际会之地，继屈原后，唐宋等历代许多文化先贤曾在这里留下了千古佳作。著名文学家刘禹锡谪居朗州10年，写下了大量诗词，开创了唐宋诗体裁新格局。

家乡的气候　常德县属于中亚热带湿润季风气候向北亚热带湿润季风气候过渡的地带，气候温暖，四季分明，春秋短，夏冬长；热量丰富，雨量丰沛，春温多变，夏季酷热，秋雨寒冷，冬季严寒，年平均气温16.7℃，年平均降水量1200～1900毫米，无霜期272天，适宜水稻、棉花、油料等作物生长，是久负盛名的鱼米之乡，粮、棉、油、鱼、猪等多项农产品产量居全国百强，而且交通发达，经济活跃，是中南五省（自治区）物资集贸中心之一。

家乡的行政区划　常德县（现名鼎城区）辖17个镇、16个乡，其中1个民族乡，即：十美堂镇、斗姆湖镇、中河口镇、牛鼻滩镇、石门桥镇、石公桥镇、武陵镇、周家店镇、草坪镇、黄土店镇、港二口镇、韩公渡镇、谢家铺镇、蒿子港镇、蔡家岗镇、镇德桥镇、灌溪镇；丁家港乡、大龙站乡、长岭岗乡、长茅岭乡、双桥坪乡、石板滩乡、白鹤山乡、尧天坪乡、许家桥回族维吾尔族乡、沧山乡、逆江坪乡、唐家铺乡、钱家坪乡、黄珠洲乡、黑山嘴乡、雷公庙乡。全县被沅江分成前河和后河两大部分。前河也就是沅江以南，大多是丘陵山区。后河是沅江以北，大多是平原湖区，属于西洞庭湖区的一部分。我的家乡黄珠州乡就是后河的一部分，人口16028人，辖：黄珠、杨家、秧田、福民、信阳、邓家、四百、康乐、长湖、介福、上河、荷包12个村。2016年开始，黄珠州乡和黑山嘴乡撤销，并入十美堂镇。

二、家乡巨变

我小时候的家乡和现在的家乡相比,确实发生了翻天覆地的变化。家乡的变化是70多年来在中国共产党的领导下,在家乡人民的艰苦奋斗下所取得的伟大成果,是社会进步,经济发展,人民生活水平提高的集中表现。其正面效益是主要的,但也表现出了一些不可忽视的负面影响。家乡的变化表现在许多方面,我只选其印象较深的几点加以记述。

(一)家乡的堤垸变了

什么是堤垸,这个词一般不大使用,只有在滨湖地区才常用。所谓堤垸就是沿江湖地区围绕大片房、田修建的用以挡水的堤坝,其外部是河流或湖水,内部是居民和农田。对于湖区来说,垸堤的高低和牢固是与垸内居民生死存亡攸关的大事。我的家乡,原本是洞庭湖的一部分。在很多年以前(大概从明清开始),先辈们为了扩展生存空间,就开始了在洞庭湖的边缘围垦造田,形成了许多大大小小的堤垸,大的有几个乡,小的只有几个村大。堤垸的堤是用泥土筑成的。堤内开垦成农田,堤外是洞庭湖水或是连通洞庭湖的河流。过去围堤造田的一般是地主。地主老财们为了节省成本,围堤一般不坚固,也不高大。春夏雨季一到,洪水上涨,就容易溃堤,堤垸内的庄稼和房屋,通通被水淹,农民一年辛勤劳动的成果和积蓄的家业就都"打水漂"了。如果说北方是"十年九旱",那么我的家乡那时却是"十年九淹"。民国37年(1948年)、民国38年(1949年)两年,我父母所种田的民康堤垸连续溃堤被淹,颗粒无收,只得流离失所,远离家乡逃荒。所以水灾是我家乡人民的心腹大患。1954年夏天,长江中下游地区出现了百年不遇的大洪水,那时新中国成立不久,还没有来得及对洞庭湖周围的堤垸进行治理,西洞庭湖70%以上的堤垸都垮溃了,广阔的农田成了一片汪洋,金灿灿的稻谷沉入了水底,灾情极为严重。幸有人民政府及时救灾,才不至于流离失所。

那时湖区人民有两怕,一怕外河洪水冲垮堤坝,二怕内涝渍水淹没庄稼。为了抗击这两方面的水灾,世世代代的家乡人民进行了艰苦卓绝的斗争。为了抵御外来洪水的冲击,不断加高围堤。但在旧社会,人力分散,组织不起对围提有效的加固加高。内涝是由本地较长时间的连续性大雨造成的局地积水,直接淹没庄稼。长得再好的禾苗,要是被积水封尖几天后,再把水排去也救不活了。所以出现这种情况,就要全力排涝。家家户户全力出动,不管男女老少、不分白天黑夜,都要到排涝第一线,用脚踏水车车水,将稻田的水排入内湖。如果内湖水满,那就无计可施了,只能眼睁睁地看着禾苗被淹没了。

1954年特大洪灾过后,人民政府对西洞庭湖组织了大规模的治理。治理西洞庭湖是一项重大的水利工程。这项工程分两步走。第一步,把澧水流入洞庭湖的若干支流,整合起来,形成一条主河道,两岸筑起又高又坚固的大堤,我们称澧水大堤或江堤。澧水大堤把许多小堤垸包含其中,以抵御汛期洪水。这样,常德县后河地区十几个垸子围成了一个大垸,称阳成大垸,足有差不多半个县的面积。修筑江堤调集了周围四五个县的民工,用了1954年的冬天约4个月的时间初步完成。这条江堤又高大又坚固,用杨树林防风挡浪,用岩石护坡防冲刷。以后年年加修,到了20世纪60年代初最后定型,高度达到了二十多米,可以抵御百年不遇的大洪水。这项工程的第二步是在整合大堤垸内建设排灌水系统。排灌水系统分进水、出水双水道，分别用于抗旱或排涝。天旱时可以启动澧水上游的闸门，放入外河水自动流入垸内抗旱。内涝了则启动澧水下游的闸门，把垸内积水自动放出去。如果下游外河水位高就用电动抽水机排水。这一水利工程解除了家乡人民的心腹之患。自1954年修了防洪大堤之后，就再也没有受过洪涝的威胁了，年年旱涝保收。这是家乡的一个功德无量的巨大变化。

（二）家乡的劳动工具变了

我小时候家乡用的许多劳动工具现在已经不见踪影，可能只有在历史陈列馆中才能见到了，一般年轻人或许闻所未闻。这些劳动工具可以帮助年青一代了解他们的祖辈是怎样劳动和生活的，从而认识社会主义新农村的巨大变化。

耕牛 是农民的重要劳动工具。那时每家农户，除了极个别贫困户外，都喂养有1～2头牛。我的家乡是湖区，喂养的是水牛，因其喜欢下水而得名。山区喂养的是黄牛，一般不下水。养牛不是为了挤牛奶，也不是为了吃牛肉，而是为了耕田，故名耕牛。稻田收割后再要种植稻谷大致要经过三道工序：先耕地，即用耕牛拉犁把整块水田的泥土重新翻转过来；再平地，即用耕牛拉铁耙把翻转的大块泥土梳成小块；最后还是用牛拉一种叫"锚和滚"的农具把田里的泥土匀整平坦，达到栽插秧苗的要求。可见，重体力活都是耕牛做的。如果没有耕牛，这些费力的农活只能用人力了。然而养一头耕牛还是很费精力的，春夏秋三季要到野外割青草给它吃，冬季没青草了就改吃干稻草。平时要放到野外吃草，早晚还要牵出大小便和收拾牛栏。而用牛耕地一年只有农忙插秧时的一两个月，真可谓"养兵千日，用在一时"。而现在翻地平田全用手扶拖拉机了，再没有农户喂养水牛了。同时与水牛耕地配套的犁、耙、锚、滚等农具，也都无影无踪了。

用耕牛匀整水田

水车 是排涝和抗旱的重要工具。水车又称龙骨车，由车箱、车鼓、车架三部分组成，其功能是将低水位容器的水传送到高水位容器中去。如果是将低水位稻田的水排入高水位的河流或湖泊内，这叫排涝；如果将低水位河流、湖泊内的水提升到高位稻田，这叫抗旱。车水前，先在稻田与湖泊或沟港的围堤上选好位置，将装有龙骨的车厢尾部伸进排水稻田，头部朝向容水的湖泊，再装好车架，装上车鼓，套上龙骨传送带，就可以工作了。每台水车要3～4人用脚踩动车鼓转动，车鼓的龙骨带动车箱内的木叶片，木叶片传送水出车箱，达到把水从低处传送到高处的目的。（见下图）

扮桶 以前是家乡农户必备的传统农具，也是收割稻谷的专用工具。过去，家乡人把收割水稻叫搭谷子，也叫打谷子。扮桶的外形为正方形，由厚约5厘米的四块木板，采用榫卯结构组合而成。桶高约80厘米，上边长约180厘米，下边长约160厘米，上大下小呈斗状。四角上方各留有一个20厘米左右的榫头，如长出的四只耳朵，作为在田里使用时移动的把手。收获成熟的稻谷时，人们把扮桶搬进稻田里，用一簟子张开（即竹编的大晒簟），从里面将三方围起来，以挡住搭谷时四处乱飞的谷粒，未围的一方则用来搭谷。用扮桶搭谷的具体方法是：参加搭谷的人，一部分负责割稻穗，即用镰刀将稻谷从底部割下来，以双手可握下为一把，平放在谷桩上；另一部分则按两人一组，专门负责搭谷，一架扮桶一般只要两组。每组的人同时用各自的双手拿起一把稻穗，先拎过头顶，再用力地在未围遮阳那方的内壁上轮流拍打，扮桶内壁斜放一个具有一定弹性的竹箍子，发出有节奏的"乒乒砰砰"的搭谷声。为确保脱粒干净，搭谷时还要边抖边翻稻穗。下图为用扮桶搭谷。

搭完后的谷粒全部落在扮桶里了，再用箩筐装满，一担一担地挑到禾场晒干，然后就颗粒归仓了。

风车 也是家乡农村常备的一种古老的农具。它有两个作用：一是车谷，南方不像北方，很少有风，不能"扬场"，收割的稻子晒干后，要把壮实的稻子和那些秕谷（空壳的稻子）及灰屑分离，就得用风车。实际上就是一台人力鼓风机，把稻子装在一个木斗内，在稻子均匀落下来时，利用手摇风扇的风力把那些质量轻的空壳稻子和灰屑吹走；二是车米；稻子碾成米后，也是用风车把米与糠壳分离出来。风车见下图。

砻子又称土砻　是那时农户必不可少的稻谷脱壳工具。土砻分上下两墩，总高度约 1 米，圆柱形外壳用线状竹篾编织而成，直径约为 60 厘米，里面用优质黄土与松毛混合捣烂填入夯实，用热炒过的毛竹片竖着打进上砻墩下面和下砻墩上面坚实平滑的黄土里，长约 8 厘米、宽约 4 厘米的毛竹片仅留 0.5 厘米左右露于表面，排列成为长短有序的一行行弧形砻齿。两行砻齿之间为砻槽。下墩的下方有木制十字形砻座，上方中央有垂直砻轴，可套上上墩。上墩有一根贯穿左右的砻担。砻担突出的两端各有一孔，犹如动物的耳朵，所以称为砻耳；砻担中间也有一孔，用以套到下墩的砻轴上。砻臂则是一"J"字形木柄，弯头末端有一根木轴或铁轴，用穿过屋梁的绳子两头把砻臂的把手吊挂起来，将砻臂末端的铁轴穿进任意一侧砻耳上的圆孔里，再把晒干的稻谷倒进上墩中间的漏斗形"口"中，双手不停推拉砻臂，上墩即刻转动起来。稻谷经过磨擦脱壳成为大米，筛去粗糠，过筛后的大米还只是糙米。土砻如下图所示。

石碓 是将粗米加工成精米的工具,由碓身、石臼和石杵组成。碓身用长约130厘米、宽约25厘米的木头凿制,一头厚一头薄,厚(20多厘米)的一头安装石杵,薄(10多厘米)的一头为脚踏板。碓身中间有根轴,轴的两端套着铁筒,架在左右两边碓脚的石窝上。运用杠杆原理,站在碓石上用脚一踩碓尾部,碓头就往上高高翘起;脚一松开,碓头石杵准确地砸到石臼里。糙米被如此循环往复臼捣几百上千次,经过石杵与石臼之间反复磨擦,米皮不断脱落,再出臼扬净,就成了可以下锅的精米了。石碓见下图。

我儿时在家乡熟悉并亲身使用过的上述农具,是经过祖祖辈辈长期历练出的传统工具,但随着科技的发展和时代进步现都一一退出了历史舞台。原来用耕牛干的那些农活,都被大大小小的拖拉机所取代,一个壮劳力和一头耕牛一天从早到晚也就是翻四、五亩地,现在用拖拉机一天能翻几十亩、上百亩地。原来费时费力的水车排涝或灌溉,现在用不上了,基本上实现了自动排灌,少量不能自动排灌的,则可以利用柴油抽水机或电动抽水机排灌。原来用来收割水稻的扮桶,四个劳动力一天也就能收割五、六亩田地,而且是所有农活中劳动强度最大的一项。现在水稻收割全部被不同型号的收割机取代,而且割稻与脱粒一次完成,一台小的收割机一天能收割几十亩稻田,大的能收割几百亩稻田。至于稻谷加工用的风车、土砻、石碓,由于打米机和粮食自动化加工厂的出现,农民吃的大米根本用不着一家一户地自己加工了,统一由工厂加工、市场供应,这些设备也就自然而然地成为古董了。

双抢 是指抢收早稻,抢插晚稻。那时种田还有许多繁重的体力劳动,特别是每年的"双抢",是家乡农民最辛苦的时候。家乡的早稻收割一般在7月中下旬开始,那正是高温酷暑之时。早稻收割后要赶时间,重新翻整稻田,翻整后还要施绿肥捂上一段时间,要赶在立秋前把晚稻栽完。如果过了立秋后再栽晚稻就可能颗粒无收了,所以要抢季节。"双抢"前后要一个多月,地上气温高,田里水温高,上蒸下煮,再加上都是重体力活,一阵忙下来,不是脱层皮,也要掉几斤肉。而现在,有收割机了,原来要忙乎一个多月的"双抢",现在两三天时间就搞定了,根本就用不着"抢"了。

插秧 是指把秧苗按一定间距插入水田的劳作,也是那时家乡的一项主要手工农活。插秧前先要泡种,把水稻种籽用水泡2~3天,再捂2~3天,使之发出小白芽后撒入秧田。如遇上"倒春寒",会出现烂秧现象,因此,农民非常关心天气预报,尤其关心气温的变化。稻芽在秧田里20天左右可以长到8～10厘米，这时就可以移栽了。这一过程叫作育秧，算是一项技术活，主要是要掌握好发芽时的温度，温度高了会"烧芽"，温度低了不发芽，耽误农时，所以一般由家中有经验的老农来负责。秧苗培育合格后就可以插秧了。插秧要先将秧苗从秧田里拔出来（因为育苗水田里的秧苗是很稠密，需要拔出来重新插入水田），捆成小捆，再挑到待插入的水田边，将一小捆一小捆的秧苗均匀地抛撒在水田里。插秧的人们排在田头，拿起抛入水田的小捆秧苗，解开后放入左手开始插秧。每个人左手拿着一把秧苗，右手迅速地插着秧，在右手插秧的同时，左手的拇指和中指同时迅速地从一把秧苗当中"分秧"，就是分出一小撮（大概5～8根不等），然后由右手插入田中，且边插边往后退。一人插的宽度大概1米，并排4～6蔸，并使每蔸无论是横向，还是纵向都是直的。插秧时还要注意脚在田里尽量少挪动，因为脚挪动得多，脚印就多，踩出的泥坑也就多，而如果一株秧苗正好插在泥坑里或是边缘，就有可能浮漂到水面上而缺少一蔸秧苗。插秧时动作要快，就像蜻蜓点水，否则就会被后面的人赶超而被"关起来"了，为大家取笑。这项活，大人往往干不过小孩而被关起来。这时大人们总要申辩几句，说人老了腰痛，小孩子没腰，就应该快点。就是插得快的人，一天也就能插两亩地左右。现在有插秧机了，不需人工一蔸一蔸地插了。这些年更先进了，连插秧机也不用了。把生芽后的稻种直接均匀撒入水田，长出的禾苗更加高产。原来需要十几天的"脸朝黄土背朝天"的插秧农活，现在只是"举手之劳"了。

薅草与趟脚 是为稻田禾苗除草和松根的一项农活。薅草是人们在庄稼田里去除杂草的农活。如果在旱地一般用锄头锄去杂草；如果在水田则要弯弓曲膝，用双手薅去禾苗间的杂草。趟脚是为禾苗松根，人们用脚在禾苗间踩淌，松动苗间泥土，促进禾苗生长。一茬水稻下来，一般要进行三次薅草与趟脚的工序。现在有除草剂了，把除草剂向田间一撒，什么杂草都除了，这道繁琐的工序也完全省掉了。

积肥 是把可以腐蚀、发酵的有机物质收集起来，经过腐蚀、发酵成有机肥料，撒在田里以提高土壤养分。这是农家一年四季都非常重视的事情。因为要水稻增产，就要有足够的肥料，那时没有化肥，肥料主要靠平时积攒的有机肥。积肥主要有三种形式：一是积家肥，就是每家的房前或田头都挖有一个积粪池，不仅平时把自家的牲畜粪便、餐余垃圾等积攒起来沤肥，而且大清早就要把家里的小孩叫起床，拿着竹框和小耙子（与猪八戒使得耙子差不多，只是小一些，耙齿少一些），到户外去拾猪、牛等牲畜粪便，放在自家的积粪池内。二是积绿肥，就是把野外的杂草割回来或冬季在田里种的红花草和苦草（学名叫紫云英）直接放在水田里沤肥。到了春天，还要专门"打青"来增加绿肥。"打青"就是在每年四月份左右，洞庭湖的湖滩上长出了大量一米多高的芦苇和蒿草，是很好的绿肥，于是人们就成群结队地趁春水未涨之前去砍割下来，运到水田，沤做绿肥。三是捞湖泥和水草，就是把湖塘、沟港的污泥和水草捞出来做肥料。现在农村都使用化肥了，再也很难看到有人积肥了。

家乡生产工具和劳动方式的上述变化，体现了科技的发展、社会的进步，大大提高了劳动生产率，解放了生产力，原来一个五、六口之家种十几亩水稻田，要一年忙到头，几无清闲休息之时。现在家乡劳动力大大过剩，年轻人多都进城打工，仅在栽秧或收割时回家打理几天就能干完过去一年的活，这不能不说是在党领导下建设社会主义新农村的伟大成果。

（三）家乡道路的变化

说到家乡的变化，要数道路变化最大。要是你是20世纪50、60年代离开家乡，再隔三、四十年后回家，准会路不知怎么走，老家在哪里了。我高中毕业离开家乡，那是1964年。那时家乡的面貌、家乡的路至今还有清晰的印象。那时家乡的大路就是内湖的围堤了，内湖很多，在我家方圆20里之内就有七、八个，南有连山湖、荷苞湖、信阳湖，西有长湖、虾子湖，北有西湖，东有东湖。这些湖是自然形成的，形状、大小不一。这些湖的作用是蓄水，内涝时把稻田的水排入湖中，天旱时从湖中取水灌溉，因此湖堤修得比较大，仅次于江堤，也成了运输粮食和行走的大路，但弯弯曲曲，很不规则。同时湖内有的长满了湘莲，有的长满菱角或水草，鱼虾很多。中道就是田沟两边的路，在农田中每隔一、二百米有一条二、三米宽的水沟，供田间直接排灌用，两边路比较大，沟中可以行小木船，运输收割的粮食和要施的肥料等。小路就是间隔每块农田的田埂。田埂很窄，仅能一人单行，很不规则，依田块形状而定，供平时劳作的人行走。在家乡出远门，旱路主要是步行，小路弯弯曲曲，大路也很少有直道。步行一天也就是能走七、八十里路。最耽误时间的是过河，河流挡道，很少有桥，必须叫渡船过河。渡船可不是随叫随到的，需要等。如果渡船在与你同岸时，艄公（摆渡人）要等到足够的人数后才开船；如果渡船在对岸，更要等到足够的人数后才能过来，就是你喊破了嗓子也没有用。我舅舅家住在南县三仙湖，只有五十多里的路，但要过三道河，过河花的时间有时比走路时间还长，一般要用一整天才能走到。有时遇到过渡不顺利，还要在中途住一宿。可见那时出远门真难呀！如果走水路，可以顺着沟、港、河乘坐小木船而行，遇到了堤坝挡住河道，就要"翻堤"。翻堤就是要把船用人拖拉或抬过堤坝，一般要两人以上，如果同船人不够，还得请其他人帮着翻堤。乘坐的木船一般是用桨划或竹篙撑，速度和步行差不多。所以走水路也不快。

现在家乡的道路发生了巨大的变化。首先是经过澧水的治理，支流河道没有了，就是约4公里宽的澧水主河道上也架起了大桥，车辆可高速通行了。原来到我舅舅家南县三仙湖镇一天都走不到的，现在开车不到一小时就到了。再就是大大小小的内湖没有了，都被平整为农田了，而环湖的那些大道、废堤也都铲平了。经过多年的园田化建设，按经纬线用水沟把农田划分成方块，水沟有10米左右宽，沟两边的路有四、五米，用水泥铺设，可供各种车辆行驶，成了乡村四通八达的主道路。农田都被平整为规范的方块，每块均由小水沟田埂间隔，便于机械化操作和自动化灌溉，也便于劳作者行走。现在出门，不是乘坐汽车，就是骑电动摩托。这几年回家乡仔细观察，电动摩托的普及率很高，几乎很难看到有骑自行车的了。

（四）家乡房屋的变化

在20世纪60年代以前，家乡农民居住的是清一色的茅草屋。茅草屋在旧社会主要是因为穷人没有能力去建造更好的住房才产生的一种简陋房屋。因茅草不用花费钱，又比较容易采集，而且能遮风挡雨，还有冬暖夏凉的优点，所以穷人才选择它来建造房子。新中国成立初期，家乡人民大多对旧社会矮小、破旧的茅草房进行了翻修和重建，得到了一定改善。但由于那时农民都不够富裕，改善很有限。

那时农家茅草屋的修建是没有规划的。谁家想怎么建都行，所以建得很分散，一般是建在自家农田的田头或田尾，或靠沟港的堤边建。建房前先要填高地基，因为南方雨水多，需要地基垫出周围一米多。垫地基的土取自房基周边，一般在房后，挖出一个小沟或池，可养鱼。房屋一般坐北朝南，前面要留出一个一二百平米的禾场，供晒稻谷及其他农产品之用；房后要留出一个五、六分地的菜园子，用来种菜，满足一家人吃菜，达到自给自足。

那时农家茅草屋的修建是没有设计图纸的。各家根据人口多少和经济条件盖得有大有小，小的一间一偏，大的三间或四间，再接一横或一偏。农家建茅屋，先要请一、二位有经验的老人在打好的屋地基上丈量好开间（每间的宽度）和进伸（每间的深度），划好线就可以开工了。开工要请一、两位木工做房架和房门。其他大多由自家人动手，邻居也会来帮工，三、四天就能把屋子盖起来，劳动力成本不大。盖房的材料主要木材、麻竹或树枝条、芦苇、稻草等。木材，粗大挺拔的用来做柱子，特别是中柱和屋梁要求高大笔直些，细直的木材用来做檩条。竹子、树条、芦苇、稻草用来盖房顶和做墙壁。这些材料，木材可能需要购买，其他材料都是就地取材。

茅草屋具有造价低廉，又能避风遮雨，还有冬暖夏凉的优点，是湖区尚未富裕农民的首先住宅。然而茅草屋存在不少缺陷，主要是不够安全，不够牢固，容易被腐蚀和被大风吹坏，又容易发生火灾。正因为这些缺陷，当农民开始富裕起来后，首先改变的是建新房。经过近三四十年的建设，家乡的茅草屋已经无影无踪了，换之以砖瓦结构的住房，有了不少楼房，还有些像宫殿式的别墅。见下图。

农民过去的住宅

农民现代住宅

（五）家乡的生态变化

当我们欣喜看到家乡这些巨大变化带来的社会进步，人民富裕，生活水平提高的同时，也看到另外一些令人担忧的负面现象，使湖区特有的某些生态悄然发生了变化。

"鱼米之乡"难见鱼了 家乡一直是全国闻名的"鱼米之乡"。而现在却有些名不符实了，只有米，难见鱼了。过去大到河、湖，小到沟、港到处都有很多大大小小的鱼，稻田里也有鱼，特别是小虾更是多如牛毛。那时下地干活的人一般都背个鱼篓子，随手就能抓到一些鱼虾，带回家做中餐或晚餐的下饭菜。记得我小时候，有一次下大暴雨，家里的菜园上水了，水涨得快，退得也快。夏天鱼喜欢逆水而上，一大群鱼逆水上到菜园里时，水很快退去，鱼没来得及随水退去，有的被菜叶挡住了。等水退干，菜地里躺了一片白花花的鱼。我和母亲捡回满满一大筐鱼，那情景至今还记忆犹新。而现在大大小小的内湖都被平整为农田了，鱼的生存基地没有了。水沟港还存在，但由于现在使用农药、化肥，水质已不适应鱼类生长。就是很大的沟港里也很难找到鱼虾的踪影了。所以，现在这"鱼米之乡"的人也只能吃人工养殖的鱼虾了。

"湖藕之乡"不见湖了 家乡原来还是"湖藕之乡"。但现在大大小小的湖泊没有了，那长在湖泊中的荷叶荷花美景也没了，美味可口的湖藕自然少见了。湖藕也称野藕，是相对于自家池塘内种植的家藕而言的。家藕比较粗大甜脆，既可当水果生吃，也可烹炒做菜吃。湖藕是野生的，冬天湖水干了，谁都可以去从泥里挖出来，带回家当菜炖着吃，也可以与大米煮在一起做饭吃，淀粉很高，味道甚好。中华人民共和国成立前许多穷人经常靠挖湖藕度荒。就连"三年困难时期"，湖藕也帮助许多人渡过了饥饿。

盛产菱角绝迹了 家乡原来还是盛产菱角的地区。现在由于内湖没有了，菱角也没有了。说起菱角，就是现在我们家乡的年轻人都很少见过了。菱角，生长在湖泊中。有野菱、家菱之分，均在三月生蔓延长。野菱是上一年的老菱角落在湖泥中，第二年春天开始发芽生长。四五月开始浮出水面。浮在水上的菱叶盘有碗口大小，叶扁而有尖，很是光滑，叶下有茎，其根扎在 2 米左右深的湖泥中。菱盘叶五六月开小白花，在夜里开放，白天合上。菱角在开花后 20～30 天开始成熟。早熟品种熟期在 8 月 15—20 日，晚熟品种在 9 月底至 10 月初。果实即菱角，结在叶盘下，有两角的、三角的、四角的几种形状。当菱角成熟后，可以划着小木船或大木盆去采摘。采摘时先把菱盘叶翻过来，每个菱盘下结有五六个菱角，先把已成熟的摘下来。如果菱角用作蔬菜或生吃，可在皮壳还未充分硬化时采摘最佳；如熟吃、加工或留种，必须在充分成熟时采摘。早熟品种每 5 天采摘一次，晚熟品种每 7 天采摘一次，整个采收期分 6～7 次。采收时注意轻提菱盘，轻摘菱角，采后放平，以免损伤。菱角含有丰富的蛋白质、不饱和脂肪酸及多种维生素和微量元素，剥皮后可以做菜食用，亦可熬粥食用，具有利尿、通乳、止渴、解酒毒的功效。老熟菱角米还可加工制成菱粉，风干制成风菱可贮藏以延长供应。菱藤叶可做青饲料或绿肥。菱角壳可以用来烧锅或烤火。

候鸟的天堂见不到候鸟了 家乡曾经还是候鸟的天堂。二十世纪五六十年代，每年到了冬天，北方有许多候鸟会成群结队地从北方飞来，落到家乡大片水田里觅食。有白鹭、白鹤，特别多的是野鸭，有时是铺天盖地地来了，在水田里扑打雀跃，很是壮观。对于野鸭，当时农民是比较关注的，因为如果抓着了，那可是餐桌上的美味佳肴。野鸭为候鸟，具有迁徙性、喜水性、群集性，在自然条件下，秋天南迁越冬，常在长江流域各省或更南的地区越冬；春末经华北至我国东北，到达内蒙古、新疆以及苏联等地。野鸭的外形与家养鸭差不多，其区别主要是野鸭飞翔能力强，迁徙时能飞行很远。野鸭适应性也强，食性广而杂，常以小鱼、小虾、甲壳类动物、昆虫，以及植物的种子、茎、茎叶、藻类和谷物等为食。不怕炎热和寒冷，在 -25～40℃ 都能正常生活，因而适养地域十分广阔。野鸭冬天飞到我们家乡时是成大群的，但落到水田觅食时却分成小群，有一只单独活动的，称黄鸭，是野鸭中个体最大的，大约每只有 1.5～2 千克。有两只一组的，称对鸭。有三只、五只、八只一组的，分别称三爪、五爪、八爪。八爪最小，每只不到 250 克。如果将各组抓着称重，其重量均与一只黄鸭差不多。可知野鸭觅食时是按体重大小来群分的。而现在由于农田改造，冬天稻田里水被放干了，内湖也变成干田了，生态发生了变化，失去了野鸭和其他候鸟的生存环境，再也见不到它们的踪影了。

三、家乡的风俗

我的家乡是湖南西洞庭湖地区，三国时属"汉"，现在的许多风俗与那时有着一定的历史渊源。但经过历朝历代的演变，也有不少自己的特色。家乡的风俗表现在许多方面，我只能就自己印象较深的进行回忆。

过年的一些风俗。全国各地都在每年的农历腊月三十作为过年日，过年的形式大同小异。我侧重讲些家乡的"小异"。过年一般要经过备年货、吃年饭、拜新年、闹元宵几个过程。我家乡是农村，年货除了少数如海带、木耳、竹笋、粉丝等要到商店采购外，绝大部分是自家制作的，可称得上"自己动手，丰衣足食"了。

腌腊肉 腌腊肉是各家必备的首要年货，一般是在农历十二月初开始制作，也就是腊月初，故称腊肉。制作腊肉的鲜猪肉，多数农户是用宰杀自家生猪的鲜肉，少数农户是从其他农家买来的，少则几十斤，多则上百斤。腌制过程是先将猪肉切成 1.5～2 千克重的块状，洗净，将盐均匀抹遍猪肉外表，再把猪肉放入一个大缸内，表面洒一层盐，盖好腌制 5 天左右，每天翻动一次（使盐入味更均匀）。出缸时将肉上穿一个洞，挂在自家烧柴草的灶台上方晾起来。灶台做饭、炒菜烧火的烟往上蹿，熏烘 3～5 天或更长时间，把腌肉熏成了深黄色或黑色，腊肉便做成了。现在许多农家没有烧柴草的灶台了，只得另想办法熏制。一般是在火盆（或汽油桶去底和盖）内置入锯末或稻糠等并引燃，使其升烟，在盆的上方放一个网状的架子，腌过的猪肉置于其上，如此熏烘，直到猪肉表面变成黄色或黑色。将猪肉挂在通风良好的室内等其干透，就算大功告成了。腊肉的保存时间比较长，一般可以保存 3 个月，如果密封保存，一年以上也可以。除了腌腊肉外，过年前还要腌腊鸡、腊鸭和腊鱼，制作过程基本与腊肉相同。

打糍粑 每逢春节来临，农历腊月家乡普遍流行着一种过年"打糍粑"的习俗。打糍粑，又称"扎糍粑"，一般在大年三十前两三天内进行。其原料是纯糯米，一家少则五六十斤[①]，多则百余斤。先将糯米用水泡透，再放到木蒸笼里蒸熟成饭。把蒸熟的糯米饭放在一个木桶里，家中的大人们手拿一根长近两米的粗木棍往糯米上扎。开始还不费力，随着糯米饭被扎烂成泥，越扎黏性越大，越费力，所以扎糍粑是一项劳动强度较大的体力活。糯米饭被扎成均匀的糯米泥后，将其放在光滑木板上，就像北方做馒头一样，一般都是家中最强壮男子汉来做。揉做糍粑的人，手上要沾些蜂蜡或茶油，以防粘手，要使劲把糍粑泥揉做成一定厚度的大圆饼或大方块。待大圆饼或大方块冷却并有一定硬度后，再用刀切割成约二寸宽、三寸长、半寸厚的小方块。这样糍粑就做成了。糍粑可以煎着吃、煮着吃、炸着吃、烤着吃。暂不吃时，应密封或浸在水中，防止干裂。一般能保存 1～3 个月。

做粑粑 做粑粑与扎糍粑都是过年的重要年货，其制作方法有相同之处，也有不同之处。首先是原料不同，糍粑是纯糯米，而粑粑是把糯米与籼米混合在一起，比例一般是各占一半，黏度没有糍粑高。再就是工序不同，粑粑是将混合米用水泡透后，用磨子将泡透的混合米磨成米浆，接着把米浆中的水沥干，切成方块，放在木蒸笼中蒸熟。再把蒸熟的米浆块放在木桶里扎成糕泥。后面就和做糍粑差不多了。做粑粑也很讲究，先出砣，后用手或木板压，要做得团圆光滑，讲究美观。做粑粑比糍粑的量大，每家过年都要做上几百斤米的，能吃到插早稻的时候。其吃法也和糍粑一样，一般用白菜煮着当早餐。

酿米酒 酿米酒是过年时家家户户都要备的年货。不仅在过年时酿米酒，其他节日或平常也有人家酿米酒。酿米酒的原料是纯糯米加甜酒曲。甜酒曲即发酵母，每到过年前些天就有人走家窜巷地叫卖像元宵大小的甜酒曲粒。购买时一定要问清楚一粒酒曲能酿多少斤米。酿米酒的过程大致是先将糯米用水浸泡半天到一天，再放到木蒸笼里将糯米蒸到接近熟，即八成熟最好。出蒸笼的糯米饭让其凉到温度为 40 ℃ 左右时，将甜酒曲捏成粉末，撒在糯米饭上，并拌均匀，再放入一个有盖的器皿里，在 20～30 ℃ 温度环境下捂两天左右，闻到酒香，米酒即酿成功。吃米酒时先把要吃的米酒放在锅内，为了稀释浓度，可以适当加些水，用火煮开后即可直接吃，还可以分别加鸡蛋、粑粑、糍粑或元宵一起煮着

---

① 1 斤 = 500 克

吃。过年期间，要是家里来了客人，总是先煮碗米酒来招待。

炒干果 快过年了，家家户户都要炒许多自家地里收获的干果，主要有花生、葵花子、南瓜子、黄豆、豌豆、芝麻、"炮儿"、"巧果"等。前六种干果，许多地方都有，而"炮儿"、"巧果"是什么东西大家就不一定知道了。其实我们家乡叫的"炮儿"有点像爆米花。它是将糯米煮成饭，放在阴凉处晾干成"阴米"，再将阴米放在锅里小火炒成像爆米花那样，就成了又白又松又脆的"炮儿"了。"炮儿"可以直接吃，也可以泡在茶里或放在米酒里吃。"巧果"制作复杂一点，现在家乡很少有人做了，是把红薯煮熟与熟米浆搅和成泥状，再像做馒头一样搓揉成圆条状，阴放到一定硬度后切成薄片。待薄片焦干后放在锅里炒或油里炸，就成了香甜可口的"巧果"了。家中炒的这些干果主要是用来招待客人的，喝茶时摆一满桌，边吃边聊。同时也是用来哄小孩的，所以小孩子看到炒干果特别高兴。

吃年饭 吃年饭是过年的重头戏。和全国一样，我们家乡对吃年饭非常重视，准备饭菜非常丰盛，可谓大鱼大肉。首先是大鱼，要有一条几斤重的鲤鱼，而且鲤鱼的尾巴要挑红的，预示着红红火火，年年有余。大肉如果自家宰了猪，必须有一个完整的猪头。再就是还要有一只整鸡。除了鸡、鸭、鱼、肉之外，一般还有竹笋、木耳、海带、粉丝等在商店买来的食品，再就是自家种植的青菜和腌制的泡菜，品种较多，一大桌要摆上二十几个菜。在这一大桌菜中还必须有三四个"炉子"，边吃边加菜。所谓炉子，类似火锅，炉子有生铁铸成的，也有用陶瓷烧成的，分两层，下层通风，上层放木炭或小木块，生火后再把装满菜的钵子放在火上。边吃边烧，沸沸腾腾，红红火火，别有一番风味。

在全家吃团年饭前，还有一项重要的仪式要举行，那就是先要祭祖，请仙逝的前辈吃年饭。上贡的菜少而精，主要是一只煮熟了的猪头，一条完整的鲤鱼，一只完整的鸡，再加上几个其他菜就可以敬奉祖先了。那时每家都有一间较大的堂屋（客厅），堂屋上方挂有一个神龛，神龛上供奉着祖先的牌位，中央写有"天地宗亲师位"字样。全家人都要在神龛前恭请先灵们吃年饭，并祈求保佑子孙平安，来年丰登。然后再摆上若干碗饭，一家之长一边把筷子放在饭碗上，一边叫逝世老人的名字，请他吃年饭。把先人供奉完毕后，要把大鱼大肉撤回，改刀回锅，再上年饭桌。供奉的饭也得倒回锅重炒，不能直接吃，传说是直接吃了供奉亡灵的饭容易忘事。

在什么时候吃年饭，没有统一规定，有的在中午，有的在晚上，也有个别的在早晨就吃年饭了。吃年饭的时间拉得比较长，有的从早晨吃到中午，有的从中午吃到傍晚。平时大人督促孩子快点吃饭。到了年饭都要小孩慢慢吃。所以家乡有个口头禅，批评谁动作慢时，就说"你怎么像吃年饭一样呀"。由于年饭时间拉得比较长，这样桌上的菜就容易凉，炉子就发挥了不断加热作用，保证整个年饭都能吃得热乎乎的。吃年饭间，晚辈给长辈敬酒，长辈也要给晚辈回酒，顺便说一些有针对性鼓励和吉利的话。在吃年饭或其他餐宴上，家乡还有"劝鸡头"的习俗，就是要把鸡头在桌上周而复始地在用餐人员中谦让一遍，但谁也不能真正吃，只有桌上年岁最大的人才有资格吃。如果其他人吃了，那就是他不懂规矩了。

拜大年 拜年是中国民间的传统习俗，是人们辞旧迎新的一种方式。我的家乡也不例外，时兴拜年，与全国各地大同小异。从正月初一开始到初十之间都可以拜年。过了初十，新年的喜庆气息逐渐淡化，一般就不拜年了，要拜也得声称"拜个晚年"了。旧时拜年的规矩是："初一崽，初二郎，初三初四拜街坊"。即初一是儿子、孙子给父母、祖父母拜年；初二出嫁的姑娘领着女婿回娘家拜年，但按习俗一定要当天赶回去，不能让家中"空了房"；初三以后，街坊邻里、亲戚朋友才互相走访，但奉信"七不出、八不归、九日外出空手回"，意思是初七不远出，初八在外地的人不要回家，初九不外出办事，因而"惟出必择吉"。旧时农村，初一至初三不扫地，不向外倒垃圾，意为"积财"。初四要敬土地菩萨，各户派人上地角田头，插三炷香，点一盏小油灯，并把少许纸钱压在土块下面，以示对土地神的恭敬，以求来年丰收。

大年初一早晨起床后，全家人都要穿上新衣服，没有新衣服的也要穿好一些的衣服，第一件事就是拜年。首先是晚辈给长辈拜年，并互相祝贺新年，晚辈要祝福老人健康长寿，长辈要祝愿晚辈吉祥如意等。这时长辈一般都准备了小红包发给晚辈，即"压岁钱"。压岁钱主要是发给孙子辈，多少不定，图个吉利。初一下午或初二，由家长带领小辈出门，给家族中直系亲属长辈拜年。初三开始各自出门到其他亲戚、朋友、邻里家拜年，以吉祥话语祝贺新年。主人家则以干果、点心、糖食等热情款待，有的还用米酒加鸡蛋或粑粑招待。拜年时对长辈要行叩拜之礼，即跪拜磕头，尤其是未成年人给辈分较高的长辈拜年时，更要行这种礼仪；对平辈拜年，一般是抱拳拱手，双手抱拳前举，相互口称拜年，不需行叩拜之礼。

关于拜年的起源，民间有一个传说，说远古时代有一种叫作"年"的怪兽，头长独角，口似血盆，每逢腊月三十晚上，它便窜出山林，掠食吃人。人们只好备些肉食放在门外，然后把大门关上，躲在家里，直到初一早晨，"年"饱餐后扬长而去，人们才开门相见，作揖道喜，互相祝贺。后来人们发现"年"怕红色的东西和响声，就在门上贴红纸，挂红灯笼，放鞭炮，终于"年"被永久地赶跑了。以后人们就形成了拜年和过年贴对联，挂灯笼，放鞭炮的习俗。

舞龙灯 春节期间，家乡还有舞龙灯的习俗。龙灯的品种较多，有长龙、老龙、幼龙、草把龙等等。草把龙是用稻草编织的，其他都是用彩色布料做成的。长龙和老龙一般是大人舞，一条长龙大约有20米长，需要20多人才能舞起来，前面还要有一名持珠的戏龙人，还有一小队敲锣打鼓的人。幼龙和草龙由小孩舞，10人左右，阵容没有长龙大。到了正月十五元宵节，舞龙达到了高潮，有时一个村有几条、甚至十几条龙灯同时挨家挨户地舞，舞到哪家，哪家都要放鞭炮，以示欢迎和鼓励，场面非常热闹。

打花鼓 在舞龙灯的同时，还有"打花鼓"的习俗，"打花鼓"又称"地花鼓"，是湖南花鼓戏的一种。它不需要舞台，只需要化装成一男一女的两名演员和一个敲锣打鼓有二胡的小乐队，就可走家串户地演唱了，演唱的内容除"刘海砍樵"等剧目外，还自编自演一些当地喜闻乐见的节目，很受群众欢迎。

办喜事 家乡许多风俗，随着经济的发展和社会进步，经过多年的移风易俗，许多带有封建迷信的陋习逐步被淘汰了，唯有办喜事这一风俗大有越演越烈之势，名目越来越繁多，规模越来越大，档次越来越高级。

家乡办喜事可以说是名目繁多。人生一世有五件大事可以喜庆，这就是古人所云：洞房花烛、金榜题名、喜添贵子、乔迁新居、驾鹤西归，也就是结婚、升学、生子（女）、迁入新居和逝世，前四件为红喜事，后一件为白喜事，统称为红白喜事。

办婚事 家乡旧时婚事比较繁琐，规矩不少，大概要经过相亲、报日、过礼、迎亲、拜堂、闹房、筛茶几道程序。

相亲：我在家乡时，包办婚姻已基本废除，男女定婚前都有一个相亲的过程。男女之间开始谈婚有两种情况，一是媒人主动上门介绍，二是男女双方或双方家长早就认识，并有谈婚之意，委托媒人介绍。相亲就是第一种情况，媒人主动介绍之前，男女双方或其中一方不认识、不了解，在媒人的约定下男女双方和双方家长见面，并互相介绍了解。相亲满意后就明确定婚意向。

报日：即"请期"。先是男方列出礼单，托媒人前往女家"求喜"，提出结婚日期，经女方家认可，便选定吉日，正式确定婚期。报日一般在婚前半年进行，以便女家置办嫁妆，男家准备婚礼。

过礼：指迎亲的前一天，男方要按预定的礼单将礼品送给女方。是日，新娘开脸、梳头、戴花、穿新衣，并宴请亲友。晚上举行"辞家礼"，专为女儿设筵席，并邀女方至亲挚友相陪，称为"辞亲酒"。席间，亲友临别赠言，父母告诫女儿为人处世之道。席散，女方至房中"哭嫁"，实为哭唱，旧时有《哭嫁歌》，现在已少见了。

迎亲：指成婚之日，由媒人率领新郎及伴娘（一般由少女充任）等迎亲人员至女方家迎接新娘。男方用花轿迎亲，有的还带有乐队、仪仗。女方家于迎亲人员来到之前紧闭大门，给新郎出一道道难题并经讨价还价之后才开门"发亲"。陪送新娘出嫁曰"送亲"，陪送者称"上亲"。"上亲"为大，须男方备轿抬行。女方陪嫁物品衣箱、衣柜、被褥、脚盆、马桶等，均由女方请人抬送，有的十几、二十几抬，紧跟花桥队后，长长的队伍，吹吹打打，很是气派，抬送嫁妆的队伍越长，越显示娘家的富有。大花轿迎亲的方式后来改革了，20世纪60至70年代，改为自行车迎亲，80年代以后逐步改为轿车队迎亲。

拜堂：旧时，拜堂很讲究，有礼生司礼，拜天地，拜祖宗，拜父母，夫妻对拜。后来，改用行礼，或改在晚上举行结婚仪式。新婚之夜，有闹洞房习俗。

筛茶：婚礼次日早晨，新娘新郎"筛茶"（蛋茶），以此拜见父母、尊长、亲友与百客，并"改口"叫对方的父母为爹妈。爹妈要给改口红包，其他受拜者须偿钱，称为"拜茶钱"。早餐后，新郎偕新娘至岳父母家省亲，与女方家亲友晤面，称为"回门"。岳父母家设盛宴款待新郎，但不留宿，习俗新婚一月不空房。夫妻当日回家，婚礼便告结束。

庆婚 是诸多喜事中最隆重、规模最大的喜事。办婚庆喜事前要把办喜事的日期广而告之。那时农村没有发请柬一说，也没有电话通知，就靠邻居和亲友相互转告，重要亲友要由新郎或委托其他人登门当面邀请。再就是要准备宴席场地和桌椅，先在自家禾场搭起栅子，摆上桌椅。估计亲友来得多的，还要借邻居的场地和桌椅，少则十几桌，多则几十桌。再就是请厨师，农村不像城市，没有专业厨师，但那时每村都有能够办酒席的业余厨师，他们会吆喝一帮人来主动帮忙，帮助杀猪、杀鸡鸭、剖鱼等，准备宴席酒菜，并由这些人在室外支起大锅烹烧饭菜。喜宴所用的酒一般是用稻子自家酿制的谷酒。宴席一般都比较丰盛，每桌要摆上十几道菜。同时还要有每人一包香烟，说是"桌上没有烟，酒席少一半"。婚庆喜宴一般中午开始，当日早餐后宾客陆续来到。宾客进门前先要放自带的鞭炮，以示庆祝，再向主人口头道贺，然后要找到收礼人，交上礼金。凡办喜事，主人家都会指定两位能识文断字的亲戚帮助收礼，一人收礼金，一人负责记账。每家都有一个人情簿，把所有亲友送的礼金和礼品全数记下来，以备后用，主要是以后谁家亲友办喜事，必须查看这个人情簿，决定如何还礼，保证来往相当。礼金的多少，随着时代的变化而变化。二十世纪五、六十年代，一般友邻送的礼金也就是几元钱，吃完主宴就走人了。有亲戚关系的也就 10 元左右，但要吃到第二天，远客要到第三天才告辞。到了现在送礼标准高多了，一般友邻都在 200 元以上，有亲戚关系的要 500～1000 元左右。有些除了送礼金，还要花钱送拱门。所谓拱门是用鼓风机吹起的用红色塑料布做成弧形拱门，上面挂有祝贺新郎新娘喜结良缘的大字条幅，拱门越多，占道越长，气派越大。

生日 是名目最多的喜事。新生子女后可办一系列喜事。例如新妇生儿女要庆贺。临产前，由娘家备彩蛋和婴儿所需衣服送往男家，称"催生"。男家将彩蛋分赠亲友，预报喜讯。产妇分娩后，要染红蛋，先送往娘家报喜。婴儿出生第三天，要办喜事，称作"三朝"。娘家和亲友都会来贺喜，来贺喜的亲称送"粥米"，主要是送鸡蛋、大米、桂圆、红枣和红糖，慰问产妇，供产妇"坐月子"中补身体。近亲，如姥爷、姥姥还要给婴儿封红包。这一天主人家要敬神祭祖，宴请来客。婴儿满月，要办"满月酒"，为婴儿剃除胎发，外婆家和亲友应邀参加，也要送礼。做过"满月"，产妇方可出房。小儿满百日，又要办"百日酒"，外婆家和亲友应邀参加，也要送礼。满周岁时，还要办"周岁酒"，外婆家又要馈送衣物，并在厅上设"日卒盘"，陈设书画笔砚、刀枪剑弓、算盘秤尺等各类玩具，任小儿选择抱取，以预卜日后志向成就。其他亲友会应邀参加周岁庆贺，也要送礼。生儿育女为一家喜事，长辈、亲友都乐于赠送衣服、礼金、玩具，以示庆贺。主家要办酒宴，请宾客，并用染红蛋赠送邻里、亲友，以示答谢，这就是民间的礼尚往来。

祝寿 祝寿又叫"做生日"，这一风俗在我的家乡很盛行，近年来，又有了很大的发展和创新。过去，一般自 50 岁开始，逢十做寿，称"正寿"，但也有男子逢九做寿的。做寿前先向"有人情"的亲友发告示或当面邀请。"有人情"的亲友，就是过去这些亲友办喜事你去参加了的，也送过礼的。以前没有办喜事往来的亲友一般是不邀请的。亲友祝贺生日一般馈赠与长寿有关的寿面、金字寿烛、寿桃、寿联，也有用红纸包钱作为寿礼的。寿诞之日，主家布置寿堂，中挂寿星肖像或用大幅红绸寿幛，上缀金色"寿"字，左右挂贺联，案上置寿桃，果品、寿面等。亲友要在厅堂向寿主拜寿祝贺。富裕一些的人家要吃寿宴，一般人家，无上述排场，仅吃一次寿面，以示祝贺。现在农村富裕起来的，都是摆寿宴，设拱门，送礼金，其排场有的不亚于办新婚喜事了。由于现代生活水平的提高，社会上为老年人祝寿和为小孩子贺生又渐风行。寿礼日趋新颖，除送礼金外，又新增送高级奶油蛋糕和拍"合家欢"照片作为纪念等。

贺造房 旧时新建房屋的人家，在破土动工前，要先请阴阳先生"看风水"、择吉日。开工时左邻右舍的壮劳力都会主动来帮忙当小工，相当于义工，不付报酬，只管吃喝。上梁也要选定吉日良辰，敬神祭祖，鸣放鞭炮，并由工匠上梁说吉利话，在上面抛撒米花、糕点或糖果，称为"抛梁"。亲友送鸡鸭鱼肉等礼物，也有送现金红纸包，登门道贺。晚上，宴请宾客和工匠，称吃"上梁酒"，标志新建房屋基本告成。

贺升学 乡村孩子考上大学，也是一件大喜事，是需要好好操办的。这一喜事是在二十世纪八、九十年代兴起的。在这之前，农村的孩子考上大学的极少，个别考上了，也未曾办过庆贺。现在村里谁家孩子考上大学，全村一下就传开了。亲友和邻居都会主动上门道贺，并赠送礼金，赞助孩子学费。主人必定要筹办酒宴，在孩子入学前宴请送礼亲友，以表答谢。办这样的喜事，从某种程度看还具有"集资上学"，帮助解决学费困难的积极意义。

喝擂茶 喝擂茶是家乡很流行的一种风俗，具有地方特色。擂茶一般都用黄豆、花生、芝麻、绿豆、食盐、茶叶、生姜等为原料,用擂钵捣烂成粉状,冲开水和匀,加上炒米,喝起来清香可口。擂茶具体怎么做出来的呢?做擂茶时,擂者坐下,双腿夹住一个陶制的擂钵,抓一把绿茶放入钵内,握一根一米左右长的擂棍,频频舂捣、旋转。边擂边不断地向擂钵内添些芝麻、花生、黄豆、绿豆、生姜等,待钵中的这些东西捣成碎粉,茶便擂好了。然后,用一把捞瓢筛滤擂过的碎粉,投入铜壶,加水煮沸,一时满堂飘香;或把过滤后的碎粉放在茶碗里,就像冲咖啡一样用开水直接冲兑,同样香气四溢。品擂茶,其味格外浓郁、绵长,既可作食用,又可作药用;既可解渴,又可充饥。现在做擂茶,很少用擂钵手工擂茶了,而是用打豆浆机将上述原料混合起来直接打成粉沫,再用开水冲兑,省去了很繁杂的体力劳动。

家乡的农家之间有经常相互请喝擂茶的习俗,有什么事情要商议,或请别人帮忙,或感谢别人的帮助等事由,又不够宴请时,就请别人来喝擂茶。有时什么事也没有,就是想和别人聊聊天,消遣消遣,或想展示下自己擂茶水平,也请合得来的人喝擂茶。请人喝擂茶不是简单地一人一碗擂茶而已,而是像广东人喝早茶一样,要准备许多小吃,当然没有大鱼大肉。小吃主要是泡菜,包括自家泡制萝卜、白菜、刀豆、茭白、洋姜等。再就是干果,包括葵花籽、南瓜子、炮儿(爆米花)、炸油砣、巧果、麦芽糖等。还有凉拌菜,包括凉拌黄瓜、扯根菜、淹藕片、小鱼虾和煮鸡蛋等。这些食品都是用小碟子装,每桌少则二十几碟,多则三、四十碟,非常的丰盛。应邀者边喝、边吃、边聊,擂茶喝完了,还可随时添,足可以把肚子撑饱。

打跑胡子 打跑胡子,是我们家乡玩得最广泛的一种纸牌,家家户户,男女老少几乎都会玩。这种牌的学名有人把它叫"字牌",由大写的"壹至拾"和小写的"一至十",每个数字四张,共80张组成一副牌。其中"二、七、十、贰、柒、拾"是红色的字,其他的牌都是黑色的字。每张牌是由长条形硬壳纸做成,和扑克牌类似,但比扑克牌要窄长一些,背面是红色,正面是白色并写上上述数字(见图)。

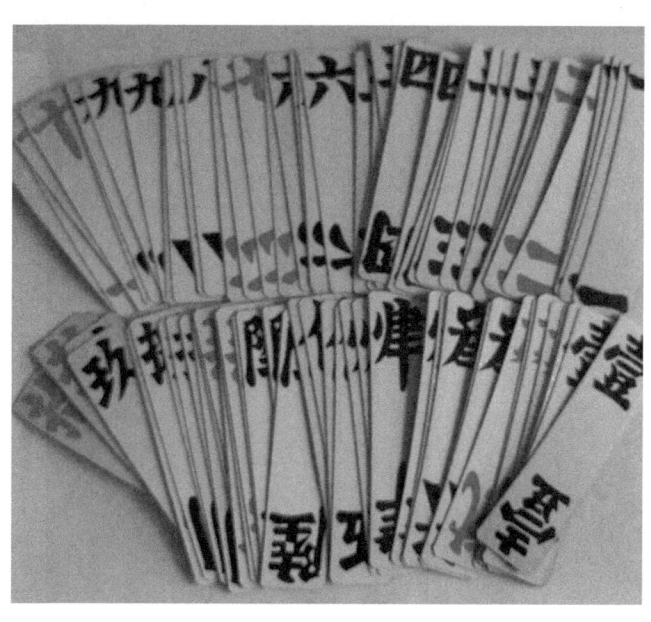

跑胡子纸牌

跑胡子一般是四个人打，实际是三人打牌，一人数牌，称"数醒"。其打法和麻将相似。开始打牌时，每人先抓20张牌，坐庄的抓21张，因为他要先打第一张。跑胡子主要有碰、跑、吃、闷、威五种出牌方式，别人打出的字牌可以碰（你手上有两张），跑（你手上有三张），吃（只能吃上家的）。自己抓出来的牌如果手上有两张一样的就闷，三张的就威。可以选择不碰或不吃，但跑、闷、威不能选择，只能跑、闷、威。经过几轮摸牌交换，如果你手上的牌都成套了，只需一张就可以胡牌了，这时叫"听牌"了。如果需要的这张牌你自摸了或上下家打出了，你就立马叫"胡牌"了，这一盘你就赢了。但如果胡的字是跑的那张可以胡，但如果被闷或威了就不能胡了。胡牌后先要算出有多少"西"数，再按"西"数算出赢了多少。现在我们家乡打跑胡子盛行，远远超过麻将和扑克。

农闲、过节和参加喜庆活动时，许多人都在打跑胡子，有时好多桌，一般都要兴点钱的。但钱兴得不大，半天下来，输赢大概在百元左右。但也有打得大的，就应按赌博论处了。每到春节期间，打跑胡子成风，几乎每家都玩。一家老少几代聚在一起，轮流上阵，而且玩得非常认真、自觉，谁输了钱，不管是老人小孩，长辈晚辈谁也不能赖账，输了的当场付清。所以那时1、5、10元一张的小钱特别吃紧，都想多换些小钱好去打跑胡子。

第二章 我和我的家人

这一部分主要是记述我和我家庭主要成员的简历、我童年时代的生活环境和长辈对我的关爱与抚育，同时回忆儿时小朋友们一起玩耍、学习和干农活等情形。由于那时年龄小，所记忆的人和事，有的是自己的印象，有的是从长辈们那里听来的，不一定很精准。

一、我的简历

在本章伊始，首先要作个自我介绍，报个姓名和简历。我于1943年6月8日（农历五月初六日）出生在湖南省常德县黄珠州乡荷包湖村一个农民家庭。七岁以前在家人的抚育下过了无忧无虑的童年。七岁，也就是中华人民共和国成立之后开始上学，可以说是"生在旧社会，长在红旗下"。1950年9月至1954年6月在牛望嘴小学读书。1954年6月至1955年7月因洪涝灾害冲毁学校休学一年，在家干农活。1955年9月至1958年7月在介福小学读书。1958年9月至1961年7月在常德县五中（蒿子港）上初中。1961年9月至1964年7月在常德县一中（白鹤山）上高中。1964年9月至1970年7月在南京气象学院气象系上大学，学气象专业。1970年7月分配到中央气象局工作，先在中央气象局战备中心，即湖北南漳县642工程处学生连劳动锻炼，1970年12月从湖北回到北京中央气象局分配具体工作。1971年1月至1973年5月在中央气象局311组（国家卫星气象中心前身、701办公室）工作，任技术员，参加我国发射第一颗气象卫星方案的预研工作。1973年6月至1994年5月，调中央气象局办公室工作，任业务秘书、党组秘书（副科级），1982年5月任秘书处副处长，1985年12月任办公室副主任。1994年5月，调任气象出版社（中国气象局直属单位）社长（机关正司局级），1995年12月兼任气象出版社党委书记，2001年12月兼任气象出版社总编辑，2003年12月退休。

从以上简历可见我是一名名副其实的从家门到校门，从校门到部门的"三门"干部。

二、家庭主要成员概述

我所知道的先辈只能从我祖父开始，祖父之前的情况一无所知。我祖父（平时称爷爷）叫毛新清，奶奶叫曾桂兰，年轻时他们从祖籍汉寿县毛家滩举家迁到常德县十美堂乡介福村。最近看到毛氏六修家谱得知：爷爷的父亲、即我的太祖父毛华瀛（1853—1879年），太祖母任氏；爷爷有毛新动、毛新玉两个弟弟，均未成家，30多岁就去世了，还有一个妹妹成家在南县厂窖。

我爷爷和奶奶生有六个孩子（四儿二女）：老大毛远来，即我伯父；老二毛远新，我父亲；老三毛远胜（又叫毛南山），我三叔；老四毛玉春，我叫她四姑；老五叫毛满秀，我叫她满姑；老六毛远忠，我叫他幺叔。

我伯父由于年轻时双目失明，没有成家，与幺叔生活在一起，直至逝世。

我父母生有二子二女，我是老大；老二是我大妹，叫毛春年；老三是我弟弟，叫毛耀喜；老四是我小妹，叫毛耀云。我与张凤英于1972年9月结婚，生有一女，叫毛艳华。女儿与赵麟于2000年12月结婚，于2002年2月生一子，叫赵哲恺。大妹春年与肖才见结婚，生有二女一子，分别叫肖广华、肖广介（子）、肖广慧。弟弟毛耀喜与段元英结婚，也生有二女一子，分别叫毛冬红、毛光慧、毛光祥（子）。毛光祥生有一对双胞胎女儿，分别叫毛雅、毛典。

我三叔结婚较早，三婶梅玉南，生有一子一女。儿子毛阳春，比我大十多岁，我叫他阳春哥，他生有四子三女，家中人丁兴旺，后继有人。女儿毛津云，也比我大近十岁，生有五女一子。

四姑与姑父王保华生有二子，分别叫王建有、王建炳，年龄都比我大。满姑和满姑父王泽朋，也生有二子，大儿子王景科，小儿子王景山，年龄也比我大。幺叔和幺婶袁兰秀生有三女一子，大女毛冬枝，二女毛耀枝，儿子毛耀东，小妹毛梅珍。他们一家和我的关系最为密切。

我还有两个舅舅和一个姨妈。大舅伍孟达，与大舅妈未生育，为村里的五保户，非常清静地度过一生。小舅伍秀贵，生有二子。大子伍发喜，比我长2岁，小子伍发银，比我小2岁。他们一家住在南县三仙湖镇，秉承外祖父的职业，以种蔬菜为生，家境一直过得较好。

以上是我家主要成员及亲戚的构成。下面要重点回忆我最亲近、印象最深的几位亲人。

三、我的祖父、祖母

我的爷爷于1879年8月28日出生在湖南汉寿毛家滩，自幼家境较好，读了十几年私塾，多次报考秀才未中，无奈投笔务农。在他18岁时父亲去世，40多岁时两个弟弟相继去世，家境每况愈下。为生计所迫于20世纪20年代中期，携母亲和妻儿举家迁往西洞庭湖区，即常德县十美堂乡阳城垸介福村开荒务农。在当时，这里虽然土地肥沃，鱼虾丰厚，但芦苇丛生，蚊虫肆虐，盗匪出没，真可谓是"万户萧疏鬼唱歌"之地。要在此安家立业，绝非易事。

我从小在爷爷、奶奶身边长大。爷爷1966年逝世至今半个多世纪了，但他的音容笑貌还时常浮现在我的眼前，他的许多言行至今还记忆犹新，他的高贵品格和奋斗精神一直影响着我。

首先是爷爷不畏艰难，白手起家的精神令人敬佩。从老家丘陵山区迁移到荒凉的平原湖区，困难很多，但他毫不畏惧。虽然从小读书，对农活不大内行，但他不辞劳苦，带领子女挖沟筑堤，开荒垦地，终年劳作，不到五年时间就盖起了"三正一横"的住房，置备了主要农具和耕牛，种植了50多亩水田，达到了自给自足，略有结余的水平。不到10年，我父亲和三叔相继成家，从大家庭中分出，各立门户。三家共种有水田近100亩，都达到当地中等农户水平。到新中国成立初期土改时，三家均定为下中农，为毛氏家族在西洞庭湖区开辟了一片新的发展空间。

其次是爷爷的家训家教要铭刻在心。爷爷非常重视对子孙的教育，他经常倡导"做官要做清官，为民要为良民，对人要讲友善，持家要求和睦"，这应视为爷爷的家训家教。他常给我们讲历史故事，说岳飞精忠报国，名垂青史；秦桧陷害忠良，遗臭万年。说三国中的"桃园三结义"、《水浒》中的英雄好汉都是重情义，讲友善的典范，教育我们要以英雄为榜样，要精忠报国。爷爷对这些家训家教不仅引经据典来佐证，而且还身体力行当表率。仅就践行"为民要为良民"，爷爷就与当时的恶势力进行过坚决抗争。听父亲常说，有一年，爷爷带领伯父、父亲、三叔在西洞庭湖滩上割芦苇，有一群10多人的土匪来抢劫。我爷爷父子四人奋力抵抗，用四根扁担把这些土匪打得落荒而逃，保住了大片砍下的芦苇，因此远近闻名，号称毛家"四杰"。此事后不久，当地黑社会组织头目登门，看我伯父力大过人，机智勇敢，要拉他入伙，爷爷坚定回绝。后来他们软硬兼施，多次上门，还带来金钱，并许愿称如果伯父入伙，将当一方头领；如若不从，一家安全难保。爷爷和伯父不为名利而动心，没被威胁所吓倒。爷爷坚定地回绝说，毛家子孙都是良民，不会当土匪。黑社会组织头目无奈，只好作罢。再例如，当20世纪40年代初，日本侵略者侵入到我们家乡时，爷爷和一些老乡被日军抓住了，要他们为其做饭。在行进到一个长满荷叶的湖边时，爷爷突然扔掉背上的铁锅，跳入了长满湖藕的水中。日本兵发现后连开数枪，爷爷大腿上被枪弹擦皮而过，凭借荷叶的掩护和爷爷的潜水技巧成功地脱逃了。

爷爷还是维系家庭和睦的典范。爷爷虽然干农活不内行，但统管全家，把家里的农活安排得井井有条。田里的农活全靠四个儿子干。但是他也闲不着，总是在家里做些后勤打杂的事，如铺晒稻子、打扫庭院、放牛拾粪、编织竹器、种植蔬菜等。奶奶总是数落他没出息，像小脚女人一样窝在家里，爷爷只当耳边风，该干什么还是干什么，从不和奶奶争吵，始终保持着和睦家庭的气氛。

爷爷行善好施、助人为乐的品德应奉为楷模。我从小就耳濡目染了爷爷许多行善好施，助人为乐的事例，至今没有忘怀。例如每逢乞丐上门求讨，如逢吃饭时爷爷总是要给一大碗饭，还要加上好菜；如不在吃饭时就要给一大升米。为此奶奶经常唠叨他，说别人家打发"叫花子"就一两把米，你为什么总给一大升！但爷爷总是说，要饭的有困难，很可怜的，家里又不是没有，多给点算什么。又例如老家毛家滩受灾后，经常有亲戚来借粮，爷爷都爽快答应。有时别人提出借一石，他却答应两石、三石，多则十几石。说是借，实则赠送，从未讨还过。

爷爷写得一手好毛笔字，总是在自家的箩筐、晒垫、犁耙、水桶等家具上写着自家的名号和购置的年月。他写的字工整端庄，苍劲有力，远近闻名。左邻右舍也都请他在家具上写字或写对联等，他都热情认真的答应下来，一丝不苟帮人家写好。

爷爷有一门会编制竹器的手艺，经常把自家的竹子砍了，剖开成篾条、篾片，编制晒垫、斗盆、篮子、篓子、筲箕等，除了自家用，还经常送给邻居，有时还专门无偿为别人家编制。谁家有什么红白喜事他都主动帮忙，被邻里称为热心助人的老好人。

爷爷对我幼、少年时代的影响使我终身受益。爷爷和奶奶把我视为掌上明珠，疼爱有加，期望很高。小时候我最喜欢听爷爷讲故事。早在上小学之前，爷爷从战国时期的封神榜到三国演义、隋唐瓦岗起义、宋代岳飞抗金、水泊梁山等英雄好汉的故事给我讲了一遍，有的讲过多遍。爷爷还教我学会了珠算。这使我一入小学在历史和算术方面就比同龄人多了不少知识。爷爷高兴起来还会哼起古诗来，我听不懂，不感兴趣，现在也没记住什么。

此外我特别喜欢跟爷爷一起"施鱼"。所谓"施鱼"，就是爷爷用竹子细篾织成不同大小孔眼的笼子，放在水里，鱼钻进去就出不来了，大孔眼笼子施大鱼、小孔眼笼子施小鱼。记得有一次爷爷带我去收鱼，要趟好几处水地才能到达收鱼处。去时，遇水地爷爷背着我过去。哪知道那次收了很多鱼，鱼篓子里装满了。回来时爷爷犯愁了，背了我就背不了鱼，背了鱼又背不了我。怎么办，爷爷只好先把我背到对面的旱地，再趟水回去背鱼篓。这样一站一站地轮番转运，终于到家了。见到那么多鱼，全家都高兴，都赞扬爷爷能干。

爷爷的两项"坚持"改变了我的人生，使我终生难忘。第一项"坚持"是启蒙上学。我六岁那年，在离家只有一禾场之隔的邻居家办起了私塾小学。读的是《三字经》。那时读书，学生背不了书或默写不出课文，轻则要打手板，重则打"屁股"。我刚上学没几天，《三字经》的前几段背不出来，挨了老师的打，打得并不重。但我扯开嗓子使劲哭喊，目的是想让奶奶听到了来讨保。在孙辈中我奶奶最疼爱我，什么事都依着我，惯着我。我的哭喊声果然惊动了她，她举着拐杖出来干涉了，并与先生吵了一架，说我孙子年纪还小，这书不读了。后来爷爷知道此事后说，不行，书要读，要读好，背不出来就要挨板子，没有打完的接着打。爷爷又把我送回学堂，向先生赔礼道歉，并嘱咐严加管教。到1950年家乡和平解放了，村里办起了"洋学堂"，《三字经》还没读完，私塾停办，我随之转入了小学一年级，正式开始了求学征程。爷爷的坚持使我知道了在大人眼里读书很重要，读书不能偷懒，一定要好好学习。

爷爷第二项改变我人生的"坚持"，是在"三年困难时期"还要不要继续上学的问题。1959年夏，我小学毕业，全校50多名毕业生，只有6人考上了初中，我以优异的成绩考上了。然此时正是国家"三年困难时期"。国家困难，我家庭更困难。那时我家6口人，四兄妹中我是老大，父亲眼睛不好，只能算半个劳动力，在生产队争的工分买不回全家有限的口粮。家中已经贫困到了食不果腹，衣难蔽体的地步。见此情此境，我决心退学务农，以解全家之困。我的叔叔、舅舅及邻居等亲朋好友也都赞同我退学。但爷爷和父母亲坚决不同意。他们说，考上学校不容易，家里再苦再累，也要把书读下去，要争口气，读出点名堂来。在爷爷、父母的坚持和鼓励下，我打消了退学的念头，更加发奋学习了。如果不是爷爷和父母的坚持，那时退学了，绝不会有我今天的人生。爷爷于1966年8月25日病逝于家中，享年87岁。爷爷的一生是勤劳的一生，善良的一生，奋斗的一生，作为子孙，要永远的感恩和纪念他。

我的奶奶于1878年10月6日出生在湖南汉寿毛家滩。她是一位慈祥的老人。打我记事起，就觉得她已经基本失明了。说基本失明，就是说她还可以模糊地看到一点东西，现在回想起来，就是严重的白内障，应该是可以开刀治疗的，但那时没有这个技术和条件。尽管这样，一家的大小事情奶奶都要操心。

当时还是个大家庭，虽然我父母和三叔分家出去了，但伯父因早年双目失明没成家，与幺叔一家人，加上爷爷、奶奶和我，共有七八口人。我从小就被爷爷、奶奶留在身边，没有随父母一起生活。这个家基本上是奶奶和伯父在当家。爷爷只管做他喜欢的事，不当家。幺叔只管埋头下田干农活、幺婶每天种菜做饭，也不当家。家中的大小事都由奶奶与伯父商量后拍板。

奶奶对家中的大小事都很操心。农田的活她要管，包括稻田什么时候下种、插秧、排水、除草她都要提醒。农活忙不过来了，她就要叫我父亲和三叔家来人帮忙。家内的小事她也要管，而且管得很细。例如，菜园子里菜要施肥了，牛要喂草了，鸡鸭要回笼了，泡菜坛要上水了，这些细小的事她都操心。奶奶不是只说不做的甩手掌柜，凡自己能做的她都摸索着去做，自己做不了的或做不完的才吩咐别人去做。她能支使的主要是一般不下田干活的爷爷、我和堂妹冬枝（比我小一岁）。爷爷有时做他自己喜欢的事，装作没听到，支使不动。我和冬枝都比较听话，奶奶叫干什么就干什么。只要我们干得好，奶奶经常给我们一些铜钱或小吃作奖励。而我对铜钱特别感兴趣，铜钱可以拿出与小朋友玩"打鈹"的游戏。

我还记得有两件事奶奶对我特别满意，第一件事是找鸡蛋。每天早晨将鸡从笼里放出去时，奶奶都要在每只母鸡屁股上摸一下，就知道当天有没有蛋下。到了傍晚从鸡窝里收回的鸡蛋没有达到奶奶摸出的数，就要我们去帮她找回鸡蛋，并说找回一个鸡蛋奖励一粒"姜糖果"。"姜糖果"是麦芽糖再加些姜自家制作的糖果，是那时哄小孩的好食品。家中要生蛋的鸡多了，鸡窝不够用，有的鸡只好到鸡窝以外的地方去下蛋，一般是在房屋周边的杂草堆里下蛋。在奖励的刺激下，我平时就注意了这些在外面生蛋的母鸡，它们在生蛋前总是小声哼哼，生蛋后就大声咯咯叫。只要奶奶说今天捡回来的鸡蛋不够数，要我们到屋外去找，我就雷厉风行，其实我早就知道鸡蛋在哪里，很快就如数找到了，奶奶很高兴，立马兑现奖励。

第二件事是赶鸭子。那时家中还喂有一群鸭子，大约有二三十只。鸭子白天是要放出去到门前河滩上去觅食，晚上必须唤回鸭室（平时称鸭窝）生蛋。鸭群到了傍晚一般会自动回到鸭室，但也有时反常，鸭群在河中怎么吆喝也不回窝。出现这种情况奶奶很着急，我却很高兴，就自告奋勇的下水赶鸭群，既趁机玩了次水，又赶回了鸭群，一举两得。奶奶平常不让我玩水，我要玩水总是背着她。下水赶鸭，名正言顺，奶奶不但没批评，还给奖励，我觉得美滋滋的。

奶奶特别会做泡菜，她有十几个泡菜坛子，里面泡有萝卜、白菜、豆角、黄瓜、茭白、洋姜、刀豆、塘藕等，还有豆豉、"猫乳"（即自制豆腐乳）。这些统称坛子菜，只要勤于上水使之密封，能常年保存，其味微辣微酸，非常可口。我特别喜欢泡茭白和洋姜，时不时地向奶奶要点吃，奶奶总是有求必应，有时她还主动给我吃。

奶奶对做饭菜也很在行，尽管眼睛不好，不能亲自做了，但幺婶做饭时她经常提醒什么时候要烧大火，什么时候要熄火了，什么时候该放盐了等，火候、咸淡掌握得都很好。奶奶于1962年9月8日病逝，享年82岁。她的一生是勤劳、慈善、节俭的一生，作为子孙，要永远的感恩和纪念她。

四、我的父亲、母亲

我的父亲毛远新，生于1906年10月19日（阴历），于1985年4月5日病逝，享年79岁。父亲一生务农，勤劳憨厚、为人正直，性情刚烈，从小没有上过学，除了自己的姓名和一种叫"跑胡子"的纸牌上的字外，其他字基本上不认识。父亲20世纪40年代初与母亲结婚成家之后就和爷爷、奶奶分开，独立成家了，在离爷爷、奶奶家的阳城大垸（又称老垸子）两三里之外的民康垸（又称新垸子）里开荒。经过父母亲几年的辛勤劳作，在芦苇丛生的荒滩上开垦出了十多亩耕地。耕地虽然是自己亲手开垦出来的，但所有权却属于围湖建垸的地主，每年必须交租谷。由于地主只顾收租，修的围堤不高大，一涨大水就溃漫。民国三十七年、三十八年连续两年新垸子都溃堤，农田颗粒无收，农民流离失所，苦不堪言，父母也被迫流落外乡谋生。中华人民共和国成立前，我家是贫穷的，住的是茅草棚，经常缺吃少穿，除了简陋的家具和必需的农具，其他一无所有。

1949年以后，在土地改革中我父亲分到了自己亲自开垦出来的却属于地主的十多亩耕地，从此种上自己的水田，家境一年比一年好起来了，吃住穿都有较大改善，粮食年年都有结余。1953年就盖起了新房，由原来的茅草棚建起了一间一偏的茅草屋。这是一个很大的变化，茅草棚是用树枝、竹棍、芦苇和稻草搭成的，矮小简陋；而茅草屋是用比较大的木条做屋柱子和屋梁支起来的，比较高大和宽敞。1954年的大洪水，西洞庭湖区的绝大部分堤垸都溃堤了，也是颗粒无收。但党和政府实施了一系列强有力的救灾措施，保证了灾民有吃有住，没有一家外流逃荒的。1954年大水淹过后，土地的肥力却增加了许多，到了1955年获得了大丰收。父亲非常高兴，与邻居一起做了一次生意。就是把多余的粮食卖出去换成钱，再拿着钱到山区购买杉木条，然后将杉木条扎成木排，顺河而下，到了湖区把木材卖出去。那时湖区农民生活大有改善，盖新房人家多，都需要木料，很快就卖出去了。父亲去做这次生意不是为了赚钱，他把本钱换回来后，剩下的木料就不卖了，留作自家用。这次贩卖杉木条，前后只用了半个月时间，换回本钱后赚了十多立方米的木材。父亲非常高兴，这是他平生第一次，也是唯一一次做生意。在高兴之下，父亲决定用赚来的木料盖新房，于1956年初将原来一间一偏的茅草房拆掉，盖成了两间一偏的木架茅草房，面积扩大了，档次提高了，全家住得也好多了。通过新旧对比，父亲对共产党、毛主席从心底里是感谢、拥护的。1953年开始他就带头参加互助组、合作社，1956年参加了高级合作社，积极走农业合作化的道路。

然而，1956年年底，发生了一件意想不到的事，就是父亲在全社分红大会上把社长打了一顿。从1952年开始党和政府就引导农民走合作化的道路，开始是互助组、初级合作社、高级合作社。1956年，是我们村建立高级合作社的第一年。

我们村当时叫永和村，一个村就是一个高级合作社，大约有近百户人家。这一年年底，大约是12月初，召开全社社员大会，公布年终分红。互助组、初级社都还是以家庭为单位核算，即各家田里的收获直接归各家所有。高级合作社不同了，社里所有土地收的粮食集中到高级社，除交公粮和农业税外，按国家收购价折合成人民币，再按各家全年工分来进行分配。各家的口粮全社是统一的，不论大小按人头分，那时大概每人一年600斤左右。父亲很关心这次会议，早早凑近认真听会。当宣布我家的工分买回全家口粮后，不但分不到一分钱的红，还反欠社里上百元钱时，父亲按不住心中的怒火，就与合作社的领导们争吵起来了。父亲先是和会计争吵说："在旧社会帮地主干一年，他们剥削，还要给我几个工钱过年，你们怎么比地主还黑呀？！不但不给我点过年钱，还说我欠你们的钱，天下哪有这个道理？"会计解释说，我家6口人，人口多，劳力少，要买回三千多斤口粮，工分不够。父亲根本听不进去，一个劲骂他们是贪官，骂他们是一批比地主还坏的狗东西。当时任社主任、原村长范永保上前来制止父亲。父亲怒不可遏，拿出了当年随爷爷打土匪的劲头，把他狠狠地打了几拳，并将其他几位社领导放翻在地，就扬长而走。这时社民兵队长组织起七八个年轻力壮的民兵将父亲围住，扭送到了十美堂乡公所去了。我也参加了那次会议，只顾与同学玩耍，没注意会议内容。直到会场乱起来了，有人高喊打架了，我才围过去，看到父亲和一群人扭在一起，最后父亲被扭送走了，我赶紧跑回家报信。母亲很着急，带着我尾随赶到十美堂乡公所。看门的不让见，那时已是半夜了，无奈只得回家。连夜告诉爷爷、奶奶和伯伯、叔叔，说父亲打了人被抓到乡公所去了，要他们想办法把父亲保出来。第二天一早，正当全家人商量如何把父亲保释出来时，不料他却大摇大摆地回来了。大家问他怎么出来的，他说先把他关在一间房子里没人管，一大早来了一位干部，说"你们家子女多，分的粮食多，劳动力少，所以欠了社里的钱。有问题要好好讲，有困难向社里反映，欠钱可以申请困难减免。动手打人不对，幸好无大伤，要写个检查，承认错误就放了你。"父亲说不识字，那干部写了几句承认打人不对的话，念给父亲听，并按了个手印后就让回家了。不久社里把我家所欠的钱也免了。

此后，父亲在周围几个村出名了，一些人把他看成了敢打领导的"英雄"广为传播。但以后父亲再也没有过偏激行为，也很少和别人发生争吵了。被打的范永保一直是村、队领导，也表现出了宽大胸怀，从未给父亲穿小鞋和打击报复，反而照顾有加。我和他儿子范伏秋是从小学到高中的最好同学之一，我们两家一直来往密切，真成了不打不相识的好朋友了。

1958年开始，家乡在高级社的基础上成立了人民公社，我家是黄珠洲公社荷包湖大队八队，后又倒过来改为一队。公社化后办起了集体食堂，不允许各家自己做饭，把锅碗瓢盆都集中了，一律在食堂就餐。同时大米加工也不要一家一户自己做了，成立了以大队为单位的大米加工厂，统一提供各食堂的用粮。父亲由于眼力不大好，体力比较强，既照顾他又能发挥他的长处，调他进了大米加工厂。说是大米加工厂，那时的大米加工不像现在全部机械化、自动化，根本没有现代的机械打米机，全是传统的劳力加工工序，是又脏又累的重体力劳动。将稻谷加工成能煮饭吃的大米，要经过三道工序。第一道工序就是用一种称为垄子的器具用双手推动它旋转去掉稻壳。第二道工序是用手摇风车使稻壳和米分离，再把分离出来的米用筛子筛，将混在其中未脱壳的秕谷过滤出来。第三道工序是将分离出来的糙米用脚蹬碓冲成熟米，要把糙米冲得很熟，需要冲千余次，再用手摇风车把米皮吹干净。哪一道工序都是很费体力的，而且灰尘很大，对呼吸道也有很大影响。父亲干这项活很辛苦，许多人干不了多久就走了，父亲一直干了三年多，直到食堂解散。

从1959年开始，国家进入"三年困难时期"，父亲在这样的大米加工厂，自己自然是饿不着的，但我母亲和我们四兄妹，可以说是每天都处于饥饿状态。父亲公私分明，晚上大米加工厂经常由他一人看守，但从不把工厂的大米带回家，不占集体一点便宜。邻居都说有我父亲在大米加工厂，全家都会饿不着。事实并非如此，那时我家经常是用瓜菜、芋头等当饭吃，我和弟弟、妹妹还常去野外采野菜、挖湖藕等充饥。那时吃的困难，穿的也困难。每人每年凭布票买布做衣服，父亲为了节省布票，让我上学穿得体面一些，夏天在烈日下干活，竟然赤膊上阵。开始晒脱了几层皮，后来时间长了也不脱皮了，但几乎成了一个黑人。父亲怕我们难过，还说光着膀子干活轻松、凉快，皮肤晒黑了点，又厚又光滑又结实，还省衣服，好处多着呢！

我的母亲伍梅秀，生于1914年11月15日，于1984年5月13日病逝，享年70岁。

母亲勤俭善良，精明能干，持家有方，对子女特别关爱。母亲在和我父亲成家前曾结过婚，前夫是在1941年底日本侵略军进入湖南常德地区时被飞机狂轰乱炸身亡，与前夫生有一个女儿叫毕云，一岁多点就因病夭折了。关于母亲前夫身亡一事，我查了一下相关资料，记载："1941年11月4日早上8时许，日军由太田大校带领远征队窜到常德市区上空，投下大量炸弹和带有鼠疫病菌的谷、麦、豆子、高粱和烂棉絮块、稻草屑等物，随后又在距常德城60里的石公桥镇北部撒下同类物资。11月中旬，疫病在常德城区和石公桥镇迅速蔓延。据不完全统计，城区内死于鼠疫者达400余人。"估计母亲的前夫就是死于日本侵略者的这次屠杀。因为听母亲说过她前夫是听说飞机来了，要跑出去看热闹，母亲不要他去，他不听，结果出去就被当场炸死了。

母亲在兵荒马乱之时与父亲结婚了。他与父亲结婚全凭媒人介绍，没有什么恋爱过程。但结婚后他们非常恩爱，过着男耕女织、互相关心的小家生活。母亲与父亲结婚后生过六个孩子，我是老大，依次是春年、有进、耀喜、京菊、耀云，其中有进、京菊都因病夭折了。

我出生于1943年6月8日，真是生不逢时，正值常德会战前夕（常德会战1943年11月2日开始）。常德因其重要战略地位，1943年夏秋，抗日国军和侵略日军不断向常德集结，而老百姓往往分不清谁是国军、谁是日军，见到军队就跑，几乎天天"跑兵"，四处躲藏。母亲抱着刚出生不到三个月的我随家人和邻居经常跑到就近的芦苇荡或野草丛里藏身。一些年轻人跑得更远，到长满荷叶的莲湖或洞庭湖中的滩涂躲藏，那些地方更安全一些。据母亲说，那时我很小，不让别人碰，还喜欢哭，大家怕暴露目标，很讨厌。在我啼哭时，有的说捂住他，甚至有人说扔了算了。母亲听了这些闲话，非常担心别人把我扔了，或捂死了。为了不连累别人，母亲与父亲只好脱离人群，抱着我单独躲藏。有时到了晚上还不敢回家，那时天气很热，蚊虫又多，在外露宿，母亲整夜不眠，帮我搧风赶蚊虫。吃不好，睡不好，还要喂奶，可以想象，在那样的环境下，带着一个不满半岁的婴儿，是多么的艰苦。

我出生不久，爷爷、奶奶就提出要把我过继给伯父做儿子，但母亲坚持不同意，僵持了好长时间。后来各退一步，找到了妥协方案，母亲答应如果再生了儿子，一定过继给伯父。这样爷爷、奶奶也同意了，但还是要求我和他们一起生活，主要是父母刚到新垸开荒，条件太差，爷爷奶奶这边吃、住好多了，父母也乐意。所以直到12岁以前，我一直和爷爷、奶奶一起生活。土地改革时，我在爷爷奶奶所在的介福村（当时属常德县）和只有一堤之隔的父母所在的永和村（当时属汉寿县）都上了"双重户口"，分了土地和口粮。直到1958年公社化，父亲所在社队划归常德县管辖后，才注销了我在爷爷奶奶那里的户口。1947年母亲生了个弟弟，取名叫有进。按原先约定，有进要过继给伯父做儿子，但不到三岁时病逝了。母亲很痛心，曾对爷爷奶奶说，伯父命不好，命里就不能有孩子。所以1949年母亲又生了弟弟耀喜后，爷爷奶奶再也不提过继的事了。其实爷爷奶奶提出要我过继给伯父是有原因的。最近重修龙阳毛氏家谱，我才看到家谱中有明文规定，即大房无后时，二房长子必须过继大房为子，并如理类推。所以爷爷奶奶是按祖训办事的，而母亲不同意过继我，则完全是出于一片疼子爱子之心，人之常情。

我家在当地是有名的困难户，父亲视力不好，在社里劳动还算不上一个全劳动力，评定的"底分"只有8分。所谓底分是由生产队评出来的，实际上是一个记工分的权重系数。年轻力壮的人底分评为10分，那么劳动一天就记10分工。而底分为8分的人也同样劳动一天，却只能记8分工。所以靠我父亲一人在队里争工分远不能买回全家六口人的口粮，后来把我弟弟妹妹都搭上，能把口粮争回来就不错了，根本别想能分到钱。而供我上学和全家人的日常开支，如油盐酱醋和衣服等，都是需要钱的。钱从何来，这就全靠母亲的副业了。

  为了克服家庭困难，保证我上学的支出，母亲对家庭副业极为重视，可以说是精打细算、尽心尽力，成效突出，远近闻名。母亲操持的家庭副业主要有两个方面：一是饲养家禽，如猪、鸡、鸭等。那时，我家总是鸡鸭成群，大鸡鸭刚开始生蛋，小鸡鸭又出生了，一茬接一茬，延续不断。鸡鸭下的蛋自家只在过节、过生日和来客人时吃，其余全部卖给供销社，换取零用钱。关于饲养生猪，我母亲更是上心，其他人家一般一年只饲养一头，而我家饲养二、三头，每头二、三百斤，卖了是全家的一笔主要的经济收入。后来又养起了母猪，母猪生下的小猪娃一直是抢手货，收益更高一些。母亲操持的另一方面副业是种自留地。那时我家分有半亩多自留地。在这半亩多地里，母亲种上了多种蔬菜。我外祖父一家住在三仙湖镇附近，是以种植蔬菜为生的，种商品性蔬菜的技术水平比较高。母亲从小就从外祖父那里学会了各种蔬菜的种植技术。在她的精心培育下，我家自留地的蔬菜长得好，成熟早、上市早，卖的价钱高。就拿我们家乡大家都喜爱吃的辣椒来说吧，我家总比别人家早20天左右成熟。送到离家8里开外的西洞庭湖农场总部出卖，价钱是大量上市后的一倍以上。就是靠母亲辛勤操劳的这两方面的副业收入，不但维持了我们全家的最低生活的基本需要，而且还在无任何外援的情况下，供我上完了初中、高中、大学，培养出了我们全村，以至全乡新中国以后的第一个大学生。记得在我考上高中时，家中非常困难，母亲向我幺舅舅求援，我幺舅舅虽然支援了一些钱，却力劝我母亲不要让我去上学了，弟弟妹妹还小，家里缺劳力，不如留在家劳动。但母亲坚决不听，千方百计凑粮凑钱，让我按时到县一中报到上高中了。如果没有母亲的副业支撑，没有母亲的执意坚持，就没有我的幸运人生。母亲勤俭持家的优良品质是我终生难忘的。她每天是最忙碌的人。白天，她要为全家做三餐饭、洗衣、喂猪、鸡、鸭，还要种菜。晚上，她还要为子女缝补衣服，做棉鞋，纺棉纱，直至深夜。我经常睡一觉醒来了，还看着她在煤油灯下纺纱。那时我们全家穿的衣服，都是母亲用手纺纱织成的家织布，再一针针缝成衣服。那时手工制成的家制布又称"土布"，到商店里买的机制布叫"洋布"。有钱人家穿洋布衣服，风光；没钱人家穿土布衣服，也很暖和。我们家经济困难，都是穿土布衣服的。直到我上了中学，母亲才咬咬牙，开始给我买洋布做衣服穿了。母亲还做得一手好饭菜。她做的糍粑鱼、黄焖鸡、蒸腊肉、炖芋头、磨汤圆及烹炒的各种蔬菜，鲜美可口，至今难忘。特别是母亲腌渍的泡菜，得到奶奶和姥姥的真传，品种很多，咸淡适宜、酸辣有度，都是美味佳肴。

  父母操劳一生，特别是供我上学吃尽了千辛万苦。我被分到北京工作后，父母非常高兴，算是没有辜负他们的期望了。开始逢人便说，我儿子在北京工作了。1971年秋，我还没成家，把母亲接到北京来玩，那时我和张凤英确定了恋爱关系，请她来看看满不满意。她很高兴，对凤英也非常满意。此时正遇上局大院搞战备演习，拉警报、钻防空洞。母亲是在我出生时日军侵犯家乡"跑兵"跑怕了，以为真要打仗了，吓得连连说要回老家。我对父母回报太少。那时北京的住房紧张，我成家后只有一间12平方米的房子，无法把父母接到身边尽孝。1979年唐山地震后我搭建了一个比较好的抗震棚，分到了一个保姆床位，才把父母接到北京，想留他们多住住。但父亲不习惯，住了半月余就回老家了。母亲因发现有糖尿病，强留下来住了近一年。后因糖尿病要限制饮食，母亲不适应，也坚持回老家了。母亲因糖尿病恶化而逝世，父亲因多次脑梗后逝世。他们生病后我虽多次回家看望，但都是由弟弟、妹妹照顾的，父母去世时是他们送终的，丧事也是他们一手操办的。由于那时的通信与交通不如现在发达，我都没赶上见两老最后一面，至今还愧疚在心。

五、我的伯父、叔叔和姑姑

我的伯父叫毛远来，出生于1901年10月22日，1972年10月10日逝世，享年71岁。伯父曾是爷爷的得力帮手，他身强力壮，精明能干，能说会道，农活样样会干。在当时年轻人中交际广泛，朋友甚多。在他几兄弟和爷爷打败前来抢劫芦苇的土匪后，土匪头目多次上家拉他入伙，正在这时，伯父得了一场大病双目失明，才未成。伯父失明时只有24岁，没有成家，一直与爷爷奶奶和幺叔一家生活在一起。他也经常摸着做些不用眼力的事，如车水、推谷、冲米、搓草绳等。他虽然双眼看不见，但知道的事情却不少。1954年大水之前，他就要幺叔利用长在房屋傍堤上的大树架了个牢固的牛棚。后来大水来了，就在牛棚顶上铺上木板，把粮食等生活必要品都放上去，还能住人。别人家许多农具、家具都被大水冲走了，幺叔家的东西大部分都保住了。后来左邻右舍都称赞伯父神机妙算。

我三叔叫毛远胜，又名毛南山，出生于1911年7月2日，于1998年12月8日逝世，享年87岁，务农。三婶叫梅玉南，出生于1912年1月14日，于1999年1月21日逝世，享年87岁。他们成家比较早，在我父亲的前面。他家就在爷爷奶奶家附近，种了40多亩水田。三叔还有一只大木船，能装载两顿多。农忙时，他在家种田。农闲时，他用木船在洞庭湖跑运输。所以他家的经济条件比较好，在土地改革时，被定为中农成分。三叔生有一子一女。儿子叫毛阳春，比我大十三岁。女儿叫毛津云，也比我大九岁。毛阳春生有四子三女，毛津云生有五女一子。所以说三叔家人丁兴旺。

四姑叫毛玉春，出生于1915年7月2日，于2011年7月20日逝世，享年96岁。姑父王保华，出生于1916年12月2日，于1981年6月9日逝世，享年65岁，务农。他们住南县厂窖，就是日本人在那里进行过一次大屠杀的地方。四姑有两个儿子，老大叫王建平，老二叫王建炳，都比我大几岁。姑父是村里的贫协主席，思想很进步，劳动很能干。四姑也很精明能干，心灵手巧，她会裁剪衣服，不但给自己家里做衣服，还帮助别人家做衣服。她还会做米花糖、炒巧果等儿童喜欢吃的零食，小时候我最喜欢到她家做客，好吃的东西多。

满姑叫毛满秀，出生于1919年5月23日，于1985年7月29日逝世，享年66岁。满姑父叫王泽朋，出生于1919年10月3日，于1976年9月10日逝世，享年57岁，务农。满姑也有两个儿子，老大叫王景科，老二叫王景山，年龄都比我大两三岁。他们住南县八百弓。我与满姑家人接触不多，知道满姑勤劳善良，但软弱。满姑父有外遇，她无能为力，受了不少气，吃了不少苦，是一位可怜的女人。

幺叔叫毛远忠，出生于1920年6月23日，于2003年5月29日逝世，享年83岁，务农。幺婶叫袁兰秀，出生于1925年2月17日，于2006年12月5日逝世，享年81岁。幺叔、幺婶与爷爷、奶奶和伯父一大家，住民主阳城大垸（也称老垸）介福村。幺叔有一儿三女，大女毛冬枝，二女毛耀枝，儿子毛耀东，小女毛梅珍。幺叔继承了爷爷留下的家业，种40多亩水田，土地改革时被划为中农成分。幺叔任劳任怨，40多亩水田，主要由他耕种，天天下地干活，非常勤劳。幺婶也很贤惠，操持这么一大家的家务，做饭、洗衣、种菜十分忙碌，伯父和我住在这个家，对她来说应是多余的人，但她很少有怨言。

六、我的外公、外婆和舅舅、姨妈

我外公叫伍凤庭、外婆王氏住在南县三仙湖镇附近，离我们家有60多里远，且隔三道河，交通不便，只是每年我随父母去他们家拜一次年，其他时间很少来往。我甚至都不知他们的出生年月。外公和幺舅伍秀贵在一起，以种菜为生。1954年，我们家被大水淹没了，外公家没被淹，生活比较好，母亲就把我送到外公家住了一个多月，还在那里过了年。外公、外婆和幺舅、舅妈对我很热情。幺舅有两个儿子，大儿子伍发喜，比我大两岁。小儿子伍发银，比我小一岁。在那里时和他们玩得很好。记得外公家附近有一片很大的坟地，正月十五晚上，各家后人都要给祖坟上送蜡烛点着的灯笼，五颜六色，非常漂亮。等祭祖人转身走远，小孩就抢拿漂亮的灯笼回来玩。我两个表兄弟拿了不少好看的灯笼回来。我胆小，怕坟上有鬼不敢去，他们就把最好看的灯笼给我玩。后来我胆大了，也与小朋友一起到坟地去争抢灯笼玩。

我大舅叫伍孟达，他住在常德县西洞庭的冲天湖，离我家40多里，是与我幺舅家相反方向。他与大舅妈无儿无女，是村里的"五保户"。我到他家只去了三、四次，对他们的情况了解不多。只知道大舅妈特别爱干净，就是住在小茅草房里，她也打扫得一尘不染。1959年我在初中时，学校派我们上前河折运将被修水库淹的房屋，与刘竹清返回途中饥饿难忍，经过大舅家饱食一餐。50年后我与刘竹清再见面，还对那顿美餐记忆犹新！

姨妈远嫁湖北公安，生有表兄易中元，表弟易中选，表妹易香桂。由于那时相距较远，交通不便，往来甚少。

七、我的弟弟妹妹

我的弟弟妹妹童年时代没有我幸运，没有爷爷奶奶的照料，从小随父母生活，吃了不少苦。由于家中缺少劳动力，又要保证我上学，大妹妹春年小学都没上完就回家劳动了。弟弟耀喜小学毕业也回家劳动了。只有小妹耀云上到中学。

大妹妹春年，出生于1944年12月，比我小一岁多点，只上过小学四年就回家帮母亲做家务，在队里干农活，成了父母的得力助手。她的性格随父亲，心直口快，性格刚烈，经常给队长、会计提意见，据说"大跃进"时被生产队长整过，吃过不少苦头。她和同村的肖才见结婚成家后，生有一子两女，大女肖广慧，湖南师范学院毕业，任中学教师。儿子肖广界，高中毕业，在家务农。小女肖广华，初中未毕业，务农。妹夫肖才见是比我低一届的初中同学，也是因家庭困难，中途退学，回家务农，曾任大队会计。大妹妹完全继承了母亲的优良传统，勤俭持家，井井有条，家中鸡鸭成群，自留地蔬菜满园，在队里干农活也是一把好手。她还学会了生产糖果的技术，自己生产糖果出售，赚了一些钱。20世纪80年代初，她在生产队里第一家盖起了砖瓦结构的楼房，引起不少人家羡慕。但1993年，她因与儿媳争吵，一气之下，服农药身亡，享年50岁。

  弟弟耀喜也是只上完小学就回家帮助干活了。他从小就比较聪明，什么东西他一学就会。邻居有几个老头下象棋，他不到十岁，先在旁边看，后与他们下，结果谁也下不过他了。如果让他上学，可能比我还要好一些。他从小就喜爱捕鱼虾，又是捉鳝鱼的能手。他出去捡鱼，经常满身是泥，满篓是鱼。回到家里，对满篓鱼，都很高兴；而对满身泥，却都埋怨。为什么会满身泥呢，没见过捡鱼的场面，自然不明白。所谓"捡鱼"是在别人家用水车排干了的鱼塘里去捡漏收之鱼。主人排干鱼塘后排成一队在前面抓收大鱼，捡鱼的一般是在后面捡主人捡漏掉的小鱼。有些捡鱼的人不守规矩，挤到前面去抓大鱼。这时主人会浇洒稀泥以示警告。耀喜就是不怎么守规矩的，窜到前排捉大鱼，往往容易被浇上泥水，所以他能捡满篓的鱼，而且比较大。我也曾捡过鱼，身上很干净，但捡的鱼却很少，而且都是小鱼。耀喜还是捉黄鳝的能手，有时大清早出去，他到田头转一圈就能抓回十几斤黄鳝。他抓的鱼虾和鳝鱼除了自家吃些以外，主要是拿到集市上去卖，资助我的学费。他种庄稼、种蔬菜都是一把好手，当过生产队的会计、队长，大家都佩服他从实际出发，不受条条框框限制，对上面的规定，他认为不对的就不执行。比喻"密植"，他认为上级要求插秧间距过密，反而会降低产量，就是不执行。结果他的队里年年高产稳产，上面也无话可说。

  耀喜与段元英结婚，生有一子二女。大女毛冬红，初中毕业，曾在水电站工作，下岗后在常德市做个体户。二女毛光慧，华南农学院毕业，在上海安家工作。儿子毛光强，成都气象学院毕业，在长沙一家计算机软件上市公司工作。他把三个孩子中的两个供养成大学毕业生，虽然我给过一些资助，但主要靠他自己的努力，实属不容易，这在全村是少有的。那时他一个人种十五六亩水田，在未机械化的条件下是非常辛苦的。为了支撑孩子上学，他硬是坚持下来了。但在两个孩子大学毕业后，他松了一口气，不想在农村呆了，就把老家的房子卖了，在县城买了一间门面房，想开个小百货店。谁知上当受骗了，买的门面房是违章建筑，不到半年就被拆除了。回老家没有住房，孩子们刚参加工作，也没住房，无奈他和弟媳来到北京，在我工作的单位气象出版社做了四年门卫工作。同时筹资重新在农村盖了一间三层连体小楼房。现在大女儿在常德市从事个体职业、二女儿在上海工作、儿子在长沙工作，三个孩子都有了三室一厅、四室一厅的住房。孩子们还给他和弟媳上了社会保险，每人每月有千余元的养老金，日子过得不错。前几年弟弟和弟媳在长沙带双胞胎孙女毛典、毛雅。待孙女上初中后，去年又回到了他在老家的三层小屋，还要回了四亩承包农田自己种，又回归农村，过上了农家生活。

  小妹耀云，高中毕业，毕业后在荷包湖大队小学任民办教师，后转为正式教师，与朱忠云（小学校长）结婚，生有一女一子。女儿朱艳平，成人大学毕业，在北京中国气象局所属华风气象影视集团有限责任公司工作。儿子朱志华，高中毕业，住在常德市鼎城城区，系自由职业者。现在妹妹、妹夫双双已在教师岗位上退休，他们都在常德市鼎城城区购置和建有住房，两人每月有几千元退休金，衣食无忧。但耀云两次脑梗后生活不能完全自理了，需要保姆护理。

八、我的妻子

我和张凤英虽然都是南京气象学院的同学，由于不在一个系和一个年级，她是农业气象系65级毕业生，我是气象系，在学校时并不认识。我们相互认识是在1970年9月大学毕业分配工作以后的事。

我的婚事，在这之前，还很小的时候，父母给我定过娃娃亲。大约在我只有两三岁时，父母亲与同村的曾汉清家关系很好，两家商量要结成亲家，就明确了我和曾家女儿曾淑贞的婚约关系。打我七八岁起，每到过春节，父母都要我提着礼品上她家拜年。那时我最不愿意去，有时父亲用棍子赶我，离她家只有百来米后父亲才撤回。其实到了她家，"丈母娘"特别热情，烧鸡蛋、煮米酒、上糖果，忙得不亦乐乎。记得有一次父母要弟弟耀喜陪我去，快到她家门了，我要弟弟提着礼品先进去了，我开溜了。弟弟得到了好吃好喝，回来很高兴，并说以后哥哥不去给丈母娘拜年我去。招来父母一顿好训。那时不愿上她家去，主要是胆子小，似乎还有些害羞。其实"小媳妇"曾淑贞儿时瓜子脸、大眼睛、白皮肤，长得蛮漂亮的。后来我考上了初中，又考上了高中，曾家认定我不会在农村娶亲，先提出解除了婚约。在我上高中二年级时，曾淑贞与同村的李根元结婚了。在初中，我交往的同学都是男生，和女生没什么交往，至今也记不上几位女生姓名。到了高中，我开始注意女生了，对班上有位女同学有好感。但那时中学不许谈恋爱，很强调突出政治，我又是班上的团支部书记、全校的"三好"学生，不敢谈恋爱，所以也没向女生明确表示过什么。到了南京气象学院，头两年我还像高中一样，一心一意地学习，没有考虑找对象。到了"文革"后期，成了逍遥派，无事可做，这时想要找对象了。我对班上两位女同学都有好感，但总是举棋不定，结果一事无成，还闹得满城风雨。在毕业分配前夕，气象系党支部书记刘彦玉召开民主生活会，批评了我谈恋爱的问题"脚踩两只船"。但政治辅导员赵育良还关切地对我说，如果谈定了对象要早向组织报告，毕业分配时可考虑照顾在一起。我当时表示没有谈定女朋友，感谢组织关心。毕业分配后才发现，我谈恋爱搞得满城风雨，而班上张明席与朱应珍，蒋允治与李晋芝不声不响，却成双成对地走上了工作岗位。我只得承受自己的失误，祝愿他们的幸福。

全国"老五届"的大学生因"文革"原因延期一年毕业分配工作。我们69届的学生延期了一年，到1970年7月才分配工作。我被分配到中央气象局，先到中央气象局在湖北南漳的战备基地劳动锻炼。当时来基地锻炼的大学生有97人，南京气象学院70人，南京工学院20人，北京工业大学7人，成立了一个学生连，一了解学生连的这些同学大多都有对象了，个别还结婚了。我想自己也要抓紧找对象，而且父母亲也催促，要我外面不好找就回老家来找。南县厂窖的姑姑还寄来一张漂亮女孩照片，征求我的意见。我不想出现夫妻两地分居问题，没有在家乡找对象的打算。在学生连我认识了张凤英，并开始注意她，随之产生了好感。我吸取了在大学谈恋爱失败教训，需要事先了解人家有无对象。我发现在学生连里张凤英与李延香关系最好，就从李延香那里打听到她还没有男朋友，就进一步加强了对她的观察了解。她身材苗条、穿着整洁、谈吐稳重。还了解到她家也很贫困，亲生母亲在她很小就去世了，是伯母含辛茹苦把她养大和供她上学的。再经过一段时间，觉得她越来越符合我理想中的爱人。1970年底，我们结束了劳动锻炼，回到了北京中央气象局。大约在1971年上半年，我通过李延香向张凤英正式提出了建立恋爱关系的要求。不料她欣然答应了，我欣喜不已。1971年下半年，先是张凤英的大娘邢秀平，实际是她的养母带着她的小妹妹凤莲来北京，说是来玩，实则是来相女婿的，大娘对我还比较满意。随后我又请母亲来北京，征求她的意见。母亲对张凤英也比较满意，但说了句"就是瘦了一点，不知有什么病没有？"。我说"没什么病，我就喜欢瘦点的，胖了我还不要呢！"母亲同意了，并嘱咐我们早点把婚事办了。

  我们的婚事是极为简单的。1972年9月1日，我和张凤英持单位介绍信到北京海淀区大钟寺派出所领了结婚证。领结婚证后我们就回到老家，先到我的老家湖南常德。那正是"文革"破"四旧"后，结婚不时兴大操大办了，但父母亲还是想办一下，请亲友和邻居来喝喝喜酒，举行一个婚礼。我们不想办，就谎称说已经在单位举行过婚礼了，结果只请了几位我要好的同学在一起吃了一餐饭了事。回到单位又称已经回家举办过婚礼了，给同事发些喜糖，也就应付过去了。然后找单位要了一间12平方米的房子做新房，把我们两人在集体宿舍用的单人床拼在一起做新床。被褥、被罩、床单都是我们两人原来用的。家具极为简单，她有一个柳条箱装衣服。我连箱子都没有，全部家当都装在一个麻袋里，后来凭结婚证用85元购买了一个新大衣柜，这是我们为结婚添置的唯一的一件新家具。这样我们就算成家了。

  张凤英1946年12月6日出身于河南省遂平县一个农民家庭，1965年考入南京气象学院农业气象系气候专业学习，毕业后分配到中央气象局工作，和我在一个单位。这个单位开始称"311"组，以后改名为"701"办公室，现在称"国家卫星气象中心"，是从事气象卫星工程建设、科研开发、遥感数据处理与应用的科研和业务相结合的事业单位。我们于1972年结婚，1973年7月6日生了一个女儿，起名毛艳华。1973年我被调到中央气象局办公室任业务秘书，她继续在"701"办公室做科研工作。1980年为了实施中美大气科技合作的第一个协定，她被作为中方访问学者派往美国国家卫星气象中心（NESDIS）工作了一年半，1987至1989年间先后两次到法国卫星气象中心（CMS）工作了近一年。她参与了我国第一颗气象卫星资料接收处理系统的研制工作以及多项国家级重大科研、工程项目的建设，曾两次获得国家科技进步一等奖，具有二级研究员高级职称。

  在家庭生活中，我们互相关爱、配合密切。家务事一般是我买菜做饭，她洗碗筷和打扫卫生。年轻时她身体瘦弱，当时我身体较好，做好了今后老了照顾她一辈子的思想准备。1990年夏，她学骑自行车不小心摔成了股骨头骨折，打了钢钉后造成了股骨头坏损，我照顾了她两三个月。她刚好些，我又得了腰椎间盘突出，行走困难，她反过来照顾了我两三个月。我2002年突然犯了心梗，后来心脏病不断，几次住院，都是由她来细心照顾我了。没想到事实颠倒过来了，她现在的身体似乎也比年轻时显得健康多了。

  张凤英的父亲张林春，生于1923年，逝世于2006年10月，享年83岁，终生务农。她的母亲在她出生一岁多点就因病去逝了，从小由她大娘（伯母）邢秀平抚养成人，并供她上学，直至大学毕业。大娘是个和蔼可亲、勤劳善良而苦命的女人。她伯父结婚不久就被抓"壮丁"走了，一去不复返，毫无音信。大娘为抚养她成人，守寡终身。我们有了艳华后，就把大娘的户口从河南遂平农村迁到了北京，帮我们带孩子、做饭近30年，排解了我们大部分家务劳动的后顾之忧。我和张凤英能在工作上有所作为，与大娘为我们操劳家务密不可分。大娘命很苦，因父母去世较早，她连自己出生年月日都记不清，我们也从没有给她做过生日，现在回想起来深感内疚。最后几年大娘有些糊涂了，常念叨老家的人和事，闹着要回老家，无奈我们于2002年把她送回了老家。在老家由我们出钱，请张凤英的大弟和三弟代为照料。伯母于2006年3月28日去世，享年近97岁。张凤英的父亲与继母生有五子二女，大弟张富有（1952年出生），二弟张铁棍（1956年出生），三弟张运良（1963年出生），四弟张永锋（1965年出生），五弟张小五（1970年出生），大妹张梅英（1954年出生，2013年病逝），除小妹张凤连（1961年出生）远嫁宁夏石咀山煤矿工人外，其他均在当地务农。继母于2014年也去世了。

九、我的女儿、女婿、外孙

我女儿毛艳华，出生于1973年7月6日，从小就是大娘在家带大的，只上了几个月的幼儿园。刚进幼儿园，一有点伤风感冒，大娘就说别人没有看好，要把她接回家。这样，集体独立生活的能力和组织纪律性就不如从幼儿园培养出来的孩子强。小学是在气象局自办的小学上的，成绩还可以，经常得"双百"。小升初时，数学成绩99分，是当年最高分，但语文成绩只有74分，总分173分。那年，铁道附中的录取分数线是175分，艳华仅差2分未被铁道附中录取，后来被105中录取了。

105中学的初中部还说得过去，高中部算是海淀区较差的。升高中时我们就希望艳华加把劲，跳出105中。当时艳华在班上的成绩也是中上水平。中考那学期，艳华学习很努力，成绩有所提高。结果终于跳出了105中，考到了花园村中学，系中等偏上的高中。在花园村高中成绩还好，高考分数，离重点线只差了6分，最后录取到北京机械学院的自动化专业。

大学毕业后，又面临找工作的问题。艳华是1992年入学，1996年毕业的，最后到民航华北空管局通信中心工作，与所学专业还算沾点边。工作后又面临找对象成家问题。开始我们也操了一份心，请人给她在中国气象局机关介绍了一个对象，艳华去见了一面，不满意就算了。她也不要我们管此事。后来她在本单位认识了赵麟，两人自由谈恋爱，于2000年结婚。2002年2月10日生了个男孩，取名赵哲恺，小名叫乐乐。乐乐6岁开始在二里沟中心小学上小学，12岁升入北京理工大学附中分校上初中，15岁考入中国地质大学附中上高中。希望乐乐努力学习，能考上理想的学校，将来找到好的工作。

以上就是我的家庭概况和主要成员简述。

第三章　我的童年和小学时代

一、我的童年

我的童年时代，应是从我三、四岁开始到上小学1951年这一段时间。这段时间，父母亲带着弟弟妹妹在新垸（民康垸）种地，我和爷爷、奶奶、伯伯和幺叔及他的孩子一大家子住在一起。那时幺叔有一女叫毛冬枝，比我小2岁。在这个家里，我是爷爷、奶奶的掌上明珠，在他们呵护下度过了我愉快的童年。这段时间，作为一个儿童，主要是玩。那时候农村既没有幼儿园，也没有现在这么多好玩具。那么我们小时候都是怎么度过的呢，现在记忆比较模糊了，但仍然还有一些记得比较清晰的事情。

听故事　我小时候最喜欢听爷爷和伯伯讲故事，总是缠着他们没完没了地要他们讲。爷爷讲的大多数帝王将相、才子佳人的故事，伯伯讲的大多数是英雄好汉、妖魔鬼怪的故事。不管他们谁讲故事，我都愿意听，即使伯父用讲妖魔鬼怪的故事来吓我，我也要依藏在奶奶的怀抱里听完。后来爷爷和伯父出了新招，说故事不能白听，要我为他干一件事，才讲一个故事，例如为他打洗脚水，赶鸡鸭入窝，打扫房屋卫生等。为了听故事，我都按要求很快就把事做完了。有时还听我堂兄阳春哥给我们念小说。阳春哥上过几年私塾，岳飞传、水浒传，他在农闲时常念给我们听。所以在我还一字不识的时候，西游记、水浒传、三国演义，封神榜、岳飞传、瓦岗寨、包公案、施公案、七侠五义等古典小说中的一些故事我基本上都听了一遍。爷爷、伯伯的故事讲完了，又重复讲的时候，我就不爱听了。他们要我干活的指挥棒也就不灵了。我后来上学，语文和历史成绩比较好，与爷爷、伯伯和阳春哥在我儿时讲的那些故事是很有关系的。

放水牛　那时的农家，几乎每家都喂养牛水。喂养牛，既不是为了吃牛肉，也不是为了喝牛奶，而是利用它耕田，是农家重要的劳动工具。我家养了一条大水牛，小时候我经常牵着它在堤上、湖边吃草，特别喜欢骑在它的背上。觉得骑在牛背上从别人家门一过，就像打了胜仗回来的将军那样，耀武扬威，感到特别爽快。上牛背，对小孩说是比较困难的，开始要大人把我抱上牛背，后来我自己用个木凳子，站上去踩着老牛前腿的胯骨处，一跨就上去了。时间长了，老牛习惯了我骑在它背上，很是配合。再后来我不用凳子了，乘老牛低头吃草的机会，双脚踩着它的两只角根部，双手抓住两只角尖，老牛知道我要上它背了，把头一抬，我顺势就上去了。在牛背上，我时而骑着，时而躺着，有时甚至还能站起来。要是牛下坡，我就倒趴着，抓住它的尾巴；要是上坡，我就顺趴着，抓住它的鬃毛，这样怎么也滑不下来。我还敢骑在牛背上与牛一道下水，让它到湖中间吃最好的水草。在周围的同年人中，我骑牛的本事是最牛的。

学游泳　那时候我的家乡可谓是沟港纵横交错，湖泊星罗棋布，出门随处都可以遇到水。大人们最怕的是小孩掉入水中。淹死小孩的事件时有发生。我爷爷奶奶虽然溺爱我，但在玩水这件事上很开明，很小就培养我不怕水，支持我早点学会游泳，免得不小心掉到水中被淹死。到了热天，爷爷经常把我放在水里泡着，希望我早点学会游水。他们想，早点学会游水，比怕水的"旱鸭子"会更安全些。我第一次能在水面上浮起来的情景至今还记得清楚。那是在一条三四米宽的水沟里，沟有一、二米深，两边长满水草。我一人偷偷地练习，决心要学会浮水，那时不知"游泳"一词，当地叫"打泡球"。我开始双手抓住沟岸边水草，把头埋入水中，双脚使劲轮流打水。然后背对沟岸，双脚一蹬，向沟对面扑过去，孤注一掷，手划脚打，直到抓住沟对岸的水草（真是救命草）就安全了。开始过于紧张，免不了呛了几口水。如此往返多次，不紧张了，就能很自如的浮在水面上做各种动作了。仰着、侧着、趴着，都不下沉了。回到家里，我告诉爷爷奶奶，说我会"打泡球"了，他们都很高兴。后来我很快学会了仰泳、侧泳，蛙泳游得不规范，是当地大家都会的"狗爬式"。后来上大学了，别人笑那是"狗爬式"才开始纠正，但养成了习惯动作不容易改，至今蛙游动作仍不规范。我的踩水能力较强，那时要过沟港和小河，我经常把衣服用一只手举在头顶，主要用双脚踩水就能过河，到了对河岸还能穿上干衣服。

玩游戏 小时候我很喜欢与年龄不相上下的小朋友一起玩游戏。现在能回忆起来的主要有曾锡元、熊云堂、萧腊春、章毅、章科、章冬秀、章元秀、曾达秀、宋万明、王汉元、杨文学等。玩的项目也没有现代孩子们多，主要有：老鹰捉小鸡、丢手绢、踢毽子、捉迷藏、拍皮球、玩弹子、跳房子、玩泥巴等。其中前几项现在的孩子们还有玩的，而后几项现在很少有孩子玩了。

玩弹子 弹子就是一种比大拇指大一点的玻璃球。玩弹子先在地上挖出六七个小洞，其分布像"七斗北星"一样。参加游戏的小朋友用手指把自己的玻璃球往洞里弹，谁占的洞多，谁胜，有点类似打高尔夫球。如果你的球到了洞边，别人的球进洞了，你还有一次机会用自己的球去弹别人的球，如果把别人的球从洞中弹出来了，这个洞就归你了。

跳房子 玩跳房子要先在平地上划出前后长约十多米的房间，房间开始连续三个单间，接着一个双间，然后单双相间，共十多间，最后接着一个大圆圈，整体形状像飞机。参加小朋友每人手里有一个小沙包，先把小沙包由近及远轮流扔到最近的房间里，再用单脚跳进房间把沙包站在外边把它捡回来。这样由近及远扔到每个房间里，并分别立在前一个房间把小沙包捡来回，规定来回单间只能单脚着地，双间可以双脚着地。如果在单间站不稳双脚着地了，或者小沙包的位置扔得不当，在前一间拾不到，就要终止了。最后谁扔的房间多谁胜。

玩泥巴 玩泥巴那是农村孩子经常玩的游戏。泥巴就像现在城市里的孩子玩的橡皮泥。玩泥巴就是将泥巴像揉面一样把它做"熟"，再做成各种器具，有时做成锅碗瓢盆，玩家家，有时做成猪牛鸡鸭，也有的捏成各种泥人，比谁做得好。我们男孩子玩得最多的是用泥做成碗，把它做得均匀而又薄薄的，然后放在手心使劲向平地一拍，看谁拍出的爆破声最大，谁最棒。

踢毽子 那时的毽子是在"铜钱"上扎一撮公鸡毛制作而成，和现在市场上出售的毽子差不多。踢毽子用脚去连续踢，或玩着其他花样踢。这本是女孩子玩的游戏，在找不到男孩子玩时，我也时常和女孩子一起踢毽子比赛，而且踢得还比较好。如今，踢毽子是一种很好的健身运动，在公园里经常看到有人踢毽子，而且踢的水平越来越高，花样越来越多。

踩高跷 那时踩高跷不是像现在的表演节目，而是做雨天出门玩的雨具。儿时最怕老天爷下雨。天一下雨，路上全是泥水，没法出门找小朋友玩。每年在清明节和重阳节前后，我们那里总是阴雨绵绵，数天不晴，小孩子在家憋得急。那时每个家庭都有几双"木屐"（现在被雨鞋所代替了，见下图），穿在脚上可以在泥水路上行走，但多是大人穿的。记得我曾向家里闹着要买小孩木屐，爷爷被我闹得没办法，给我用树杈做了一副"高跷"，教我踩着高跷找邻居小孩玩，我特别高兴。后来邻居小孩大多也做了"高跷"了，阴雨天泥路也可以互相串门玩耍了。

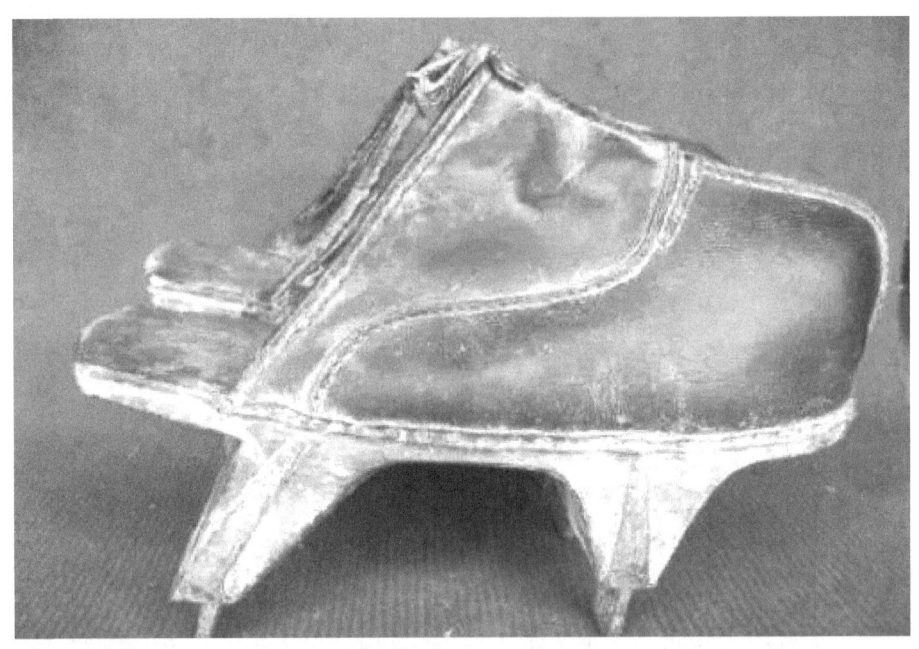

玩铜钱 玩铜钱是男孩子玩得最多的游戏。民国时期，家乡流通铜钱。中华人民共和国成立后，各家还存了一些，不作为货币流通了，常用到给小孩玩游戏。那时我们玩的铜钱有三种，一种叫"五板"是一百文，一种是叫"夹壳子"是五十文，一种是"民钱"十文。玩的方法是在平地画一个一米左右的正方形框，参加玩的每人放一个夹壳子或民钱叠在中央，轮流用五板击打，谁把夹壳子或民钱打去框外，就归谁。击打顺序是在框十米左右划一线，每人站在方框一头向横线扔五板，五板落在横线内且离横线最近的第一个击打，如此类推。这个游戏有点赌博的成分。开始玩，我输的多，赢的少。铜钱输光了，就找奶奶要。奶奶总是说，没有了，这是最后的几个钱，都给你了，再输了就别找我了。但再输了，还是能要到。后来我的手法越来越精准，逐渐转成了输得少，赢得多了。赢的铜钱把口袋装得鼓鼓囊囊，很是神气。口袋装不下了，还存在奶奶箱子里，说输了再来拿。

那时除了玩之外，由于出生在农民家庭，从小就随大人学会了干不少农活，在小学部分将详细回忆我所做过的农活。

在我儿童时，不像现在的孩子有电视看，有学龄前的教育，知道不少国家大事。而我们当时对国家大事一无所知。记得有一天，一名带枪的军人在我家菜园里放了一枪，声音很响。我从小怕响声，吓得捂住了耳朵。随后很多人去看，我最后也跟过去看，原来是那人打下了树上的一只鸟。那军人说，你们不用怕，我是解放军，现在和平解放了，是帮你们来搞土地改革的。这以后，我才知道了共产党、解放军、毛主席，看到了庆祝解放的秧歌舞，还看了斗地主、分财物的场面。我父亲家在土地改革中被划定为下中农成分，分到了原来租种地主的20多亩水田和几件小农具、旧衣物。最让我高兴的是听说解放了，要办洋学堂了。洋学堂不打学生，不收学费，我们就都可以去上学了。

二、我的小学时代（1951—1958年）

1951—1958年是我上小学的阶段。学制为6年，我上了7年，这是因为1954年大水，家乡溃垸被淹，学校被毁坏。那时是解放初期，国家的救灾能力远没现在强，很快就能恢复正常上学，而我们整整停了一年才复学，所以我们那里的孩子都上了7年小学，实际上是1954年大水停学了一年。

牛望嘴小学 1951年秋我上了离家只有一里多路的牛望嘴小学。牛望嘴是一个当时远近闻名的地名，在一个由两条大堤构成的丁字形交汇处，又称丁头上，由十几家小百货店、药店、铁匠铺、榨油房、猪肉店等组成的小小街道，是周围许多村民购买日用品的小市场，有时还很热闹。但在1954年冬兴修澧水大堤后，牛望嘴的丁字堤被平掉了，商店被搬迁到了澧水大堤江边。现在当地的年轻人，很少有人知道牛望嘴这个地名了，自然也不知道有什么牛望嘴小学了。去年我刻意去寻找这个老地名的痕迹，只在一个被荒废的旧排灌站残墙上发现了牛望嘴排灌站几个大字。曾听爷爷说过牛望嘴这个地名的由来。传说古时候有一条金牛路过这里，想找栖身之地，站在这里望了很久，就称牛望嘴了。金牛向西北走了十多里拉了一泡屎，那里就叫屎牛洲了。金牛继续走到汉寿县的一座山下，就在那里留下来了，那里就叫金牛山。金牛在那里拉的屎都成了金子，所以现在金牛山上还有金矿。

牛望嘴小学坐落在牛望嘴丁字形街道交汇处的东北侧。校舍用的是一家地主的瓦房，坐北朝南，正房有四、五间，左右有两间耳房，中间有一个小操场。大概有五六个班，每个班大概有三十多名学生。第一次开学分一、二年级，年龄在10岁以上的，并读过一点私塾的直接上二年级；小于10岁的，没上过私塾的从一年级开始。我小于10岁，私塾《三字经》只读了前两页，所以也只能从一年级开始。教学设备很简陋，课桌和座椅都是用长条木板钉在木桩上做成的，只有很窄的桌面，没有抽屉。黑板也是请木匠做的，拼成一块大木板，刨平了刷些黑漆就成了，并不很光滑，非常费粉笔。学生读的书也很简单，就是语文和算术两种课本书，到了高小增加了常识书。根本不像现在的小学生，除了课本还有许多辅导书本，一大包，背着都很费劲。那时我们班有的同学书包都没有，就将两本书放在衣服口袋里或拿在手上就上学了。也有的同学故意不背书包，这样逃学方便，不易被发现。做作业都是在课堂上完成，作业本现场做完现场交，一般不用带回家。就是在家里，有的家连桌椅都没有，没有做作业的条件。所以老师布置的家庭作业只有背书。

我在小学的学习 虽然校舍条件差，但我学习很认真，专心听讲。凡是老师讲过的内容，我都能理解和记住。每次考试基本上是双百，只有语文有时被扣半分或一分，成绩一直在班上名列前茅。初小四年，我在班上文静内向，不善于表现自己，还有点胆小怕事，不怎么显眼。由于成绩好，一直担任学习委员。到了高小，情况有些变化。高小一个班从牛望嘴迁到了介福局。一年后又迁回到了牛望嘴。老师也换了。记得有一天在上算术课前，我为全班同学发完了作业本后，发现没有我自己的作业本，很是奇怪。算术老师开始讲课前，先讲评作业情况，拿出了我的作业在全班表扬，说我的作业不仅答案全部正确，而且书写工整美观，要大家都到讲台前参观我的算术作业本。不久，语文老师又把我的一篇写春天来了的作文当作范文在全班进行了讲解。这以后，我在全班的人气大大提高了。在选举班干部时，大家一致选我当班长。到了高小六年级，学校从介福迁到牛望嘴与初小合并，我被选为全校的少先队大队长。有一天，全校少先队集合开大会，其中有一项议程要大队长讲话，看到操场上黑压压的人群，我紧张害怕，不敢登台。在辅导员老师的鼓励下，憋得满脸通红，硬着头皮上台只讲了五六句话就下来了，把辅导员老师教我讲的话丢了一多半，最后由辅导员老师补充讲了。以后经常想起这件事，觉得太没出息了。

我的启蒙老师 小学老师都对我很关爱。初小有王文成、鄢正东、曾庆修；高小有闻功祥、黄书文。王文成是教我低年级语文的班主任老师，他讲课特别认真细致，对我也很关心。有一次村里在学校操场搭台演戏，要学生也出些节目。他选了我和另外一位同学表演名为回娘家的节目。我开始死活不干，无奈王老师坚持做工作，说要我扮演老母亲，没有几个动作和几句台词。最后我硬着头皮演了，效果还可以，主要是那位演闺女的同学表演不错。王老师选我演戏，是对我的重视，但我想他确实选错了人，那是我终生唯一一次上台演戏。鄢正东教算术，写得一手好正方块字。曾庆修教过语文，写得一手好楷体字。这两位老师对我都有良好影响。

闻功祥老师 在整个小学中对我帮助最多、影响最大、印象最深的是闻功祥老师。他从小学三年级开始就教我们的语文，而且一直担任班主任到毕业。他老家在常德市内，爱人叫裴先舒，也是我们学校教低年级的老师。闻功祥老师写得一手苍劲有力的楷书，上课时声音和谐，高时而高亢激昂，时而低儒优雅，很有吸引力。他对我关爱有加，经常用我的作文在班上作为范文讲解，直到我毕业后比我低几届的学生，还听到过他用我的作文在当范文讲解。我的每次作文，他都认真点评，并给予优良的评分。就是在他的帮助和鼓励下，促使我对作文不得马虎，必须认真构思和遣词造句，写出点新意来，不辜负老师的夸奖。我工作后能从事文字工作一辈子，这与闻功祥老师在小学对我的栽培至关重要，他激发了我的写作兴趣，传授我的语文基础知识，使我终身受益。闻功祥老师注重从德智体全面培养学生，带领学生开展体育活动，在班上组建了排球队、乒乓球队等。他开始想要我参加排球队，但在一次练习传球时方法不当，右手大拇指关节受伤，以至以后一碰排球就疼痛难忍，所以我一直与排球、篮球无缘。但我的体育并不差，我跑步快，弹跳力好，喜欢打乒乓球、羽毛球，每次体育考试都是优。我唯一不好的是音乐，五音不全，唱歌就走调。幸亏那时音乐老师期末考试是以小组为单位合唱的，我跟着别人小声哼，勉强弄个及格，要是单人唱，我是难以及格的。闻功祥老师还非常关心学生的生活。记得我们小学毕业那年，是1958年"大跃进"、共产风、浮夸风盛行的一年。本来小学毕业那年应是紧张复习功课，应对小升初考试的关键时刻，但是学生放学回家，都必须立刻参加生产队的劳动。谁不去劳动，生产队长就把谁的饭扣下，不给饭吃。那时正是大食堂，各家各户不能开火做饭菜，每人一份饭菜掌握在生产队长手里。有几次我们复习功课晚了，没能参加生产队的劳动，晚饭被扣了。闻老师知道后亲自找到生产队长交涉，终于把晚餐要回来了。这样，生产队长不甘心，就要我们出学生夜工，干到晚上十一二点才让回家。第二天一上课，大家都打瞌睡。闻老师也很无奈，只好在他第一节上语文课时，让全班学生集体打瞌睡二十分钟后再上课。在我上高中时，闻老师了解到我家庭困难，曾给过我一些资助。后来我弟弟耀喜还给他，他不要，只好过年送给他一些腊肉表示回报。我工作后，每次回家，都曾打听闻老师的情况，由于他后来调入常德市内工作，退休后无人了解他的情况。前几年，我到处打听才知道他已因病去世了。

小学的同学　小学毕业时全班大约有50多人，但我现在能回忆起名字的有：范伏秋、魏长春、杨文学、曾锡元、熊云堂、叶建明、曾子莲、杨永福、蔡谷生、蔡焕奎、曾枚英、贾春香、刘吉君、陈求初、王业民、王昌国、丁伯生、曾照清、粟海全、徐荆江、谭菊香、许治平、许治合、章冬秀、章科、章元秀、帅先子、文际发、宋万明、周建奇、萧腊春、曾达秀、高伯奎、周三保等34人。现在除了魏长春、叶建明、曾子莲少数几位还有联系外，其他都没有联系了。如果他们在世，已是近80岁的老人了，就是见面了也难以认出。

边学习，边劳动　那时农村孩子上学不像现在全部时间都花在学习上，而是在学校里读书，也有劳动课，回家就是干活劳动。我回家劳动的主要内容：割牛草、砍烧柴、插秧、收稻谷、车水、拾粪、捉鱼虾等。

割牛草　是我经常要干的活。春夏秋三季，耕牛都靠割采野外的青草作为饲料。一头水牛，每天要吃三至四捆青草，我家牛吃的青草基本上由我去割来。我也非常乐于干这项活，可以和邻居孩子一边割草，一边玩耍。有时还能通过"投架子"赢几捆草。"投架子"是每人先出一捆自己割的青草，然后在10米开外竖立用芦苇或树枝做的三角架，然后用自己割草的刀在规定地点投去碰击三角架，谁把三角架击倒了，各人出的草归谁。我的手感较好，赢多输少，能事半功倍。所以我乐于去割牛草。

砍烧柴　也是我常干的劳动活。到了秋冬季节，杂草和芦苇都枯黄了，是农家做饭菜的好烧柴，每家都要到野外砍回一大堆野草准备全年之用。砍柴，首先要有力量，手臂有力，砍得快；腿部有力，挑得多。同时还要刀快，省力。再就是要找到柴草茂密的源地。那时，我家的邻居有叶建明、杨永福、蔡谷生等，都是小学同学，每年到了冬天，都要比哪家的烧柴砍得多，堆垛大。叶建明、杨永福比我大两岁，砍烧柴都是他们夺冠，我怎么也比不过他们，只得甘拜下风。但我比蔡谷生兄弟却要强一些。

栽秧（又称插秧）　是我们乡村的一项重要农活，每年有两次，一次是在晚春4月中下旬，一次是在盛夏7月下旬到8月上旬。这两个时段是我们那里的大忙时节，学校都要在这时放农忙假，让学生帮助家里劳动。插秧，小孩有优势，手脚灵，个子矮，弯腰没有大人那么费劲，栽得快，是生产队完成插秧任务的主力军。我是栽秧能手，速度比较快，一天能完成近两亩地，有时要超过大人许多。

收稻谷　是我们家乡的一项力气活，也是收获成果的最重要农活。收稻谷，每年一般两次，一次是盛夏收早稻，一次是秋末收晚稻。收稻谷有三道工序：一道是割稻，二道是把割下来的小把禾秆在扮桶上甩打使之脱粒，三道是将脱粒的稻谷用箩筐从水田肩挑运到晒场上。小时候，我主要干前一道工序割稻的活。但到了小学毕业那年，也开始干后两道工序的活了，能在泥水田里挑运百余斤的稻谷上晒场了。割稻和割牛草差不多，我有熟练的割牛草技术，割起水稻来有时比大人还快。

拾野粪 就是用一个簸箕和耙子把牲畜拉在野外的粪便收拾起来，再放在自家粪池，使之发酵后当作肥料，撒入农田。那时没有化学肥料，农家对拾粪都很重视。同时还清洁了环境卫生。拾粪最适合小孩子干，但也有大人拾粪的。这是我最不愿意干的一项活，主要是嫌它脏。但又非干不可，家家户户的大人都要小孩拾粪，左邻右舍评议一个小孩是不是勤快，往往是看谁家的孩子起床早，拾粪多，当然我也不甘落后。拾粪还要起床早，晚了都被别人拾光了。只要大人一叫，我就立马起床外去拾粪，也时常得到表扬。

捕鱼虾 在我上小学的时候，家乡的鱼虾很多，湖、沟、塘，甚至水田里都有鱼虾。大人、小孩都喜欢抓鱼，我也不例外。抓鱼虾的方法很多，有用工具抓的，如渔网、鱼笼、鱼钩、鱼叉等；有徒手抓的，如混水摸鱼、竭泽而渔等。

混水摸鱼 我小时抓鱼大多是徒手，有时也用些力所能及的工具。到了夏天经常赤膊上阵，觉得那条水沟或池塘有鱼，就脱光衣服，跳到水中去摸鱼。记得有一次在我们家旁一个水塘里我抓了不少鱼，很高兴，就在水中翻筋斗，屁股坐在泥上，一只嘎鱼头上的刺扎在了我的屁股上，痛疼难忍，只好光身上岸。鱼还在我屁股上挣扎，扎得很深，拔不出来，惹来很多人围观，我又疼又羞。最后还是幺婶帮我拔出来了，出了不少血，疼了好几天。

围堰捉鱼 小时抓鱼的另一种方法就是竭泽而渔，如果判定小沟或小水池中有鱼，就先把它用泥围堵起来，形成围堰，再用盆子把围堰内的水往外浇，直到把水浇干，大小鱼一齐抓尽。如果围堰比较大，水比较多，就多叫几位小朋友分头浇。这样有时能收获很丰，有时却收获很少，取决你围堰前水中藏鱼多少的判断是否正确。

虾推推鱼 我还用过一种叫虾推的工具推鱼。虾推是用一根长竹竿，一端绑一个等腰三角形的网兜，三角网的底边在前端，手握竹竿站在沟的一边，将鱼推从水底推向另一边，水中的鱼虾就落入推网内了。这种方法，一般推不到大鱼，大鱼在你下推时早跑了，只能推到运动迟缓的小鱼小虾，但积少成多，最终收获不小。我出去推一次也能捞到十多斤。大人出去，一天能捞回上百斤。当然要取决于沟里鱼虾多不多。到了春夏之交，小沟小池里的小鱼小虾特别多。记得我曾经折一些柳树枝，绕成一个圈，晚上扔在沟边，第二天清晨用筲箕把它捞起来，柳树枝圈上爬满了小虾，轻轻一抖，就是一碗。那时家里的虾很多，吃不完了就晒干成虾米，到了冬天再吃。我们家桌上总有一碗干虾和一碗腌菜，我都吃够了。曾发誓一辈子都不吃虾米了。谁料现在想吃都吃不到了，成了稀贵之物。

鱼叉刹鱼 用鱼叉刹鱼，是一种高级捕鱼方法，我很喜欢。鱼叉是在一根二、三米长的竹竿一端固定一个五齿铁叉，齿尖很锋利，并有很细的倒挂钩，刺入鱼身上了就滑不掉了。竹竿另一端系有长绳。看到水中的鱼停留或游得慢时，用鱼叉瞄准鱼后像掷标枪一样投出，叉着鱼了用末端挽在手上的绳子收回，鱼就到手了。用鱼叉叉到的鱼一般比较大，起码在一斤以上。最好刹的是黑鱼，我们家乡叫菜鱼。这种鱼在春末夏初喜欢浮在水面晒太阳，反应迟钝，只要看到了，鱼叉投出去，基本一个准。这种鱼还有一个特性，它们的幼鱼黑压压一片成圆盘状漂在水面，目标大，很容易被发现，而幼鱼下面总有一公一母有两条大鱼保护。这时你即使看不到大鱼，只要将鱼叉向幼鱼中心位置投去，准能叉到隐藏在下面的大鱼。记得我小学四年级时，我和好同学范伏秋在中午回家的路上看到湖边有一条大黑鱼在晒太阳，于是要范伏秋守在这儿，我跑步到最近的一家借来鱼叉，真把这条鱼叉到了，回家一称，有8斤多，一人分一半，两家都很高兴。

捡鱼 我们家乡的小孩都有捡鱼的经历，我也多次去捡鱼。所谓捡鱼，就是大湖、大塘主人把水抽干，把鱼收走后，去捡他们漏收的鱼。漏收的鱼一般是小鱼小虾，但有时也能捡到大鱼，比如黑鱼、泥鳅、黄鳝、甲鱼等。这些鱼喜欢钻进泥里，主人们难发现，就有可能被后面捡的人发现。记得有一次我捡鱼，就用脚踩到了一只4斤多的甲鱼。

钓鱼 我们小时钓鱼的器具很简单，都是自己动手做的。先把家里缝衣服的针放在煤油灯上烧红，将其弯曲成钩，穿上长线，绑在一根二、三米长竹枝尖端就可以钓鱼了。钓鱼前先选择好湖、河、塘边位置，打好窝子。打窝子就是撒一些细米糠，把周围的鱼吸引过来。这时就可以把鱼钩甩向鱼集中的地方，再拉动鱼钩，向岸上一扬就能把鱼钩上来的。这样钩的都是小游鱼，或叫"刁子鱼"，只有两三寸长，无需咬钩，也无需鱼饵。由于鱼的密度大，鱼钩直接钩到小鱼任意部位就可把它带出水面，鱼多时几乎一甩一条。还有一种用大针做的鱼钩，竹竿也长一些，与现在的手杆差不多，用蚯蚓做鱼饵，可以钓比较大的鱼，如鲫鱼、鲤鱼、青鱼、草鱼等。我小时多是钓小鱼，见效快。钓大鱼，经常好久钓不到鱼，我缺乏耐心。

网鱼 网鱼的方式有多种，一是用拖网，在大湖、大河中铺开，用船在水中或人在岸上拖拉，所经过之处的鱼就可能一网打尽。这种拖网捕鱼都是捕鱼专业户实施，平常人家用不起。但我们小时候特别喜欢看他们收网，收网时许多大小鱼挤在一起，像开了锅一样，极为壮观。二是用手网捕鱼，这种网是用麻线织成的，上部小，下部大，直径有四、五米，且系有一圈铅条，使网能快速沉入水底。手网一般适应于在二、三米深的河、湖中，要用一只小木船，捕鱼人站在船头，手挽渔网末端纲缆绳，用力一撒，渔网散开成圆形沉入水底后，再慢慢提出水面，把网上夹带上来的鱼抖入鱼筐，再撒第二网。撒这种手网捕鱼，一要有相当力量，能把渔网撒得开，二要有一定技术，能把渔网撒得圆，还要知晓哪些水域有鱼。我小时只见过手网捕鱼，没实践过。三是用丝网捕鱼，就是用很细的麻线织成二三米宽，二三十米长的片状网，网上端系有浮标，下沿系有适当沉淀物。将网片每相隔一段水面放一道。放好后，捕鱼者不停地敲打木船，水下的鱼听到敲打声就会乱窜，窜到丝网上就会被缠住。捕鱼人发现丝网浮漂乱动就可以提网收鱼了。这也是捕鱼专业户常用的捕鱼方法。

鱼笼捕鱼 是用竹子剖成薄篾片编织成各种形状和大小不一的笼子，笼子有一个或几个进口，进口内安有倒挂竹片，鱼要进了笼口，就再也出不来了。笼子中悬挂些鱼饵，把它放在湖水中，等鱼自动进入。每天定时把鱼笼提出水面看看，如果有鱼，就取出来。如果要捕鳝鱼或泥鳅，就将笼子编织成圆洞形，而且竹片要排得紧密，使宠内显得黑暗，用蚯蚓作饵料，放在沟港靠路旁的水下，这样鳝鱼、泥鳅喜欢进入。我小时经常随爷爷用鱼笼扑鱼，这是一种最省力的捕鱼方法。

用罾扳鱼 罾是种用四根竹竿撑开的方形渔网，用支架固定在有鱼经过的流水岸旁，将他放入水中，间隔一定时间搬出水面。如果游动的鱼群刚好通过时起网，鱼就全部落网了。起网间隔时间无定数，一般10分钟左右起一次。大多在夜间扳鱼，有时一夜能扳100余斤。

罾网

挖藕 挖藕就是把长在泥里的藕挖出来自家吃，或拿到集市上去卖。藕有家藕和野藕之分，家藕是自家塘堰里种的藕，藕在泥里长得比较深，大概有一米多深，藕长得比较长、比较大，既能做菜吃，也能当水果生吃。挖家藕比较费力，一般是大人们去挖。野藕是长在莲湖里的藕，主要是为了收莲子，由于藕比较小，没人管，所以称野藕。到了冬天，莲湖里的水干了。不少人就去挖野藕，也称挖湖藕。由于湖藕长在泥内浅，只有不到一米深，小孩也可以去挖。我小时候经常去挖湖藕，湖藕做菜吃和生吃的口感没家藕好，但炖着、煮着吃不比家藕差。特别是"三年困难时期"，野藕成了抢手货，大家都争着去挖回来与米饭煮在一起当饭吃，解决了许多人的饥荒问题。

摘菱角 家乡那时有许多垸内湖泊和沟港，这些湖泊和沟港一部分种上了湘莲，有人看管，防止偷摘；一部分没种湘莲，水面野生许多菱角。到了每年八、九月份菱角成熟了，大家都可以去摘。摘菱角需要有小木船，没有小木船时就用家里的洗澡木盆。我小时候经常用自家的澡盆去湖里摘菱角。人小体重轻，坐在澡盆两手划水，摘下的菱角放在盆内，一次也能摘一二十斤，多了不行，过重会压沉。菱角有的两个角，有的四个角的，做菜或与米饭一起煮都很好吃，其口感不差于北方的板栗。但菱角脱壳比较困难，要用菜刀一个一个地劈开，而且每个菱角要劈两刀才能取出整个菱米。如果不小心，还可能劈在手指上。我小时就曾几次伤了手指。菱角壳容易刺伤人，一般用来烧锅，绝不能让它们到处散落，特别是不能让它们散落在水田里扎脚。那时在水田里干活，或下湖里抓鱼，经常脚上扎进了刺，大多是被菱角壳上的刺所扎。

在小学时代，还有几个事件印象深刻，至今难忘。

（一）困在荒滩挨饿

1953年冬，我随幺叔和一些邻居们一道进山砍芦苇。所谓进山，并不是真正的山。

我们家乡是平原湖区,没有山,则把洞庭湖中的芦苇滩称为柴山。到了初冬,洞庭湖水退去了,地势较高的荒滩上长满了大片、大片的芦苇,比北方的青纱帐还要高,足有三、四米高。每年这时候,凡有较大木船的农家都要划船到洞庭湖深处荒滩去砍伐芦苇。越进入深处,芦苇越好。因为边沿地区,砍伐的人多,很快就没了。芦苇对湖区农家作用很大,是盖茅草房屋的重要物资。房顶在铺盖稻草之前下面先要铺一层芦苇,稻草才能盖平展。茅草房的墙壁也是用芦苇裹上稻草编织的,再在里外抹上一层泥就成了不透风的墙。芦苇如果不盖房用,还可以当烧柴,也可以出卖换钱。所以秋收之后,各家都很重视进山砍伐芦苇。1953年我刚10岁,已经会划船了。那时我幺叔家有一条能装3吨左右的木船。正好学校放假了,我就随行给幺叔当助手,准备了三天的粮食,还带有简单的锅碗、干菜和棉被等,划着木船,进入了离黄珠州大堤十多里的一片湖滩。那里芦苇真好,密密麻麻,又高又粗。预计不用二、三天就可以砍一船芦苇回家了。

幺叔专门负责砍伐,我负责捆绑和做饭。绑绳是就地取材,就是把芦苇拍扁后当绑绳,把砍伐下来的芦苇分成碗口大小为一堆,再上下各捆一匝成为便于搬运小捆。开始我还捆得很快,到后来由于那时没有手套,在扭捆打结时手上起了血泡,甚至被划破了,疼痛难忍。幺叔看到后,要我休息。后来找到一块破布,包扎起来,还坚持慢慢干。我负责煮饭,很简单,先挖个坑,把锅架上,前面留个大一点的口子送烧柴,后面和两旁留小孔冒烟。这样,捡些干芦苇点着就把饭煮熟了。从家里带的泡菜,不用烧就可以吃,带的干咸鱼在火上烤烤也能吃,还特别的香。

经过两天多的紧张劳动,我和幺叔已砍伐了满满的一船芦苇,码放好了,准备返航。不料在我们返航时刮起了大北风,正好和我们要航行的方向迎面吹来。芦苇在船上堆放有两米多高,像风帆一样招风。我们开始启船返回,幺叔在前面使劲划前桨,我在船后掌舵,也使劲划后桨。由于风的阻力,船下面有浪打,几次努力开船,都被风浪顶了回来。无奈只得等大风停了再返航。当晚我们吃完了携带的所有食物。

第二天,不但风没有变小,还在大风呼啸声中飞起了细雨。我们只好用芦苇搭了个小窝棚,蜷缩在里面,整整一天,什么也没有吃的,饿得我肚子咕咕响。困在这里的其他人,他们带的食物也都吃完了,有的比我和幺叔早些就没吃的了。我在这些人中年龄最小,最先嚷叫肚子饿。幺叔要我忍着点,我想叫饿也没用,干脆闭目养神,还睡了一大觉。

第三天风雨还未停下来,我们一个个饿得没精打采,真有些着慌了。这天下午,幺叔和几位大人们想弄点什么来吃,开始他们想抓鱼,在水边转了一圈,也没抓到鱼。后来又想抓鸟,也没抓到。最后他们想到了芦根,知道干芦根泡水喝能治病,说明这东西没毒,是可以吃的。于是,他们挖来许多芦根,放在锅里煮,要大家一起吃。饿极了,这东西吃起来还真香。吃了些芦根,喝了点开水,人精神多了。我想这里芦根多的是,有这个东西吃,看来是饿不死了。过去我们叫它芦根,没有人会想去吃它。现在大家给它的名字美化了,叫芦笋,是高级菜肴,而且还很贵。当时是万般无奈,为了求生才去吃它的。现在吃它,可谓是一种高级享受了。

第三天下午,大风渐渐小了。幺叔和其他几位大人又挖了不少芦根,煮了一大锅,要大家吃饱了芦根好开船回家。其实那芦根不能多吃,也吃不饱,吃多了,总是在肚中翻腾难受。那天傍晚,我们终于回到了对岸码头。幺婶带着饭菜早在船码头等候。我见到饭菜，迫不及待地大口吃起来了。幺叔一再告诫我，饿极了的人不能吃得太快、太多，小心把肚子撑破了。我也管不了那么多，直到把肚子填满为止。三天没吃上饭的滋味，这在我一生中只有这一次，尽管距今已经六十多年了，但我还是记忆犹新。

（二）经历1954年大水

背景资料 1954年，家乡发生了百年不遇的大洪水，那年我11岁了，对那次洪涝灾害印象深刻。在回忆这段经历前，我先查寻了一些史料，记载：1954年4—7月，近4个月，长江中下游整个梅雨期长达60多天（一般不超过1个月），除梅雨外，还有12次强降雨过程，其中6月中旬至7月中旬5次暴雨，强度大，范围广。6月18—19日，常德地区普降暴雨，为230.5毫米。继6月暴雨后，7月再遭重创，7月12—14日、7月23—25日、7月26—29日常德地区又遭遇3次大暴雨过程，总降水量多达738.1毫米，破同期历史记录的最高值。整个洞庭湖区的降水量比常年平均值多2倍多，为1879毫米。洞庭湖出口城陵矶水位高达34.55米，为近百年来最高纪录（1870年最高水位33.25米）。由于本地暴雨再加上游大量来水，致使洞庭湖区900多处圩垸，溃决70%，受灾人口达165万。溃口圩垸遭受了灭顶之灾，其余圩区也都渍涝成灾。

身临其境 我那时虽然还未成年，但亲身经历了这次大洪水的全过程。当然我的所见所闻只是一个小小的局部，是非常有限的。1954年，从春末开始，天气就开始反常了，小雨、大雨、暴雨，停了又下，下了又停，停时少，下时多，总觉得哗哗啦啦地下个没完，对我们小孩子上学造成了很多的不便。那时农村孩子上学，都没有雨鞋，除个别家庭较富裕的同学穿木屐上学外，都是光着脚丫子上学。如果一不小心摔跤，身上带着泥水也得上课。遮雨用的伞是用油纸做成的，容易破漏，衣服经常被浸湿了。有些没有雨伞的同学，都头戴斗笠，身穿蓑衣（附插图）上学，那东西虽然比较笨重，但却能遮风挡雨。还有的同学别出心裁，用荷叶做成雨衣和雨伞，也上学了。这东西我也做过，很不靠谱，风一吹，同学一嬉闹就破损了，结果还是把衣服弄湿了。一些同学，包括我自己，经常是穿着湿衣服上课的。有时老师也生火要同学们去把衣服烤干。那时同学们特别讨厌下雨，经常咒骂老天爷。

排涝 5—6月，是大洪水来临前的排涝阶段，就是把稻田的雨水全力排出去。对于连绵不断的下雨，小学生关心的是给上学造成困难，而大人们关心的是田里的庄稼和全年的收成。眼看稻田的积水越来越深，禾苗被水淹没，焦急万分。从五月下旬开始排涝。那时排涝没有抽水机，用的是水车。水车要用人力脚踏转动，是强体力劳动。每台水车需要3~5人同时踩踏，而且还需要轮流换班。人力不够，需要全家总动员。不管男女老少，都要上排涝第一线。一家人力不够，相邻几家联合起来，那时村里已成立互助组，发挥集体的力量。学校也放假了，让学生帮助家长车水排涝。到了六月中下旬，早稻已经抽穗扬花了，丰收在望。但大雨接连不断，田里的水已积得很深了，禾苗只露出点尖尖了。尽快把积水从田里排出去，是十万火急之事。如果稻穗被水淹没尖顶，眼看的丰收就要泡汤了。所以不管白天黑夜，不管下没下雨，人可换班休息，轮流上阵，但水车一刻也不能停下来。问题就来了，四面八方都向内湖排水，而内湖的容量是有限的，水位越来越高，围堤吃紧，面临漫堤的危险。为了多容纳排水，又要分出一部分人员加高围堤，做到水涨堤高才行。这时水田与内湖的水位差快达到了三、四米，如果内湖围堤溃决，那将前功尽弃，禾苗全数被淹。加高围堤却成了主要矛盾。但随着围堤的加高，水车的龙骨车厢长度有限，伸不到水田，无法提水。到了六月下旬，内部排涝进入僵持阶段，只得寄希望于老天爷把雨停下来。

抗洪 到了七月中旬，由于大范围连续暴雨，除了内湖水满为患外，外湖洞庭湖水位猛涨，各围垸的大堤纷纷告急。各村各乡要求年轻力壮的劳动力一律上大堤抗洪抢险。内涝只是造成庄稼无收获，如果围垸大堤溃决，那将造成整个垸内居民房屋、牲畜、生命、财产等重大损失，是毁灭性灾难。所以必须全力保住大堤不溃决。那时我父亲、叔叔等都上大堤抗洪抢险去了。我也帮助他们送饭，见过抗洪抢险的场面。在抗洪大堤上都是军事化行动，要求一切听指挥，不许当逃兵。抗洪抢险的工作主要是三部分，第一是加高大堤，第二是巡逻，检查管涌，第三是防风浪冲击大堤。

第一加高大堤。这是主要的，所以大量的民工都用在这方面。民工们在垸内取土，有的用草袋扛，有的用土箕挑，真是人山人海，密密麻麻，将取来的泥土夯实在大堤面上，加高成子堤。子堤要比大堤面窄很多，这样容易加高挡水，也是权宜之计。我上堤看时，原来大堤的堤面早已被水淹没，全靠两米多高的子堤挡水了。水还在不断的涨，民工还在不断地加高子堤，形成了水涨堤高的局面。

第二检查管涌。管涌是堤内出现的小股冒水现象，如果大堤内外水位差越大，堤内一侧冒水的可能性就越大。对于这种小股冒水切不可轻视，不及时处理，必然酿成大祸。管涌一般开始都很小，漏水不多，很容易被忽视。但随着水位升高，洪水对大堤的压力增大，大堤底部的蝼蚁之穴或小的裂痕被水渗透成管涌，而且管涌越来越大，漏水越来越多，最后土崩瓦解。这种情况比漫堤危险性更大，它来得迅猛，难以抵挡。所以必须分流一部分民工，分段分片，白天黑夜巡逻，仔细检查，发现管涌，及时抢救。

最后是防风浪，也很重要。如果大堤挡水一侧是迎风面时，更加重点设防。由于风浪冲洗堤坡，很容易把泥土掏空，造成大堤缺口。防御办法是将芦苇、草垫、树枝等，铺设在坡面，防止风浪直接冲击大堤。

决口 七月二十九日，那一天，刚吃过早饭不久，就有人边跑边敲着锣大声喊：倒垸了，倒垸了！这时大家都紧张起来，开始搬家。幺叔也从抗洪大堤气喘吁吁地跑回来搬家了。那时幺叔和爷爷奶奶住在一起，是住在一条废堤的下面，按以往经验，只要把家里的东西从堤下搬到堤上就没什么问题了。不到中午，全家七手八脚，能搬得动的西东都已搬上堤了。这时大水还没到，我怀着好奇的心情等着看大水的到来。早在一个多月前，伯父就要幺叔利用堤上的大树为柱子搭了个三米多高的牛棚，这时伯父要幺叔马上把门板、木板铺在牛棚顶上，再把家里值钱的物品，如粮食、衣被等都放到牛棚顶上去，防止堤面也被淹。到了下午三四点钟时，大水铺天盖地，呼啸而来，水面上夹杂着许多漂浮物。我们那道堤是老垸的围堤，水是新垸缺口后从西北方向涌来的。对汹涌而来的大水，这道老堤开始还阻挡了一阵子，不一会儿里外形成了七、八米的水位差。就在离我家不到一百米处的堤下，原来就有一个涵洞。开始水从涵洞穿过，冒出很高的水柱，很是壮观。不久将堤面撕开一个缺口，大水倾泻而下。许多漂浮物，包括一些家畜随着倾泻下去，不见踪影。使我至今难忘的是见到漂来一只小船，船上有一位成年男子，发现船被倒口水流吸引，连忙使劲往外划，但无济于事，于是大喊救命。我们许多人都无计可施，只好眼睁睁地看着他连船带人卷入倒口后被水吞没，在一里之外才从水浪中冒出了一个黑点。现在回忆起这件事，我还在想那人的命是否保住了？如果他水性好，死死抱住小木船，可能保住性命了,如果没抱住漂浮物就很可能一命呜呼了。

我们小孩开始是站在倒口边看热闹,哪知倒口越撕越宽,很快就有五六十米宽了,离我们家的那段堤不到一百米了。如此下去,我们家就惨了。全家都着急,我也很担心,害怕脚下大堤垮掉,不敢站在那里看大水了。但我双目失明的伯父却不着急,说听声音倒口不会再宽了,水流渐渐趋于平缓,失去了冲力,倒口两边的堤就不会再冲垮了。伯父担心的是水还可能往上涨,堤面有可能被淹没。要家人尽量把堤面的东西搬在牛棚顶上去,以防不测。

我父母和弟弟妹妹怎么样,爷爷奶奶很担心,快天黑了,要幺叔去看看。我父母住在离爷爷奶奶家有两里多路程的地方。那时爷爷奶奶家有只比较大的木船。幺叔准备划船过去看看,我也跟着去。到处都是水了,划船可以取直路比原来步行路程近多了,也就只有一里多点远,很快就到了。好在父母家离堤也很近,家中的东西也都抢运到了堤上,而且还用晒垫搭了个小棚子。幺叔看了很放心,就要回去向爷爷奶奶报平安。我留下来与弟弟妹妹在一起过夜。我有三个妹妹,一个弟弟。最小的妹妹不到一岁。当晚睡得正香时,突然被父亲叫醒,说赶快起来,涨水了,床上都快要被水淹着了。黑夜中,整个堤上的人一片惊慌,不知所措。忙了一天,好容易把家中的紧要东西搬到堤上,满以为安全了。按过去的老经验,确实是安全了。听父亲说,民国三十七年(1948年)、三十八年(1949年),连续两年溃垸,都是搬到这个堤上住的,堤还高出水面一米多。而现在堤面被水淹没了,水位还在继续上涨,这如何是好。当我们醒来时,水都快到膝盖了。父亲当机立断,把母亲和弟弟妹妹都带到附近的一棵大树旁,将最小的妹妹放在脚盆里,每个人用绳子一头系在腰里,一头系在树上,防止被水冲走。如果站不稳了,就上树。父亲要我负责把锅碗瓢盆和油盐酱醋放在水桶里,扶正不让水进入,用绳子拴在树上。父亲把被水浸湿的被子、衣服用绳子捆成几捆,也拴在树上,然后重点保护木桶里的几百斤稻谷、几十斤大米和一罐猪油,都拴到了大树上。开始大水只在膝盖以下,不久就到了膝盖以上。要是水淹过了腰部,对不会游泳的人来说,就会有站立不稳的感觉。在大水涨到膝盖以上时,母亲和弟弟妹妹害怕了。父亲要大家不要怕,水再往上涨就上树,等到天亮后爷爷奶奶家的船会来接我们的。天亮不久,看到五、六条轮船向我们开来。开近了有人用喇叭筒喊话,说是政府派船来接你们了。要大家不要着急,都能上船,但只能携带随身少量物品。看到这么多大轮船来接人,泡在水里的灾民们都很激动,不少人感动得热泪盈眶,有的人还高喊共产党万岁,毛主席万岁!我们全家安全上船了,还携带随身衣被、锅碗瓢盆和几十斤粮食等。就是父亲重点保护的几百斤稻谷,在一个大木桶里,水一浸泡更沉重了,无法上船,还有不少家具、农具等,只得舍弃了。

灾民生活 满载灾民的轮船,把我们送到就近一条露出水面的土堤后,又立即返回救其他灾民去了。这条土堤原是防洪大堤加高部分,溃口后还露出水面有一米多高,两面都是水,由于是抢险时加高的子堤,不仅很窄,只有二、三米宽,而且很松软。然而待在这里,却比浸在水中安全多了。由于灾民比较多,露出水面的堤面有限,我家七口人,分到了大约三米长的一段堤面,作为临时立足之地。同时还给各家发了一床晒垫,是竹子编的,宽2米,长3米,平时用来晒谷,此时分给灾民救急之用,就是把它用几根木棍支起来做窝棚,可以遮风雨或阳光。全家脱险了,安置下来了,父母谢天谢地,感恩戴德。说旧社会经常溃垸,从没有遇到过这么大的水。如果那时遇到这样的大水,全家肯定是没活路了。在旧社会,遇到倒垸子了没人管,或投亲靠友,或流离失所。现在解放了,有政府管。救灾民的轮船是当时在洞庭湖航运的客轮或货轮，平常只在固定的航线和航标指引下航行，现在为了救灾民，脱离航道，冒着搁浅的危险，哪里有被困的灾民，就往哪里去，灾民都很受感动。

在这狭窄的堤上，住满了密密麻麻的灾民，一眼望不到头。开始虽然人丁拥挤，条件很差，但大家都还为脱离险境而庆幸，头一两天，随身有些食物，还觉得过得去。但过了两天，一系列问题接连而来：首先是吃的问题，在被从水中救上来时，有的家带了很少一点粮食，有的家一点也没带，眼看就要饿肚子了。第二是拉的问题，那么多人无处大小便，只好拉在堤旁，漂浮在岸边，除了臭味难闻，更重要的是污染了饮水。我看到堤岸两边的水上漂浮许多脏物，包括粪便等，就游泳到离岸远处用木盆取些比较干净的水回来喝。第三是太阳烤晒问题，溃堤时正是七月下旬，处在盛夏高温时节。在未溃堤前几乎天天下雨，溃堤后老天爷一反常态，天天烈日高照。防洪大堤的树是栽在河坡下防挡浪的，都被淹没了。堤面上是不准栽树的。烈日高照，灾民晒得无处躲藏。躲在那用晒垫支架的窝棚里，热得难受，出来又晒得厉害，许多人晒脱了皮，疼痛不已。我和父亲会游泳，有时跳到水中间还可缓和一些，但身上也晒出了泡。而母亲和弟弟妹妹只得干忍耐着。第四个是疾病问题，很快疾病发生了，主要是喝了不干净的水，许多人开始拉肚子了。我弟弟妹妹也拉肚子了，其中二妹京菊，又发烧，又拉肚子，病得很厉害。当时新中国成立不久，救灾工作很不完善，没有医疗条件，眼睁睁地看着我那可怜的京菊妹妹在母亲的怀抱里离开了人世。

在这样的恶劣环境下住了四天以后，救灾部门又派来了轮船，要把这里的灾民全部转移到安乡县陈家咀，那里没有溃垸，可以分别安排到当地居民家住，条件将大大改善。这时我幺叔也划船来找我们。幺叔和三叔家都有木船，他们在大水淹过堤面后，全家带上必要的生活物品直接到了没溃垸的安乡县陈家咀附近，都住在老陌姓家里了。所以他们没受什么罪。那个时候没有手机，我们失去了联系，爷爷奶奶很着急，就要幺叔划船到处寻找我们。到了第五天，幺叔找到了我们，要我随他走。我父母和弟妹们随救灾轮船带到安乡统一安置去了。我随幺叔回到了老家处牛棚顶上的平台上，与我伯父做伴。大水把堤面淹没后伯父也没离开，而是上了他预筑好的牛棚平台上。平台上堆放了从家中搬出来的许多物件，需要看守。幺叔把我送上平台后，就返回去向爷爷奶奶报信去了。住在这个平台上，比前几天住的地方好多了。平台有大约三十平方米大小，高出水面还有一米多。在平台上搭了个小棚子，还有大树遮挡太阳，四面是水，很是凉快。平台上还垒了个小灶，餐具齐全，自己做饭也很方便。幺叔报完信后也回到了平台。方圆几十里，都是一片汪洋，也可能就有我们三人生活在这一眼看不到边的大水上了。我非常佩服伯父的远见，提前高筑了这个平台。

在这个平台上，我目睹了被大水淹没后家乡的许多见所未见、闻所未闻的景象。人们都逃难走光了，四周是一望无边的大水。水面上漂浮着许多东西，有家具、农具，有树枝、稻草，还有被淹死的牲畜，包括猪、鸡、狗等，甚至连水牛也没逃脱这灭顶之灾，被淹死后随波逐流。特别是还看到有的茅草房顶整体漂过，还有狗趴守在上面，大概是在忠守着它的家，有的奄奄一息，有的发出凄凉地哀叫，使人听了毛骨悚然。平时躲藏在黑暗处的龟、蛇，也感到了大水的威胁，纷纷出来抢占树枝和漂浮物，以求生存。而唯独鸭子和鹅，大水来了，对它们不是什么灾难，而是最自由欢快的时候。它们打破了原来一家一小群的界限，结成了一大群一大群的，追食漂浮在水面的食物和茅草屋顶上的虫子等，食物充足，吃饱了时而还展翅高吭。

在这个平台上，我和伯父、幺叔三人没有吃什么苦头，而且生活还不错。我与幺叔做的几件事，至今还没忘掉。

第一件事是抓鸭子和鹅，改善生活。看到水中漂浮不少被淹死的鸡、猪，由于温度高，经水一没泡，大多已腐烂。就是没腐烂的我们也不敢捞上来吃。幺叔说，抓到活鸭和活鹅就可以改善生活，于是我与幺叔就划船去抓。鸭子和鹅并不好抓，等船靠近时它们就跑了，由于我们的船比较大，速度比较慢，赶不上它们。这时幺叔想了一个办法，把船划到离鸭群二十多米远的地方停下来，要我躲在船舱里，他轻轻地下水，潜于水中，突然从鸭群中间钻出来。这下他两只手一只手抓到一只鸭子。我们高兴极了，够我们美餐一顿了。这鸭子一次也不能多抓，抓多了吃不完，那时没有冰箱不能保存。吃完了还可以再来抓，于是我们就打道回府了。煮饭菜需要烧柴，我就把漂浮在平台附近的木棍、树枝捡起来，晒干了当柴火烧。那天我们三个人烧了两只鸭，吃了两天。以后又去抓了几次鸭，有一次还抓到了一只大鹅。

第二件事是摘桃子。在这老堤的坡上许多人家种了不少桃树，溃垸时正是桃子成熟的末期，在靠近堤面的一些桃树没被完全淹没，树尖还露在水面。在树尖上还有不少又大又红的桃子，平时一般摘不到。现在浮在水上就好摘了。我最先发现，就划船去摘桃子。船划到接近桃树附近时，发现了一个使我非常害怕的现象，就是有许多水蛇和乌龟盘踞在桃树上，我要摘到桃子，必须先把它们赶走。于是就用竹篙敲打树枝，打草惊蛇，蛇和乌龟都纷纷地落水了，我才靠近树枝摘桃子。我摘了许多桃子回来，伯父、幺叔和我吃了都很高兴。我还告诉他们，树上还有许多乌龟和蛇，等我一走，它们又爬上树枝了。伯父说，水蛇不好吃，但乌龟是好东西，抓些来，吃了大补。我怕蛇，就要幺叔一起与我去抓乌龟。我在船尾划船，幺叔在船头，手里拿着一根竹竿，竹竿前面绑着一个网兜，捣动树枝，蛇和乌龟纷纷从树枝上落下来。幺叔用网兜接着，放在水里让蛇游走，乌龟就落在兜里了。这样我们抓了不少的乌龟，炖了一大锅，可以说是大补了。乌龟这东西，平常躲藏在阴暗处，很少抓到，也很难吃到。没想到在这大水灾的情况却连吃了好多次，这是其他灾民享受不到的。

第三件事是捞稻谷。溃垸时正是早稻成熟的时候，完全可以收割了。但当时家中的劳动力都上前线抗洪了，来不及收割，都被淹在水底了。幺叔提出能不能在水底捞些上来？开始我和幺叔划船到了我们家早稻田的水面，幺叔拿着镰刀跳下水，想潜到水底去割些稻子上来。无奈水太深，没有沉到水底就憋不住气了，一无所获。后来想了一个办法，在一根木头上绑了一些带齿轮的耙子，用绳子系上后让它沉入水底，然后系在船上慢慢拖着走。走一段后拉起来，上面裹满了稻谷。这个办法还真有效，捞上来好几百斤粮食。但由于在水里泡的太长，稻谷有些变味，不大好吃，也就没有再多捞了。

第四件事是找家具。溃垸时各家的大型家具大多被洪水冲走了。有人告知，我们村的许多东西都飘到了黄珠州的防洪大堤边上，各家可以去认领。我们家被大水漂走的东西不多，但最重要的东西是爷爷奶奶的寿木被漂走了。所谓寿木是后人给老人在生前准备的棺材。我爷爷奶奶的棺材，在他们六十大寿之前就准备好了，是用很好很厚的木料做成的，油漆的也很发亮。平时放置在阁楼上，由于比较重，满以为大水冲不走。结果屋顶被风浪掀开漂走了，棺材也就被漂走了。爷爷奶奶说，其他东西找不回来也就算了，棺材一定要找回来。于是我和幺叔划着船到黄珠州大堤来寻找，离我们家有十多里水路。到这里一看，各种木器家具，有桌子、板凳、床、桶、盆、水车、犁、耙、棺材等，均浮在水面，互相挤压，没点空隙，黑压压的连成一大片。船离堤岸100多米，无法靠岸。只好扒开一条缝，船在其中慢慢寻找。我们一连找了三天，终于找到了爷爷奶奶的寿木，全家都很高兴。

8月中下旬水位开始下降了。到9月初，这条老堤已经露出了水面。外出逃难的人们开始陆续回来了。这条老提又开始恢复了生机。

重建家园　到了九月中下旬，大水已渐渐退下，难民也纷纷返乡。被大水洗劫后的房屋逐步露出了水面，有的茅草屋被揭去了房顶，有的倒塌了墙壁，有的东歪西斜，残缺不全，个别家庭的房屋被连根拔起，只剩下了房基，到处是一片狼藉不堪的景象。父母和弟弟妹妹都回来了，我帮助父亲清理家院。我家还算比较好的，房屋的木架子、房顶都还在，只是墙壁倒了，房子有点斜。经过一番清理和简单整修就勉强可以进驻了。原来家中一些没来得及搬走的家具、农具全都被水漂走了，唯独一副石磨和磨架还依然存在。家具和农具在乡政府的组织下到下游认领了一些回来。说是认领，也不是我家原来的东西，就是在下游堆积如山的家具、农具中挑了几件自家需要的，登记一下就可以带回家了。那时大家的觉悟还是比较高的，很少有人多拿、乱拿东西回来。当时政府给灾民调拨了一些重修房屋的物资，那些房屋被全部冲走的很快也支起了临时茅草棚。居住的问题很快得到了基本解决。

关于吃的问题，政府有救济，给灾民按人头配备了口粮，记得标准是每人每天12两大米，不分年龄大小。那时是16两为1斤，12两为0.75斤。这样吃饭问题有了基本保证。但对于年轻小伙子比较多的家庭却感到不够吃的，特别是开始，在没有蔬菜、缺少油盐的情况下，仅靠这0.75斤米，是不够吃；对于小孩比较多的家庭要好一些，基本过得去。到了十月底，田里的水都退出去后，各家都开始种蔬菜了，种了许多生长快的萝卜、白菜等。蔬菜与米饭搭配着吃，一部分人感到饥饿的问题也基本解决了。特别是年底前后，各家都在田塘里收获了很多鱼虾，大大改善了生活。

大水灾之年，农家种植的水稻颗粒无收，但鱼虾却收获颇丰。堤垸溃口后，洞庭湖的鱼虾也随水而入，已经成熟的早稻被淹水底，成了各种鱼虾的美食。大水退出时，大量的鱼虾贪恋美食，没随水撤退，最后沉淀到了水田、池塘和内湖。每家田头田尾都有一个水塘，水田的鱼最后都落入了这些水塘。到了冬天，各家都把这些水塘排干抓鱼，有的人家收获千斤以上。把集体的内湖排干，各家又分到不少鱼。这些鱼，由于吃了水下的稻谷，长的又大又肥。还有不少黑鱼，它们在冬天钻进了水田的稀泥里。适逢那年冬天很冷，水田结冰多日，把这些鱼闷得够呛。当冰一融化，这些黑鱼一条条都伸出头来了，人们不费吹灰之力就抓着了。那年仅这种黑鱼我们就抓了上百斤。那时黑鱼是品次很低的鱼，价钱只有鲤鱼、草鱼的一半，而现在却颠倒过来了，是鲤鱼、草鱼的两三倍。记得那年过春节，没有猪肉，没有鸡鸭，满桌都是鱼，炖鱼、烤鱼、煎鱼，把人吃得都有些反胃了。煎鱼没有油，就把大鱼肚子里的内脏，去掉苦胆后放在锅里煮，能煮出许多鱼肝油，以此当食油，也还不错。到了这年的冬天以至第二年的春夏，灾民的生活基本恢复了正常，没有出现饥荒的迹象。

（三）辍学摆渡

大水后不到三个月，家乡很快恢复到灾前的生活，而唯一没有恢复的是上学。那时属新中国成立初期，国家各方面都不够健全，而且经济实力非常有限，当地乡村领导忙于恢复灾民的正常生活，顾及不到学生复课这个问题。学校被冲毁了，教师们也不知到哪去逃难了。我们这些小学生也只得停学在家。现在国家富强了，对教育非常重视，要是哪里遭遇灾害了，很快就能复课。我们那时拖到一年后才复学，可能当时对教育重要性的认识不够也有一定关系。停学在家，我除了帮家里做些零活外，还做了几个月的摆渡工作。这件事印象较深，至今未忘。

前面已经说过，在大水到来时我们家旁的老堤冲开了一个60多米宽的倒口，这个倒口很深。大水退去后，这个缺口阻隔了这条老堤两头南北的通行。介福村和上河村的村民都住在倒口的北端，而牛望嘴集市在倒口的南端。介福、上河两村村民上牛望嘴集市购买油盐酱醋等日常用品就被这个倒口拦住了。我家就在倒口旁边，而且有船，就叫我家帮忙用船渡过去。我会划船，而且划得不错，有人要过这个倒口，爷爷奶奶就要我划船接送他们过倒口。开始是尽义务，许多都是熟人，我是随叫随到。这边的人要过去，我就划船送，那边的人要过来，我也划船去接，这就是摆渡了。后来过倒口的人多了，次数也多了，时间长了，觉得白叫我接送，不好意思，就给我扔200元钱。200元一渡，多贵呀！其实不然。1954年全国使用的是第一套人民币。第一套人民币是1948年12月1日发行的，由于中华人民共和国成立前连续多年的通货膨胀遗留的影响没有完全消除，第一套人民币的面额较大，1万元相当于现在的1元。过渡给我200元相当于现在的2分钱，不贵。但那时物价也很便宜，记得大青鱼、鲤鱼是800元左右1斤，也就是折合现在的8分钱1斤。三个多月摆渡下来，我挣了几十万元，这是我平生第一次挣钱，爷爷奶奶都很高兴，那年冬天特别奖励我，给我做了一件新棉衣。

三个多月后，大水完全退去了，但倒口仍有近10米宽。这时村里组织人用树柱架起了一座简易的木板桥，解决了来往人员的通行问题。在这三个多月的摆渡中，我的划船本领得到了很大提高。记得有一次我与邻居一位成年人同时划船横渡这个倒口，那位成年人被倒口里的风浪打得老远，靠不上岸，而我却如期靠岸了。他不能靠岸不是因为他的力量小，而是横浪了，所谓横浪就是船身横在了浪的波谷中，被波浪推着跑了，失去了控制。这时必须使船身与波浪成一定夹角，才不至于由波浪所摆布而不能达到彼岸。这一技术是么叔教我后在实践中掌握的。

（四）目睹修筑澧水防洪大堤

1954年的冬天，在经过大水灾后国家投入了大量的人力、物力对西洞庭湖的河道进行了大规模的治理。涉及我们家乡是治理澧水和沅水。治理工程巨大，动员了十几个县的数十万民工，将沅水和澧水流入洞庭湖的三角地带围成一个大垸子，使沅水和澧水下游直接流入洞庭湖。这样要阻断澧、沅二水的横向河道，要阻断澧水流入洞庭湖的若干小河道，梳理成一条大河道。这条梳理的大河就在我家不到一千米处通过。我目睹了修筑这条澧水大提的全过程。

这条澧水大堤是1954年11月开始修筑，1955年3月底基本完成，从东北向西南延伸。从津市保和堤到汉寿县南咀有近百公里，大堤初期高有二十多米，堤面宽有六米多，以后逐年加高到近三十米。这条防洪大堤不是利用原有老堤整修的，而是平地新修筑的，可以说是一条全新的防洪大堤。大堤在蒿子港、沙河口、柳林嘴截断了三条河流和所经过的十几个垸内湖泊，把西湖和西洞庭湖围在了院内。西湖原来是洞庭湖的一部分，围在垸内后设为蓄洪区，并开办了劳改农场，后又改为国营农场，为县级单位；西洞庭湖也是洞庭湖的一部分，围在垸内后办起了国营农场，现在成了鼎城区的开发区。在将洞庭湖一部分湖面划入农业区的同时，也有不少农田和内湖划为了澧水的河道，成了洞庭湖湖面的一部分。澧水防洪大堤延伸到了我家附近，把我家居住的永和村拦腰截断，一半良田和附近的东湖，以及其他村庄的一些良田都被划出了垸外。我们这边的防洪大提对岸是安乡县和南县交界处，到对岸足有八九里宽，到了汛期，洪水来了一眼望不到对岸。到了冬天，河中间只有一条一两百米宽的主洪道有水流，其他都成了大片的芦苇湿地。

修筑我家附近这段防洪大堤的是桃园县的民工，从上河口到荷包湖大概有5公里的长度。民工的工棚就在我家附近，父亲和我时常与他们食堂联系，卖鱼给他们。那时鱼多，又便宜，只八分钱一斤。桃园县属山区丘陵地带，平时吃鱼少，看到湖区这么多鱼，都很羡慕。他们除了当时吃，还有的买了晒干，准备带回家。父亲看生意不错，自家的鱼卖光了，就到别处贩鱼来卖。父亲跑到我舅舅家南县三仙湖去贩鱼，那里的鱼只有五六分钱一斤，一斤能赚两三分钱。五六十里路，全靠肩挑，一次能挑回一百多斤，起早摸黑一天能赚到三四元钱，非常辛苦，但能补贴全家的生活，父亲也乐于去做。

民工修筑防洪大堤分三项工种：一项是挖土，一项是挑土，一项是夯土。那时没有挖土机和压路机等机械设备，全靠人工体力劳动完成。挖土要在大堤外侧一百多米以外取土，湖区的土都比较潮湿，而且带黏性，不能用锄头挖，而是用铁锹铲，将土铲成大砖块状，放在土簸箕里，让运土的人挑走。根据运土距离远近不同，一人挖土可供多人挑运。挑土也就是运土，在这三项工种中花费体力最重的活。挑土是用一根两头有绳钩的扁担，一头钩一撮箕土挑着走，称为一担土。一担土在百斤以上，大力士一担有二百多斤。当大堤筑高后还要爬坡，更费力气。我记忆，大概每人每天可以挑二、三立方米的土。夯土相当于压路机的任务，先把挑上来的大块泥土铲细小，铺均匀，再用飞硪或石墩夯实。所谓飞硪是一块重百余斤的正方形或圆形石块，石块四边中点凿有一个小洞，串上绳子。这样需4人各站一方，手抓绳子，同时用力把石块抛到近一人高处，让它砸下来把土夯实。民工们边唱着打硪歌，一边抛飞硪，节奏协调，动作一致，砸下来才有力。用石墩夯，就是用一个长方体的石墩，在它上端的对边凿有圆孔，将两根竹杠分别穿入相对的圆孔，也是用四人各站一角，同时手抬竹杠，到膝盖高度后同时砸下，将土夯实，也唱打硪歌。石墩虽然没有飞硪抛得高，节奏慢一些，但它的重量要比飞硪重一倍以上。所以它们夯土效果大概不差上下。民工们所唱的打硪歌与建筑工地打夯号子近似，声调高亢，节奏性强，一唱众和，边打边唱，领唱时不打硪，众唱时打硪，用以协调动作，缓解疲劳。句式一般是七字、十字，也有用五字句的，很是动听，其场面十分热闹。夯土很重要，如果泥土夯得不实，留有空隙，洪水到来时必然形成管涌，造成溃堤，酿成大祸。所以每加高一层，都要反复多次夯实，并进行质量验收通过后才能再往上加土。凡不合格的，要挖开了重夯，所以都不敢马虎。

在大堤修筑进展顺利，堤面一天天加高的情况下，在我们家南面经过连三湖的那段不到500米的堤面出现了异常现象。就是当天收工前，堤面已经高出了地面一尺多，但第二天早晨上工，堤面却沉下去了。如此十多天，天天如此，不管你如何加高堤面，到了第二天又沉下去了。其他地段快要竣工了，唯这一段还没有出地面，但是堤脚的两边却鼓出了很远。负责这段的民工们都感到奇怪，说见鬼了，真倒霉！其实也不奇怪，说明这段湖面的水原来比较深，污积的淤泥厚。加土前只是排干了水，没有彻底清除淤泥。密度更大的泥土加上时就会将淤泥挤压到两旁，直到把圩泥全部挤走，触及湖底的硬土层后再加土，堤面就会开始正常升高。经过三个多月的修筑，其他地段的大堤达到了要求的高度，大概有二十米左右高，唯有这段不断塌陷的地段还远远达不到要求高度。于是当时的组织者采取了人海战术，调来了桃园全县的民工，不分昼夜加高大堤，要抢在第二年（1955年）三月初完工，也就是要抢在第一场春水到来前完成整个澧水防洪大堤的修建。否则春水一涨，就可能灌进新围成的大垸内，影响一年的农业生产了。还是人多力量大，经过不分白天黑夜地突击施工，在三月底以前，这段难修的大堤终于完工了。但它的堤脚却比其他堤段粗壮了许多，里外鼓出了近百米，显得比其他堤段更坚固。

这以后，这条澧水防洪大堤每年冬天都组织一定民工来加高加固，到了60年代末期才定型，估计最后可能达到了30米左右的高度。澧水防洪修筑工程已经六十多年了，受澧水大堤保护的鼎城区中河口、蒿子港、十美堂、黄株洲、黑山嘴、韩工渡等乡镇、西湖农场、西洞庭农场和数十个村庄等方圆近二百里，以及汉寿县、益阳县的一部分乡镇，再也没有发生过溃堤的洪水灾害了，即使1998年的洪水超过了1954年许多，这里也固若金汤，安然无恙。这对我的家乡来说不能不说是一项功德无量的千秋伟业。

（五）"大跃进"的所见所闻

我小学毕业的那年，也就是从1957年下半年到1958年，全国城乡掀起了"大跃进"运动。即使我们那时还是小学生，也毫无例外地卷入了这一运动中，许多事情亲身参与，体会很深，终生难忘。

积肥运动 1957年冬，我们家乡开展了大规模的积肥运动。这一规模空前的积肥运动，我想应该是我们那里"大跃进"的开端。那时种田没有化肥，要使农田增产，就得增加肥料。积肥就是增加有机肥料，主要从三方面积累：一是收集人和牲畜的粪便使之发酵后做肥料，叫作家肥，此项积肥不费什么劳力，只是要求各家各户直接把家肥送到指定的田间，并且要过秤称重量，登记后折合成工分，作为年终分红的依据之一；二是收集野草、水草等绿色植物，使之沤在田间围圈的小坑内腐烂后做肥料；三是把池塘、湖沟里的水草、污泥捞上来，直接施放在稻田当肥料。第三项积肥活动主要是正式劳动力做。大量的劳动力都投入到了第二项积肥工作了，要求男女老少齐上阵，大家动手积绿肥，而且规定了每人每天的任务。按各人积肥的立方米多少记工分。对完不成任务的人，要开现场会做说明和检讨，检讨不好的要挨批斗。所谓现场会，就是全队开会，围成一圈，没完成任务的人要站在圈中间说原因，作检讨。所以大家对积肥非常重视，大家都千方百计地完成任务指标。有的实在完不成任务了，把自家菜园子里的蔬菜也砍去当绿肥了。

我们学生也参加积绿肥的运动。积绿肥，初期任务好完成，因为到处都有野草可打。到了后来，近处的野草都打没了，就要到远处去打。远处打完了，就用锄头刨草皮。那年是院前院后、堤里堤外、大道小路都刨得光光的，见不到半根杂草。其干净程度，可以说是空前绝后了。

这次积肥运动开展了一个冬天，应该说取得了很大的成绩。首先积肥的出发点是好的，在没有化学肥料的情况下大力增加有机肥料是唯一的选择。第二个通过这样一个运动积蓄了大量的有机肥料，大大提高了农田的肥力，为农业增产创造了条件。第三清洁了环境，以往湖区的野外，大小沟港、道路杂草丛生，通过这次积肥运动都铲得干干净净，使蚊虫无处躲藏，整个村庄的卫生面貌得到了大大的改观。第四，发动了群众，把群众积肥的积极性提升到了空前的高度。但是这次积肥运动也有很多问题，主要是采取开现场会的方式对人进行体罚，甚至动手打人，再就是这种搞运动的方式，不分白天黑夜，打疲劳战，不能持久。

大办食堂 大办食堂是人民公社和"大跃进"的产物。1958年年初，人民公社一成立就按照生活集体化的要求，以生产队为单位办起了集体食堂，而且还盖起了集体宿舍，把那些散居的居民集中起来居住。这在当时的农村是一个巨大的变化。当时宣传人民公社是全民所有制，办食堂吃饭不花钱，实现向共产主义的过渡。开始许多人不适应，从小家小户自己做饭吃，突然变成大家一起吃大锅饭，不习惯。但迫于行政命令和吃饭不要钱的宣传，再加上可以省去许多做饭等家务事，大家也都顺从了。生产队办起了食堂，就不允许各家自己做饭了。要把各家的锅碗瓢盆上交给食堂。食堂使用的是大锅，交上来的小锅用不上，于是就当废铁去炼钢铁了。除了要上交锅碗瓢盆外，还要销毁自家做饭的土灶，这真叫"破釜沉舟"了。这样所有人员的吃饭都必须依靠食堂了。

食堂刚办起来的时候，确实红火了一阵。在宣传上也很有力度，说要做到饭菜多样化，粗细搭配，有干有稀，有菜有汤，免费供应酱油、醋、葱、蒜、辣椒等调味品。注意改善伙食，争取每月吃两三次肉，每逢节日会餐。上面还要求食堂要讲究卫生，要有自己的蔬菜基地，对年老社员、儿童、病员、孕产妇应在饮食上适当照顾，要利用旧有房屋改建饭厅或尽可能地新建简易饭厅。公共食堂吃饭不限量，吃菜不重样。对青年人来说，还是很有吸引力的。但这些要求，在当时对匆忙办起来的食堂却是很难做到的。但在人们的概念里，只有放开肚皮吃饭，才能鼓足干劲生产。那时共产风的气氛是很浓的。例如生产队用油印机就可以随意印饭票，只要生产队盖个章，凭饭票在其他社哪个食堂都可以吃饭。我开始不相信，拿着我们生产队食堂的饭票到邻近公社十美堂的食堂去吃饭，还真的吃到了饭。我们是黄珠州公社，就是说一个生产队的饭票不但可以在本公社通用，在其他公社也可以用，真可谓全民所有制了。我们当地的食堂可以说是大锅菜，笼蒸饭。大锅菜主要是萝卜、白菜、南瓜等大路菜，由于一个生产队有近200口人，不可能小炒，都是用大锅焖煮出来的，与单家独户做出来的菜味道差多了。米饭是用蒸笼蒸的。蒸笼是用竹篾编织而成，有圆形的，也有方形的，每一层约有一平方多米大，10多厘米高。我们当地蒸米饭用的是蒸钵，与碗差不多，大钵蒸5~10两米饭，小钵蒸2~3两米饭。蒸笼的一层能放20钵，全蒸一笼饭要10多层，几米高。这样蒸出来的饭很香，比自家的小锅饭还好吃，所以至今湖南的有些餐馆还有小蒸钵饭。

食堂的好景不长，大概维持了半年多，问题就接踵而来了。首先是粮食问题，由于吃饭不限量，大家敞开肚皮吃，人均消耗的粮食远远超过了原来在家所消耗的粮食，只有半年多就快消耗掉了全年的粮食指标。二是蔬菜供应不上，各家菜园里的菜都吃光了，食堂种的菜没有长起来，连下饭菜都没有了，只好用咸菜汤下饭了。三是老弱病残吃饭的问题不好解决，从食堂把饭打回家都凉了，而且饭菜太硬，老人嚼不烂。四是家里面如果来了客人，过了吃饭时间就吃不上饭。

针对这些问题，上面也总结了经验教训，对人民公社的食堂政策进行了一系列调整，明确公共食堂的制度必须坚持，但有特殊情况的，可以允许各户分散做饭，适应社员家庭特殊的需要。明确食堂必须自己种菜，自己养猪，大搞副食品的生产，逐步做到：粮食由生产队供应，油盐柴菜从食堂自己生产和经营的副业收入中解决。食堂还必须大搞瓜菜和各种替代食品，实行粮菜混吃，既节约粮食，又保证吃饱。食堂种的菜、养的猪和打的柴草等，不能在食堂与食堂之间无偿调拨，必须进行调剂的时候，一定要按照自愿互利、等价交换的原则办事。食堂自给有余的蔬菜和柴草，可以到市场出售。这样初步扼制了一时刮得很盛的"一平二调"的共产风。

争记工分 成立人民公社后，男女老少，只要身体允许的都要参加力所能及的生产劳动，凡参加生产劳动的都要记工分，年终将按工分参加分配。这是社员按劳分配的唯一形式。那时通常叫作"争工分"。每位参加生产劳动的社员，先要在生产队全体会议上根据体力和劳动技能评出"底分"，底分实际上是一个权重系数。身强力壮的中青年人一般底分是10分，老弱和未成年人一般是5～9分不等。底分是先个人自报，再由社员评议，最后由队长决定公布。我们队当时有小学同学，除我外还有叶建明、杨永福、蔡谷生、蔡放奎、曾子莲（女）、曾枚英（女）、高敬堂、王坤生，共9人，男生的底分是6分，女生的底分是5分。其中高敬堂和王坤生虽是男生，但只评到5分。因为他们原是牛望嘴街上的，高敬堂家是打铁的，王坤生家是宰猪的，他们二人比我大两岁，从小没做过农活，干起农活来比我们从小就在家干农活的孩子差远了。在我们9人中，在学校里我的成绩最好，又是班长，但在生产队干农活我数不到第一了。原来在自己家里干农活，还觉得不错，但在集体里一干，一比较就觉得自己不如别人了。我们当中的叶建明、杨永福这两位比我大两岁，他们做什么农活都比我做得又快又好。我也是不甘落后，暗地里追赶他们两人。结果我与他俩差距逐步缩小，排到了第三的位置。那时每天放学回家、星期天都要下田干活。插秧和收割农忙季节，学校要放农忙假，全天出勤干活。我们学生干的工种主要是插秧、车水、割稻、积肥等。

队里的会计叫范庚生，他家原是在牛望嘴街上开中药铺的，是那时村里成年人中少有的识文断字之人。人民公社化后，牛望嘴的几家商铺通通被撤销了，全部下放当了农民。范庚生、高敬堂、王坤生等几家经商人员就近都划到了我们生产队。所以从整体劳动力来说，我们队要比其他队弱很多。生产队的会计平时的任务就是记工分，早、中、晚每个时段都要按照各人所完成任务的情况记工分。每个社员都有一个记工分的小本子，一年的劳动工分都记在这个本子上。每一天劳动完了，都要找会计把工分记上，由会计盖上章。会计也有一个大本子，记全队社员的工分。到了年终，社员要与会计核对工分总数，核对一致了就以工分多少进行年终分配。所以社员把工分看得很重，经常与会计发生争执，即争某项任务难度大，应多记工分。在与范庚生会计争工分时，要数我们几个学生争的最多。大人们一般不计较，说记多少工分就记多少工分。只有我们几个学生不管有理无理，总要多争几个工分才罢休。叶建明、杨永福带头，他们二人嗓门大，我们其他人附和，搞得会计没办法，见到我们这些学生就头痛，经常让点步，最后再加点工分，大家也就高兴了。时间一长，会计也习惯了，开始有意给低点，准备我们提出争议时再加一点。

瞎指挥 我们在参加这一时期的农活中，由于领导的瞎指挥和媒体的乱宣传，做出了许多得不偿失的蠢事：一是密植，本来插秧蔸与蔸之间是要有一定间隔的，按老农世代积累的经验，插秧苗的间距在五六寸之间最适合，有利于秧苗生长发育而高产。但当时上面强调密植，说只有密植才能增产，要求秧苗的间距调整到二三寸之间，比常规加密了一倍多。有的还说越密越好。但许多老农思想不通，行动上也没插那么密，但上级经常派人下来检查，用尺到田间测量，凡达不到密植标准的都要返工重栽。而我们学生当时则不然，只要按蔸记工分，把秧插得密密麻麻也干。后来实践证明，这样密植了的稻田并没高产，相反还多花了许多劳力和稻种；二是深耕，当时叫深挖。我们家的水田，那时没拖拉机，全用牛拉犁耕田，深度一般在30厘米左右。但上级指示，为了高产，必须深耕，要深到50厘米以上，甚至说越深越好。这样的深度，原有的犁田工具达不到，牛也用不上了，只得通过人用铁锹翻挖。一天一人只能翻几分地。而且把水田的硬土（死土）翻出来，反而破坏了水田的肥力。原来用牛耕一人一天能耕四、五亩地。如果人工用锹深挖，挖一年也难种上水稻，这显然是行不通的。于是上级改变了主意，要每个生产队深挖几亩地做试验，看哪个产量高。应该说这是开明之举。试验结果，深挖之田不但没高产，反而比其他地还低产了。后来上面再也没人要求深挖了，只是留作了笑柄而已；三是浮夸，1958年"大跃进"不久，社会上就刮起了两股势不可挡的大风，一股是"共产风"，一股是"浮夸风"。这两股风都违反客观规律，脱离实际，在社会上造成了很坏的影响。共产风前面已经提到了，主要表现食堂吃大锅饭，不要钱，搞"一平二调"，跑步进入共产主义等。浮夸风主要表现在生产指标上，大搞高指标，虚报成绩，虚报产量等。1958年早稻和中晚稻获得了丰收，但是在媒体宣传时夸大其词，到处放"卫星"，有的说亩产千斤，甚至几千斤上万斤，捷报频传，真是"人有多大胆，田有多高产。"这股浮夸风刮到我们队里，要求亩产往高处报，引起了社员们大讨论，大家都不相信亩产能那么高。特别是一些老农民说"打死我也不信"。就连我们这些未成年的小孩也没有一个相信的。大家都要求生产队长不要瞎报。生产队长在上面开会回来，大家问他怎么报的产量，他也没告诉大家他报的是多少，只说别人都往高里报，我也不能报得太低呀。大家分析他在上面肯定浮夸了，怕大家指责，回来不敢讲真话，只好模棱两可。

第四章　我的中学时代

我的中学时代是从1958年9月到1964年7月这个时段。这一时段又可划分为初中三年和高中三年两部分。中学时代是一个成长的时代，长知识、打基础的时代，也是一个开始脱离家庭，学会独立生活的阶段。本章主要回忆我在这一时段的学习、生活和参加社会活动等情况，包括对我所经历的一些事和人的记忆。

一、初中（1958—1961年）

（一）闯过小升初难关

我从小学到大学，经历过三道升学考试大关：数小升初淘汰率最高，是最难的一关，全班近50人，考上初中的只有6人，升学率大约为12%；初中到高中我们班升学率是90%以上；高中到大学我们班升学率为60%左右。所以说小学升初中这一关不容易，从某种意义来说，它是改变我人生命运的最关键一关。

1958年7月初我们参加了小学升初中的考试，考场设在十美堂公社所在地，有黄珠州、黑山嘴、十美堂三个公社的考生集中到十美堂中心小学设置的考场统一考试。在考前每天一放学就要参加生产队的劳动，根本没时间复习功课，所以考试如何，只能靠在课堂听讲和做作业了。我平时算术作业基本上不出错，几乎都是满分。但那次升学考试，我有一道算术题没做出来，至今没忘。就是一道在前面括号内减数大于被减数，后面也有括号加减数。我们那时未学负数，认为减数大于被减数，不能减，做不出来，还旁注老师出错了题。其实只要把括号都去掉，合并同类项就很容易算出来了。我考完后才恍然大悟，感到自己太笨了。一打听，这道题很多同学都没做出来，也就安心了许多。

考试结果公布了，我被录取了。小学升初中，现在是义务教育，百分之百可以升初中。但我们那时不行，小升初比现在考大学的淘汰率还高。我们牛望嘴小学1958年毕业班大约有50来名学生，此次考上初中的只有6人，除我外，还有范伏秋、魏长春、杨文学、粟海全、王业民。十里八村那么多小学生，只考上6人。在我们村里，对我能考上初中，很是意外。因为我生产队的那些同学有几位能说会道，干农活也比我强，事事都是他们出头，邻居们都认为他们应该考上。而在班上，在老师们的眼中，我考上是意料之中的事，论学习成绩我一直在班上名列前茅。我考上初中后，亲友和邻居都对我另眼相看，纷纷向我家道贺。我父母和爷爷奶奶都很高兴，嘱咐我要用功读书，为毛家争光。

（二）考入常德县五中（蒿子港中学）

1958年，在各方面工作都"大跃进"形势下，教育工作得到了很大的发展，仅常德县一下就成立了六所中学。一中在白鹤山，二中在黄土店，三中在斗姆湖，四中在牛鼻滩，五中在蒿子港，六中在大龙站。离我家最近的是县五中。由于五中校舍没准备好，我们十美堂、黑山嘴、黄珠州三个公社录取的学生组成一个班，约30多人，临时在十美堂小学上课。余新铎老师代理班主任并教语文，姚宗奈老师教数学，在这里不到一学期就搬到了县五中上课。五中设在蒿子港镇。蒿子港镇在澧水大堤附近，属于常德县的一个行政区，辖蒿子港、中和口、十美堂、黑山嘴、黄珠州五个人民公社。常德县五中是1957年成立的。第一年招生只有一个班，称中一班。1958年，也就是我们这一届为第二次招生，招三个班，分别称中二、中三、中四班。校长刘维政，教导主任鲁云九，一班班主任老师姓张（名字已忘记了），教一班语文。二班班主任老师叫张开焕，教二班语文。三班班主任张凤池，教三班和四班语文。我们班从十美堂搬入后编为中四班。班主任老师康存孝，教三班和四班数学。当时校舍很简陋，没有教学楼和像样的宿舍，都是利用原来不知做什么用的旧房子改造的。两栋有几个大开间的瓦房做教室和老师办公室。宿舍是一长排旧瓦房，打通了隔断，用木板钉成一长排大统铺做集体宿舍。全班20多名男生睡在一个统铺床上。许多同学都是两人睡在一个被窝里。我和范伏秋睡在一起，他从家里带盖的被子，我带垫的被子。有的同学还三人睡在一个被窝里，两人睡一头，再有一人睡另一头的中间，称打尖。由于都是从农村来的，家庭都很困难，二、三人挤在一起睡，既能节省棉被，冬天还能互相取暖。这种情况，对现在的学生来说是不可思议的。学校没有食堂，吃饭就在教室的走廊里。也没桌椅，饭菜摆在地上，大家都是端着碗站着吃饭。吃饭有定量，粮食是学生从家里带的，蔬菜基本上是学校自己种的。开始一年多，还能吃饱饭。后两年进入"三年困难时期"后就只能吃半饱了，同学们经常处于饥饿状态。

（三）中四班

我初中所在的班为中四班，有30多名同学。康存孝任班主任，三年级时四班被撤，把全班同学分成两部分，分别并入二班和三班，我被拆分到三班。四班开始卢光汉任班长，我和郭云章任副班长。到了二年级，卢光汉被推选到学生会当劳动部长去了，由我开始任班长。卢光汉是十美堂人，比我大两岁，各项劳动都很内行，对同学热情，那时就会撒网打鱼，大家都拥护他。我在班上学习成绩较好，又在小学当过少先队大队长和班长，人缘比较好，卢光汉进学生会后，我就顺理成章地当上了班长。班长的职责是在班主任指导下，管全班的早操，早读和晚自习，负责晚自习点马灯或煤气灯，灭灯等。同一小学的魏长春，在我们这批同学中是高个子，称他魏长腿，他善于交际，对集体的事非常热心，大家就推选他当班上的生活委员，后又当了校学生会的生活部长。我们有时饿急了，经常找他去到外面搞点吃的来，他总能想办法弄到一些吃的。

（四）初中的学习

初中一年级，也就是1958年9月至1959年9月正是"大跃进"高潮时期，学校处于半工半读状态。学校对半读抓得比较紧，课程安排非常紧凑。每位老师讲课认真，特别是我们四班的班主任康存孝老师，他上数学课全神贯注，抓住基本概念和基本公式，由浅入深，步步紧扣，举一反三。同学们反映，只要认真听了他的课，不怎么复习，就能很好地掌握课本上的知识。康老师的备课是很充分的，再加上他严谨的逻辑思维和简练生动的语言表达能力，总是能把同学们的注意力吸引到听他讲课上来，使大家的数学成绩不断提高。语文老师是张凤池，他是三班的班主任，张凤池老师虽然学历不高，但他才华横溢，上语文课时经常引经据典，口若悬河，滔滔不绝，同学们也都喜欢听他讲课。康、张两位老师所教的三班、四班，这两个班的语文、数学成绩整体都比较好。那时学校还安排有早读和晚自习。学生早晨六点起床，二十分钟早操，半小时早读。早读就是读语文课，背诵指定的课文。那时我们初中没开外文课程，所以早读没有读外文的内容，但还可以背数学、物理公式等。晚自习是晚7点到9点。那时学校没有电灯，用的是煤油灯，叫马灯，每个教室挂两盏马灯，基本上能满足照明。后来换成了煤气灯，就是充上了气（气化）的煤油灯。煤气灯的亮度大，相当于60瓦左右的电灯亮度，每个教室悬挂一盏煤气灯就够了。晚自习主要是完成当天的作业，复习当天学过的功课，预习下一天的功课。由于在小学早晚都要参加生产队的劳动，根本没有学习的条件。现在上初中了，早晚都能学习，同学们都非常珍惜，非常自觉。特别是晚自习，大家除了完成作业、复习、预习外，还互相研讨难题，互相帮助，学习气氛非常浓厚。我们这批从农村小学考上来的孩子，经过了大概率的淘汰后，都是各地小学生中的学习尖子，脑袋都比较聪明灵活，学习都比较认真刻苦，成绩比较整齐。

（五）初中的劳动

1958年，全国"大跃进"时期，那时所有学校都是半工半读。半工主要是劳动，勤工俭学，在学校的课程表中占有相当大的比重。一、二年级，几乎是上午上课学习，下午劳动。劳动内容主要是自力更生建校舍和种菜地。学校计划建两栋新校舍，主要靠学生和老师来筹建。我们学生为建校舍参与做了三件事：第一件是烧砖，第二件是打房基，第三件是搬运建筑材料。学校要盖两栋砖瓦结构的平房做教室和老师办公室，取代破旧的校舍。

当时所有校舍确实破烂不堪。虽不漏雨，但透风漏雪。说来有人可能不信，哪有不漏雨而漏雪的房子？当时我们的教室房顶上盖的是瓦，为了节省瓦片，瓦脊两侧有缝隙，雨水垂直下来能遮住，但雪花横斜飘下，就能从缝隙飘入室内。记得有一次考试时正好下雪了，我们班的陈顺清，他年龄最小，个子也小，大家叫他小不点，突然大声哭起来了，给大家吓了一跳。监考老师问他为何哭？他边哭边说，我做的答题让飘进来的雪花弄模糊看不清了，有张考卷沾了雪花又不能写了，怎么办呀！他这一哭说，同学们都附和，说雪花飘进来，把卷子弄湿了，不好答题了。没办法，学校只好停了这场考试另找时间。可见我们当时校舍差到何种程度。所以学校决定盖新校舍，师生都高兴，都支持。学校要同学们参加建新校舍的劳动大家都踊跃报名，积极参加。

印砖胚 盖砖瓦结构的房子，首先要有砖。砖从哪里来？自己印烧。烧砖垒窑要请技术工，但印制土砖坯就由我们学生来完成。一个班分成三四个组，每组七、八人，开展印制土砖坯的劳动竞赛。我既负责组织全班的竞赛，又负责一个组的印制土坯。印制土坯先要拌和泥土，就是选取黏性较好的纯土，把它捣碎，再加适当的水用脚在其中不断地踩动，使泥土均匀，黏度最佳。再把黏土用力甩入砖模内，刮平上面多余黏土，取出砖模，一块土坯就做成了。做好的土坯要垒成一行一行的放在阴凉通风处，让它慢慢地阴干，绝不能让太阳晒到。如果晒了太阳，表面干得快，就会开裂。所以说做砖坯不只是一项体力活，也是一项技术活。技术要点有三：一是要掌握好和泥的干湿适度，也就是放的水要适度，水多了泥巴做砖不成形，水少了泥巴太硬又做不成砖。我们开始经验不足，经常是水多了加泥，泥多了再加水，调整到合适为止。好在我们小时候都玩过泥巴，做泥人泥碗等游戏。所以对和拌砖泥并不生疏，干起这项活来很顺当。二是拌砖也要有技术，在拌砖前先要把砖坯模在水里放一下，这样脱坯时泥才不至于沾到坯模上。再就是用力要足够，把砖拌得很实，不会留空隙。如果土坯中出现空隙就是废品。三是把砖坯晾干更是一项有学问的事。刚印出来的砖土坯要码放在事先准备好的棚子里，既不能让它被雨淋，也不能让它被太阳晒。砖坯之间还要留空隙，以便通风，让它慢慢晾干，使它里外都干透了，才能运到砖窑里去烧。那时上午上课，下午印砖，经过全校三个多月的努力，完成了盖两栋校舍所需要的红砖。学校开了总结表彰会，我们中四班和我都得到了表扬。

垫房基 两栋校舍的地基也是我们学生挖土垫起来的。校舍是要建成砖瓦结构的平房，不需要深挖地基，但是需要垫高。南方雨水多，房基一般要盖得高出平地一米多。当时要盖两栋新房，每栋新房的地基要求填三十米宽，五十米长，一米高。每栋房的地基要挖运1500立方米的土才能垫高一米。1959年学校要利用暑假期间把地基打好，于是要各班同学报名，自愿留校挑土打房基，我带头报名了。结果报名踊跃，但要不了那么多人。学校就挑选了20名体力较好的同学留校完成打地基的任务。我被选中留校，学校给生产队去信，说明暑假学校有任务，不能回队参加生产劳动。而且明确假期参加打房基的同学完成任务后免交一学期的伙食费。那时的伙食费一个月大约是5元钱，钱不多，算是付出劳动的一种补偿吧。打房基是要在五百多米外取土，将铲好的土用土簸箕一担一担地挑到房基上，每担都有一百多斤，是项很耗体力的活。如果没有一定挑运担子的功底，是难以吃得消的。再加上是盛夏，气温很高，要在高温下做重体力劳动，是非常辛苦的。好在我在家就经常挑担子，割牛草、打烧柴都要用肩挑，特别是小学最后一年参加生产队收割水稻，我就能把一百二三十斤的稻谷从水田里挑到晒场上。可以说在留校的二十人中，我挑土的力气是名列前茅的。在挑土过程中我带头脱去上衣，赤膊上阵，这是向我父亲学的。赤膊上阵开始几天吃了很大苦头，就是胳膊上，背上晒得先是发红，接着是火辣辣的疼，再就是一层层的脱皮。熬过六七天就苦尽甘来了。太阳晒在皮肤上也不觉怎么疼了，光膀子不但觉得没那热了，而且得到一个意想不到的好处，就是扁担在换肩时容易多了，出了汗，一滑溜就换肩了。如果穿有衣服，换肩时摩擦力大，摩擦在肩上是很疼的。我向大家介绍了赤膊挑担子换肩容易这一好处，后来不少同学也都脱掉上衣，赤膊上阵了。由于大家鼓足干劲，早晚加班，不到开学时间，提前完成了两个房基的垫土任务。

运建材 建新的校舍，烧了红砖，垫了地基，还需木料和瓦片。适逢当时常德县辖区要在五溪建水库，库区的许多房屋会被淹掉。县里通知学校，可以到库区去无偿的拆房子，把拆下来的木料和瓦片运回来建校舍。库区的居民已迁移走了，那里是山区，住房都是木瓦结构，即用木头做房框架，用木板做墙壁，用黑瓦盖屋顶。库区在常德县港二口公社附近，这里属常德前河丘陵山区，我们学校是后河湖区，相距百余里。要把那里的房屋拆下来，再运回学校，绝非易事。就说运输吧，当时学校没有汽车，也没有车路，只能靠肩挑和水运。1959年下学期，学校决定分两批选派一部分学生去库区拆运房木和瓦片，我报名参加了第一批。第一批有三十几位同学，出发那一天就遇到了很大的困难。有100多里路，全部是步行。从学校出发到常德市有六十多里，到常德后渡过沅水，还有五十多里才能到达库区，还背着简单的行装，要一天走到是很辛苦的。由于中餐的地点安排不适当，到了下午3点才吃上中餐。在中餐前，大家疲于奔走，又累又饿。我们中有一位同学叫解玉林，由于他体质较弱，支持不住，竟然晕倒在途中了。经过救治和短暂休息，才用人扶着他走。天黑了我们才到达目的地，大家都感到这一天很疲劳。

第二天我们就开始干活了。这里环境很美，山上长满了树木和竹林，名副其实的青山绿水，可惜不久都要被淹掉了。我们到达之前，学校已请人把房屋都拆了，木料和黑瓦分别成堆的摆放在那里。我们的任务就是要把这些木料和瓦片运到离此处大约有3里远的一条小河边，以便水运到学校。开始我们运瓦，用运土的簸箕挑到河边的船上，船是租来的，装满了就开往去我们学校的水路。据说水路不能直达，要翻越沅水等几道堤。每翻越一道堤还要把瓦片卸下来，把船拖拉过堤的水道上，再把瓦片装上船，运到学校还是很费工的。船上载满瓦片开走后，我们就扛木料。木料有大有小，有长有短。小的短的我们一次扛一根、两根，大的两人抬一根，特大的用绳子把两头套起来四人抬一根。木料扛到河边不用船运，直接放在水中，再请专人将它们编成木排，上面可以载人，从水路划回学校。在扛木料中我们有同学发现，有小溪通到河边。小溪水不深，于是把木料放在小溪里，用绳子绑上拉着走，省力多了。但小溪两边长满树枝和杂草，里面经常有蛇出没，大家都很怕蛇，特别是山区的蛇大多是毒蛇，不像湖区的水蛇没有毒。所以在从小溪运木料过程中，我们安排前面一人用长竹棍打草惊蛇，先把蛇吓跑，同时大家都穿上长衣长裤，防止被蛇突然咬着。后来大家都改由从小溪里面运木料，又省力又运的快，大大加快了我们运木料的速度。

搬运木料和瓦片是一项很消耗体力的劳动，但每人每天定量不到一斤粮食，大家都感到不够吃。而且蔬菜也不多，只有一些咸菜和青菜，油也很少，总觉得肚子饿。后来听人说这里的葛根很多，那东西可以挖出来吃。有一天下班以后，我们就到山里面找到不少葛根，挖了一些带回来，放在火上烧着吃。大家吃得很香，都说好吃。我也吃了一些，觉得还不错。但谁知吃了不到五分钟，我就开始反胃了。不但把吃的葛根全吐出来了，而且把晚上吃的饭菜也都吐出来了，这真叫作抓鸡不着蚀把米。葛根含淀粉比较多，大家吃了都没有问题，都能充饥，而我吃了就呕吐，说明对这个食品过敏。我这一生对三项食品过敏，一是葛根，二是洋姜也叫鬼子姜，三是茄子。洋姜和茄子是我年轻的时候最爱吃的蔬菜，可能是吃得太多了，也不知道什么时候就开始反胃呕吐了，而这是第一次吃葛根就过敏了。其实葛根是好东西，现在有人把它打成粉末，服了可以降血压降血糖，成了名贵的中药了。

我们第一批学生在那里劳动了半个月，由于劳动强度大，营养跟不上，许多同学都消瘦了，有的同学还浮肿了。从库区返回学校时，在前河那一段是集体行走，过了沅水就各自择路返校。恰好我舅舅家在中途，我与刘竹清同学到了我舅舅家。舅妈做了许多米饭，还有鸡蛋，很多的菜，我们两人饱吃了一顿。直到五十年后，我与刘竹清再次相遇的时候，我们还记得那时饱餐的情景。刘竹清还说：你舅妈做的那些菜真好吃啊！我们返校不久学校又派去了第二批同学。这批同学无论是体力，还是思想基础都不及第一批。据说任务还没有完成就有人逃回来了，到了沅水边没有钱，还是游泳过江的。

这一年的深秋，我们从库区运出来的木料放排到了常德市区的沅水。要从沅水搬运翻过江堤，再在通向学校的内河编成木排，才能最后到达学校。于是学校又选了六七个大一点的同学再加两位老师来完成这项任务。这六七个同学是精心挑选的，个子比较大，身体比较壮，思想基础也比较好的。我记得有：谭代福，是学生会主席；龚丛龙，也是学生会的；我也被选在其中，我是中四班的班长，个子虽然没有他们那么高，但干起活来还是很有力气的。我们把木料从沅水河中搬运到内河，再绑扎成木排，我们七八人都站在木排上，深水处就用桨划，浅水处就用竹篙撑，行进速度比较慢，一小时只能行三四里路，到学校蒿子港有八十多里水路。途中要经过柳叶湖，冲天湖，泥港口，西洞庭等地。记得我们的木排行在柳叶湖中间时搁浅了,用浆划,用竹篙撑,木排怎么也不动了。这时,谭代福,龚从龙等就跳下水去推。那时已是深秋,水中已经很凉了。他们在水下推,我们在排上用力撑,终于将木排推出了浅水区。经过两天的努力,才把这些木料运到了学校。

1960年两栋新校舍建起来了,我们有幸在新教室里上了一学期多的课,由于有我们的辛勤劳动,对那来之不易的新教室深情难忘。2016年清明节回老家扫墓时,特地在蒿子港停车到五中原址看看,想找到我们亲手建起来的那两栋房子。哪知全被现代化的楼房代替,原有平房,一栋也没留存下来,很是惆怅。我们搬运木料的库区如今已经成了水库,给它起了一个好听的名字叫花岩溪,成了常德地区著名的风景旅游区。我于1996年在鼎城区区委书记文承保的陪同下游览了花岩溪。2015年又与常德市林业局原副局长詹松柏一道游览了花岩溪。两次故地重游,感慨良多。当时的穷乡僻壤现在成了游人向往的好地方,其景观真与浙江的千岛湖不相上下。凡是外地到常德地区旅游的游客,导游都会说到了常德一定要"寻花问柳"。寻花就是游览花岩溪,问柳就是游览柳叶湖。

种蔬菜 1959—1961年国家一度进入了困难时期。粮食不够吃,各种生活用品都比较紧张,粮、油、布等生活必需品都凭票供应。特别是粮食供应一个学生每天不到一斤粮食,而学生正是长身体的时候,在缺油少菜的情况下这点粮食是很不够吃的。所以当时上级提出来粮食不够吃,要用瓜菜代,号召大家种菜。我们学校有不少空地,老师和同学们都一起开发空地,大种蔬菜。每个班都种一块地,看哪个班的蔬菜种的好,开展了种菜大比赛。我们班也分了七八垅地,由于我外公和我舅舅都是靠种蔬菜卖菜为生的,可以说是种菜世家。我从小就看他们怎么种菜,还经常帮助它们浇水施肥。所以对我们班上的种菜主要由我来张罗。那时种的都是产量比较高的大路菜,主要是白菜、萝卜、南瓜等,这些菜长得快,产量高,确实能当饭吃,特别是南瓜可以和大米放在一起煮饭吃,也可以煮稀饭吃。由于我们这批同学都是来自农村,对种蔬菜都不生疏,所以各个班级以及全校的蔬菜,都长得不错。学校的蔬菜丰收,一定程度地缓解了粮食不够吃的问题。

(六)初中的艰苦生活

初中的生活与小学生活相比,发生了很大的变化。

变化之一,离开了父母,离开了家,许多生活琐事原来是父母包办的需要自己独立去做了。例如衣服脏了,破了,扣子掉了等在家时都是母亲包办缝洗了,上了初中都要自己动手。我学会了自己洗衣服,自己缝被子,缝扣子。尽管开始衣服洗得不怎么干净,但经过多次反复练习,越做越好。记得有一次我洗衣服很马虎,放在水中揉几下就凉起来了。后来被同学发现衣服上有一块还是干的,水都没有浸透,哪谈得上洗干净,成了大家的一大笑料。此后,我洗衣服就仔细认真了,搓洗得也干净了。

变化之二,许多生活习惯改变了。原来在农村家里没有刷牙的习惯,上初中后学校提倡讲卫生,要求刷牙。我开始也不习惯,但后来大家都刷牙,我也随大流,时间一长也就习惯了。还有就是穿鞋袜问题。上小学时,我只有到了冬天才穿鞋袜,其他时间基本上是光脚丫子的,如果要走远一点路时就穿草鞋。记得小学时有一次大热天看到城里人下乡穿着鞋袜,我们几位同学感到不可思议,还专门评论讥笑过人家。上初中后,学校要求大家穿鞋,不许光脚进教室。开始觉得很别扭,大热天穿上鞋袜不舒服。后来时间长了,也慢慢习惯了,再后来光脚就很难走路了。

变化之三,赶上了"三年困难时期",吃不饱,经常饿肚子。在小学以前,尽管有

1954年洪灾和1958年上半年吃食堂，但肚子还是能吃饱的。初中第一年也还可以，但到了第二年，第三年，越来越困难，学生口粮定量越来越少。那时每人每天定量只有8两米，16两为1斤，8两只有半斤。油很少，肉没有，只有点青菜和咸菜。如果油水好，蔬菜好，经常有鱼类之类的好菜，8两粮食也差不多了。我们每个星期回家一次，在家里能找些食物把肚子填饱。学校和我们家都在澧水大堤脚下，相距整整15公里路。星期六下午上两节课后，我们几位同学同时回家，沿澧水大堤快走两个多小时就到家了。母亲总是准备些饭菜，让我吃个饱。第二天吃过中饭就返校。返校时还要带一些吃的，主要是炒米粉，油炸小鱼和泡菜。炒米粉是将煮熟的大米饭晾干后放在锅里炒焦，再磨碎成粉状。带到学校，用开水一冲泡，吃起来是很香的。油炸小鱼更是美味佳肴，饿了吃点很管用，有时还带点大米。我们几位要好的同学之间是实行"共产主义"的，各人从家里带来吃的共同享受，吃完为止。从家带的食物还不能公开吃，学校不提倡，只得悄悄地背着老师吃。记得有一个晚上饿得睡不着觉了，我与几位好友商量，能否弄点吃的。恰好我从家里带了点大米，是否找个地方煮饭吃。后来有人提出上砖窑上去煮饭。砖窑顶上冒烟，肯定能把饭煮熟，大家赞同说好主意。于是我们带上米，找了几个饭钵子上了砖窑顶。把米放在饭钵里，加上水，在窑顶冒烟处扒开两块砖头，准备将钵子放在上面煮饭。谁料砖头一扒开，火焰一下喷了很高，把我们吓得撒腿就跑，所带的米和饭钵也没来得及带走。火焰一冲出，惊动了守窑工人，连忙抢救。幸亏抢救及时，没有酿出大祸。守窑的工人把我们扔下的米和饭钵都带走了。第二天，我们讨论此事如何不让学校知道，又能把米和钵子要回来？大家讨论意见，魏长春个子比较高，要他冒充老师先把东西要回来。魏长春果然不负众望，找到了守窑工人，冒充老师代表学校作了自我批评，表示要对学生进行批评教育，保证今后不会再出现这种情况。守窑工人也没深究。这样就把米和饭钵都要回来了。此事也就没有让学校领导知道，顺利遮掩过去了。还记得有一次，我们几人夜间饿得不能入睡，就到学校附近生产队食堂敲门，把看食堂的炊事员从睡梦中敲醒，要求用大米换饭吃。幸好食堂有剩饭，我们每人换了一斤米的饭，吃饱了，再回校睡觉。但吃得太饱了，又被撑得睡不着了。那时饱一顿饥一顿是常有的事。

整个初中三年，对我们来说，是异常艰苦的岁月，特别是后两年更为艰苦，学习任务重，劳动强度大，粮食定量不足，又处在长身体的时期，经常挨饿。这对我们来说，确实是个考验。绝大多数同学经受住了这个考验，克服困难坚持下来了，我也经受过了这个考验。有一次我回家，爷爷是很支持我上学的，当看到我饿得干瘦，也不忍心地说要不行就不读这个书了，我表示还能坚持。但也有个别同学没有坚持下来，当了逃兵。我有一位邻居叫章毅，是独生子，平时在家生活比较优越，学习成绩也很好，写得一手好毛笔字，还很会画画，比我高一年级，是五中一班的。他在学校吃不消就退学了，回家里参加生产劳动。他有一个小箱子放在学校里，不好意思去取回来，后来还是学校托我给他带回家的。那时在家参加生产劳动也很艰苦，但虽然粮食不大够吃，在家可以弄一些蔬菜、野菜等把肚子填饱。而学校不同，强调只能吃定量的那一点粮食，家里带点吃的还不能公开吃。现在回忆起来，我们那时能坚持下来真是不容易啊！

（七）初中的老师

初中教过我们课程的老师大概有七八位，但现在印象深刻的只有两三位了。教物理、化学、体育的老师还有点印象，但他们的姓名却记不清了。现在印象最深的是康存孝老师和张凤池老师。

刘维政校长 当时接触不多，印象不深。但他弟弟刘维忠与我是高中同班同学，我们是好朋友。从他那里了解到他哥哥很开明，但对老师和学生要求很严格，抓得比较紧的特别是对学习成绩好的同学和教学好的老师经常表扬。使得五中在全县六个中学中学习成绩遥遥领先。

康存孝老师 前面已提到过了，是我们中四班的班主任，教我们的数学课。他对班主任工作尽职尽责，对全班同学关怀备至，不但关心同学们的数学成绩，而且也关心其他科目的成绩；不但关心学习成绩，而且关心劳动、身体、生活和思想政治等各个方面。康存孝老师对我比较器重，在卢光汉进学生会后，他提议我当四班的班长。班上同学的起床、早操、早读和晚自习的组织管理全权交给我来负责。他也经常检查督促，对我进行过多次表扬。从初中二年级第一学期一开学，也就是1959年9月，中一班有两位女同学找我谈话，他们是团支部的，一位叫吴定芝，一位叫胡玉兰，说是根据康存孝老师的推荐，你各方面表现不错，要我写一份入团申请书，她们两人愿意介绍我加入共青团。我很快写了申请，很快批准了我入团。吴定芝、胡玉兰就是我的入团介绍人。这样，我就是在康老师的培养和帮助下，较早的入了团，而且是班上的第一批团员。康存孝老师在教数学方面水平很高，是全校公认的。他教两个班的数学，同学们的数学成绩总体水平都较好，在全县组织的数学统考竞赛中，五中都是名列前茅的。我的数学成绩较好，与康存孝老师的高超教学水平密不可分。

张凤池老师 是教我们语文的老师，还是我初三时的班主任。张凤池老师一直教三班四班的语文课。他也是一位十分出色的语文老师，为我以后做文字工作打下了一个很好的基础。分到三班后，我虽然算不上张凤池老师的得意门生，但他对我还是比较关心。例如四班并到三班之后，三班班委会不到改选的时候，我不是三班班委会成员，但三班召开班务会时，由于我是原四班的班长，张凤池老师都要我列席三班班委会，有时还专门征求我的意见。五中我们这一届同学的语文成绩，在全县六个中学中也是名列前茅的，这与张凤池老师高超的语文教学水平是分不开的。

还有其他一些老师，比如何毓秀老师，他当时是教导主任，后来给我们上政治思想课，讲得也很好。中二班的班主任张开焕代教过我们的语文课。他讲课一丝不苟，也给我留下深刻印象。

由于五中教师队伍整体素质较好，教学水平较高，教学质量在全县6个中学中名列前茅，在每次全县统考中，五中的平均分数高出很多。特别是在我们这一届初中升高中时，五中的升学率高达95%以上，而其他几个中学升学率只有10%~20%。我们这一届县一中招4个高中班，有2个班是来自五中的考生。当时有些学校不大服气，怀疑五中中考时作弊了。但升到高中后的事实说明，高中几个班成绩优秀者大多来自五中。

（八）初中的同学

初中四班和后来合并的三班同学，随着时间的漫长推移，有些慢慢地遗忘了。现在还能回忆起姓名来的有：魏长春、范伏秋、杨文学、曾广益、邓德华、黄保松、邱杏技、章亮钧、卢光汉、卜东平、徐世香、向华阶、郭云章、庞厚典、李登彩（李密）、陈顺清、罗秋贵、李珍加、刘菊芳、刘竹清、李阳春、任瑞云、解玉林、王春秀、王菊香、管百武、陈海林、罗传孝、毛耀彩、马友冯、马友林、胡孟春、龚从龙、雷立坤、雷立猛、陈作耕、段明辉、全国辉、贾仁耀、易三春、杨敏春、肖诊春、鲁友良、夏正权、贺佩远、尹华、彭德先等。其中列在前面的 10 位同学是情同手足的好友。

魏长春 我们从高小就开始同学，初小我在牛望嘴小学，他在上河口小学，高小都到了介福小学，在同一个班里。他性格开朗，善于交际，对人真诚热情。而我比较沉默寡言，但和他很合得来。他个子比较高，喜欢打排球，是班上排球队的主力队员。记得有一年春节他在家看人打牌，看入了迷，身上的棉裤被烤火盆里的火烧着了还不知道，直烧到了腿上痛了才发觉。当把棉裤脱下来以后，腿上已经烧伤了一大块。开学了，他还在家养伤。我们几个同学特地到他家去看望了他，取笑他有点马大哈。上初中后我们的关系更加密切了。由于他乐于助人，善于交际，我们几位同学一致推举他为"外交部长"，凡有对外联系的事情都请他出面，他都能办成。例如，他曾联系我们几个人从学校搬出来，寄宿在离学校比较近的贺佩远同学家里，吃住比在学校自由多了。我们都觉得很好，但住了一段时间后学校不允许学生住在外面，才又搬回学校。开始他是四班的生活委员，后来又进了全校的学生会，当上了生活部长。初中未毕业他就应征入伍了。他在部队当的是通信兵，部队在广东。在一次施工中，他被塌方的土压断了腿。治好后那条腿短了两厘米。他以残疾军人的身份复原回到了老家，负责区乡的电管工作。之后每一次我回到老家他都要热情招待一番。魏长春虽然初中没有毕业，参军后因受伤复员回家，一直在基层工作，但凭借他的聪明才智和工作努力，率先在家乡盖起了楼房，现在身体健康，儿孙满堂，过着幸福的晚年生活。

杨文学 是和我一个村的，我们从小一起长大的，从小学一年级开始我们就在一个班。他比我大两岁，人聪明，学习成绩很好。我和他一直是好朋友。在我们上小学一、二年级的时候，村里面有一个业余文工团，要选两个小孩唱花鼓戏。当时选了三四个人，有章毅、杨文学，我开始也被列选了，但我胆小，坚决不干，后来因为我五音不全，一唱歌就走调，后来我高兴地被淘汰了。杨文学和章毅被选中了。每到春节他都要去文工团走村串户地唱花鼓戏。他写得一手好毛笔字。到了高小，他和魏长春一样也是班上的排球队员。考上初中后，他上学不到一年就应征入伍了。这以后和他联系不多。知道他复员回到老家，当过多年的民办教师，一直没有转成正式教师。后来他搬到其他乡村去了，我们一直没有见过面了。每次回家我都打听他的消息。去年从他的亲戚那里打听到说他已经中风几年后去世了。

邱杏枝 也是我初中最好的同学之一。他是黑山嘴小学毕业的。他哥哥叫邱伯林，曾任我们黄珠州乡的乡长和后来公社的党委书记。邱杏枝是我们初中几个要好同学的老大哥，非常聪明，成绩好，有主见，点子多，大家有什么事都与他商量，听他的。他身体也不错，个子比我高点，干起活来很内行。好像他是班上的学习委员，也是康存孝老师器重的学生之一。中四班撤销后他被分到了中二班，我们虽不在一个班了，但交往仍然很密切。初中毕业前，他也应征入伍了。他到部队以后，驻军开始就在常德市七里桥。他做新兵时，当一名饲养员，喂猪。我们还专程去看过他一次，管了我们一顿饱餐。以后他分到了冷水江市军分区，成了部队的办报人员。七十年代末，他来北京出差，我们见过一面。2010 年同学在常德再次相见时，我却没有把他认出来，可见变化之大。他虽未曾上过大学，但在部队这个大学校里，他博览群书，见多识广，并通过主编军分区报纸等社会实践，他的知识水平，特别是文学水平远在大学生之上。

卜东平 是从黑山嘴小学毕业的。他开始与章亮钧、邱杏枝等关系密切，他们是好朋友。由于我们黄珠州这边几位与黑山嘴的几位结成了好朋友，卜东平也就自然成了我们大家的好朋友。卜东平为人忠厚，平和，很少与人争吵。办事有点大大咧咧，学习成绩也不错，干活很踏实。他也是初中没毕业就去当兵了。他去部队以后我们一直没见过面。听说在部队干得不错，升到了营职干部后转业回到了常德市工作，前几年得了脑中风，多次同学聚会也没见到他。2016年我与章亮钧到他家见过一面，吃住简陋，身体欠佳，但心态尚好。2017年因病去世。

卢光汉 是十美堂同乐人。初中四班上开始当班长，后来在学校的学生会当劳动部长。他学习成绩不算很突出，在班上算中上水平，但组织活动能力比较强，说话直率，办事认真，敢于负责，敢于管理，劳动起来拼命干，在同学中有比较高的威信。我和他的关系是不错的，开始我是副班长，配合他做班上的工作，我就感到他比我大胆泼辣多了。卢光汉初中毕业就参军了。他在部队从士兵干起，经历了班、排、连、营的岗位，做过组织人事干部，当过射击比武标兵，评过优秀共产党员，最后在团职岗位上转业了。转业后在常德市粮食局任党委书记，把粮食局的工作搞得有声有色。他参军后，我们一直没有见过面。直到2010年我在常德市召集同学聚会才见面。他现在儿孙满堂，身体健康。七十五六岁了，还能在沅江里撒网捕鱼。2016年我还陪他下沅江打鱼了。

回忆的以上几位好友，都是初中没有毕业的，中途或将要毕业时参军了。这几位根据他们当时的成绩和聪明才智，如果不参军肯定都能升学深造的。由于当时的种种原因，他们走上了投笔从戎的人生道路。当然，他们在部队为国家的国防建设同样做出了很大的贡献，这是应该得到赞扬的。除杨文学从部队复员回家务农之外，其他几位都是转业后在国家干部的岗位上退休的，得到了比较好的归宿。初中还有几位好朋友与我一道升了高中，我将在高中部分分别回忆。

二、高中时代（1961—1964年）

1961年9月初，我顺利上高中了。从初中考上高中，那时全县的平均升学率只有30%左右，淘汰率也是比较高的。然而县五中我们这一届升学率特别的高，达到了95%左右，几乎全部升高中了。所以我能顺利升到高中，也是在情理之中的。而县五中这次升学率之高，使它在全县一举成名。全县六个中学，只有县一中有高中部，我们上的高中就是位于白鹤山的常德县一中。

（一）常德县一中

常德县一中是一所历史悠久，富有光荣革命传统的重点中学。它的前身是湖南省私立高级隽新小学。隽新小学是在五四革命后新文化运动蓬勃兴起之时，由何斗魁、陈琴石、孙穆苏、罗仲山、黄和兴等人倡议，自筹并向社会募捐，于1912年创建的。第一任校长为何斗魁。校址在常德县城府学东街圣庙的东斋（今常德市育英小学内）。1925年改名为私立隽新初级中学。1938年10月，学校为躲避日军入侵迁址到沅水以北距城四十余里的镇德桥附近周家岗。1943年3月，日军大举进攻常德，周家岗可闻隆隆炮声，形势危急，学校只得渡过沅水，从周家岗迁到前河山区钱家坪。1945年2月，在抗日战争胜利之时，学校从前河的钱家坪迁到了后河的白鹤山。白鹤山就是我上高中时的校址。中华人民共和国成立后，1953年常德县人民政府接管了隽新私立初级中学，更名为常德县初级中学。1958年扩办高中，改名为常德县一中。1990年迁址于武陵镇，与原鼎城一中合并，定名为鼎城区第一中学。常德县一中，即现在的鼎城区一中，从创始至今，四次搬迁，五次更名，跨越了新民主主义革命和社会主义革命两个历史阶段，培养了大批优秀人才。到我毕业的1964年为止，学校毕业了三十八个初中班，十二个高中班，以每班平均50人计，总共培养初高中学生约2500人。

白鹤山，位于离常德市城区三十余里的东北方向，依山傍水，风景极为优美。校舍坐落在白鹤山头，北面是延绵不断的茶树林，郁郁葱葱；南面是一望无边的柳叶湖，碧波万顷；山头是一簇簇古木苍松，遮天蔽日。这确实是一个潜心读书的绝佳境地。学校的教学楼，宿舍，食堂与体育场等都是在山头的坡洼地带，高低不平，错落有致，周围都有高大树木拥簇。当时学校拥有一栋10个教室的两层红砖教学楼。四个教室的青砖瓦和红砖瓦二层楼各一栋，两栋四个教室的砖瓦平房。教职工和学生宿舍都是砖瓦结构的平房。女生宿舍是个四合院。有些房屋之间还有长廊相连，下雨天走长廊不需雨具。学校的教室大小、黑板、课桌、座椅都比较规范，有比较正规的厨房和食堂，有三百米跑道的简易运动场，有医务室，男、女浴室等。学生宿舍都是大房间，上下铺，一个班的男生住在一个大宿舍内，虽然拥挤，但很热闹。女生宿舍是个小四合院，比较封闭。所以说，县一中的办学条件与初中相比是正规多了，好多了。

高中与初中时大不相同的是以学习为主了，学生的主要精力和大部分时间都放在学习上了，再也不像初中时的半工半读，动不动就停课劳动了。每天六节课，早读、晚自习和作业，时间上都有了保证。我们在校时校党支部书记是张华志，校长是阮佑林（抽出搞"四清"不在校），副校长高鹏主持工作，教导主任是何毓秀。

（二）高十一班

我们这一届一中共招了四个班，分别是高九班，高十班，高十一班和高十二班，每班约50人左右。三年级时，学校决定把十班撤销了，原十班的同学分插到了十一班和十二班。我一开始就在十一班，十班分来同学后十一班共有60人。九班的学生是由一中初中考上来的，其他三个班的学生是全县五个中学初中考上来的。由于是全县统考招生，成绩比较整齐，但随着课程的增多和加深，也逐渐出现了差异。高一时我任十一班班长，刘维忠任团支部书记，到了高二我改任班上的团支部书记，一直到毕业。高十一班班主任刘正南老师，教我们的语文课，陈正思老师教我们的数学课。

（三）高中的学习

那时学校对学生管理很严，对学习抓得很紧。记得刚上高中那几天，我们中午休息觉得宿舍热，就光着膀子在外面树荫底下边乘凉边聊天，恰好被高朋校长发现了，问了每个人的姓名，批评了这种不雅行为。学校要求学生按时起床，按时睡觉。每天早晨六点就放高音喇叭，起床锻炼和早读，下午七点晚自习，九点一声哨响，必须熄灯睡觉。学校负责生活的老师叫胡安，他对学生的作息时间管得非常严格，从不误点。哪个班不遵守，就要通报批评。学校对同学们的学习成绩也抓得很紧，经常组织各种测验、竞赛、讲座等，想尽各种办法督促学生提高成绩。对我来说，高中学习压力最大的是评三好学生。所谓"三好"学生是指思想好、身体好、学习好。每个学期评一次。高中一年级时，我是十一班的班长，二、三年级时是班上的团支部书记，学校开展的政治学习和组织的生产劳动我作为班上的主要学生干部，都是积极带头，一马当先，所以我三好中的思想好是不成问题的。身体好是从两方面衡量的，一方面是身体没有什么大病，长得结实；另一方面是体育考试成绩要好。高中时我的身体算不错的，没什么毛病。至于体育考试，期末考试时自选项目，我打篮球排球是不行，但短跑和跳远成绩很好，百米跑过十二秒八，跳远跳过五米二，都是优秀。所以身体好对我来说也不是问题。学习好就是期末考试各科成绩都要在80分以上，这是一条硬指标。按照这个标准，我前几学期都连续被评为了"三好"学生，成了全校少有的几个典型。这样就让我背上了很大的包袱，经受着很大的压力，那就是如何每学期都能保住"三好"学生这个美誉称号。所以高中的后几个学期我发奋学习，生怕哪一科没考好，丢了"三好"学生这块牌子。好在我各科成绩比较均衡，没有太拔尖的学科，也没有太差的学科，一般考试都在90分左右。我的语文、数学、物理三科比较稳定，每次考试均在90分以上，有时数学还能拿满分，就是外语与化学弱一点。外语与化学推理性少些，死记硬背的东西多一些，有一段时间天不亮我就起床跑到学校后山树林中读外语，背化学公式。我们这一届都学俄语，我唱歌走调，汉语拼音不准，学俄语也是发音不准。好在那时期末俄语只考笔试，不考口语。经过刻苦努力，我的俄语笔试成绩还可以，都能在80分以上；如果口试，我肯定不行了。高中三年六个学期，我期期都被评为了"三好"学生，这在当时全校是少有的。

（四）高中的生活

高中的生活还是很艰苦的，但与初中比较起来要好多了。这与整个国家大形势有关，"三年困难时期"基本渡过，经济状况有所好转。我们学生吃的粮食都是从家中带的，那时已有粮票，先在家用粮食在粮店换成粮票，再把粮票和卖粮的钱交给学校。学校对学生有定量，我记得每人每天是1斤粮食，早餐3两，中餐4两，晚餐3两。1斤粮食那时只有1角多钱，每人每月要交30斤粮票，8元钱。一个学期可一次交清，也可以多次交清。我们这些同学，几乎都是来自农村，家庭比较困难，只得分多次交纳粮钱。一般一个月交一次。所以食堂门前有个公告栏，公告姓名应在几日内交粮钱，否则要停餐了！我也有过被停餐的警告。这样就得提前回家取钱粮。我家距离县一中有七、八十里路，没有车船，全靠两条腿走。一般周六下午上两节课后，我们拔腿就往家走。七八十里路，快走也要到晚十多点才能到家。第二天在家吃过午饭就往学校返回。有时换不到粮票时，还要挑着几十斤大米赶路。学校食堂与人民公社大食堂差不多，用一个四方形大蒸笼蒸饭。厨师先把淘好的米分到各班，由各班指定一人负责将淘过的米均匀分到每个饭钵子里，加上适当水，然后放在大蒸笼里烧火蒸，饭蒸熟后每人一钵，一个班1～2屉。我负责十一班分米蒸饭，发饭。班上有特殊需要的同学，例如有的要硬一点的少放点水，有的要软一点的多放的水，有的觉得不够吃从家带来的米加一把等，都要事先告诉我，我做个记号，分发时好识别将饭发到他们手中。同学们领到饭后，自由组合，8人一桌。每桌只有2～3个菜，一般是两大盆蔬菜，一个咸菜，下饭够了。肉菜只有过节才能见到。因为每个月菜钱也就是5元，不可能时常有肉菜。学校还有些菜地，自种蔬菜也补贴一部分到学生食堂。各班蒸饭发饭，一般由班上的团支书或班长承担，要为同学所信任。我干这份活，虽然占去不少课余时间，但我觉得能为大家所信任，一定要办好，尽量让大家满意。

除了吃就是穿。那时已开始发布票,我记得每人每年是1丈2尺①布票,大体上够一套衣服的布,这对于青年学生来说是远远不够的。所以那时候家长都尽量节省,让在外面上学的学生穿得好一点。我父母和弟弟妹妹也是这样,他们的衣服都比较旧,破了补了又补,保证我能穿得好一些,我是十分过意不去。直到高中,虽然不再是统子铺了,但为了节省床被,我还和初中一样,与范伏秋合睡在一张床上。到了夏天,两人睡在一个蚊帐内,实在热得难受。我钻出蚊帐外,睡在无蚊帐空床上。为防蚊子叮咬,穿上了长衣长裤睡觉,克服了许多难以想象的困难。

(五)高中的劳动

高中的劳动没有初中那么多了,但零星的劳动还是不少的。爱劳动仍然是衡量一个学生政治思想的重要内容。那时我在学校参加的劳动主要有以下几项:一项是负责班上的煤气灯。高中第一学期学校晚自习还是用的煤气灯。我负责班上煤气灯的管理,每天要按时为煤气灯加煤油、打气、点灯,并挂在教室,保证晚自习的照明。1962年开始,学校有了电灯,煤气灯不用了。但发电的是一台小型柴油机,发动这台小型柴油机要靠手摇。我经常被派去手摇发动柴油机。要把柴油机发动起来并非轻而易举,有时要几个人累得满头大汗才能把它发动起来。在高中劳动的第二项内容是搬运粮食、蔬菜、煤炭等生活物资。那时学校没有汽车,食堂所用的粮食、蔬菜和烧锅的燃料是用船从城里运来。学校在山头上,山下就是柳叶湖,有个小码头,叫昏头上。运粮食和燃料的船就停靠在昏头上。学校所用的粮食和燃料(煤炭、劈柴和稻糠)要从这船码头用人工肩挑背扛地运到食堂,有300多米大概成30度角的上坡路。往上搬运这些东西是很费劲的。那时我可谓同学中的大力士,经常参加搬运这些物资。记得有一次挑运大米,有人装了两满箩筐大米,约有近200斤。当时管总务食堂的老师帅奎,他打赌地说,学生里面有谁能把这担米中途不休息,一直挑到食堂里的,他愿输一斤糖包子。与我一起运粮的几位同学试一试,都摇摇头放下了。我假期回家当过搬运工,挑这点重量心中有数,先说试试,一口气很顺利地把那担大米挑到了食堂。几位同学都要老师兑现,老师真在昏头上的小餐馆买了一斤糖包子,奖励我,我随即与大家分享,得了个大力士的美名。除此之外,给食堂挑水,打扫环境卫生也是一项经常性的劳动。如果有这些劳动,我都是积极参加的。

在学校劳动是一个方面,还有一个方面是放假以后在家里的劳动。每次寒假暑假回到家都要参加生产队的劳动。同时还做一些为自己挣学费的劳动。

暑假回家,我当过搬运工人。那时牛望嘴有一个货船码头,黄珠州和黑山嘴两个公社上交国家的公粮和卖给国家的余粮,都集中在牛望嘴的粮仓里,然后从澧水来的木船将它水运出去。在牛望嘴的码头有一个十几人的搬运队,将集中在仓库里的稻谷用箩筐一担一担的挑出来,翻过江运入船中。从仓库挑出来,再翻过江堤到船上,大约有300多米。每担稻谷大约有一百四五十斤,一名搬运工人一天能搬运1万多斤。每搬运100斤5分钱,一天能挣5元钱。这是一个很有吸引力的数字,5元钱能够我们在学校一个月的生活费。为了挣学费我争取参加了搬运队。搬运队的那些人都是久经锻炼的,见我这位白面书生参加搬运开始都瞧不起,认为吃点苦头就会知难而退的。我也知道这些人瞧不起我,另眼相

---

① 1丈 ≈3.33米 1尺 ≈0.33米

看。但我下定决心，一定要坚持下去。第一天我就挑了8000多斤，比他们正式搬运队的工人少不了多少了。第二天和第三天最难过，主要是肩膀红肿，换肩时磨得很痛，我咬牙坚持，挺过了这一关。到了第五天和第六天，肩膀不怎么痛，全身的劲也上来了，最后我也一天挑了上万斤，与他们正式搬运工差不多了。这时他们对我另眼相待，称赞不已。这个学期我挣了八十元，快够交我一年的学费了，我和家人都很高兴。我的同学范伏秋看我挣到了钱，也来参加搬运。他虽然比我大两岁，但个子矮小，还有一点驼背，挑半担谷爬坡都很吃劲，只干了半天就退出了。我有一个体会：如果有较长时间没有参加体力劳动后，突然参加重体力劳动，第一天是不觉得怎么累，而到了第二天、第三天就很难受了，全身酸痛，疲乏难忍。但只要坚持下来，熬过这几天就没有那么疲劳和困乏了，而且越干越来劲。

寒假回家我也没有闲着，主要的劳动是挖藕，抓鱼。到了冬天农闲了，湖塘里的水不深了，社员们把水排干，抓鱼挖藕，我也积极参加。因为抓来的鱼和挖的藕不但可以为自家改善生活，而且多余的还可以卖钱，添补学费。我一天能挖七八十斤，如果拿去到集市上能卖三四元钱。

除了挖藕，就是抓鱼。我和同学范伏秋是一个大队的。我们两人经常转遍大队的所有沟沟港港，琢磨着哪儿会有鱼。有一次我们俩断定一个水闸的涵洞里可能有鱼，就把涵洞的两端堵起来，想用水车把水排干后抓鱼。水排干后果然有不少鱼，尽管天很冷，我们还是光着脚，挽起裤腿，下去捕鱼，结果收获了两大箩筐鱼，100多斤，每人分了50多斤鱼。一部分留作自家过春节吃，一部分拿到市场去卖了。还有一次，我们判定一条田沟里有鱼，这条沟是范伏秋所在的生产队的。于是我们俩就搬来水车，想把这条沟里的水排干后抓鱼。当我们把水沟里的水快要排干的时候，意想不到的事故发生了。由于水沟里水空了，沟的路堤不够坚固，受两面水田里水的压挤，路基垮塌下来，水田的水倾泻入沟。转眼间把我们快要排干的水沟很快就注满了水。这不但使我们快一天的劳动白干了，更重要的是垮塌了很长一段路基，需要费很大功夫才能修复。我们知道这下闯祸了，就不声不响地溜走了。好在范伏秋的父亲是大队长，生产队长也没有怎么追究责任。只是后来生产队长见了我们说，你们这两位"秀才"干了好事也不吱声一下，害得队里春耕时才发现路基塌了。

（六）高中的老师

上高中时学校的领导和老师比较多，但现在能记忆的却不多了。从资料上查到，1962年到1964年，县一中的校长是阮佑林，但我却毫无印象。经多方打听得知，阮校长当时被抽调出去搞四清了，很少回学校，我们没见过，也就没什么印象了。

高朋　我们上学时他是副校长，因校长不在校，一直由他主持全校工作，印象较深。他早年就在一中前身隽新中学任教，当副校长。他教学经验丰富，对学生要求严格，记忆力很强。新来的学生，他见一、二次面就能记住姓名。记得我们新进学校时有一位在初中表现很好的同学摘了校园里的果子吃，被他碰上了，除了严厉批评，还要他报了姓名。这位同学随口报了个假名，以为蒙混过关了。但高校长办事特别认真，后来还是查清了，知道了他的真名，个别对他进行了耐心的批评教育。

何毓秀　在初中时他是五中的教导主任。我们上高中后，他也调到了县一中任教导主任，并且给我们上政治课，对他的印象比较深。何主任讲政治课一丝不苟，大小提纲在黑板上写得清清楚楚，主要内容和观点讲得明明白白，便于做笔记和记忆。所以我的政治考试成绩大多在 95 分以上，有时还得满分。现在他已 90 多岁高龄了，身体还比较健康。我这几年回常德召集中学同学聚会，还请他出席过几次，并上他家拜访。

刘正南 是我高中的班主任，教我们的语文，可以说他是我的恩师。他一直对我很器重，在政治、学习、生活等方面都非常关心，给我多方面的培养与帮助。我们高十一班刚成立，他就提议我任班长，到了二年级又推荐我任团支部书记。班上许多有关学习、劳动、生活的集体活动他都放手交给我负责，有意培养、锻炼我的组织管理能力。他上语文课，认真备课，对学生要求严格，强调课前预习，课后复习，重点课文必须熟读，有的必须背诵。他讲课时，条理清晰，讲解深透。特别是对课文中的一些古典名篇，他一字一句地精讲，既讲解每个重点字词的原意，又讲解每个重点字词在文章中的用意。同时还旁征博引，谈古论今，使人印象深刻。例如他讲解岳阳楼记、曹刿论战、六国论等篇课文的情境至今还有深刻印象。在讲解作文时刘正南老师特别强调写文章一定先要明确主题思想，然后要围绕主题思想来写，条理层次要清楚，词语要朴实，要言之有物，切忌华丽辞藻，哗众取宠。刘正南老师的这些教导，对我以后从事文字写作有很大帮助，起了很大的正面影响。刘正南老师不仅对我的语文成绩很关心，对我其他各科学习成绩也很关心，记得有一次期末考试，我感到化学没考好，可能上不了八十分，"三好"学生的牌子可能要丢掉了。刘老师知道后，比我还着急，忙到化学老师那里打听我的考分，并及时告诉我说化学刚过了八十分，提前给我吃了定心丸。刘正南老师对我的生活也很关心，当他晚上查床发现全班只有我一人睡在没有蚊帐的床上后，他就从自家拿了一顶蚊帐给我用，使我十分感动。

我一进入大学就被指定为班上的班长，我想这与刘正南老师对我高中毕业时所做的好评语是密不可分的。在高中毕业时，刘正南老师在班上推荐了六名保送考军事大学的学生，有我、陈作耕、熊和庭、程水香、陈协祥、徐世樵，这六人，虽只有陈作耕一人考入军事学院，但其他五人均考上了大学。这说明刘正南老师选人还是很准的。刘正南在一中培养了多届高中毕业生之后调到了常德县教师进修学校任校长，为提高全县教师队伍的素质做出了重要贡献。他现在已经快九十岁高龄了，身体尚好。我这些年每年都回常德召集中学同学聚会，他每次都出席。我每年都上他家拜访，离他家时还总要给我点土特产，仍然关心我，劝我少喝酒。

陈正思 是我高中的数学教师。他是 1962 年湖南师范学院数学系毕业的，毕业后就分配到常德县一中，教十一班、十二班的数学，并担任十二班的班主任老师。他虽然刚从学校毕业，也只比我们大两三岁，但数学教的非常好。他是从二年级开始教我们的数学，与一年级教数学的老师相比，他的水平要高了很多。他教数学的特点是对基本概念，基本公式反复讲解，反复应用，强调灵活多变，采取启发的方式调动学生们主动思维，效果比较好。他教的两个班的数学成绩平均水平都比较高。在"文革"中，陈正思老师受到了一些挫折，被下放到了农村教学。改革开放后他又回到了县一中，后来进了县委常委，负责全县的文教宣传工作，为全县的教育工作做出了重要贡献。他比我只大两岁，身体很好，显得比我们同学还年轻。我这些年每年都回常德召集中学同学聚会，他每次都欣然出席，还给我赠送些土特产品。

（七）高中的同学

高中的同学现在能回忆起来的主要是同班同学，也有初中同班升到高中未分到一个班的要好同学。同班同学根据鼎城一中 75 周年校庆纪念册上的资料共有 50 人，其中我有十多人已毫无印象了。下面我仅就最熟悉、最要好的几位同学进行重点回忆。

范伏秋 是我从小学一年级开始到高中毕业的最要好的同学之一。他出生于 1941 年，比我大两岁，但个子比我小，背还有点驼，同学们给他取了个外号，叫"饭驼"。他和我都是荷包湖大队（村）的。范伏秋为人诚实，主持正义，乐于助人，学习刻苦，成绩优良。他父亲是大队党支部书记、大队长，家中经济条件比较好。我家比较困难，他给了我许多帮助。例如从上初中开始，我们两人就共用一套被褥或蚊帐。他知道我们家困难，只要我出垫被，它出盖被和蚊帐，两人同睡一张床，共盖一床被，一直到高中毕业，可谓同床共枕，兄弟情深。即使是炎热的夏天，我们两人睡在一个蚊帐里，热不可当，他也毫无怨言。我多次撩开蚊帐睡在外面，他发现后都把我拉入蚊帐内，免受蚊虫叮咬。每次从家里带些吃的到学校，他都带的比较多，从不分彼此，几位好同学一起享受。又例如，放寒暑假回家，我们想把沟港里的水排干抓鱼，再卖鱼弄些学费。这事先必须经过生产队长的同意才行。这事范伏秋就主动出头联系。因为他父亲是大队党支部书记，生产队长不好驳面子，一般都同意了。所以有几个假期，我们弄了不少鱼，卖了一些钱，解决了一部分交学费困难的问题。范伏秋学习很用功，成绩比较好，也比较稳定，在班上处于中上水平，但高考时，可能没有正常发挥，落榜了。他高中毕业后在蒿子港汛防会工作，开始是看护澧水大堤从蒿子港到三角堤约四十里的防洪林，后来在蒿子港汛防会做会计。我上大学和工作以后每次回家，他都从几十里外赶回老家和我相聚。我父母去世都在 20 世纪 80 年代初期，那时交通不便，我没有及时赶到，他都代我披麻戴孝，替我守灵，使我十分感动。因家庭一件不幸的事情使他精神失常，在一个夜晚酒后过桥坠入烂泥沟被淹致死。我的好同学范伏秋，值得永远怀念！

曾广益 也是我从初中到高中最要好的同学之一。他家住黄珠州杨家台，出生于 1945 年，比我小两岁。初中我们在一个班，先是在中四班，后来中四班撤销分到了中三班。高中我们不在一个班，我在十一班，他在十二班，但我们仍然保持着很好的同学关系。曾广益待人诚恳、热情、讲义气，人很聪明，学习努力，成绩优异，特别是数学成绩无论是在初中或高中都是班上的尖子。高中时他在班上当学习委员，高三时任班长。在初中和高中的六年学习生活中，我们情同兄弟，不分彼此，有福同享，有难同当。记得上高中时经常星期六回家，下午从白鹤山出发到杨家台曾广益家最近，要走六七十里路。我们一行有我、范伏秋、邓德华和他四人，到他家时已经是晚上八九点了。他家父母非常热情，那么晚了，还杀鸡做饭做菜，让我们饱餐一顿。尽管他家也很困难，但接待我们这帮学生是倾其所有，尽力而为，使我们十分感动。高中毕业以后他考上了吉林大学数学专业。吉林大学是一类学校，等于现在的全国重点大学。那时高考成绩是不公开的，能考上一类大学，可见他的高考分数是比较高的。他大学毕业后被分配到大连教育部门工作，开始在大连市十二中当教师，后来调到大连市一中任教，曾被评为辽宁省的优秀教师。由于在教学第一线工作成绩突出，被提拔为大连市一中校长，后来又升任大连市西岗区教委主任。在高中的诸多同学中，高中毕业后我与曾广益接触最多。第一次是在"文革"的后期，大约是 1968 年国庆节前后，我受群众组织的委托到黑龙江北大荒劳改农场去外调，从南京出发我穿着凉鞋,过了山海关脚就感到凉得难受了。于是到吉林下车,找到曾广益,要他赶快给我买鞋。那时买鞋要鞋票,他没有鞋票,后来发现运动鞋不需要鞋票,就买了一双白色的运动球鞋,解决了我的脚受冻问题。如果没有他的帮助,我那次是到不了北大荒的。以后的多次会面都是在我们参加工作以后。我曾多次到大连出差和开会,每次他都来看望我,尽地主之谊。有一次到大连他还在十二中或一中任教师,住一间小房,他很热情地留我吃饭,一张小桌子放在炕上,摆满了菜,盘腿而坐,我不习惯,觉得还不如站着吃舒服。1980年夏天,我陪中央气象局局长薛伟民在大连棒槌岛休假,邀他来玩。我们在棒槌岛玩了一整天,还下海游泳。他回老家也几次经过北京,都在我家落脚。他20世纪70年代后期第一次上我家,我在家准备了几个好一点的菜请他吃饭,没准备酒。那时我胃病比较严重,喝稀饭都胃痛,酒更不敢碰。他提出,今天逛北京有点累,弄点酒来解解乏。我恍然大悟,他在东北生活那么久,早就有了饮酒的习惯。于是我马上给他买了一瓶二锅头,他独斟独饮,喝得很高兴。客人要酒喝这是我们同学期间亲密无间友情的一种体现。20世纪90年代,我到大连出差,还在他家住了一夜。我女儿上大学时曾利用假期到大连去玩,广益一家热情招待,他那时已是教委主任,在大连有许多亲朋好友,我女儿回北京时是他安排了从大连到唐沽的轮船,住在船长室。女儿回来很高兴,说曾叔叔真能干。2000年,我们全家,包括女儿、女婿开车到大连玩过几天,也是广益精心安排,使我们玩得很舒心。他母亲从大连回老家在北京中转,住我家,我带她在北京玩了几天,想尽力报答她老人家在我们上学时的热情招待。以后我们还有多次来往,特别是近几年在清明节前后我们常在家乡聚会,不断回忆和加深我们在中学时代建立起来的友谊。

黄保松 也是我中学时代最要好的同学之一,从初中到高中我们都在同一个班。他出生于1945年,比我小两岁,家住汉寿罐头嘴,是从黄珠州小学考入初中的。他待人诚恳热情,性格温和,文质彬彬,和谁都能友好相处,是一位典型的文静书生。他办事认真细致,考虑问题比较周全,爱整洁,讲卫生,他是我们几个要好同学中最爱干净的一个。他学习努力,人很聪明,无论是初中还是高中,学习成绩在班上都位居前列。高中毕业,他考入一类大学中南矿冶学院。大学毕业后分配到广东一个大型矿山企业工作。后因解决夫妻两地分居问题,调回湖南沅江县工作,在沅江大型造纸厂专科技术学校教书,后任校长兼沅江县教委副主任等职。高中毕业后,我们见面机会很少。记得他刚参加工作不久到北京出差,到过我家,我招待了他一碗肉丝面,简短交流了一下家庭情况他就匆忙走了。这些年清明节前后回常德,常能见到他,聚集在一起,回忆我们过去在艰苦岁月里建立起来的深厚友谊。

邓德华 是我最要好的同学之一。他生于1944年,比我小一岁,个子比较矮小,与范伏秋差不多,只有一米五多点。由于他脚背上总是起皮而且经常脱落,我们给他取了个外号叫蛇壳。他家住在黄珠州长湖大队。他父亲解放初是村里的贫协主席,后是大队支部书记。他从黄珠州小学考入初中,从初中一直到高中我们都在一个班。那时牛望嘴、黑山嘴、黄珠州三个小学考入初中八九位成绩比较优秀的同学结成了好友,虽没像过去江湖上称拜把子兄弟,但是我们的友情应该比那些拜把子兄弟还要深厚。邓德华也是我们这八九位要好的同学之一。邓德华对人诚实直爽,人聪明,学习努力,平时成绩不错。他不善于长篇大论,不会玩花架子,但有时喜欢说点俏皮话。邓德华高考时可能发挥欠佳,没有考上大学,回到了家乡农村,从农村基层干部做起,先后任了黄珠州公社党委书记,黑山嘴公社党委书记，蒿子港区区党委书记，最后任常德县（鼎城区）党委宣传部部长，为乡区农村的社会主义建设和全县的宣传文化建设做出了积极贡献。我们高中毕业后与邓德华来往比较多，我每次回老家，无论他工作多忙，都要抽时间见我，请我吃饭。有一次回家我到蒿子港就天黑了。他那时正在蒿子港任书记，陪我吃饭后要我留宿。我说我在老家时间不长，必须赶回去。那时地方干部还没有汽车，他借了两辆自行车，深夜陪我摸黑从澧水大堤上骑自行车回到我家。在我们俩人回家的路上，情不自禁地回忆起了上初中时行走这条大堤的情景。这条大堤，我们上初中时走过无数次，从蒿子港（五）到牛望嘴（家）每1公里有一个里程石碑，整整有三十里，步行要两个多小时。每个星期六下午放假后，我和范伏秋、魏长春、邓德华就沿着这条大堤，又说又笑，又打又闹，不知不觉就到了家。返校时又在牛望嘴里程石碑处集合，各个都或挑或背带到学校的口粮和其他食品。口粮要交给学校，其他食品如炒米粉、腌菜、泡菜等是餐外小吃。范伏秋、邓德华个子小，力气也不够，挑着重物走不快，往往是魏长春和我帮他们挑。而这些小吃，到了学校，就不分彼此了。我和魏长春个子大，肯定是多吃多占了的，他们两位也从不计较。

章亮祢 是我最要好的同学之一。他出生于1942年，长我一岁，家住黑山嘴。初中我们就在一个班，高中我们不在一个班了，他分到十二班，但我们仍延续了初中建立起来的友情，交往密切，经常在一起交流学习生活情况和聊天。章亮祢头脑灵活，考虑问题全面周到，有主见，有许多非同一般的独立见解，我们给他起了个外号叫章聪明或章半仙。他好思考，肯钻研，学习成绩优秀，对人诚恳热情，重感情，讲义气。在我们几个要好同学中总把他当作智囊人物看待。高中二年级后，他响应学校号召，报名应征入伍了。在部队做卫生员工作，他边工作，边学习，自学了不少医疗知识和医学理论。转业后在黑山嘴卫生院工作，为当地农村救死扶伤做出了积极贡献。我们高中期间分别后很少见面。直到50多年后的最近几年清明节回常德，我们经常见面了。现在在微信群里经常交流。

陈作耕 也是我要好的同学。他出生于1944年，比我小一岁，家住十美堂沙河口。初中三年级时，中四班被撤销，我被分到中三班，这时开始与陈作耕同班。高中时他在中十班，我在中十一班。高三时中十班撤销，陈作耕分到十一班，我们又同班了。陈作耕人很聪明，学习成绩优秀，在班上名列前茅，特别是语文成绩，作文突出。在初三班时他是班主任兼语文老师张凤池的得意门生，其作文被经常拿作范文展示。高中仍然保持良好的成绩。高中毕业时，学校推荐保送报考军事大学的六人，就有他一个。虽然6人都考上了大学，但真正考上军事大学的只有他一人。这说明他在我们6人中考分最高。他被校址设在重庆的第七军医大学录取。我也是6人之一，在常德市内报考时我们6人还留了一张合影，上面标示有"展翅时刻"的字样，我至今保存着。大概是1967年上半年，陈作耕到南京串联，我陪他到南京中山陵、玄武湖和南大、南工等地看了看。我们高中同届考到南京的除我外，还有九班的姚宏林考入南京航空学院，十二班的李新民考入南京工学院。我把这两位同学也找到一起见面，交谈。

1990年10月，我和陈作耕高中毕业后第二次见面了。那时他已任深圳市福田区武装部政委，我出差到深圳，他与熊和庭热情接待了我。久别重逢，话题甚多，他俩在深圳长期工作，养成了夜生活的习惯，晚10点多了，非得请我吃夜宵不可。到了半夜，还没吃完、喝完、说完。我们三人喝了不少酒，说了不少话。陈作耕非得要在酒桌上编出一首诗来才罢休。宴罢，熊和庭开车，找不到回家的路，开到了海边。已是凌晨3点，找不到人问路。幸好熊和庭侄子随行，没喝多少酒，在他的指引下才开回了家。陈作耕后来任深圳市商会副会长，曾多次来北京出差，也到我处作客几次。陈作耕喜欢写作，擅长作诗，出版了一本《特区耕耘》，是写他自己在深圳工作的文集，还出版了一本名为《情怀集》的诗集，是他自己创作的诗词。他退休后享受正厅局级待遇，现在是深圳诗词协会的顾问，在社会上是一位颇有一定知名度的诗人，在我们常德中学夕阳红微信群中经常发表自己新创的诗词，受到大家称赞。

熊和庭 是我高中要好的同班同学，出生于1941年，比我大两岁。他原比我们高一届，因家庭困难休学一年后又复学插入高十一班的。熊和庭对人真诚热情，头脑反应快，口头表达能力强，心直口快，敢于发表自己的意见，批评不良现象。他学习成绩优秀，关心集体，热心帮助别人。高中毕业时，他也是班上被学校保送报考军事院校的六人之一，结果他考到了北京机械学院。1966年9月中旬，我串联到北京，参加9月15日毛主席第三次接见红卫兵后，去机械学院找到了熊和庭，他非常热情，把我们学校这届高中毕业考入北京的程水香（北京化工学院）、赖中泰（北京医学院）找到一起游泳、聚餐，喝啤酒，这是我平生第一次喝啤酒。开始我觉得这东西一点也不好喝，暗想北方人怎么喜欢喝这东西。哪知若干年以后，我也喜欢上了喝啤酒。期间，赖中泰还带我们上医学院参观，偷着观看了解剖尸体。大学毕业后，熊和庭被分配到湖北二汽工作，做人事干部工作。与李岚清、王兆国联系较多，王兆国从二汽调中央共青团工作的材料还是由他执笔撰写的。20世纪80年代中期，他举家调深圳市政府做人事干部工作，后又下海办公司。1990年，我到深圳出差，他非常热情，硬从宾馆把我拉到他家住了一晚。就在那晚上，他和陈作耕招待我吃夜宵，实际上是晚宴，几乎闹了一通宵，直到回家险些找不到路了。临行前他还送了我一瓶法国长颈牌葡萄酒，我保存至今。这瓶酒当时就比较名贵，现在能值几何，未曾打听。以后，熊和庭多次来北京出差，我也都热情接待。记得有一次他带一名随从来北京、大连等地出差，我在中国气象局托月楼请他吃饭。我们两人约法三章，各人独立喝完一瓶42度京酒，喝完后他有些过量了，还要与我较量第二瓶，经他随从和我夫人竭力拉劝，他才罢休。最近几年，在清明节前他也都从深圳回常德老家扫墓，我们还能聚会在一起，回忆中学时代的友情。

程水香 也是我中学时代的好友。他出生于1945年，比我小两岁。初中三年级开始我们同班，高中不同班，他在中十二班。在中学时代，他学习刻苦，成绩优秀，是十二班被学校保送考军事院校的学生之一。他最后考上了北京化工学院，毕业后又留在了北京工作。我毕业后也被分配到北京工作。这样常德县一中64届毕业生在北京工作的就只有我和他两人，因此我们经常来往，进一步加深了在中学时代建立的友谊。他大学毕业后先是在北京市化工局党校当教师，教经济管理。后来又调回北京化工学院（现已改为北京化工大学）当教师。不久又调到北京化工大学干部学院当教师、院长。他是教化工经济管理方面的，对政治经济方面的资料和信息很感兴趣，经常向我打听这方面的情况。因为我那时在中国气象局办公室负责文秘工作，省部级的文件和资料都可以接触到。我知道他讲课需要些资料，在不违反保密规定的情况下，我是尽量给他提供些素材。程水香为人真诚谨慎，善于思考，不随波逐流，不赶时髦，生活简朴，对人对事有自己的见解。

（八）家乡的其他朋友

在家乡的朋友，除了前面提到的小学、中学同学外，还有一些其他的朋友。

詹松柏 祖籍常德汉寿人，出生于1954年。他曾在黄珠州人民公社、蒿子港区、武陵镇、西洞庭湖农场任党委书记，后来任常德市林业局副局长，直至2014年退休。我家在黄珠州公社荷包湖大队。我和他是20世纪70年代在他任黄珠州人民公社书记时认识的。我认识的在黄珠州任过书记的先后有姚兴初，甘德林、詹松柏、王家新、潘德明等。我在北京工作，在县、乡有点知名度，每次回老家社、乡领导都要把我请去招待一下。这些社、乡领导像走马灯似的，他们调走后联系就不多了。唯独詹松柏，他调到哪儿，我们都一直保持联系。只要我一回老家，他都要把我请去热情招待。长期地交往，我们之间建立了深厚友谊。近些年我每年清明节回家，中学同学聚会时，他虽不是我中学同学，但都积极参加，还争着做东。

詹松柏待人真诚热情，我虽没有与他同过学同过事，但在与他多次交往中感到他是一位很有才能的人，有思想、有主见，口才好，说话思路清晰，逻辑性强，语言朴实生动，还比较幽默。我的许多同学都乐于和他打交道，称他为清廉的"父母官"。

毛远春 家住蒿子港同乐乡，出生于1944年。20世纪50年代初，我在小学时就认识了他。他家和我家一个我叫九爷爷的远房亲戚住在一起，老家都是汉寿县毛家滩的。小时我牵着瞎子伯伯到九爷爷家去就见过毛远春。上初中时，都在蒿子港县五中，他在中一班，我在中四班，比我高一年级。高中都上白鹤山县一中。在初高中我们是同校校友，但不在一个年级，彼此认识，很少交往。他初高中时学习成绩就很好，高中毕业后他考上了武汉钢铁学院。大学毕业后他开始分配到外地工作，后来为了照顾夫妻两地分居，他调回了常德县工作，先后任常德县武陵镇、河洑镇镇长，县水利局副局长。

20世纪90年代，我经常回常德探亲，开始召集一些中学同学聚会，他每次都积极参加。从此我们来往多了起来。侄女冬红找工作，安排到了县水利局的一个电站与他夫人的侄子江用致结婚成家，我和毛远春成了同学加亲戚关系。我们的关系论年龄他是我的老弟，论校友他是我的学长，论家谱辈分他是我的长辈，论亲戚我们又是平辈了。

毛远春人很聪明，在中学、大学都是品学兼优，成绩拔尖的好学生。大学里任过班团支部书记。参加工作后，也显示出很强的工作能力。但由于回到老家基层单位，缺乏施展才能的环境和平台，使其发展前途受到一定影响。但总体上他还是不错的，二子一女都很优秀，并都有比较好的稳定工作。其积累的房产等家业远远超过我们这些漂泊在外乡的游子。

蔡子定 常德县中和口人，出生于1953年左右。我是通过邓德华认识他的。20世纪80年代初蔡子定在北京当兵，他在基建工程兵司令部，具体工作是工程兵报文字编辑。而基建工程兵司令部与中国气象局只有一墙之隔，他经常上我家来玩。并帮我们全家在紫竹院照相。后来转业到常德市人事局工作，后又到常德市下辖的津市任市委副书记、常德市发改委副主任等职。90年代我回常德，他还热情接待过我。蔡子定是一位很有思想、很有见解的人，文笔好，字也写得不错，是一位才子。转业时常德市宣传部门与人事部门争着要接收他，结果还是被人事部门要到了。

胡长清 出生于1948年，湖南常德黄土店人。我认识他是20世纪80年代后期，那时他任中国人民保险公司办公室副主任，我任中国气象局办公室副主任。一次我们在国务院办公厅开会，我在会上有个发言。会散后，他找我说，听口音好像你是湖南常德人，我说正是。他说他也是常德人。从此我们经常来往了。他在北京成立了常德同乡会，他任会长，人民日报记者龚金星任秘书长。我比他年长，被指定为名誉会长。他的组织能力和号召鼓动能力强，在他任会长期间，北京的常德同乡会很活跃，每年活动2～3次。

胡长清上进心强，敢想、敢说、敢干，不安于现状。他活动能力也很强，工作岗位调动频繁。他不安心在中国保险公司工作，说保险公司领导层与他合不来，在那里没有前途，要求调动工作单位。他的请调报告还是要我帮他找人打印的。后来他调到了国家税务局任办公室主任，这应该是如愿以偿了吧。时隔不久，他又换单位了，调到了国务院宗教事务管理局任副局长。我对他说，这还不如税务局呢！但他认为宗教局副局长是中央直管干部，升格了。20世纪90年代中期，宗教局副局长没工作两年，他又作为中央培养后备干部调到江西省任省长助理，不久任副省长。90年代后期他到江西后，头脑膨胀，利令智昏，贪腐500多万元，走上了不归之路，成了中华人民共和国第一位被处以极刑的省部级干部。我与胡长清在20世纪90年代前期交往较多。他性格开朗，喜欢喝酒，酒量不小，劝酒辞令更多，是比较有酒文化的。他到我家，我到他家都饮过酒。我们二人在家饮酒，几蝶小菜，档次不高，但酒的档次高，不是茅台，就是五粮液，一瓶高度的，两人各一半。同乡会聚餐，他能煽动情绪，把会场搞得沸沸扬扬。记得有一次他主持聚会，要每人轮番说出一句家乡方言，前面人说过的后面人不能再说了。谁说不出来了就要罚一杯酒，然后再往下轮。大家都搜肠刮肚地想方言。我年龄较大，反应较慢，离开家乡比他们久，走了几轮，我就说不出方言了，被罚酒不少，但大家觉得很有趣。

胡长清待人热情，乐于助人。1990年我夫人张凤英学骑自行车被摔倒，造成了股骨颈骨折。两年后发现股骨头坏死了一部分，我到处求医。他听说后十分关心，说他在304医院认识一位骨科主任，立刻给我写了一封求医信。由于当时找到了另外的医生而没去找他介绍的医生。但他写的这份介绍信却保存下来了。这封信一方面见证他的热情，另一方面也见证他的字确实写得好。

胡长清喜爱书法。90年代初期，他家住两居室。一家三口挤在一间卧室里，另一间作书房，摆满了他的文房四宝、写字台和字画。每次到他家，他夫人（姓孙）都要发牢骚，说他占房太多。那时我并没注意他写的字有多好。他到江西后，听说到处题词写字，我才注意到他帮我求医信上的字，认为写得不错，才保留了下来。据说他的书法曾在日本获得过大奖。

胡长清在江西工作期间，私欲膨胀，贪污受贿，于2000年被处决，现在还有人为之惋惜。

莫道宏 是高中比我低一级的校友，他曾任常德市副市长，市政协主席等职。1998年长江大水后，他代表常德市政府来北京向同乡宣传常德受灾情况，我参加了同乡会，向他详细了解家乡受灾情况，并积极捐款。他主管过常德市气象局的雷达建设项目。我回常德时他曾礼节性的宴请过我，并帮助我向市新华书店疏通过气象出版社的图书销售渠道。他退休后我在召集同学聚会时邀请过他，他欣然出席，说退休后学画画，并送了我一本他的画。平时很少交往。

杨光宏 常德县蒿子港区人，是县五中时初中比我低一届的校友。他曾任西洞庭农场（县级单位）党委书记、常德市副市长。我回老家常德时他曾礼节性接待过我几次。西洞庭农场总部与黄珠州乡政府相临,他在西洞庭任职时邀请我到农场总部参观,主要参观了他任职后创办的西药厂。当时他认为这是他上任后的得意政绩。他任常德市副市长后平时交往较少。据说前几年他患癌症去世了。

肖宏福 常德县蒿子港区人,是县五中时初中比我低一届的校友。他曾任常德市农业局副局长。我回常德时,他曾礼节性接待过我,并参加过我召集的中学同学聚会。平时接触较少,据说前几年他患癌症去世了。

文承保 在20世纪90年前后,他任常德县委书记,多次来北京召集常德同乡会。我作为名誉会长与他多次接触。我回常德他都热情接待。我印象较深的有两次,一次是他同时接待我与彭水朋。彭水朋是常德黑山咀人,在森林武警总队任政治部主任(少将),恰好他也从北京回常德了。另一次是他单独接待我,并亲自开车陪我到花岩溪水库参观,还陪我到桥南市场参观。后来他调到常德市任市委秘书长了。平时交往不多。

胡忠清 常德县蒿子港人,是比我低几届的县五中(初中)校友。他任过蒿子港区区长,常德县县长。在任县长期间,他多次在春节前来北京慰问常德老乡。我作为北京同乡会名誉会长,又是与他一个区距离最近的老乡,显得格外亲近。我回常德后,他都热情接待。后来他调到桃园县任县委书记,还电话邀请我去桃园看看。由于那时回老家时间短,应酬多,未能去成。平时与他交往不多。

第五章　我的大学时代

　　我的大学时代是在1964年9月到1970年7月这一段时间。在这6年中被时代政治风云所左右，前两年发奋读书，后四年参加"文化大革命"。从高中到大学是我人生旅途上的一大转折，一大飞跃，这意味着我将彻底从农村走向城市，使我十分自豪。所以一进大学，我就在政治思想上严格要求自己，积极进步；学习上刻苦钻研，发奋努力；身体上加强锻炼，增强体质，试图保持高中时代"三好学生"称号。到了1966年下半年，史无前例的"文化大革命"开始了，大学生最先卷入，严重地影响了正常的学习生活。本章主要回忆我在这些过程中所经历的一些事和人。主要分五个部分：第一部分入学前后。第二部分南京气象学院简介。第三部分大学前两年（1964年夏至1966年夏）。第四部分"文革"四年（1966年夏到1970年夏）。第五部分对大学老师和同学的回忆。

一、大学前后

　　紧张复习　到了高三第二学期，也就是1964年上半年，我们进入了高考前的紧张复习阶段，老师和同学都铆足了劲。不到半个学期就上完了全部课程，剩下的时间就是总复习，反复测验，反复模拟各种考卷，摸底测验，猜押考题等。同学们都早起晚睡，天刚亮就起床到学校的山后背课文，背政治，背单词；课间听老师的例题讲解、分析；晚上做作业、做试题，学习气氛空前紧张。

　　填报志愿　在临高考两个月之前就开始填报志愿，志愿分一表二表。一表是全国重点大学，二表是一般本科大学。每个毕业生可以在每张表上填一、二、三志愿。我们当时填志愿不像现在全家总动员、参与，多方调研，反复摸底。现在填志愿是在高考成绩出来后进行的，而我们填志愿是在高考之前进行的。我填志愿就在各院校简介中选择了自己感兴趣的几个学校，征求了一下班主任的意见，就填写完上交了。当时我具体填报了哪些学校现在也记不清了，但只记得我被录取的学校，南京气象学院是第二个表的第一志愿。所以考上南京气象学院，可以说是如愿以偿了。

　　保送插曲　在临高考前大约一个月左右的时候，学校公布了保送名单，开始说这些同学品学兼优，不需要参加高考了，由学校直接保送上军事院校。我被列为我们班保送名单的榜首，当时十分高兴。特别是听到不要参加高考考试了，觉得一块石头落了地，绷紧了的弦马上松弛了下来。然而过了两个星期，学校说弄错了，保送的同学只是政治上的保送。学习成绩，还要参加全国统一高考，高考达到分数录取线以后才能上军事院校。这样松弛下来的思想又一下子紧张起来，比原来更紧张了，耽误了将近半个月的复习，觉得吃大亏了。于是不分白天黑夜地抓紧最后半个月的宝贵时间，强化复习。好在我们这些被保送的同学虽然多数没能进军事院校，但都过了高考录取线，考上了其他大学，没有给学校丢脸。这说明学校对保送的这些同学还是严格掌握条件，进行了精心地挑选的。

  迟到的报到 高考之后，我感觉发挥得不好，有可能考不上大学。于是就回到生产队埋头劳动，准备当一辈子农民。1964年8月上旬，学校来了一位姓吴的老师到我家说：毕业时体检我已经符合参军入伍条件。如果被大学录取了，就去上大学；如果没被录取，就去参军，要我做好两手准备。8月中旬，我们大队的范伏秋接到了未被录取的通知。我天天等招生办的通知，快到8月底了，我还没有接到通知。大学应该都在9月1日左右开学，是否录取总该有个通知吧。到了8月31日我沉不住气了，就到大队部去问是否有我的信。当时大队会计陈伏清恍然大悟地对我说，有你一封信忘了告诉你。我拿过来拆开一看，是考上了南京气象学院的通知书，当时非常高兴。大队会计对我表示了祝福，也表示了歉意，他说范伏秋的通知信鼓鼓的一大叠都没有考上，你这封薄薄的信，认为也没有戏，没有及时把信给你送去，哪知你考上了，险些耽误了。

  接到录取通知书之后，我立马按通知的要求作入学准备。先到公社和县里转粮油关系。家中准备衣被和路费学费，大概要300多元钱。家中钱不够，父母就到处向亲友借。9月2日准备就绪，3日我独自一人离家出发。用一根小竹扁担挑着一卷行李，一头是一个系着绳子的简易木箱，另一头是打包的棉衣棉被，大约有四五十斤重。我挑着这担行李步行二十多里路到柳林嘴，乘轮船到长沙。到长沙时已经晚上8点多钟。刚一上岸，就有湖南高校接待站的同学热情地抢着帮我挑行李，他们以为我是在长沙上学的新生。我忙说我不是湖南的新生，我是要到南京上学的，他们才把行李还给我。夜间，我挑着行李在长沙的大街上走了七、八里路，才找到湖南省招生办，办理了到南京的半价火车票。当天深夜我就乘上了从长沙到上海的火车，从上海转车到南京已经是9月5日了。这时南京各大专院校设在火车站的迎新生接待站都已经撤销了，我只得靠自己问路，乘公共汽车到了南京气象学院。在我报到时，那位负责登记的老师对我说，全系的新生都到了，就你没有来，还以为你不来上学了呢！我被分配在气象系641班。政治辅导员赵育良把我带进班里时，全班同学热烈鼓掌欢迎。有的同学还高声说这下好了，我们的班长到了，欢迎班长！这使我莫名其妙。这时赵育良老师向全班介绍说，这就是毛耀顺，系里暂时指定他担任气641班的班长，由于他接到录取通知书比较晚，迟到了几天。今后大家熟悉了再正式选举班委会。就这样，我这个班上最后一位报到的却当上了班长。

  "一炮"别名的来由 我到学校没几天，同学们就给我送了个外号，叫"一炮"。刚报到后的第一天，我到学校的总务处去买饭票。会计问我买多少，我说买"一炮"斤，给了他十斤粮票。会计又问我你到底买多少？我说不是说了吗买"一炮"斤。这时会计睁大了眼睛质问我"一炮"斤到底是多少？这时我才意识到，"一炮"是我们常德以至湖南大部分地区的地方方言，是数字十的意思。出了家乡别人当然听不懂了。我和会计的一问一答，引起了后面排队同学的哄堂大笑，以后他们见着我了就叫"一炮"。

二、南京气象学院简介

  南京气象学院，是一所以"气象"命名的大学，也是中央气象局创办的第一所气象高等院校。其前身是1960年创建的南京大学气象学院，为中央气象局直属单位，委托江苏省代管。当时气象学院设天气与动力气象学系气象学专业，农业气象学系气候学专业和农业气象学专业，学制五年。1963年5月，经教育部批准，气象学院从南京大学分出，在南京江北浦口区龙王山脚下独立建校，更名为南京气象学院，为中央气象局直属单位，成为国内第一所培养气象专门人才的理科类高等院校。

南京气象学院是气象类学科专业齐全的全国重点高等院校，到20世纪末，共建有大气科学系、环境科学系、电子信息与应用物理系、计算机科学与技术系、数学系、外语系、社会科学系、研究生部、体育部、世界气象组织区域气象培训中心、职业技术学院和气象科学研究所等12个教学科研单位；招收博士研究生、硕士研究生、本科生和专科生，并设有气象科学博士后流动站。

南京气象学院培养了大批气象专业人才，在气象现代化建设中发挥了重要骨干作用。1965年7月，首届学生136人毕业。"文革"中，南京气象学院中断招生。1972年5月至1977年2月，共招收培养5届三年制大学普通班学员924人。1977年，南京气象学院恢复正常招生。1978年，被教育部列入全国重点高校名录，并被批准招收硕士研究生。1993年，获得博士学位授予权。同年，经联合国世界气象组织批准，学校成立"世界气象组织区域气象培训中心"，承担世界各国中高级气象科技人员的培训任务。1996年，开始招收外国留学生。1999年3月，设立大气科学博士后流动站。1981年至2000年南京气象学院共毕业本科生5820人、普通专科生4214人。2000年2月，南京气象学院划转江苏省管理。截至2003年底，学院共有在职教师466人，其中教授42人，副教授111人；共有本科在校生9683人，硕士研究生1249人，博士研究生179人。2004年5月，南京气象学院更名为南京信息工程大学（摘自《中国气象百科全书》南京气象学院条目的部分内容）。

我入学期间，罗漠任院长，武士魁、程万淮任副院长，陈鹤泉任政治部主任。

三、大学的前两年（1964—1966年）

在南京气象学院的6年中，正常的学习就是1964年下学期到1966年上学期。1966年上学期末就开始了"文化大革命"，实行了全面停课。在这前两年中，学院按照高等院校教学大纲的要求，上完了基础课，专业课程尚未开始。

我在大学的学习 刚上大学时，开始有许多不适应，主要是老师教学的方式、学习的内容、学习的环境与中学时代大不一样了。在中学时老师是手把手地教，课本上的内容都逐篇逐页讲解，做作业时还现场辅导，不懂的地方随时可以请教老师。但到了大学老师一般只讲重点，课本中一般的内容需要自己去阅读。老师上完课后就走了，有不懂的问题平时很难找到老师解答，只能靠自己或者同学之间互相研究解决。这就要求我们要提高自学能力。在学习内容方面，大学课本中增加了许多抽象思维和推理的分量，许多练习题没有唯一的答案，需要讨论和分析。不像中学的习题，三五个步骤就能出结果。大学里的作业题，有时一个习题，就要解析十几个步骤，用去四五张纸才能做完。开始不单是我，而且其他一些同学也很不适应。但我认识到，环境变了，情况变了，自己必须努力适应，必须刻苦学习。

从大学一年级开始，我就下定决心，定好目标，要保持中学时代"三好学生"的荣誉，各科成绩力争在80分以上。

开始我在数学上碰到一些困难,讲数学的老师叫陈宏立,是广东人,他的家乡口音很重,有些话我听不清楚。他讲微积分的时候,我有不少问题没有搞明白,做起作业来比较吃力,需要经常问同学,我非常着急。好在陈宏立老师教我们的时间不长,只教了一个学期就调走了,改由潘闻天老师教我们的数学。潘老师普通话很好,他教数学声音洪亮,语言流畅,条理清楚,分析透彻,而且重点突出,同学们反映良好,我也有同感。在他的教学下,我克服了对高等数学的畏难情绪,树立起了信心,在比较短的时间内我的数学成绩很快就达到了班上的中上水平。

还有就是外语对我也有一定的困难,主要是口语跟不上。在高中时是学俄语的,进大学后我选择的第一外语还是俄语。那时是全国一边倒地向苏联学习,中学绝大部分都是学俄语。在大学我准备一、二年级学完俄语,再开始学第二外语英语,第二外语尚未开课就"文革"了。所以大学毕业就学了一点俄语,英语连边也未沾上。教俄语的是位女老师,叫李蕤。她发音准确,教学耐心,多次纠正我的发音不准。好在口语不记考分,我的俄语笔试成绩还是比较好的。但我自己心中有数,如果考口语,我就非露马脚不可了。我这个人生来就嘴笨,学唱歌跑调,学地方方言不灵。小时在生产队劳动,队里多数人说益阳话(又称南边话),我怎么也说不来,弟弟妹妹都会说了,我只会说常德话(又称西边话)。所以学外语也是如此。

对于物理课我们比较重视。因为物理课程中的流体力学、热力学、动力学、电学等,对于我们高年级要学的气象学紧密相关,都是气象学的基础学科,必须打好这个基础。所以我把物理学当作所有学科中的重中之重来学。教我们物理的有王鹏飞、王德勤和汤达章等几位老师。我的物理、化学还是学得不错的,成绩始终保持在中上水平。总体上来说,大学一、二年级我各科成绩基本上保持了中学的良好势头,平均都在80分以上,但在全班并不冒尖和名列前茅。

大学的政治思想 1964年,党和国家对各行各业的政治思想工作抓得很紧,强调学习毛主席著作,强调阶级斗争和突出政治,学校抓得更紧。我刚迈进南京气象学院的大门,就被学校指定为班长。作为班长,我知道各方面都要带头,起表率作用,做到德、智、体全面发展。那时思想进步、团结同学、助人为乐、积极参加公益劳动等则是"品德好"的主要标志,而思想进步又特别表现在学习毛主席著作,活学活用上。我的一言一行都从这些方面严格要求自己。在学习毛主席著作方面更是认真学习,注重联系实际的,因此在全班同学中赢得了较好的信誉。当时班上被指定的团支部书记是韩春深,他是青岛人,是个很实在的人,但说话比较随便,有时还有点出格。第一学期末在改选班团支部书记时他就落选了,我被选为了班上的团支部书记,贾大康接任了我的班长职务(他原为班上的学习委员)。这体现了班上大多数同学和政治辅导员赵育良对我的信任,对我鼓励很大。

在担任班上团支部书记后,我就想应该有更高的目标,得知大学高年级中有学生党员,在高中时学生中没有党员,也无人申请入党。在大学里学生是可以申请加入中国共产党的。而且气象系还设有学生党支部。我考虑再三,于1964年末向党组织呈送了加入中国共产党的入党申请书。不久气象系学生党支部找我谈话,接受我的申请,要求进一步端正入党动机,更严格要求自己,更好地学习毛主席著作,更好地团结同学,并明确由学生党支部书记刘彦玉老师和政治辅导员赵育良老师做我的入党介绍人,要定期口头或书面向介绍人汇报思想。1965年3月8日,系学生党支部召开支部党员大会,一致通过吸收我为中共预备党员。这样我就成了气象系一、二年级近200名学生中唯一的一名学生党员了。到了1966年3月8日，我的一年预备期已到，本应按时转为正式党员，由于当时系里较忙，未能及时召开支部大会。随后"文化大革命"开始，党组织瘫痪了，党支部转正会未开成，直到1968年实现大联合，恢复党组织的正常生活后，系党组织才开会明确我按时转正，即1966年3月8日转为正式党员。

我在大学的体育运动 上南京气象学院后我就开始重视体育和体育课了。在中学时代，我不大重视体育课，认为自己是农民出身，从小就劳动锻炼，身体好是没问题的。还有就是因为我的田径较好，百米跑和跳远选一项考试，随便就得优秀分。我水性好，喜欢游泳和乒乓球，但对篮球、排球等大球不感兴趣。上了大学，体力劳动少了，如果不重视体育锻炼，体质可能会下降。同时发现我以前劳动多，挑担子和长距离奔走，腿部肌肉发达，比较有力量。但手臂锻炼较少，肌肉欠发达，不够有力；还发现我水性好，踩水和潜水技术不错，但游泳姿势是家乡的狗刨式，不雅观，也不科学，没有速度，需要改变。教我们体育课的是郭祥福和陈苑琪（女）两位老师。郭祥福是湖南人，我们算是老乡。他上体育课，强调锻炼好基本功，要求经常跑步，站好马步，炼好腹肌，并要求每位男生要炼出6块腹肌来。从此，我经常练跑步，而且每天带领全班晨跑约四里，还经常爬学院附近的龙王山。同时开始练单杠和双杠，增强手臂和腹肌的力量。单杠做引体向上和曲身上杠等基本动作；双杠主要做双臂曲撑和单摆等基本动作。经过长期坚持锻炼，我的手臂肌肉、胸肌和腹肌都有明显加强，能在单双杠上做曲身上杠和其他一些简单动作了。至于游泳，那时南京气象学院没有游泳池，我们就到附近农村的水塘里去游泳。我先向从城里考来的同学学习蛙泳和自由泳。学习的第一步是要学会换气。我原来的狗刨式是头部始终露出水面，不需要换气。现在学蛙泳和自由游，必须先把头埋入水中，有节奏地露出水面换气，开始怎么也不习惯，搞不好还要呛水。我一人经过好多天的反复练习，终于通过了换气这一关。第二关是协调伸手、蹬腿和翻脚掌，这一关我始终练不到位，主要是脚掌翻不过来，速度加不快。最后也只好凑合，比狗刨式好多了。以后我还教了班上那些不会水的同学游泳，还参加了南京高校组织的横渡长江。在大学的三、四年级，我的身体一直很棒，很少生病。

我在大学的生活 大学生活与中学时代相比好多了，简直有了天壤之别。首先是在吃的方面再不用担心因交不上伙食费和粮票被停餐了。大学国家有助学金了，学校根据家庭经济情况给农村考来的学生和城市无收入家庭的困难学生助学金。助学金分一、二、三等。一等助学金是每月15元，为特困家庭。二等助学金是每月14元，为困难家庭。三等助学金是每月13元，为比较困难家庭。当时学校每月伙食费是12元。我被评为二等助学金，每月14元，除了12元伙食费，还有每月2元零花钱，基本上不要家里负担了。如果真要家里负担，凭我家那时的经济困难状况肯定是上不起大学的。粮食有定量，当时国家还比较困难，但对大学生的定量要高于其他成年人，男生每月32斤，女生每月28斤，绝大多数同学基本够吃，有些女生还吃不完，再没有像中学时饿肚子的情况了。伙食有很大改善，每天中、晚餐都有三菜一汤，其中必有一个荤菜，营养状况大为改善。记得上大学不久，我给同学写信描述过大学伙食情况，他们很羡慕，说我们在大学里天天像过节了。因为在中学只有过节才会有荤菜。

进了大城市，也有一些生活上的不习惯，比如出门就要乘车不习惯。我在农村长大，从小就喜欢用两条腿走路，没有坐过车。在上大学的路上才第一次坐上轮船、火车、汽车，很不适应。觉得沿途经过什么地方看不清楚，更要命的是那股汽油味，闻了就头晕。有一次星期天同学们邀着到中山陵去玩，我说步行去。他们认为学院在江北远郊，从学院到中山陵有五六十里路，太远了，只能坐车。我不信邪，一人坚持步行，天刚亮我就出发了。先到浦口轮渡到下关，再穿过市中心新街口，西行出城门，沿途问路，到中山陵已是中午。在中山陵游玩了一个多小时，原路返回已是晚七点多了。乘车的同学早就回到了宿舍。回来后大家问我真到了中山陵吗？我不但讲了瞻仰中山陵具体情节，还讲了许多沿路的所见所闻。大家听了这才相信我真是步行到中山陵了，都很佩服。从学校一天步行往返中山陵，在南京气象学院可能是独我一人，大概可以算得上是一项纪录吧。

对南京的气候也有些不习惯。虽然南京与常德都处于长江中下游地区，天气气候差不多，但小气候还是有一些区别的。特别是夏天的高温和冬天的寒冷都比常德地区突出。夏天，南京是中国有名的三大火炉之一，气温经常在36℃以上，由于气象学院是新建的大学，校园内缺少高大树木遮荫，更显得酷热。一年级的寒暑假，为了节省路费，我都待在学校未回家，饱尝了盛夏的酷热和严冬的寒冷。1965年夏，南京高温不断，暑期留校学生不多，夜晚热得汗流浃背，难以入睡。我们几位同学就拿着席子，满校园找凉快地方睡觉。最后找到了教学大楼顶上，浇些凉水，铺上席子，光着膀子，睡得很香。南京冬天一来寒潮，也是很冷的。对冬天的冷空气袭来，南北同学反映不一样，北方的同学立马穿上棉大衣，戴上帽子，系上围巾，捂得严严实实；南方同学只加一件毛衣和单层罩衫，他们总是嘲笑北方同学如此怕冷。我不南不北，冷空气来袭，穿上棉衣和绒裤，较为适中。在南京学校过冬比在家乡难过多了，主要是家乡冬天有烤火的习惯，而在学校没有烤火条件，没暖气，又潮湿，湿冷湿冷的，是很难过的。学校选址在南京的江北，据说是为了在江北能安装暖气设备。但实际建校时根本就没有设计安装暖气设备。对于我来说，晚上睡觉由于棉被比较薄，到了天亮脚底还没暖热。我从小至今都有个毛病，冬天睡觉时右脚热，左脚凉。母亲说左脚随她，右脚随爸。那时我想了个办法，晚上睡觉，把裤带解下来，拴在被子伸脚的那头，使它一点风也不透。这一招很管用，不到半夜，两只脚全热乎了。

四、大学的后四年（1966—1970年）

在大学的后四年，主要是参加"文革"。学校停课，没有学习专业知识，全部是政治学习和政治运动。我作为一名大学生，不可能置之度外，毫无例外地卷入了这场运动。我参加了"文革"从开始批判学术权威到大联合以后的斗批改各个阶段的运动。我经历了开始不理解，当保守派，被迫参加群众组织、游行、写大字报、贴标语、大辩论、大串联，最后当逍遥派，复课闹革命，大联合等全过程，在此不再详细讲述。

五、我大学的老师和同学

大学的老师，包括学院的领导，与中小学不一样。中小学老师比较少，接触比较多，朝夕相处，印象比较深。大学老师比较多，一些任课老师上完课就走人，平时交往不多，再加上"文革"四年没上课,虽然时间上距中小学要近一些,但印象深的不多。

院系领导　我作为一名学生与院系领导接触不多,但他们的姓名我还是记得的。

罗漠　我们入校时1964年9月,院长是罗漠,他是一位解放战争时期参加革命的老同志,江西人,来学院前他是中央气象局办公室副主任。在校时前两年和他没接触,"文革"后他被打倒了,更没接触。但我和他夫人接触不少,他夫人顾蓉是学院门诊部主任。"文革"后期,我得了胃病,经常到门诊部找她看病,她对病人很热情。罗漠是一位很有能力和魄力的老干部,为创建南京气象学院做出了很大贡献,但在"文革"中受冲击较大,党的十一届三中全会后才恢复原职。20世纪80年代初,罗漠退休后到中央气象局,我那时正任中央气象局办公室局长秘书,负责组织接待了他。

武士魁　副院长,也是一位老干部,北方人,曾任南京市浦口区副区长。武副院长人很胖,大家称他"和事佬"。他做报告、讲话都用稿子,照本宣科。平时很少得罪人,人缘较好,对人和蔼可亲。后来听说得了脑中风,瘫痪在家,现早已逝世。他是一位值得怀念的老同志。

程万淮　副院长,山西人,也是解放战争时期参加革命的老同志,负责全院的行政后勤工作,现早已逝世。他是一位值得怀念的老同志。

陈鹤泉　院政治部主任,解放战争时期参加革命的老干部,湖南城步县人。他是1964年夏,也就是我们入学时调入南京气象学院的。他一调入学院,每天都到各班去转,去认人。他说做政治工作,就是做人的思想工作,首先要认识人才能做好工作。他到我们班上去,先要每位同学报上自己的姓名和籍贯,他都用笔记在本子上。过几天他在路上见着我,就能叫出我的名字,还和我攀老乡。据说全校同学的姓名,见一面后他都能叫出,那时许多人佩服他。他平易近人,但说话随便,喜欢讲他在战争年代过关斩将的事,有些人认为他在"吹牛"。他是一位值得怀念的老同志。

黄鹏　"文革"开始前夕调入南京气象学院任党委书记(一把手)。他是福建人,老红军,是一位党性强,讲原则,很稳重的老干部。他是一位值得尊敬和怀念的老同志。

赵维乐　学院气象系党总支书记,是解放战争时期参加革命的老干部,山东人。他爱憎分明,心直口快,性情急躁,喜欢批评人。他也是一位值得尊敬的老同志。

张培昌　1962年毕业于北京大学地球物理系,到南京气象学院从事教学与研究工作,历任物理教研室副主任,南京气象学院副院长、院长、党委书记等职,为教授、硕士生导师。他思维敏捷,考虑问题周到,学术水平高,后来成了大气探测学科带头人,在气象雷达技术领域取得显著成就。我在气象出版社工作后,他编著《大气微波遥感基础》《雷达气象学》等重点教材在气象出版社出版,与他有过多次接触,感到他既是一位很称职的行政领导,又是一位学术水平造诣很高的杰出教授。20世纪90年代后期,他眼疾在北大第一附属医院做手术,我去看望他,重温师生之情。

朱和周　(1911—1968年)南京气象学院气象系主任,系留美回国的气象专家。1960年他作为南京气象学院主要筹建人员之一,参与创建南京气象学院,并创办气象系,任第一任系主任。他治学严谨,为人正直,曾主讲"动力气象""天气预报基础""大气环流",并编写了有关教材。他有很强的业务领导能力,待人诚恳,工作认真,特别注意对年轻教师的培养,不仅在业务上给予悉心的指导,还注意从思想上关心和帮助他们,在他的关心和帮助下,一些人成为了国内气象学界的栋梁。我只听过他几次报告,接触不多,但他在学院的良好口碑给我留下深刻印象。他是一位值得尊敬的气象专家。

王鹏飞（1920—2011年） 1960年参加南京气象学院筹建及气象系的创建工作。我入校时他是气象系副主任，上过我们的物理大课。他是一位知名的气象学教授，又是一位古代气象研究的专家，编辑出版了一系气象教材和古代气象学术专著。这些书都在气象出版社出版，因此与他交往比较多。我主持召开有关气象史志会议，他都热心出席，积极建言献策。特别2009年当他近90岁高龄了，当知道我们要编《中华大典·地学典·气象分典》后，他很快写出了近几万字的关于古代气象的材料，为编纂《中华大典·地学典·气象分典》提供了有效指导。他是气象行业唯一对甲骨文有研究的专家，揭示了许多甲骨文中传载的气象信息。他是我一直很尊敬的老师。

刘彦玉 气象系高年级政治辅导员，系学生党支部书记，我的入党介绍人之一。那时我们年级没有学生党员，我的入党介绍人实际是学生党支部安排的，除了我们年级政治辅导员赵育良作我的入党介绍人外，还差一名介绍人就由刘彦玉书记担当了。其实他与我没什么接触过，也不怎么了解我，完全是一种组织安排吧。

赵育良 气象系64级政治辅导员，上海人，是复旦大学数学专业毕业，改行做了政治辅导员。赵育良老师对人诚恳，文质彬彬，但原则性很强。对学生要求严格，但又不乱批评人。他爱人邢杏英在上海一个工厂任党委书记，夫妻两地分居。赵育良经常到学生中问寒问暖，与学生打成一片。大学里没有班主任老师，但赵育良作为政治辅导员，管三个班，比班主任老师管得还要严格，还要细致。赵老师对我有知遇之恩，在众多学生中对我另眼看待，重点培养，大概我和他有些性格相符引起了他的赏识吧。一进大学他就指定我任班长，肯定是看过我高中档案里的评语后做出的安排。随后赵老师又启发我要积极靠拢党组织，早日争取入党。我在他的帮助下，第二学期初就呈递了入党申请书。不久他找我谈话，说系学生党支部接受了我入党申请，并明确他和刘彦玉为我的入党介绍人，要求我要经常向组织汇报思想情况，端正入党动机。系党支部经过一段时间的培养和考察，于1965年3月8日批准了我为中共预备党员，使我成了气象系64、65两个年级6个班中唯一的一名学生党员。我从内心感谢组织的培养，感谢赵育良老师的关心与帮助，下决心要在同学中处处起表率作用，不辜负共产党员这一光荣称号。

2000年和2004年我们班在南京有过两次同学聚会。聚餐时，大家都把他尊为上宾，感谢他的培养教育。他拿出了一个笔记本，记录着我们年级的每位同学毕业后的工作单位和工作情况，使大家深为感动。我们离校后赵老师仍做过一段政治辅导员，后来在系里负责政治工作。改革开放后他夫人邢杏英从上海调入南京气象学院，进了院级领导班子，被任命为院纪委书记。邢杏英先他去世，赵老师于2010年去世。2014年我们班第三次聚会时，古稀之年的同学们都还深深地怀念他。

郭祥福 我接触过并至今还有印象的南气院老师还有郭祥福。他是体育教研组组长并兼我们的体育老师，湖南人，上体育课时强调体育锻炼要有基本功，要站好马步，要有胸肌、腹肌等，我的体育锻炼受他的影响比较大。

此外，还接触过并有较深印象的老师有：周文贤，听过他的课，曾与他在系专案组一道出差，并在他老家苏州住过一夜。田永祥，与他在系专案组出过差，听过他的课。沈桐立，与他同进食堂做过监厨，听过他的课。李雉（女）是我们年级的俄语教师。汤达章我们的物理教师。戴铁丕复课闹革命时上过我们的气象观测与仪器课。陈宏立、潘闻天上过我们的数学课。于宏达上过我们的政治课。王德勤上过我们的物理化学试验课。林锦瑞复课闹革命时上过我们的天气学课。对于这些老师，我都怀着感恩的心情纪念着他们。

我的大学同学

南京气象学院气641班共有29位同学，都是我6年朝夕相处的学友（附图和花名册），下面对其中交往较多，友情较深的同学进行分别回忆。

胡志荣 是我大学最要好的同学之一，安徽歙县人，出生于1944年，一直担任团支部委员。他为人正直，坚持原则，主持正义，敢于批评与自我批评，学习成绩也比较好。我与他在许多问题上观点一致，特别是在"文革"中也观点一致，一同步行串联，一同参加一个战斗队。毕业后他分配到安徽省黄山市气象局工作，后来担任了黄山市气象局副局长，他夫人姓汪，两人感情很深，生有二子。在20世纪90年代初，他夫人患了卵巢癌，发现时已到晚期，当地医院不给治了。他四处打听有无办法治疗。后来在一份小报上看到北京五孔桥有一家医院说能治晚期卵巢癌，要我帮助核实有无此医院。我到五孔桥确实找到了这个医院。医院不大，中西医结合，收了不少乳腺、卵巢癌晚期患者。我告之他后，他很快带他爱人上北京住进了五孔桥医院。没住半月，病情恶化。他爱人怕死在北京，要求回家。我找车带他们在北京城、天安门广场等地慢慢地转了一圈，那时他爱人已不能行走，回到安徽不久就去世了。胡志荣本人也在20世纪末因食道癌去世了。一对恩爱夫妻，双双英年早逝，真是十分惋惜。

张明席与朱应珍 都是我大学最要好的同学，是我们班谈恋爱结合成家的两对之一。张明席，福建省云霄县人，出生于1943年。他头脑聪明，知识面广，古文功底好，学习成绩优秀，为人耿直，讲义气，好打抱不平，闲下无事，写了不少古诗词。念给我们听，我们听不懂，他只好自我欣赏了。他每次从家回来，都带不少当地土特产，如龙眼（桂圆）、小鱼干等海产品与大家分享。在毕业分配前，他不动声色地与同班同学朱应珍谈恋爱成功，毕业后双双分配到了江西工作。工作中他刻苦钻研，研究将特殊函数应用到天气预报中来，在气象部门具有独创性。他在业务和学术上的进步超过了我们分到中国气象局的同学，是我们班第一位被评上正研级高工的同学。20世纪90年代初期，他与爱人朱应珍双双调回福建省气象局工作，是福建省高级职称评委会负责人之一，为江西、福建的气象科技工作做出了很大贡献。朱应珍是从湖南株洲考入南京气象学院的，我开始认为她是湖南老乡，后来才知道她出生在广东。她是我们班的文娱委员，聪明伶俐，会唱歌，会写文章，平时身体比较柔弱，显得有点娇气。"文革"中她却一反常态，表现得很勇敢、很有主见，是学院群众组织中的一名干将，她与我们班上一些女同学董超华、王允东等成立战斗队，写批判文章，上广播站播送批判稿，声情并茂，十分感人，全校闻名。她毕业后随张明席一道分配在江西气象部门工作，后调福建省气象局工作。她在福建省气象台做气象影视编导工作，为电视台制作气象预报和气象科普宣传片。同时她还出版了一系列面向少年儿童的气象科普图书和《走进宠物世界》等图书，成为气象行业一位颇有名气的气象科普作家。

蒋允治与李晋芝 都是我大学最要好的同学，也是我们班谈恋爱结合成家的两对之一。蒋允治，福州人，出生于1944年，家庭出身工商业者，够不上资本家，但是非工或贫下中农红五类出身。他是班上的体育委员，性情开朗，对人热情友好，思想进步，关心集体，对体育委员工作认真负责，积极组织班上的体育锻炼，特别热心组织班上篮球队与其他班比赛。每次比赛胜利了他都兴奋不已；失败了，就垂头丧气。"文革"前，我作为班上团支部书记积极推荐他作为入团的重点对象培养，但有个别同学不赞成，认为他家庭出身不大好。这时院政治部主任陈鹤泉多次报告强调不要唯成分论，要重在表现。有了上面的支持，我的意见得到了大多数人的同意。正要准备发展他入团时，"文化大革命"开始了，一时间唯成分论，"龙生龙、凤生凤、老鼠生儿会打洞"的血统论甚嚣尘上。原来不同意蒋允治入团的少数同学大作文章，借此批政治辅导员赵育良和我贯彻阶级路线有偏差、立场有问题等。毕业分配后蒋允治与李晋芝被分配到浙江省气象部门工作，他主动报名，只身一人到了一个海上小岛气象站，一干就是十多年。从《人民日报》登出他的先进事迹，我才知道他在清苦寂寞的岛上工作。后来他和李晋芝双双调回了福建省气象局工作，曾任福建省气象局计划财务处处长，为福建气象事业的发展做出了很大贡献。李晋芝，江苏人，是一位最安分守己，一辈子与世无争，踏踏实实学习，认认真真工作、勤勤恳恳治家的好同学、好同事、好女人。

周嗣松 湖南祁东县人，出生于1945年，是我大学同班唯一的湖南老乡，与我关系很好。刚到班上，他说话家乡口音很重，许多我听不懂。同学们都笑话说你们算什么老乡，连话都听不懂。但他们不知道，湖南不像北方说话都差不了多少，都能听懂。而湖南，县与县之间，甚至乡与乡之间说话口音、方言差别很大，相互很难听懂。周嗣松人聪明，学习成绩好，平时注意体育锻炼，长期坚持跑步、做单双杠，身体素质不错。1970年夏毕业后，与我同分到中央气象局，先到中央气象局湖北战备基地劳动锻炼半年，后回北京又与我分配在中央气象局气象研究所311组，从事我国第一颗气象卫星的预研工作。1980年，与董超华、刘玉洁、张凤英一道赴美国卫星气象中心学习气象卫星资料处理方法。周嗣松主要研究利用气象卫星资料反演洋面温度。1982年回国后参加了我国气象卫星风云一号地面气象资料接受处理系统的研究，并获得国家科技进步一等奖。1990年，他被第二次派往美国，此次他没按时回国，留在美国先拿到绿卡，继而加入了美国国籍，现全家都在美国定居。1999年我到美国参加纽约国际图书展结束后，顺便在美国几个城市调研图书市场，适逢一名接待人员与周嗣松很熟。那时他住在华盛顿郊区，接待人员把我们乘坐的车开到他家门口，我在他家住了一晚。他非常热情，当晚邀集了一些就近的华人在他家聚餐。我还开着他的车，在周围兜了一阵风。他曾几次回国，在北京我也把同学召集起来，一起聚会。他虽然加入了美国籍，但仍关心中国的大事和同学。

董超华 河南渑池县人，出生于1945年，是班上女同学中德、智、体全面发展的典型代表，是班上团支部组织委员，我对她一开始印象就很好。她考虑问题周全，办事稳重，拿不准的问题不轻易表态，学习成绩优秀，在班上有较高威信。她虽然是位女同学，但在某些方面却表现出健壮、果断等男子汉的气概。她体育比较好，擅长于投掷，在参加南京高校运动会上创造了女子标枪纪录，据说多年后的南京高校运动会上还无人破此纪录。董超华有时会冒出几句幽默话，班上的女同学们给她起了个外号，叫她"老吹"。说她会吹牛，我不相信，因为她很少在男生面前说笑过，但后来也跟着叫她"老吹"。1970年夏从南气院毕业后，她也被分到中央气象局，先到湖北战备基地锻炼半年后回到北京，分配到中国气象局气象研究所311组从事我国第一颗气象卫星风云一号的预研工作，她具体做气象卫星探测资料的垂直温度反演。1980年作为中美大气科学合作的第一个项目，我国派出了以她为首的，由刘玉洁、周嗣松、张凤英组成的4人小组赴美卫星气象中心学习气象卫星资料处理方法。1982年回国后，他们把从美方学来的先进技术与我国实际情况相结合，参与研制出了风云一号气象卫星地面资料接收处理系统，投入业务使用良好，获得国家科技进步一等奖。20世纪90年代前期董超华被评为研究员，90年代后期被任命为国家卫星气象中心主任。她为我国卫星气象事业发展做出了重要贡献，是我们班行政职务和技术职务最高的佼佼者。

贾大康　江苏苏北人，1943年出生，在班上我与他接触较多，关系较好。大学第一学期我任班长时他任副班长，第二学期我任团支书后他任班长。他为人正直，有正义感，办事认真，敢于批评，看到不良现象就站出来说话，但有时有急躁情绪，容易冲动。他学习刻苦，成绩优秀，在班上有一定威信。1970年夏从南气院毕业后贾大康被分配到了国防科工委工作。在部队工作十多年，获得团级职务后转业到江苏交通厅工作，曾任江苏交通厅行政综合执法局道路分局处长。2014年11月我们气641班同学在南京聚会，他热情接待，带我们从南京到苏北再到苏南的江苏高速公路上转了一周，沿途观光，大家十分开心。

胡敏菊　江苏太仓人，出生于1945年，担任班上团支部宣传委员，与我接触比较多，关系比较好。他办事认真，原则性强，照章办事，一丝不苟，但缺乏灵活性，有时认死理，有点钻牛角尖。南气院毕业后他被分配到国防科工委所属部队工作。后来从部队转业回江苏太仓县环保局工作，曾任该局办公室主任。

翟才春　江苏常州人，出生于1945年。他给我印象最深的是学习刻苦，办事细心，成绩优异，每次考试在班上大多名列前茅。但他不擅长于言辞，常州话口音较浓，说快了大家听不懂。南京气象学院毕业分配后，他被分配到江苏常州地区气象部门工作，具体在县气象站做地面气象观测工作。地面气象观测是气象业务中最基层的工作，一般不用大学生，由中专生干就行了。然而江苏例外，省内有南大气象系和南京气象学院，在江苏招的生源多，学成毕业后留在江苏的大学生多。南京大学气象学系毕业分在江苏的大学生一般做预报员，南京气象学院毕业分在江苏的大学生一般只能做观测员。翟才春做观测员确实发挥了他认真细心的优势。我在负责《中国气象年鉴》编审时，发现全国优秀观测员表彰名单上，翟才春年年上榜，先是百班无错情，后是三百班无错情，再后来是几个三百班无错情，他被树为江苏以至全国气象观测员的典范，我也为他感到骄傲。后来翟才春调到了常州市气象局工作，任该局办公室主任。我到江苏出差，路过常州，他特别热情接待。现在我们每次同班同学聚会，他都积极参加。现在他是我们同学聚会的积极支持者，并作为东道主，组织了2018年气641班同学在常州的聚会，大家非常感谢。

杨保桂　安徽宣城人，1944年出生。他善于思考，办事有主见，学习努力，成绩较好。他担任小组长，认真负责，关心集体，团结同学，在班上有一定影响力。平时说话总带句口头禅"奶奶的"，同学们给他取了个外号叫"杨奶奶"。南京气象学院毕业后，他被分配在安徽省宣城地区气象局做天气预报工作，并被评为高级工程师，对中长期天气预报方面有所建树，在全省颇有名气。时间是治疗创伤的良药，在相隔近40年后，即2004年，我们班同学在南京聚会，与杨保桂久别重逢后，把"文革"中的那些恩怨早已抛到九霄云外，互相问寒问暖，推杯换盏，亲密无间。

魏维宽　安徽人，出生于1944年。魏维宽为人正直、热情，比较有主见，对不良现象敢于批评。他平时喜欢唠叨，有点婆婆妈妈，因此同学们给他起了个外号叫"魏老太"。毕业后他被分在安徽省气象局，做气象资料管理和气象宣传工作，写过许多气象科普宣传文章在当地报刊上发表。20世纪80年代中期，他来北京开会，恰好班上韩春深也来了，我们班在周嗣松家聚餐，那时我、魏维宽、周嗣松都人到中年，接近秃顶了。周嗣松夫人陈桂祥（农气系64级同学）说，你们641班男同学怎么都秃顶了？韩春深说我还没秃呢！惹得大家哄堂大笑，气氛非常融洽。20世纪90年代中期，我到安徽省气象局出差，他十分热情，参加合肥同学大聚餐后，单独陪我在合肥市区游玩，参观包丞墓等，充分显示了同班同学的亲近和深厚友情。

韩春深 山东青岛人，1944年出生。韩春深性格直爽，待人热情，体育和音乐都较好，会拉二胡，又是班上篮球队主力队员。他说话比较随便，容易被人抓到小辫子。1970年夏从南气院毕业后，他被分到辽宁省气象局，具体在省气象台做天气预报工作。他工作后，随便乱说话的毛病未改，以至1976年秋，我和张怀君代表中央气象局办公室到辽宁调研思想政治工作情况，省气象局政工人员尽汇报韩春深的问题，说他政治上不求进步，思想落后，对社会对单位不满意的俏皮话、讽刺话最多，群众中影响不好，单位领导拿他没办法等。在20世纪80年代中期，他调回了老家青岛，在青岛市气象台做天气预报工作，表现不错，后来担任了青岛市气象台台长，在天气预报方面有较高的水平。我多次到青岛出差，曾上他家做客，受到热情接待。2014年我们班同学第三次聚会前我打电话到他家，他夫人给我说，韩春深脑梗已三年多了，不能说话，不能动弹，像植物人一样了，我们班上同学知道了这种情况，都为他祈祷愿早日康复。

蔡秀芳 江苏常州人，1944年出生，她为人正直，性情开朗，学习刻苦，成绩良好。入学时，她一身农村姑娘打扮，朴实漂亮，给人以好感。南气院毕业后，他被分配在江苏省南通市气象局工作。20世纪80年代后期她调到爱人工作单位上海复旦大学放射医学研究所，改行在该所做仪器设备管理工作，曾任副研究员和管理科长。20世纪90年代初，她到北京出差，我与班上几位在北京的同学接待了她，从此一直保持了联系，我多次到上海出差，也上她家看望。她是我女同学中关系最好的一位。

杨万梅 河南南召人，1944年出生，是我交往较多，最要好的女同学之一。她诚实忠厚，对人热情，性格温和、内向，学习刻苦，成绩良好。在整个大学期间，我对她印象很好，她对我也很关心，经常把用不完的饭票给我。毕业后分到她的老家河南南召县。开始一两年我们还有通信联系，后来中断了。直到2014年，我们气641班部分同学在北京聚会，说杨万梅与班上同学失联了，不知在何处，指定我把她找到。大家知道杨万梅与我关系最好，把她弄丢了，我是有责任的。我也感到很愧疚，就认真考虑如何能找到杨万梅。我找她的第一步是找她的通信地址。刚毕业她还在劳动锻炼时我们通过信，记过她的地址。20世纪70年代末，杨万梅单位来公函，向我调查她在学校的表现。我写好材料后也曾记下了她的单位和地址，但搬了几次家，都弄丢了，我在家翻箱倒柜地找了好几遍，都未找到。第二步是委托河南省南召县气象局长帮我找。我利用气象部门通信名录找到了南召县气象局一个姓李的局长的电话，我先请他在县的农、林、水利部门找，他说找了没找到叫杨万梅的人。我又请他在县的科技、教育和党政部门找，回答是，还是没找到。最后万般无奈下我于2016年初给南召县公安局写了一封信，请帮助找杨万梅的下落，我把她的籍贯、大概年龄、大学毕业时间和我的联系电话都写在了信上。不到一周，南召县公安局一位叫杨雨相的年轻女士给我来电话,说她们县有几位叫杨万梅的,其中有一位比较符合我要找的人。问我有微信没有,可用微信把户籍照片传给我看看。我立即与这位杨女士联上了微信,很快获得了杨万梅的照片。四十多年未见,照片似像非像,拿不准,但户籍卡片上注明她身高为一米六四。我给对方说,图片有点像,但没有那么高。对方说身高可能不准,建议我进一步寻找,并告诉我这个杨万梅是在驻南召县最大的军工厂红阳机械厂工作,八年前她已随该厂迁往郑州。同时还告诉我杨万梅户口所在的郑州具体派出所地址。于是我又给郑州那个派出所写同样内容的信。信发出不到三天,该派出所派人到了杨万梅家,正是我要找的杨万梅。我们很快建立了电话联系。我在班上微信群发布了找到杨万梅的消息,大家很高兴,杨万梅也很高兴。2016年11月初,我们班在福州聚会,杨万梅和他老伴毕普章参加了同学聚会,与其他同学畅谈毕业后的经历。我要感谢南召县公安局、郑州市派出所的同志,热情帮助我找到了杨万梅下落,完成一项心愿。杨万梅现在晚年生活很幸福,一儿一女,儿子在郑州华为工作,女儿在厦门自办公司,儿孙满堂。她二老身体健康,常外出旅游,十分潇洒。

唐惠芳　江苏常州人,1944年出身。她好求上进,学习刻苦,成绩良好,对人热情,能说会道。我与她关系不错。南气院毕业后,她和我一道分配在中央气象局。我班一共有我、董超华、周嗣松、潘锡元、严崇华和她6人分到中央气象局,真正做天气预报工作的只有她和严崇华。后来严崇华因解决夫妻两地分居问题调回了江苏淮安市气象局工作。所以一直在气象预报第一线工作的只有唐惠芳一人。她工作努力,刻苦钻研,经过多年积累,具有较高的天气预报水平,成了全国首席预报员,并任中央气象台台长。由于预报岗位责任重,压力大,再加上争强好胜的性格,身患疾病,未去及时治疗,错失良机,因肝病突发,不幸去世。去世时可能就在50岁左右,英年早逝单位同事和同学都十分惋惜。

文绮新　江西南昌人,1947年出生。她是我们班少数几位城市出身的同学之一。全班城市出身的女同学还有王允东、朱应珍,男同学有蒋允治、韩春深。文绮新城市出身的特征最明显,戴副眼镜,穿着得体,显得洋气。她很聪明,头脑反应快,学习成绩好,心直口快,对看不惯的事情立马表现在脸上,有时会毫不留情地说出来,显得有些尖刻,容易伤人。男生张明席,女生文绮新是班上说话比较尖刻,不留情面,有时让人下不了台的同学。但他二人心眼都很好,有话讲在当面,不会两面三刀,当面一套,背后一套。文绮新坚持正义,敢于批评不良现象,我作为班长、团支书是赞赏的,支持的,对她印象一直不错。南京气象学院毕业后,她被分配到江西气象部门,先在赣州气象局工作,后调江西省气象台做天气预报工作,为江西的气象事业做出了积极贡献。她经常到北京出差,我也多次到江西出差,与她见面交流机会较多,是班上毕业后见面最多的一位。她爱人罗树茹是农气64级的,任江西省气象局业务处处长,到北京出差或参加全国性气象会议较多,我们也经常见面。文绮新退休后非常重视同学感情,积极推动班上同学聚会。2016年我班在福州第四次同学聚会,她还为每位同学在景德镇专门订制了一对标有班级名称的茶杯作为纪念品。

潘锡元　江苏金坛人,1943年出生。他是1963年考入南京气象学院的,因身体有病休学一年后,于1965年下学期插入气641班。潘锡元性格开朗,敢于直言,团结同学,与大家关系处得较好。他还具有音乐特长,拉得一手好二胡,能自拉自唱京剧,样板戏也唱得不错,是我们班的宣传骨干。他应该是气641班第三任班长,也是最后一任班长了。

他在任班长期间，为消除派性，促进联合做了大量工作。毕业后他和我等一道被分配到中央气象局，具体在国家卫星气象中心做技术管理工作，后任该中心遥感应用室主任（处级）和高级工程师直至退休，为我国卫星气象事业做出了一定贡献。

王允东 山东济南人，1945年出生。她性格开朗、乐观，对人诚恳，心直口快，大大咧咧，学习努力，成绩一般。我对她印象不错，但交往不多，关系一般。她的普通话好，是院一大群众组织的广播员之一，许多高水平的重磅文章大多通过她广播出去的。王允东是女同志，个子比较大，又比较泼辣，在争夺广播时间中往往占优势。王允东广播很有气势，同派的同学都爱听。记得有一次我们男生宿舍还吵了一架，已是晚上十多点了，轮到王允东广播，宿舍里的一派同学不愿听，要关广播睡觉；另一派同学不准关，坚持要听，双方大吵起来了。毕业后她被分配到河北气象部门，后来在石家庄气象局工作。她与气652班宋永芳结婚成家。宋永芳曾在"文革"中经常与王允东抢广播站，冲突不少，他们两人能结合成家，在同学中被传为大联合的美谈。宋永芳曾任石家庄市气象局局长，退休后他们搬到北京居住。2014年我们班在北京聚会时，因王允东膝盖不好，行走不便，宋永芳主动替王允东参加接待我们班同学任务，陪同学上八达岭长城游玩。2016年王允东因脑中风近半年后去世，全班同学在微信群内对她进行了悼念，朱应珍、张明席还专门制作悼念视频。

严崇华 江苏盐城市，1944年出生。他为人耿直，讲义气，好打抱不平，容易冲动。学习认真，成绩尚好。毕业后，他被分配在中央气象局，具体在中央气象台做天气预报工作。20世纪80年代中期因照顾他夫妻两地分居被调回老家江苏淮安市气象局工作，曾任淮安市气象台台长、高级工程师，为当地气象事业的发展做出了很大贡献。退休后积极参加各次班上同学聚会。每次参加聚会他还给大家带些土特产，表达同学之间的深情厚谊。

我们班还有几位同学，在校时我与他们关系一般，毕业后又未分在气象部门工作，对他们情况不太了解。他们是：

秦灯娣 江苏金坛人，1944年出生。她是一位朴实无华的好同学，性情直爽，有意见说在当面。学习刻苦，成绩优良。毕业后分配到江苏金坛纺织厂职工教育学校做教师（中学高级教师），退休后积极参加班上同学聚会。

王焕法 江苏常州人，1945年出生。他办事认真细致，学习刻苦，成绩优良，但不善于言辞，性情有些孤僻。毕业后被分配在江苏常州市武进区实验学校任中学高级教师。2000年南气院40周年校庆时他参加了我们班的活动。

陈守武 福建人，1944年出生。他为人忠厚，性情开朗，团结同学，但生活比较散漫。毕业后分配在福建闽侯县气象局任工程师，有离婚、复婚、车祸毁容、丧子等坎坷经历，参加了2016年我们班在福州的同学聚会，他作为东道主之一参与了热情接待工作。2018年因病去世。

潘金凤 福建人，1945年出生。他人很聪明，学习成绩较好，但与同学交往不深，大家认为他比较滑头。毕业后分配到福建福清县卫生学校任教师。听说因患癌症早已去世。

蒋垂銘 山东平度人，1945年出生。他是班上很聪明，学习成绩很好的一位同学，讲义气，体育好，是班上篮球主力队员。但他平时喜欢说些牢骚话。毕业后分配比其他同学晚一些，分配到何处不详，据说后来回老家平度县做教师，现在已经去世。

严建基 福建厦门人，1945年出生。他待人诚恳，团结同学，很有主见，做事说话慢条斯理，但生活比较散漫，学习不够努力。一年级后他被留级到了气653班，后分配到厦门市一酒厂任工程师。我20世纪80年代末到厦门出差见过他。2016年我们班同学在福州聚会，一部分同学到了厦门，他热情接待，帮助导游和拍照。他退休后，参加了老年摄影学习班，拍照图片技术较好。

我与同年级其他班有些同学交往较多，印象较深的有以下几位。

李延香 气642班女同学，山东人，1943年出生。她学习刻苦，成绩优秀，系班上团干部，写得一手好字，文笔也不错，堪称年级里的才女。要求自己较严，对待他人眼界也较高。毕业后，同分到中央气象局，她在中央气象台做天气预报工作，后来成为全国气象部门知名的首席预报员之一，为我国重大天气预报做出了重要贡献。

王良友 气643班同学，安徽人，1944年出生。他是气643班的团支部书记，我是641班团支部书记，经常在一起开会，对他比较了解。他考虑问题周到，办事比较老练，学习认真，成绩优异，在班上有一定威信。毕业后他分到安徽省气象局工作，在安徽省气象学校任教，与气642班姚华芳结婚成家。20世纪80年代后期，我到安徽省气象局出差，由王良友、王本富出面召集南气院毕业的同学搞了一次大聚会。南气院分在安徽省局工作的同学较多，如果全来，两桌坐不下，后来他们只限在69、70届校友。我们69、70届经历相同，更亲切、更热闹。那次聚会真是尽兴尽致，无话不说，热闹非凡，至今难忘。

吴英厚 安徽人，1945年出生。他是气651班的同学，在班上任班长，他进校时气641班负责在车站和船码头的迎新站接待气651班的新生，是新老对口班，他又是班长，联系较多，所以我与他很早就熟悉了。吴英厚性格开朗豪放，敢想敢说敢干，在同学中威信较高。毕业后他和他爱人陈玉梅（他同班同学）被分配在安徽巢湖气象局工作，后任该局局长，为当地气象业务建设和气象服务做出了重要贡献。20世纪90年代中期，我到安徽出差，他专程邀请我到巢湖，参观了巢湖的气象现代化建设，确实不错。他对我热情接待，畅谈"文革"中一个战壕里的战友之情、同学之情。他现在定居北京，我们还经常联系。

李广春 安徽蚌埠人，1946年出生，是气651班同学，也是班干部之一。他聪明，肯动脑筋，有主见，点子多，学习成绩优良，笛子吹得好。毕业后他分配到安徽气象部门工作，后来在蚌埠市气象局任局长。在20世纪90年代中期，我出差到了徐州，他知道后接我到蚌埠，非常热情。

六、毕业分配前夕

按"文革"前我入大学时的国家规定，南京气象学院是五年制的大学本科。我们1964年下半年入校就应1969年下半年毕业分配工作。那时的大学生都是由国家统一招生，统一分配工作，根本没有像现在自己找工作一说。然而由于"文革"大学不但停课，而且还停止了招生，停止了正常的毕业分配。到了1969年我们该毕业分配了，但国家还毫无分配工作的安排。不但69届没有按时分配，我们之前的68、67、66三届也都分别拖了一、二年后才分配工作。到了1970年上半年，学院才放出消息说69、70两届都将在下半年同时分配，这样70届按时分配了，我们69届整整延迟了一年。尽管这样，我们也十分高兴。

1970年6月，那时学院是革委会领导，革委会成员中还有群众组织的学生代表，但实际上基本恢复了原院系的组织机构和绝大部分原领导的职务。在毕业分配上还是原来院、系领导说了算，学生代表一律不参加。这时院方传出好消息，说我们最后这两届同学分配方案比前几届都好。前几届是分不出去，各省都说不需要人，拒绝接收大学生，是硬往下面压下去的。到了省里没单位接收，就放到农场，接受再教育，当准劳改犯看待，苦不堪言。我们这两届，全国大学已有五六年不招生了，有些觉悟较早的单位看到我们这是"文革"前入学的最后一批大学生了，此次不进点大学生，至少要等五、六年后才有新的大学生。所以有些有远见的单位，争着接收我们这最后一批大学毕业生，特别是部队要的比较多。中国人民解放军总参谋部在南气院要了70人，国防科工委也要人不少。听到这个分配消息，大家都很受鼓舞。

气象系的分配方案仍由系党总支部负责。原政治辅导员赵育良仍然具体负责气64级的毕业分配。在分配前赵育良找我谈话，征求我个人意向，我说希望分配到部队，如果部队不行就到江西，因为湖南不要人，江西离湖南近一点。

毕业分配程序是先由学院公布各单位要人方案，然后个人填报选择去向志愿，每个人可填三个志愿，那时第三志愿大多填服从分配。接着是院系领导推荐（非公开）。最后由接收单位审核挑选。我们这次分配接收单位审核挑选是有顺序的，先由中国人民解放军总参谋部挑选。总参谋部挑选完了再由国防科工委挑选，然后再由各省（自治区、直辖市）挑选。总参在学院挑选了70人，说是要到中央气象局做气象卫星工作的。1970年，中央气象局与总参气象局合并，由中央军委总参谋部领导。我们去后都要入伍穿军装的，为部队的文职人员。那个年代，入伍参军很吃香。我第一批就公布了，被分配到中央气象局，如愿以偿，非常高兴。匆忙告别生活了整整6年的学院和同学，回到了湖南常德老家，准备9月初报到。到家后家里人知道我被分到中央气象局，今后要在首都北京工作，亲友和邻居们都很高兴，纷纷对我表示祝贺。特别是我的父母亲高兴得嘴都合不上了，母亲逢人便说，耀顺到北京工作了！似乎要炫耀她这一辈子的辛苦没有白费。

第六章 参加工作的前四年（在卫星气象中心）

一、642 工程处锻炼（半年）

（一）642 工程处

1970年9月1日我离开老家，前往分配工作通知单指定地点报到。通知要求9月3日前到湖北宜章境内中央气象局642工程处报到。经过坐轮船、乘火车、中途转车，几经周折，在襄樊宜城附近一个叫刘猴的小火车站下车。在车站迎接我们的是一位长的黑黑的，一看就显得精明能干的中年男士，他自报姓名说叫陆广延，是642工程处的管理人员。他是我到工作单位认识的第一人。他和我缘分很深，后来我们同在中央气象局办公室工作，开始他是我的顶头上司，手把手教我，后来我却成了他的上司。后面我还将专门回忆他。接运我们的是一辆敞篷大卡车。趁大卡车还在等人的机会，我们先到的同学围着陆广延问这问那。首先想知道，这642工程处是做什么的？陆广延告诉我们说，642工程处是中央气象局的战备基地的代号。今后如果打起仗来，整个中央气象局都要搬到这里来，现在正在建设，你们来就是参加建设的。642工程处分1、2、3号工地，1号工地将是中央气象局行政首脑机关，2号工地将是中央气象局的业务、科研单位，3号工地将是中央气象局与外界联系的通信单位。3号工地最怕敌人破坏，所以最偏僻、最隐蔽、密级最高。我们主要参加1号工地建设，其他两个基地均由工兵部队负责建设。下午四点多，聚集了30多名报到同学，挤在敞篷大卡车上，开向了642基地。这里离基地还有几十里山路，晚上6点多到了基地1号工地。

（二）组成学生连

9月4日，分配到642工地报到的同学已到齐。由张德仁召集大家开会。张德仁是中央气象局政治部主管人事的干部，曾与一位姓黄的参谋代表总参到南京气象学院挑选毕业生，他们都是穿军装的现役军人，在南京气象学院食堂见过一面。张德仁召集大家开会，先介绍了中央气象局的概况。他说，中央气象局与总参气象局合并不久，统归总参谋部领导，总参作战部副部长孟平兼中央气象局局长。原总参气象局的干部职工，都是现役军人，穿军装；原中央气象局的干部职工仍为非军人，今后是否转为军人，还要等上面的通知，你们这批新进的大学生，是要搞气象卫星的，属国家尖端科学，今后都是要穿军装的。中央气象局的机构设置上先实行了军事化，其基层按作战部队序列设连排。中央气象局现设八个连，我们这批新进大学生为第七连，也称学生连。学生连原定100人，即南京气象学院70人，南京工学院20人，北京工业大学10人，但北京工业大学只报到了7人，所以全连97人，分为一个女生排，两个男生排。接着，张德仁宣布了学生连的组成。他说，学生连的连长和指导员由现役军人担任。指导员高志如，连长白树林，近几天就到任。连内其他职务都由学生连中的同学担任，陈桂祥（农64）任副指导员，王才芳（候64）任副连长，董超华任一排长（女生排），刘英金任二排长，田林生（南气）任三排长。我任二排三班班长。三班成员现能回忆起来的有：周维新（副班长，南工）、任朝江（北工）、刘付照（南气）、魏智安（南气）、盛国安（南工）、祁国武（南工）、吉顺生（南工）姚虞柏（南气）。连长、指导员没到任前由张德仁暂时代替。没等几天，指导员和连长上任了。连长白树林，是山东人，性格直爽，方法简单，作风雷厉风行。指导员高志如，湖南汉寿人，与我是真正的同乡，我祖籍在汉寿毛家滩。他考虑问题缜密，政治思想水平较高，说话讲究策略，我和他谈得来，关系好。连长、指导员到任后，学生连的活动就正式启动了。

（三）学生连的活动

2000年前后学生连第一次聚会，委托我写了一篇题为"中国气象局的特殊连队"的文章，比较详细地回忆了学生连的活动。该篇文章已登载在中国气象局组织编写的大型回忆录《风雨征程》第一集（详见《新中国气象事业回忆录》第一集517页）上了。在此，有关学生连的活动不作全面回忆了，只回忆几项主要的活动。

第一项就是学习军事化的生活。虽然当时没有穿军装，但一切都要按部队的规矩办。吹号起床、列队走步、稍息立正、左转右转、打包叠被、紧急集合等等，分别以班、排、连为单位反复练习。开始大家很不适应，经过连长、指导员和每班派进一名军人的一个多月的严格训练，各班排进步很大，还真有了一些军营的气氛和军人的风格。

第二项活动是政治学习。那时以班为单位每天上午要学习一小时毛主席著作，要联系思想实际开展斗私批修，要联系国际国内形势进行战备教育，认识备战备荒为人民和三线建设的重大意义。常以班、排形式在全连交流学习心得和体会。

第三项是文体活动。山沟里没有文体设施，只能开展一些简单的文体活动。体育活动主要是打乒乓球，全连开展过一次乒乓球比赛。我们三班刘付照的乒乓球打得较好，我打得一般，后来学会了发下旋球，许多人接不上，所以我们班拿到了全连第三名。文娱活动是唱革命歌曲，要全连比赛，但我们三班的同学大多是五音不全，有些语录歌都唱不准，我为此很头痛。幸好任朝江会唱不少歌，还会唱样板戏。他是北京人，虽鼻音较重，但唱歌不跑调，由他先教全班唱样板戏，最后决定大家学唱智取威虎山中"我们是工农子弟兵"这一段。平时大家对样板戏听得多，再加上任朝江一句句教，在全连比赛中也应付过去了。

第四项活动劳动锻炼，这是学生连的主要活动，是接受工农兵再教育的实际内容，几乎占用了除政治学习以外的全部时间。我们学生连的任务是要修一条从大公路到1号工地的简易公路，大公路在山坡上绕过，1号工地在山谷底，垂直距离约300米左右。那时1号工地还未动工建设，只是征用了原来住此地老乡的房屋，工程处的工作人员和学生连都住在征用房屋里。学生连的同学绝大部分是在农村出生，对农业劳动都比较在行，但对修公路却比较生疏，且要修的300米，中间还有个七、八米宽的沟，要修座小桥才能通过。我们的具体任务是平整路基和修小桥。平整路基中遇到的最大困难是大石当道，搬不动，需要实施爆破。先从工兵连请来两位战士，教我们如何爆破石头。爆破石头先要用铁钎在石头上打出一个近1米左右深的小洞,再在小洞里放上装有雷管和导火线的炸药,再将小洞口填实,拉出导火线,点火即可爆炸,石头就被炸碎了。说起来容易,但做起来很难。实际上这是一项又费力气,又要有技术的活,而且还有一定的危险性。最难的是在石头上打洞,那时没电钻,全靠人工,一人手扶铁钎,另一人手抡铁锤,砸在铁钎上面,一锤一锤地把小石洞钻出来。扶钎的人怕砸着手,抡锤的人怕砸不准后砸到人,使劲小了砸不动石头,重了怕砸伤人。力量小的人扶钎,力量大的人抡锤。开始大家有劲使不出来,还时有砸伤手的,半天凿不出一个埋炸药的洞来。后来请工兵战士手把手地教,经过反复练习,逐步掌握了抡锤的火候。这样我们每天能凿出十几个洞。在每天收工之前,我们把装有雷管的炸药埋在小洞里,拉出十几米,但长短不一的导火线,需把方圆百米之外的人员疏散清场。然后选择动作敏捷的人点导火线。一人点三根导火线,指挥一声令下,几个人同时点火,点完立刻撤回安全处,听到各洞都爆炸后才解除警戒。导火线不能取一样长,就是便于听出各炮不在同一时间爆炸,能辨别出炸了多少响,防止有哑炮出现。一旦出现哑炮,就必须采取特殊措施排除,确保人身安全。经过全连一个多月的紧张劳动,我们砸平了道路上的绊脚石,一条用石子铺成的300多米的简易道路就修成了。

  接着就是修小桥。修小桥比开石铺路要容易一些。先请木工做了一个小桥的模板夹,在模板架上铺上钢筋,浇上混凝土,等到混凝土晾干成型,撤除模板架,小桥就建成了。我们所做的事情主要是搅拌混凝土。混凝土是用水泥、沙子和小石子按一定比例掺水搅拌均匀做成的。这条小道修好之后,运往1号工地的物资,包括粮食、煤炭和其他机械设备等,可以用汽车直接运到了。这条小道修好之前,这些物资需要用人力肩扛、人抬运到。记得有一次给1号工地送来一车大米,只能停在半山腰的公路旁,要学生连全体出动,把大米扛下这300多米的下坡小道。一麻袋大米大概有180斤左右,有的两人扛一袋,有的4人扛一袋,其中有三人是一人扛一袋。这三人是施兴华、田林生和我,可谓是学生连的大力士了。施兴华身材魁梧,膀大腰圆,肌肉发达,是全连公认的大力士。田林生也有一米七多的个子,长得很结实。他们二人能扛起一袋大米走300多米下坡路,大家并不奇怪。而我身高只有1.66米,体重不过60公斤,也能扛起一袋大米走300多米下坡路,有同学感到奇怪,问我哪来的那股劲?我对他们说,在高中假期里我当过搬运工人,做过挑夫,腰部和腿部经受过锻炼,扛这点重量是不成问题的。

  第五项活动是学生连的专业学习。学生连用一个多月的时间,修好了这条300多米的简易公路,汽车可直接开到1号工地了。642工程处的领导很高兴,还特别表扬了学生连。工程处的领导,赵乐耕任工程处处长,他是中央气象局的老人,"三八式"老干部,曾任中央气象局办公室副主任、中央气象台副台长;杨方良任工程处副处长,他是总参气象局的现役军人,师级干部。1970年10月下旬,据说3号工地的工程兵在山里挖掘隧道,任务很艰巨,很辛苦,工兵连的有些战士,在挖掘隧道时都休克了。工程处的赵、杨两位处长决定要调学生连进3号工地挖掘隧道,把工兵连替换下来休整一下。学生连的连长、指导员在全连进行了动员,准备进3号工地挖掘隧道。正在这时,总参气象局副局长张文琯来642工程处视察。他听说要调学生连到3号工地去挖掘隧道,就马上叫停,而且把两位处长训了一顿。他在我们学生连全体会议上说,你们将来是要搞气象卫星的,是国家的宝贝,不能把你们当劳动力使用,你们现在是劳动锻炼。在工程处你们要半天劳动,半天学习。劳动做些力所能及的;学习不仅要学毛著、学政治,还要学业务、学技术。在张文瑄副局长的干预下，工程处取消了学生连进3号工地挖掘隧道的决定，开始了半天劳动，半天学习。这个消息很快传到了我们这一届分到全国各地的同学。他们回信，对我们羡慕不已，并诉说他们在农场接受再教育的苦衷：每天重体力劳动十几个小时，还有人看着，与劳改犯差不多。看了他们的来信，我们感到很幸运。

说是半天学习，但在那山沟里也比较难，一无教师，二无教材，三无教室。我们将来要搞的气象卫星是什么样子，涉及哪些科学技术？谁也不知道。我们只好利用这宝贵时间翻翻随身带的大学一、二年级的课本，复习一下已学过的一些基础课的知识。在学校的时候，大家怕说不关心"文化大革命"而不敢接触业务学习，现在总参气象局的领导要求我们学习业务，这大大出乎我们的意料。在当时知识分子是臭老九，要接受再教育的观点一边倒的情况下，张文瑄副局长竟然说我们是国家的宝贝，让我们学习科学技术，他这种尊重知识、尊重知识分子的观点，是难能可贵的，是逆潮流而非常正确的。所以我们学生连的同学们都非常佩服他、感谢他，直到我们退休了，还有不少人记着他的好处。

1971年1月，学生连结束了在642工程处的锻炼，奉命回北京分配工作。

中国气象局学生连组成人员花名册

在北京工作的人员（共60人）：

毕佩忠、毕秀琴、蔡斌、曹淑霞、陈宏尧、陈桂英、陈玉佩、陈先武、董超华、樊根彦、高美仙、谷美荣、黄德印、韩建钢、蒋凤英、蒋恩永、吉训生、康利荣、孔佑坤、李金师、李士斌、李修芳、李延香、刘静云、刘瑞云、刘英金、刘玉洁、刘玉奎、陆志善、陆业传、马德贞、马巧英、毛耀顺、潘锡元、欧应华、任朝江、孙自余、沈振平、吴永芳、王九连、王才芳、王祖林、王祖亭、徐江南、许继武、薛秋芳、杨克明、杨义文、仪清菊、袁景凤、姚虞柏、于绍芬、张刚、张长森、张凤英、张富国、张怀君、张尚印、周维新、周志运。

在京外工作的人员（共29人）：

常荣成、陈德文、邓繁珠、高树俊、郭富德、李为成、李修加、梁邦云、刘娟、刘付照、刘平安、马广安、孟昭翰、宁忠香、祁国武、任炳谭、田林生、魏则安、吴福山、石爱民、施兴华、盛国安、许桂英、谢文清、奚玉英、严崇华、杨宰德、詹玉才、朱国森。

在国外的人员（共2人）：陈桂祥、周嗣松。

已去世人员（共6人）：陈乾金、崔树铭、曹兆美、罗祥庚、唐惠芳、杨麟美。

二、在"701"办公室工作（3年）

（一）国家卫星气象工中心

中国的卫星气象事业从1969年中央气象局研究所一室卫星气象小组（311组）筹备起步。1970年5月正式成立了卫星气象工作机构。1971年7月，中央军委同意中央气象局组建卫星气象中心站，简称"701办公室"。1978年4月，经国务院批准卫星气象中心正式成立，为厅局级事业单位，定位为以卫星气象业务为主，兼负管理和科研职责的"三合一"单位。1991年8月，卫星气象中心更名为国家卫星气象中心。

（二）在 311 组的工作和学习

1971 年元旦刚过，我们就回到了北京，第一感觉就是北京的室内非常温暖。湖北 642 工程处的冬天，气温接近零度左右，湿度很大，经常阴雨绵绵，室内室外一样阴冷。突然到了北京，室内都有暖气，大家感到很舒适。特别是我们南方来的同学，原以为到了北方会冻得不得了，没想到室内是如此暖和，连棉衣都不用穿了。

到北京一个星期之后，分配工作的方案下来了。整个学生连并没有被分到具体工作单位，而是继续以学生连的形式集中，一方面熟悉中央气象局的基本业务情况和学习相关专业知识，另一方面政治学习，开展清查"516"运动。几个月之后，学生连开始陆续分配。第一批 20 人分到 311 组。经过一年多，学生连的同学全部分配到了工作单位，一部分分到中央气象台做天气预报业务工作去了，一部分分到气象科学研究所搞气象研究去了，还有一部分也被分到 311 组了。311 组是做什么的？当时是一个谜，在中央气象局也很神秘，许多人不知道是做什么的。311 组的组长是白文举，他是部队干部，又是气象科学研究所的副所长。而 311 组的业务不归气象科学研究所管，是直接由中央气象局局长孟平领导。我是第一批被分到了 311 组的。同时被分到 311 组的有：董超华、周嗣松、刘玉洁、张凤英、谢文清、高树俊、潘锡元、李士斌等，其中张凤英、谢文清、高树俊、潘锡元等先到气象科学研究所二室学习计算机软件，我和董超华等直接进 311 组工作。

我报到时，311 组只有 7 人。他们是张广顺、王永柱、黎广清、许熙、杨卯辰、万伯庆、方国跃、冯德仁、曲良美。张广顺是北大地球物理系气象专业毕业，任小组长。王永柱是北京理工学院的无线电专业毕业，任副小组长。黎广清是留苏的副博士，气象专业。许熙是中国科技大学气象专业毕业。杨卯辰是学数学的，万伯庆和方国耀都是无线电专业的。冯德仁和曲良美都是南京气象学院比我高一届的毕业生，学气象专业的。由此可见，311 组由两方面的专业人员组成：一方面是气象专业，一方面是电子专业。刚到 311 组，张广顺作为小组负责人向我们介绍了 311 组的基本情况。他说 311 组取名于开始办公的办公室房间号，即气象研究所小灰楼三层的 311 房间，这是一间 30 平方米的办公室，可容纳七、八人办公。311 组从 1969 年开始筹备，于 1970 年 5 月正式成立，机构挂靠在气象科学研究所一室，业务上直接归中央气象局局长领导。311 组的任务是根据周恩来总理关于"我们也要搞气象卫星"的指示，开展我国第一颗气象卫星的预研工作，是一项保密性很强的高新技术工作。我们要搞自己的气象卫星，首先要了解国外的气象卫星，也就是国外的气象卫星上有些什么气象探测仪器，能探测什么气象要素，怎样探测的，通过什么科学技术实现的等等。这样一项国内没有先例的高新技术工作，对于我们这些刚参加工作的新人来说，摆在我们面前的困难很多很大。

第一个困难就是外语问题。当时在国外有气象卫星的只有美国和苏联两家。我们所接触的资料只有英文或俄文的科技书籍或期刊，没有现成的中文书刊可看。这对我们这批人来说，外文没过关，成了一个最大的拦路虎。就拿我来说，是学俄文的，高中和大学前两年学了点，但没过关，后来"文革"4 年没有继续学，原来学的那点也快忘光了。英文没沾边。到了 311 组，才感到外文太重要了，不懂外文，没法工作。于是我利用一切可以利用的时间，抓紧学习外文，一面复习俄文，一面开始跟着广播学英文，从字母发音学起。早晚都抽时间背单词。上班时间，借助字典阅读有关气象卫星的俄文书籍。在黎光清的推荐下，我阅读的第一本俄文书是《气象卫星的轨道计算》。计算气象卫星的轨道，是为了定位气象卫星不同时刻的星下点，即地面对应的位置，这样才能知道它所探测气象资料的地面准确位置，这一点很重要。

第二个问题是数理基础知识缺乏。在翻译《气象卫星轨道计算》一书中，涉及有许多尚未学过的数理基础知识，使我难以深入。例如球面三角没学过，应用很广的计算数学、矩阵运算等也未学过。我采取了当时大力提倡的急用先学的实用主义方法，找来这方面的书，突击学习，倒也比较奏效。

第三个问题是专业基础知识欠缺。在我们经过几个月熟悉情况后，311组明确我和董超华、刘玉洁等在黎光清的指导下研究通过气象卫星资料反演大气垂直温度课题，并说这是气象卫星资料处理中最尖端的技术。初步接触这个课题，觉得涉及的知识面很广很深，具体涉及大气物理、大气辐射传输、光谱分析与吸收、微积分方程、计算机编程等学科的知识。这时我深感书到用时方知少，其中的许多学科在学校里没有学习过，可以说是一无所知。

由于基础知识的缺乏，使我寝食难安。适逢那时的北京大学正在推行开门办学，只要办一张旁听证，就可以进北京大学听任一专业的讲课。我非常积极地办了一张旁听证，在北京大学的有关专业旁听了一段时间的讲课。主要是在地球物理系，听了气象卫星及其资料的处理及应用、大气辐射与传输、数值计算与数理方程的求解等课程。这样的学习坚持了一年多，为我开展利用卫星气象资料反演大气垂直温度课题打下了一定基础。

在701办公室的工作 701办公室成立于1971年7月，经中央军委同意，将311组从气象科学研究所分离出来，成立中央气象局卫星气象中心站，简称为701办公室，是中央气象局直属的科研和业务混合型单位，负责从应用的角度提出我国第一颗气象卫星探测仪器的技术指标和资料接收处理及应用的方案。701办公室的主任是白文举（军人），副主任是梁雨（原中央气象局干部），还有一位姓梁的政委（军人）。701办公室下设机构为组（以后改室），按任务和课题设有：电信组，负责通信、资料传输和计算机维护等硬件研究；仪器组，负责气象卫星探测仪器技术指标的研究和方案的制订；气象卫星云图组，负责利用可见光通道获得卫星气象云图的应用研究；垂直温度反演组，负责从气象卫星红外通道（二氧化碳吸收带）获得的资料计算大气垂直温度廓线的分布；地表和洋面温度组，负责从气象卫星红外通道获得的资料计算地表或洋面的温度分布；总体室，负责气象卫星地面系统的综合调研和总体设计方案的拟制；行政后勤组，负责整个701办公室的党政后勤服务工作。我被分配在垂直温度反演组，并指定我为小组负责人。这时701办公室的人员也在逐步增加，原来学生连学无线电在外面实习的同学都回来了，在气象科学研究所二室学习计算机软件的同学也回来了，又从总参气象局原来从事气象科学研究的人员中抽了一些人过来，还从中国科学研究院大气物理所借调了一些知名专家过来。这样，由原来的十几个人一下增加到了六、七十人。大家信心很足，干劲很大，大有中国的气象卫星要大干快上的势头。从总参气象局调来的骨干有仇广文、董卓然等。从中科院大气所借调来的专家有曾庆存、朱岗崑、王庚辰等。还有著名专家陶诗言经常来701办公室讲气象卫星云图在天气预报中的应用。

我在701办公室的主要工作 从1971年初311组开始到1973年6月离开701办公室，我在这里工作了约两年半的时间。在这段时间里我是一面学习，一面工作。有关学习方面的内容前面已经说了，下面主要回忆一下所做的工作。

参与大气垂直温度反演方案预研 这段时间我所做的工作主要是围绕大气垂直温度反演这一课题进行的，是一项在我国前人没有做过的探索性的、开创性的科研工作。国内没有现成的图书可供学习，全从国外的英文俄文资料中找线索。所以我的第一项具体工作就是在一边学习外语的同时，一边翻译和搜集国外气象卫星垂直温度反演资料。要想把卫星在天上运动中观测到的资料定位到地面，先要知道气象卫星的运行轨道，也就是任意时刻星下点的地理位置。这期间我用较大的精力翻译了一本俄文版的《气象卫星轨道预报》，约20万字。气象卫星的轨道计算当时对地面资料处理的各个课题都是需要的。这本翻译资料在我调离701办公室时，黎光清要我把它留下给后面的同志参阅。

探索研究气象卫星探测大气温度的技术和方法 我做的第二项具体工作，也是课题的主要内容，就是搜集和研究气象卫星探测大气温度的技术和方法，选择和论证大气温度垂直探测通道，建立大气垂直探测反演方程并模拟求解，为我国气象卫星遥感大气垂直温度仪器提出技术指标做准备。根据美、苏两国在这方面的技术与实验，大气中的二氧化碳垂直分布是不均匀的，通过对二氧化碳在某一红外波段（吸收带）不同高度（层次）不同透过率的计算，反演出大气温度的垂直分布，以期应用到天气预报上来。这一课题，当时发达国家多是顶级气象与遥感专家在做，但都还处于科研阶段，他们反演出的大气垂直温度廓线与大气实况相差 $3 \sim 4$ ℃，尚不能应用于气象业务。我深感功力不够，在这一课题上刚刚入门，仅弄通了它的一些原理与基本知识，接触到了一点皮毛，未取得实质性进展就被调离701办公室了。以后这一课题由董超华、刘玉洁、张凤英等继续深入做下去，并到美、法等国学习后达到了应用于气象业务的程度。

学习手编程序 我做的第三项具体工作就是手编程序，上机算题。当时701办公室领导提出，要处理地面接收的气象卫星资料，都要学会手编应用程序，用电子计算机处理资料。于是我开始学习手编程序，一方面找书看，另一方面向学过编程的人员学习。经老同志推荐，我开始学习用计算机FORTRAN语言编简单程序。当时气象科学研究所二室有一台DJS108电子计算机，该机计算速度每秒大约近万次，是电子管的，体积很大，占几间房子，可以让我们去上机计算。我手编了一些小程序，上机试着计算。记得有气象卫星星下点经纬度的计算、大气透过率的计算、特殊函数、数列计算等。那时上计算机是先把编好的语言程序译成代码，并按代码打孔在一个很窄的黑纸带上，再把纸带用光电机输入计算机，计算机识别光电信号并经过计算后将结果打印在纸上。那时的计算机与现在的相比是很慢的，但是当时我就觉得很快了。我编的那些小程序，如果用手工计算，几个月恐怕也难算出来，但在这个机器上几分钟就出结果了。

我在311组和701办公室所做的上述三方面的工作，主观上是努力，克服了不少困难，学到了很多知识，在气象卫星垂直温度反演方面获得了一些基本认识，为以后的深入研究和业务开展做了一些前期准备，是有一定意义的。但这些工作我未能深入下去，在没取得明显进展和实质性成果的情况下于1973年6月被调离了701办公室。我调离之后，701办公室的工作得到了很大的发展。1978年4月，经国务院批准在701办公室的基础上成立了卫星气象中心，为中央气象局直属的厅局级事业单位，承担我国卫星气象业务、科研和管理三项任务。人员从七八十人增加到两三百人。从1988年发射我国第一颗气象卫星开始到2014年底为止，共发射了14颗气象卫星，在提高我国气象预报水平和直接为社会经济建设服务中发挥了重要的作用。

（三）在311组和701办公室的主要同事

在311组和701办公室近3年工作中我接触到了许多同事，前面提到的一些人名，可以说都是我那一段时期的同事，其中有些同事联系较多，印象较深的同事需重点记忆一下。

梁雨 系新中国成立前参加革命工作的老同志。701办公室成立后他是负责人之一，负责701办公室行政后勤工作。我与他接触不多，但感到他为人直爽，办事认真。1973年初夏我调中央气象局办公室工作是他找我谈话，充分肯定我在701工作的成绩，说调到局机关工作，是领导的信任，希望好好干，并亲自把我送到了局办公室。

白文举 总参气象局师职现役军人，开始是311组负责人。701办公室成立后他是701办公室主要负责人，主持全室工作，我与他接触不多。但感到他平易近人，没有官架子，讲话、作报告比较务实，不擅长长篇大论，多就事论事，开会简短，比较受群众欢迎。

仇广文 总参气象局现役军人，是军事院校气象专业毕业的大学生，气象专业基础知识较扎实。701办公室成立后他是负责人之一，负责701办公室的业务科研工作。我当时是大气垂直温度反演课题组副组长，和他在业务上接触比较多。许多不明白的问题经常请教他，他总是和颜悦色，耐心解答。他还经常给我们讲课，传授有关气象卫星遥感方面的基础知识，使我们受益不浅。1973年中央气象局与总参气象局分开后，他回总参气象局任气象科研所所长。

黎光清 四川人，是我国卫星气象事业创始人之一。他20世纪50年代初大学气象专业毕业后，曾被送到苏联攻读博士学位。1969年开始，一直从事气象卫星探测资料的大气垂直温度反演研究。由于黎光清研究的大气垂直温度反演属于探索性的前沿课题，短时间难以出成果，再加上他对这一课题坚持不懈地执着，不赶时髦，不跟风转向做其他易出成果的研究，以及其性格和学术水平等方面的原因，长期以来很少出成果，在学术界未能得到一席之地。但黎光清对我的帮助是很大的。他是引导我开展气象卫星资料处理研究的第一人。在他的帮助下使我初步了解了大气垂直温度反演的基本原理、基本方法和在天气预报中的作用等。在具体工作中他也给了我许多热心帮助。例如在外语方面，他翻译的文章不算很通顺，但他的俄语和英语单词记忆量很大。我在利用字典翻译俄或英文时，不少单词不认识，老查字典费时间，我和黎光清坐得靠近，碰到不认识的单词就问他。而他不厌其烦，有问必答，而且随口就说出了外文单词中文意思。有时我不放心，怕他说错了，再查字典核实，他脱口而出的单词绝大部分都是正确的，甚至有些偏僻的单词，普通词典里没有的单词，他都能一口说出其中文意思，这一点使我十分佩服。当我在专业上碰到困难，想打退堂鼓时，黎光清总是信心十足的给我鼓劲，鼓励我要克服困难，坚持下去。他在政治思想上对自己要求很严格，每次政治学习，他都带头发言。他几十年如一日坚持气象卫星垂直温度反演理论与方法的研究，1985年发表的《求大气红外间接遥测的最佳测值条件分析》一文代表了他的研究成果，受到了同行的重视。退休后单位并没返聘他，但他还自动到办公室坚持原来的课题研究。2010年左右，他患了老年痴呆症，不久去世。他去世时，其独生女遵照他的遗嘱，没有通知任何人，我也未曾见他最后一面，真是遗憾不已。他是值得我永远尊敬和怀念的科学家。

张广顺 辽宁人，1965年北京大学地球物理系大气专业毕业，是我国从事卫星气象事业最早的业务骨干之一。1969年311组刚成立他就被调入并担任小组长，负责311组的研究工作。他在生活上比较松散，说话也比较随便，不善于长篇大论，但他对311组的工作是认真负责的。我们学生连的几位同志刚分配到311组，他十分热情，及时分配了我们具体工作，还进行了许多具体指导，使我们很快进入了角色。311组升格为701办公室后，成了中央气象局的直属单位，张广顺并未随着升级，被指定为701办公室下属的一个小组的组长，即气象卫星探测仪器组组长，专门研究红外通道的遥感仪器的技术指标，从应用的角度提出设计和制作要求。随着从国防科工委调入业务技术骨干和大专院校分配来的新人越来越多，张广顺慢慢退出了在311组时的显赫位置。后来听说工作不怎么顺利，与领导关系不够和谐，身体也有些毛病，许多后来的业务技术骨干和年轻人都评上了正研，但他直到退休也没评上正研。对此，他心理一直不平衡，我也深感同情。他已于前些年去世了。

王永柱　河北人，北京理工学院毕业。他是中华人民共和国成立前参军的，从部队调干上大学，学习无线电专业。大学毕业后回部队做机要工作。后来发现他经常说梦话，容易泄密，不宜在部队做机要工作，转业到了中央气象局工作。1970年初，我分到311组工作时他是副组长，协助张广顺负责组内的党务后勤工作。他工作认真负责，待人热情，考虑问题周到，对组内的同志在政治上和生活上都非常关心。我那时急于要到北大去旁听课程，他就很快给我们办了旁听证。在311组他也承担了课题，他承担的课题是气象卫星通讯方面的，也就是如何把气象卫星探测的信息传输到地面接收站。1971年成立701办公室之后，他改行做了行政工作。在国家卫星气象中心成立之后，他曾担任处级领导岗位职务，并在这一职务上离休。他是中国气象局离休干部中比较年轻的一位了。

曾庆存　广东阳江市人，1956年北京大学物理系毕业，1961年在苏联科学院获副博士学位，曾任中国科学院地球物理研究所研究员和所长、中国气象学会理事长、中国科学院副院长，是著名的气象学家，他还是十四届、十五届中央候补委员。1971年成立701办公室后，他临时借调到701办公室工作，做气象卫星大气遥感资料处理研究。他的研究涵盖我所做的垂直温度反演课题。那时他编了一本油印的大气遥感方面的资料，仅大气垂直温度反演的数学方程推导就有二十几页纸。我看不懂这些数学公式，就向他请教。他没有架子，总是耐心解释，有从基本公式开始推导，演算一次就是个把小时，使我受益较大，印象很深。他不但大气物理基础知识深厚，数学知识也很渊博。后来他成了中国科学院资深院士，闻名于国内外，但仍然没有架子，平易近人。记得有一次，大概是20世纪90年代中期，我出差住在上海气象局招待所，在招待所的登记处见到了他。他在杭州开会后经上海回北京，要在上海气象局招待所住一晚上，但他没有带随行人员，也没有带工作证和身份证，招待所的服务员不给他登记住宿。正在僵持的时候，我下楼见到了他。我忙给服务员说这位老同志是中国科学院副院长，中央候补委员，你们给他登记住处吧。招待所的服务员认识我，很快给他登记了住宿。他非常感谢我，还询问了我的工作情况。我说你怎么连随从人员都不带一个，他说独来独往习惯了。可见他身居要职后仍然平易近人，没有一点特殊化。他是一位值得我尊敬的杰出科学家。

刘玉洁　青岛人，1945年出生，南京气象学院气象系70届毕生。她是气651班的，在校时是我们气641班的下一届对口班，在开展新老同学联谊活动中，对她很熟悉。学生连分配工作后，她与我同分在311组，并且一道开展大气垂直温度反演课题的预研。大气垂直温度反演是当时701办公室整个业务工作中涉及大气辐射、大气物理、大气化学和大气遥感，以及求解数理方程等知识面最广、最深的所谓尖端课题，我深感基础知识不够，觉得困难很大。刘玉洁在大学比我少学一年基础课，比我的困难更大。当时我都想打退堂鼓，想她也可能坚持不下去了。但她刻苦钻研，迎难而上，硬是坚持下来了，并在以后成了国家卫星气象中心的业务骨干，并担任了卫星气象研究所所长，做出了一系列优异成绩，不止一次获得了国家科技进步一等奖。

李士斌 江苏苏北人，出生于1946年，是南京气象学院气象系651班的同学。学生连分配工作后，他与我同分在311组，同住在一个宿舍，同做一个课题。在大学我们是对口班，关系就不错。工作后又分在一起、住在一起，无话不谈。有一段时间他回到宿舍情绪不高，总是唉声叹气。我问他有什么事儿，他说大气垂直温度反演这个课题太难了，外文资料看不懂，到北大听课也听不懂，真不知道如何是好，他非常着急。他在大学时比我们少学了一年，一些基础课没有上完，所以比我们的困难要更大一些。后来311组改成了701办公室，单位也大了，党务行政方面需要人，我建议他改行做党务行政工作。他也很乐意，但不知道怎么提出。我说我可以代你向领导说说，看行不行。当时我找了701办公室的负责人梁雨，说李士斌想改行做党务行政工作。701办公室当时的领导班子商量后，认为李士斌很适合做党务行政工作，就给他调换了岗位，开始做701办公室团的工作。后来他担任了国家卫星气象中心党办主任，党委专职副书记，中国气象局机关党委副书记等。他扬长避短，一路顺风，得到了很好的发展，证明当时改行的选择是对的。

冯德仁 山东潍坊人，1943年出生，南京气象学院气象系68届毕生。他是气631班的，在校时是我们气641的上一届对口班，经常开展新老同学联谊活动，冯德仁是气631班的班长，我是气641班的班长，两位班长在一起开学生干部会、商议两班活动机会较多，所以很熟悉。他比我早到311组工作半年多，我去后他很高兴，热情向我介绍311组工作情况。701办公室成立不久，他为解决夫妻两地分居问题，在70年代中期调回了山东潍坊气象局工作，后来任潍坊市气象局局长。20世纪90年代初，我到山东出差，特地到潍坊市气象局看望他。他热情接待，临别时还送了我一幅潍坊风筝，我至今还保存着。

在311组和701办公室工作期间，还有其他同事，有的是同班同学，如董超华、周嗣松、潘锡元，已在前面有关章节做过回忆。有的为一般同事，在回忆311组组成时已经提到了，在此不再单独回忆了。

第七章 在中国气象局办公室工作的21年

一、调中央气象局办公室工作

1973年6月，我从701办公室调到中央气象局办公室工作，直至1994年5月共有21年。这21年的时间耗费了我的大部分青春年华，我尽职尽责，努力工作，从一般干部成长为国家厅局级干部，所经历的事和人最多，留下的记忆也最多，是我人生中最值得回忆的一段。所以本章是全书的重点，文字可能要长一些。

（一）中央气象局概况

我工作的单位是全国气象部门的首脑机关，有必要先把中国气象局的机构沿革和工作职能作一简要介绍。新中国成立以来，中国气象局随着国家机构调整和改革进行了多次大的调整、改革：1949年12月中央军委气象局在北京成立，涂长望任局长，归中央军委建制和领导，下设办公厅（1953年改为办公室）、测政处、通信处、人事处、天气处、联合资料室、训练班（与清华大学合办），与中央直属单位设中央气象台。各大军区设气象处、省军区设气象科。1953年8月毛泽东、周恩来签署中央人民政府人民革命军事委员会命令，将建制在各级军事部门的气象机构转建至同级人民政府，中央军委气象局改称中央气象局，归政务院（国务院）领导。中央气象局内设机构为：办公室、协理员办公室、测政处、通信处、天气处、器材处、人事处、财务处，另设中央气象台、气象干部学校两个直属单位。1970—1973年中央气象局与总参谋部气象局合并归属军队领导，1973年5月，中央气象局与总参气象局分开，回归国务院建制。1980年中央气象局内设机构撤处建部。1982年国务院进行机构改革，中央气象局更名为国家气象局，为国务院直属机构（副部级）。国家气象局内设机构：办公室、计划财务司、仪器设备司、科技教育司、人事司、外事司、技术发展司、业务管理司。1993年的国务院机构改革中，国家气象局更名为中国气象局，由国务院直属机构改为国务院直属事业单位（副部级）。中国气象局内设机构为：办公室、业务发展与天气司、气象服务与气候司、科技教育司、计划财务司、人事劳动司、政策法规司、产业发展与装备部、国际合作部等9个职能司（室、部）和直属机关党委。中国气象局和全国各省、自治区、直辖市气象局机关参照国家公务员制度管理。

中国气象局的主要职责是：拟定气象工作的方针政策、法律法规、发展战略和长远规划；制定、发布气象工作的规章制度、技术标准和规范并监督实施；承担气象行政执法和行政复议工作。组织拟订和实施气象灾害防御规划，参与政府气象防灾减灾决策，组织指导气象防灾减灾工作；管理人工影响天气工作；对国务院其他部门设有的气象工作机构实施行业管理，组织气候资源的综合调查、区划，指导气候资源的开发利用和保护；组织并审查国家重点建设工程、重大区域性经济开发项目和城乡建设规划的气象条件论证。管理气象外事工作，代表我国政府参与世界气象组织及其他国际气象机构的活动，开展与外国政府（地区）气象机构间的合作与交流；统一领导全国气象部门的工作。

（二）中央气象局办公室概况

1973年5月，国务院、中央军委发出〔1973〕61号文件明确：中央气象局回归国务院建制和领导，总参气象局仍为军委建制和领导。通知一下，总参气象局雷厉风行地从中央气象局撤回到了总参谋部。61号文件还明确：中央气象局划归国务院之后由农林部领导，由原局长饶兴、原副局长张乃召和原政治部主任董涛3人负责筹建了在国务院建制下的新中央气象局。两局合并时的中央气象局机关人员，大部分是总参气象局的军人。总参气象局的军人一撤走，中央气象局的机关就成了一个空壳，没剩下几个人了。"文革"前中央气象局机关原工作人员大多下放到干校去了，或分散在业务单位。要筹建中央气象局先要把机关各个单位组建起来。以饶兴为首的三人筹建小组，先把"文革"前在机关工作过的人员，有的从业务单位调回来，有的从五七干校招回来，但这样还远远不够。还要从业务单位挑选一些比较年轻的新同志来补充。当时中央气象局办公室筹建的负责人是徐曼泽，他委托人事部门在原学生连中挑选政治条件和表现较好的同志到局办公室工作。经原642工程处赵乐耕、陆广延等人的推荐，刘英金、张怀君和我三人被人事部门决定调中央气象局办公室工作。在未调之前，刘英金在中央气象台工作，张怀君在气象科学研究所工作，我在国家气象卫星中心前身701办公室工作，一个大单位调出一人，也可平衡。我们三人，原定都在局办公室工作，目标较大。后来，局政治部与局办公室商量，要把刘英金调到政治部做宣传工作，后来改做人事工作。我和张怀君接到通知后就到局办公室报到了。大概是1973年6月底，701办公室的负责人梁雨同志把我领到了局办公室，交给了局办公室负责人徐曼泽同志，并介绍了我的一些情况。就这样我开始了在中国气象局办公室的工作生涯。

我到局办公室后，明确我做局领导的业务秘书。徐曼泽、林学舜等老同志向我介绍了一些情况，给了我一些资料，要我熟悉单位环境，了解工作特点，适应岗位转变，尽快进入角色。1973年还处在"文革"斗批改后期，各部门机构设置和领导班子还未健全，凡单位领导人都统称负责人，没有局长、处长、科长等职务之称。中央气象局与总参气象局分开后，国务院指定由饶兴、张乃召、董涛三人负责。三人小组组建新的中央气象局后，由饶兴、张乃召、董涛、邹竞蒙四人负责。1976年成立了由九人组成的中央气象局党的核心领导小组领导全国气象工作。这九人是饶兴、张乃召、董涛、吴学艺、邹竞蒙、高侠、刘国璋、徐松庆、褚庆生。前七位都是新中国以前参加革命工作的老干部，后两位分别是两派群众组织推选的代表。饶兴是老红军，"文革"前的老局长，两局合并时的政委。张乃召是延安时期人民气象事业创始人，是气象专业干部，建局以来一直是副局长。董涛是1964年要求加强政治工作时调入中央气象局的政治部主任。邹竞蒙原是空军气象研究所副所长，延安时期人民气象事业参与者之一，开始是以借用的名义调来中央气象局的。吴学艺中央气象局专组成员，是两局分开后从农业部调入中央气象局的老干部。高侠是中央气象局"文革"前政治部副主任。刘国璋是"文革"前北京气象专科学校校长。徐松庆是"文革"中局红旗群众组织的负责人。褚庆生是"文革"中局红卫群众组织的负责人。

两局合并期间，中央气象局办公室很精简，只有一位负责人叫王展平，下面只有两位秘书，一位叫郭琨，负责党务文秘，一位叫于德春，负责政务文秘。办公室下面有打字室、机要室、档案室、收发室。两局分开后，局办公室负责人、秘书、机要、档案几乎都是军人，全部撤走了，只留下了很少几位收发室、档案室的原中央气象局的工勤人员。中央气象局筹建小组指定徐曼泽负责重新组建局办公室。我到局办公室报到时，人员已经基本凑齐了。徐曼泽为办公室负责人，他是"文革"前局办公室秘书科科长。办公室下设有6名秘书：林学舜，"文革"前是副局长江滨的秘书，现负责一把手饶兴的秘书。饶兴的秘书"文革"前是陈德鉴，据徐曼泽说陈德鉴不愿意再回办公室工作了，所以改由林学舜担任一把手专职秘书。在6名秘书中，除了明确林学舜是一把手的专职秘书外，其他5人都称联系某位领导或某项工作的业务秘书。陆广延，"文革"前是局办公室负责机要的秘书，现回到办公室仍负责机要工作。钱广春，"文革"前是局办公室负责档案的秘书，现回到办公室仍负责档案工作。汪连德，"文革"前是北京气象专科学校的团委书记，现调到局办公室负责董涛的联系秘书。这几位秘书都是20世纪50年代初期参加工作的老同志。张怀君，是和我同时从气象科学研究所调到局办公室来的新同志，负责张乃召的联系秘书。我从701办公室调到局办公室后负责邹竞蒙的联系秘书。当时中央气象局领导同志的分工是：饶兴负责全面工作，并分管人事。张乃召分管气象业务，包括天气预报、服务等。董涛分管党政后勤工作。邹竞蒙分管科技教育和气象事业发展长远规划的制订工作。作为联系秘书，都要熟悉局领导分管内的工作内容。我作为邹竞蒙的联系秘书，首先必须熟悉他分管的全国气象科技和教育工作。此外我还负责信访工作，还要熟悉信访方面的一些政策和基本的工作程序。

　　新组建的中央气象局办公室，当时下面既没有设科，也没有设处，就是参照"文革"前的机构分几摊子工作。第一个摊子是秘书，4位秘书分工负责4位局领导的文秘工作，没有指定负责人，但实际上大多听林学舜的，他是一把手的专职秘书，都叫他为"大秘书"。第二摊子工作是机要室，由陆广延负责，具体办事人员有于绍芬、李桂英，负责公文的登记和传阅，机要文电的传阅和保管。第三摊子工作是档案，由钱广春负责，具体工作人员有蔡艳秋、张发喜，负责全局公文的归档、保管和查阅。第四摊子工作是收发室和铅印室，由钱广春负责，具体工作人员有宋广、戴质铎、朱显昌、饶玉珂、顾德芳、王瑞南、王前堂、宋光斗、刘锦文、卜令芳等承担全局公文的外收发与铅印，其中戴质铎和朱显昌是通信员（司机）。第五摊子工作是打字室、由陆广延负责，具体工作人员有殷慧卿、张桂梯、杨桂兰、周秀芬、李玲，承担全局公文的打印。另外，全局的信访工作，下面没有工作人员，由我兼职承办。

　　我刚从701办公室调到中国气象局办公室工作，而且还是做秘书工作，到了全国气象部门的首脑机关，开始确实是高兴了一阵子，与我同时来中国气象局工作的同学也比较羡慕。但真正接触到秘书工作之后，就觉得自己很不适合做这项工作，不是做秘书工作的材料。老同志介绍说做秘书要博学多才，要头脑灵活，能文能武，能说会道，还要能左右逢源，这些条件我都不大具备。此外还要手勤，腿勤，嘴勤，等等。我从小生长在农村，没有见过什么大世面，知识面比较窄。头脑也不够灵活，虽然喜欢比较深入的思考问题，但对新事物反应不快。手勤、腿勤我还容易做到，要嘴勤就困难很大，我从小不爱多说话，不愿在大庭广众之中说话，更不愿意说奉承别人的话，有点笨嘴拙舌。由于在中小学我的作文比较好，文字表达能力尚可，但口头表达能力欠佳。记得1973年底我陪邹竞蒙到杭州参加全国台风科研会议，这是我第一次陪同局领导人出差，到机场迎接我们的浙江省气象局领导不认识邹竞蒙，把随行的气象科研所所长唐昭东当作了中国气象局领导接待。我却没有反应过来，还是随行的许梓秀站出来向他们介绍邹竞蒙是中央气象局领导。事后许梓秀对我说，你是秘书，应主动上前介绍我们来的人员呀。我觉得他批评的很对。那事之后就想我真是不适合于做秘书，曾向徐曼泽提出是不是给我换一个工作。徐曼泽鼓励我说万事开头难，只要注意学习，时间长了，经验多了，工作就会越做越好的。我也只好认了，准备"以勤补拙"，安下心来，尽力把本职工作做好。

二、从会议记录做起

我的文秘生涯是从会议记录开始的。记得刚调到办公室没有几天，林学舜就要我去参加局务会议作记录。以前局党组会或局务会都是林学舜自己记录，我调来之后他作为大秘书就开始使唤我这小秘书代他记录了。我一进会议室简直是两眼一抹黑。出席局务会议的除了局领导几人外，还有机关和直属单位的领导人，二三十人坐满了会议室，多数人我还叫不上名字，怎么记，记什么内容，事先也没有向我做交代，急得我不知所措。连忙翻看记录本前面是怎么记录的，就依样画葫芦了。我没有学过速记，笔录比较慢，只能把每个人说话的主要观点记下来。尽量把局领导的发言记得详细一些。有些不知道姓名的人就小声问坐在我旁边的吴均同志。吴均是"文革"前老办公室的人，她是作为外事处的负责人参加会议的，对全局的老人都很熟悉。将近半天的会议下来，我在会议记录本上记了六、七页，徐曼泽和林学舜看了以后，他们还比较满意，认为会上发言人的主要观点都基本记下来了，而且字迹还比较清楚。所以之后的局务会等都要我来记录。中央气象局机关的会议有三种：第一种是局党的核心小组会，1978年局党的核心组改为局党组会，党组书记主持，党组成员参加，党组秘书记录，根据不同议题的需要指定有关人员列席；第二种是局务会，由局主要领导人（局长）主持，局机关各职能单位一把手参加，局领导秘书记录，根据不同议题需要，指定有关直属事业单位领导、专家或其他有关人员列席；第三种是局办公会，由分管局领导（局长或副局长）主持，局机关有关职能单位和直属事业单位领导参加，主持会议的局领导联系秘书记录，指定与议题有关人员列席。1973年底到1978年这期间，我负责了局务会的记录（按规定林学舜是饶兴的秘书，应由他记录的）和邹竞蒙主持的局长办公会的记录。1978年以后，林学舜任局办公室副主任，我被任命为局党组秘书兼饶兴局长秘书（副科级），名正言顺地承担了局党组会和局务会的记录，直至1985年底我被提拔为局办公室副主任为止。

为了把会议记录做好，开始时我专门向有关老同志请教，查看过去的会议记录和文秘方面的书籍，比较快地适应了这项工作，并在多年实践中逐步掌握了会议记录的套路，积累了一些经验。

会议记录一般由四部分组成：第一部分是会议的组织情况，要写明会议名称、时间、地点、主持人、出席人、列席人、记录人和会议议题等，这一部分要置于记录开头；第二部分是会议的内容，要按时间顺序记录每位与会者的发言要点，这是会议记录的实体部分；第三部分是会议的决议，这是记录的核心部分，置于记录的最后；第四部分是会议纪要，是会议结束之后将第二部分各人发言内容进行综合整理，根据会议主持人最后的总结意见形成简明扼要的条文嵌入第一、第二部分中间，形成会议纪要，经会议主持人审定后印发有关单位执行。

在会议记录四部分中第二部分难度最大，总的要求是对于会议代表发言内容的记录要详略适度，重点突出，主要观点尽量记录原话。主要领导人的发言要比较详细的记录。但实际情况有些与会人员发言啰嗦，不按议题发言，态度不明朗，拐弯抹角，东拉西扯，大话套话太多，听了半天不知所云等等。会议主持人若不制止，记录人只能干瞪眼。在这方面我是深有体会的。中国气象局的领导人和各单位的负责人参加会议，多数是有备而来，有的放矢，发言思路清楚，语言简练，观点明确，很好记录。例如饶兴、章基嘉、骆继宾等局领导和岳川、王鼎新、吴均、沈国权等司局级领导在每次会议上的发言都好记录。开始家里对于我不能按时下班很不适应。我家大娘，也就是我的岳母按她农村老家的规定非要等我回家以后才开饭，而我因为会议散不了不能按时下班。记得有一次晚餐超过下班时间很长了，大娘派我女儿艳华到办公室催我下班，值班同志说还没散会要她等，她就在值班室看上了电视，那时平常人家还没有电视，在值班室看上电视，把叫我回家吃饭的事也忘了。大娘不见艳华回去，又派我爱人凤英前来催我。凤英也在值班室等我回家。最后大娘亲自来催了。到了晚上9点多钟，一家老少三代都在办公室等我回家吃晚饭。此后我在家里宣布，吃饭不用等我了，也不要催我下班了，催也没用。

1973年底到1985年底，我参加了中国气象局大部分局务会、局党组会和局办公会，都是做会议记录的。粗略估计，这期间我所做的会议记录有五十多本，记录的文字几百万，整理的会议纪要几百份。仅就局党组会，我从1978年至1985年任局党组秘书，承担每次党组会的组织安排与记录。那时中国气象局党组会基本上是每周召开一次，有时一周还开两次，但也有个别周一个会也不开的，平均大概就是一周一次，每年党组会的编号在50次左右。每次党组会记录文字按5000字计算，一年就有25万字，8年共有200多万字。党组会纪要一年按50份计算，8年共400份，每份纪要按1000字计算，共40万字。这些会议记录和纪要都已经归档，成为中国气象局宝贵的历史资料。在中国气象局组织有关单位总结改革开放30年和建局60周年时，经常有人查阅这些会议记录和纪要。特别是我后任的几届党组秘书，都认真翻阅和学习过我做的党组会记录和纪要，一致给予了很高的评价。记得20世纪90年代初，中国气象局局长、党组书记邹竞蒙与副局长骆继宾在气象部门是什么时候开展专业有偿服务的问题上记忆不一样。邹竞蒙认为气象部门开展气象专业有偿服务是在1985年国务院25号文件批准气象部门开展专业有偿服务之后才进行的。骆继宾副局长认为是在1982年秋他到广州调研发现有些基层气象台站已经在开展气象专业有偿服务，他回来向局党组汇报之后，局党组作为一项改革内容同意在全国气象部门开展气象专业有偿服务。两人争执不下，邹竞蒙局长要我去查会议记录。那时的会议记录都是我记的，我很快就查到了，证实骆继宾副局长说的是对的。我把查会议记录的结果告诉了邹竞蒙局长，邹局长说那是我记错了，并要我转告骆继宾副局长，说他是对的。从这件事上我体会到了会议记录的价值和自己所做这项工作的意义，为此而感到欣慰。

三、承办信访工作

承办信访工作是我调到中央气象局办公室头几年所做的一项重要工作。全国从中央到省、地、县都有气象工作机构和气象工作者，常有气象工作者用书信、电话、走访等形式，向中央气象局领导反映情况，提出建议、意见或者投诉请求，甚至控告。中央气象局作为全国气象部门的首脑机关，必须对这些来电、来信进行及时处理，对来访的人员还要当面接待。国务院一些涉及面广的综合性部门信访任务比较重，设有专门的信访机构。中央气象局是国务院的直属机构，又是一个科技型的服务部门，信访任务比较单一，工作量比较小，没有设置专门的信访机构，只在局办公室明确了一名秘书兼管信访工作。1973—1985年我负责归口承办中央气象局的信访工作。当时国家对信访工作总的原则要求是属地管理、分级负责，谁主管、谁负责，依法、及时、就地解决问题与疏导教育相结合，尽量减少或避免越级上访和群访。

开始我认为中央气象局是个科技型的业务部门，信访任务不会很大，领导要我兼管一下，我未加思索就痛快地答应了。但真正做起来的时候，却不那么简单了，才感到信访工作是一项政策性很强的工作，它涉及群众的切身利益，涉及单位的稳定，处理不好，矛盾激化了还可能出大问题，绝不可掉以轻心。中央气象局办公室的信访工作有三方面的内容：第一，群众直接来信，就是气象部门的干部职工向中央气象局或者中央气象局领导反映气象工作中的问题和建议，揭发本单位领导的问题，申诉个人的要求等信件；第二，国务院信访局批转下来的与气象部门有关的群众来信；第三，气象部门的干部职工及其家属登门上访。这三部分信访工作需要分类处理。

第一部分群众直接来信是大头，工作量最大。特别是在1978年党的十一届三中全会以后，要求平反冤假错案的信件很多，有时一天就能收到二三十件。承办这样的信件分三个步骤。第一步是登记，我建有一个中国气象局信访登记簿，设有姓名、单位、时间、信访内容、处理情况和备注等栏目。先将收到的上访信件一一登记在册。第二步是在阅览信件内容后提出初步处理意见，大部分信件不需直接处理，按分级、分部门负责的原则分转有关单位办理；少部分有重大问题的信件需直接处理，提出处理建议，呈送有关领导审批，个别的还可能要经过会议研究决定。第三步是将信件转送情况或直接处理意见回复本人。

第二部分是国务院信访局和其他部委信访机构转来的有关气象部门的群众来信。这样转过来的信件不多，每年有几十件，但涉及的问题比较复杂。除了按第一部分信件处理的步骤之外，还必须将信件处理情况向国务院信访局报告。

第三部分登门上访，到中央气象局登门上访的人也不多，每年平均也就是十多人次。但遇上一次就比较复杂。接待上访人员也分几步：第一步接谈，中央气象局在西门传达室挂了一个信访办公室的牌子，平时没人值班，来了上访人员时传达室的值班人员告我去接谈。第二步笔录，把上访人员诉求的内容记录下来，或将他们准备好的诉求信接受下来。第三步凡属越级上访的人员动员他回本单位解决问题，并以中央气象局信访办的名义将其诉求的问题转其所在单位认真处理。第三步劝其迅速离京，一时不能离京的，还要安排他的食宿，经费有困难的还要帮他购买返程火车票。个别赖着不走的，要向国务院信访局联系，请他们统一遣返。

30多年前办理的上访信件和接谈的上访人员，随着时间的推移大多忘却了，但有三件信访案件我现在还记得比较清楚。

第一件是赵朴上访案。我刚接手信访工作，接二连三地收到赵朴的来信，他隔几天写一封，有寄中央和国务院的，有寄中央领导同志的，也有直接寄中央气象局的，迫切要求为他平反、落实政策。赵朴是何许人物，开始我一点也不了解，但气象局的老同志都知道，我就向老同志询问。老同志告诉我，赵朴是一位解放前参加工作的老同志，在部队时是一位团级干部，中央军委气象局成立后，他曾任中央气象台副台长。1953年将中央军委气象局成建制地转到国务院时，大家都按照转建命令执行了，唯独赵朴不愿脱军装，要求回部队。在上级部门不批准他的要求情况下，他不上班，也不领工资。别人把他的工资送到家，他也不接收，立马扔了出来。这样僵持了好几年。1957年，饶兴调到中央气象局担任主要领导，赵朴曾经和饶兴在一个部队工作，认为帮他回部队就有希望了，就经常去找饶兴帮他解决回部队的问题，也未获解决。赵朴就经常泡在饶兴办公室不走，影响到正常办公。适逢当时国务院有整顿机关工作秩序的精神，对无理取闹，扰乱机关工作秩序的要给予打击。这样赵朴就作为无理取闹，扰乱机关工作秩序被公安机关送去劳动教养了。

在劳动教养期间，照顾他是老同志，安排了一个轻松的活，要他看鸭子。一直到1974年，他还没有出来。在我未做信访工作之前，他已经写了一大堆的申诉信，因"文革"期间无人处理。我做信访工作之后，他继续写信上访。中央气象局与总参气象局分开，饶兴重新主持中央气象局的工作，许多工作开始恢复正常，再加上有关上级部门领导同志在赵朴的上访信上作了批示，要求中央气象局妥善处理他的问题。我根据有关领导同志的批示，向中央气象局领导提出了解决他问题的建议。1975年，饶兴主持中央气象局核心小组会议，专题研究了赵朴的问题，决定：建议公安部门解除他的劳动教养，送回原单位，发给生活费。这样，赵朴回到了中央气象局。虽然他不再提回部队的事了，但对未安排工作，只发给生活费仍有意见，继续写上访信。1978年党的十一届三中全会之后，中央气象局党组进一步为赵朴落实了政策，恢复了他的处级待遇，安排了处级岗位工作，并补发了劳动教养期间的工资。至此，赵朴终止了上访。

第二件是岳川上访案。岳川的上访信件也是我刚开始接受信访工作时的重要信件。岳川上访信不但字写得很好，而且观点明确，论据充分，很有说服力，一看就是一位很有文化水平的人。不像赵朴的信，字写得歪歪扭扭，内容又颠三倒四。岳川"文革"前是中央气象局办公室主任，文革初期被关进了监狱，他一直申诉自己的冤屈。我是1970年到中央气象局的，不了解中央气象局"文革"初期的情况，也不了解岳川是为什么被关进监狱的。在调阅了岳川案件有关材料，又听了老同志的介绍后才有所了解。在"文革"初期，中央气象局出现了一件震惊中央、国家机关的人命案，就是中央气象局政治部副主任亓盾被北京气象专科学校的学生殴打致死。在"文革"初期，北京气象专科学校的一部分红卫组织的红卫兵把亓盾抓了起来，关在北京气象专科学校教学楼地下室，被两名学生轮流殴打，直至将亓盾殴打致死。亓盾被打死之后，公安部门先是抓了直接打死亓盾的两名学生。后来岳川被当作打死亓盾的后台抓进了监狱。岳川被抓之后在监狱里反复申诉自己与亓盾之死无关。1974年饶兴同志重新主持中央气象局的工作后，对岳川的申诉信非常重视，组织专案组进行审查。结果证实：岳川与亓盾之死确无牵连，就把他从监狱里放出来了。我处理岳川的申诉信时已接近了解决问题的尾声，他已经被放出来了，只是要求安排工作。1978年党的十一届三中全会以后，进一步为他落实了政策，恢复了他的高干待遇，安排他担任了卫星气象中心的主任（厅局级），补发了抓进监狱期间的工资。

第三件是蒋扬清上访案。蒋扬清原来是新疆维吾尔自治区库车县气象局的职工，1962年被下放回老家湖南农村。"文革"中他又回到新疆库车县气象局要求复职。库车县气象局说他不能复职，于是他就开始上访。1973年下半年开始他向中央气象局领导写信称1962年他因批评过库车县气象局领导而遭报复被下放，要求复职。此信我先按属地化原则转新疆维吾尔自治区气象局处理，并告诉他向自治区气象局反映自己的要求。不久，他从遥远的库车到北京中央气象局上访。我在局传达室与他洽谈，告诉他上访信已转区局了，中央气象局不能直接办理你信访中提出的问题，必须由区气象局处理。而且告诉他，1962年全国下放了一大批人员，现在中央没有收回复职的政策，劝他回去。他说去了自治区气象局，不接待他才上北京的。而且强调他是受打击报复才被下放的，自己并不符合当时下放的条件。我当即与新疆维吾尔自治区气象局有关同志联系，得知蒋扬清1962年下放是自己申请的，理由是水土不服，想回老家湖南，并非领导打击报复。只因"文革"中比较乱，他的申请下放报告找不到了，才起劲上访，要求恢复工作。区气象局也接待了他，只是他不服而已。我反复劝他回去无效，那时中央气象局没有专门安排信访人员吃住的场所，只好让他泡在传达室里，我在食堂买些饭菜送给他吃。僵持了两天，他终于同意回新疆去解决问题，我帮他办了返程车票才走了。哪知隔了二、三个月，他又来北京上访了，还不只他一人，把爱人和孩子都带来了，占满了局传达室，说新疆气象局没有满足他复职的要求，这次不答应他的要求就不回去了。我做工作不行，就向中央气象局领导汇报如何处理？当时局领导负责信访工作的是董涛同志，亲自到传达室做他们的工作，给他们讲政策，说全国1962年下放了许多人，明确有不能收回的政策。他一家纠缠董涛有半天之久。后来还是我把董涛换回来。怎么动员他们回去都不管用。我又进一步与库车县气象局联系，这时库车县气象局告诉我，已从档案中找到了蒋扬清1962年自己请求下放回湖南老家的书面报告。听到这个信息，我立马找蒋扬清，告诉他说，你申请下放的书面报告找到了，下放是你自己的要求，不存在打击报复。你若再不离开这里，我们将作无理取闹处理，送公安部门把你们遣送回去。这样，他们一家才同意离开中央气象局传达室。我又帮他们办了返程车票，并送他上了到乌鲁木齐的列车。此后再没有上访了。20世纪80年代后期，我到新疆维吾尔自治区出差，还询问过蒋扬清怎么样了。他在区局上访出了名，一问区局办公室都知道他。自从找出他自己申请下放报告后就不再要求恢复工作，也不上访了。据说后来他一家在库车县城开了个小商店，日子还过得不错。

四、起草公文

起草公文是机关的一项基本工作。特别是办公室的秘书更是需要抄抄写写，起草各种文稿。

（一）公文概要

公文是法定机关与组织在公务活动中，按照特定的体式、经过一定的处理程序形成和使用的书面材料，又称公务文件，是用来贯彻党的方针、政策，发布行政法规和规章，施行行政措施，请示和答复问题，指导、布置和商洽工作，报告情况，交流经验，决定事务，促使单位工作正确地、高效运行的一种工具。公文具有法规性和宣传教育作用。党政机关的公文有决议、决定、命令（令）、公报、公告、通告、意见、通知、通报、报告、请示、批复、议案、公函和纪要共15种。机关公文是在行政管理过程中所形成的。

公文写作需要有政治理论、专业知识、语言文字、调查研究和管理能力以及工作作风等多方面的良好素质。这些素质的培养不是一蹴而就的，需要在实践中不断学习、提高。

我起草公文，从1975年开始到1994年为止，有整整20年的经历。经过了从起草简单公文开始到起草复杂重要公文，从参与起草重要公文到主笔起草重要公文，这样一个由简到繁，由低到高的过程。中国气象局作为国务院的直属单位，国务院赋予了对全国气象行业的行政管理职能，其公文和国务院各部委一样，15种公文种类齐全，其中决议、决定、命令、公告、通告、通知、批复、公函和纪要都有比较固定的格式，而且不允许长篇大论，文字较短，有一定规范性用语，属于比较简单的公文，比较好起草。我开始起草公文就是从这些简单公文开始的，例如前面提到的会议纪要，我就起草过成百上千份，还有会议通知、通告、批复、公函等也起草过不少。但报告、意见、请示、议案等公文就比较复杂，涉及的内容广泛，政策性强，文字篇幅较长，一般没有统一的模式可循，带有较大的原创性。起草之前必须全面了解主题的内容，占有大量相关资料，熟悉有关方针政策，了解领导意图。有的不是一个人或者一次就能起草成功的。

例如请示，请示是下级机关向上级机关请求对某项工作、问题作出指示，对某事予以审核批准时使用的一种请求性公文。请示可分为解决某种问题的请示，请求批准某种事项的请示。特别是请求批准某种事项的请示，要想获得上级部门的批准，必须陈述充分的理由或过硬的材料，做到观点明确，论据充分，语言简洁，打动人心，这是比较费力的。中央气象局为了解决全国气象事业发展中的重大问题，曾多次组织人员起草向国务院的请示。这些请示经国务院批准后，对气象事业的快速发展起到了重大作用。

再例如报告，报告是用于报告工作、反映情况、提出建议或答复询问的重要文种。报告也有繁简、长短、难易之分，其主题和内容非常广泛。向上级部门反映某一件事情、提出某一项建议、回答某一项询问是比较简单的，文字也不长，这样的报告比较容易起草。但要向上级汇报年度或一个时期的全面工作，领导人要向大会做工作报告，这样的报告起草就比较复杂，比较有难度，不是一挥而就的。起草前必须先调查研究，了解全面情况，占有充分的一手资料，理出报告思路，拟好结构框架和提纲等。中央气象局每年都要召开一次全国气象局长会，局领导要向会议作报告，之前总是成立一个写作班子，专门起草这个报告。

还有一种起草，似乎没列入公文种类，那就是领导同志的讲话稿。秘书为领导同志起草讲话稿那是家常便饭，而且工作量比较大，是秘书的一项隐形工作。

（二）我参加执笔起草的主要公文

我起草公文分参与起草和主笔起草两个阶段：1974—1982年我参与中央气象局重要公文的起草。1983年我任秘书处副处长、办公室副主任至1994年4月调离局办公室这一期间，我一般是主笔起草或组织起草中国气象局部分重要公文。凡中国气象局的重要公文起草都不是出自一人之手，是经过多人多次研讨修改而成。我参与或主笔起草的公文现在做一简要回顾。

1. 1975年第一次全国气象部门学大寨会议文件起草（青岛会议）。1975年9月，党中央、国务院召开全国农业学大寨会议。会上发出"全党动员，大办农业，为普及大寨县而奋斗"的号召。为了贯彻全国农业学大寨会议精神，中央气象局根据饶兴局长的提议，首次提出了气象学大寨的要求，并于同年12月在青岛召开了全国气象局长会议。在会上饶兴局长作了"全国气象部门行动起来，积极开展气象学大寨运动"的工作报告。在会议之前成立了报告起草小组，起草小组由陈少峰牵头，我和刘英金参加。在起草会议报告之前，我们学习了全国学大寨的有关材料。早在1964年，毛主席就发出了"农业学大寨"的号召。从此全国农业学大寨运动轰轰烈烈地开展。在1975年之前，学习大寨只在农业部门开展，1975年之后许多非农业部门也都开展了向大寨学习，并提出了全国都要建成大寨县的目标。所以气象学大寨是当时形势所驱。1975年1月2日，中央气象局党的核心小组会议决定年内要召开学大寨会。10月18日党的核心小组会议传达了全国农业学大寨会议精神，并提出要建设一批大寨式的气象台站，同时成立了文件起草小组，开始了会议报告的起草工作。11月23至12月4日，在青岛召开第一次全国气象部门学大寨经验会议。饶兴局长作了题为"全体气象工作者紧张地动员起来，深入学习大寨，为普及大寨县做出新贡献"的工作报告。这个报告就是出自我们文件起草小组之手。报告大致分三部分内容：第一部分，说明气象部门学习大寨的重要性，必要性和重大意义；第二部分是气象部门学大寨的主要内容，包括气象部门如何为全国建设大寨县服务和如何把基层气象台站建设成大寨式气象台站；第三部分是气象部门学大寨的具体要求。这个报告在起草之前，饶兴局长讲了他的想法，所以起草比较有把握。报告文字形成之后，局核心小组成员比较满意，顺利通过。会上报告之后，会议代表也比较满意。在会务总结时局领导对起草小组的工作给予了充分的肯定，并提出了表扬。我第一次参加起草全国气象工作会议报告就得到了表扬，对我鼓励很大，为以后的起草工作增强了信心。

2. 1977年第二次全国气象部门学大寨会议文件起草（杭州会议）。1977年1月12日至23日，中央气象局在杭州召开第二次全国气象部门学大寨经验交流会。会议传达和学习第二次全国农业学大寨会议的文件和中央领导同志的讲话，会议由饶兴局长主持并讲话，吴学艺副局长作会议总结。这次会议有三个文件：一个是饶兴局长的讲话稿，一个是1977年全国气象工作任务，最后一个是吴学艺副局长的会议总结稿。这三个文件的起草仍由青岛会议文件起草的原班人马，即陈少峰，我和刘英金，还加有林学舜作指导。前两个文件都在会前起草完毕，并经中国气象局党的核心小组会议通过，比较顺利。第三个文件要在会议进行到后期开始起草，时间紧迫，出现了卡壳。吴学艺副局长是1976年2月才调气象部门工作的，不到一年，对全国气象工作还不太熟悉，对会议要总结的问题他本人理不出一个明确的思路，我们代拟的总结提纲他又不同意，特别难办的是此人出尔反尔，自己前面说了意见很快自己又否定了。弄得我们起草小组无所适从。到了深夜总结稿还没有成形，吴学艺还在犹豫不决，天明就要上台讲话了。我们很着急，林学舜生气了，一甩手睡觉去了。剩下陈少峰、我和刘英金与吴学艺商讨，主要是陈少峰在其中协调。赶在天亮前我们三人各负责一部分，凑出了一个会议总结稿。吴学艺虽未置可否，但他还是拿着这个稿子上台做总结了。这次会议的文件稿，没有听到什么赞扬声，但我们加班通宵达旦，印象深刻。

3. 全国气象部门"双学"大会文件起草（北京、天津）。1977年第二次全国气象部门学大寨会议之后，有人提出气象部门只提学大寨不全面，还应该学大庆。于是中央气象局党组采纳了这个意见，改成气象部门既学大寨，又学大庆，简称为"双学"，并决定筹备召开全国气象部门"双学"先进集体、先进个人代表大会。会议之前按惯例成立了文件起草小组，我又参加了文件起草小组，为局党组书记饶兴起草了题为"努力提高灾害性天气预报水平和防御能力，为实现新时期总任务做出新贡献"的工作报告。1977年10月7日，全国气象部门双学会议召开，饶兴在会上作了该报告，对全国气象业务建设起到了一定的推动作用。

4. 参加起草中央气象局工作重点转移的方案。1978年12月18日至22日，党的第十一届三中全会召开。中央气象局于12月底到1979年1月初，用18天的时间召开了中层以上干部会议，传达学习党的十一届三中全会文件，结合气象工作的实际，研究了如何贯彻落实三中全会精神的一系列问题。我作为工作人员参加了这次会议，并与陈少峰，张怀君一道负责会议的记录，整理和综合会议讨论的意见，最后起草了中央气象局工作重点转移的方案。该方案明确了要把中央气象局工作的重点转移到气象业务管理和气象现代化建设上来。这个方案的实施在气象事业发展史上具有划时代的意义，它标志着新时期气象事业快速发展的开始。

5. 参加起草改革气象部门管理体制报告。1949年到1980年之间，气象部门的管理体制经历了中央政府领导为主的条条管理和地方政府为主的块块管理的几次变化。党的十一届三中全会前后气象部门正处在以块块为主的管理体制状态。当气象工作重点转移到气象事业现代化建设上来以后，这种以块块为主的领导管理体制表现出了许多弊端。1979年5月，中央气象局党组就总结出了五个不适应，同年年底召开的全国气象局长会议上，明确提出了现行气象部门管理体制，不适合气象事业发展的特点，必须进行改革。同时成立了由陈少峰牵头的文件起草小组，我是起草小组成员之一，开始准备起草向国务院关于改革气象部门领导管理体制的请示报告。在起草请示前中央气象局就在全国气象部门分片召集多次座谈会征求意见，同时组织多个调研组下基层台站调研。1979年6月，我随薛伟民副局长到四川、云南等气象台站调研，就是为起草这一请示报告做准备。经过多次反复讨论修改，1980年3月形成了请示报告的正文，着重阐明以地方为主的领导管理体制存在的主要问题：气象部门承担的任务与完成这些任务的人、财、物脱节，与气象工作专业性强、站网布局高度分散、情报资料传递要求高度集中、技术规范要求严格统一的特点不相适应，不利于气象事业的全国统一规划、统一建设。该请示报告以中气办〔1980〕1号文报国务院。国务院在同年5月17日以〔1980〕130号文批复同意气象部门的领导管理体制由以地方为主改为以气象部门为主的双重领导管理体制。这是气象部门的一项重大改革，沿用至今，对全国气象事业的快速发展起到了重大作用。

6. 参加1980年全国气象局长会议文件起草。1980年全国气象局长会议于1979年12月19日至1980年1月3日在北京召开。邓小平等中央领导接见了与会全体同志并合影。这次会议一共有两个文件：一个是"全国气象工作三年调整的意见"，一个是"薛伟民副局长在全国气象局长会议上的总结"。这两个文件涉及了气象事业发展的三大问题：一是初步回顾30年气象事业发展历程，肯定了成绩主流，分析了工作失误与经验教训；二是明确了气象事业三年调整的目标和任务，安排了年内要做的几项工作；三是提出了气象部门领导管理体制改革的目标方向、主要内容和实施步骤。我作为文件起草小组成员之一，执笔起草了第二个文件的初稿，得到了比较好的评价。

7. 参加1981—1983年全国气象局长会议文件起草。1981—1983年全国气象局长会议都是例会，其主要文件是局长或副局长作的年度工作报告，没有特别重要的文件。全国气象局长会议一般在年初召开，会议工作报告分两大部分，第一部分是上一年全国气象工作的总结，第二部分是当年全国气象工作的安排，篇幅在15000字左右。报告起草仍由陈少峰牵头，先由我执笔起草初稿。上一年的工作总结主要是讲成绩，包括全年全国天气气候概况、气象预报与服务、气象现代化建设、改革开放和科教、人才队伍、精神文明建设等方面的内容；同时也讲点问题，主要是从不适应的角度来讲，篇幅很小，讲多了问题领导那一关难通过。总结的素材来源于机关各职能部门、各直属单位和各省（自治区、直辖市）气象局上报的上年工作总结和下年工作安排材料。我在执笔起草报告前必须先阅读大量上报材料，有的还要摘要下来，已备正式起草时引用。通过这些起草促使我对全国气象工作情况有了一个比较全面的了解，为以后负责局办公室的领导工作打下了一定基础。

8. 参加1984年全国气象局长会议文件起草。1984年1月1日至11日在北京召开的全国气象局长会议，这是气象发展史上非常重要的一次会议。李鹏副总理到会并做了重要讲话。会议一共有4个文件：第一个文件是"章基嘉副局长在1984年全国气象局长会议上的工作报告"，第二个文件是"邹竞蒙局长在1984年全国气象局长会议上的总结"，第三个文件是"建国以来气象工作基本经验总结"，第四个文件是"气象现代化建设发展纲要"。我作为文件起草小组成员之一，参加了前三个文件的起草，其中前两个文件是由我执笔起草初稿。第一和第二个文件，是全国气象局长会议的例行文件，与以往局长会议一样，没有什么特别的。而第三和第四个文件，是气象部门瞻前顾后，承上启下的重要文件。"建国以来气象工作基本经验的总结"对1949年新中国成立以来30多年气象工作进行了全面总结，肯定成绩是主要的，并充分肯定了一系好的做法、好的经验，明确要继续坚持和发扬。同时也实事求是地指出了问题，特别是"文化大革命中"受"左"的影响所导致的严重问题，明确必须吸取教训，坚决纠正。这个文件提出了新时期气象工作的任务，是从党的十一届三中全会开始，经过几年酝酿讨论，反复征求意见，在对以往气象工作成绩、气象工作方针和气象现代化建设等重大问题统一认识的基础上形成的。这个文件的形成标志着气象部门拨乱反正的完成，气象现代化建设的全面开展，是一个气象发展史上具有里程碑意义的文件。我参加了这个文件起草的全过程，加深了对"文革"前气象事业在初创阶段的理解和认识。《气象现代化建设发展纲要》是1978年前后就开始酝酿，1980年开始调研筹备。1980年7月中央气象局召开办公会，研究制定气象长远发展规划问题，决定成立长远规划领导小组，邹竞蒙、程纯枢任组长，王宪钊、易仕明、方齐、吴贤纬等为成员，着手制订气象事业的长远发展规划。为此，中央气象局组织多批调研小组下基层调研，派出多个专家组到发达国家参观学习，充分了解国内外现状。又召开有基层科技人员、业务管理人员和不同学科的专家座谈会，广泛听取对气象事业长远发展规划的意见。在此基础上形成了气象现代化建设纲要，又放到1983年全国气象局长会议上征求意见，直到1984年全国气象局长会议上才正式定稿。该纲要是吴贤纬负责组织起草的，我参加了定稿时的讨论和审稿，提出了纲要草稿的目标缺乏概括，不够醒目，特别是建设五个系统表述繁琐，不便记忆。当时主持会议的邹竞蒙局长认为我提的意见不错，就要我在目标部分增补一段概括五个系统的文字,我遵嘱照办。五个系统每个系统用一句话加以概括,放在总目标之首,简明扼要,很好记忆。我修改的这段话获通过,最后被正式写进了纲要。这个纲要明确了新时期气象工作的任务、目标和战略重点,勾画了到20世纪末气象现代化发展蓝图,既是气象部门制定长远规划、五年计划的指导性文件,又是制定年度气象事业发展,确定投资方向的基本依据。从1984年起,气象事业就按照纲要的基本方向,把气象业务、科研、教育纳入统一规划、重点建设,步入了快速、健康发展的轨道。这个文件,是气象事业发展的纲领性文件,在气象现代化建设中发挥了重要作用。

(三)我主笔组织起草的主要公文

1985年以前,中国气象局的局长会议文件都由陈少峰负责主笔起草,我、刘英金、江彦文、张怀君、韩通武、赵同进等执笔参与起草。1985年底我任办公室副主任之后,陈少峰负责政策研究、气象宣传和《中国气象报》的工作去了,由我负责主笔起草全国气象局长会议文件,一直到1994年我调离局办公室为止。从1986年至1993年的8年内,每年召开一次全国气象局长会议。从1987年开始,还在年中召开一次局长研讨会。这些会议的主要文件大多是由我主笔组织起草的。这一时期参加起草的人员有局办公室和政策法规司的江彦文、韩通武、赵同进、王家俊、游有源、庞亮、胡桂琴、朱祥瑞等,同时还吸收了局机关其他单位和省气象局的有关人员参加起草。这一期间共起草了30余份气象局长会议的重要文件。

1. 1985年全国气象局长会议文件。1985年全国气象局长工作会议于1984年12月15日至25日在长春召开。会议共有3份文件,即"1985年全国气象局长会议工作报告"、"邹竞蒙局长在1985年度全国气象局长会议上的总结"和"气象部门改革的原则意见"。前两个文件由我主笔,组织办公室秘书处、信息处有关同志起草。后一个文件由陈少峰、江彦文主笔组织局办公室政策调研处有关人员起草。这三个文件总的要求是加快改革步伐,积极推进气象现代化建设,全面提高气象服务效益。

2. 1986年全国气象局长会议文件。1986年全国气象局长会议于1月8日至16日在北京召开。会议主要文件有五个,即"1986年全国气象局长会议工作报告""邹竞蒙局长在1986年全国气象局长会议上的总结""李鹏副总理在1986年全国气象局长会上的讲话""关于制定第七个五年气象发展计划的建议""省以下气象部门编制的方案"。我主笔组织局办公室有关同志起草了前3个文件。后两个文件分别由局计划财务司和人事司组织有关人员起草。在此次会议上举办了气象部门第一次微机应用展览。李鹏副总理赞扬气象部门开发应用微机很有成绩,在全国是领先的。

3. 1987年全国气象局长会议文件。1987年全国气象局长会议于1月10日至17日在广州召开。这次会议有4个主要文件,即"1987年全国气象局长会议工作报告""关于加强气象部门精神文明建设的实施方案""气象业务技术体制改革方案""全国气象事业发展第七个五年计划"。我因留局办公室看守日常工作未能参加这次会议,但主笔起草了局长会议工作报告。其他三个文件分别由局政工办和有关业务司主笔组织起草。

4. 1987年全国气象局长研讨会文件。从1987年开始,中国气象局在年中增加召开一次全国气象局长研讨会,就气象事业发展中的重大问题进行专题研讨。1987年全国气象局长研讨会于8月28日至9月4日在北京召开。会议文件主要有三个,即"章基嘉副局长在1987年全国气象局长工作研讨会上的讲话""关于开展人工影响天气工作的原则意见""气象部门司局级后备干部队伍建设的暂行办法"。我主笔组织起草了第一个文件。其他两个文件分别由科教司和人事司组织有关人员起草。

5. 1988年全国气象局长会议文件。1988年全国气象局长会议4月25日至5月6日在北京召开。会议共有12个文件，即"章基嘉副局长在1988年度全国气象局长会议开幕式上的讲话""宋健国务委员在1988年全国气象局长会议上的讲话""邹竞蒙局长在1988年度全国气象局长会上的总结""气象部门加快和深化改革的总体设想"和与总体设想相配套的8个分方案。我主笔组织起草了前三个文件，并参与了由陈少峰、江彦文主笔的"气象部门加快和深化改革的总体方案"的调研和部分起草工作。其他8项改革分方案分别由中国气象局机关各职能司负责起草。这8个分方案是"关于深化业务技术体制改革的意见""关于加强气象服务改革的意见""关于深化气象科学技术研究体制改革的意见""关于深化气象教育体制改革的意见""关于深化气象仪器设备管理工作改革的意见""关于深化气象计划财务改革的意见""关于深化气象部门干部人事制度改革的意见""关于气象部门进一步开展综合经营的意见"。这次会议是气象部门一次重要的局长会议，为推进气象部门的全面改革发挥了重大作用。

6. 1988年全国气象局长工作研讨会文件。这次研讨会于10月26日至11月2日在江苏宜兴太湖气象疗养院召开，会议有两个主要文件，即章基嘉副局长的开幕讲话和邹竞蒙局长的会议总结，我主笔组织起草了这两个文件。这次会议研讨了气象事业"七五"发展计划后两年的调整、各省（自治区、直辖市）气象局机关的"三定"方案和酝酿起草"气象法"草案等问题。

7. 1989年全国气象局长会议文件。1989年全国气象局长会议，于4月12日至16日在北京召开。这是一次例行会议，会议由章基嘉副局长作年度工作报告，邹竞蒙局长作会议总结。我主笔组织起草了此次会议的工作报告和会议总结。

8. 1990年全国气象局长会议文件。1990年全国气象局长会议于1月11日至15日在上海召开。会议有6个文件，即"邹竞蒙局长在1990年度全国局长会议开幕式上的讲话""骆继宾副局长在1990年度全国气象局长会议上的工作报告""章基嘉副局长在1990年度全国气象局长会议上的总结""国家气象局关于气象部门进一步治理整顿和深化改革的意见""国家气象局关于加强气象部门思想政治工作的决定""国家气象局关于气象部门廉政建设的若干规定"。我主笔组织起草了前3个文件；后3个文件分别由政策法规司和局政工办负责组织起草。

9. 1990年度全国气象局长工作研讨会文件。1990年度全国气象局长工作研讨会于8月11日至17日在青岛召开。会议主要文件有2个，即"章基嘉副局长在1990年全国气象局长工作研讨会上的讲话""邹竞蒙局长在1990年全国气象局长工作研讨会上的总结"，我主笔组织起草了这两个文件。这次会议主要研讨了进一步完善气象部门现行领导管理体制、制定"八五"气象事业发展计划等问题。

10. 1991年全国气象局长会议文件。1991年全国气象局长会议于2月26日至3月2日在北京召开。会议主要文件有5个，即"骆继宾副局长在1991年度全国气象局长会议上的工作报告""邹竞蒙局长在1991年全国气象局长会议上的总结""宋健国务委员在1991年全国气象局长会议上的讲话""国家气象局关于气象事业发展十年规划（1991—2000年）的意见"和"全国气象事业第八个五年计划"（草案）。我主笔组织起草了前3

个文件；后两个文件由局机关有关业务司组织起草。

11. 1992年全国气象局长会议文件。1992年全国气象局长会议于1月18—22日在武汉召开。会议文件有3个，即"骆继宾副局长在1992年度全国气象局长会议上的工作报告""邹竞蒙局长在1992年度全国气象局长会上的总结""国务委员宋健在1992年度全国气象局长会议上的讲话"。我主笔组织起草了这三个文件。这次会议总结了1991年全国气象工作，安排了1992年的工作任务，审议通过了"气象部门进一步做好为农业和农村经济服务的意"，审议通过了"八五气象事业发展规划"，表彰了气象服务中的先进集体和先进个人。为邹竞蒙局长起草这次会议的总结稿是我众多起草文件中最难忘的一次。一是稿件长，达到了历届局长会议文件之最，约有22000字左右。二是时间紧也是前所未有的。邹竞蒙上主席台作总结报告了，报告稿还未修改完毕，只好采取流水作业方式保证不断稿。大会背后的这一幕惊险活动是鲜为人知的。

12. 1993年，全国气象局长会议文件。1993年全国气象局长会议于4月6日至10日在北京召开。会议文件有4个，即"邹竞蒙局长在1993年全国气象局长会上的工作报告"、"国务委员宋健在1993年全国气象局长会议上的讲话"、《气象事业发展纲要（1991—2020年）》、《气象事业十年发展规划（1991—2000年）》。我主笔组织起草了前两个文件；后两个文件由局总体室组织有关单位起草。

13. 1994年全国气象局长会议文件。1994年全国气象局长会议于2月22日至26日在昆明召开。会议文件主要有三个，即"温克刚副局长在1994年全国气象局长会议上的工作报告""气象事业结构调整规划（1994—2000年）""关于加强气象为农业和农村经济发展服务若干措施的意见"和邹竞蒙局长的会议总结。我主笔组织起草了第一个文件和会议总结。1994年4月底，我调离中国气象局办公室到气象出版社工作，所以这是我最后一次主笔起草的全国气象局长会议文件。其他两个文件分别由局政策法规司和业务发展司组织起草。

我参与起草和主笔起草的上述全国气象局长会议文件，通过中国气象局局长或副局长在会上作报告或讲话审定后，均由中国气象局发文下发各省（自治区、直辖市）气象局贯彻实行，同时收入了全国气象局长会议文件汇编，从1985年创办《中国气象年鉴》开始，还分别摘要载入了每年的气象年鉴。

（四）参与和主笔起草的其他重要文件

在中国气象局办公室工作期间，除了参与执笔和主笔起草历届全国气象局长会议文件外，还参与执笔和主笔起草了一系列其他重要公文，包括中国气象局领导在各种会议、各种场所的讲话稿，以中国气象局名义或中国气象局领导人名义在报刊上公开发表的文稿，以中国气象局名义上报的重要请示报告等。这类稿件较多，难以一一回忆，仅就现在记忆比较清晰地起草稿件作些记述。

1. 为饶兴局长起草关于重视气候工作的文章。1980年年初，时任中央气象局局长饶兴把林学舜、陈少峰和我叫到他办公室，谈他对气候工作的认识，要写一篇文章，向国务院主管部门报告，争取在人民日报发表。结果指定我起草。我花了一个多月的时间收集资料、阅读有关科技图书，写出了题为"略谈气候在四化建设中的重要作用"一文，以饶兴局长名义发表在人民日报上，《气象》杂志于1980年6月12期加以转载。

2. 参与起草"关于气象部门开展有偿专业服务和综合经营的报告"。原来气象事业是一项公益性事业，多年来气象服务一直是无偿的。1978年党的十一届三中全会以后，南方（主要是广东）有些基层气象台站对经营性单位提供的气象服务开始收费，有些台站还开展了综合经营。对这些发生在基层台站的新生事物，中国气象局于1980年以后组织了若干调查组进行调研。在经过几年的调研和多次会议讨论后，于1984年开始准备向国务院报告"关于气象部门开展专业有偿服务和综合经营的报告"。报告明确：对以营利为目的企事业单位提供的专业专项气象服务需要收取适当的成本费和管理费；各级气象部门在完成本职业务的前提下可以因地制宜地开展综合经营。这个报告文字不多，但前期的调查研究工作量比较大。我参加了调查研究，并参加了由陈少峰牵头组织的起草工作。国务院办公厅于1985年3月29日以国办发〔1985〕25号文件批发这个报告，批复称已经国务院同意，现转发给你们，请遵照执行。这是气象部门继领导管理体制改革之后的又一重大改革，对推动气象事业的发展起到了重大作用。

3. 起草调研报告。我在局办工作期间下基层调研比较多，每年都有2～5次，每次调研都需要写调查报告。印象较深的有两次。一次是1987年由我带队到陕西的调研。第二次是1989年，由我带队，到湖南、广西调研。这两次调研都写出了较好的调研报告，得到了中国气象局领导的表扬。特别是到陕西的调研报告，邹竞蒙局长批了一大段文字，说这是近几年来机关少有的写得很好的一篇调查报告，有情况，有分析，有建议，请各位局领导和各职能部门的领导好好看一看。

五、组织会议

组织会议是我在中国气象局办公室工作期间的一项重要工作，花费了我的很多工作时间和精力。如果把正常的会议作为推动气象事业进步和发展的活动，那我也应该是功不可没的有功之臣了。

会议的概念。一般来说，会议是指有组织、有领导、有目的的议事活动，它是在限定的时间和地点，按照一定的程序进行的，是一种普遍的组织活动，大概凡有组织机构的地方都会有会议。会议的主要功能主要是决策、控制、协调和教育等。

（一）会议的种类

会议按不同维度来划分，可以分成许多种类：会议按照主办单位和出席代表层级来分，可以分为高层会议、中层会议和基层会议；按与会代表的数量来分，可以分为小型会、中型会议、大型会议和超大型会；按议题内容的性质来分，可以分为综合性会议、专项性会议和专业性会议等；按会议代表的覆盖面来分，可以分为全国性会议和地方性会；按党政系统来分，可以分为党务会议、行政会议、部门会议等；按召开会议时间的稳定性来分，可以分为届会、年会、例会和临时性会议等；按会议内容的保密性来分，可以分为公开会议、内部会议和保密会议等。

中国气象局在国务院系统中是一个小部门，但是会议却不少，甚至不亚于有些大部委。可以说气象部门的会议种类很是齐全，频次接连不断，规模大小不一，内容丰富多样。中国气象局局级层面常开的会议有两大类，一类是中国气象局机关会议，一类是中国气象局全国性会议。中国气象局机关会议主要有局党组会、局务会、局办公会、局协调会等；中国气象局全国性会议主要有全国气象局长会、全国气象工作会、全国气象局长工作研讨会和全国气象专业、专题会等。

局党组会，是中国气象部门最高层次的议事、决策性会议。会议由中国气象局党组书记主持，全体党组成员参加，有时请机关职能司室的领导或其他有关人员列席。会议是不定期的，一般半个月一次，有时一周几次，随机性较大。会议内容一般是讨论和决策气象工作中的比较重大的问题，主要有：研究讨论气象部门贯彻党中央、国务院重要会议的方案和意见；审议和决定气象事业发展中的重要方针、政策、长远规划和计划等；审议和决定全国气象部门机构设置、调整全国气象部门司局级干部、局机关处级干部的任免和奖惩等事项；讨论决定气象部门其他突发性重要事项。凡局党组会讨论的议题，会议一般要作出决议或决定，形成文字纪要，印发有关单位实行并存档。

局务会，是中国气象局最高的行政性会。会议由中国气象局局长主持，局长不能主持时可由他指定的副局长代理主持，全体局领导和局机关各职能司室的一把手参加会议，有时扩大到各直属单位的一把手或特邀有关人员参加。会议一般是一个月召开一次。会议内容主要是：传达贯彻党中央、国务院有关重要会议精神，讨论审议气象部门贯彻的意见或方案；审议气象事业发展的方针、政策和长远发展规划、计划等；审议全国气象局长会议方案和工作报告，为提交全国气象局长会议做准备；审议年度工作总结和部署下一年度的工作任务；审议中国气象局上报或下发的重要文件和通报其他重要事项等。会议决定要写成纪要，印发有关单位遵照实行并存档。

局办公会，是中国气象局领导班子在日常工作中研究决定重要事项的行政会议。会议由中国气象局局长或副局长主持，有关职能司和其他有关人员列席，一般一周召开一次，其议题是局长或副局长难以个人决断的重要事项，包括全国气象工作上年度总结和下年度任务安排，气象部门改革和发展中的重要事项，重大气象工程项目和科研项目的立项或审批，重要气象法规和气象文稿的审定，重大天气气候灾害的预警与气象服务举措等。会议要做出决定，形成纪要，印发有关单位遵照实行，并存档。

局协调会议，是中国气象局局领导在处理日常工作中的一种协商性的行政会议。会议由主管局领导（包括局长或副局长）主持召开，与会议议题有关的局领导、单位领导和其他有关工作人员参加，不定期召开。会议议题主要是一些报局审批的请示、报告等，其内容涉及多个主管单位，而且单位之间意见还不大一致，请求局领导裁定。主管局领导召开协调会，当面听取各方意见，尽量在会上协调一致，作出决议，形成纪要，印发有关单位遵照实行并归档。

全国气象局长会，是气象部门最重要的行政会议，一年一次，其常规内容是总结上一年的全国气象工作，表彰全国气象部门在气象预报、服务中的先进单位和先进个人，部署下一年全国气象工作任务。有时还增加一些特别内容，例如轮到制定五年计划的年度，还将总结前五年的工作和通过下一个五年计划列为会议重要议题。有时也会将贯彻落实中央重要会议中与气象有关的内容列入会议议题。参加全国气象局长会议的代表，一般是各省（自治区、直辖市）气象局的局长，并带一至两名助手，还有中国气象局机关各职能司（室）的主要领导和直属单位的主要领导，以及气象部门和其他部门的领导、专家等特邀代表，规模控制在150人左右。全国气象局长会议是气象部门的一种例会，每年召开一次，一般在年末或下一年年初召开，后来大多在下一年年初召开。会期在1980年前后一般在一周左右，最长有开过半个月的；到了1990年以后会期缩短到3～4天。会议结束后，要按会议总结意见修改会议文件，再以中国气象局名义印发各省（自治区、直辖市）气象局，各职能单位，各直属单位实行。

全国气象工作会议，是气象部门研讨特别重大问题的最高层次的行政会议。这种会议不常开，若干年才开一次，我在中国气象局办公室工作二十多年，在我印象中也就召开过三四次。全国气象工作会议由中国气象局局长或国务院主管气象工作的领导主持，会议的议题内容比全国气象局长会议的层次更高、涉及面更广，不仅涉及气象部门内部，而且涉及其他部门和地方政府，例如改革气象部门的领导管理体制，发展地方气象事业，拟制气象法，制订气象事业长远发展战略和规划，建立双重计划财务体制等议题，需要国务院领导出面，需要国务院有关部委领导和各省（自治区、直辖市）政府领导参加，与气象部门共同研究讨论，通过这样的会议，形成共识，以国务院文件形式下发各有关部门和地方政府实行。

全国气象局长工作研讨会，是对气象部门重大问题进行高层次研究的会议。研讨会由中国气象局局长主持，各省（自治区、直辖市）气象局长、局机关职能单位和各直属单位主要领导参加，其规模比全国气象工作会和全国气象局长会都小。会议议题一般是气象事业发展中出现的新情况、新问题、新任务需要提出新的方针、政策或办法、措施等。例如气象事业结构如何划分和调整、国家气象事业与地方气象事业如何协调发展等，先在气象部门领导层内进行研讨，形成共识，再提交全国气象局长会议审定。全国气象局长工作研讨会不做决定，从20世纪80年代后期开始，每年召开一次，一般在避开汛期的下半年召开，也可以视为全国气象局长会议的预备会。

全国气象专业、专项会议，是气象部门就某一气象专业或某一专项工作召开的全国性气象会议。会议由中国气象局局长或主管副局长主持，各省（自治区、直辖市）气象局局长或主管副局长及相应的业务处长或专家参加。会议为不定期，一般2~5年召开一次。常开的专业、专项会议有：全国气象预报工作会、全国气象服务工作会、全国气象科技会、全国气象财务工作会、全国气象人事工作会、全国气象思想政治工作会、全国气象宣传工作会等。这些全国性专业、专项会议议题一般是总结本专业的工作，交流经验，表彰先进，明确下一步工作目标、任务、措施等。会议审议的主要文件，以中国气象局局发文下发有关单位实行。

以上会议种类都是由中国气象局主办的局级会议。此外还有许多其他会议需要中国气象局领导和中国气象局办公室领导参加，需要准备参加这些会议的材料的，主要有：党中央、国务院召开的有关会议，通知中国气象局领导参加并要求汇报天气气候情况等；国务院各部委局召开的有关会议，邀请中国气象局领导参加，需准备讲话稿；中国气象局各职能司室召开的全国性气象业务会议，请主管局领导出席会议并讲话；中国气象局各直属单位召开的重要气象专业技术会议，请局领导出席并讲话；其他名目的会议还有不少，如重大项目论证会、重要成果验收会、单位周年庆典会、挂牌剪彩、工程奠基、中国气象学会的各种会议等。

（二）会议管理

中国气象局办公室是中国气象局管理所有会议的归口单位。我从调入办公室开始就接触到了管理会议，先是参与管理，在1985年任办公室领导后就主持管理了。我参加和主持中国气象局的会议管理，主要采取了两种管理方式，一种是会议制度管理，一种是会议计划管理。所谓制度管理，就是制定会议管理办法，包括会议名称、规格、规模、级别、议题、时间、地点等，要反复论证，层层把关，多级审批。按照党中央、国务院精简会议要求，照章办事，从严把关，能用公文或其他方式办理的事项就不用开会。所谓计划管理，就是要求机关各司室和各直属单位申报年度会议计划，局办公室在控制年度会议数量和会议经费总量基础上进行综合平衡，提出全年气象会议计划，经局领导审定后下发执行，列入计划的会议可以召开，没列入计划的一律不准召开。尽管我在管理气象会议方面做了大量工作，但是成效甚微。实践的结果是会议越精简越多，机关几乎天天有会，有时一天好几个会，使许多人都泡在会议里了。局领导不断地批准会议议题，大事、小事，自己能批定的事、不能批定的事，一股脑儿地都批示会议讨论决定。同时他们又不断地埋怨会议太多，应付不了。各单位也对压缩了他们的会议有意见，参加会议多了也有意见。作为会议的管理者，左也不是，右也不是。真是左右为难，两头受气。在局机关，我们也曾经规定过无会日，把每周星期五定为全局无会日，使各级领导可以自由处理各人的事务，一定程度上缓解了疲于开会的矛盾。一个单位会议多的原因，有客观的，也有主观的。所谓客观的出自制度和体制的要求，上面下达的任务多，又强调集体领导，许多事情个人不能做决断，需要开会集体决定。所谓主观的，是单位一把手放权不够，不能让其副职大胆工作，再加上有些副职缺乏担当，怕负责任，许多自己权限内的事项完全可以批定的，也要批请会议集体讨论决定。在这种客主观双重因素作用下，会议是不可能精简的。作为会议管理者，想精简会议，也是胳膊拧不过大腿，无能为力。

（三）会议组织

组织会议要比管理会议费时费精力多了。我参与组织和主办组织的会议是以中国气象局名义召开的会议和局办公室自己召开的会议，主要有全国气象工作会议、全国气象局长会议、全国气象局长（工作研讨会、局党组会、局务会）局办公会、局协调会、全国气象办公室主任会等，还有一些全国气象专业、专项会议等。组织召开这些会议是很具体细致复杂的工作，相对而言组织召开全国性会议比局机关会议耗费时间更长，工作量更大，更复杂。组织会议一般分三个阶段，即会前准备、会中组织、会后贯彻。

会前准备 对全国性气象会议来说，会前准备工作是比较长的，一般要几个月，甚至超过一年的都有。而对机关会议来说，准备时间相对较短，一周或几周就可以了。会前准备工作大体有这么几项。第一项是确定会议议题。会议组织者先要汇集会议议题。议题有的来源于上级，如党中央、国务院的会议或文件明确各部门要召开会议传过贯彻的事项，或者中央、国务院领导同志指示、批示中国气象局召开会议贯彻的事项；有的来源中国气象局局长、副局长的批示或口头交代需要会议讨论决定的事项；有的来源于局机关和直属单位请示报告要求召开会议讨论决定的事项；还有的是例行会议的常规议题。我们的工作就是要综合分析这些不同渠道的议题，初步筛选是否有必要上会，上什么性质和规格的会，提出会议名称和议题的初步方案，报中国气象局党组书记、局长审定。如果会议初步方案审批同意后，就要启动下一步会议的准备工作。

第二项是成立会议筹备工作人员班子。局机关内的局党组会、局务会、局长办公会等筹备工作比较简单一些，就由局办秘书处承办，无需组织专门的筹备班子。例如局党组会就由党组秘书一人筹办即可。我1978—1985年任党组秘书兼秘书处副处长，承办了期间所有局党组会的组织工作。我任局办副主任之后，由王家骏接任党组秘书，由他承办了以后的党组会的组织工作。全国性的气象会议，就需要成立会议筹备工作班子了。例如全国气象局长会议筹备班子，一般设会议秘书长1人，副秘书长2人，下设秘书、文件、简报、会务4个组。秘书组，一般2～4人，负责会议地点的选择、会议通知的拟定和发送、会议日程安排、会议代表联络、登记、分组和会议记录等；文件组，一般3人左右，负责会议主要文件，包括工作报告和会议总结的起草，其中除会议总结在会议结束前起草外，其他均需会前起草，是会议组织工作中的先行工作，也是耗时最长，费力最大的工作，有时在开会前半年就开始准备起草了；简报组，一般2～4人，负责会议简报的编写、分发和会议总结稿的起草，要在会议召开时才工作；会务组，一般5～8人，负责会议财务、生活，包括伙食、文体、医疗和代表的接送等服务，也是在会议召开时才工作。在1975—1985年，我一般在文件组参与局长工作报告的起草，会中在简报组，参与会议简报的编写和会议总结的起草。1985年任局办副主任后，直到1994年5月调离局办，我一般担任会议副秘书长或秘书长，负责整个会议的组织工作，始终侧重于组织主笔会议主要文件的起草工作。

第三项着手会议主要文件的起草。这是会议准备中一项最艰难的工作，也是一项核心工作。例如全国气象局长会议的主要文件是工作报告，要总结上一年的全国气象工作，部署下一年全国气象工作任务。如果下一年一、二月份召开全国气象局长会议，从上一年第四季度开始就要着手起草工作报告了。我从1975年至1994年近20年时间内，几乎参加了每年全国气象局长会议文件的起草，深知其中的酸甜苦辣。起草工作报告，先要掌握中央、国务院的有关精神和中国气象局领导的意图。然后要收集素材，编好框架提纲，报送主要领导过目后动手起草。要在比较短的时间拿出初稿（一般称征求意见稿）后多方征求意见，先征求局机关各职能司的意见，再召开全国气象局办公室主任会议征求意见。工作报告初稿征求意见修改后报局领导审批。局领导一般不会一次批示定稿，而是要召开局务会或局长办公会集体讨论审议，有时一次会议还定不了。有的要多次会议审议，一次会议审议后修改形成一稿，便有一稿、二稿，甚至有五稿、六稿之多。最后经局长敲定才能以正式文件上全国气象局长会议。

第四项是选择召开会议的时间、地点。会议时间，如果是全国气象局长会议，一般选在1～2月份，这样有利于总结前一年的工作，年初就安排当年任务，好落实完成。如果是全国气象工作会、局长研讨会和其他全国性气象专业专题会，如果在年中召开时，要避开汛期，因为防汛气象服务是气象部门的头等大事，各级气象部门领导必须在岗，亲临预报服务第一线指挥。全国性气象会议地点，有北京和北京以外两种选择：选在北京有利于国务院领导同志出席会议并接见、讲话，提高会议的规格和士气；选在地方，有利于促进地方气象事业发展，各省（自治区、直辖市）气象局都竞相申办全国性气象会议在本省召开，这样有利于引起地方政府对气象工作的重视，也有利于展示当地气象事业发展成就，提高在全国气象工作中的知名度。尽管贴钱费力，他们也乐意。从20世纪80年代中期开始，形成了一条不成文的规定，即全国气象局长会议，一年在京内开，下一年就在京外开，轮流着来。我参与组织召开的全国气象局长会议或研讨会曾在青岛、天津、上海、杭州、广州、南昌、昆明、武汉、西安、长春、哈尔滨、乌鲁木齐等城市召开过。

第五项是下发会议通知。在全国气象会议的方案确定之后，就要准备发召开会议的通知了。如果需要下面准备材料的会议，先要发预备通知。会议通知要明确告之召开会议的

第一部分　往事回忆

具体时间和地点，出席会议代表人数和要求。全国气象局长会议一般每省2～5名代表，局长必须参加，根据会议内容的不同，可带助手。有的会议规定只能带1人，省气象局长一般就带办公室主任了。有的明确可带几个，省局长们就带业务、科教、财务等处长了，视会议议题而定。局机关的会议通知就比较简单了，每周星期五将下一周要召开的会议列出一张表，表中列有会议时间、地点、主持人、参加人、列席人等，该表经局长审定后印发到机关各单位领导，一般在规定的时间内都能到会，不另行通知。

会中组织　会中组织是整个会议组织工作的中心环节，也是最繁忙、最操心的工作，大体分接机接站、报到登记和房间分配、预备会议、开幕式、大会报告、分组讨论、简报交流、大会发言交流、闭幕式总结几个过程。

接机接站：会务组负责接送代表，参加会议的代表在出发前即按会议通知的要求将所乘车次或航班直接电话告会务组，由会务组派司机按时接机或接站，会务组一般有2～5名司机直接为会议服务，保证会议随时用车。

签到登记：秘书组负责会议签到，在召开会议宾馆的大厅设立报到处。会务组将接机接站的代表带到会议报到处，登记代表报到时间，并分配住房房间号，同时发给每位代表事先准备好的"会议需知"，会议需知包括有会议日程、作息时间和注意事项等。

预备会议：在全国气象局长会议开幕之前，一般要召开一个预备会议。预备会议一般在正式会议前一天晚上，只请各省（自治区、直辖市）气象局长和局机关、直属单位一把手参加，由中国气象局局长说明这次会议的主要议题，会议如何开法，包括日程安排、小组划分、指定组长等，最后还提一些具体要求。这样使各单位主要领导人对这次会议做到提前心中有数。

开幕式：会议正式开始的大会，全体会议代表和特邀代表参加。开幕式一般由中国气象局副局长主持，局长致开幕词。接下来是领导讲话，如果会议在北京召开，一般是主管气象工作的国务院副总理或国务委员出席讲话，还邀请农业部、水利部等有关部委领导出席讲话；如果会议在地方召开，一般有当地省委或省政府领导出席讲话。开幕式有时还安排有宣读表彰全国气象预报和气象服务先进集体和先进个人的决定，并颁奖。开幕式最后是领导与会议代表、会议工作人员集体合影。

大会报告：出席开幕式的领导人退席后紧接着全体代表大会，一般由中国气象局局长作工作报告，有时也由副局长作工作报告。后来也有些改革，工作报告局长不原文照读了，只是由报告人说明报告的形成过程、报告的主要内容、审议的重点要求等。除工作报告外，还有列入会议议题的其他重要文件，也一并在大会上作说明。

分组讨论：全国气象局长会议对工作报告和列入会议议题的其他主要文件采取分组讨论的方式进行审议。会议一般按国家行政区域划分设6个小组，每组30人左右，指定组长1人，一般由区域气象中心所在地的省（自治区、直辖市）气象局长担任。副组长1人，记录兼简报员1人，会议秘书组派联络员1人。局机关和直属单位的代表分插在6个小组内，局领导轮流参加6个小组的讨论。在小组会上每位代表都可对工作报告和其他议题发表赞成、反对和修改意见，还可以结合本单位的情况加以印证和说明自己的观点。

简报交流：各组讨论情况和各位代表在小组会上发言的主要意见通过会议简报的形式进行互相交流。各组的记录员和联络员以最快的速度把组内各代表发言整理成文字材料，送会议简报组。会议简报组也尽快编成文字简报，印发到局领导和各位代表。这些简报用来启发和引导进一步讨论，同时作为会议总结的依据。简报组是会议中最繁忙工作人员，白天黑夜的工作，一天一夜要编20～30期简报。

大会交流：在分组讨论的基础上再召开全体代表大会，进一步交流各小组讨论情况。大会交流一般有两方面的内容，一方面是由各组组长综合全组讨论情况，向大会作汇报；另一方面是有的代表对会议议题有比较系统、比较独到的见解，特请他作典型发言。

会议闭幕式：会议闭幕式一般由中国气象局副局长主持，局长作总结报告。总结报告一般要综合会议议题的审议情况，作出基本评价，提出修改意见等。闭幕式主持人最后还要布置下如何传达贯彻这次会议的意见，然后宣布散会。

会议组织总结：会议闭幕后，会务组按各位代表返程机票或车票时间送达机场或车站。代表送走之后，会议秘书处还要召开一次全体工作人员会议，总结会务工作，表扬好人好事，局领导出席讲话，对会议组织工作给予充分肯定和感谢。这样，会议整个组织工作就圆满结束了。

会议贯彻：会议结束后的贯彻任务，主要由局办公室负责抓落实。先要将局长会议报告根据会议讨论和总结的意见修改，并送局长审定后以正式文件下发执行。接着要组织人员跟踪各省（自治区、直辖市）气象局传达贯彻情况，并向局领导和有关部门反馈。传达及时，贯彻落实好的单位以适当方式，如内部简报或中国气象报等形式交流。

1975年至1994年我在局办公室工作期间参与组织、负责组织和参加的各种工作会议确实很多，用"文山会海"来形容一点也不过分，大致可以划分为五类：一类是参与组织的全国性气象会议，二类是负责组织的全国性气象会议，三类是我主持的全国性办公室系统会议，四类是参加其他职能单位举办的全国性气象会议，五类是局机关的各种办公会议。第五类会议是隔三岔五地经常召开，有时天天有会，有时一天要开几个会，难以一一列出。下面仅列出部分我参与组织的全国性会议。

（四）参与组织的全国气象会议

1975年至1985年，我作为历届全国气象局长会议工作人员参与了会议的部分组织工作，主要是执笔起草文件和编发会议简报。主要有1975年1月23至12月4日，在青岛召开第一次全国气象部门学大寨经验会议。1977年1月12日至23日，中央气象局在杭州召开第二次全国气象部门学大寨经验交流会。1977年10月7日，在北京、天津召开的全国气象部门学大寨、学大庆"双学"会议。1979年12月19日至1980年1月3日在北京召开全国气象局长会议。1981、1982年全国气象局长会议。1983年1月8日至15日，在北京召开全国气象局长会议。会议前，我是文件起草组成员，会议中我是简报组的组长，负责编写各组讨论的简报，简报组成员有江彦文、梁景华、王国增、李赛。1984年1月1日至11日在北京召开的全国气象局长会议。1984年12月16日在长春市召开的全国气象局长会议。

（五）负责组织的全国性气象会议

负责组织会议与参与组织会议有很大的不同，参与只是参加会议组织的部分工作；负责组织是要负责会议组织的全面工作，是担负会议秘书长、副秘书长的职责。全国气象局长会议一般设秘书长1人，副秘书长2人。秘书长负责会议组织的全面工作，由局办主任担任；一位副秘书长负责会议的秘书组、文件组、简报组的工作，由局办副主任担任；另一位副秘书长负责会务工作，包括代表接送、会议食宿和会场安排等，一般由行政管理局的领导担任。我在 1986 年至 1989 年之间均担任副秘书长，1990 年之后徐曼泽主任考虑他快退休了，把我推到第一线任会议秘书长，负责会议的全面组织。但我无论是任副秘书长还是秘书长，我都参加了会议报告和总结的起草工作，以及会议简报的审批工作。

我担任副秘书长，负责组织召开的全国气象局长会议主要有：1986 年 1 月 8 日在北京召开全国气象局长会议。会议开幕式由邹竞蒙局长主持，章基嘉副局长作 1986 年度工作报告和气象事业"七五"计划建议。我担任会议副秘书长，负责秘书组、文件组和简报组的工作。

1987 年 8 月 28 日至 9 月 4 日在中国气象局大院召开全国气象局长工作会，1988 年在北京召开全国气象局长会议，1988 年 10 月 26 日至 11 月 2 日在江苏宜兴太湖气象疗养院召开的全国气象局长工作研讨会。这次会议研讨了气象七五计划后两年的调整问题、各（省、市自治区）气象局机关的"三定"方案问题、起草"气象法"草案等问题。我担任会议副秘书长，负责会议秘书组、文件起草组、简报组的工作。

1989 年 4 月 12 日至 16 日在北京召开的全国气象局长会议。我担任上述 5 次全国气象局长会议副秘书长，负责会议的文件组和简报组各项组织工作，并主笔组织起草了这次会议的工作报告和会议总结。

我担任秘书长负责组织召开的全国气象局长会议主要有：1990 年 1 月 11 日至 15 日在上海召开的全国气象局长会议，1990 年 8 月 11 日至 17 日在青岛召开的全国气象局长工作研讨会。1991 年 2 月 26 日至 3 月 2 日在北京召开的全国气象局长会议。1992 年 1 月 18 日至 22 日武汉全国气象局长会议。

特别是 1993 年 4 月 6 日在北京京西宾馆召开的全国气象工作会议。这是国家气象局召开的有各省（自治区、直辖市）政府领导出席的规模最大、规格最高的一次全国气象工作会议，也是继 1984 年在京丰宾馆召开的全国气象局长会议之后的一次重要会议。会议议题有三项：审议全国气象工作年度报告，审议气象现代化发展纲要（1991—2020 年），气象事业十年发展规划（1991—2000 年）。国家气象局局长邹竞蒙主持会议，并致开幕词。国务院副秘书长徐志坚宣读李鹏总理对召开这次全国气象工作会议的贺信。国务委员宋健讲话。出席这次会议开幕式的有 12 个部委局的领导，21 个省（自治区、直辖市）政府的领导。我担任会议秘书长，全面负责会议的各项组织工作，并主笔组织起草了会议的主要文件。江彦文、韩通武为副秘书长。这是我担任会议秘书长组织工作最复杂，难度最大，而且最出色的一次会议。1994 年 2 月 22 日在云南昆明召开全国气象局长会议，我担任会议秘书长，全面负责会议的各项组织工作，并参加起草、审议、修改这些文件的全过程，组织了与会务有关的各个方面的准备工作。这是我在国家气象局办公室最后一次组织召开的全国气象局长会议。

特别是 1993 年 4 月 28 日至 30 日，贯彻国务院 25 号文件经验交流会在湖南省大庸市召开。国务院 25 号文件是批准气象部门实行双重计划体制和相应的财务渠道的重要文件。参加这次会议的有：各省（自治区、直辖市）计委、财政厅、农委或办公厅的领导 60 人，各省（自治区、直辖市）气象局的领导和国家气象局有关部门的领导 56 人。这是一次层次较高，外部门代表较多，对气象事业发展至关重要的会议。我负责筹备这次会议，包括选址、邀请地方政府计划和财政部门领导出席、文件起草等大量工作。大会开幕式由我主持，国家气象局副局长温克刚在开幕式上讲话，湖南省政府农委主任陈彰嘉、大庸市副市长严高明出席开幕式并讲话。在大会上交流贯彻国务院25号文件经验发言的有：湖南省气象局局长阮水根，湖南省计委农业处副处长易鹏飞，湖南省财政厅农财处副处长罗志宏，湖南省郴州行署副秘书长王豫泰，湖南省桂阳县副县长刘焕武，黑龙江省气象局副局长刘克宁，陕西省财政厅农财处处长韩中林，湖北省气象局副局长陈汉民，内蒙古自治区计委副处长苏亚，福建省气象局副局长陈仲，上海市农委副处长沈佳治，河北省气象局副局长张广智，广西壮族自治区气象局副局长蒋伯仁，广西壮族自治区办公厅四处处长廖志成，甘肃省财政厅处长李明功，辽宁省计委副局长徐启平，吉林省气象局局长宋玉发，山西省财政厅处长张太生，新疆维吾尔自治区气象局副局长陈栋喜，云南省气象局副局长黄玉仁，厦门市气象局副局长王世德，青海省气象局局长徐建伟。4月30日下午交流会结束，温克刚副局长作总结。

（六）主持召开的主要会议

我除了参与组织和负责组织全国气象局长会议之外，还主持了局办公室职能范围内的一系列全国性业务工作会议，主要有以下一些会议。

1986年8月19日，国家气象局办公室在秦皇岛市气象局招待所召开全国气象档案工作会议。参加会议的有各省（自治区、直辖市）气象局气象档案馆的领导同志和局直属单位负责档案的领导同志共47人。我作为国家气象局办公室分管档案的领导主持这次会，作了开幕讲话和会议总结，这是我第一次主持全国性的气象专业性会议。会议的主题是贯彻实行气象部门科技档案的统一分类编目办法。

1987年10月29日，气象科技档案分类编目检查验收总结会在北京举行。会议先由各大区科技档案分类编目检查组汇报检查情况。11日下午，由我作会议小结，决定将这次检查验收评分的情况通报省（自治区、直辖市）气象局，拟进一步推动全国气象科技档案的分类编目工作。

1988年4月12日下午，华东气象局办公室主任会议在九江召开，我作为国家气象局办公室副主任主持这次会议。会议主要内容是通报各省（自治区、直辖市）气象局办公室的基本情况，交流办公室工作的经验，建立区域内办公室工作的互相联系机制。参加这次会议的有：上海市气象局，江西省气象局，江苏省气象局，浙江省气象局，福建省气象局，山东省气象局，安徽省气象局的办公室主任。江西省气象局副局长刘兴安、九江气象局局长等也出席了会议。4月15日会议结束，我作会议总结。

1989年2月28日，国家气象局办公室在郑州召开全国气象局办公室主任会议，讨论1989年全国气象局长会议工作报告的修改，通报国家气象局机关"三定"方案，研究审议了办公室系统关于公文处理、信息的收集与反馈、宣传和档案等4个文件。我主持会议，并就局长会议文件的起草情况做了说明，对国家气象局办公室的"三定"后的机构设置和职能也做了详细的介绍。会议进行了分组讨论。3月4日下午会议结束，国家气象局办公室主任徐曼泽作会议总结。

1989年12月8日，国家气象局办公室在本局招待所召开12省（自治区、直辖市）气象局办公室主任会议，征求对全国气象局长会议工作报告的意见。会议由我主持，并介绍了局长会议工作报告的初稿起草情况，然后请与会同志讨论修改。参加会议并在会上发表意见的办公室主任有：河北郭春德、江西李义源、贵州刘伟坤、湖南王福琪、山东胡光旭、山西刘庆桐、黑龙江张广学、辽宁李波、陕西杨武圣、上海李文志、北京高留柱。他

第一部分　往事回忆

们对全国气象局长会议文件初稿提出了许多好的修改意见。

1990年10月23日至26日，全国气象局办公室主任会议在重庆召开。会议分三个阶段：第一阶段，讨论国家气象局办公室的有关工作，第二阶段讨论政策法规司的有关工作，第三阶段讨论中国气象报的有关工作。第一阶段是重点，是会议主题。第一阶段会议由我主持开幕式。出席开幕式并讲话的有国家气象局副局长温克刚、四川省气象局局长王为德、贵州省气象局局长郑志敏、重庆市政府办公厅主任舒金良、重庆市气象局局长薛金龙。各省（自治区、直辖市）气象局办公室主任、计划单列市气象局办公室主任和气象高等院校、局直属单位的办公室主任共41人参加会议。国家气象局办公室主任徐曼泽作工作报告。随后大会发言交流经验。黑龙江省气象局办公室主任张广学作了"搞好调查研究，当好决策参谋"的发言。福建省气象局办公室主任高时彦作了"在新形势下如何做好宣传工作"的发言。北京市气象局办公室主任高留柱作了"积极为局领导的决策服务"的发言。江西省气象局办公室主任李义源作了"协调工作的做法和体会"的发言。四川省气象局办公室徐盛源作了"年鉴编写的做法"的发言。湖南省气象局办公室副主任张健鑫作了"加强网络和制度建设，在提高信息质量上下功夫"的发言。云南省气象局办公室主任范汝超作了"气象档案管理和做法"的发言。宁夏回族自治区气象局办公室主任陈力作了"办公现代化建设介绍"的发言。辽宁省气象局办公室主任李波作了"努力发挥参谋助手作用，多方位为领导做好服务"的发言。贵州省气象局办公室主任刘伟坤作了"围绕对外开拓，积极开展气象宣传"的发言。北京气象中心的办公室主任徐世茂作了"加强办公室建设，努力提高工作效率"的发言。湖北省气象局办公室主任刘志澄作了"增强保密意识，加强保密工作"的发言。河北省气象局办公室主任郭春德作了"发挥办公室的枢纽作用"的发言。陕西省气象局办公室主任杨武圣作了"目标管理情况简介"的发言。山西省气象局办公室主任刘庆桐作了"督促检查实施细则"的介绍。内蒙古自治区气象局办公室主任陈维忠作了"抓好三会，提高办事效率，更好发挥参谋助手作用"的发言。重庆市气象局办公室主任马伏光介绍了此次会务安排等情况。除大会交流的办公室主任外，参加这次会议的省气象局办公室主任还有：南京气象学院吕继成、甘肃省气象局俞灿慰、天津市气象局刘雅杰、江苏省气象局桑凤章、安徽省气象局卞力智、青海省气象局李鹏杰、西藏自治区气象局魏家华、广东气象局袁亦康、上海气象局李文志、浙江气象局葛旭鹏。26日下午，由我对办公室主任会议第一阶段会议作总结。第二阶段、第三阶段会议分别由政策法规司司长江彦文、中国气象报社社长陈少峰主持。

1991年1月21日至24日，国家气象局办公室在北京召开部分省（自治区、直辖市）气象局办公室主任会议，讨论修改1991年全国气象局长会议文件。会议由我主持，并作了文件起草的情况说明。参加这次会议的办公室主任有山东省气象局办公室副主任陈茂奎、辽宁省气象局办公室主任李波、山西省气象局办公室主任刘庆桐、内蒙古气象局办公室主任程维忠、湖南省气象局办公室主任王福琪、湖北省气象局办公室主任刘志澄、河北省气象局办公室主任郭春德、北京市气象局办公室主任刘春晴、江西省气象局办公室主任李义源、黑龙江省气象局办公室主任张广学。

1993年3月9日至12日，国家气象局办公室召开23省（自治区、直辖市）气象局办公室主任会议，讨论审议"1993年全国气象局长会议工作报告""气象现代化建设纲要"和"气象事业发展规划"3个文件。我主持这次会议。温克刚副局长参加开幕式并讲话。出席这次办公室主任会议的有：天津市气象局程雅丽、北京市气象局高留柱、甘肃省气象局俞灿慰、湖南省气象局张建鑫、宁夏气象局杨经森、青海省气象局李鹏杰、山西省气象局刘庆桐、湖北省气象局姜海如、黑龙江省气象局张广学、河北省气象局郭春德、四川省气象局田莉亚、内蒙古自治区气象局伍秀林、吉林省气象局窦广生、上海市气象局张德福、江苏省气象局单士兴、浙江省气象局俞连根、安徽省气象局张启勤、山东省气象局陈茂奎、河南省气象局张思永、广东省气象局袁亦康、广西壮族自治区气象局罗佳驰、陕西省气象局杨武圣、辽宁省气象局郭归宁。

1993年4月25日下午，我到石家庄参加华北气象局办公室主任会议，并就办公室工作中的督办职能作了讲话。

1993年12月6日至9日，全国气象部门办公室主任会议在广西壮族自治区南宁市石油招待所召开。出席这次会议的有各省（自治区、直辖市）气象局、计划单列市气象局、直属单位办公室主任50余人。我主持这次会议，先通报了国家气象局办公室关于气象信息、办公现代化、气象年鉴、公文处理和气象宣传等工作情况，然后分组座谈讨论加强气象信息工作和1994年全国气象局长会议工作报告两项议题。在座谈局长会议文件修改时发言的有：云南省气象局办公室主任范汝超，西藏自治区气象局办公室主任高国华，福建省气象局办公室主任高时彦，河北省气象局办公室主任郭春德，四川省气象局办公室主任徐盛源，山西省气象局办公室主任刘庆桐，气象科学研究院办公室主任王守荣，江西省气象局办公室主任李义源，内蒙古自治区气象局办公室主任陈维忠，天津市气象局办公室副主任张桂宗，辽宁省气象局办公室主任李波，黑龙江省气象局办公室副主任李荣芳，贵州省气象局办公室主任黄梓才，宁夏回族自治区气象局办公室主任聂树勋，甘肃省气象局办公室主任俞灿慰，吉林省气象局办公室副主任宣兆民，青海省气象局办公室主任李鹏杰。

（七）参加的其他会议

1976年5月16日，气象卫星地面系统方案讨论会在河北廊坊召开。中央气象局副局长邹竞蒙主持会议，并作重要讲话，他着重强调了发展气象卫星的重要作用，提出了用三年时间完成气象卫星地面系统建设的任务。中央气象局副局长吴学艺也出席了会议。我作为邹竞蒙的业务秘书参与了邹竞蒙讲话稿的起草和会议的组织工作。会议结束后随邹竞蒙视察了廊坊市气象局的工作。

1978年2月26日，全国人工影响天气会议在广西南宁召开。中央气象局副局长邹竞蒙主持这次会议。我作为邹竞蒙的秘书参加了这次会议，并负责邹竞蒙会议总结稿的起草。会议交流了经验，收到了全国各地261份交流材料；审议了全国人工影响天气规划；明确了任务，强调人工影响天气除了做好防灾作业、加强为农业服务外，还要加强科学研究。会议结束之后，还随邹竞蒙视察了广西北海、玉林、桂平等气象台站。

1976年5月4日至7日，台风科研协作会议在上海召开。我随中央气象局副局长邹竞蒙参加这次会议。会议由上海市气象局党组书记牟敦高主持，并作总结。会议交流了台风科研的经验，共收到64篇交流材料，其中提交大会交流的有24篇。会议重点研究了进一步做好台风科研协作等问题。邹竞蒙在会上代表中国气象局作了重要讲话，充分肯定台风协作会议的成果，强调要用毛主席的哲学思想做好台风科学研究，走出我们自己的技术路子。

1977年8月17日，全国气象测报座谈会，在山西太原召开。中央气象局业务处崔实处长主持这次会议。中央气象局负责人邹竞蒙出席会议。这次会议揭露了"文化大革命"当中气象测报质量下降的问题,参观了大寨,研究了提高测报质量的任务和措施。邹竞蒙在会上对测报工作过去的成绩、存在的问题以及今后的任务、措施等作了全面讲话。他着重强调了气象测报工作在气象业务中的基础性作用,提出了气象测报工作开展劳动竞赛、开展"百班无错情"评比。我作为他的业务秘书参与起草他的讲话稿,并陪同他视察了华北区域气象战备中心和参观了大寨。

1979年8月3日,薛伟民局长在成都主持召开西南气象局长片会,出席会议的气象局长:青海魏家林、宁夏轩清华、贵州张子元、西藏盛廉(副)、新疆肖世成、甘肃李芝华(副)、陕西延祖铎(副)、云南秦新法、四川王尔鸣,中央气象局吴贤伟、我和胡桂琴作为工作人员参加了这次局长片会。会议先听取了与会省(自治区)气象工作的全面汇报,着重讨论了以下4个问题:一如何从思想上、组织上、作风上、方法上适应工作重点转移,二怎样改革气象部门的管理体制,三怎样加强气象为农业服务,四如何按气候特点和天气规律来设置气象台站、做好气象服务。薛伟民总结讲话,认为到会九省(自治区)气象部门形势很好,具备了工作重点转移的条件,然后分别从思想上、作风上、组织上、工作内容和方法上提出了实现重点转移的要求。我作为薛伟民局长秘书参加会议的组织和讲话稿的起草。

1983年1月4日上午,国家气象局办公室在北京召开13省气象局办公室主任会议,征求对1983年全国气象局长会议工作报告和改革方案的意见。参加会议的有辽宁省气象局办公室主任王观涛,黑龙江省气象局办公室主任张广学,湖北省气象局办公室主任张学文,内蒙古自治区气象局办公室主任陈维忠,四川省气象局办公室主黄庆荣,新疆自治区气象局办公室主任张加生,湖南省气象局办公室主任王福琪,江苏省气象局办公室主任徐南侠,山西省气象局办公室主任温克刚,云南省气象局办公室主任恽彭,北京市气象局办公室主任王峰,甘肃省气象局办公室主任张茂生,上海市气象局办公室主任陈秋雁。国家气象局办公室主任徐曼泽主持会议,陈少峰、我、江彦文、韩通武等参加了会议。

1983年11月28日至12月5日,国家气象局办公室在郑州召开部分省(自治区、直辖市)气象局办公室主任会议,讨论与修改拟提交1984年全国局长会议审议的文件,即三十三年气象工作的总结和1984年全国气象局长会议工作报告。会议由国家气象局办公室副主任陈少峰主持,我作了文件起草说明。开会之前,河南省气象局局长闫秀峰汇报了河南气象工作情况。各省气象局参加会议的办公室主任有:四川薛金龙、辽宁王观涛、江苏徐南侠、福建高时彦、内蒙古陈维忠、北京高留柱、吉林杭彤、河南马树森等。

1984年4月2日至9日,国家气象局办公室在内蒙古自治区气象局召开14省(自治区、直辖市)办公室主任会议。会议由办公室副主任陈少峰主持,内蒙古气象局王文辉局长参加开幕式并讲话。参加这次办公室主任会议的有:王观涛(辽宁)、高时彦(福建)、薛金龙(重庆)、胡光旭(山东)、愈灿慰(甘肃)、李绵山(四川)、刘庆桐(山西)、胡维栋(黑龙江)、陈维忠(内蒙古)、徐南侠(江苏)、卞礼智(安徽)、任维浩(广西)等。9日14省办公室主任会议结束,由我(当时任局办秘书处副处长)作会议总结。

1985年11月16日至19日,国家气象局办公室在济南召开全国部分办公室主任会,座谈起草1986年全国气象局长会议文件。会议由陈少峰主持,我和江彦文参加。山东省气象局局长周祖忠出席会议开幕式表示欢迎,并介绍山东省气象的工作情况。参加这次座谈会的办公室主任有：辽宁王观涛、吉林杭彤、河北郭春德、内蒙古陈维忠、山西刘庆桐、天津李乐华、黑龙江胡维栋、山东胡光旭、上海魏国山、安徽卡礼智、江苏徐南侠、浙江葛旭鹏、江西李义源、福建高时彦、河南马树森、湖北刘志澄、湖南王福琪、广东李崇柏、广西任维浩、陕西王志学、甘肃冯景成、宁夏刘秀桐、青海代泉源、新疆张加生、四川曾熙竹、云南王建彬、贵州黄梓才。各省（自治区、直辖市）气象局办公室主任先汇报了本省1985年的气象工作情况，然后着重研究了我和江彦文起草的1986年全国气象局长会议报告等事项。

1987年12月28日，华南、华东、西南气象局长片会在福建厦门鼓浪屿召开。会议的主题是贯彻党的十三大精神，结合气象部门的实际，研究如何进一步深化气象部门的改革问题。参加这次会议的省（自治区、直辖市）气象局局长有：上海市气象局王雷、南京气象学院张培昌、宁波市气象局陈德林、浙江省气象局潘云仙、湖南省气象局刘如湘、广东省气象局谢国涛、湖北省气象局翁立生、安徽省气象局张锋生、江西省气象局潘根发、福建省气象局钮叙凯、广西自治区气象局刘志刚、江苏省气象局任广昌、海南省气象局邓昌松；国家气象局参加座谈会的有业务司长陈德鉴、科教司长刘余滨、局办公室副主任毛耀顺及局办工作人员王国增、朱祥瑞、游有源、高时彦（福建省局办公室主任）。18日晚，时任厦门市副市长的习近平作为东道主宴请了出席这次会议的国家气象局司局级以上干部，我有幸被邀请参加了宴会。

1988年11月9日上午，我参加中央国家机关保密工作会议。会议由国家保密局负责人沈鸿英主持，他作了关于新时期做好保密工作的报告。出席会议的有国务院下属110多个单位的170余名代表。会上核工业总公司等单位交流了保密工作的经验。然后会议分17个小组讨论。气象局与铁道部、交通部、邮电部、民航、海洋局等分到第14组。

1989年5月20日，国家保密局在北京怀柔召开全国保密工作会第二阶段会议，即国家机关保密工作会议。国家保密局局长沈鸿英在会上讲话，着重强调了如何确保国家高级机密的安全、如何做好划密和如何贯彻好5月1日开始实施的《保密法》等问题。我作为国家气象局的代表参加了这次会议。会议结束时，北京市的学潮闹得很凶了，大部分交通已经中断，许多代表回不了单位。国家气象局办公室收发室的司机戴质铎冒险开着送公文的吉普车把我从怀柔接回了单位。

1989年6月28日，东北区域气象中心会议在哈尔滨召开。会议由东北区域气象中心、辽宁省气象局局长王观涛主持，东北三省气象局局长及有关人员参加。国家气象局副局长温克刚出席这次会议，我陪温克刚也参加了这次会，并在温克刚参加会议之后陪他到黑龙江省和吉林省气象台站调研。

1990年3月7日，中国科协，中国科学院，国家自然科学基金委员会，国家气象局，浙江大学联合在政协礼堂，举办竺可桢诞生100周年纪念大会。在大会上钱学森作纪念报告，习仲勋副委员长讲话，同时颁发了竺可桢野外考察奖。我作为国家气象局筹办单位的代表参加了大会。

1990年8月20日至24日，西北气象部门办公室主任会议在乌鲁木齐召开，会议由新疆维吾尔自治区气象局办公室主任张家生主持，我作为国家气象局办公室副主任出席会议并讲话。会议交流了西北区域内各省（自治区）气象局办公室的情况，着重研讨了办公室的职责职权和决策民主化等问题。会议期间组织参观了乌鲁木齐天池和吐鲁番葡萄沟。

1991年9月23日，世界气象组织在上海召开第二区协管理技术会议。参加会议的有第二区协20多个国家的气象部门代表。世界气象组织主席邹竞蒙主持会议并致开幕词，世界气象组织秘书长奥巴西、上海市副市长庄晓天在开幕式上讲话，我作为国家气象局办公室的负责人出席了这次会议，这也是我第一次参加外事工作方面的会议。

1992年3月11日，国家气象局总体研究室在福建连江县气象局召开气象服务系统研讨会。会议由国家气象局总体研究室主任颜宏主持。参加会议的有各省（自治区、直辖市）气象局气象服务处的代表40余人。研讨的主题是气象服务体系设计和气象服务产品商品化等问题。国家气象局副局长马鹤年出席会议并在开幕式上讲话。福建省气象局局长叶榕生出席开幕式并讲话。我参加了这次会议，并随马鹤年到福建气象部门调研。

1993年11月13日至16日，全国气象为农业服务经验交流会在北京召开。中国气象局副局长马鹤年主持开幕式。国务委员陈俊生、祝光耀等领导出席开幕式。中国气象局副局长温克刚致开幕词。在开幕式上讲话的有国务委员陈俊生，农业部副部长吴亦侠，财政部副部长李延龄，水利部副部长周文智，林业部副部长祝光耀。参加大会的代表120余人，收到书面交流材料76篇，其中24篇在大会上发言交流（分3次），我作为局办负责人参加会议，并主持了其中一次大会交流。在我主持大会上发言的有：青海海南藏族自治州气象局副局长王儒夫，江西省气象局副局长姜宜愉，河北省邯郸临漳县气象局局长郭学文，湖南省气象局副局长曾庆华。

1993年12月6日，中国气象局召开纪念毛泽东同志诞生一百周年座谈会。参加座谈会的有中国气象局党组成员和部分离退休老同志。老局长饶兴、薛伟民也参加了座谈会。这两位老局长是气象部门健在近距离接近过毛主席的人。饶兴说，毛主席一生办了两件大事，第一件是打天下，第二件是坐天下，并写了一首歌颂毛主席的诗。毛主席对气象工作很关心，教导说要把天气常常告诉老百姓。在20世纪60年代，毛主席曾说全国都在搞一平二调，就气象系统没有搞。1942年春节在延安，我去看任弼时，还和毛主席在一起打过一次牌。没有毛主席就没有我的今天。老局长薛伟民说，1938年10月底，我到延安后，毛主席接见了我们，没有一点架子，非常平易近人，对初到延安青训班的100多位同志，用一个多小时给每个人都签字留名。毛主席的丰功伟绩是不可磨灭的，但从不持功自傲，这正是他的伟大之处。毛主席最伟大的功绩在于把马克思主义中国化。我作为局办领导人参加了这次很受教育的座谈会。

1994年2月28日，国家气象局总体研究室召开全国气象软科学会。会议由气象软科学委员会主任吴贤纬主持。中国气象局局长邹竞蒙，副局长马鹤年、颜宏和各省（自治区、直辖市）气象局软科学代表58人参加会议。有8位同志在大会上进行了交流发言，我是8位大会交流发言人之一。我发言的题目是"转变机关职能，加强宏观管理"。在大会上发言的还有：中国气象局副局长马鹤年做"科技服务研究"报告，中国气象局副局长颜宏作"关于气象事业长期规划制定问题"的报告，新疆维吾尔自治区气象局局长张家宝作"关于与新疆气象事业结构相适应的运行机制基本特征的分析"，气象软科学委员会主任吴贤纬作"关于气象科技产业问题"的报告，湖南省气象局局长阮水根作"关于湖南气象事业结构调整"的经验介绍，中国气象局法规司司长江彦文作"关于气象行业管理问题"的报告，陕西省气象局副局长崔讲学作"关于陕西省气象事业规划"的介绍。

六、负责办理公文

办理公文是我做文秘工作的一项基本的日常工作,与起草公文、组织会议一样,花费了我很多的工作时间和精力,也积累了不少经验和体会。

(一)公文办理的一般程序

国务院办公厅对公文处理印发过统一的办法和条例,对公文的种类和处理程序都有明确规定。但公文在每个单位都结合具体情况制定了处理办法或细则,一般处理程序是从收到公文开始,有签收、登记、分办、审核、审批、承办、催办、办结、立卷、归档等环节。公文处理要求做到准确、及时、安全,各个环节,应力求当日事当日毕。一般应在15天内办理完毕,并答复报文单位。因问题复杂,15天内难以办结的,应向报文单位说明情况。紧急文件随到随办。有些标明限时的文件,必须在时限内办完。

我在中国气象局办公室工作期间,根据国务院公文管理条例的要求,组织制定了《中国气象局公文管理办法》,并进行过多次修改,对公文从签收、分办、审核、审批、承办、催办、归档这一系列在机关运行的各个环节的职责、要求都做出了明确的规定,保证了公文处理质量的提高和运转速度的加快。下面概要回顾一下中国气象局办公室公文处理的全过程及我和我的同事们在这一流水线上各自所做的实际工作。

公文收发 中国气象局的公文收发分外收发和内收发。外收发由办公室下设的收发室承担。收发室负责所有公文函件的入口签收与发送邮寄。我在局办工作期间先后在收发室负责的有宋广、卜玲芬、周淑清,还有交换和邮送公文的司机戴质铎、朱显昌,戴、朱退休后由刘俊武一人承担。收发室曾先后归档案处和秘书处管理。收发室签收所有从邮局寄中国气象局和下属各单位报来的函件,再分发到各单位;同时将各单位寄往京外的公函发送到邮局,发往京内的公函送往国务院机关事务管理局设的交换站,并从公函交换站取回京内其他单位发中国气象局的公函(每天1次),有时还有急件需在指定的时间送达指定的单位。由于公文较多,收发室的工作量是很大的,一年有5万~8万件之多。内收发由秘书处设专职人员负责签收和拆封主送中国气象局的公函、公文。

公文分办 公文分办由局办秘书处设专职秘书负责,与机要员合署办公,组成机要室,统管公文的内收发和分办。先后在机要室工作的有李桂英、于绍芬、张发喜、杨桂兰等。公文分办秘书负责对署名为中国气象局收函件的折封、登记和分办;此外还负责局内单位文秘人员呈送局领导的各种书面公文的收签、登记、分办。分办是公文处理的中央枢纽,要将所有收到的公文按密级、内容和领导的职责分工进行分送办理,一般有以下几种分办:党中央、国务院等上级机关下发的机要文电,由机要员按密级规定的范围直接送有关领导阅批,局领导如批有需要办理的事项,再转送有关单位办理;机要室收到的各种资料,包括上级、平级、下级发来的各种简报、通报和其他材料,只需知道,无需办理的,按材料规定的阅读范围直接送有关人员传阅;凡需要办理的公文,包括上级、平级、下级发来的通知、请示、报告、公函、方案、意见等,必须按分工先送有关局领导的联系秘书办理。局办公室对局长配有一名专职秘书,对每位副局长明确了一名联系秘书,负责公文在送领导审批前预处理,即审核。

公文审核 公文审核是公文处理程序中的关键环节,对保证公文质量、提高办事效率、反映机关作风、树立单位形象具有重要作用。中国气象局办公室把公文审核作为最重要的一项日常工作来抓，在公文未送局领导之前设有三道审核关口：第一道审核关口是局长的联系秘书，局长联系秘书要认真了解公文的内容、前因后果，提出的方案或意见是否可行，是否可以呈批等意见；第二道审核关是秘书处处长，不但要认真审核公文的内容，还要认真审核联系秘书提出的办理意见，并表明是否能呈上批示的态度；第三道审核关口是办公室领导，在审核了公文内容和联系秘书、秘书处处长审核意见后，觉得可行，即签批呈局领导审批。三审后公文返回局长联系秘书，由局长联系秘书送主管局领导审批。主管局领导不能批定的公文，或批请会议决定，或批请局长审定的公文，仍由联系秘书负责跟踪，直到批下来后反馈承办情况和催办。在局办公室做文秘工作的人员都承担过审核公文的任务，除我之外，先后有徐曼泽、林学舜、陈少峰、陆广延、汪连德、钱广春、韩通武、赵同进、朱祥瑞、游有源、顾兴本、王家骏、郑明一、沈晓农、梁晔、宋善允、洪兰江、高学杰、程宪等，都任过局领导秘书以上职务，在不同时期、不同关口审核过公文。

我在中国气象局办公室工作期间经历了审核公文三道关口的工作。在1973年至1978年，担任局领导邹竞蒙的联系秘书，算是他的第一任秘书，处在公文审核的第一道关口，凡需经邹竞蒙审批的公文都由我先预审，并提出初步处理建议。1979年至1985年，我担任局党组秘书兼秘书处、副处长，基本上处在公文审核的第二道关口，承担局党组公文的全部审核和秘书处部分公文的复审把关。在局党组公文中有一部分是机密的，不经秘书处和办公室领导这两道关口，直接由党组秘书一道关口审核后送党组书记审批。所以那时党组秘书级别不高，但管理规格很高，要报中央组织部备案。当时中央组织部除了审批中央气象局党组成员的任免外，还有就是人事司长和党组秘书也要报中组部备案才行。我也曾因作为中组部备案干部而感到自豪过。1986年至1994年，我任局办公室副主任期间，分工负责秘书处的工作，所有呈送局领导审批的公文，都需经我最后审核，把握公文审核中的最后一道关口。那时审核公文的数量是比较大的，只要外出一天，我的办公桌上就能堆起厚厚的一叠公文，必须赶紧看完。上班时间审核不完，经常要用加夜班来完成。

我多年审核公文，没有出现什么大的问题。我的体会是要在具体公文审核中，一定要重点把好五关。

一是行文确认关。首先要确定是否需要行文？凡是可以用口头、电话等方式请示的事项、报告的情况和通知的事情，只要能解决的就不要行文。对于可不行文的公文，审核人要敢担当，敢于提出建议，把公文退回去。其次以什么名义行文？是以中国气象局的名义还是以职能司的名义行文，应按职权范围来定。凡是职能司职权范围内的事情，就不必以中国气象局的名义来行文。再其次是以什么文种行文？是通知、信函、意见、纪要等。总之，要本着精简文件的精神，可发可不发的文件尽量不发。

二是政策法规关。公文中提出的观点和要解决的问题，是否符合党和国家的方针、政策、法律、法规。在审核中发现不符合党的方针、政策、法律、法规的公文一定要坚决退改。这样就要求平常注意学习，不断提高自己的政治思想水平和政策法规水平。

三是文字质量关。审核公文时要着重看公文的文字表达是否准确、简洁、明白、通顺，语气是否得当，语言是否符合逻辑和规范。对文字表达不准确的词语或不通顺的语句一定要认真修改。这就要求不断提高自身的语言文字修养。

四是内容协调关。公文中提到的事项，往往需要经过多方面的协商。审核公文中要特别注意：关系到有关部门和地区的规定，是否与这些部门和地区协商一致，经协商未取得一致的各方面的意见是否写清楚了；需要会签的有关部门的领导是否会签了，会签意见是否一致，会签意见不一致的公文原则上不上报，退回公文主送单位进一步协商。如有特殊情况，可请局领导出面协调。这就要求公文审核人熟悉本部门的全面工作内容，并具有较好的人际关系和较强的协调能力。

五是体例格式关。公文的格式要以《国家行政机关公文处理条例》的规定和《中国气象局机关公文处理办法》为准。审核中重点检查：公文标题是否概括了文件的内容，有无文不对题的现象，文种是否恰当，主送机关是否正确，抄送机关有没有遗漏或乱抄滥送的，秘密等级和缓急程度是否标得合适。这就要求公文审核者十分熟悉公文的基本知识。

总之，在审核公文时要一丝不苟的，对不符合公文要求或违反有关规定的，要及时商请有关单位加以修改，真正做到在任何情况下都严格把关，保证公文的高质量。

公文审定或审批 公文审定或审批是公文处理的最高层次。经局办审核后的公文，除少数取消或退回重办外，大部分是要局领导审定或审批的。局办公室将审核后的公文按分工呈送主管局领导审批。主管局领导对他分管工作范围内的公文负责主批，一般主批有三种情况：一种是一锤定音，同意、照发等，即可退承办单位办理了；一种是同意，请其他局领导阅后照办，需送其他局领导阅知，其他局领导若无异议，即退承办单位办理；再一种是拟同意，请局长审定或局长办公会议审定，这样公文还要呈送局长审批或安排办公会议讨论并有了最终意见后退承办单位办理。对公文批示，由于局领导的风格不一，批示的文字和时间也大不相同：有的干净利落、简短明了、很快就批下来了；有的批得很细，批语文字长，拖泥带水；有的犹豫不决，久压不批，经多次催促才能审批回来，等等。我在局办工作期间，经历过饶兴、薛伟民、邹竞蒙三位局长，我都担任过他们的秘书，对其批文风格比较了解。饶兴对公文批得快，简短明了，一般对局办公室提出的处理建议都采纳。邹竞蒙批文考虑较细，对局办公室提出的处理建议不轻易苟同，批语较长，在局长批示栏中写不下，经常要出格或写在另外便签上。薛伟民批文也比较简明。我所经历的副局长先后有张乃召、董涛、吴学艺、王瑞琪、左明、戈锐、章基嘉、骆继宾、温克刚、马鹤年、李黄、颜宏12位。他们大多数批示公文都属于第一种情况，特别是温克刚、骆继宾、章基嘉，批语简洁明了。

公文承办催办 公文经局领导审批后，回到局长联系秘书手中，登记局领导批示意见，再按报送途经由分办秘书统一退回承办单位办理。大部分公文是由机关各职能司办理，或直属单位办理，或省（自治区、直辖市）气象局办理，少部分需由局办公室直接办理。凡局领导批示过的公文，其办理情况由局办公室统一催办和反馈。具体催办和反馈由主批局领导的联系秘书负责；局党组公文的催办由局党组秘书负责。办理情况要向局领导和有关单住反馈。反馈分定期反馈和及时反馈两种。定期反馈一般以文字简报形式，使有关人员都知道；及时反馈一般以口头汇报形式。在办理过程中出现的新情况、新问题，需要重新研究，及时解决。

公文归档 公文办完之后必须归档。我在中国气象局办公室工作期间，曾分管过档案工作，组织制定过《中国气象局机关文书档案归档办法》《气象科技档案管理办法》和《气象科技档案分类编目办法》，并主持召开过全国气象档案工作会议。中国气象局办公室设有档案处和机关档案室。档案处负责管理全国气象文书档案和气象科技档案。钱广春、赵秋霞先后任档案处处长。机关档案室负责中国气象局机关文书档案的归档、保管和档案的应用服务。局机关各单位办理完毕后的公文每年归档一次。归档的公文必须填写统一表格，标明公文名称、制作单位、制作时间、主题词、秘密等级、保存年限等，并按单位、按年份装订成册。在局办档案室工作过的人员有钱广春、蔡艳秋、张发喜、张安芹、赵秋霞、杨连英、刘士清、李小平等。

公文印制 是机关公文的制作环节，局办公室设有小型印刷厂和打字室，承担局机关的文印任务。我在20世纪70年代前期进局办工作时，没有电脑处理公文，全是靠手写。经领导审批后有些公文需要上报或发送许多单位，就必须印刷了。如果发文份数较多，或是上报中央、国务院的公文，就要送印刷厂正式铅字排版印刷了；如果份数较少的一般公文，就送打字室打印了。打印即是打字员将公文上的每个字从铅字盘上一个一个地找到，并敲打在蜡纸上，再将蜡纸放到油印机上一张一张地推印成文字。在80年代后期，我们花十多万元买了一台四通打印机，才开始淘汰手工打印机，逐步用电脑取代打印公文。在90年代末期，才完全淘汰铅字印刷，改为电脑排版，胶印公文。当时在局办铅印厂工作过的有饶玉舸、王瑞兰、顾德芳、王前堂、宋光斗、卜令芬、刘锦文、鹿燕清等；在打字室工作过的有殷惠卿、张桂娣、周秀芬、杨桂兰、李玲、黄晓燕、戴萍、马蕾等。

在审核公文中的几点深刻的体会 在上述公文处理过程中，我在任党组秘书时对局党组文件经历了从登记到催办的全过程，担任秘书处副处长和办公室副主任后，主要是对公文进行审核把关。在多年审核公文中有几点深刻的体会。

首要的是要不断提高自己的政治思想水平。在公文中涉及许多党的方针政策和时事政治，作为文秘人员要注意学习、注意积累这些方面的知识。例如气象部门在开展有偿服务这项改革时，在起草和审核这方面公文时就涉及不少经济领域的政策和规定，包括产业、产品、商品、成本、利润、税赋等方面的知识。这些是我所不熟悉的，在审核公文时，必须谨慎从事，认真查找有关规定，避免气象部门的公文在政策法规方面出偏差。当时在气象部门的公文中，经常出现把气象服务的一部分业务称为产业，把气象服务产品称为商品，要按市场规律论值论价，这有悖于气象是为全民服务的公共事业属性，我都采取了谨慎的态度，进行了修改或删去。

其次要注意提高自己的公文写作水平。我审核公文比较顺手，就是得益于自己长期写作起草公文，对公文的体例、用语比较熟悉。公文必须观点明确，层次清晰，文字简洁通顺，力戒空话、套语，力戒华而不实的词语。起草公文有一条基本原则，即力戒冗长，要惜字如金，力求用最少的词语表达最多的含义。我在审核公文中就是按这条基本原则行事，一般是用减法，删减套话、空话和与主题关系不大的内容。但是由我自己起草的一些局长工作报告就很冗长，有时长过2万多字。其原因：一是工作报告涉及面广、时间长，时间跨度在一年或一年以上，空间要覆盖全国范围气象工作的方方面面，确实要写进去的内容很多；二是各位局领导都希望自己分管的工作在报告中有所反映，各省（自治区、直辖市）气象局、局属各单位也希望把自己单位的工作写进去。因此在会议讨论报告时，论篇幅都说长了，要压缩；论内容，都说少了，要增加，使人左右为难，只能找一个恰当的平衡点，使各方都能接受。

第三，审核公文时一定要集中精力，仔细阅读，斟字酌句，切不可走马观花，一目十行，更不能粗心大意，认为前面已有多人审阅过了，不会有什么问题了。实际上公文发出后还有不少问题。有些经我最终审核过的公文，虽未出过什么政治性大问题，但小问题也常有发生，如错别字、多字或少字、标点符号不正确等。记得有一次，我们局办新调来的一位秘书把"务请按时到会"中的"务"字改成了"勿"字，意思完全相反了，把原公文对的，经这样一审核改成错的了，这要发出去还不闹出天大的笑话了。幸亏我在最后审核时发现改过来了。如果不仔细审核出现这样的错，将会对领导机关的形象造成很不好的影响。

第四，提高机关公文质量要从抓好提高机关文秘人员的写作水平开始。我在任局办公室领导期间体会到公文质量不高，审核时费时费力，不少还得退回重办，严重影响机关工作效率。要想从根本上改变这种状况，需要提高机关文秘人员撰写公文的技能。为此在我倡导下，举办过多次文秘人员公文学习班，有全国气象部门文秘人员公文学习班、机关文秘人员公文学习班、直属单位文秘人员公文学习班等，请国务院秘书局有关领导和行政学院有关教授到学习班讲课。我和韩通武、赵同进也到学习班讲课，结合我们审核公文中的实例进行讲评，大家感到效果不错。与此同时，在我主持下，还分别在局机关和全国气象部门开展了优秀公文评选活动，对评为优秀公文的单位和个人给予通报表扬，并发给奖状和适当奖金。通过这样一系列活动，气象部门的公文质量有了显著提高。

（二）进行公文管理的纪实

从1986年任局办公室副主任到1994年调离办公室，我在公文管理方面做了不少具体工作，以下是一部分实录。

1986年3月20日，我策划的全国气象部门首期秘书学习班在北京气象学院开班，学习时间三个月。参加学习班的有全国气象部门办公室的秘书一共41人。章基嘉副局长出席开班仪式并讲话，我作为国家气象局办公室副主任也在开幕式上发言。我在发言中提出了秘书要发挥五种作用：（1）机关承上启下的枢纽作用，（2）领导工作的助手作用，有事要为领导挡驾"虑波"，（3）领导的参谋作用，献计献策，（4）信息的传递和耳目作用，（5）领导机关的门面作用。1986年5月30日，国家气象局办公室举办了局机关和直属单位秘书学习班，请国务院秘书局局长刘炳清来局授课，主讲如何提高公文质量。

1991年9月11日，国家气象局办公室在北京举办全国气象部门公文学习研讨班。学习班开幕式由办公室副主任韩通武主持。我做开幕讲话，讲了四方面的内容：一传达温克刚副局长对办班的三点书面意见，二阐述公文学习研讨班的目的意义，三说明公文学习研讨班的主要内容和安排，四提出办好这次学习研讨班的五点要求。韩通武、游有源、杨莲英就公文处理和文书档案方面的内容分别讲课。在学习研讨班上交流的有：云南省气象局沈正操、湖南省气象局向德龙、河南省气象局吴大成、四川省气象局李扬福、内蒙古自治区气象局吴嗣磊、宁夏回族自治区气象局夏普明、江苏省气象局单士兴、广西壮族自治区气象局廖桂奇、湖北省气象局梅小琪、甘肃省气象局李树林、江西省气象局何都都、上海市气象局蔡绍元、河北省气象局李立宪、新疆维吾尔自治区气象局刘曦、陕西省气象局陈建华、贵州省气象局罗国才、重庆市气象局陈登万、南京气象学院张湘玉、天津市气象局刘亚杰、青海省气象局李鹏杰、吉林省气象局刘祥玉、安徽省气象局张启勤、北京市气象局钟友珍、山西省气象局王德成、辽宁省气象局侯乃学、黑龙江省气象局刘凤琴、浙江省气象局寿祖蕙、福建省气象局卓良辉、山东省气象局杨志利、西藏自治区气象局高永华、大连市气象局丁合盛、青岛市气象局钟志伟、宁波市气象局应慧芳、成都气象学院花子昌。国家气象局机关和各直属单位也派文秘人员参加了这次学习研讨班。9月16日上午我做学习研讨班总结。

1992年9月16日至18日，国家气象局办公室在局内举办局机关公文学习研讨班，我主持这个学习研讨班，并就举办这个研讨班的目的意义、提高办文人员水平和公文质量等问题讲话。参加研讨班的有机关各司室的综合处处长和有关文秘人员共45人。办班期间，请了国务院秘书局的邱省光处长讲课。他讲了公文的特点、地位和作用。公文的特点有四方面：一鲜明的政治性和政策性；二法定的权威性和行政约束力，领导指挥一靠公文，二靠讲话；三具有特定的体式和处理程序，以说明文为主；四具有很强的时效性和针对性。此外公文还有庄重、朴实、严谨、简洁的语言特点。公文的地位和作用表现在五个方面：一是办事准绳作用，二是领导指挥作用，三是宣传教育作用，四是公务联系作用，五是凭证和记载作用。

1993年3月3日，国家气象局办公室组织对全国气象部门的公文进行了评选。我主持这一次评选，局办公室副主任顾兴本、秘书处处长游有源及刘扬、黄晓燕等参加了评选。云南、宁夏、吉林、辽宁、海南气象局办公室被评为公文质量先进单位。

七、管理气象宣传

1985年底我被任命为中国气象局办公室副主任，1986年初开始正式履行副主任职责。当时局办公室设有秘书处、政策调研室、宣传处、档案处4个处级机构。徐曼泽为办公室主任，陈少峰和我为副主任。徐曼泽负责办公室全面工作，陈少峰主管政策调研和宣传处的工作，我主管秘书、档案处的工作。1988年局党组决定筹建《中国气象报》，抽调陈少峰、陆广延筹办《中国气象报》。陈少峰原来分管的宣传处划归我来分管。在我主管气象宣传期间，宣传处先后有梁景华、顾兴本、胡桂琴任处长或副处长，工作人员有李赛、江洪、高巍、陈清玉、刘道基等。宣传处下还挂靠有一个展览办公室，属事业单位，由王仲方负责，工作人员有姚波、刘少华、杨红、康存录等。

气象宣传是气象部门借助各种媒体和载体发表气象工作的重要信息和气象知识等内容，使社会各界和人民群众了解气象工作情况，应用气象知识和信息的重要工作。其宗旨是要达到对内弘扬气象精神，倡导爱岗敬业，增强气象队伍凝聚力、战斗力；对外传播气象文化，普及气象知识，提高全民气象防灾减灾意识的目标。气象宣传的媒体和载体除借助各级电视台、广播电台、人民日报和各行业报、各级地方报刊外，气象部门还自办有中国气象报、气象出版社、气象期刊、气象电视频道、气象展览、气象科普基地、气象新闻发布会、气象夏令营等宣传实体。

中国气象局办公室负责全国气象宣传工作的归口管理，我作为办公室副主任分管这项工作，在1988年至1993年间主要抓了以下一些工作。

提高宣传意识 气象是一项为人民群众提供防灾减灾、趋利避害服务的公益性科技事业，它所做的工作、所提供的服务产品、所应用的基本知识，需要广为及时传递、传播，大力宣传才能获得效益。然而我们气象部门历来比较封闭，知识分子成堆，善于埋头业务，忽视对外宣传。我分管气象宣传工作后，进一步通过各种方法强调气象宣传工作的重要性，提出不重视宣传的领导不是高明的领导，把重视气象宣传工作的内容写入全国气象局长会议报告、纳入目标管理考核指标；召开气象宣传工作会议，交流先进经验，展示宣传效益，明确气象宣传工作的定位、发展方向和重点任务；明确各单位的主要负责人是本单位宣传工作的第一责任人。这样提高了气象部门各级领导的宣传意识，推动了气象宣传工作顺利开展。

制订管理办法和规划　在我负责气象宣传工作前，这项工作在陈少峰领导下已有比较好的基础，形成了一些好的做法。但随着形势的发展，也出现了一些不适应，例如缺乏长远规划和计划，出现多头管理和口径不一等乱象。为此，我组织宣传处制定了气象宣传规划和一系列综合管理办法，例如《中国气象局关于进一步加强气象宣传工作的意见》《气象宣传工作管理办法》《全国气象科普教育基地管理办法》《中国气象局新闻发布制度》等。同时要求各省（自治区、直辖市）气象局也制定了省级气象宣传发展规划和相应的管理办法，使气象宣传工作有章可循，有序开展。

加强宣传媒体建设　抓气象宣传必须要有宣传手段，即宣传媒体。当时我们是两手抓，一手抓利用社会公众宣传媒体做气象宣传。利用社会公众媒体投入小、宣传面广、效益显著。那时我们下了很大的功夫建立与新华社、中央电视台、中央广播电台、人民日报、光明日报、中国科技报等单位的联系，与他们建立长期合作机制。气象部门召开重要会议请他们出席，有什么重大事项及时向他们通报并提供资料，使他们在第一时间报道宣传出去。特别是重大天气气候事件，他们感兴趣，我们就主动邀请他们采访。每年年终我们还专门召开新闻单位迎新座谈会，感谢他们对气象宣传报道所做的工作，通报下一年气象部门宣传工作的计划；同时，我们还把各单位上这些社会公众媒体宣传报道内容按条统计，列入年终目标考核的成绩，从内外两方面提高气象宣传的积极性。另一手是抓气象部门自己的宣传媒体的建立健全。1986年气象部门的宣传媒体有以下几种：气象期刊，包括中国气象局主办的《气象工作情况》《气象》《气象知识》和中国气象学会主办的《气象学报》，各省（自治区、直辖市）气象局和直属气象院校主办的气象期刊；气象图书，中国气象局主办的气象出版社每年出版上百种气象科技图书；气象展览，中国气象局办公室下设有展览办公室，自办或参加各种全国性展览，用图片、文字形象化宣传气象工作；气象影视宣传，局办公室宣传处与中国气象学会科普委员会成立有气象影视宣传组，自制或与有关电影制片厂协作摄制气象科教片和故事片，开展气象影视宣传；气象科普基地，系中国气象局与气象学会在全国联合挑选的一些现代化条件较好的气象台站，作为对外开放，宣传气象科普知识的窗口；气象夏令营，系中国气象局与气象学会联合举办的每年暑假开营，在全国范围内吸收中小学生参加，以普及气象知识为重点;《新长征》小报，系中国气象局机关党委主办的非公开发行的内部小报。对于气象部门上述内部宣传媒体，一方面不断加强、健全、提高其宣传功能和效益，一方面进行改革整合，形成规模宣传效益。期间将内部《气象工作情况》和《新长征》合并组建《中国气象报》，于1989年公开出版发行。开始从周二报逐步改成日报，成为气象宣传的主力军。同时还加强华风天气预报节目中的科普内容，着手引进网络宣传等新媒体和筹备建立电视气象专用频道等。

明确宣传重点　我在管理气象宣传工作中注重明确宣传的重点，加强宣传的针对性。对气象部门以外的宣传要坚持两个面向，即面向各级党政领导和面向广大人民群众。面向各级党政领导的宣传是气象宣传的重点对象，宣传的内容主要是及时准确地提供天气预报、警报的信息，特别是灾害性天气的预报、警报信息，使气象服务所产生的社会经济效益最大化，同时争取他们对气象工作的理解和支持，保证气象事业持续、快速发展。面向广大群众的宣传,主要是宣传普及天气气候的基本知识和气象服务产品在生产生活中的作用,促使更多的人了解气象、应用气象,全面提高气象工作的社会经济效益。对气象部门内部的宣传主要是宣传气象部门贯彻党中央、国务院的重大方针、政策,重大部署的安排,宣传气象部门改革和现代化建设的重大进展,宣传气象人精神和先进典型等,以增强全国气象部门的凝聚力和战斗力。

组织重大宣传活动 在我分管气象宣传工作中,组织了一系列有影响的宣传活动,包括开展全国气象文艺萌芽奖评奖、气象期刊编辑培训和评奖、"世界气象日"纪念、气象影视片的制作、召开全国气象宣传工作会议等。通过这些活动,提高了气象宣传内容的质量,活跃了气象宣传工作的气氛,扩大了气象宣传工作的影响。以下是我开展气象宣传活动部分实录。

召开第二届气象文艺萌芽奖评选会议 气象文艺萌芽奖是陆广延任宣传处长时在1986年创办的。该奖项面向社会,但重点是在气象部门征集以气象为题材的小说、散文、诗歌和剧本,期望达到引导气象文艺创作、扩大气象宣传、推进气象文化建设之目的。1989年8月12日,在河北承德由我主持召开了第二届气象文艺萌芽奖评选会议。会议组成了以陈少峰为主任,江彦文、陆同文、叶于新、陆寿钧、顾兴本、胡桂琴、邵单、冯钧、郭春德、鲍宝堂为成员的评委会。本届共收到文艺作品近200件,划分为小说和剧本两大类,分别设一、二、三等奖。经评委会认真评选,"响雷"(中篇小说)、"蓝天下的爱"(中篇小说)被评为文学作品二等奖(一等奖空缺),"信风"(中篇小说)、"小站情"(短篇小说)、"蓝天饭馆"被评为文学作品三等奖;"在那遥远的地方"(剧本)被评为二等奖,"海岛情"(剧本)、"道是无晴却有晴"(报告文学)、"雷雨颂"(散文)、"秋"(诗歌)被评为三等奖。评委会还挑选出近100篇优秀作品,与获奖作品一道,编成《第二届气象文艺萌芽优秀作品汇编》,印发到全国气象台,受到了广泛好评。气象文艺萌芽奖是气象宣传、气象文化建设中很有创意性,很有意义,而且很受欢迎的活动,原计划3~5年评选一次,后因我调离局办和宣传处也有人事变动等原因,未能衔接上和延续下去,实在可惜。

征集和评审中国气象徽标 为了对内增强行业凝聚力,激励广大气象工作者热爱气象事业,做好气象工作的责任感;对外树立气象行业形象,扩大气象工作影响,中国气象局党组决定设计制作全国气象行业的统一标志,即徽标。中国气象标志是要通过图形与文字相结合的方式表征出气象行业的形象、特征、信誉和文化,在社会上起到标识和宣传作用。

1989年由我负责启动了气象标志的设计征集工作。年初向气象部门内外发出气象行业标志图案的征集启示,年底就收到了130份图案稿。12月29日,我主持召开气象行业标志图案评选会议。经此次会议评审,预选出6个图案,建议1个入选,5个奖励,提交中国气象局领导审定。中国气象局领导将预选图案提交到1990年全国气象局长会议上征求意见,会议代表七嘴八舌,意见不一,中国气象局领导班子内也意见不一,未获得统一方案,以后又多次上会讨论都没结果。时隔10年之后,再经过广泛征集、多次遴选,最终选定了由中央工艺美术学院设计系主任王国伦设计的图案作为中国气象行业的标志。1999年9月中国气象局下发了《关于正式启用气象标志的通知》(中气办发〔1999〕28号)。在这长达10年的选定气象标志工作中我只是开了个头,1994年调出办公室后就没有参与了,原来一直在局办宣传处工作的顾兴本、胡桂琴和江洪做了大量具体工作,而且把工作做到底了，实属不容易。中国气象标志启用后，中国气象局局徽在局旗、办公楼、观测设施、重要会议等各种活动场所得到了广泛使用，不断扩大了宣传范围和效果。各级气象部门及广大气象台站按照要求积极宣传和使用中国气象徽标。

举办全国气象科技期刊编辑人员研讨训验班 1990年4月20日，国家气象局办公室在杭州举办国气象科技期刊编辑人员研讨训验班。我主持开班仪式并讲话，明确了这次办班的内容：一是学习编辑学的基本理论和知识；二是交流各省（自治区、直辖市）气象局举办的气象期刊的经验；三是研讨气象期刊中的一些带共性的问题，如气象期刊的性质问题，方向任务问题，气象期刊的体制和机构、编制、经费等问题；四是讨论和修订《优秀气象期刊评选办法》（草稿）。参加培训班的有《新疆气象》王全哲、《浙江气象》赵思庆、《辽宁气象》王奉安、《成都气象学院学报》沈镇芳、《福建气象》周茂仁、《贵州气象》王耀常、《河南气象》张海峰、《气象知识》叶于新、《山东省气象》余志良、广西气象局梁春泰、《南京气象学院学报》朱刚、《天津气象》毛洪遵、《气象》陆同文、《陕西气象》王玉辰、《内蒙古气象》王金达。江苏、北京气象学院也派代表参加学习班。通过这次研讨训验班，提高了气象期刊编辑人员的业务水平，进一步明确了气象期刊的性质、方向和任务，对提高全国气象期刊质量发挥了重要作用。

组织拍摄气象影视片 在我分管宣传工作之后，积极推进和扩大了陈少峰等与上海电影制片厂建立的良好关系，不但抓好气象科教片的制作，而且还筹划了气象故事片的拍摄。1990年7月25日至30日，我陪同骆继宾副局长到上海专程出差，审议上海电影制片厂为气象部门拍摄的科教电影片《地球全景》和故事片《漂儿》。《地球全景》是我们组织国家卫星气象中心专家撰稿，请上海电影制片厂的编导摄制的科教电影。该片以形象、直观的方式介绍了气象卫星的工作原理、气象卫星云图资料的获取与加工、气象卫星云图在天气预报和其他方面的应用等知识。经我们这次审议通过并在全国公开放映后反映良好，获得了全国科教电影一等奖。以后还组织了一系列气象科教电影的制作，都比较成功。但气象故事片《漂儿》的制作不够理想，公开放映后反响不大。

1992年5月11日，国家气象局办公室在上海组织召开气象影视协作组会议。我主持这次会议，会议总结了"七五"期间气象影视工作取得的成绩，明确了"八五"期间气象影视工作的任务，讨论了气象影视作品的评奖办法、选题计划和协作分工细则等。上海电影制片厂陆寿钧、中国气象学会秘书长彭光宜、上海市气象局总工程师束家鑫、上海市气象局工程师鲍宝堂、国家气象局办公室宣传处副处长梁景华、辽宁省气象局高级编辑王奉安、湖北省气象局工程师夏成仁、浙江省气象局办公室主任葛旭鹏等参加会议并发言。5月12日会议结束，我作会议总结。

组织气象好新闻评选 1991年9月21日，我主持召开全国气象部门好新闻评选委员会第一次会议。国家气象局副局长温克刚、中国记者协会书记处书记唐非、中国气象报社长陈少峰等13人组成评委会。此次会议讨论审定了气象好新闻的评选办法和程序。10月4日至5日召开好新闻评选会议，评出一等奖6个，二等奖11个，三等奖20个。

召开全国气象科普会议 1991年11月6日，全国气象科普工作会议在广西北海召开。我作为中国气象学会科普委员会副主任主持这次会议，并致开幕词。中国气象学会秘书长彭光宜、北海市副市长任玉玲出席开幕式并讲话。中国气象学会科普委员会副主任林之光作气象科普工作报告。在气象科普大会上交流经验的有广西壮族自治区气象局李耀先、上海市气象局鲍宝堂、宁夏回族自治区气象局王自周、江苏省气象局局长任广昌、大连市甘井子区教委主任李素芬。11月9日会议结束，我从气象科普工作已经取得的成就和今后应该做好的几项气象工作等方面做了会议总结。

组织首届全国气象期刊评选　1992年5月26日至28日，国家气象局办公室在辽宁省锦州市举行全国气象期刊首届评选会。国家气象局办公室宣传处副处长胡桂琴主持开幕式，我就这次评选会的目的意义、评选的办法和评选要求等方面作了讲话。辽宁省气象局副局长宋达仁，锦州市气象局局长李子洪出席开幕式并讲话。开幕式后，参加评选的各气象期刊进行自荐。自荐的期刊有：《北京气象》（张桂芬）、《天津气象》（毛洪遵）、《河北气象》、《内蒙古气象》（洪存智）、《山西气象》（丁逵加）、《北京气象学院学报》（张庆威）、国家气象局情报所主办的《气象》、《气象科技动态》、《气象科技检索目录》（陆同文）、《气象知识》（童乐天）、《气象学报英文版》（气象出版社李太宇）、《辽宁气象》（李昌杰）、《吉林气象》、《新疆气象》（王全哲）、《宁夏气象》、《陕西气象》、《甘肃气象》（张晔）、《青海气象》、《广东气象》、《热带气象》（广东气象的主办）、《广西气象》、《湖南气象》（蔡炎峰）、《河南气象》（张海峰）、《湖北气象》（夏承仁）、《山东气象》（于志良）、《安徽气象》（黄明德）、《江苏气象》（唐征）、《浙江气象》（赵思清）、《南京气象学院学报》（朱刚）、《云南气象》（甘黎）、《贵州气象》（张之理）、《成都气象学院学报》（沈镇芳），共33个气象期刊。5月28日，我主持优秀期刊评委会。参加评委会的有：张家骏（原子能杂志社主编）、陈少峰（中国气象报社社长）、王立名（中国科协高级编审）、宋达仁（辽宁省气象局副局长、高级工程师）、朱振全（中国气象报社编辑部主任、高级编辑）、王静达（内蒙古气象局高级编辑）、胡桂琴（中国气象局办公室宣传处副处长），我任评委会主任。评委会在听取自荐和认真阅读参评期刊样本的基础上评选出：一等奖3个，即《气象》《气象学报英文版》《辽宁气象》；二等奖5个，即《气象知识》《气象科技》《新疆气象》《河南气象》《南京气象学院学报》；三等奖8个，即《贵州气象》《黑龙江气象》《成都气象学院学报》《山西气象》《甘肃气象》《江苏气象》《云南气象》《广东气象》。28日下午，全国首届气象期刊评选会结束，我作会议总结。大家对这次评选会很满意，但也有个别代表有不同看法。浙江赵思清认为气象期刊是科技类的，不应该登载一些行政管理方面的文章，没给《浙江气象》评奖觉得有些不公等。《陕西气象》没评上也有些意见。经过个别做工作，他们也接受了评委会评出的结果。

组织举办"世界气象日"纪念活动　每年的3月23日是"世界气象日"，世界气象组织每年都会在前一年公布下一年的纪念主题，以便各成员国围绕这一主题开展纪念活动。中国气象局自1972年恢复在世界气象组织合法席位起，每年都把"世界气象日"作为一个良好的对外宣传窗口，开展大张旗鼓地宣传。宣传的形式一般是召开有国务院各有关部门领导参加的纪念座谈会、在各大报纸发表纪念文章、在中国气象报印发纪念专刊、局领导在电视台、广播电台发表纪念讲话、开放气象台站、制作气象科普展板、陈列气象科普图书、开放中小学生和业余爱好者参观中央气象台、气象影视中心、国家气象卫星中心等。我负责组织了1988年到1994年的"世界气象日"宣传活动。特别是1992年3月23日，中国气象局举行"世界气象日"座谈会印象深刻。会议由我负责筹办、国家气象局副局长马鹤年主持。国家气象局副局长骆继宾作纪念"世界气象日"的主题讲话。出席座谈会并发言的有：农业部副部长陈耀邦，国家民航总局副局长阎志祥，水调中心总工程师刘春蓁，森林防火办主任徐共，国家环保局环保司司长吴报中，国家海洋局海洋司长吴依林，空军气象局局长唐万年等12位。此次"世界气象日"活动期间，邹竞蒙局长在中央党校学习，未能出席，由骆继宾副局长负责主抓。骆副局长主张这次纪念活动要改下过去的老一套，尽量务实从简，在气象报上不发专刊，不大量动员媒体宣传。事后邹竞蒙局长对此不满，提出了批评，并追问局办公室为什么不安排气象报出专刊，不大力宣传。由于局领导之间对办理此事的分歧引来了批评，作为办公室筹办人员只得忍辱负重了。

1988—1994年"世界气象日"主题

年　份	主　题
1988年	气象与宣传媒介
1989年	气象为航空服务
1990年	气象和水文部门为减少自然灾害服务
1991年	地球大气
1992年	天气和气候为稳定发展服务
1993年	气象与技术转让
1994年	观测天气与气候

组织召开第二次全国气象宣传工作会议 1992年12月6日，第二次全国气象宣传工作会议在上海召开。开幕式由办公室主任徐曼泽主持，我作气象宣传工作报告。上海市气象局局长王雷出席开幕式并讲话。下午分组讨论气象宣传工作报告。7日下午宣传大会重点发言，交流做好气象宣传工作的经验和体会。在大会上作重点发言的有：福建省气象局办公室主任高时彦、云南省气象局办公室主任范汝超、黑龙江省气象局办公室副主任李荣芳、甘肃省气象局办公室主任俞灿慰、湖南省气象局办公室主任李公才、上海市气象局办公室副主任陆亚龙。这次大会上我传达了国务院副秘书长李世忠在第七次全国政务信息会上的讲话精神。参加这次宣传工作会议的除了上述大会发言的办公室主任外还有：江苏省气象局办公室主任桑凤章、浙江省气象局办公室主任邓兆林、安徽省气象局办公室主任卞力智、山东省气象局办公室主任胡光旭、吉林省气象局办公室副主任宣兆民、广东省气象局办公室主任袁亦康、广西壮族自治区气象局办公室主任廖桂奇、河南省气象局办公室副主任顾万龙、宁夏气象局办公室主任夏普明、青海省气象局办公室主任戴随刚、河北省气象局办公室主任郭春德、新疆气象局办公室主任张加生等。会议还专题讨论气影视宣传、气象报社和气象出版社的工作等议题。12月9日，第二次全国气象宣传工作会议闭幕。我主持闭幕式，国家气象局副局长温克刚在闭幕会上作总结讲话。

1992年6月1日，国家气象局办公室在北京召开各省（自治区、直辖市）气象局办公室主任会议。我主持这次会议，布置各省（自治区、直辖市）气象局参与编写《改革开放13年成就》一书的任务。国家气象局副局长温克刚出席会议并讲话，要求各省保质保量地完成书稿的编写任务，向十四大的召开献礼。

创办《中国气象年鉴》 创办《中国气象年鉴》的过程：1985年初，我提出编辑出版《中国气象年报》，得到时任秘书处处长陆广延的积极支持，我立即调研有关部门编辑出版年鉴的情况，主要到国务院秘书局、农业部、水利部和林业部等单位进行了调查研究。通过调研拟出了编辑出版《中国气象年报》的方案，在局办公室内部讨论时，将年报改成了年鉴。方案明确《中国气象年鉴》是中国气象局主管、主办的全面系统准确地反映气象行业综合情况的大型资料性工具书，每年一卷，主要刊载上一年度全国气象部门及气象行业各单位的业务、科研、教育、管理等方面的基本情况及新进展、新成就、新信息、新经验和新问题、全国天气气候综述与影响评价以及气象服务的社会、经济效益等内容。《中国气象年鉴》对外是社会各界和中外人士、科研、教育和政府机构了解气象事业发展情况的综合性资料的窗口；对内是广大气象工作者全面了解全国气象工作情况、提供各项业务资料的综合性工具书。1985年6月25日，骆继宾副局长主持办公会议，审议通过了编辑出版《中国气象年鉴》的建议方案，并决定从1985年就开始编辑出版并公开发行。经国家气象局党组批准，成立了《中国气象年鉴》编委会。编委会由骆继宾任主任，局办公室领导任副主任，机关各职能单位领导任委员。编委会下设编辑部，编辑部由局办公室各处领导人组成。我开始任编辑部负责人，后改任编委会副主任兼编辑部主任，再后改为主编。从1986年《中国气象年鉴》编辑出版第一卷开始，直到1994年离开局办公室，我一直负责历年《中国气象年鉴》的组稿和审稿。1994年调到气象出版社工作后，仍是气象年鉴编委会委员，负责每年气象年鉴在出版程序中的终审。2001年《中国气象年鉴》挂靠气象出版社后，我又恢复了气象年鉴编委会副主任和主编职务。2004年我退休后，仍返聘负责气象年鉴的出版终审，直到2015年。

编辑《中国气象年鉴》的部分工作纪实。1985年1月3日，局办公室秘书处召开会议，总结秘书处1984年的工作。明确1984年秘书处两项新的重点工作很有成效，一是《气象信息参考》的编发，二是《中国气象年鉴》的编写。这两项工作是我作为秘书处副处长在1984年提议创办的。

1985年6月25日下午，骆继宾副局长召集有关同志会议，研究创办中国气象年鉴问题。此前局办公室秘书处陆广延和我呈送了关于编辑出版中国气象年鉴的报告。局党组原则上同意了从1985年开始编撰《中国气象年鉴》。此次会议就是研究如何组织落实问题。骆继宾听了大家意见后说，中国气象年鉴已决定要编。框架和章节，原则上按局办公室提的方案办理，要以写实为主，全面反映气象业务发展的情况。同时要借鉴国外年鉴和国内其他年鉴编写的样式，统一格式，规范栏目。已有的《气象统计年鉴》暂不停。

1986年5月31日，召开《中国气象年鉴》编委会，审定1985年《中国气象年鉴》全书稿件，提交气象出版社正式出版。这是《中国气象年鉴》出的第一本书。

1988年8月3日至21日，国家气象局办公室在宁夏回族自治区气象局举办全国气象信息员训练班和气象年鉴研讨会。我主持这个训练班和研讨会。18日转入气象年鉴的研讨，我和韩通武就如何编好《中国气象年鉴》的问题做了全面的发言，然后大会交流各单位撰写年鉴稿的经验、问题和建议等。训练班和研讨会结束时都由我分别作了总结。

1989年5月5日，国家气象局办公室在辽宁兴城召开《中国气象年鉴》审稿会。我作为《中国气象年鉴》编辑部主任主持审稿会。参加审稿的有：江彦文、韩通武、赵同进、顾兴本、郑明一、李波（辽宁省气象局办公室主任），锦州市气象局局长王伯亭、兴城市气象局局长彦清海出席了审稿会开幕式。

1990年4月27日，国家气象局办公室在青岛举办《中国气象年鉴》研讨会。我主持这次研讨会，温克刚副局长出席会议并讲话。这次研讨会的主要内容是，总结《中国气象年鉴》创办五年以来取得的成功经验、存在的问题和研究进一步改进的措施。参加这次研讨会的有：辽宁省气象局办公室主任李波、湖南省气象局办公室主任王福琪、江苏省气象局办公室主任桑凤章、四川省气象局办公室主任胡天保、甘肃省气象局办公室主任杨文义、山东省气象局办公室副主任陈茂奎、内蒙古自治区气象局办公室副主任武秀林、山西省气象局办公室副主任马桃狮、河北省气象局办公室主任郭春德、河南省气象局办公室秘书顾万龙。在研讨会期间还就气象部门如何进一步完善管理体制等问题进行了座谈，征求了意见。4月29日至5月5日，对1989年年鉴进行封闭审稿，并对各单位的年鉴稿件质量进行了评议。经评议认定较好的稿件有：上海、四川、河南、大连、辽宁、宁夏、青海气象局、大气所、人事司、气科院、中国气象报；较差的稿件有：国家气象中心、科教司、长春气象仪器研究所、成都气象学院、云南、安徽、湖北、北京气象局。

1991年5月14日至18日，国家气象局办公室在湖南省气象局举办《中国气象年鉴》学习研讨班，我主持这次研讨班。在研讨班上传达了国史研讨会的精神，交流了近几年来各省（自治区、直辖市）气象局撰写年鉴稿的经验，研究了改进年鉴栏目设置和进一步提高年鉴稿质量的六项措施，并提出了加强气象年鉴发行的三点要求。

1992年5月2日至8日，《中国气象年鉴》编辑部集中在河北省固城（国家气象局农场）审稿，我作为编辑部主任主持审稿。

1993年5月18日至22日，《中国气象年鉴》编辑部在江苏宜兴疗养院集中审稿。我作为年鉴编辑部主任主持这次审稿。参加审稿会的有：徐曼泽、陈少峰、游有源、朱祥瑞、胡桂琴、桑凤章、张桂森。这次审稿会交流了各编辑部各人负责审稿的情况，着重研究了气象年鉴框架栏目的修改和撰稿人员的稳定和素质提高等问题。

组织编写《中国气象史》等重大气象书籍 在国家气象局办公室工作期间，我还组织编纂了《中国气象史》《改革开放十三年成就·气象卷》《涂长望文集》《延安时代的气象事业》《改革开放以来气象部分重要文件汇编》等大部头气象图书，为我1994年之后到气象出版社任领导工作打下了一定基础。

组织编纂《中国气象史》 早在20世纪90年代初期就开始酝酿编纂的《中国气象史》了，力主办这件事的是原局长薛伟民和原报社社长陈少峰。我一开始就负责组织筹划，在陈少峰离休之后返聘他全力筹办此事。从酝酿到出书前后经过了10多年，我调气象出版社工作后继续抓这项工作，直到我快退休的2003年才正式出版。

1991年3月18日上午，国家气象局办公室召开会议，研究准备编写《中国气象史》的问题。参加会议的有薛伟民、徐曼泽、毛耀顺、韩通武，赵同进。薛伟民在会上传达了当代中国研究所在西安召开的关于筹备编写新中国史的会议精神（当代中国研究所成立了国史学会，陈少峰和我曾先后任国史学会的理事，我最后还任了常务理事），同时提出编写《中国气象史》的建议。此次会议决定了要组织编写《中国气象史》。

1992年4月24日，我主持召开《中国气象史》编辑部会。首先宣布中国气象史编辑部正式成立，我任编辑部主任，编辑部成员有陈少峰，郑明一，王仲方，赵秋霞，张桂森。会议议定了1992年的编辑计划，包括搜集有关史料，学习有关编史的基本知识，拟出《中国气象史》的编写大纲等。

1992年4月11日，国家气象局办公室在山东莱州召开《中国气象史》编写座谈会。参加会议的有各省（自治区、直辖市）气象局代表及特邀代表共38人，我主持这次会议。

出席会议并讲话的有：原国家气象局局长薛伟民、副局长骆继宾、山东省气象局局长刘志刚、烟台市气象局局长杨保才、莱州市气象局局长曲津博、原中国气象报社社长陈少峰。此次会议的内容有三：一传达国务院办公厅〔1991〕13号文件关于转发《中华人民共和国国史编撰工作研讨会纪要》精神，二交流各省（自治区、直辖市，气象局编写《气象志》的经验和情况，三研讨《中华人民共和国气象史》编撰的设想和框架。参加这次会议的代表有：甘肃省气象局俞灿慰、湖南省气象局张健鑫、内蒙古自治区气象局高智、广东省气象局陶全珍、山东省气象局童德仁、上海市气象局陈秋雁、吉林省气象局杭彤、江苏省气象局徐南侠、河南省气象局史定珊、南京气象学院教授王鹏飞、四川省气象局马玲棣、气象科学研究院熊如弟、云南省气象局刘恭德、广西壮族自治区气象局张玉坤、福建省气象局诸仁海、贵州省气象局刘仁禾、湖北省气象局夏承仁、浙江省气象局邓兆林。10月13日下午，座谈会闭幕。陈少峰主持闭幕式，我作座谈会总结。

编写《延安时代的气象事业》《延安时代的气象事业》也是在20世纪90年代初开始酝酿编写的。首先是由陕西省延安地区气象局和省气象局提出，得到了邹竞蒙局长的积极支持，并指定我与陕西省气象局局长孙海鹰负责抓此事，该书的编写出版工作也是我到出版社工作后1996年才正式出版。1989年4月3日，陕西省气象局局长孙海鹰和我主持，召集有关同志研究《延安气象史》的编写问题（后改名为《延安时代的气象事业》）。参加会议的有陕西省气象局办公室主任杨武圣、秘书张来相，延安地区气象局局长雷增寿、工作人员黄增全。

1989年4月5日，为撰写《延安气象史》，采访曾经在延安工作过的老同志。我和延安气象局来的黄增全，采访了邹竞蒙、周鲁女、曾宪波、毛雪华等。

1991年6月19日，陕西省气象局办公室主任杨武圣来京汇报《延安气象史》的编写、审稿情况。我和韩通武听取了他的汇报。

1994年3月21日下午，中国气象局副局长温克刚主持局长办公会议，研究关于开展纪念人民气象事业建立50周年活动的有关事项。人民气象事业从1944年在延安建立的由中国共产党领导下的第一个气象台算起。会议决定：纪念活动的准备工作由中国气象局办公室牵头，陕西省气象局协助，局各有关部门支持。纪念活动准备要开一个纪念会，出一本《延安时代的气象事业》纪念书，办一个展览和一场纪念文艺晚会，展示50年来延安气象事业的发展。

编写《纪念涂长望85周年》和《涂长望文集》 1990年9月22日，我主持召开有气象学会、气象出版社和办公室有关同志参加的会议，专题研究关于纪念涂长望85周年有关事宜，安排有关人员写纪念文章，决定编辑出版涂长望85周年纪念册。1991年6月10日，召开《涂长望文集》编辑组会议。章基嘉为组长，我为副组长，参加会议的还有纪乃晋、顾兴本、钱广春、王秀芹（执笔人）。

编写《中国改革开放辉煌成就13年·气象卷》 1992年5月9日，国家气象局副局长温克刚主持召开关于编写《中国改革开放辉煌成就13年》丛书问题。该丛书是根据中央领导同志的指示，由红旗出版社负责组织编纂的有100卷，8000万字，每卷60到80万字，要求十四大前完成。《气象卷》由局办公室、政策法规司和气象报社共同组织编写，由我牵头负责组织。5月18日，我主持中国气象史编辑部会议，研究落实《中国改革开放辉煌成就13年·气象卷》的编写问题。参加会议的有陈少峰、郑明一、赵秋霞、顾兴本、张桂森。1992年6月1日，国家气象局办公室在北京召开各省市自治区气象局办公室主任会议。我主持这次会议，布置各省（自治区、直辖市）气象局参与编写《改革开放13年成就·气象卷》一书的任务。国家气象局副局长温克刚出席会议并讲话，要求各省保质保量地完成书稿的编写任务，向十四大的召开献礼。1992年7月15日，国家气象局办公室在吉林省长春市召开《改革开放13年辉煌成就·气象卷》的审稿会。我主持这次审稿会。参加审稿的原气象报社社长陈少峰、原气象业务司司长方齐、原气象科教司司长王鼎新、局办公室信息处副处长郑明一、局展览办公室主任王仲方、《辽宁气象》编辑部主任王奉安、《改革开放13年辉煌成就》红旗出版社编辑部责任编辑任超、吉林省气象局办公室秘书宣兆民。

七、负责政务信息

负责政务信息也是我任局办公室副主任之后的一项重要工作。政务信息工作原来是包含在文秘工作之内的。在20世纪80年代中后期，随着社会信息化时代的到来，政务信息在机关工作中分量越来越重，逐渐独立出来并成了领导机关决策的工作的一个重要部分。政务信息是反映政务活动及其相关事物的情报、情况、资料、数据、图表、文字材料和音像材料等的总称，是由政府机关合法产生、采集和整合的信息，为机关交流情况、强化管现、科学决策服务。

中央气象局在1982年机构改革中开始在机关正式设司（室），司（室）下设处级机构，将原来的秘书科升格为秘书处，陆广延任秘书处处长，我任党组秘书兼秘书处副处长。秘书处的职责中就有一条是负责全国气象部门和局机关工作情况、情报的收集和反馈，实际上是政务信息的收集和反馈，但那时似乎还没有政务信息一词，或有但还没有普遍使用。那时我就开始承担了部分这方面的任务，主要是局党组工作情况的收集和反缋。1986年我任局办副主任后，分管秘书处的工作，韩通武任秘书处处长。这时已明确政务信息是秘书处的重要职责任务。我开始进一步重视和花很大的精力来抓国家气象局的政务信息工作。我刚担任局办公室领导，真有点"新官上任三把火"的气势，想在办公室做几件开创性工作。我的第一把火是创办"气象信息参考"；第二把火是倡导建设远程中文传输网络，推进办公自动化；第三把火是创办《中国气象年鉴》。这"三把火"前两把火都是政务信息工作的内容。为了加强政务信息工作，我还开始谋划把信息工作从秘书处分离出来，成立信息处。经过几年的努力工作和多方宣传，终于在1988年机构改革中，局办增设了信息处，使局办的机构、编制、各处级单位领导都有较大加强。原秘书处一分为二：秘书处负责公文运转处理、会议组织安排和局领导的秘书等任务，仍由韩通武任处长，游有源任副处长，其成员有王家俊、沈晓农、宋善允、洪兰江、梁晔、齐小夏、刘扬等；信息处负责收集、编发全国气象政务信息，负责组织《中国气象年鉴》和《气象信息参考》的编辑，并负责办公自动化建设和局值班室的工作，由赵同进任处长，郑明一、朱祥瑞先后任副处长，其成员有徐长伟、庞亮、冯继超、陈卫星、田宜泉等。我在负责气象政务信息工作方面主要抓了建立气象政务信息机构和信息员队伍，倡导和推进办公自动化建设，创办《气象信息参考》，建设全国气象政务信息远程中文传输网络四件大事。

第一部分　往事回忆

（一）建立气象政务信息机构和信息员队伍

1986年我负责分管政务信息工作后就开始注重抓加强信息机构的建立和信息队伍的建设。在机构方面实现了将秘书处一分为二，分成秘书处和信息处。然而在当时机构改革，非常强调要精简机构和人员的，在这样舆论环境下，要增加一个处级机构谈何容易。我经多方调研，列出成立信息处的种种理由，上下做宣传。先要做通局领导的工作，要一位一位地做，只要有一位局领导不同意，事情就难以办成；其次做好人事部门的工作，我当时是局机构改革小组成员，利用工作之便，反复向他们说明成立信息处的必要性；成立信息处不增加人员编制，在局办总编制内调剂解决，这样容易通过。因为国家编委对机关的人员编制控制严格，要增加编制是难上加难的。经过二、三年努力，终于在1988年国家气象局机构改革中比较顺利的成立了信息处。在建立信息员队伍方面，要求每省（自治区、直辖市）气象局办公室明确一名兼职信息员，负责向中国气象局提供本区域内的气象政务信息，包括本区域内贯彻实行中央、国务院、中国气象局重要部署、气象改革和现代化建设、天气气候预报服务、气象灾情、气象部门精神文明建设等方面的信息，同时要求省以下也要在地（市）、县（市）气象部门设立信息员，层层报送政务信息。这样逐步形成了一个从县、地、省至中国气象局办公室的四级全国气象政务信息网。全国气象政务信息网组建起来后，通过召开办公室主任会议交流信息工作经验和举办信息员培训研讨班等方式提高信息员的素职，强化网络功能。

1988年8月3日至21日，在宁夏回族自治区气象局举办全国气象信息员训练班和气象年鉴研讨会。我主持这个训练班和研讨会。在开班仪式上我总结了前些年气象信息工作的成绩和存在的问题，对今后气象信息工作提出了几点要求。秘书处处长韩通武传达了全国信息工作会议纪要和国务院白美清副秘书长的讲话。参加这次训练班和研讨会的各省（自治区、直辖市）气象局的同志有：新疆维吾尔自治区气象局张加生、山东省气象局陈茂奎、重庆市气象局游仁一、国家气象中心徐世茂、青海省气象局何惠民、辽宁省气象局郭归临、黑龙江省气象局李荣芳、福建省气象局肖锋、广东省气象局郑鑫、云南省气象局周兴林、陕西省气象局张来相、吉林省气象局宣兆民、河南省气象局尹新生、湖南省气象局高用刚、国家卫星气象中心李炳杰、四川省气象局傅金琳、山西省气象局马桃狮、甘肃省气象局杨文义、南京市气象学院孙云涛、北京市气象局敦克刚、江苏省气象局朱卫星、贵州省气象局张晏光、西藏自治区气象局马高飞、青岛市气象局钟志伟、江西气象局王新宏、内蒙古气象局姜东怡、任致忠、湖北省气象局匡献如、河北省气象局杜润生、宁夏自治区气象局郑又兵、安徽省气象局郭金秀、广西气象局陈伟中、青海气象局何惠民。

1991年7月20日至27日，在内蒙古自治区举办气象信息员研讨班。研讨班开幕由国家气象局办公室信息处副处长朱祥瑞主持，我就开班的目的与日程内容等作了讲话。内蒙古自治区气象局局长胡春、内蒙古自治区党委办公厅综合信息处吕处长出席开班仪式并讲话。22日上午，由我讲课，主要讲气象信息的基本知识。25日信息研讨班交流发言，发言的有：北京敦克刚、贵州张晏光、青海王存录、上海陆亚龙、宁夏夏普明、浙江邓兆林、天津崇路、广东郑鑫、黑龙江张松齐、山西王德成。云南黄凤平、吉林宣兆民、江苏庞小琪、甘肃朱立明、陕西景东侠、西藏马高飞、山东徐同恭、福建吴一明、湖北郑运斌、辽宁赵春连、四川傅金琳、江西李坚、广西卢笙、河北张显涛、河南尹新生、新疆杨槐、重庆段溯舸、国家卫星中心李德善、气象科学研究院刘起良、南昌气象学校程明忠等。此次研讨班的主题是气象部门政务信息工作如何在现有基础上进行改进提高,采取哪些主要措施?围绕这个主题展开讨论。我做训练班总结。

(二)倡导和推进办公自动化建设

要做好公文处理和政务信息工作,必须改革传统的机关工作方法手段,推进办公自动化建设。对办公自动化建设我在国家气象局机关是觉悟较早者之一,可以说是最先的倡导者和推动者之一。早在1982年我被任命为秘书处副处长之后,就开始提出局机关要搞办公自动化建设。70年代初我在卫星气象中心工作时曾用手编程序在电子计算机上编制过计算气象卫星运行轨道的简单程序。那时计算机是晶体管的,很庞大,只能计算数据资料,不能处理中文信息。气象部门是全国最早应用电子计算机的部门,主要是开展气象通信、预报、测报等业务工作,但并未应用到机关政务工作上。到了80年代初,计算机技术发展很快,可以处理中文了,媒体上也有不少关于用电脑打印中文的报道。1984年初,我在多方调研的基础上起草了一份开展办公自动化建设的方案,征得秘书处陆广延和办公室主任徐曼泽同意后报局,经当时主管办公室工作的副局长骆继宾审定后开始建设。骆继宾80年代初在世界气象组织工作,对办公现代化建设比较理解,报告上去,很快就获批准。

1984年7月16日,骆继宾主持召开办公会议,讨论我草拟的机关办公自动化方案,决定投资40万元,配备14台苹果微机,并组织处级干部培训,先单机应用于公文和政务信息处理,然后组建机关局域网,最后联通全国各省(自治区、直辖市)气象局,组成全国气象政务信息网络。同时还决定成立局办公自动化小组,由局办公室为组长单位,科技发展司和计划财务司为副组长单位。我被指定为局办公自动化小组组长。

1985年1月7日,国家气象局办公室由我主持召开会议,研究办公自动化的问题。先请中国计算机服务中心华益公司技术人员讲课,介绍办公自动化的基本知识。此后,组织办公室有关人员到四机部和中央办公厅参观了他们办公自动化,并开始准备国家气象局办公自动化建设规划,提出了在全国气象部门建设远程中文传输系统的意向。3月18日,云南省气象局科研所高志成主动到国家气象局办公室介绍气象部门办公自动化的设想。1986—1990年,是国家气象局机关办公自动化建设发展最快的五年。电脑从苹果机,到长城机0520,到286、386、486步步升级,公文起草、修改、传送、归档,信息收集、编辑、印发等逐步应用电脑处理,大大提高了机关工作效率。

1991年5月6日,国家气象局办公室举办机关微机中文输入竞赛,我主持这次竞赛,评出了一、二、三等奖。输入速度最快的是局办公室的打字员戴萍,每分钟输入200多个汉字。

1991年6月12日下午,我主持召开关于加强为国务院提供气象信息服务的会议。参加会议的有局机关的天气司,气候司,国家气象中心,卫星气象中心,气象科学研究院和计划财务司等单位的领导。会议提出了加强值班,增加气象服务内容,改善传输手段,增加网络终端等措施,保证重大天气气候信息和气象政务信息及时、准确地传送到国务院有关单位和领导。

1992年5月20日,我应国家气象局党训班的要求,就办公自动化的问题在党训班上讲课,宣讲气象部门办公自动化取得的成绩和进一步推进办公自动化建设的目标、任务、措施、要求等。5月22日,国家气象局副局长李黄召开办公会议,专题研究落实办公自动化的规划。我在会上就办公自动化的重要性和规划设想（全文见该书第二部分）做了说明。办公室副主任赵同进介绍了办公现代化建设的具体方案。此次会议落实了办公现代化建设的项目和资金。李黄副局长分管计划财务，他是继骆继宾之后最积极支持办公自动化建设的局领导。国家气象局机关办公自动化建设取得比较大的成绩，与这两位局领导的先后支持是分不开的。

（三）创办《气象信息参考》

1984年以前，气象政务信息没有一个较好的传送载体。当时局办公室办有一个内部刊物《气象工作情况》，一个月一期，刊载有一些政务信息，不但信息量少，而且时效跟不上，多是马后炮，远不能满足政务信息及时交流的需要。1984年我提出创办《气象信息参考》方案的建议，很快得到了局领导的同意。1985年1月10日，国家气象局以国气办字〔1985〕2号文下发了关于创办《气象信息参考》的通知，明确由局办公室主办，要求各省（自治区、直辖市）气象局和局各职能单位、直属单位列入重要任务并给予多方面支持，开始明确由秘书处，后来改由信息处负责《气象信息参考》编辑，我负责终审签发。

《气象信息参考》主要刊载气象政务信息，包括两方面内容：一方面是下行信息，即需要下面知道的中国气象局贯彻党中央、国务院有关会议、有关领导指示的重大部署、中国气象局领导的重要批示和讲话要点、机关重要会议决议、重要文件提要等信息；另一方面是上行信息，即省和省以下贯彻中国气象局会议、文件和领导讲话的执行情况、气象部门改革和现代化建设的进展情况、重大天气气候预报服务情况、重大天气灾害情况及精神文明建设等信息。《气象信息参考》为不定期简报，每期千余字左右，信息量多就多发。原预计每周一期。但创办后，很受上下欢迎，信息量很大，有时需要每天编一期。在《中国气象报》未创办前（1989年4月前）《气象信息参考》是气象部门上下沟通的主要渠道。《气象信息参考》创办后，引起了中国气象局领导和各省（自治区、直辖市）气象局领导的高度重视，他们每期都看，并经常有批语。《气象信息参考》曾开办了三个统计表，更是调动了领导的关注：一是各省使用微型计算机的统计表，二是各省（自治区、直辖室）争取地方政府经费支持表，三是开展专业气象服务和综合经营的创收表。这三个表反映了当时各省（自治区、直辖市）气象部门改革和现代化建设的基本标示，每季度统计公布一次，谁先谁后，一目了然。《气象信息参考》通报的这些信息对先进单位是个鼓励，对后进单位是个促进，也使中国气象局领导同志做到心中有数。在当时尚无《中国气象报》和互联网的情况下，《气象信息参考》对推动和促进气象部门的工作发挥了重要作用，可以说是功不可没。后来由于《中国气象报》逐步办成了日报和互联网的广泛使用，纸制《气象信息参考》停止印发，改为电子版的《气象信息参考》在网络上交流，至今仍在发挥一定作用。

（四）推进全国气象政务信息远程中文传输网络建设

在全国气象部门建立远程中文传输网络也是我在1986年首先提出来的。气象部门早在20世纪60年代初就开始建设全国气象通信网，到了80年代中期，已建成了自动化程度较高的贯通中央、省、地、县四级气象业务通信网，迅速、准确地传递气象业务信息。全国2000多个气象台观测的气象资料，10分钟左右就可以集中到中央气象台做天气预报用。像这样自动化程度如此高的通信网，那时在全国只有邮电和气象两家。我当时提出要利用气象通信网传中文，即远程传输内部公文和政务信息等。开始反对的人很多，理解的人很少。特别是业务单位认为气象通信网是传送气象电码的专用网，怕插进中文电码影响气象业务电码的传输；再认为气象电码是数字的，而中文如何变成数字电码技术难度较大，要修改全网规程，难以办到；第三，业务单位配备的人员、设备没有传中文的任务，涉及增加人员、设备、经费等难以解决。我和秘书处韩通武、赵同进等针对业务单位提出的三方面问题进行了调研，提出了初步方案，组织专家进行了可行性论证。论证结果，认为按当时的技术水平，不要费很大功夫，是完全可以实现的。此项工作开始得到了时任副局长的章基嘉、骆继宾、温克刚的积极支持，并批准立项，1986年初开始建设。李黄任计划财务司副司长（后来任副局长了），他对办公自动化和建设远程中文传输网络系统特别热心，不仅在项目经费上给以保证，而且还亲自参加项目设计和编制程序，使远程中文传输网络很快投入了试运行。

1987年3月10日，国家气象局办公室在北京举办中文远程传输网络扩大试验训练班，参加这次训练班的有辽宁、上海、湖北、四川、广州、甘肃、云南等省气象局的有关同志。我主持训练班的开班仪式并讲话，我讲了四个问题：（1）管理现代化的重要性和必要性。（2）实现管理现代化要从哪几个方面入手。（3）建设中文远程传输网络在管理现代化中的主要作用。（4）对办好这次试验班提出几点要求。

1987年8月12日至20日，国家气象局办公室在北京举办微机远程中文传输网第二期学习班。参加学习班的有各省（自治区、直辖市）气象局从事办公现代化工作的代表。我主持开班仪式并就办好这次学习班提出了五点意见。8月20日，学习班结束，国家气象局温克刚副局长作总结。

1988年11月15日，国家气象局办公室召开微机中文远程网络鉴定会，聘请了国务院秘书局技术处处长陈拂晓、国务院秘书局信息处副长侯燕平和国家气象局直属单位的有关专家参加鉴定。这次会议一致通过鉴定。章基嘉副局长出席并讲话，充分肯定中文传输网络在提高机关工作效率上的作用。国务院秘书局的同志高度评价全国气象远程中文传输网络，他们说国务院办公厅还不能把公文一下直接传到县级，你们气象部门做到了，走到了全国的前面。

1990年12月15日至18日，国家气象局办公室在广州市举办远程中文网络传输系统推广应用学习班。我主持开办这次学习班。广东省气象局副局长肖凯书、办公室主任吴仲谋出席了这次开班仪式。国家气象局办公室信息处处长赵同进、工作人员冯继超参加学习班讲课。参加学习班的有各省（自治区、直辖市）气象局办公室的网络操作人员共39人。会上交流了使用远程中文传输网络的经验，在会上交流发言的有江苏扬辰洲、辽宁赵春连、新疆张维英、湖北许维海、甘肃朱立明、黑龙江宋英华、内蒙古姜东怡、广西吴艳莲、国家气象中心李春来等。会上冯继超讲了微机防病毒的有关问题，赵同进处长作学习班的总结。

此后，气象部门远程中文传输网不断完善，功能不断加强，速度更加提高，发挥的作用更加扩大，现已改名为"Lotus Notes"，目前还在发送公文、传递信件、图片和文字信息等方面广泛使用，网上有气象部门单位和个人信箱上万个。

八、出差调研

出差调研也是我在局办工作期间的一项重要工作内容，占用了相当分量的工作时间和精力。中国气象局是全国气象部门的首脑机关，要决策许多气象事业发展中的重大问题。正确的决策需要一系列正确的思想、理论和实情作基础。脱离实情的决策往往是错误的决策。了解实情，就是调查研究。局办公室是中国气象局的综合职能部门，要为局领导决策提供及时准确的信息和参谋意见，就必须经常出差，下基层气象台站进行调查研究，了解全国气象工作的实情，掌握第一手资料。调查研究不仅是领导机关决策的需要，而且是发扬党的好传统、好作风的需要。通过深入基层、深入实际、深入群众，可以了解群众在想什么、盼什么、做什么，从而使领导机关的各项决策和工作部署能集思广益，符合实际，畅行无阻，取得预想的效果。

调研是调查和研究的简称。就一般而言调查是指通过各种途径，运用各种方式方法，有计划、有目的地了解事物真实情况；研究则是指对调查材料进行去粗取精、去伪存真、由此及彼、由表及里的思维加工，以获得对客观事物本质和规律的认识。二者既有明显区别又有紧密的联系，调查是研究的前提和基础，研究是调查的发展和深化。

（一）调研的一般过程

调查研究一般要经过制定调研方案、确定调研成员、明确调研内容和主题、选好调研对象和调研时间、选好调研方式、写好调研总结几个过程。

制定调研方案 调研前先要制定调研方案。调研方式大致有两种：一种是用信函或发文的方式，间接获得所需情况；另一种是出差身临现场的方式，直接获得所需要的情况。中国气象局进行的调研这两种方式都用，我在此只回忆出差调研。出差调研一般先要列入年度工作计划。有一个时期党中央强调转变领导作风，要求领导同志要有1/3的时间下基层调研。局办公室在负责中国气象局机关调研工作的管理和局领导调研计划的制定与组织实施。在为领导制定年度工作计划时，要体现中央关于转变作风、深入基层、联系群众、"从群众来到群众中去"的精神。在实施出差调研前还要拟出比较详细的调研方案，方案要包括调研人员、调研内容和主题、调研单位和对象、调研时间、调研方式等。调研方案报局领导批准后才能实施。

确定调研成员 局办公室安排的调研成员主要是局领导带队和局办公室领导带队的调研组。局领导带队的调研组一般为3～5人，还需带1名局办公室秘书和其他职能司的领导或有关人员。局办公室秘书一般负责调研组的生活安排、记录和起草调研总结等。我在1985年以前的出差调研大多是随局领导承担秘书的任务；担任办公室领导后多是带队调研。局办公室的调研一般任务比较单一些。

明确调研内容和主题 中国气象局的调研内容一般有以下几项：一、了解各级气象部门贯彻落实党中央、国务院的有关重要会议、重要指示、重要部署和中国气象局重要会议、重要部署的贯彻落实情况；二、了解各级气象部门天气预报服务情况，特别是重大气象灾害天气预报服务情况；三、了解各级气象部门气象现代化建设进展情况；四、了解各级气象部门改革情况；五、了解各级气象部门领导干部情况；六、了解和发现各级气象部门在工作中的先进典型和先进经验，或重大问题；七、了解基层气象台站的困难和问题；

八、征求基层气象台站对中国气象局工作的意见,或对中国气象局将要出台的重要文件、重要法规政策的意见。此外还有一些专题性调研,这类调研针对性较强,如了解某一干部的表现、某一举报的核实等。调研主题是随当时气象部门的中心工作和带队领导分工不同而变化的。每个调研组下去调研,不可能包揽上述各项调研内容,必须选择一项或几项作为调研的主题。

选好调研对象和调研时间 中国气象局出差调研对象从单位来说有全国各省(自治区、直辖市)地(市)、县(市)三级气象部门;从人员来说可分为气象管理人员和气象科技人员两类。管理人员中包括领导干部和行政、业务、科技教育、计划财务、人事、党务、后勤等管理人员;气象科技人员包括气象预报、测报、气象服务、气象信息、气象科研、气象教育等人员。具体调研单位和人员按照调研组的内容和主题以及以往是否调研过的地域情况而定。中国气象局组织的比较大型的批量调研还会拟出调研提纲,事先发至调研对象,使之做好准备。调研时间,中国气象局出差调研一般安排在春秋两季,特别要避开夏季。因为夏季是汛期,各级气象部门都要集中精力做好防汛气象预报与气象服务。冬季面临年终总结,会议较多,工作较忙,也不宜多安排调研,但比较紧急的调研任务也是可以安排的。每个调研组的时间一般安排10天左右,时间过长影响机关正常工作,时间过短,容易走马观花,深入不下去。

选好调研方式 调研方式一般采用三种办法:一是召开座谈会,根据调研内容和主题召开不同类型座谈会,从不同角度听取各方面意见,座谈会一般控制在20人以内,既便于控制会议时间,又有利于互相启发和交流;二是调研组成员找调研对象个别谈话,这样了解的情况比较深入细致;三是印发调研内容的问答式书面提纲,限时上交,有利于调研对象深思熟虑。三种方式各有千秋,可以单项使用,也可结合使用。

写好调研总结 出差调研活动结束后,调研组要召开会议进行总结,对调研主题进行评估,并提出处理意见或建议,由局办秘书或其他成员整理出调研报告,经调研组负责人审改后批请其他领导阅批。如果是批量安排的出差调研,还可能要召开局务会,汇报各组调研情况。

以上就是中国气象局出差调研的大致过程。我所参加的出差调研基本上都是按照这样一个过程进行的。

(二)主要调研活动实录

现将我在局办公室工作期间参加的主要出差调研实录如下。

随饶兴局长到江苏、上海调研 1978年9月18日,饶兴局长到江苏气象部门调研,王玉莲和我随同。王玉莲是局情报所的干部,饶兴局长夫人。饶兴局长出差的主题是全面了解基层气象台站工作和气象"双学"会议贯彻落实情况。

9月20日在南京气象学院召开座谈会,听取学院批林批孔情况和学院存在主要问题的汇报。参加会议的陈鹤泉,常德顺,赵维乐,章基嘉,王克俭等。他们汇报说气象学院有没有"走资派",两种意见争论不休,影响和阻碍了干部的解放。饶兴听了汇报后说,学院存在的问题,要通过"三大讲",自己提高认识解决,不要点名,不要过分追究个人责任。

9月21日,饶兴局长听取江苏省气象局工作汇报。江苏省气象局局长李凤鸣汇报了江苏省气象局的全面工作:(1)贯彻落实全国气象部门双学会议的情况。(2)揭批"四人帮"的情况。（3）气象业务和气象服务的情况。饶兴听了汇报后讲话，充分肯定江苏省气象局贯彻双学会议带来的6个较大变化，充分肯定气象业务服务成绩，强调揭批四人帮要注意政策，不要过分追求个人责任，要通过开展"三大讲"，提高认识，肃清余毒。9月21日，饶兴局长还听取了南京大学气象系的汇报。9月23日至25日，饶兴局长分别到宜兴、无锡、苏州、东山等气象台站视察。

1978年9月26日至29日，饶兴局长到上海市气象局，听取上海市气象局局长万辉对上海市气象工作全面汇报。听完汇报后饶兴局长对上海气象工作表示满意，并就进一步抓好气象业务和服务工作提出了几点要求。

随薛伟民副局长到四川、云南气象部门调研　1979年8月中上旬，薛伟民副局长在成都主持召开西南气象局长片会之后，我和局业务处领导吴贤纬、局办公室秘书胡桂琴随同在四川、云南两省气象部门进行调研。薛伟民副局长刚调气象部门工作不久，这是他第一次下基层调研。调研的主要目的是了解基层气象台站的全面情况，重点是贯彻党的十一届三中全会情况。具体调查内容有四项：一、如何从思想上、组织上、作风上、方法上适应工作重点转移，二、怎样改革气象部门的管理体制，三、怎样加强气象为农业服务，四、怎样按气候特点和天气规律来设置气象台站、做好气象服务。

8月8日上午，薛伟民副局长带领我们到四川省气象局召开座谈会，听取省气象局各单位负责人对上述调研内容的意见。下午听取成都气象学院邓忠德院长的汇报。8月11日到乐山、峨眉山气象站考察，并在峨眉山山下、山上各住了一个晚上，亲身体验了高山气象站的艰苦。峨眉山海拔3099米，这里最高气温19.9℃，最低气温-19.7℃，雾天年平均320天左右，雷电十分厉害，职工生活非常艰苦。我们当天就领教了雷电的威力，看到了火球在气象观测场上下翻滚，我们初上山的人都吓得胆战心惊。

1979年8月14日至20日，薛伟民副局长、吴贤纬、我和胡桂琴等从成都到云南气象部门调研。调研路线从昆明出发到曲靖、路南、陆良、宜良、晋宁、玉溪、峨山，基本上是围绕滇池一圈，到了安宁、马尤、宣威、沾溢、富远等近20个气象站。我负责薛伟民的秘书工作，包括他沿途生活安排和正式讲话稿的起草。

随薛伟民副局长到安徽、上海、浙江、江苏气象部门调研　1980年9月下旬，薛伟民副局长带队出差，参加出差的有陆家琏、陈佩林、王道先和我。出差的路线和任务：第一站到安徽了解气象装备中心的情况，主要是了解按"山三洞"建立起来的战备中心能不能用到气象业务上来。第二站到上海参加国际台风会议（1～3天）。第三站到浙江的气象部门，重点了解沿海气象服务的问题，年度计划执行情况和体制改革的意见，以及6月的飑线事故等。第四站到南京，了解江苏省气象局的全面工作。我负责调研组的记录、活动安排和薛伟民正式讲话提要稿的起草等。

随薛伟民局长到辽宁、大连气象部门研究　1981年7月25日至8月28日，我作为薛伟民局长的秘书陪他在大连棒棰岛休养。在此期间他主持召开了14省气象局长会议，调查了辽宁省气象局、大连市气象局及下属有关气象台站。26日，薛伟民局长听取辽宁省气象局王潭副局长关于辽宁气象工作情况汇报。30日，听取旅顺气象局工作情况汇报。8月8日，邹竞蒙副局长飞抵大连。10日，薛伟民、邹竞蒙听取大连市气象局宫局长汇报工作。12日到金县气象局听取工作汇报。13日到长海县气象局听取工作汇报。19日，在大连市召开14省气象局长座谈会，薛伟民主持，邹竞蒙讲话。会议主要内容是交流贯彻南宁气象局长会议精神情况，研究调整中出现的问题和体制改革中出现的新情况、新问题等。25日到鞍山市，薛伟民、邹竞蒙两位局领导听取鞍山市气象局的汇报。28日，在辽宁省气象局局长王琦的陪同下参观辽宁省气象局和沈阳气象台，并听取工作汇报。

随邹竞蒙局长到青海、甘肃、宁夏气象部门调研　1982年7月26日，国家气象局召开局长碰头会，决定要派出由局领导带队的6个调查组下省局调研。这次下基层调研是邹竞蒙4月任国家气象局局长后的第一次大型调研活动，机关几乎全部出动，主要了解三方面的情况：一是领导班子的情况，二是体制改革后机构设置、人员编制和财务等方面的问题，三是当年汛期气象预报服务工作的情况。邹竞蒙局长带队到青海、甘肃、宁夏气象局及下属有关台站调研。我和陈国珍、黄道高、韩通武随邹竞蒙调研。我作为局党组秘书和秘书处副处长参加调研组，陈国珍为计划财务司副司长，黄道高为人事司干部处处长，韩通武时任邹竞蒙局长秘书参加调研组。

8月10日调研组到青海西宁，当晚就听取了青海气象局副局长代加洗关于正在召开的全省测报工作会议汇报。11日上午邹竞蒙局长在全省测报工作会议上讲话，充分肯定了青海气象测报工作的成绩，在全国有"三个第一"，要求青海在三年内各项测报质量名列全国前列。下午调查组听取青海气象局局长魏家麟全省气象工作汇报。12日上午听取徐建伟副局长关于体制改革的情况汇报，下午听取魏加麟关于机构设置和领导班子配备方案的汇报。13日邹竞蒙局长和韩通武上玉树等高原艰苦气象站调研。陈国珍、黄道高和我留省局找个别同志谈话，征求对省局机构的设置和省局领导班子配备的意见。我们找谈话的有徐建伟、吴正康、尹道声、李鹏杰、陆文龙、韩致祥、代泉源、马清杰、张培芝、王文辉、项明星等，比较集中的意见是推荐代加洗任局长，徐月中、徐建伟任副局长。18日晚，邹竞蒙局长在青海省气象局处以上干部会上讲话。19日上午又在省气象局全体干部会议上作了讲话，我与韩通武为他准备了讲话稿。19日，邹竞蒙和调研组与青海省委组织部副部长郭绍忠、李景山交换对青海省气象局领导班子配备的意见。

8月20日，邹竞蒙局长带领调研组到甘肃气象部门调研，重点是了解对甘肃省气象局领导班子配备的意见。21日，甘肃省气象局姚知一局长和胡继文副局长汇报省气象局的全面情况，邹竞蒙局长会见甘肃省副省长年德祥和政协副主席高鹤龄，听取李芝华副局长汇报全省气象业务情况。然后分别找有关同志谈话，征求对省局领导班子配备的意见，找谈话的主要有副局长野贵林、李芝华、白肇烨等。21日，邹竞蒙局长会见甘肃省委副书记兼组织部长郭宏超。22日，甘肃省局副局长野贵林，陪调研组到7054（西北气象战备中心）视察。23日，邹竞蒙局长在甘肃省气象局处以上干部和科技骨干会上讲话。24日，邹竞蒙局长因局内有急事，带韩通武赶回北京。陈国珍、黄道高和我留下，进一步找甘肃省气象局处级和业务技术干部谈话，听取对省局班子配备的意见，先后谈话的有：人事处长俞灿尉、办公室主任张茂生、办公室副主任冯景臣、业务处长姚心忠、气象台长胡敬松、气象台副台长李成、研究所所长苏荣、研究所副所长牛春岚等19位同志。8月26日下午，陈国珍带领我们三人，向省委组织经干处汇报。省委组织部与我们考核的意见基本一致，准备胡继文任省气象局局长。

1982年9月20日至25日，国家气象局党组召开会议，听取6个调研组（第一批）下省气象局调查情况汇报。章基嘉副局长汇报浙江，福建，江西，广东4省的调研情况；赵乐耕（国家气象中心主任）汇报四川，贵州，湖南的调研情况；戈锐副局长汇报陕西，河南，山东的调研情况；黄道高（人事司人事处处长）汇报青海，甘肃调研的情况；厉复仁（人事司司长）汇报黑龙江，吉林调研的情况；陈少峰（办公室副主任）汇报体制改革调研的情况。三天半的汇报完后邹竞蒙作了总结讲话，认为各调研组都抓住了当前气象部门体制改革、领导班子配备和气象服务三个重点，收获很大，要发扬成绩，解决问题，切实抓好这三项重点工作的落实。

随戈锐副局长到云南气象部门调研 1982年10月12日至19日，国家气象局副局长戈锐带领徐曼泽（局办主任）和我到云南省气象局调研，重点了解省局对机构改革的设想和领导班子调整配备的意见。12日，听取云南省气象局秦新法局长和杨建国、董聪、鄢维信副局长对云南气象工作的全面汇报。13日和14日两天，我们三人分别找人谈话，听取对省局领导班子配备的意见。我负责找朱云鹤（省气象台台长）、樊平（省气象局总工）、恽彭（省气象局办公室主任）、李来喜（省气象台副台长）谈话。14日下午与云南省委组织部副部长李应、四处副处长杨锐交换对省局领导班子调整的意见。4月19日上午，云南省气象局召开科以上干部会议，戈锐副局长在会上讲话。此次调研后，云南省气象局的领导班子调整，形成了朱云鹤任局长，恽彭任副局长，樊平继续任总工的方案，拟报国家气象局党组审定。

1982年10月20日至10月26日，戈锐副局长带领徐曼泽和我到广西气象局调研，重点是了解省局机构改革的方案和省局领导班子配备的意见。20日上午调研组听取广西气象局党组的汇报。参加汇报的党组成员有广西气象局党组书记、局长赵月年，副局长、党组成员贺维常，党组成员、办公室主任何之灵。下午开始个别谈话征求意见。我负责找了王治安、李建山、许善伦等个别谈话。21日下午，调研组与广西壮族自治区农委领导同志交换意见。此次调研后，广西气象局由许善伦任副局长主持工作，李建山任副局长。

1982年11月18日，国家气象局党组听取第二批调研组的汇报。厉复仁汇报到辽宁气象局调研的情况，章基嘉汇报到江苏气象局调研的情况，王瑞琪汇报到河北气象局调研的情况，薛伟民汇报到山西气象局调研的情况，戈锐汇报到云南、广西气象局调研的情况。

随戈锐副局长到贵州气象部门调研 1983年6月23日，国家气象局副局长戈锐带工作组到贵州省气象局办理气象部门第二步体制改革，接收贵州省气象局的人财物，实现以气象部门为主的领导管理体制。工作组成员有朱刘龙（科教司副司长）、张道荣（计划财务司处长）、阳世勇（仪器设备司干部）、任庆峰（人事司干事）和我。23日上午，听取贵州省气象局局长李国文关于贵州省政府对气象部门第二步体制改革的意见和省气象局对第二步体改的进展情况，以及省局领导班子调整意见的汇报。参加汇报的还有贵州省气象局副局长于年芳。然后工作组分别找省局处以上干部和业务骨干谈话，广泛征求对省局领导班子配备的意见。同时分别与省政府的人事、计划财务等部门办理交接手续。

6月26日，戈说带领工作组会见贵州省副省长周衍松和省财经委庞副主任，通报交接情况。戈锐说，根据国务院批准的气象部门第二部体改文件精神，已有21个省（自治区、直辖市）办理了交接手续。我们这次来贵州就是办理交接手续的，有几件事需要通报一下：一是与省委组织部交换意见，一致同意省气象局的党内干部以省委为主任命，行政干部以国家气象局为主任命，但双方在任命前互相要通气、征求意见；二是事业费、固定资产、物资渠道、基本建设从贵州省划到国家气象局的工作已办完。事业费上划409万，基建费上划 36 万，统配物资由国家气象局负责，其他物资仍由地方政府负责。三是人员编制、劳动工资，已与省人事、省编委部门谈妥，正在办理。截至 1982 年底为止，人员按 1769 人、工资总额按 129.7 万上划。气象工作主要是为地方社会经济发展服务的，过去贵州省委、省政府对气象工作很重视、很支持，体制改革后仍希望进一步重视、支持。周行松副省长说：气象领导体制以国家气象局为主的决定是正确的，对提高水平，加强建设有利，是必需的。今后有什么困难，要我们解决的，我们会尽量帮助解决的。因为我们的目标是一致的，都希望气象事业发展得快一些。希望今后多交换意见，多联系。

6 月 28 日，戈锐副局长在贵州省气象局处以上干部会上讲话，讲了对省局机构改革的几点意见、对省气象局新班子工作的几点要求等五个问题。新任命的李国文局长、于年芳副局长也作了表态性讲话。

随骆继宾副局长到云南气象部门调研 1983 年 6 月 30 日，国家气象局副局长骆继宾带工作组到云南省气象局调研，有两大任务：一是在省气象局考核、组建新的领导班子，二是与省政府办理第二步体制改革的交接。参加工作组的有我和朱刘龙（科教司副司长）、张道荣（计划财务司处长）、赵同进（骆副局长秘书）、阳世勇（仪器设备司干部）。工作组对于省局领导班子在去年 4 月调研的基础上再次进行民意测验和个别谈话征求意见，共找了 68 人谈话。我负责找省气象局办公室和省气象科研所的 10 人谈话。根据民意测验和个别谈话征求意见，工作组提出了云南省气象局新领导班子方案：朱云鹤任局长、党组书记，樊平任总工程师，鄢维信、恽彭任副局长、党组成员。7 月 1 日，云南省政府召开办公会议，省政府参加会议的有副省长李铮友，省经委副主任徐南华、黄云，省编办主任李凤桐；国家气象局参加的有骆继宾副局长和工作组全体成员，商谈第二步体制改革中人、财、物的交接问题，并达成一致意见。7 月 3 日，国家气象局办公室主任徐曼泽从北京来电话告工作组说：邹竞蒙局长和王瑞琪副局长与人事司碰头研究同意云南省气象局的领导班子按朱云鹤、樊平、鄢维信、恽彭排序组成，可按此方案与云南省委组织部商谈。7 月 4 日，工作组中的骆继宾、朱刘龙、任庆峰和我与省委组织部交谈省气象局领导班子的组建问题。云南省委组织部部长李祖荫、四处处长马桂英接谈。省委组织部同意骆继宾副局长代表中国气象局党组关于云南省气象局新的领导班子的配备意见，表示报省委批准后就可正式任命了。7 月 5 日下午，骆继宾副局长在云南省气象局全体干部职工大会上讲话，6 日，找省气象局拟任新的领导班子成员谈话。

随国家气象局办公室主任徐曼泽到云南省气象局调研 1985 年 4 月 23 日至 26 日，我随徐曼泽主任到云南省气象局调研，有三项任务：第一项落实全国气象局办公室主任会议准备在云南召开的有关事项；第二项是参观和调研云南省气象科学研究所研究的应用微机处理、传输中文的情况；第三项了解云南省气象局贯彻 1984 年全国气象局长会议情况。24 日，与云南省气象局办公室主任范汝超、副主任冯国柱商议，拟于 6 月 6 日至 13 日在云南省气象局招待所召开全国气象局办公室主任会议。25 日云南省气象局办公室和业务处汇报贯彻 1984 年全国气象局长会议的情况，参加汇报的有范汝超（省局办公室主任）、李玉柱（省局业务处处长）、冯国柱（省局办公室副主任）、林国兆（省局办公室档案科长）等。26 日下午，云南省气象局党组汇报新班子上任之后所做的工作，参加汇报的有局长朱云鹤、副局长鄢维信、恽彭。

我带队到陕西省气象局调研 1987 年 9 月 9 日至 17 日，我带领韩通武（局办秘书处处长)、胡桂琴(局办宣传处副处长)、陈清玉(局办宣传处科员)调研小组到陕西气象局调研，重点是调研陕西省气象局领导班子，特别是领导班子中的一把手马鹤年在贯彻党十一届三中全会以来路线、方针、政策，坚持两个基本点方面做了哪些工作，取得了哪些成绩，领导班子的作风与工作状态如何，有何突出事例等。此次调研是根据在中国气象局党组的授意事先准备了调查提纲，采取个别谈话与开座谈会相结合的方式进行。这是我第一次带队到省气象局调研，所以非常认真、仔细。9日下午，调研组首先听取陕西气象局党组的介绍。陕西省气象局局长马鹤年对陕西气象工作做了全面的介绍。副局长孙海鹰、丁汶，总工程师傅永泉作了补充介绍。10日，召开第二次座谈会，听取处级业务干部对省局领导关于管理改革和业务建设情况的看法。在会上发言的有徐达生、刘天适、郭凯、章企玉、陈文忠、徐树明、乔效贤、王安祥、张向军、郭学义、张万明。11日，召开第三次座谈会。听取省局党政和行政处级干部对省局领导在思想作风和工作作风方面的意见。在会上发言的有常占明、侯廷秀、陈君寒、陈中立、杨武圣、王志学等。下午，个别采访省局两位离休的老局长吴亮明、延祖铎谈话，两位老局长谈了对现省局班子印象，总的是对现在的领导班子很放心。12日上午，到省委组织部经干处了解他们对省气象局领导班子改革的意见。上午，开始个别谈话的有杜广芬、张来相、何广林、李献政等。14日下午，与马鹤年局长交换我们调研的意见，把大家对省气象局领导班子工作好的方面，成绩方面，以及存在的不足都向他进行了反馈。马鹤年谈了关于改革的效益和关于今后工作的设想两个问题。

9月14日下午，会见陕西省副省长徐山林，他谈了对省气象局工作的印象，认为很好，特别是气象服务做得不错。安康大水气象服务、气象科技扶贫、气象卫星估产都做得很好。省气象局这个班子，不安于现状，有想法，敢改革，在全省厅局级单位中算是比较好的。上午，到咸阳市气象局调研。咸阳市气象局局长刘建华对咸阳气象局的工作进行了全面的介绍，对省气象局改革认为加强宏观管理，按系统论的理论推进改革比较好。15日下午，会见武功县县委副书记陈世华与县气象局党支部书记张世忠、县气象局杨必仁谈话。16日上午，与乾县气象局局长穆继涛谈话。所有这些调研对象对省气象局的工作都给予很高评价。17日下午，调研组专题与孙海鹰副局长交换意见，听取了他对马鹤年局长在改革、业务建设和管理等方面的意见。他对马鹤年的工作也评价较高。

调研完后，我执笔写出了一份调研报告，得到了邹竞蒙局长的表扬，所提建议得到采纳(见起草公文部分)。

随同骆继宾副局长到南京气象学院、江苏省气象局调研 1987年12月9日，我随骆继宾副局长到南京气象学院出差，宣布南京气象学院新组成的领导班子名单，由张培昌继续担任院党委书记兼院长。在宣布前分别找了院领导张培昌、朱乾根、屠其璞、周煦文、邢杏英、靳道弟谈话。12月上午，骆继宾在南京气象学院处以上干部会上宣布了领导班子名单，肯定了上届领导班子的成绩，对新领导班子提了几点要求。12月4日下午，我随骆继宾到江苏省气象局，与江苏省气象局局长任广昌和有关人员商讨了江苏气象技术人员如何促使向西北气象部门流动等问题。

随同温克刚副局长到黑龙江、吉林省气象部门调研 1989年6月29日至7月5日，我随温克刚到黑龙江省和吉林省气象台站调研。与此同时我还单独调研了两省气象局办公室的情况。6月29日，黑龙江省气象局办公室主任张广学向我汇报了省局办公室的基本情况。6月30日温克刚副局长在黑龙江气象局处以上干部会上讲话。7月1日到绥化地区气象局调研。7月3日到吉林省气象局调研。我听取了吉林省气象局办公室主任陈立亭和副主任李显枝对省局办公室全面工作汇报。7月4日,我随温克刚副局长到吉林市气象局调研,并到丰满水库参观,听取了吉林市气象局局长王忠信的汇报。7月5日上午,吉林省气象局召开处以上干部大会,温克刚副局长在会上讲话,吉林省委书记何竹康也出席并讲话。

随温克刚副局长到广西、湖南气象部门调研 1989年10月7日至23日,为编制气象事业发展"八五"计划,国家气象局党组决定派出多个调研组到各省(自治区、直辖市)气象局调研。我随温克刚副局长到广西、湖南两地气象部门调研,随行人员还有朱祥瑞(局办信息处副处长)、张玉敏(人事司任免干部)。7日调研组到广西桂林,听取桂林市气象局龙局长的汇报。8日到阳朔县气象局听取县气象局局长的汇报。9日到广西壮族自治区气象局,局领导何海澄、李建山、胡圣立向调研组汇报了广西气象工作的全面情况。是日下午召开区气象局业务处、科教处、计财处、装备中心、人控办等单位领导同志参加的座谈会,听取他们对广西气象工作的意见。11日上午到南宁市武鸣县气象局调研。下午,在区气象局召开第二次座谈会,进一步听取党政处级干对广西气象工作的意见。10月13日下午到河池地区气象局,听取吴国荣副局长的汇报。14日上午到宜山县气象局调研。14日下午到柳州地区气象局调研,听取石炳炎局长的汇报。

10月16日下午,调研组抵达湖南省气象局,开始对湖南气象部门进行调研。湖南省气象局副局长曾庆华作了全面汇报,参加汇报的还有湖南省气象局副局长曾申江、张维国,办公室主任王福琪、副主任张建鑫、计财处长宋福寿、机关党委书记李公才等。4月18日到益阳县气象局调研,听取县气象局局长方伯仲的汇报。4月18日下午到常德地区气象局调研,听取常德市气象局局长蒋茨林的汇报。4月19日上午到慈利县气象局调研,听取吴扬圣局长的汇报。

温克刚此次领队调研日程安排紧凑,坚持务实、多看、多听、少说的原则,改变了以往下来调研完了还要召开会议,作报告、讲长话的惯例。临走前不开大会,不讲话,把看到的情况,听到的意见,整理好,写成调研报告,供局党组决策参考。

我带队到新疆、青海气象局办公室调研 1990年8月20日至24日,我带领顾兴本参加西北气象部门办公室主任会议后在新疆维吾尔自治区气象局办公室调研,着重调研办公室的职责职权和决策民主化等问题。新疆维吾尔自治区气象局办公室主任张加生主持西北气象局办公室主任会议并汇报局办公室的全面工作,就办公室的职责职权和决策民主化等问题进行了座谈,提出了许多好的意见、建议。

1990年8月28日,我与顾兴本到青海省气象局调研。28日下午,听取了青海省气象局局长徐建伟主持召开的汇报会,由青海省气象局办公室主任王存录汇报了青海省气象局办公室的全面工作。29日,徐建伟主持召开处级干部座谈会,副局长吴正康、阳燮参加,先由徐建伟汇报青海气象局的全面工作,随后座谈对改进国家气象局办公室工作的意见。

随骆继宾副局长等到湖南调研 1991年3月28日,国家气象局副局长骆继宾带领局人事司司长厉复仁、计财司司长黄更生、湖北省气象局副局长阮水根到湖南省气象部门出差,宣布湖南省气象局领导班子的调整,28日下午调研组一行先向省委组织部通报国家气象局对湖南省气象局领导班子的调整决定。29日，湖南省气象局召开全局干部大会，会议由湖南省气象局副局长曾庆华主持，骆继宾副局长宣布中国气象局党组对湖南省气象局领导班子的调整任命并讲话。阮水根任湖南省气象局局长、党组书记。刘如湘任湖南省气象局副局长、党组副书记（保留正厅级待遇）。原班子其他成员职务不变。新组建的湖南省气象局领导班子成员为阮水根、刘如湘、曾庆华、于年芳、张维国。

4月1日，调研组到大庸县气象局调研。大庸县气象局局长杨静，副局长刘誏多汇报了大庸县气象局工作情况。同日还到了桑植县气象局，永顺县气象局，保靖县气象局，花垣县气象局视察。

4月2日，调研组到湘西自治州气象局调研。湘西自治州副州长刘殿远、湘西自治州气象局局长张训辉，副局长伍超杰、邬成文，州农委主任杨小平接待，并汇报了湘西自治州气象局的全面工作。从湘西自治州返回途中路过常德，听取了常德市气象局长陈仁和等的汇报。

随马鹤年副局长到福建气象部门调研 1992年3月11日，国家气象局总体研究室在福建连江县气象局召开气象服务系统研讨会。研讨会的主题是气象服务体制的设计和气象服务产品商品化等问题。国家气象局副局长马鹤年出席会议并在开幕式上讲话。会后带队到福建气象部门调研，调研的主要内容是气象服务体制改革和气象服务产品商品化的问题。随同马鹤年参加调研的除我之外还有江西省气象局局长陈双溪、广东省气象局局长谢国涛、马鹤年秘书宋善允。12日下午到宁德地区气象局调研。宁德地区专员汤保华、副专员吴振龙，宁德地区气象局局长朝金球、副局长林晓接待并汇报宁德地区气象工作情况，然后召开宁德地区气象局各科长、站长和业务骨干座谈会，征求他们对气象服务体制改革的意见。13日，调研组到福州市气象局调研，听取福州市气象局局长陈玉衡的汇报。14日下午，调研组到泉州市气象局调研，泉州市气象局局长刘志德汇报泉州市气象工作情况。15日下午，调研组在福建省气象局副局长林有年的陪同下到龙岩市气象局调研。龙岩市汝照副市长和龙岩市气象局谢副局长接待并汇报龙岩市气象工作情况。16日上午，调研组到永定县气象局调研，县委书记罗开洪、县长廖桥榕、县气象局局长张兴兰接待，他们分别介绍了永定县的概况和汇报了全县的气象工作情况。17日，调研组回到福州市，召集福建省气象局领导同志开会，反馈福建省气象台站调研的意见，对福建气象工作所取得的成绩给予了充分的肯定，对今后的工作提出了五点建议。18日，调研组到厦门市气象局调研。厦门市蔡副市长、气象局杨副局长、王副局长介绍了厦门气象工作情况。

我带队到吉林气象部门调研 1992年7月15日，我在长春主持《改革开放13年辉煌成就》气象卷的审稿会。会后带领中国气象局的审稿人员到吉林气象台站调研，调研主题是改革开放13年气象工作的成就表现在基层台站的情况。参加调研的有原中国气象报社社长陈少峰、原气象业务司司长方齐、原气象科教司长王鼎新、国家气象局办公室信息处副处长郑明一、国家气象局展览办公室主任王仲方、《辽宁气象》编辑部主任王奉安、《改革开放13年辉煌成就》编辑部责任编辑任超、吉林气象局办公室秘书宣兆民。21日至24日，调研组在吉林省气象局副局长靳家宝、办公室秘书宣兆民的陪同下到延边自治州和通化地区气象局调研。延边自治州气象局局长金成茂、通化市气象局局长张克选接待，并就两地区的气象工作进行了全面汇报。参观了柳河、通化县气象局。这期间还上长白山天池气象站进行了调研，既观赏了那里的美景，又体验了在那里坚持观云测天的艰苦。

我带队到辽宁气象部门调研 1992年11月9日至14日，根据国家气象局的统一安排，我带调研组到辽宁进行调研。调研的主要内容是如何深化气象部门改革，加强气象事业结构调整和服务产业化等。随我到辽宁调研的有国家气象局办公室信息处副处长郑明一和机要档案处副处长李桂英。9日下午，调研组听取辽宁省气象局领导同志汇报。辽宁省气象局局长王观涛主持汇报会，他汇报了辽宁气象工作的基本情况，重点汇报了全省气象部门学习邓小平南方谈话，深化改革，实现气象事业结构调整，按基本业务、科技服务和综合经营"三大块"进行人员分流等情况。同时汇报了全省气象现代化建设的情况。参加汇报的还有辽宁省气象局副局长张裕道、宋达人，办公室主任李波，办公室秘书郑良玉、侯乃学等。

10日下午，辽宁省气象台副台长、专业有偿服公司经理刘桂芬向调研组汇报气象专业有偿服务和综合经营的情况。辽宁省气象局人事处吴处长汇报辽宁省气象队伍建设和人事制度改革的情况。13日，调研组到大连市气象局调研。大连市气象局局长孟庆楠汇报了大连市全面工作情况，重点汇报了深化改革、气象事业结构调整和现代化建设等情况。

12月23日，国家气象局召开调研组汇报会。11月份，中国气象局派出9个调研组到各省（自治区、直辖市）气象部门调研。我作为9个调研组之一汇报了到辽宁气象部门调研组情况。

我带队到江苏气象部门调研 1993年5月17日上午，我带队到江苏省气象部门调研。随我参加调研的有原局办公室主任徐曼泽、原气象报社社长陈少峰、局办公室秘书处处长游有源、信息处处长朱祥瑞、宣传处处长胡桂琴。江苏省气象局局长任广昌、副局长胡辛陵、赵成志及人事处、业务处负责同志向调研组汇报了全国气象局长会议传达贯彻情况和结构调整与气象现代建设等情况。5月17日下午到江苏省气象台调研，省气象台卞台长向我们汇报了省气象台的全面工作。18日至22日集中在宜兴气象疗养院审1992年《中国气象年鉴》稿。23日下午到无锡气象局调研。无锡市气象局吴局长、朱副局长、蔡副局长接待我们，并汇报了无锡气象工作的全面情况。5月24日上午到镇江市气象局调研。镇江市气象局王志南局长，秦荣常副局长以及人事科丛玉池科长向我们介绍了镇江气象工作情况。5月25日上午到扬州市气象局调研。扬州市气象局于局长、张副局长和常荣成副局长接待我们调研组，并介绍了扬州市气象局的全面工作情况。调研组原计划到盐城、徐州等地气象部门调研。26日3次（戏称三道金牌）接到局里的紧急电话，要我们赶快回北京，故终止调研回京。6月11日，温克刚副局长召开会议，听取各调研组下去调研气象事业结构调整的情况，我汇报了江苏调研的情况。

随邹竞蒙局长到天津气象部门调研 1993年7月23日，我随邹竞蒙局长、温克刚副局长到天津市气象局宣布领导班子交接和参加两省一市（河北省、山东省、天津市）气象局长座谈会。温克刚主持会议，宣布天津市领导班子交接决定，天津市气象局局长王文辉退休，调山东气象局副局长曾凡喜任天津市气象局局长。参加座谈会的有：山东气象局局长刘志刚，天津市气象局局长曾凡喜、原局长王文辉，河北省气象局局长汤仲鑫，国家气象局人事司任免处处长蔡镇方，天津市气象台台长王忠信等。座谈会的主题是学习中央6号文件，加快气象部门的改革，气象事业结构调整等。25日，我随邹竞蒙、温克刚一行到塘沽气象台、北辰气象站调研。

九、经历气象部门的改革

我除了努力做好局办公室职责职权范围内的上述工作之外,还作为中国气象局领导的参谋、助手,参加了全国气象工作中的一系列重大决策、重大部署的服务和实施。参加气象部门改革就是我在局办公室所经历的大事之一。

气象部门的改革是从1978年党的十一届三中全会以后开始起步的。在改革浪潮席卷中华大地的大背景下,气象部门不甘落后,对气象管理、气象业务、气象服务、气象科技、气象教育、气象人事、气象计划财务等方面进行了一系列改革,曾一度称为全面改革,改革的标签贴到了各项工作的方方面面。但真正具有气象特色、具有气象部门原创性而且取得显著效益的改革我以为只有三大项,其他改革或是带有共性的贯彻落实上级部门现成的改革方案,或是牵强附会,虚张声势,无实际内容和效果的所谓改革。我认可的气象部门的这三大改革,一是气象部门领导管理体制改革,二是气象服务机制改革,三是气象事业结构调整。我经历了这三大改革的全过程,分别回忆其中有关的事和人。

(一)气象部门领导管理体制改革

气象部门领导管理体的历史沿革。中华人民共和国成立之后,为适应当时国防、军事任务对气象保障的需要,于1949年12月成立了中央军委气象局,属中央人民政府人民军事委员会建制,行政上受中央军委办公厅领导,业务上受中国人民解放军空军司令部领导。各大军区气象管理处受各大军区司令部和军委气象局双重领导,负责管理本区域气象台站的行政和业务技术工作。

1953年8月中央军委和政务院决定各级气象机构从军事系统转入政府系统建制。中央军委气象局改名为中央气象局。1954年11月经全国人民代表大会常务委员会第二次会议批准,中央气象局为国务院的直属机构,各省气象局直属中央气象局领导。

自1956年10月,气象部门实行中央与地方政府双重领导,以地方政府领导为主的管理体制。各省(自治区、直辖市)气象局及所属气象台站划归地方政府建制和领导,中央气象局和各省(自治区、直辖市)气象局是业务技术指导关系。

1969年12月国务院、中央军委通知,决定总参气象局与中央气象局合并,同时保留两局原名称,属总参谋部建制。各省(自治区、直辖市)气象部门仍属当地各级革命委员会建制。1970年7月重新明确气象部门管理体制下放,实行块块领导,即省(自治区、直辖市)以下气象部门(省局、地台、县站)除建制仍属各级革命委员会外,领导关系实行由省军区(或大军区)、军分区、县(市)人民武装部和各级革命委员会双重领导,以军事部门领导为主。

1973年3月中共中央通知中央气象局与总参气象局分开,分别划归国务院和中央军委建制。中央气象局回归国务院建制,由农林部代管部领导,负责统筹规划全国气象工作建设和业务指导;省、地、县各级气象部门仍归同级革命委员会建制、领导,从下至上实行以地方为主的双重领导管理体制。

气象部门领导管理体改革的缘由 1978年前后,中央气象局派出多个由领导人带队的调查组,深入基层气象台站调查现行领导管理体制的利弊。我先后随饶兴、薛伟民、邹竞蒙等主要领导人下基层进行了调研,普遍反映以"块块为主"的领导管理体制的许多弊端，不利于气象事业的发展。中央气象局领导层在总结30年来全国气象部门管理体制上述"几上几下"的经验教训基础上，对改革这一现行体制取得了共识，提出要向国务院报告，请求批准将气象部门自下而上地改为"条、块"结合，以条为主的双重领导管理体制。

1979年中央气象局党组成立了管理体制改革方案起草小组，由林学舜、陈少峰负责，我和江彦文及机关有关单位人员等参加起草小组。当时饶兴为局长，薛伟民为第一副局长，邹竞蒙为副局长。局领导分工薛伟民抓起草向国务院的报告，包括领导体制改革方案。薛伟民是从事政工和文秘工作出身的，对起草小组强调一定要把改革的理由说充分，要能打动上级，使领导看了认为言之有理，非批不可。

起草小组根据下基层调研掌握的资料和局领导的一系列讲话精神，认真研讨了为什么要进行领导管理体制的理由，从气象观测和气象服务高度分散、气象预报又高度集中的特点出发疏理出了几条改革理由：一是全国有2000多个气象台站要在规定的同一时间对同一气象要素进行观测，这是指令性很强的任务，仅靠上级业务部门的指导关系是难完成的；二是气象台站技术装备必须根据台站的类型全国统一配备，不能由地方各行其是，不能经济发达地区多配高配，经济不发达地区就少配低配；三是气象观测资料要求及时准确地传输到中央气象台，需要建设全国统一的气象通信网，气象业务是网络性很强的，不宜以地方为主来建设；四是气象现代化建设，包括气象卫星、气象雷达、大型计算机等都需要全国统一规划、统一布局、统一实施，以地方为主的领导管理体制是难以做到的；五、开展气象业务需要一支高质量的气象专业人才队伍，但在地方为主的体制下，特别是在1970年前后，气象部门军管，地位较高，各级气象台站通过各种关系调入了大批非专业人员，各级气象台站进入失控，出现了严重超编而气象专业干部反而缺乏的反常现象。按照上述理由经中央气象局党组审定向国务院呈报了关于改革气象部门领导管理体制的请示报告。

气象部门领导管理体改革的步骤和内容　1980年5月国务院批准了气象部门领导管理体制改革分两步实施的方案。1980年以前，国家与地方气象部门分别隶属于中央政府和地方各级政府，省和省以下各级气象部门受上级气象部门与地方各级人民政府双重领导，以地方领导为主。体制改革第一步，1980年完成省以下气象部门实行自下而上的"上级气象部门与各级人民政府双重领导，以气象部门领导为主"的领导管理体制；第二步1983年完成省级气象部门由省级人民政府与国家气象主管部门双重领导，以国家气象主管部门领导为主的管理体制。领导管理体制改革后的分工：气象主管部门负责气象事业发展的规划、计划和重大项目的布局和建设，负责气象队伍建设和领导班子任免，负责计划财务和装备配置等，并明确上级气象部门任命下级气象部门主要领导人之前必须征求同级地方政府的意见；地方政府负责当地气象部门的党政思想工作和后勤保障，包括地方津贴补贴、子女就业等，负责提出对气象服务需求，负责协助地方气象业务建设等。

领导管理体制改革的第一步，主要是由各省（自治区、直辖市）气象局组织实施的。1980年底以前，地、县两级气象部门基本完成的体制改革任务。1981年开始中央气象局对省以下体制改革进行了检查验收，并对省级气象局领导班子开始进行摸底考察，为下一步体制改革做准备。

1983年初开始第二步体改，国家气象局派出多个工作组，到各省（自治区、直辖市）

与政府有关部门办理人、财、物等的移交手续。我参加了到云南、贵州等省的工作组。从我的工作笔记本中查到了一组贵州省气象部门移交到国家气象局的资料。经与贵州省财政厅、省计委核定全省气象事业费按 409 万、基建费按 36 万上划到国家气象局，统配物资由国家气象局负责，地方材料仍由地方政府负责；经与贵州省人事、编委部门核定，截至 1982 年底为止，人员按 1769 人、工资总额按 129.7 万上划国家气象局。上划的这组人、财、物的数字与其他省（市、区）相差不多，反映了体改改前的基本状况。1983 年底，全国各省（从下至上）均完成了第二步体改，各级气象部门都建立了以气象部门为主的领导管理体制。

领导管理体制改革的第三步，是不断完善和深化，建立与领导管理体制相适应的双重计划财务体制。国家气象局完成第二步体制改革后把重点放在如何调动各级地方政府关心气象工作、支持气象工作上了，真正发挥"两个积极性"，使双重领导管理体制的优势充分发挥出来。为此提出各级气象部门仍是同级政府的工作单位，要尽力做好为当地社会、经济发展的气象服务，要特别做好灾害性天气和领导决策的气象服务，争取地方政府对气象事业建设的投入。20 世纪 90 年代初期，又提出了地方气象事业的理念，作为建立双重计划财务体制改革的依据。体改第三步没有前两步进展顺利，难度较大，延续时间较长。

我参加领导管理体制改革的几件实事 除了上述参加领导管理体制调研、方案起草和体制接收等工作外，还有几件实事印象较深。

第一件事为争取地方财政支持做好宣传工作。气象部门领导管理体制改革之后，开展了大规模的现代化建设。现代化建设所需的资金，单靠国家财政显得明显不足，需要争取地方财政支持。在争取地方投资方面，各省（自治区、直辖市）气象局开始是八仙过海，各显神通。与地方关系好的，或地方财政比较宽裕的，争取的投入就多，反之则少。为了推动这项工作，由我主编的《气象信息参考》在一个时期内重点反映全国气象部门争取地方经费的情况，不定期的列表公布，对各省（自治区、直辖市）气象局触动很大。有的省气象局长反映《气象信息参考》很好，省主管气象工作的领导一看，知道别的省支持气象的投入多，就找财政部门，要求增加对气象的投入。但也有的省气象局长反映《信息参考》把争取地方投入一公布，给排到了最后面的压力太大。各省情况不一样，有的地方富裕，有的地方贫困，不能一刀切，要区别对待。这两方面的意见都有道理，后来改变了各省（自治区、直辖市）气象局全部列表统计式的报道，在《气象信息参考》中只反映争取经费较多的先进事例。这样起到了很好的促进作用，大家也比较满意。1983 年到 1991 年，省、地、县三级气象部门利用双重领导管理体制的优势，不同程度地争取到了地方财政对气象事业发展的一定投入。这样，气象现代化的建设在双重领导、以气象部门为主的管理体制下，不但有国家财政主渠道的投入，而且还有了地方财政的支持，扩大了建设的规模，加快了建设的步伐。但是地方财政对气象事业的支持缺乏法规性的文件依据，许多是凭关系，凭感觉。地方领导或有关部门与气象部门领导关系比较好，或者对气象工作的印象比较好，支持的经费就多一些，反之则少一些。或者说地方财政比较宽裕的时候就多一些，紧张的时候就少一些，今年给了，明年又没有了，很不稳定。还有个别地方政府认为，气象部门的计划财务渠道在中央，地方再投入到气象部门渠道不通，不合法规。这的确是一个需要解决的问题。

第二件事参加争取国务院批文，建立气象部门双重计划财务体制。1990 年 8 月，国家气象局在青岛召开全国气象局长研讨会，总结双重领导以气象部门为主管理体制改革的成就和问题，研究进一步完善和深化这项改革，提出了地方气象事业的理念和建立双重计划财务体制的意向。1991年1月31日，国家气象局党组召开会议，专题研究如何进一步完善气象部门现行领导管理体制问题，提出要向国务院起草一个关于加强气象工作的请示文件，请示文件中要明确建立气象部门双重计划财务体制，争取国务院能尽快批下来，促使各级地方财政对气象的投入规范化，正常化。我和赵同进列席这次会议。为了落实这次党组会提出的任务，成立了文件起草小组，由温克刚副局长任组长，我和江彦文任副组长，局办赵同进和计财司、法规司、人事司各派一人参加起草小组。给国务院的请示不能太长，必须控制在3000字以内。起草小组加班加点，很快就完成了请示文件的初稿。请示文件的主题是加强气象工作，完善现行领导管理体制。文件在简短的前言之后，提出了4项要求：一是继续加强气象科学研究和现代化建设；二是各级人民政府要进一步加强对气象工作的领导，积极推进气象科学技术现代化；三是建立健全与气象部门现双重领导管理体制相适应的双重计划财务体制，合理规划中央和地方财力分别承担基建投资和事业经费的气象事业项目，并明确了中央财政和地方财政负担的项目分工。同时以附表的形式明确了5项地方气象事业项目由地方财政负担；四是完善气象部门的管理体制，进一步理顺关系，保持气象部门机构编制的相对稳定。这个文件的实质内容是要建立气象部门从上到下的双重计划财务体制，即完全为全国气象事业服务的项目其建设费用和维持费用由中央财政负担；完全为地方社会经济服务的气象项目其建设费用和维护费用由地方财政负担；既为全国气象事业服务，又为地方社会经济服务的气象项目其建设费用和维持费用由中央财政和地方财政共同承担，即所谓的"拼盘"。起草这个请示文件并没有费多大力气，但上报这个文件却大费周折。

　　按国务院的行文规定，凡请示公文在上报国务院之前必须先送国务院有关主管部门会签意见。我们这个加强气象工作的请示文件，涉及国家计委，财政部，国家编委等单位，必须先送这些单位会签并取得一致意见后，才能报到国务院去。我和赵同进负责组织会签工作。为了加快会签的速度，我们请局有关职能室司对口送文件上门汇报并争取尽快会签。请局计划财务司到国家计委和财政部去汇报会签，请局人事司到国家编委去汇报会签。国家计委、国家编委都同意我们所请示的内容，很快地会签了同意上报的意见。唯有财政部不同意建立双重财务体制，认为国家当时的财政体制是要么在地方，要么在中央，没有中央和地方两头都跨的先例。财政部不签意见，我们这个请示就无法报送到国务院。局计财司通过各种关系做财政部的工作也没有做通。这样我们只好请国家气象局的主要领导邹竞蒙出马。我们局办公室向财政部办公厅联系，说国家气象局局长邹竞蒙想找财政部的领导汇报建立双重计划财务体制的问题。财政部办公厅总以部领导不在和工作忙为由予以推脱。预约不成，邹竞蒙局长就亲自带着局计财司的领导和秘书上财政部找部领导。财政部办公厅的接待同志说，部长不在。邹竞蒙说，你们部长不在就找你们司长，司长不在就找处长，处长不在就找你们科员，你们总得听听我们建立双重计划财务体制的理由吧。财政部在无奈之下出来了一位部领导接见邹竞蒙局长，听取了汇报，并表示部里面再研究一下你们要建双重财务体制的问题。由于财政部门工作一直做不通我们就向国务院办公厅提出可否先请求各省（自治区、直辖市）的意见。经国务院秘书局请示罗干秘书长同意，以国家气象局的名义用明传见报下发各省（自治区、直辖市）政府但文件落款仍是以上四个单位。

文件下发以后，国家气象局立即布置各省（自治区、直辖市）气象局拿着给国务院请示文件草稿征求省（市、区）政府的意见。各省气象局雷厉风行，纷纷向主管副省长汇报，多方面宣传和做工作，争取省政府同意国家气象局的上报请示。我和赵同进负责联系各地气象局征求政府的意见信息。不到半个月的时间，有2/3左右的省（自治区、直辖市）以人民政府的名义，签署了完全同意的意见。还有1/3的省政府没表态，主要还是省财政厅不同意。这1/3的省由邹竞蒙局长出面来做工作了。他先通过秘书了解一把手的行踪，然后选择合适的时间去电话。各省一把手的工作日程安排都很满，大多晚上十一、二点才能回家。那段时间邹局长都在办公室等到晚上十二点左右才给省领导去电话，向他们说明气象部门建立双重计划财务体制的重要性，气象服务对地方社会经济发展的重要作用，以及地方政府对气象工作已有的经费等各方面支持表示感谢等，并通报多数省都同意了，请出面协调，尽快回复。邹局长在办公室通电话，我和赵同进需陪着，帮他记录。经过邹局长的不懈工作，全国31个省（自治区、直辖市）人民政府均表态同意气象部门建立双重计划财务体制，这大大出乎财政部的意料。据说财政部下面的人对我局计财司的人说，你们邹局长真厉害！这时财政部无话好说，只得同意国家气象局的文件上报了。但仍把原文为"双重计划财务体制"改为了"双重计划体制和相应的财务渠道"，还是不同意完全提"双重财务体制"。国家气象局领导考虑实际内容差不多，也就按财政部的这一修改文件上报了。1992年4月文件上报，国务院于同年5月以25号文件《关于进一步加强气象工作的通知》下发各省（自治区、直辖市）人民政府和国务院有关部委局实行。这个文件对加快气象现代化建设的步伐起到了至关重要的作用。这个文件来之不易，邹竞蒙局长花费了很大的心血，局办公室、政策法规司和计划财务司等单位，也都做了大量具体工作。

第三件事是组织召开两个重要会议。国务院办公厅〔1992〕25号文件下达之后，各级气象部门纷纷向当地政府汇报和宣传，要求按文件精神，将地方气象项目正式列入地方的规划和年度计划，为气象部门在地方建立固定的基本建设和事业经费账户，使地方政府对气象部门的拨款由一次性改为常规性，使之规范化，正常化。但落实这一文件精神，建立双重计划体制和相应的财务渠道全国发展也不平衡，大部分省（自治区、直辖市）进展顺利，也有一小部分进展缓慢，甚至碰到困难。

1993年，为了全面贯彻国务院办公厅〔1992〕25号文件精神，尽快建立双重计划体制和相应的财务渠道，中国气象局组织召开了两个重要会议。一个是1993年4月上旬在京西宾馆召开的全国气象工作会议，一个是同年4月下旬在湖南张家界召开的贯彻落实国务院25号文件经验交流会。第一个会议，除了有各省（自治区、直辖市）气象局长参加外，还邀请了各省（自治区、直辖市）主管气象的副省长参加，国务委员宋健和国务院副秘书长，有关部委部长或副部长参加；第二个会议除了有各省（自治区、直辖市）气象局长参加外，还邀请了各省（自治区、直辖市）计委、财政厅的领导参加。这两个会议是气象部门1949年以来规格最高的会议，中心议题都是要推进建立气象部门从上至下的双重计划体制和财务渠道。局办公室老主任徐曼泽于1992年离休后，我作为副主任主持局办公室的全面工作，这两次会议的组织工作主要由我负责，担任会议秘书长。但这两次会议不同于以往的全国性气象会议，与会代表规格高，议题广泛；层次多，会中套会；到会和离会时间不一，有迟来的，有早走的；发言的时间难掌握，有长篇大论的，有一言不发的，总之会议组织工作难度较大。但由于会议秘书处的精心组织，周密安排和大家的共同努力，保证了这两个会议的顺利召开，受到了各方面的好评。

这两次会议选择了落实国务院25号文件较好的省政府领导、省计委、财政厅领导和地（市）、县（市）领导代表发言，介绍他们对发展地方气象事业的重视和列入地方规划、计划和相应的财力支持的做法和经验；也选择了为地方服务较好的气象部门的代表发言，介绍他们以现代化气象手段为地方减灾防灾和社会经济建设服务减少的损失和取得的经济效益等情况，充分证明地方对气象的投入是值得的，是增效的。通过这两次会议，大大促进了双重计划体制和相应的财务渠道的建立，加快了气象现代化建设步伐。

实践证明：气象部门领导管体制改革符合中国国情，符合气象工作的特点和规律，有力地保证和促进了中国气象事业的快速发展，其成效十分明显。一是调动了中央和地方两方面的积极性，气象工作得到社会的更多关注，也为气象事业发展配置了更多的资源；二是解决了气象人财物管理与气象业务管理脱节的矛盾，加强了统筹规划和综合协调，促进了气象事业的协调发展；三是优化了业务布局，加强了气象站网的统一规划和整体建设，促进了天气雷达等大型装备的布设和调整，减少了重复建设；四是稳定了气象队伍，促使已调出气象部门的一批专业技术骨干纷纷归队，对在职人员具备了集中培训的条件，在较短时间内对各类业务人员统一组织了培训，使气象事业转入了健康、持续、快速发展的轨道。

（二）气象服务改革

气象服务改革是我在局办公室工作期间经历的又一件大事。气象事业是一项以气象科学技术为依托的公益性服务型事业。国家气象部门一直把气象服务放在非常重要的位置。20世纪50年代初期，新中国气象机构刚建立时气象主要是为军事活动服务的。1953年毛泽东主席和周恩来总理签署命令，将气象部门成建制从中央军委系统转建到国务院政府系统，使气象既为国防建设服务，又为经济建设服务。20世纪60年代初期，气象部门提出了"以生产服务为纲，以农业服务为重点"的气象工作方针，把气象服务当作整个气象工作的出发点和归宿，提到前所未有的高度。那时所有的气象服务都是气象部门积极、主动、无偿向社会公众和各级领导提供的。直到1978年党的十一届三中全会之后，国家开始推行经济体制改革，突破了单一计划经济体制的束缚，逐步发展市场经济，为气象服务改革提供了社会基础。

气象服务改革历程　气象服务改革首先发生在东南沿海经济比较发达地区的基层气象台站。这些地区经济体制改革走在了前面，市场经济崭露头角，一些以盈利为目的公司和经济实体向当地气象台站提出许多特殊气象服务要求。以往的气象预报是通过广播、电视和报刊定时向公众公开发布的，少数重大天气预报通过电话向党政领导通报。但这些预报从内容上，或者时效上都满足不了那些公司、经济实体的各种不同需要。如有的只需要风的预报，有的只需要气温的预报，有的只需要雨雪、冰冻的预报。在需要风的预报上也有区别，有的只要风力预报，有的只要风向预报。在预报时效上，有的要长期预报，有的要中期预报，有的要短期预报，还有的要超短期一两个小时的预报。而要满足这些气象服务，必须投入更多的人力、物力和财力。当时国家财力有限，这些台站提出公益以外的特殊气象服务要收工本费，这些公司和经济实体也愿意，开始签订气象有偿服务合同。这样就改变了过去气象服务一律无偿的传统。广东省有些市县气象台站首先开始有偿气象服务的,到 1980 年初广东省气象台与南海石油开发总公司签署了全国气象部门第一份省级有偿气象服务合同。以后逐渐在浙江、上海、江苏、福建等基层气象台站开始有偿气象服务。一些基层气象台站还利用临街空闲房屋兴办了小商店、小餐馆、招待所,获得一定收益,用来弥补事业费的不足和改善职工的福利等。对于基层气象台站的这些自发性的改革举措,中央气象局的领导层由于在 1980 年前后忙于领导管理体制改革,没有十分顾及。时任中央气象局长的薛伟民当时对此事所持态度是不反对,也不大张旗鼓的提倡,看一看,看到了 1982 年,他退出局长职务,改做顾问了。但薛伟民本人对这项改革是有态度的,不反对实际上就是支持。只是他知道自己是过渡型局长,办好领导管理体制这一项改革就差不多了。1980 年任局长到 1982 年退出局长职务,短短两年办成了领导管理体制改革实属不易。或许他认为气象服务改革这件大事应该留给下届领导班子来办吧。

1982 年邹竞蒙任局长,中央气象局改名为国家气象局。邹竞蒙开始任局长的班子中除了原班子中的王瑞琪留任外,新提拔了章基嘉、骆继宾为副局长。这两位新提拔的副局长都是气象专家,思想解放,特别是骆继宾从世界气象组织工作岗位调回国内任职,知道发达国家早就有气象有偿服务的公司。他上任不久,到广东等地气象台站调研,了解到不少基层气象台站开展专业气象有偿服务和综合经营的情况,下面也都希望上级气象部门有个明确的态度。骆继宾副局长调研回来后,在局党组会上提出要支持基层台站的这项改革,列举了几大好处,建议派出调研组总结典型经验,加以宣传推广。局党组采纳了这一建议,使气象部门的专业有偿服务和综合经营在全国广大气象台迅速开展了起来。

1984 年,全国各级气象部门的专业有偿服务和综合经营得到了很大发展,规模越来越大,效益越来越好,干部的积极性越来越高。但也出现了一些问题,主要是有些单位和个人提出气象是国家投入的公益性事业,服务收费是否合法;公益服务和有偿服务如何划分,有的把本应无偿服务的项目也列入了有偿;收费标准高低不一,如何按价值规律合理规定收费标准;收入的经费管理有些单位比较混乱等。国家气象局针对上述问题进行了认真研究,逐一提出了解决办法。这些问题,不只涉及气象部门一家,还涉及被服务的广大单位和财务、工商、税务等主管部门,需要经过国务院批转一个文件,使全国各有关部门共同遵照实行才能有效加以解决。为此,国家气象局 1985 年初向国务院呈报了《关于气象部门开展气象专业有偿服务和综合经营的请示》。经国务院批准以国办发〔1985〕25 号文件转发了这个请示,要求全国各有关部门遵照实行。这个文件强调一手抓公众气象服务,一手抓专业有偿气象服务,不断拓宽专业气象服务领域。这样使气象部门开展的专业有偿服务和综合经营有了合法依据,保证了这项改革健康、快速发展。

1987 年国家气象局召开第一次全国气象服务工作会议,首次规范了气象服务工作,提出各级气象部门在实际工作中要十分重视质量第一、用户第一、信誉第一,在"准""专"字上狠下功夫。同时,还强调要进一步落实国办发〔1985〕25 号文件精神。

1990 年第二次气象服务工作会议提出,紧密结合国民经济发展的需要,进一步提高服务能力,拓宽服务领域,巩固提高公益服务和专业有偿服务,开拓发展科技服务和专项服务,进一步提高气象服务的社会效益和经济效益。随后又提出,坚持在公益服务与有偿服务中,把公益服务放在首位;在决策服务和公众服务中,把决策服务放在首位;在为国民经济各行各业服务中,以农业服务为重点的气象服务理念。

气象服务改革的效益　气象服务改革在全国气象部门产生了多方面的重大效益，主要表现在以下几个方面。

一是前所未有地扩大了气象服务领域，气象服务领域从原来的农林牧副渔、交通运输、国防等十几个行业扩展到水利、交通、环保、海洋、能源、工业、商业、旅游等部门以及重大活动和重大工程建设保障等社会经济建设上百个行业。为了适应这些行业的需要，气象部门逐步建立健全了决策气象服务、公众气象服务、专业专项气象服务系统。在强化为农业服务、保证农业安全的基础上不断拓展服务领域。

二是丰富了气象服务产品，提高了气象服务产品的质量，加强了气象服务的针对性，大大提高了气象服务的社会效益和经济效益。有人统计气象服务的经济效益的投入比在1∶50以上。

三是增加了气象服务的传输手段，大大加快了传递速度。改革前的气象服务主要通过电视、电话、广播和报刊传送气象服务产品和信息，改革后增加了为专业气象用户安装警报器、开通专线电话或通过BB机、手机、电子邮箱、互联网等现代通信工具，及时、准确地提供点对点的精准气象服务，使专业气象用户的满意度达到90%以上。

四是加强了气象服务机构和形成了气象服务队伍。气象部门最初的公共气象服务工作是由天气、气候等事业单位承担，没有专门的服务实体。改革后气象服务任务成倍增加，原有这些单位既要从事气象预警、预报、预测业务工作，又要开展决策、公众、专业、专项气象服务工作，服务能力、服务产品、服务队伍、服务成效均难以满足防灾减灾和经济社会快速发展的需求。气象部门采取有力的改革措施，把气象服务工作从天气、气候单位分离出来，组建气象服务机构实体，建立专业化的服务机构和队伍，显著提升了气象服务的广泛性、针对性和时效性。

五是改善了气象服务运行机制，增强了各级气象部门的活力和自我发展能力。气象服务改革之前，气象部门的资金来源主要靠国家拨款；改革之后气象部门的资金来源开始多元化了，出现了所谓"三个一点"，即国家主渠道拨款一点，地方财政支持一点，专业有偿气象服务和综合经营创收一点，使原来基层气象台站被认为的"清水衙门"和工作辛苦、生活清苦、环境艰苦的"三苦"单位开始富了起来。这"三个一点"既缓解了气象事业经费的不足，又增加了干部职工的收入，大大调动了干部职工的积极性和创造性。

我参加气象服务改革所做涉及的事项　我在国家气象局办公室工作期间涉及气象服务改革方面主要有以下几件事：一是参加了对基层气象台站气象服务改革的调研，先后到广西，福建，湖南等地的气象台站开展专业有偿服务的情况进行了调研，并写出了调研报告，充分肯定了他们改革的成绩；二是在我起草全国气象局长会议工作报告前，广泛收集各级气象部门开展专业气象有偿服务的情况，精选最典型的事例写进报告，扩大影响；三是在我主编的气象信息参考中，经常反映各地开展气象专业有偿服务的进展情况和先进典型，对促进和推动专业气象有偿服务的全面开展起到了一定的作用；四是在我主编的《中国气象年鉴》中开辟了气象服务效益事例选编专栏，使之起到传承和宣传推广的作用。

（三）气象事业结构调整

气象事业结构调整是气象部门很有特色的一项重要改革，也是我在局办公室工作期间经历的重要事件。

气象事业结构调整过程与内容　1980年开始，气象部门进行的领导管理体制的改革、气象服务改革和气象现代化建设，使气象事业内部的结构发生了重大变化，出现了许多新的增长点和难点：一方面气象专业有偿服务和综合经营发展很快，有的地方气象防雷人员就超出气象台站原有编制人数，气象卫星、气象雷达和高性能计算机等先进设备的使用急需增加高新技术人才；另一方面气象观测、天气图填绘与分析、气象资料抄收保存等工作原来均由手工操作，从事这些工作的人员占到全国6万多气象职工的50%以上，而这些工作实行器测和自动化之后，人员就大大富余出来了。这些新情况迫使气象部门必须进行事业结构调整。

为此，气象部门从1980年起就开始把不断探索并调整气象事业结构，完善相应的运行机制作为改革的一项重要内容。1985年气象部门开始提出了建立基本业务、有偿专业服务、经营实体的"小三块"事业结构框架，把原来都"吃皇粮"的气象事业单位分别划为全额拨款、差额拨款、自收自支三类，分别运行不同的激励机制，并在第二、三块中适度引入市场机制。1990年开始进行专业、人才、队伍和投资等四方面的结构调整，使部门内部结构不合理的状况有了明显改善。1992年提出气象部门改革"以事业结构调整和建立完善相应的运行机制为重点"，全面实施了气象事业结构调整，逐步建立了由基本气象系统、气象科技服务和以高新技术产业为重点的综合经营组成的"三大块"新型气象事业结构及相应的运行机制。第一大块气象基本业务，包括气象观测、预报、通信、资料、公共气象服务及科研、教育等工作，实行国家全额拨款政策，重点保证。第二大块气象科技服务，主要包括专业气象有偿服务、电视天气预报广告、防雷等，适度引入市场机制，其收入采取定额上缴，超额提成，使创收与职工个人收入适当挂钩。第三大块，综合经营，包括气象部门兴办的招待所、小餐馆、小商店和其他高新科技产业，充分引入市场机制，自主经营、自负盈亏。随着结构调整改革的不断深化，后来又把"三大块"优化升级为"三部分"。第一部分气象行政管理，履行国务院赋予的政府行政管理职能，依法规行政，其人员参照实行国家公务员制度；第二部分基本气象系统是气象部门的主业，经费由国家全额支持；第三部分科技服务与产业向企业转制，逐步走向市场。

气象部门的结构调整的效益 气象事业结构调整经历了从1985年"小三块"起步，到"四个结构调整"，到"大三块"，再到"三部分"的不断完善过程，取得了一定成效。首先是实现了政事分开、企事分开、管办分离，强化了内设机构的社会管理与公共服务职能；第二集中优势气象技术力量和财力物力加强了基本气象业务系统，使基本业务系统更加精干高效，强化了气象现代化体系建设；第三完善了公共气象服务体系建设，重点加强防灾减灾、应急管理和应对气候变化气象服务工作；第四开拓和发展了气象科技服务领域，扩大了气象事业的体量和发展空间，提高了气象工作的社会经济总体效益；第五形成和发展了一批有气象特色产业，其创收弥补了气象事业经费的不足，增强了气象部门自我发展与自我改善的能力，同时妥善地消化了因现代化节省出来的富余人员，保证了气象部门内部的稳定。

我参与气象事业结构调整的几件事 气象事业结构调整是以邹竞蒙为首的国家气象局党组集体决定的一项重要改革。这项工作在领导班子中先后由骆继宾、温克刚、马鹤年、李黄等副局长负责。其具体工作开始是放在局办公室政策调研处的，办公室副主任陈少峰负责，我也参与了一些方案的讨论和起草。1988年政策调研处从局办公室分离出去了，成立了政策法规司，这项工作也转移到了政策法规司，由江彦文司长负责。我作为局办公室负责人也参加了一些结构调整方案的讨论和起草工作。我在气象事业结构调整中所做的工作主要是一些信息的收集和文字的加工。每年是我组织起草的全国气象局长会议的工作报告，就包括了气象部门结构调整的资料写进年度工作总结；报告的任务部分也要有结构调整的要求。在起草这些报告的过程中有几件事情印象比较深刻。

第一件事是结构调整中的分流人员的表述问题。基本业务系统"三定"后通过双向选择一部分人上岗了，一部分人没有岗位，要转岗到专业有偿服务和综合经营，即到第二块和第三块去，也就是说这部分人要从第一块分流出去。这部分人如何称呼我们开始起草局长会议报告时把他们称为双向选择的"剩余人员"。初稿发到各省（自治区、直辖市）气象局征求意见时，有的省局提出"剩余人员"一词听起来有些刺耳，本来有些同志分流出去就不大高兴，再把他们说成剩余人员就更不高兴了，能否换一个词？此事把我们起草小组为难了一阵子，大家在一起七嘴八舌的讨论起来。有的说剩余不行用多余可不可以呢？有的说剩余和多余差不多呀。最后有人提出来用"富余"好了。我觉得这个词儿好，就改为了"富余人员"，拿到全国气象局长会议上讨论，大家都比较满意了，觉得改得好。此后国家气象局的所有文件涉及被分流到第二块和第三块工作的人员统称为"富余人员"。

第二件事是气象事业结构调整中的第三块的称呼问题。在1985年结构调整的初期，第三块就叫综合经营，主要是指气象部门利用自有条件开办的招待所、小餐馆、小卖店、印刷厂等经营实体。到了1992年小平南方谈话之后，各项改革都在深化，国家气象局有关领导把第三块改称为高新技术服务产业。而我个人认为气象部门办的那些经营实体非常有限，难以容纳多少高新技术，更难以形成产业。所以我在起草文件时对第三块仍称"综合经营"，只提增加综合经营的科技含量。因此有关领导找我谈话，提醒我要和党组保持一致。我虽然也申辩过，但表示将与局党组保持一致，今后起草文件都用"气象高新科技服务产业"一词。好在我1994年初调离了局办公室，不再有起草这些文件的机会了，解除了我许多斟字酌句的烦恼。后来的实践证明，全国气象部门并没有出现什么高科技产业。华云和华风等少数单位只是有一些高科技含量的公司而已，规模非常有限，够不上什么产业。

第三件事关于"形象分流"的问题。气象事业结构调整的重点和难点是人员分流。要把原来旱涝保收的吃皇粮的铁饭碗改变成依靠创造经济效益吃饭的瓷饭碗是一件很不容易的事。在结构调整的"小三块"时期，分流到气象专业有偿服务和综合经营的人员仍保留原事业单位的身份，都给他们留了一条后路。那时许多人还是愿意分流到第二、第三块的。各地也把分流人员的多少当作结构调整成绩的一个指标。国家气象局每年都要统计各省（自治区、直辖市）气象部门的分流人员数，分流人员多的均给予表扬，各地都有不同程度向局里多报的倾向。1992年深化改革时，中国气象局要求分流到第三块的人员与原单位彻底脱钩，让他们走向社会。这一要求执行难度比较大。许多省（自治区、直辖市）气象局采取了一些应付的办法，只是在个人分配上脱钩，人事关系仍保留在原单位。中国气象局有的领导发现之后提出批评，说这是"形象分流"，是假分流，要求予以纠正，一定要实行彻底分流。这一严格要求，似乎下面并不买账，虽无正面硬顶的现象，但大多采取了软磨和模棱两可等办法，很少有真正彻底分流出去的。也有的领导睁一只眼闭一只眼，可见那时领导层中对这个问题也是有不同认识的。我当时也认为综合经营没有形成规模，没有合适的项目，没有稳定的经济收益之前，贸然把这些人都推向社会是不可取的。

其实绝大多数的省（自治区、直辖市）气象局始终坚持了所谓的"形象分流"，并没有把分流到第三块的人员推向社会，保留了他们在原事业单位的身份。后来的实践证明，许多综合经营项目经营不下去了，这些人员还得回到第二块和第一块来了。除中国气象局举办的华云公司和华风等极少数单位转制为企业以外，地方气象部门兴办的各种经营实体大部分被市场淘汰了。好在当时没有彻底脱钩，否则定会留下许多难以处理的后遗症。现在看来要求第三块人员彻底与原单位脱钩，操之过急，是一种冒进。到了90年代后期中国气象局所提的按"三部分"调整事业结构就再没有用"分流人员"一词了，更没有强调推向社会了，实际上纠正了一度的冒进。

（四）气象机构改革

中国气象局的机构改革与前几项改革有所不同，前几项改革，如领导管理体制、专业有偿服务、事业结构调整等改革都是从气象工作的特点出发，自下而上的主动性改革，而机构改革是国务院统一部署的自上而下的被动性改革，是按照统一的指导思想、基本原则、基本要求和规定时间的执行型改革。1978年党的十一届三中全会以后，国务院每换一任总理，大多要对所属各部委局的机构进行一次改革，其领导班子也做相应的调整。我在局办公室工作期间，经历了中国气象局机关1980年，1983年，1988年，1993年4次机构改革。

第一次机构改革是在1980年 1978年以后，为了适应改革开放带来的新发展，各部门都酝酿着机构改革。1980年前后国务院就开始了对各部委局的机构进行改革。中央气象局在进行领导管理体制改革的同时，也有比较强烈的机构改革要求，认为领导管理体制改革后中央气象局的管理全国气象工作的任务大增，管理机构需要加强。1980年以前，中央气象局机关内设机构均为处、室，但配备的领导干部级别并不低，处长、办公室主任多为十二、十三级的"三八"式老干部。那时十三级以上干部属于国家高级干部，处长一般是十四至十六级的中级干部，似乎职务与级别不大相称。处下设科，有些科长的资历也很老，行政管理处的行政科长陈道仓在井冈山时期就是朱德警卫连的连长了。再加上领导管理体制改革之后，实行以气象部门为主的双重领导，中央气象局机关管理全国气象工作的任务大量增加。国务院的其他部委都下设司（厅），司（厅）下设处。中央气象局早就酝酿要仿其他部委将下设机构改为司（室），司（室）下设处。1979年末国务院就做出了改革开放后第一次大的机构改革的部署，中央气象局抓住这次机构改革机遇，积极上报了改革方案。当时中央气象局机关设有局办公室、外事办公室、业务处、科教处、器材处、计划财务处、人事处、保卫处、行政处、基建处10个职能单位，另外党内机构设有机关党委，总共11个处级单位。1980年初国务院以〔1980〕19号文件批复了中央气象局机构改革的报告，原则同意了中国气象局的上报方案，但没有同意将处级机构的名称改为司，而是改为部，允许部室下设处级机构。并明确中央气象局为副部级单位，部室领导比照部委低半格的标准配备。这次机构改革后中央气象局机关设办公室、外事办公室、技术发展办公室、政策研究室、业务管理部、计划财务部、科技教育部、物资器材部、干部部、保卫处、行政处、基建处，党的机构设纪律检查组、直属机关党委。上述部室下设处级机构，直属处下设科，纪检组下设办公室，机关直属党委下设处。机构增加了技术发展办公室和纪检组。编制控制在288人。

第二次机构改革是在1982年 1982年是领导干部新老交替的关键一年，许多1949

年前的老干部到了离休的年龄,那时中央十分强领导班的"四化"要求,按照年轻化、知识化、专业化和革命化的要求配备领导班子。此时国务院又进行了一次较大范围的机构改革,为各部委局领导班子新老交替提供契机。中央气象局按照这次改革的原则要求又上报了方案,仍要求将职能机构由"部"改为"司"。这次国务院同意了将"部"改"司"的方案,并提出,中央气象局的"中央"二字容易和党的机构引起误会,决定将中央气象局改名为国家气象局。国务院以(82)国函字163号文批复,同意国家气象局的机构设制为办公室、计划财务司、仪器设备司、科技教育司、人事司、外事司、技术发展司、业务管理司,机关行政编制为260人,行政机构和编制有所精简。行政处改为行政管理局,转为事业单位,不占行政编制。保卫处划归局办公室,基建处划归行政管理局。党的机构仍为纪检组和机关党委,不占行政编制。

以上两次机构改革,我当时作为国家气象局党组秘书和秘书处副处长只是对机构改革的方案作为公文加以审核,作为会议议题安排讨论,并负责会议记录和纪要整理等外围性工作,没有参加机构改革方案的调研和编写等实质性工作。这些实质性工作都是局人事干部单位具体承担的。

第三次机构改革是在1988年 这次机构改革我作为国家气象局办公室副主任参加了全局机构改革领导小组,参与了机构改革方案的调研和编制起草等一系列实质性工作。1987年底,国务院部署了机构改革的任务,提出了这次机构改革要贯彻"转变职能、下放权力、调整机构、精简人员"的16字方针。1988年1月下旬,温克刚副局长召集有关人员会议,宣布国家气象局党组决定成立局机构改革领导小组,局人事司副司长刘英金任组长,业务发展司司长吴贤纬、科教司副司长刘余滨、办公室副主毛耀顺、计划财务司副司长嵇启武为成员,负责组织这次国家气象局机构改革方案的调研与编制。这些单位都抽调了1~2名同志做具体工作,各司室也成立了相应的机构改革小组。局办公室就成立了由徐曼泽、陈少峰、毛耀顺、江彦文、韩通武5人组成小组。局机构改革领导小组有两大任务,一是编制局机关机构调整及"三定"的方案,二是制订全国气象部门机构改革的方案。局机构改革领导小组成立之后,我参加过多次调查研究活动,参与起草机构改革这两个方案和参与多次会议讨论修改,直至1988年4月25日召开的全国气象局长会议原则通过后上报。方案上报后又多次向国家机构编制委员会办公室汇报、商讨、反复修改。

国家气象局的机关"三定"方案经过21次修改后,经李鹏总理于1988年9月10日主持召开的国家机构编制委员会第六次会议通过,并以国家机构编制委员会〔1988〕31号文批发了《国家气象局"三定"方案》。国务院审定批发的国家气象局机关行政编制为260人,维持了1982年的编制数。职能机构设9个:办公室、天气预报警报管理司、气候监测应用管理司、科技教育司、计划财务司、人事劳动司、技术装备司、外事司、政策法规司,与1982年相比增加了1个司局级机构,即政策法规司。气象业务、服务和技术装备三个司的职能进行了适当调整,名称改得与职能更加确切。这次机构改革的结果对于国家气象局来说,是一个皆大欢喜的好结果,是来之不易的;对局办公室来说,更是一个"大赢家",将原来局办公室下属的政策法规处分离出去,成立了法规司。在实行这次机构改革过程中,局办公室又将秘书处一分为二,增设了政务信息处。最后决定国家气象局办公室设秘书处、信息处、档案处、宣传处、保卫处,人员编制35人。局办公室所属的收发室、铅印室、展览办公室人员列为事业编制。局办公室在这次机构改革中取得这样好的结果，这与我和局办机构改革小组所做的大量沟通说服工作是分不开的。

第四次机构改革是在1993年 1992年小平同志南方谈话之后，各项改革都要求进一步深化，机构改革也一样要求进一步深化。1992年底就传出了国务院要机构改革的消息，说这次国务院机构改革有大动作，要动真格了，实行大部委制了。有的说国务院只保留十七八个部委，要合并一批，撤销一批，转移一批。机关工作人员也要大批精简，下放到企事业单位，一时间人心惶惶。

1993年新年伊始，国务院就开始机构改革了。但这次机构改革和以往不同。以往的机构改革都是先发文件，提出原则要求，由各单位制定方案，上报审批后执行。这次机构改革是由国务院机构编制委员会关起门来制定改革方案，再征求一下部委主要领导人的意见后就下发执行。这大概是吸取了以往机构改革的经验，如果由各单位自己提机构改革方案，谁都会要求只增不减。1月初就从上面传来一些机构改革的信息。国家气象局非常关心国务院直属局的改革。那时国务院有18个直属局，传说这次改革有的保留，有的划为大部委的二级局或代管，有的转移为国务院事业单位。国家气象局何去何从，局机关都在议论纷纷。

1993年1月18日，温克刚副局长把我和刘英金、沈国权叫到他办公室，研究机构改革的事宜。他说听说国务院这次机构改革18个直属局只保留9个，对国家气象局有两种传说，一种是说在保留的9个之内，另一种说是交农业部代管。如果是后者，我们要先有所准备，说说国家气象局保留为国务院直属局的理由。先由你们三人搞个方案，再收集资料，形成一个材料，主动报国家编委。我们三人加班加点，很快起草了要求将国家气象局仍然保留为国务院直属局的材料，陈述了5条理由：

一是中华人民共和国成立初期，气象局在国家部委局很少的情况下都是直属的，而且多次机构改革、历届政府一直是直属国务院领导的局；二是从气象局承担的任务来说，是为各行各业的全方位的服务，涉及社会、经济建设方方面面，还涉及国防尖端和高新科技领域实验等，都需要气象服务保障，把气象局放到那个部门的下面都不合适；三是气象业务具有高度集中、高度分散的特点，气象现代化建设已自成体系，与其他部门不交叉不重复，并有独特的以部门为主的双重领导管理体制，难以与其他任何一个部委相容；四是气象事业是一项为全民服务的公益性事业，国务院直接领导有利于气象事业长远发展；五是国外气象机构大多是政府机构，世界气象组织的成员都必须是政府机构的代表。

这是第一个报告，报国家编委之后，并没有发挥多大作用。2月初得到确切消息，国务院是18个直属局，保留11个，没有国家气象局。国家气象局转为事业单位，履行部分政府职能。邹竞蒙局长听到这个消息后非常着急，于2月3日召集温克刚、刘英金、我和江彦文研究对策。邹竞蒙说，2月6日国务院就要开会拍板了，要赶在开会之前再写一个紧急报告，着重阐述国家气象局不能改为事业单位的理由："这个报告要写给党中央、国务院、江泽民总书记、李鹏总理。除了强调国家气象局的行政管理职能之外，还要强调世界气象组织常任代表，必须是国家政府官员，世界气象组织主席更要是政府官员。我现在是世界气象组织主席，如果成了一个事业单位的负责人，这个主席也就不好当了。各个国家的气象机构都是政府机构，没有一个是事业单位的。国家气象局的行业管理任务很重，其行政管理职能只能加强，不能削弱。要一个事业单位去执行部分政府职能是有困难的，效果也是不会好的。国家气象局为各行各业服务，没有替代单位。中央气象局是新中国最早的局，也是最定型、最稳定的局，名称还是周恩来总理亲自定的，是当时唯一用"中央"二字冠名的局。同时还要分析下改为事业单位之后的弊端。强烈表示国家气象局保留国务院直属局的意见。国家气象局是一个小部门，留在国务院内不影响国家机构改革的大局。这个报告以国家气象局党组的名义上报，请英金、耀顺、彦文三人抓紧起草。"我们三人经过一天一夜的紧张工作，按照邹竞蒙局长讲话的基调，起草了给党中央国务院的报告，经国家气象局党组审定后于4日报出，这是第二个报告。

2月10日中编办，专门听取国家气象局关于机构改革的汇报，由温克刚副局长详细汇报了国家气象局仍然留在国务院直属机构的意见。

2月13日，温克刚召集副局长李黄、颜宏和刘英金、我开小会，通报总理办公会讨论国务院直属机构设置问题，第2次报告也没发生作用，仍把国家气象局列为直属事业单位。此时邹竞蒙局长在越南访问。他从越南打回电话，要求国务院领导找气象局领导谈话推迟等到他回国，并嘱咐要做好退一步合并的方案准备，一是气象与水利部合并，二是气象与水文、环保、海洋、地震合并成立一个委员会。此事可做点准备，不宜扩大。这件事1981年、1987年都曾酝酿过，有调研材料，可在原来材料的基础上做些补充。

2月17日晚，邹竞蒙从越南回国飞抵广州就向温克刚通电话说："关于国家气象局机构的问题，要再呼吁一次，要再向中央写信，专给李鹏、江泽民。"邹竞蒙很激动，他说，要从实际来讲，1949年以来，国家气象局的机构一直是这样，是搞好了还是搞坏了？按照这样设国家气象局是符合实际的，事业是发展了，为什么要这么变？社会主义国家的气象开始都是直属政府部门，包括前苏联和越南，这是社会主义优越性的所在，为什么要套用西方模式？农业大国，为人民服务的宗旨不能丢，西方国家也在对气象机构合并升格。环境问题，气候问题，灾害问题，他们都这么重视，我们却大转机构，是不利的，对外还有不好的政治影响，国外对气象都是加强的趋势，我们却要分化削弱，国际国内影响均不好。我们再次呼吁，不是站在部门的立场，而是站在政府和国家的高度出发的。"

17日晚上10时，温克刚副局长召集李黄、颜宏、刘英金、我和沈晓农研究按邹局长的意见再一次向中央写报告呼吁事。这是第3次向中央写报告了。温克刚说，"根据邹局长的意见和大家讨论的意见，这个报告我们该写的都写，该说的都说，要把观点说得更明确一些。要写明按编委把国家气象局列为事业单位可能带来什么不良后果；要从实践的观点出发，从社会主义制度优越性出发，进一步阐述不能改的理由；还要从对减灾防灾不利，与政企分开精神不符，这是一种改革的倒退来加以反证。该报告请英金、耀顺、晓农连夜赶写，明天上午争取出初稿。"

18日下午，国务委员宋健向邹竞蒙局长传达中央编委对国家气象局机构改革方案。宋健说，受总理委托，向你们通报一下国务院机构改革的情况。国务院各部委的改革方案已经定下来了。撤销了物资、轻工、能源、航空、航天5个部，又成立了2个部。有些部门思想不通，还和李鹏吵起来了。现在编委要定国务院的直属局了，方案已报中央常委原则同意。国家气象局改为国务院直属事业单位，并受国务院委托承担原有的政府行政管理职能，仍给气象局国徽图章。由于国家气象局承担的主要是技术性、专业性的业务工作，而且地方气象队伍都是事业单位，故国家气象局可以改为事业单位。你们上次的报告，李鹏总理、朱镕基副总理也都看了。对这样改有意见还可以提，但要在本周六以前反馈，如果没有意见，就这样执行了。

18日晚，国家气象局副局长温克刚、李黄、颜宏召集人事司副司长刘英金、政策法规司长江彦文和我，根据邹竞蒙局长的意见，研究起草国家气象局不同意改为事业单位的反馈意见报告。这是第4次报告，经我们几人连夜加班起草，经局党组审定后于20日下午以国气〔1993〕09号文件报江泽民、李鹏、朱镕基、宋健、罗干等中央领导。21日晚，又增报了田纪云、邹家华、陈俊生等5位中央领导同志。期间邹竞蒙局长还找过多位中央、国务院领导反映自己的强烈意见。但这些努力都无济于事。

1993年4月26日，国务院正式下发了〔1993〕25号关于国务院机构改革的文件。该文件明确：将国家气象局改为国务院直属事业单位，名称改为中国气象局，国务院委托行使国家气象局原有的行政职能。中央编委明确，中国气象局的机关内设司局级机构总数和编制数不变，其工作人员参照公务员实行。这次机构改革的具体方案经中央编委批准，中国气象局机关下设局办公室、业务发展与天气司、气象服务与气候司、科技教育司、计划财务司、人事劳动司、政策法规司、产业发展与装备部、国际合作部，仍为9个司局级单位，只是有几个单位职能划分和名称有些变化而已。

这次机构改革费了九牛二虎之力，也没保住国家气象局为国务院直属单位的位置。邹竞蒙局长使尽了全身的解数，4次向中央写报告，多次向国务院领导反映，都没有改变国务院坚持将国家气象局转为事业单位的决心。真没有他争取双重计划财务体制时那么顺利。其实这样改后与原来差不多，没有什么影响。国务院副部级机构规格没有变；直属国务院的身份没有变，仍然由副总理级的领导分管，要比那些划归部委的二级国家局好多了；行使政府职能的权力没有变，而且更加明确了；机关内设司局级机构数和参照公务员实行的编制人数也没有变。从1月中旬到4月底，局领导邹竞蒙、温克刚等为机构改革投入了很大精力，刘英金、我、江彦文、沈晓农等为4次起草给中央、国务院的报告，加班加点，也付出了辛勤劳动，没有功劳也有苦劳！

机构改革成效 我经历和参与的中国气象局4次机构改革有什么成效，不像气象部门前三大改革那样，我还真说不出一二三来。每次机构改革国务院都强调了要下放权力，转变职能、理顺关系、精简机构、压缩人员、提高办事效率。但实际改革的结果，机构没减少，有的还增加了。政府机构减少了，事业机构和非常设机构增加了；机关工作人员也没减少，有的转为事业编制反而增加了；权力没下放，有的反而管得更细了。例如20世纪80年代国家气象局人事部门只管各省（自治区、直辖市）气象局和直属单位领导班子的配备，只管司局级干部的任免，但到了1993年第四次机构改革后却管到了地（市）气象局的一把手任免。如果要说这项改革有什么成效的话，那么应该说经过上述这四次机构改革，中国气象局机关内设机构职责职权的划分更趋科学合理，各级气象部门领导班子的年轻化、专业化程度有了很大提高。

十、经历气象现代化建设

气象部门在1978年改革开放后有三项永恒的重点任务，一项是气象预报与服务，一项是气象部门的改革，一项是气象事业现代化建设。这三项任务每年都要总结，每年都要布置。我作为局办公室起草或组织起草每年全国气象局长会议工作报告的一分子，必然要或多或少，或深或浅的介入这些重点工作，经历这些重点工作。我参与改革在前面已说了，本部分主要回顾一下我参加气象现代化建设所经历的一些事和人。

气象现代化是不断用国内外现代新思想、新理论、新科学、新技术、新成果武装气象事业的过程，是传统气象向现代气象转变的深刻变化，涉及气象服务、气象业务、气象科技、气象人才和气象管理等气象事业的方方面面，任何一个个人都只能参与或者熟悉它的某一局部。我参与和了解气象现代化是非常有限的。既然气象现代化是一个过程，就很难断定其起点和终点。有人把中国的现代化起点定于晚清"师夷长技以制夷"的洋务运动开始，那是西方现代科学技术开始传入中国，有一定的道理，但也不是绝对的，每个时代都有其内容不同的现代化。我所要回顾的气象现代化只是1978年到90年代初这时段的情况。

（一）气象现代化的基础

如果把1978年以后作为新时期中国气象现代化的起点，那么还得了解1978年以前气象业务工作情况怎么样，这是起点的基础。1949年新中国成立后，当时的中央军委气象局从接收国民政府的72个气象台站和解放区的29个台站着手，筹划气象事业的恢复和发展。1950年中央人民政府明确了"分区建设、统一领导"和"建设、统一、服务"的气象工作方针，确定了"自然区划与行政区划相结合"的气象站网布局原则，提出了用11年时间（1950—1960）实现地（市）以上行政单位建立气象台、县级行政单位建立气象站、有条件的乡镇建立气象哨的目标。到1961年底全国已建立了总数达2800多个气象台站。之后逐步形成了中国气候、天气、高空气象、航空天气、农业气象、太阳辐射、天气雷达、卫星气象等8类气象台站，总数基本维持在3000个左右。各种常规气象仪器的成功研制，尤其是59型探空仪，701、711、713气象雷达的研制和生产，大幅提高了地面和高空探测水平。这时还实行了"以生产服务为纲，以农业服务为重点"的气象工作方针和一系列气象业务技术政策和原则，促进了当时气象业务的发展。70年代初，气象卫星工程开始筹划、北京区域气象通信枢纽开工建设。与此同时，气象部门在只有二、三千人的基础上培养建立了一支6万多人的气象队伍。从新中国成立到改革开放之前这段时期，中国气象事业经历了艰苦创业的过程，也经历了"文化大革命"等时期曲折发展的过程，但这段时期气象基层台站基础设施的建设，基本业务的形成，基本队伍的壮大，都为推进中国气象现代化奠定了良好的基础。

（二）气象现代化建设历程

中国的气象现代经过了长期酝酿准备、制定现代化建设纲要、大力实施现代化纲要、不断升级提高现代化水平等几个阶段。

酝酿准备 1978—1980是气象现代化统一思想、酝酿准备阶段。要讲初始酝酿，还可追溯到1973年"文革"后期。1973年5月中央气象局与总参气象局分开后，中央气象局饶兴、张乃召、董涛三人筹建领导小组决定借调时任空军气象研究所副所长邹竞蒙到中央气象局工作，专门负责制订气象事业发展规划。同年8月邹竞蒙进入中央气象局党的核心小组，并明确为中央气象局负责人，分管气象科研和规划工作。从那时起邹竞蒙就开始关注和调研气象现代化问题，但只是那时的大环境还不行，气象部门进行现代化建设在认识上还不够统一，一些气象现代化的设想大多是"纸上谈兵"，包括周总理1969年初提出"要搞我们自己的气象卫星"的任务也是这样，尚未正式列入国家项目，处在预研阶段。1977年11月全国气象局长会议总结了新中国成立以来二十八年我国气象工作的基本经验，提出了为适应国民经济高速发展，要加速气象事业建设的任务。1978年3月，邓小平等中央领导批准了中央气象局上报的新的气象工作方针，首次把"逐步实现气象科学技术现代化"写入了气象工作方针。气象工作方针全文是："高举毛主席的伟大旗帜，坚持党的基本路线，在党的领导下，依靠群众办气象，实行专群结合、土洋结合、平战结合，逐步实现气象科学技术现代化，做好为经济建设和国防建设服务，以农业服务为重点"。这个方针仍然含有原气象方针的痕迹，但写进了现代化的内容，应该是一个很大进步；1973年两局分开后第一次在上海召开的全国气象局长会议上关于气象服务的问题争论不休，气象服务是提以国防建设为主还是以经济建设为主，两种意见争持不下，以至会议开完了，会议文件批不下去。1978年新的气象工作方针的下发，初步统一了认识。1979年初，中央气象局贯彻党的十一届三中全会精神，下发了实行工作重点转移的方案，明确提出了要把气象工作重点转移到气象现代化建设上来。随后，国务院批准中央气象局提出的新气象工作方针："积极推进气象科学技术现代化，提高灾害性天气的监测预报能力，准确及时地为经济建设和国防建设服务，以农业服务为重点，不断提高服务的经济效益。"这一方针统一了全国气象部门的认识，一直指导着气象事业快速发展。这一阶段虽然也有一些零零星星的气象现代化建设，但主要还是处在统一认识的思想准备阶段。

《气象现代化建设发展纲要》制定 1980年3月，时任中央气象局副局长的邹竞蒙主持召开加速气象现代化建设座谈会，探讨气象现代化的标志和含义、奋斗目标、现代化进程的阶段和主要任务。同年4月，中央根据饶兴再三要求辞去局长职务决定改任顾问，第一副局长薛伟民主持中央气象局工作。同年7月，中央气象局成立了气象事业长期规划领导小组和12个专业组专门制订气象事业长远发展规划，（后来定名为《气象现代化建设发展纲要》），由邹竞蒙副局长和中国科学院学部委员以后改称院士的程纯枢总工程师任规划领导小组的并列组长，成员有原中央气象局副总工王宪钊、易仕明和吴贤纬等。王宪钊是天气预报的专家，易仕明是气象观测的专家，吴贤纬是气象资料专家。12个专业组分别由气象观测、预报、资料、通信、服务等各方面的领导和顶级专家牵头及有关专业骨干参加组成，阵容之大前所未有。规划领导小组制订《气象现代化建设发展纲要》先从调研开始，一方面收集国内外有关资料，另一方面下气象基层台站调研，摸清现状和需求，同时派少数专家到发达国家考察，重点了解美欧的气象现代化现状；再就是明确长远规划从1980年的现状起步考虑到2000年，时间跨度20年；同时要求瞄准美欧气象现代化中的先进技术为接近或赶超目标。先由各专业组提出分方案，再由局业务技求发展办公室吴贤纬等负责综合汇总成《纲要》初稿。经过气象部门内外上百名专家近4年不懈努力和数十次的研讨论证，数易其稿，又经过1983年全国气象局长会议审议修改，于1984年提交全国气象局长会议审议通过，并组织实施。

《气象现代化建设发展纲要》（以下简称《纲要》）内容分八个部分，近2万字，对到20世纪末中国气象现代化建设发展做出了全面规划，提出了新的历史时期气象工作的任务、气象事业现代化建设的奋斗目标、气象事业现代化建设的战略重点、气象事业现代化建设奋斗目标分步骤实施的主要任务、现代化气象业务技术体系建设的阶段目标和主要进度、气象科研重点项目和科研机构、气象部门专业技术人才培养的阶段目标。《纲要》为气象现代化建设勾画出了一幅宏伟蓝图，是大展气象现代化建设的新起点。1990年气象部门根据气象现代化建设出现的新情况，对《纲要》进行了修订，印发了《气象事业发展纲要（1991—2020）》和《气象事业发展十年规划（1991—2000）》。

实施《纲要》《纲要》明确了分两步实施的战略措施：第一步，1990年之前主要是为后十年的加速发展创造条件，打好基础；第二步，后十年加快发展速度，按照气象业务技术体制现代化发展目标的要求，建成现代化气象业务技术体系。

国家气象局领导班子不仅是领导《纲要》的制定者，而且是实施《纲要》的强有力的领导者。1984年的全国气象局长会议通过《纲要》后，国家气象局党组集中精力，采取了一系列强有力的措施来实施《纲要》。

一是以宣传舆论为实施《纲要》的先导。《纲要》下发后，邹竞蒙等局领导通过会议讲话、发表文章、个别谈话和动用气象部门报刊媒体等方式大力宣传气象现代的重要性和紧迫性；同时还采取抓试点、树典型、办展览等一系列措施，进一步统一思想，提高认识，以《纲要》的落实为契机迅速在气象部门刮起了一股现代化建设的强劲之风。1984年初《纲要》下发后国家气象局抓紧跟踪各地实施情况，要求反馈实施方案和落实情况。与此同时并把江西、吉林南北两个省气象部门作为实施《纲要》试点。1984年底又在吉林长春召开全国气象局长会，这是气象部门历史上唯一的一年内召开两次全国气象局长会。这次会议现场参观吉林省气象局现代化建设情况，交流了各省（自治区、直辖市）气象部门实施《纲要》，开展现代化建设情况，推广了吉林、江西的经验，表扬了一批先进单位和个人，点名批评了一些后进单位，形成了开展气象现代化建设的强大攻势和良好氛围。

二是以抓计算机的应用作为实施《纲要》突破口。电子计算机是气象现代化的核心装备。为了提升气象部门计算机的普及程度和应用水平，国家气象局党组采取了两手抓的战略，一手抓微型机在广大基层气象台站和各项业务中的迅速普级应用，一手抓大型、巨型机在国家气象中心、区域气象中心的升级提高，使上下现代化同步推进。为了推广、普级微型机的应用，作为实施纲要的第一大举措，气象部门于1985年末至1986年初举办了全国气象行业电子计算机应用展览，有效推动了计算机在气象探测、通信、预报和资料加工处理等方面应用的迅速普及，使气象业务技术发生了一系列迈向现代化的深刻变革。1986年时任国务院副总理的李鹏参观了国家气象局举办的微机应用展览后称赞说，电子计算机的应用国家气象局走在了全国的前面，他还要求其他部门也来参观学习。在抓大型、巨型计算机应用方面，国家气象局争取到了我国研制的第一台银河巨型机在国家气象中心使用，同时引进国外巨型机配套使用。为了突破西方"巴黎统筹委员会"对我国的封锁，邹竞蒙曾以世界气象组织主席的身份找美国总统特批，使里根总统在退职前一天批准向中国气象局出口巨型电子计算机。这样国内生产的最大计算机、国外引进的最大计算机都同时在国家气象中心得到很好的应用，使原来不可能应用到天气预报业务上的一些数值预报计算模式很快变成了现实，大大提高了我国天气预报的时效和准确率。

三是以重点工程带动《纲要》的全面实施。在《纲要》实施过程中，从1984年开始至20世纪末，中国气象局组织实施了一系列重点工程建设，主要有卫星气象工程、新一代气象雷达全国组网工程、卫星气象通信工程（9210工程）、中期数值预报系统工程、气候诊断分析预测业务系统工程等。

1987年12月气象卫星资料接收处理系统工程（711-5-0）完工。1988年9月7日我国第一颗气象试验卫星FY-1A发射成功，1990年9月3日又成功发射了FY-1B试验卫星。气象卫星发射成功及其在气象预报服务上的广泛应用，大大提升了我国气象事业的高科技含量。

国家气象局一直把天气雷达作为气象现代化的重点项目来抓。继70年代初中期我国研制出711（波长3厘米）、713（波长5厘米）天气雷达之后，又研制出了714（波长10厘米）天气雷达。这些雷达在通过生产定型后陆续在全国布点。首先根据我国天气气候的特点，明确了以713、714（沿海）为主、711为辅组建天气雷达监测网的原则。1983年开始先后引进多普勒天气雷达和引进美国WSR—88D先进技术，生产新一代天气雷达，布有各类天气雷达228部，基本形成了我国天气雷达监测网，在监测台风、暴雨和强对流等灾害性天气方面发挥了重要作用。

1985年5月，"中期数值天气预报业务系统工程"列入国家"七五"期间的重点工程项目；国家科委也将中期数值天气预报研究列为国家"七五"重点科技攻关项目。作为中期数值天气预报系统工程建设中最重要的技术装备巨型计算机，一方面立足国内，使用了国产银河巨型机，同时在1989年和1991年还分别引进了美国CDC公司的CYBER962（每秒1480万次）和CYBER992（每秒3460万次）计算机。1991年6月，我国第一个中期数值预报业务系统（简称T42）建成并正式投入业务运行，使我国天气预报能力能有显著提升，预报时效从3天延长到7天，预报产品增加，准确率不断提高。

为了解决气象通信瓶颈问题，国家气象局1992年开始了气象卫星综合应用业务系统工程（9210工程）项目建设。主要建设内容为：在全国气象部门形成卫星通信为主、地面通信为辅的集中控制、分级管理的全国气象信息骨干网络，由国家通信主站、30个省级次站和300多个地（市）级小站及2000余个县（市）级接收站组成，包括卫星广域网和卫星语音网。该工程全部建成正式投入业务运行后，形成了中国第三代气象通信系统，使全国气象现代化的总体水平上了一个大台阶，为21世纪中国气象事业的大发展奠定了良好的基础。

省以下气象现代化在试点的基础上全面展开。主要抓了中小尺度天气监测系统建设。先在京津冀、长江三角洲、福建等省建设中小尺度天气监测试验基地，实验成功后迅速向全国推广。该项建设主要是推广无人气象站、自动气象观测仪等先进设备的应用，以便对天气进行加密观测和短时预报，同时实现了地面气象观测从传统的目测和手工操作转化为器测和自动化、遥测化观测，使气象基础工作发生了深刻的变革。

四是以科技教育为实施《纲要》的两翼。在《纲要》下发的同时，国家气象局就提出了要把科技和教育作为气象现代化腾飞的两翼，不久又提出了科教兴气象的发展战略，形成了又一个"两手抓"，一手抓气象科学研究，一手抓气象教育和人才队伍建设。在抓气象科研方面先从加强科研机构开始。1978年气象部门在原中央气象局气象科学研究所和气象科学技术情报研究所的基础上，通过整合成立中央气象局气象科学研究院（1991年更名为"中国气象科学研究院"），随后各省级气象科研所相继成立。1984年，各省（区、市）所属气象科学研究所，正式成为气象部门的科研机构。这期间，组织开展了灾害性天气预报、青藏高原气象科学试验、气候和应用气候，以及农业气象、云雾物理和人工影响局部天气、大气污染等方面的研究工作，参加了全球大气试验及台风、季风业务试验，还开展了大气探测设备和探测技术方法的研究。这些科研工作为气象现代化提供了有力支撑。

高素质的人才队伍是实施《纲要》的组织保证。在抓气象教育和人才队伍方面也是先从抓加强教育机构开始。1978年，南京气象学院被批准列入全国重点高校。随后成都、北京气象学校扩建为气象学院，这样气象部门就有了三所直属气象高等院校，同时还有：北京大学、南京大学等12所高校设有气象系或专业，培养出了大批高层次气象专业技术人才，保证了气象现代化对博士生、硕士生、本科生高等气象人才的需求。国家气象局在抓紧高等教育的同时还大力抓了中等教育，支持各省（自治区、直辖市）气象局建立起了30多个中等专业气象学校或培训班，培养出了大批基层气象业务骨干，以满足当地气象现代化对中级气象人才的需求。另外还在兰州、湛江、南昌建设了面向全国气象部门的三所重点气象学校（中专）。对在职人员通过轮流专业培训等方式提高素质以适应气象现代化要求。

有了现代化的《纲要》，还必须有强有力的领导班子来组织实施。1982年以后，邹竞蒙就任国家气象局党组书记、局长。他在组织制定纲要的目的，就开始注重气象部门各级领导班子建设。适逢当时国家废除领导终身制，实行离退休制之良机来调整各省（自治区、直辖市）气象局领导班子。那时各省（自治区、直辖市）气象局领导班子成员大多到了离退休年龄，国家气象局党组抓紧新老交替，挑选了一批符合"干部四化"条件的气象业务技术骨干进省局级领导班子，其中担任一把手的绝大多数学历在本科以上，年龄在40岁左右，年富力强，懂业务，他们对气象事业发展更了解，对气象现代化有共同语言，使《纲要》的实施更加顺畅。

五以深化改革为实施《纲要》的动力。实施《纲要》，需要大量投资。国家主渠道资金有限，要想把现代化步伐加快些，就要广开财源。当时气象部门领导管理体制已实行了改革，能否发挥"两个积快性"，使地方政府也能投入资金到气象现代化建设上来，这是一个难题。为了筹集气象现代化建设资金，在20世纪90年代初，国家气象局提出了进一步深化和完善以部门为主的领导管理体制，建立与之相适应的计划财务体制，调动各级地方政府参与气象现代化建设的积极性，取得很大的效益。例如气象雷达全国组网工程，投资很大，该工程就是采取国家与地方"拼盘"建成的，国家投资天气雷达等专业设备，地方投资雷达站的业务楼等建设。同时气象部门还进行内部改革，开展气象专业有偿服务和综合经营创收，用部分收入支持气象现代化建设。这两大举措有效地推进和加快了气象现代化建设步伐。

（三）气象现代化的成效

气象现代化建设经过全国各级气象部门近20年的不懈努力，到20世纪末取得了巨大成就，由于科学技术的飞速发展和社会经济建设的不断进步，大大超过了原《纲要》的预期。这些巨大成就主要体现在建成了气象业务、气象服务和气象管理三大现代化体系。

气象业务体系由综合气象观测业务系统、气象预报预测业务系统和气象通信网络系统构成，是气象事业体系的主体。

综合气象观测业务系统由天基、空基和地基气象观测系统组成的一体化的综合立体观测系统。该系统主要由地面气象观测、高空气象观测、天气雷达观测、风廓线雷达观测、气象卫星观测、专业气象观测、气象观测仪器计量检定和装备保障等业务分系统组成，实现从地面到高空以至星际空间、从区域到全球尺度、从大气物理参数到大气化学成分以及涵盖陆地、海洋、生态、环境与大气发生相互作用领域的长期不间断的综合观测，为天气预报、气候预测和相关科学研究提供基础资料和数据。30多年前，气象观测主要靠人工获取数据，遇到重大天气，人家都是往房里跑，气象观测员要向房外奔；如今，观测员基本告别了人工目测，昔日艰苦台站的一切，都能在几十公里外的城市、环境较舒适的办公室里监控，由地基、天基、空基组成的综合观测系统全方位地实现了气象观测的自动化

气象预报预测系统主要由天气预报业务、气候预测与气候变化预估、评估业务和专业气象预报业务三部分组成。气象预报预测以气象科学理论为基础，以数值预报等现代科学技术为支撑，以提高精细化预报准确率为核心，以掌握现代科学技术的预报员队伍为关键，基于气象综合观测系统获取的观测事实，对未来一定时间内大气变化过程与要素的预报、预测和预估，制作发布各种预报预测产品，并评估对人类生产生活、经济社会发展和生态环境可能产生影响。30多年前，天气预报主要是预报员对填图员手工绘制的天气图按天气学方法进行分析得出来的；如今，MICAPS系统的应用早已实现，只要轻点鼠标各种预报产品就能够自动生成了。

气象信息网络系统，主要由气象通信、气象网络、天气预报电视会商系统等分系统及相关基础设施组成，是连接气象综合观测系统、气预报预测系统、公共气象服务系统和气象科研及气象政务办公等系统的桥梁和纽带，承担着各种气象观测资料、预报预测产品和气象服务产品的收集与分发业务；承担着全国各级气象部门之间和同级气象部内部所有网络互联和网络管理；承担气象预报预测视频会商、电视会议及远程培训等多媒体通信业务；承担国际之间的气象信息交换通信业务。30多年前，气象资料、信息的收集与通信方式一直以人工作业为主，后期才开始进入半自动化作业方式；气象资料的处理工具主要以算盘和手摇计算器为主；如今，应用数据流传输和消息队列等技术，新一代气象通信系统可以做到在进行观测的同时将观测数据实时传送到国家信息中心或各地气象部门。

气象服务体系 由决策气象服务、公众气象服务、专业气象服务、专项气象服务组成，是整个气象事业体系中体现气象事业价值和效益，连接气象工作与经济社会，引领气象事业发展最重要的一个体系。

决策气象服务系统为各级党政部门制定经济社会发展规划计划、指挥生产、组织防灾减灾、应对气候变化、合理开发和利用气候资源、保护环境、处置重大突发事件、组织开展军事与国防建设、重大社会活动、重大工程建设等方面科学决策提供的气象信息服务，是一项涉及国家安全、社会稳定、经济稳定和人民生命财产安全的全局性、综合性、前瞻性和高层次的气象服务。

公众气象服务系统通过报纸、电话、广播、电视、手机、网络、警报系统、海洋预警电台、电子显示屏、超高频警报器、新媒体等方式，向社会公众传播气象知识，提供预报、预警、实时天气等信息，重点开展气象灾害预报预警、应对气候变化服务和面向公众生产生活的多样化气象服务。公众气象服务具有气象信息公开性、共享性和实时性的特征，受众面广量大，社会效益十分显著。

专业气象服务系统为经济社会有关行业和用户提供的用来满足特定行业和用户个性化需求、有专门用途的气象服务。专业气象服务是公共气象服务的重要组成部分，具有社会需求广泛，但各行业需求差异大的特点。随着社会经济的发展，专业气象服务领域不断拓宽，目前已从早期的主要为农业服务拓展到工业、商业、能源、交通、建筑、林业、水利、海洋、盐业、环保、旅游、民航、邮电、保险、消防等100多个行业，气象服务产品

成倍增加，气象服务效益显著提高。在专业气象服务中，为农气象服务始终是重点。

专项气象服务系统是针对经济社会发展而产生的特定服务需求、面向专门项目或特定用户所提供的具有个性化用途的专门气象服务。专项气象服务分为两大类：一类主要是为国家重大社会、政治、经济、军事、外交、文化、体育活动和重大工程建设、重大突发事件应急等提供的气象服务。自20世纪90年代以来，气象部门圆满完成了如北京奥运会、长江三峡、南水北调、福岛核扩散事件、载人航天、地震灾害应急等重大专项气象服务工作，社会效益十分显著；另一类是人工影响天气、雷电防护和气候资源开发利用等趋利避害专项技术服务。

气象管理体系 气象主管机构依据《中华人民共和国气象法》和国务院授权对中国气象事业进行的管理，由气象行政管理、气象行业管理、气象部门管理组成气象管理体系，是保障气象事业健康发展和有效运行的重要体系。

气象行政管理系统是国家气象主管机构依法赋予的国家权力对气象工作与相关社会事务开展的管理活动。依据《中华人民共和国气象法》，气象行政管理主要包括对气象观测、预报、服务、灾害防御、人工影响天气、气候资源利用等方面的管理。具体内容是：气象设施的建设、管理和保护，气象专用技术装备的行政许可，气象探测资料的汇交、共享和探测环境的保护，公众气象预报和灾害性天气警报的统一发布，气象灾害的防御、人工影响天气的管理、雷电灾害防御的组织管理和检测行政许可，气候资源的开发利用和保护等。

气象行业管理系统是气象主管机构对在中华人民共和国领域和其管辖的其他海域从事气象活动者进行统一规划、调节控制和监督等的宏观管理，以利优化资源配置，推动技术进步，提高整体效益。气象行业管理的对象是民航、海洋、林业、农业（农垦、生产建设兵团）、水利、盐业等部门建立的气象事业。此外，军队气象工作虽有其特殊性，也有部分业务列入行业管理的范围，如气象台站建设标准、气象业务技术规范、气象仪器设备标准等。

气象部门管理系统是气象主管机构对国家气象事业的管理，包括对气象业务、气象服务、气象科研、气象培训、气象队伍、气象财务、气象仪器装备和气象科普文化等实施全方位、分层级的管理。在部门管理中，建立了气象主管机构与地方政府双重领导、以气象主管机构领导为主的管理体制，以及与领导管理体制相适应的双重计划财务体制，充分调动和发挥了中央和地方两个积极性，推动了国家气象事业和地方气象事业协调发展。建成了局机关办公现代化系统，实现了公文起草、修改、远程传输和归档检索等的电脑化、自动化。（注：本部分内容参考了《中国气象百科全书》综合卷）。

（四）我参加气象现代化建设的一些具体工作

气象现代化是全国6万多气象人员共同参与建设的大事业，我作为国家气象局机关一名工作人员，也参与了一些具体工作。我参与的这些工作尽管微不足道，但作为个人来说，却是为气象事业做贡献的重要内容之一。

参与对《纲要》的修改。我没有参加制订《纲要》，但参加了《纲要》定稿前的讨论与修改。1983年底国家气象局党组召开扩大会，最后审定《纲要》稿，准备提交1984年初召开的全国气象局长会议通过。我当时作为局党组秘书和秘书处副处长组织并参加了这次会议。会上我提了一条意见，认为《纲要》开头的总论中应有一段表述气象现代化目标的简短概括性文字，使人看到目标一目了然。大家觉得这条意见很好，但谁来提炼这段文字，主持党组会的邹竞蒙半开玩笑地说："还是谁提的谁来写，毛耀顺提的这条意见，就你来写这一段文字吧！"我开始申诉说没有参加整个《纲要》的编制，要把整个气象现代化的建设目标要用一段话提炼出来有困难。但邹局长不由分辩地说："这个任务就你做了。"我在党组会上埋头记录，一般是不发言的，不知那天鬼使神差地提了那条意见。气象部门最高领导下达的任务，我不得不干，而且要干好。《纲要》全文以往虽看过，但都没仔细看，这次将近两万字的纲要全文，花了一周时间从头至尾仔细看了二遍，个别重点部分看了多遍，最后才概括成不到200字的段落："20世纪末，力争建成适合中国特点、布局合理、协调发展、比较现代化的气象业务技术体系，即建成由各种探测手段有机组成的大气综合探测系统；多层次结构及多种通信手段并存的综合气象电信系统；以计算机为主要手段的气象资料自动处理及信息检索系统；以数值预报为基础，综合运用各种预报方法而形成的天气预报业务系统，以及气候诊断、分析、预测的业务系统；综合运用各种气象服务手段及现代传播工具的气象服务系统。《纲要》提出的战略重点：努力提高灾害性、关键性天气的监测、预报能力；积极开展气候服务；切实抓紧人才培养；大力加强科学研究"。邹竞蒙等领导对这段概要文字非常满意，在最后定稿时一字不漏地加进了《纲要》的总论部分。此段文字似乎成了气象部门的金句，为以后的许多重要气象文献所引用。

参与对实施《纲要》的宣传鼓动和督查工作。1985年以后，我主编的《气象信息参考》把各地实施《纲要》，开展现代化建设的内容作为重要内容进行宣传报道。那时还没有气象报，《气象信息参考》是气象部门纵向、横向互通信息最快捷的渠道。我们重点报道与现代化建设有关的两个统计指标，一个是各级气象部门应用微机的台数，二是各地争取地方投资的项目和资金数。这两项统计数据的适时报道，在各省（自治区、直辖市）领导班子中（《气象信息参考》只发到气象部门司局级干部传阅）产生了很大影响，起到了很好的互相交流与促进作用。我在起草历年全国气象局长会议工作报告前，都要广泛收集各级气象部门现代化建设进展情况资料，提炼典型事例，写进会议年度工作报告的总结部分，经局领导在会上报告后，起到表彰先进的作用。在工作报告的任务部分总是把现代化建设列为重点任务布置下去。我在局办负责督查催办工作，总是把落实气象现代化建设的任务作为重点督查催办项目。1985至1994这10年间，我每年下基层台站3~5次调研，大多把气象现代化建设作为检查和调研内容之一。这些工作都有效地推进了气象现代化建设。

大力推进国家气象局机关办公现代化建设。机关办公现代化是气象现代化建设的重要内容之一。我可以说是国家气象局最早提出要搞办公现代化建设的第一人。早在1982年我就在局办公室提出了要搞办公现代化建设的意见，提出了要电子计算机处理中文，用气象通信网传输公文和政务信息等建议。那时我只是局党组秘书兼秘书处副处长，人微言轻，没有引起重视，甚至还被某些专家嘲笑，说什么电子计算机只能处理由字母组成的文字，不能处理方块汉字；气象线路只能传送气象电码，根本不能传中文。1985年我任局办公室副主任后，再次提出要开展办公现代化建设的意见。这时我的职务提高了，主要是时代进步了，电子计算机开始普及了，又有气象部门开展大规模现代化建设的东风，这个意见得到了有关领导和同事的大力支持。在领导层中首先支持办公现代化建设的是章基嘉、骆继宾、温克刚；在同事中积极支持的有韩通武、赵同进、李黄等。特别是李黄，当时他还是计财司副司长，特别热心办公自动化建设，不仅很快把机关办公现代化项目列入计划、落实经费，还主动参加办公现代化方案的设计。90年代初他任国家气象局副局长后，不分管局办公室工作，但他自告奋勇的负责抓办公现代化建设，使这项工作进展快，效益好。

我主持制定的办公现代化建设方案有两方面的内容：一方面是机关行政管理的现代化建设，这是软件部分，包括计划规划管理、法规管理、目标管理等，其具体内容详见本书第二部分"关于气象部门转变职能加强宏观管理的思考"一文；另一方面是办公自动化建设，这是硬件部分，包括公文和政务信息等文字的录入、排版、印制、传输、归案、查询等利用电脑进行自动化处理等，其具体内容详见本书第二部分"关于办公自动化的情况和发展设想"一文。我是国家气象局机关办公现代化建设项目的牵头人，项目列入计划后主要由我来组织实施。在抓软件方面组织制定了一系列机关工作的规定制度，包括领导决策程序、公文管理办法、会议管理办法、年度计划管理、目标管理等，为以后纳入《气象工作条例》和《气象法》等法规管理奠定了基础。在抓硬件方面做了以下几件事：一是抓微型机的配备，第一步配备处级单位，第二步机关除少数年岁较大不能使用的人员外做到人手一台；二是抓应用，通过培训班、检查评比等方式促进微机中文录入、编辑中文软件的应用；三是抓远程中文传输系统（Lotus Notes）建设，这是一项比较大的工程，费力较大。这项工作就是通过气象通信专用网络远程传输公文和政务信息，即由国家气象局办公室为中心，连各省（自治区、直辖市）气象局和机关各司（室）、各直属单位，再由这些单位连接其下属单位，层层下连到全国2700多个基层气象台站。该系统在80年代后期建成，使国家气象局的有关公文和政务信息可以直接下达基层台站，基层台站的重要信息也可以直接上传到国家气象局，这在当时国内是少有的，就连国务院秘书三局的领导同志参观后说，国务院办公厅现在还做不到把文件一下传到全国各县级政府，你们真是走在前面了。

机关办公现代化建设取得了很大成绩，获得了显著效益。主要提高了领导机关决策的科学化水平和宏观管理能力，改善了机关工作方式，减轻了机关工作人员的劳动强度，提高了机关工作效率，促进了气象事业快速发展。

十一、在局办工作期间的主要同事

我在中国气象局办公室工作期间时间较长，工作内容面广事杂，接触的同事上下左右较多。往大里说，整个局机关近300名工作人员，特别是局办公室40多名工作人员都可以说是同事。但在此我只能对一些接触较多、印象较深的同事进行一些回忆。回忆中的一些事也不一定十分准确。与中国气象局领导人本不在一个层级上，但做文秘工作与他们接触较多，也将视为同事一并回忆，所以这里回忆到的同事中有上级、同级，也有我的下级。

（一）局领导

我工作期间，经历了六任中国气象局局长，可谓"六朝元老了。这六任局长依次是孟平（1970—1973年）、饶兴（1973—1980年）、薛伟民（1980—1982年）、邹竞蒙（1982—1996年）、温克刚（1996—2000年）、秦大河（2000—2006年）。在这六任局长期间任副局长或相当副局长职务的先后有张文瓘、赵元甫、张乃召、程纯枢、董涛、吴学艺、王瑞琪、左明、戈锐、章基嘉、骆继宾、马鹤年、李黄、颜宏、刘英金、孙先健、郑国光、王守荣。孟平任局长期班间我刚参加工作，处于中央气象局基层工作岗位，除了张文瓘副局长在1970年视察学生连时有一次近距离接触外，其他局领导人均无交往，没有留下什么记忆。秦大河任局长期间，我在气象出版社任社长，由于过去与他不熟悉，我又快退休了，除了刘英金副局长分管出版工作与他接触较多外，其他局领导成员接触不多，留下的记忆也不多。而饶兴、薛伟民、邹竞蒙、温克刚四位局长任职期间我在中国气象局办公室工作，曾兼任过前面三位局长秘书，与他们接触较多，特别是邹竞蒙我从秘书、秘书处副处长、办公室副主任一直在他身边工作有二十多年。温克刚早在七十年代末他在山西省气象局办公室工作时就相识，后来他任中国气象局领导后又分管办公室工作，我调气象出版社工作后他又分管出版社工作，关系更为密切。这四位局长对我都比较关心，给了我许多培养锻炼的机会，留下了不少深刻、美好的记忆。与此同时，还有张乃召、章基嘉、骆继宾、马鹤年、李黄、刘英金、王守荣几位副局长在工作上交往较多，也留下了一些难忘的记忆。

饶兴（1910—2012）中国气象局第二任局长，1910年出生于湖南省长沙县，1930年参加革命工作，是一位身经百战的老红军。1957年调任中央气象局后历任中央气象局党组书记、副局长、代局长、局长、顾问，是第三届全国人民代表大会代表。他是一位为民族独立和人民解放，为社会主义建设事业做出重要贡献，特别是为开创和发展我国气象事业做出重大贡献的值得永远尊敬和纪念的老同志。

我和饶兴局长第一次见面是1973年5月刚调局办工作时，徐曼泽带我熟悉局办环境，把我带到了他办公室，向他介绍我是新调来的秘书。他停下手头的工作，看了看，问我是哪里人。我说是湖南人。他说，哦，我们还是老乡呀！年轻人，好好干。他简短两句话，使我感到很亲切，很有信心把工作做好，至今还记得比较清晰。到局办工作的前五年，我负责邹竞蒙的秘书工作，与饶兴接触不多。1975年初夏，行政管理处房管科的一位管理人员散布"局长身边的人抢占住房"的舆论，矛头直对我而来。此事惊动了饶兴局长。我以为饶局长会不加分说地批评处理我了。但没想到他召集有关人员到我们几家住处开现场会，不但帮我们四家解决了住房困难，还批评了行管处的有关同志。我和我的邻居们对饶局长如此体察下情，无不感动（详见轶事拾零）。

1978年以后，我任党组秘书兼局长秘书，与饶兴局长的接触越来越多了，负责他的工作日程安排和公文审核等工作。在担任他秘书三年多工作期间有两件事印象深刻。

第一件是1978年9月，陪饶兴局长到江苏出差，印象深刻。到南京的第二天，江苏省气象局拟安排向饶兴局长汇报工作。饶兴说："你们先别安排汇报，我们到了南京，先要到中山陵、雨花台去敬仰革命先行者和革命先烈。"在中山陵参观时，饶兴同志讲了孙中山的革命历史，在雨花台参观时又讲了许多日本侵略者的罪行。他要先参观这两个地方，实际是要对我们随行人员进行革命主义和爱国主义的教育。按出差计划饶兴局长要在江苏省气象局和南京气象学院各召开一次座谈会，听取汇报。我问他要不要给他准备在会上的讲话稿。他说不用了，听了他们的汇报之后，我有针对性地讲几点就行啦，不长篇大论。这是我第一次随他出差，感到很轻松。饶兴局长平时不爱多讲话，在会议上讲话也很少照本宣科，多用自己的语言，条理清晰，主题突出，话语简练，容易记忆，有人戏说他喜欢编"三字经"。他批阅文件果断，态度鲜明，同意就照发，不同意就退回，效率较高，从不压文。他开会讲究效率，按时出席，到点散会，很少拖延。遇到谁在会上长篇大论或超时发言时他会及时制止。

第二件事是1980年春，他把林学舜、陈少峰和我叫到他办公室。他说："关于气候问题，我们现在重视不够，我要发表一篇文章，讲气候工作的重要性，以引起各方的重视。小毛是学气象的，请你执笔起草，学舜、少峰把关。"随后他讲了文章的题目和主要观点，要我尽快写出初稿。最后他还说，"文章的题目和观点我负责，文章怎么写，怎么表达，文章的科学内容你们负责。文章写好后你们交叉看看，最后送我看，争取以我的名义在人民日报发表"。这是我第一次执笔起草要在《人民日报》发表的大文章，心中打鼓。我关起门来，翻阅了许多有关气候方面的资料和书本，用了一个月左右写出了这篇文章。林学舜、陈少峰看了比较满意，稍作修改后送饶兴审定，1980年发表在《人民日报》上了。

到了20世纪90年代，气候工作的地位越来越高，越来越受到重视。许多知名专家纷纷转行从事气候研究工作，一些领导也把重视气候工作的光环往自己头上戴。有人宣称中国的气候工作，是从某某局长上任后才开始重视的，殊不知早在10年、20年之前，饶兴局长就已经重视了。或许在饶兴之前的第一任局长涂长望也重视了。

饶兴局长离休后，我与他接触不多了。但有几次印象较深。一次是他离休不久，可能是要写回忆录，他问我常德市西北方向30多里有个小镇叫什么名字，地图上查不到，1949年前我们部队进常德市时在那里住过一夜。我告诉他那个小镇叫"陬市"。陬字很多人不知其发音，他也不知读什么音，我告他发"zōu"音。再一次是20世纪80年代后期，那时办公室的人员大多换成新的了，我请他到局办公室进行传统教育，他欣然出席，讲了他小时候做学徒工受剥削，受压迫的情况。还有就是他搬进平房以后，在自己的小院子里面种了许多菜，他请我到他院子里看他种的菜。他种的菜一半以上是辣椒，临走时他还送了我一瓶自己做的剁椒。后来我到湖南出差时买了几包浏阳豆豉作为回报送给他。他非常高兴，说浏阳豆豉炒辣椒是最好的下饭菜。

最后一次是他前列腺开刀之后，我去看他，那时他已经90多岁了。他离休后享受正部级医疗待遇，由友谊医院负责他的保健。他患了前列腺增生，友谊医院和大医院认为他年岁已高，都不给他开刀。于是他找到了一个小医院，为他做了前列腺手术。我去看他时他风趣地说"大医院不给我做手术，我就找小医院，活人总不能给尿憋死了吧！"

饶兴同志从1957年到1980年在中央气象局担任主要领导期间对气象工作做出了重大贡献，我认为主要表现在三个方面：一建立了由近3000个中央、省、地、县四级气象台站组成的举世无双的全国气象台站网；二建立了一套气象业务和气象工作管理的规章制度和方针政策；三是培育了一支气象专业队伍和艰苦创业、无私奉献的气象人精神。这些为以后的气象事业更好地发展奠定了良好的基础。

饶兴同志善于把党的路线方针政策与气象工作的实际结合起来，及时提炼气象工作的一些方针政策和办法。在"文革"前他就提出了"以生产服务为纲，以农业服务为重点"的气象工作方针，还提出了"三个结合，三个为主"的气象业务技术政策等。"文革"后他重新工作不久，又提出了气象部门学大寨、学大庆的一系列方略。党的十一届三中全会以后，他坚决贯彻十一届三中全会精神，积极推进工作重点转移，调整气象工作方针政策，把工作的重点逐步转移到气象现代化建设和气象业务、服务上来。在1979年中央以调整为中心的方针下达以后,他主动向中央提出缓建气象卫星项目的建议,得到了中央主管部门的采纳,但也引来了说他反气象现代化建设的非议。在国家干部离退制度尚未建立之前,他就主动向中央写信要求退去局长职务,要求离休。1978年、1979年两年内向中央三次写信要求退职离休。中央组织部经干局联系中央气象局的魏同志说,主动向中央写信要求离休的部级干部当时全国只有三人,饶兴就是其中之一。他为国家建立离退休制度开了个好头,因而得到了中央领导同志的表扬。

饶兴同志很大度,不计较个人得失,不为某些非议所困扰。退去领导职务之后,对后任领导班子的工作不参与、不干扰、不出难题。他离休多年后,一心安度他的晚年。那时只要有单位请他进行传统教育,他都有求必应。在九十岁左右高龄时,他还在局大院到处拾废弃的包装带,把它编制成可以装菜的手提包,送给左邻右舍。几年下来,他编制了上千个手提包。中国气象局大院许多人家都用过他送的编制手提包,大家都非常感动。

饶兴是中国气象局大院资格最老(老红军)、职务最高(局长、正部级待遇)、寿命最长(103岁)的老人,我将永远怀念他,纪念他对我的知遇之恩。

薛伟民(1916—2013),江苏六合人。1979年3月调入中央气象局任第一副局长、党组副书记,1980年4月年至1982年4月任中央气象局局长,是中央气象局第四任局长。1979年至1982年我兼任薛伟民的秘书工作。1982年4月他改任国家气象局顾问后其秘书工作由郑明一担任。我在兼任薛伟民秘书期间与他接触比较多。

他刚来气象局要熟悉情况,我负责安排他熟悉情况,采取了由近及远、分三步走的方案。第一步熟悉局机关,找单位领导汇报和下单位开会座谈;第二步,下局各直属单位听取汇报和个别找领导、专家谈话;第三步,下省、地、县气象台站调研。他用了半年的时间熟悉气象工作情况。这期间我几乎全程陪同,帮他通知开会、约人谈话、随同出差、负责记录,在为他服务的同时也熟悉了他的工作思路和工作风格。薛伟民是做文秘和政工出身,在找人谈话、召开会议时,除了我记录,他自己也记录。他有写日记的习惯,每天晚上在睡觉前都要把当天所做的工作写在日记上。他在一般会上讲话,不要别人起草讲话稿,先自己在工作笔记本上拟好提纲,然后按提纲讲话,很有条理。

1979年初夏,我随薛伟民副局长到四川、云南、安徽等省气象局和基层台站调研和视察。每到一地他都注意轻车简从,深入群众,了解实情。身体不算太好,他还要亲临峨眉山气象站(详见本章轶事拾零)。峨眉山气象站建在山顶(金顶),汽车只能开到一个叫双井子的地方,还要向上走20多里的山路才能到达气象站。四川省气象局随同人员建议他说,山路比较陡,山顶天气恶劣,劝他不要上了。但他坚持要上,亲自体验一下高山气象站的工作和生活。到了气象站,站里的同志要我们休息一下后,再出去看看峨眉山顶的风光。但薛伟民顾不上休息,马上与站里的工作人员交谈开了。他代表中国气象局对山顶气象站坚持工作的同志表示慰问,听取对气象工作的意见,询问有什么困难和问题。气象站的同志们很高兴,说这是中央气象局领导第一次上峨眉山气象站来,感到很亲切,把他们的困难和问题都向薛伟民说了。下午三点左右,薛伟民就出现高山反应,感到胸闷,幸好省气象局的同志带了氧气包上山,让他卧床休息,胸闷症状得到缓解,并坚持在气象站住一夜。

到云南之后,薛伟民带领我们调研组马不停蹄,除了在云南省气象局开座谈会、个别谈话、多方了解情况外,还沿滇池调研了一圈,走访了10多个县级气象站,掌握了基层气象台站大量第一手资料，为他尽快熟悉全国情况，进入领导全国气象工作的角色打下了基础。

1981年夏，我随薛伟民到大连棒棰岛休假，朝夕相处了20多天，了解了他一些生活习惯。他除了看书、散步，没有什么爱好。他小女儿薛倩也陪同休养。棒棰岛是中央领导常来避暑的地方，在大连人眼里，是一个很神秘的地方。在休养期间最难忘的一件事是教薛伟民父女下海游泳。他小女薛倩热衷于下海学游泳，要我教她，并要他爸爸陪着一起下海。薛伟民不会游泳，不敢下海，我一人要管两个不会游泳的人，也不敢让他父女俩同时下海。后来辽宁省气象局王潭副局长来陪我们，他会游泳。于是我们四人在浅海滩游泳，我负责教薛伟民，王潭负责教薛倩。王潭教薛倩很有成效。我教薛伟民不但没有进步，反而弄得他不敢下水了。只要海水一过了腰部，他就站不稳，特别紧张，死死抓住我不放。有一次他累了，坐在海水边沙滩上休息，一个海浪冲来，把他打翻了，被海浪卷了下来，还喝了口海水，幸亏我发现快，把他扶上了岸。此后怎么动员，他也不下海了。后来薛倩学会了游泳，我和她在海水中捞了许多海带上来，薛伟民就负责找草地把海带晒起来，准备带回北京吃。海带晒干后都焦了，手一抓都成了粉末，全是白费力了。

休假结束前，邹竞蒙从北京来到棒棰岛，准备与薛伟民一道主持在大连召开的部分省气象局长会。他到棒棰岛后就下海游泳，他的游泳水平高，蛙泳姿势标准，一下海就游出海岸几百米，到了鲨鱼围栏边沿。他到的第二天，薛、邹二位领导带领我们到了长海县气象站，长海县是一个全部由大小岛屿组成的县。两位中央气象局领导同时来县气象站，县气象站的同志很高兴，到海滩上拾来许多海红（蛤子），煮了一大锅招待我们一行。邹竞蒙胃口好，吃了很多，边吃边说这东西鲜，好吃。我闹肠胃，只尝了点，薛伟民也未多吃。到了中午，长海县县长招待我们，满桌鱼虾，用不同方法做的对虾就有几大盘。由于在气象站吃过海红了，看着这丰盛的对虾宴都无能为力了，大家都只是象征性的吃了点。餐后，县政府领导还带我们参观了一个很大的冷冻库。库内温度在零下20度左右，让我们都穿着棉大衣进去，里面贮藏着各种鱼虾和其他海产品，使我们大开眼界。

薛伟民虽然身居领导职务，但他乐于助人，一般同志找到他也热心帮助。他在调中央气象局前曾在北大医院任过党委书记，在北大医院认识的人多。到气象局后，有同志看病托他介绍好医生，他都有求必应，帮助联系医院，找名医等。即使他不认识，也帮助解决。

薛伟民任中央气象局局长只有三年左右，时间不长，但对气象工作的贡献还是比较大的。我认为他的贡献主要有两点：一是坚决贯彻党的十一届三中全会精神，实现了气象工作重点转移，平反冤假错案，落实知识分子政策，启用了一大批气象科技人员；二是积极支持在气象部门推行领导管理体制改革和气象现代化建设，为接任他的邹竞蒙深入推进这两大重要工作开了个好头。

薛伟民在位时，我很少上他家去。他离休后，我和胡桂琴每年春节都到家去拜年。薛伟民作为中央气象局局长是副部级，他的夫人章明是民政部的副部长，他两位是双部级家庭，这在老同志家庭中不多见。

薛伟民对我给予了许多培养和信任，从他身上学到了不少分析处理问题的方法和经验，特别是政工和文秘工作经验，使我受益很大。他已于2013年逝世，我将永远怀念他。

邹竞蒙（1929—1999），出生于上海。其父邹韬奋，是近代中国著名的记者和出版家，是抗日救亡运动的救国会领导人"七君子"之一。其兄邹家华曾任中央政治局委员、国务院副总理。其妹邹家骊在上海工作，任过上海市妇联副主任。邹竞蒙曾用名邹家骝。1973年调中央气象局任领导工作，1982年4月至1996年8月任国家气象局局长，是中国气象局第五任局长。

我1973年调局办工作就负责邹竞蒙的业务秘书工作，直到1978年底，我算是他的第一任秘书吧。他任中国气象局领导期间先后有五任秘书，依次是我、韩通武、顾兴本、沈晓农、张海东。我任邹竞蒙秘书期间完全是工作关系，只负责他的工作日程安排和公文处理等服务事项，对他的家务和个人生活没什么服务。在我不任他秘书后，成了他的直接部下，仍在他眼皮底下工作。在我任局办公室副主任后，他有时还把我当他的秘书使用。所以他是我在工作上接触最多的中国气象局领导人。

在任他秘书期间，经常随他出差。随邹竞蒙出差是件苦差事。他是一位工作狂，出差日程安排紧，不是找人谈话，就是开会。1974年夏天，我第一次随他到杭州参加台风研讨会。我们住在西湖边上的花港宾馆，开了三天会，忙得我几乎没有时间出宾馆，只是茶余饭后在宾馆的周边眺望了一下西湖的远景。西湖的全貌、杭州市什么样子，一点也未见到。回到北京后，单位同志问我，杭州怎么样，西湖很美吧？我却无言以答。

1976年秋，我随他到广西桂林出差，住榕湖宾馆，据说毛主席曾在这里住过。宾馆的条件和周围的风景都很好。此次出差是他主持召开713气象雷达设计定型会议。我们先参观了研制和生产该雷达的722厂（属军工厂）。该厂在深山里，大部分厂房建在大山的溶洞中，日本占领时曾在洞中生产过兵器，洞体很宽大，但湿度大，噪音大，工人们都希望把厂房搬到洞外去。但那时战备抓得很紧，正是大搞"山、散、洞"的时候，上面不可能同意迁出洞外。改革开放以后，听说该厂已全部迁出洞外了。713气象雷达是波长为5厘米的测雨雷达，是由气象科研所与722厂立项研制的当时国内最先进的气象雷达，已生产出一部样机。由中央气象局的有关专家、技术人员和722厂的专家、技术人员对该台样机进行技术鉴定，决定是否能达到设计使用要求，是否能定型扩大生产。当时中央气象局参加此次会议的还有科教处处长（那时中央气象局下设处，还没设司）宋雪峰、气象研究所所长唐昭东，这两位都是"三八式"的老同志，在年龄上要比邹竞蒙大10多岁。鉴定会的前一天晚上，已经10点多了，邹竞蒙突然要召集气象局来的同志开个小会，统一一下口径，好与工厂方面谈我们使用方的意见。要我去通知大家来开会，其他一般技术人员很快到会了，就这两位老资格的处长、所长已上床睡了，不想起床参加会。我第一次请他们参加会，他们说："深更半夜，开什么会！"没请动。第二次去请，他们还是没有动，这两位在中央气象局资格老，脾气大，不好惹是出了名的。但邹竞蒙不信邪，第三次自己亲自出面请他们两位，很不客气地说："你们两位老同志是革命工作重要，还是睡觉重要？大家都到了等你们，还有没有组织观念？"两位老同志这才很不情愿的参加了会议。

713雷达设计定型鉴定会开得很顺利，双方认为基本达到了设计要求，通过了设计定型，并商定再生产5部样机，扩大试用后再考虑是否批量生产，正式装备气象台业务使用。

此次鉴定会不久，邹竞蒙在局机关第二会议室召开落实5部713雷达样机的生产办公会。而同时饶兴局长在第一会议室召开办公会议，讨论713雷达暂缓建设问题。时任局计划财务处处长的王基报告没有5部713雷达建设经费，要求缓建。我发现这两个会议对

713雷达一个要上马,一个要下马,开下去势必形成难以收场的局面。我马上报告邹竞蒙和办公室负责人林学舜,建议马上暂停这两个会议。后来由邹竞蒙个别向饶兴局长汇报,并说服了饶兴同意安排5部713雷达样机的生产,为以后713雷达在气象部门广泛布点应用打下了基础。在处理此事上,两位局领导还表扬了我,批评了计财处领导在局领导之间钻空子和局办公室领导安排会议时审查不仔细等问题。

邹竞蒙的敬业精神和对气象现代化建设的执着是令人钦佩的,我在《二十世纪杰出人物》一书中为他写的传略和在《纪念气象事业改革开放30年纪念文集》中对他在气象部门所做的工作进行了比较全面的回顾。我个人认为,他是历任中国气象局长中任职时间最长,做出贡献最大的一位。他对气象事业的贡献主要表现在四个方面:一是为全国气象部门创立了一个举世无双的管理体制,保障了气象事业长期、稳定、快速发展;二是大力推进气象现代化建设,使之大大缩小与发达国家的差距,个别赶上了世界先进水平;三是培育了一批气象管理人才和气象科技队伍;四是提高了中国气象在国际上的地位,他连续两届担任世界气象组织主席,是中国在联合国专门组织第一个当主席职务的人。

邹竞蒙对我个人的培养和工作上的信任、支持是多方面的(详见我撰写并载入气象出版社出版的《风雨征程》第一集"气象出版工作与两位局长"一文),我将永远怀念他,并感谢他的知遇之恩。

温克刚 1937年10出生,山西文水县人。1985年7月任国家气象局副局长,1997年至2001年任中国气象局局长,为中国气象局第六任局长。

我认识温克刚早在他任国家气象局副局长之前。1976年我随邹竞蒙到太原参加全国气象测报工作会议。山西省气象局作为东道主负责主办这次会议。温克刚当时是山西省气象局办公室副主任,参加了这次会议组织工作。在这次会上我认识了他,这大概是我们第一次见面。以后他进步很快,1983年跨越正处、副局直接担任了山西省气象局局长、党组书记,并在他任山西省气象局局长期间,工作成绩突出,于1985年调到国家气象局任副局长党组纪检组组长。

在我和温克刚第一次见面之后,在他任秘书和办公室主任期间,我们之间的工作联系是比较多的。每年召开全国气象局长会议要起草工作报告,在报告初稿出来后都要从省气象局办公室找些人来征求意见,帮助修改。陈少峰是文件起草小组负责人,经常找温克刚来北京帮助起草文件。我是文件起草小组成员,那时就觉得温克刚提意见比较中肯,思路清晰,条理性比较强,综合会议讨论的意见快,所以陈少峰经常指定他执笔修改文件,并经常称赞他是山西气象局的才子,想把他调到中央气象局办公室来工作。但后来他在山西气象局任局长,才打消这一念头。在这段时间我与克刚同志的接触中也觉得他为人忠厚、随和,处事周全,文字水平和口头表达能力比较强,办事效率比较高,确实是位难得的人才。

1985年7月他调中央气象局任副局长后,分管机关党委和局办公室的工作,成了我的直接顶头上司。尽管开始他经常临时抽调到国家气象局修改文件时,指派过他干这干那。但他成了我的直接领导后,我是非常高兴的,因为都在办公室工作过,有共同体会,共同语言,我的工作更容易得到领导的理解和支持。所以从一开始,我对温克刚的工作是十分尊重和全力支持的。同样,在1986至1994年我任局办公室副主任期间,他对我分管的工作给予了大力支持,现在还能回忆起来的有以下一些。

第一部分　往事回忆

在公文管理方面，他积极支持我提出的关于提高公文质量的一些举措，包括制定公文处理办法、举办公文写作培训班、开展局机关和全国气象部门公文质量评比等，他还亲自到全国办公室主任会上讲话，强调提高公文质量的重要性和办好公文的要求。

在气象信息工作方面，他大力支持我提出了创办《气象信息参考》，每期《气象信息参考》他都认真阅读，并经常在上面作批示，给以鼓励，引起各单位的重视。

在气象宣传工作方面，他在山西气象局工作期间就非常重视气象宣传，曾任过《山西气象》主编，多次撰写气象科普文章，所以对我分管全国气象宣传工作非常支持，经常帮助出谋划策。气象宣传工作所需经费他都批示同意，并帮助落实到位。

他对陆广延和我提出创办《中国气象年鉴》意见很支持，我们的报告刚呈上，他和骆继宾副局长很快就批示同意。气象年鉴办起来后，他又多方面支持，曾两次（一次在北京、一次在青岛）在全国气象年鉴联络员会议上讲话，对办好气象年鉴提出高标准，严要求。

在我负责组织全国气象会议、起草工作报告和重要文件方面，他都全力支持，主持召开办公会议安排落实，有时亲自指导，提出明确意见。对文件初稿他都认真审阅，及时提出修改意见，并给予肯定和鼓励。

在我调离局办公室时，召开了新老交接会，他在会上对我在局办公室所做的工作给予了充分的肯定。他说毛耀顺同志在局办室工作时间很长，做了大量卓有成效的工作，文字写作水平较高、口头表达能力和组织能力较强，为局办公室的建设做出了很大贡献。这样的评价使我感到很欣慰。

我1994年4月调气象出版社任社长后，温克刚分管气象出版社的工作，仍然是我的顶头上司，对我在出版社的工作又给予了大量的全面支持。我在气象出版社十年所取得的显著成绩与温克刚的直接领导和大力支持是分不开的。

他支持我在气象出版社工作的第一件大事是批准以中国气象局的名义下发了《关于加强气象出版工作的通知》。通知明确气象出版工作是气象事业的一部分，要求局机关、局直属单位和各省（市、区）气象局都要重视、支持气象出版工作，并提出了五条具体要求，大大提高了气象出版工作在气象部门的地位和改善了气象出版社的工作环境。

第二件大事是支持气象出版社深化改革方案的实施。我到气象出版社后经过半年左右的准备，拟定了一个气象出版社深化改革方案，准备1995年1月1日开始实施。方案需经局党组审定，但年底的党组比较忙，排不上会议审议。温克刚怕影响方案的实施，就在方案上批示：拟同意，先实施，由我负责向局党组报告，保证了气象出版社的深化改革方案如期实施。

第三件大事是支持气象出版社建业务楼。温克刚接任局长的当年，也就是1996年底，他就批准了建气象出版业务楼的报告，使出版社1998年就搬进了新楼，工作条件大改善，干部职工的积极性空前高涨。

第四件事，支持我搬进新楼办公室。出版业务楼建好后，我们还没有搬进去，局里就出现传言，说气象出版社社长办公室是豪华装修，比中国气象局局长办公室还宽大。我的办公室是仿照中国气象局原局长饶兴的办法，局长办公室与会议室合一，所以面积稍微大一点，有40多平米，装修稍微好一点，既是社长办公室，又是小会议室，开社务会议时社长就可以在自己办公室召开了。听到传言，我就想改换一间比较小的办公室。温克刚局长知道这事以后，专门找我说，你那办公室我去看了，算不上豪华装修，你只管搬进去。我们还希望你们下面比我们局长的办公条件好哩。在他的支持下，我搬进了新的办公室，再也没有什么人议论了。

第五件事，支持我在全国气象部门建立气象专业图书发行网络。为了扩大气象专业图书在气象部门的发行量，我提出在各省（市、区）气象部门建立气象专业图书发行网，在省级气象局办公室聘请发行业务经理。这一提议得到了他的积极支持。他亲自参加全国气象图书发行业务经理会，并讲话强调要把发行气象图书作为一项新的任务，列入目标管理。这一举措，扩大了气象图书的发行量。

第六件事，支持我提出策划的重点图书出版计划。1996年开始，我先后提出了编辑出版《中国气象灾害大典》和《中国气象百科全书》等大型重点图书的方案，要求中国气象局和新闻出版署列入全国"九五"重点图书出版计划。这两大气象重点出版工程都得到了他的积极支持，并欣然同意担任《中国气象灾害大典》的主编。直到他和我都退休后，还仍然负责到底，坚持把《中国气象灾害大典》这部由32卷组成，近2000万字的巨著编纂出版完成。这是他对气象出版工作的最大支持，也是对气象行业的一项重要贡献。

第七件事，为气象出版社职工特批住房。在中国气象局机关和直属事业单位职工最后一次统一福利分房后，对气象出版社出现了严重不合理的问题。全局按单位切块分房处级干部都分到了三居室，唯有气象出版社有一名处级干部分不到三居室。分房办认为出版社人数少，再给一套三居室，就成了全局解决住房最好的单位，少给一套只影响一名处级干部分不到三居室，就低不就高地少给了出版社一套三居住。开始我找分房办，他们说没房源了。只有局长掌握两套机动房，特批解决突出问题。于是我找到温克刚局长，说明我们这位没分到三居室的处级干部叫黄丽荣，她是全国中青年优秀编辑，是全局优秀党员，与她同年参加工作的处级干部都分到三居室了。温局长听后，把他掌握的最后一套机动房批给了气象出版社，解决了黄丽荣的三居室，使气象出版社一跃成了全局解决职工住房最好的单位。

温克刚对气象出版工作支持的事例还很多，在此难以一一列举。

在局办公室工作期间，我曾多次随温克刚出差，感到他平易近人，没有官架子，深入基层，不辞劳苦，严于律己，不搞特殊化。随他出差印象最深的一次是1989年10月到广西、湖南气象部门调研。这次调研的主题是"89"政治风波后气象台站的思想状况和气象业务工作情况。调研组除我外还有朱祥瑞、张玉敏。他提出调研组到南宁后不住宾馆，都住气象局招待所，严格按接待标准在职工食堂就餐。在职工食堂就餐，三菜一汤。每人三碟菜，一个汤。三碟菜中有肉菜，鱼和青菜。山西人不喜欢吃鱼，我却喜欢吃鱼，就提出来与他用肉菜换鱼，他很乐意。广西气象局有位叫王治安的老同志，经常举报单位的领导，以前国家气象局到广西出差的人还没有回来，举报信就已经到了中国气象局。我们这次到广西气象局，王治安也没放过，他还在我们吃饭时到食堂看了一下，没发现什么问题。所以我们这次到广西出差，没有举报信。

调研组到湖南后，我陪温克刚到了我的老家常德。时任常德地区气象局局长叫蒋茨林，是湘乡人，说话不好懂。我们调研组听完蒋茨林汇报回到住所后，温克刚说，一句也没听懂，问我蒋局长说了些什么？我说，我也基本上没听懂。湘乡话是湖南最难听懂的话。无奈我只好电话告常德地区气象局办公室，请他们把蒋茨林汇报内容的书面材料送来看看。这样才避免了在写调研报告时对常德气象工作情况一无所知。

还有一次随他出差是1989年夏到东北的黑龙江和吉林调研，随行的还有张玉敏和洪兰江。调研的主题是基层台站领导班子状况和气象服务情况。到黑龙江走了许多台站，省气象局陪同的有省局局长阮永胜，人影办主任李大山，办公室主任张广学。我们调研组沿途吃尽了"翻浆路"的苦头。所谓"翻浆路"实际上是豆腐渣工程，在冻土条件下修的公路，到了夏天，温度一升高，路基融化，路面起伏，车辆通过，颠簸非常厉害。我就是那次由于长途颠簸，回来不久患了腰椎间盘突出，疼痛三个多月不能正常走路。这次下基层气象台站调研的最大收获是了解到地方政府对气象服务的需求非常迫切，每到一处县委书记、县长亲自出面接待，表示对气象工作的重视和满意，提出对气象服务的许多更高要求。地方政府对人工影响天气的要求最为迫切，都要求在自己区域内多设几门高炮防雹点，消除冰雹对烟草等经济作物的危害。温克刚每到一处，不仅听取单位领导汇报，还通过召开座谈会和个别谈话等方式，直接听取群众意见，了解基层台站的问题和困难，征求对中国气象局工作的意见。大家反映，温克刚在决策气象工作重大问题时，比较客观，比较符合实际，这与他注重深入基层了解实情有关。

温克刚在气象部门是口碑比较好的一位局长，他不仅注重一手抓改革和气象现代化建设，而且还注重一手抓干部职工生活条件的改善，关心群众生活。温克刚对中国气象事业的贡献我个人认为主要表现在三个方面：一是继承了邹竞蒙在气象部门深化改革和推进气象现代化建设的良好势头，并取得良好发展，使气象工作上了一个新台阶；二是认真组织制订并大力争取全国人大通过了《气象法》，把气象工作纳入了法治化的轨道，保证了气象事业持续、稳定地依法发展；三是关心群众生活，大力改善基层台站工作、生活条件，使许多气象台站建成了当地精神文明先进单位和花园式单位，积极改善中国气象局职工住房条件，使全局职工住房由大多数人不达标转为基本达到了国家规定的住房标准，深受干部、群众的好评。

总之，温克刚是一位中国气象局的杰出领导人，对气象部门的改革和气象事业的发展做出了重大贡献，对我个人的成长也做了多方面的培养与帮助，是一位值得尊敬的好领导，好同事，祝愿他健康长寿。

张乃召（1912—1979） 山西平定县人，1937年毕业于清华大学气象专业，1945年9月奉命接受美军在延安设立的气象台，并担任台长，培训了一批气象专业人员，包括邹竞蒙等一批新中国成立初期的气象工作骨干。他是中国共产党领导的人民气象事业的创始人。1949年12月任中央军委气象局副局长兼党委书记。1953年军委气象局转制到国务院后，他任中央气象局副局长。

1973年，他是中央气象局排名第二的负责人。那时还在"文革"中期，国务院各单位领导统称负责人，没有部长、局长等官衔，但有排序。当时他分管气象业务和外事工作，张怀君担任他的秘书，我与他也有联系，留给我不少深刻印象。

他敬业精神强，工作异常勤奋。他上班不分节假日，不分白天黑夜。每天上班第一件事先到中央气象台看天气预报图，没什么重要天气就回办公室办公，有重要天气，特别是复杂天气时就与预报员会商，坐镇把关。在办公室也是经常加班加点到深夜。有时太晚了，办公楼的门卫睡觉了，他就在自己办公室吃几块饼干，喝几口白酒，在沙发上过夜了。由于这种长期辛勤工作，使他的慢性肝炎转化成了肝癌，较早地夺去了他的生命。

他艰苦朴素，勤俭节约全局闻名。在大的方面，他对国家的钱比自己的钱还看得紧，真是做到了每分钱都掰着花。对每个花钱的项目他都精打细算，压了又压，尽量做到少花钱，多办事。所以在他管财务时经常出现国家拨给中央气象局的经费，每年花不完，要上交一部分。因此，不少人对他有意见，批评他太抠门，他也不在乎。在小的方面，且不说他办公室设备简陋，就说他使用的铅笔，他喜欢用铅笔写材料和批文件，把那铅笔用到手都捏不住了还舍不得扔。在他文具盒里最后满是不够两厘米长的红兰铅笔头。

他办事认真，审阅文件仔细。他办任何事情都非常认真，特别是审阅文件从头到尾一句一字的斟酌。凡送他审阅的文件，他从不轻易放过，总是要进行修改。那股认真的精神令人钦佩。

他平易近人，待人诚恳热情。1975年，中央气象局领导同志搬回"文革"前住的房子。局办公室一些年轻的秘书帮助领导同志搬家。轮到给张乃召搬家的时候他非常热情，给大家一会儿泡茶，一会儿倒饮料，还把自己家里珍藏的酒拿出来请大家喝。张乃召办公室还放有一些零吃，加班晚了准备当夜餐用。我们到他办公室，他有时会拿出来叫大家尝尝。

总之，我觉得张乃召是一位值得尊敬和纪念的气象老人。在他生病住院期间，以张怀君为主，其他秘书轮流到病房陪护，大家争先恐后，毫无怨言，都出于内心对他的尊敬和爱戴。

董涛 山东人，1964年从部队转业分到中央气局任政治部主任。1970年至1973年中央气象局与总参气象局合并期间任中央气象局副政委。1973年两局分开后，他是中央气象局筹建三人小组成员之一。筹建结束后被指定为中央气象局负责人，负责政治思想、宣传和党务工作。1979年4月调出中央气象局到中国农业科学院工作。汪连德任他的秘书，我与他的接触主要在党的核心小组会上。在我承办信访时，他是主管领导，也有些接触。对他的印象有一些，但不很深。

他在会上发言比较谨慎，讨论问题不轻易表态，表态有时也不十分肯定。对人比较和气，很少见他发脾气、批评人。对审批文件很认真，不轻易批，经常找人到他办公室问情况，觉得确实没问题了才批。我也被他常叫到办公室询问，以商量的口气问我这文件能不能批了，其他领导有什么意见等，可见他的谨小慎微。

他负责分管政治思想工作，擅长于传达贯彻中央、国务院的指示、文件、讲话精神，注重原原本本，照本宣科。我承办的信访工作在他的分管之列，遇到难题找他，他很热心，尽量想办法解决。

董涛平易近人，对人比较和气，我觉得他还是一个值得尊敬的好领导。

王瑞琪 1976年2月调中央气象局任负责人和党的核心小组成员，1979年4月任中央气象局副局长，分管行政后勤工作。早在他调中国气象局之前我就认识他。"文革"前他在中央组织部工作。"文革"中精简机构后，他任农林部办公厅主任。1973年中央气象局从中央军委领导转到国务院系统后，归口农林部领导。那时的农林部是大农业，包括农业，林业，水利和气象都归口农林部领导。中央气象局向国务院的报告，必须通过农林部审核同意后才能上报。王瑞琪作为农林部办公厅主任几次约请我们去汇报气象局上报文件的具体情况。我就是在那时认识了他。他到中央气象局任负责人第一次见到我就说，我们是老相识了。

他任中央气象局负责人开始的秘书是张怀君，张怀君调走后是游有源。我与他也常有接触，感到他平易近人，对人和善，工作尽职、尽责，很有耐心。有几件事印象较深。

他主管行政后勤，难事、杂事、扯皮的事比较多，矛盾集中到他那里，他总是不急不怒，尽量化解，化解不了的，尽量不使它激化。例如有一次少数职工对住房分配办法有意见，集体找到他办公室，他把房管人员叫来，说明情况，进行面对面的对话，耐心做说服工作，直到深夜才把人劝走，晚饭也没顾上吃。

王瑞琪很廉政。他主持建设了中央气象局多栋宿舍楼和业务办公楼，自己住在中组部的一所旧宅院内，也不宽敞。在多次分配住房中他都没有利用职权搬入气象局的新住房。直到他退休之后局房改领导小组才按规定给他在气象局分配了一套新房。

王瑞琪从1976年2月到1985年8月任中央气象局领导期间，为中央气象局大院的基本建设和行政后勤工作做出了重要贡献。他已逝世多年，许多人，也包括我还一直怀念他。

戈锐　江苏人，1979年4月从四川省气象局局长岗位调中央气象局任副局长，兼气象科学研究院院长。在任四川省气象局局长之前，他与王瑞琪都在中央组织部工作，同住中组部西单劈柴胡同小院。潘学俊任他的秘书，我与他除在党组会上有接触外，还随他出过几次差。所以对他的印象还比较深一些。

戈锐是一位正直、忠厚的老同志，不爱多说话，也不擅于讲大话和套话，但敢于讲真话。在党组会上坚持原则，坚持实事求是，敢于发表自己的见解，不轻易附和。就因此，时常惹得主要领导同志不高兴。

我随他第一次出差是1982年到云南，考察第二步体制改革后云南省气象局的领导班子人选。他非常务实，放手发挥随行人员的作用，让每人独当一面，分别找人谈话，全面了解被推荐人员的情况。他对自己要求严格，出差在外不搞特殊化，不住高级宾馆，一般住气象局招待所。在招待所餐桌上他首先把酒杯向下扣在桌面上，以示滴酒不沾。随他第二次出差是到贵州省，接收贵州省气象部门体制上收，包括人财物从省政府划到国家气象局。他办事效率很高，带领工作组，加班加点，分别与省政府主管人财物的部门核准了上划数目清单，很快办完了交接手续。

戈锐1976年2月至1982年12月任中央气象局副局长期间，为全国气象工作，特别是为气象科学研究院的建设和发展做出了积极贡献，是一位值得尊敬的领导人。他和王瑞琪退休后，我和局办其他秘书春节还多次上他们两家看望，表示慰问。他现已90多岁高龄，是目前中国气象局原领导班子最高龄的一位，祝愿他健康长寿。

章基嘉　（1930—1995），出生于安徽省绩溪县。1955年留苏，1958年取得副博士学位回国。曾在中央气象台任长期天气预报组组长。1960年调南京气象学院，先后任天气动力气象学教研组组长、教授、系主任、副院长。1982年4月调任中央气象局副局长、党组成员。1994年当选为工程院院士。1995年10月逝世。

我与章基嘉认识是在南京气象学院做学生的时候，他应该说是我的老师。我1964年考进南京气象学院，他是天气动力气象学教研组组长，只闻其名，未见其人。当时他援助越南，在河内大学任气象学教授。1966年初夏即"文革"刚开始时，他回国，在全院做了一个援助越南培养气象人才，建立天气预报业务的报告。我去听了他的报告，第一次见到了他，就认为他是一位很有水平，很有能力的专家。

"文革"中期，1967年人民日报曾一度发表了复课闹革命的文章，我和年级里的一些同学积极响应，找系里的老师联系复课闹革命。先找到了章基嘉老师和他夫人林锦瑞老师。他非常支持我们复课。进大学前两年都是上的基础课，还没接触气象专业课。我们复课就想上气象学中最实用的天气学课。林锦瑞老师是天气学教师，请她出来给我们上课。在章基嘉的支持下，林老师爽快答应了，并很快编出了简要的天气学油印讲义。我们上了三个月的课，章基嘉、林锦瑞夫妇俩轮流上课，把天气学重点内容基本讲授完了。但好景不长，很快社会上又响起了"复课就是复辟"的口号，把复课的老师和学生都说成是资本主义复辟。学生不敢学了，老师不敢教了。这样复课闹革命就夭折了。我们也只学了三个月的气象专业就收场了。虽然学得不多，但抓住了重点，在以后工作中还很管用的。因此，大家非常感谢章基嘉和林锦瑞冒险给我们在复课闹革命那段上的课。

章基嘉理论水平较高，逻辑思维能力较强。在局党组会上，他对每项议题都积极发表自己的意见，赞成什么，反对什么，态度鲜明，而且理由分析得有根有据。我从会议记录的角度看，他的发言，最好记录，也觉得符合实际，所以记录起来很顺畅。

他在干部问题上能坚持德才兼备、任人唯贤的原则，搞五湖四海，不搞亲亲疏疏。20世纪80年代中后期，气象部门各省（自治区、直辖市）气象局的领导班子一把手80%左右都是南京气象学院毕业的学生。这是不是因为章基嘉曾在南京气象学院任过教授、副院长，提拔他的学生所致呢？其实不然，章基嘉很少主动推荐南气院毕业的干部进领导班子。对其他大学气象专毕业的干部一视同仁。气象部门厅局级单位领导班子中出现以南京气象学院为主导的现象有两个原因，一是南京气象学院毕业的学生数量大。二是南京气象学院毕业的学生大多分配到了地方气象部门工作，在当地提拔的机会较大。而北京大学地球物理系和南京大学气象系毕业的大学生，大部分在北京中央气象局各单位工作，使得中央单位人才济济。然而在职称评定上，往往优于地方。干部任免有一套群众推荐、组织考核、党组集体决定等严格程序，不是某一个人所能左右的。

章基嘉在气象学术上有较高的造诣。他任中央气象局副局长之后，分管气象科学研究和气象教育。他在做好领导工作的同时，没有放弃自己的气象课题研究和教学工作。他对大气环流和中长期预报有深入研究，并提出了一种长期预报的客观方法；他组织了中国首次青藏高原气象科学实验和研究项目，获得了一批科研成果；他编著的《中长期天气预报基础》一书，填补了我国这一领域的空白；他主编的《当代中国气象事业》系统地反映了中国气象事业发展成就与经验；他较早的开始气候研究，在80年代末期就编著出版了《气候变化的证据、原因和对策》，是我国全球气候变化研究的先行者之一。

章基嘉1982年4月至1991年3月任国家气象局副局长期间，对气象事业的贡献，我认为主要表现在两个方面：一是在他分管气象科技工作期间建立和健全了气象科研机构和科研体系，壮大了气象科研队伍，提高了气象科技水平；二是他在南京气象学院任教授、副院长，调中央气象局任副局长后又兼任北京气象学院院长，并编写教材，亲自授课，为培养一大批气象专业人才做出了显著成绩。章基嘉是我尊敬和怀念的一位好领导人和好师长。

骆继宾 1932年生，江苏句容人，毕业于南京大学气象系，高级工程师。历任中央气象台预报员，预报组长，科长，中央气象台业务负责人，世界气象组织秘书处气候办公室主任，资料加工处处长。1982年4月回国任国家气象局副局长，负责分管全国气象业务和服务工作。赵同进、齐小夏、程宪等先后负责他的秘书工作。他还分管过一段局办公室的工作，所以我和他接触比较多，曾多次陪他到全国各地出差，对他的记忆也比较多一些。

我随骆继宾第一次出差是1983年6月到云南，他带领工作组考核和调整云南省气象局领导班子，与云南省政府有关部门办理第二步体改的交接事项。在离开昆明前，他在云南省气象局全体干部大会上讲话，没要工作人员给他准备讲话稿。他讲话之前我征求他的意见，是否需要准备讲话稿，他说不用。他在大小会上讲话，一般都不用别人准备稿子，用自己的思路自己的语言讲话，很少讲大话、套话。他讲话语言朴素，条理清晰，很有哲理，符合实际，简明扼要，时间不长，大家也愿意听。在石林风景区看到一位老外向一位中年妇女买纪念品。由于这位中年妇女听不懂外语，那位老外很着急。骆继宾的英语很好，主动过去给他们当翻译。骆继宾翻译说，外宾认为你这纪念品太贵了，能不能降点价？这位中年妇女不理解，反过来呛骆继宾说，你这个中国人怎么帮外国人说话！弄得我们随行人员都哄堂大笑。

1987年12月上旬，我随骆继宾到南京气象学院宣布国家气象局党组对学院领导班子的调整。同月中旬随他到厦门参加华东和华南气象局长片会。12月18日晚，时任厦门市副市长的习近平接见了参加这次会议的骆继宾等国家气象局领导，我作为办公室副主任也参加了接见。那时就感到习近平是一位没有官架子、说话幽默、很随和的市长。他当时说了自己分管农业，对气象工作特别是对台风非常关心，至今印象深刻。

1990年7月25日至31日，随骆继宾到上海出差，审议上海电影制片厂拍摄的气象科教片《地球全景》。他分管办公室的宣传工作，对宣传工作比较内行，非常重视气象影视宣传。《地球全景》是一部反映气象卫星云图的获取和应用的科教片，经他审定后在全国公开发行，获得了全国科教电影一等奖。他的文笔比较好，经常在报刊上发表一些短小精悍的言论性文章，曾在中国气象局的《新长征报》上发表了一篇"话说中央气象局大院"的文章，很受读者欢迎。

1991年3月他带领由局办、人事司和计财司领导组成的工作组到湖南出差，宣布湖南省气象局领导班子调整，并到基层气象台站调研。他在湖南省气象局全体干部大会上宣读了国家气象局的任免决定，并讲话一个多小时。群众反映不错，说很少看到领导人在大会上讲话不用稿子的。在省气象局办完领导班子交接后，他带着工作组下湘西自治州气象台站调研。这里是湖南最偏远，经济最不发达的山区。在返回途中，由于山路难行，汽车抛锚，未赶到预订宾馆过夜。就在抛锚地附近小镇一家粮店的招待所住下了。他随我们住在6人间的大房子里。第二天早晨起来，大家问他睡得怎样，他淡淡一笑，说还好（详见本章轶事拾零）。

我多次随骆继宾出差中，作为他的随行人员，我感到比较轻松。不要我们为他起草讲话稿，办事效率高，没有什么条条框框，感到很轻松，局办公室人员都乐于随他出差。

骆继宾在中央气象台气象预报第一线工作多年，有较高的业务水平和丰富的天气预报经验，为我国的天气预报，特别是重大灾害性天气预报做出了重大贡献。他是改革开放后我国第一位派到世界气象组织的官员，为我国打开在世界气象组织的工作局面，为以后扩大和提高我国在世界气象领域的影响奠定了良好的基础。他1982年至1992年任国家气象局副局长期间，积极推动气象部门的改革和现代化建设，为全国气象事业的发展做出了重要贡献，特别是他在国家气象局领导班子中第一个倡导开展气象专业有偿服务，增加了气象工作的活力，加快了气象事业的发展。他是一位在气象部门功不可没，值得尊敬的好领导。2018年，他突然因病逝世。他是一位我十分尊敬和怀念的好领导。

马鹤年 浙江黄岩人，1937年4月出生，1958年毕业于北京大学气象专业。1989年6月至1999年8月任中国气象局党组成员、副局长。他在调国家气象局任副局长之前是陕西省气象局局长。他是邹竞蒙1982年任国家气象局局长之后，从省级气象局按干部四化标准提拔的副局长之一。20世纪80年代前期马鹤年任陕西省气象局局长之后，第一次参加陕西省政府厅局长会议，由于他年轻，长相更年轻，站起来发言时震惊全场。当时陕西省政府的下属厅局长们大多还是"三八式"的老干部，没想到气象部门提拔的气象局长这么年轻。在他任陕西省气象局长时，我就认识他了，并知道陕西的气象工作不错。在全国气象局长会上与他也曾有过多次接触。

1988年，国家气象局党组派我带队到陕西省气象局调研，以采访的形式了解陕西气象工作情况，重点了解干部群众对马鹤年工作的反映。参加调研的有秘书处处长韩通武，宣传处副处长胡桂琴，编辑陈清玉。通过召开座谈会，个别采访，向省政府主管气象的领导征求意见等形式，比较全面的了解了马鹤年领导陕西气象工作的情况。回国家气象局后我们写了一份近万字的调研报告，充分肯定了马鹤年在陕西气象工作中所取得的成就。马鹤年在陕西气象工作的思路非常明确，提出了一系列科学管理方法。系统设计和目标管理就是他在陕西气象工作中首先应用的。他把气象部门的改革和现代化建设，比作两个轮子，要推动气象事业的发展，必须两个轮子同时转。所以他一手抓气象管理体制、机制的改革，一手抓气象现代化建设，成效明显。我们这次调研报告得到了邹竞蒙局长的表扬，为马鹤年升任中国气象局副局长提供了一定依据。

1989年，他调国家气象局任副局长以后，成了我的直接领导，接触比较多。在各种会议上他发言都有比较充分的准备，理论联系实际，先讲些理论，然后联系气象工作实际。他非常重视软科学研究，主管国家气象局总体室的工作，创办了《气象软科学研究》内部期刊，多次主持召开了全国气象部门软科学研讨会，促进了气象部门管理水平的提高。

他注重气象业务、服务的理论研究。1992年3月，我参加了他主持在福建省连江县召开的气象服务系统研讨会。从经济学的角度研究气象服务的理论基础、气象服务的分类，气象服务的体制机制和气象服务的效益计算方法等，取得了不少研究成果。在大量调研和掌握第一手资料的基础上，他在百忙中写出了《气象服务学》一书，把全国气象服务的大量实践经验初步上升到了理性的高度，这在全国气象部门是首创，对进一步做好气象服务工作具有重要指导作用。

他还十分重视立法工作。他分管局政策法规司的工作，把气象部门的法制建设作为保证气象事业发展的重要内容来抓。他在组织制订《气象工作条例》和随后的《气象法》方面做了大量卓有成效的工作。

马鹤年于2017年因癌症逝世，他是一位有较高气象专业水平和科学管理水平的好领导，是我尊敬和怀念的好领导。

李黄 祖籍安徽舒城县，1942年出生于重庆，1966年毕业于北京大学地球物理系天气动力专业。毕业后在黑龙江抚远县气象站工作。1979年调黑龙江省气象局工作，历任科研所所长、处长、副局长。1989年调国家气象局任计划财务司副司长。1991年3月任国家气象局副局长，党组成员。2004年退休。2014年8月因癌症在北京逝世。

1989年，他调国家气象局工作以后，我与他接触比较多。他在任计划财务司副司长时，对我主持的国家气象局办公自动化建设项目非常支持。当时在局机关搞办公自动化建设，阻力比较大，理解的同志不多。而李黄曾在美国工作和学习过一年多，思想比较前卫，对办公自动化建设有着浓厚的兴趣。可以说它是我大力推进办公自动化建设的知音，他不但在列项和经费上给予全力支持，而且他还帮助出主意，甚至亲自编办公自动化的程序。他1991年任副局长之后，更加大了对办公自动化建设支持的力度，很快在机关普及了微机应用，建成了全国远程中文传输网络系统，开通了向中央领导快速传送气象信息的中南海光缆通信线路。

我调气象出版社工作之后，他对我工作的最大支持是建气象出版业务楼。他分管全国气象计划财务和工程建设，为气象出版业务楼建设的列项与投资大开绿灯。

2014年的5月，李黄患直肠癌五年了。癌症已经扩散到了晚期，身体已经十分虚弱了，他还在那里考虑写回忆录，把我叫到他家里。他说与他同时检查出来的癌症病人都走了，医生早就判了他的死刑，但他还活着，是因为他找到了一条中西医结合的抗癌办法，要争取活到建党100周年。他要在有生之年把改革开放后气象部门搞现代化的建设的历程写成回忆录。他说80年代前后自己不在中央气象局，听说在气象现代化建设问题上有不同意见，有争论。要我给他说说在哪些问题上有不同意见，有争论。我简要地向他讲了一些自己所知道的事情和看法，还特别劝他好好休息，好好养病。此后不到三个月，他在医院病危。他去世前三天，我和韩通武、赵同进等到医院看他，已经处于昏迷状态了，想必他的回忆录是没有完成了。

李黄是一位智商较高，敢想敢说敢干的实干家。他思维敏捷，知识面广，掌握第一手材料多。他为人直率，发言声音大，喜欢与人争论，以至有人认为他不够沉稳。他负责计划财务工作，一度负责后勤管理工作，他亲手编写年度计划，甚至编制房屋分配程序，办事效率很高。20世纪90年代，他负责全国气象雷达、气象卫星和气象通信等一系列现代化重点工程的建设，取得了显著的成绩，为气象现代化整体水平上大台阶立下了汗马功劳。

李黄在推进气象部门改革和现代化建设中功不可没，是我尊敬和怀念的好领导人。

刘英金 南京气象学院气象系642班毕业的本科生，江西赣州人，1945年出生。他是气642班班长，品学兼优，体育出众，是院篮球队主力队员。对人热情，敢想敢做。"文革"中我们在同一群众组织，对院系和年级的领导持同样观点，也经历了由保守派到造反的过程，没有过激言行。"文革"后期，他参加了院专案组，审查干部，清查516，直到毕业。毕业后我们同分在中央气象局，先在湖北学生连锻炼，那时他入党，我是他入党介绍人之一。在回北京后，他先在中央气象台做天气预报工作。1973年底他调中央气象局政治部工作，先后任中国气象局人事司司长、办公室主任，1996年任中国气象局副局长，为中国气象事业做出了重要贡献，是我们年级同学中行政职务最高的佼佼者。

我与刘英金不仅是同学，而且是长期共事的同事，20世纪70年代后期到90年代中期，我们同在局机关，一起合作起草公文，一起承办会议、互相支持，互相配合；他任中国气象局副局长，分管气象出版工作，成了我的直接领导，对气象出版工作给予了多方面的支持。我退休时他代表局党组对我在局办公室和出版社的工作给予了很高的评价。退休后我们还在总结改革开放经验等方面继续进行合作。他是我的同学中同学到同事最长的一位，期间建立了比较深厚的友谊。

王守荣，江苏人，1950年出生，曾在中国气象科学研究院做科研工作，曾任过院办公室主任，后调国家气候中心任副主任，20世纪90年代后期任浙江省气象局局长，21世纪初升任中国气象局副局长。他在任职期间我与他接触不多，记忆中有二、三次。大概在20世纪80年代后期，中国气象局机关党委举办为期一周的党的理论学习班，我与他同在该班学习过。还有一次我在广西主持全国气象部门办公室主任会议，他以气象科学研究院办公室主任身份参加了该会。再就是他任中国气象局副局长后，分管老干部工作，每年向全局老干部通报一次全年全国气象工作情况。这些不多的非近距离接触，我感到他精明能干，头脑清楚，口才很好，是少数几位不用稿子能上台讲话，而且井井有条的中国气象局领导人之一。与他近距离接触是在他退休后，他受中国气象局郑国光局长委托，于2011年开始主持编纂《中国气象百科全书》。2012年我心脏搭桥手术后，他看我身体还行，拉我也参加了《中国气象百科全书》的编纂工作，与他一起工作近三年。在这三年中我加深了对他的认识，他不仅能说会道，还有真才实学，发现他知识面很广，英语也很好，中文写作水平较高，组织协调能力和综合平衡能力强，有实干精神，经常加班加点，为编纂出版《中国气象百科全书》做出了重大贡献。如果没有他领衔，该书难以面世。他的出众才能和为人豪爽给我留下了深刻印象。

（二）局办公室同事

徐曼泽 东北人，1932年出生。1973年初，中央气象局与总参气象局分开后，他被指定为中央气象局办公室负责人。两局合并时办公室的人员大多是总参气象局的，分开后都回总参气象局了。那时中央气象局办公室成了一个空架子，需要重新组建。徐曼泽"文革"前就在局办公室工作。他重新组建办公室时，先尽量召回"文革"前在办公室工作又愿意回来的人员，同时还在局各直属业务、科研单位物色比较年轻的人员。刘英金、张怀君和我三人由单位推荐，并由徐曼泽向赵乐耕、陆广延等（我们在642工程处劳动锻炼时的负责人）了解情况后，认为各方面条件不错，决定调到局办公室做文秘工作。后来刘英金被政治部拦截到干部处工作了。我和张怀君于1975年6月到局办公室报到上班。我在到局办公室工作之前，正在卫星气象中心为我国气象卫星事业做前期预研工作，这是当时国家开展的一项尖端科学技术工作，我非常热爱这项工作。但为了服从组织分配，才勉强到了局办公室的。所以说徐曼泽是我从科学技术工作转向行政文秘工作的关键人物，改变了我一生的工作职业和命运。

徐曼泽1973年5月至1992年9月离休，除1978年2月至1982年9月调科教部任副主任之外，其余时间都在局办公室任负责人、副主任、主任。我与他共事近20年，前期是他的下级，1986年开始是他的副手，与他在工作上接触比较多，对他比较了解。

他考虑问题全面周到，处事谨慎稳重，在同年人中显出长者风度，与各位局领导和机关各单位关系比较融洽，善于协调各方面的关系，为局办公室开展综合协调工作创造了比较好的环境。经常向领导提出一些工作上的建议和意见，有比较好的综合分析能力，得到领导的好评。每年全国气象工作的总结和任务的安排，他虽不善于动手写长篇大论，但总是能理出几条，作为起草文件时参考。他坚持和为贵的原则，很少正面批评别人。对人有意见他一般不直说，拐弯抹角地说或让别人说。同志之间出现矛盾时，他总是息事宁人，大事化小，小时化了。他对部下比较关心，对同事比较尊重，关系处理得比较好，比较好共事。

开始到办公室工作头几年，我还惦念卫星气象工作，为改行搞行政耿耿于怀，对他把我调到办公室来还有点怨气。几年之后，机关工作适应了，发现他对我还是比较关心的，给了我许多培养锻炼的机会。我从一般干部晋升到科级、处级、司局级干部有多方面的因素，但与他的培养和支持也是分不开的。我从开始对他有怨气慢慢转变成了对他的感恩之情。在1986年我任办公室副主任之后全心全意配合他努力工作。在陈少峰负责的政策法规处从局办公室分离出去之后，我负责了局办公室当时下设的秘书处，信息处，宣传处，档案处，保卫处五个处的全部具体工作。是因为他身体不大好，年龄快要离休了，我抱着减轻他工作负担的想法，自己尽量多做工作，把难事、费力的事揽过来，尽量把办公室的工作做好，减轻他的负担。而他从培养和锻炼我的角度，也有意把我推到第一线，放手让我大胆地干，使我的工作能力和水平有了较大的提高，得到了办公室多数群众的好评。应该说，我给他当副手的七年中，我们配合默契和谐，取得了显著成绩。

徐曼泽1992年离休没几年就患上了直肠癌。1996年癌症到了晚期，我到医院去看他，还回忆了一些在局办公室工作的情景，从他眼神里我感到了他求生和无奈的目光。我只好尽量安慰他好好治疗，争取早日康复。不久，病魔夺去了他的生命。他是一位好领导、好同事，我会永远怀念他。

陈少峰　山西人，出生于1930年。他是新中国成立前夕参加中国人民解放军的，在中央军委气象局做机要工作。1953年军委气象局转建到国务院后，他在中央气象局办公室先后做机要、宣传等工作，并主笔起草局内有关重要文件。1973年我刚到局办公室时，他在机关业务处编辑《气象工作情况》。1975年《气象工作情况》划归局办公室，他随之回到办公室工作。从此我们一直在局办公室一起工作到1987年。1987年后他调政策法规司工作，随后筹建中国气象报社，并任社长，至1991年离休。

陈少峰学历不高，只在民国时期农村上过几年私塾，相当于小学文化程度，但学问大，在文科方面远胜于大学本科。他的文言文基础好，知识面广，词汇丰富，综合概括能力强，文笔好，是起草中央气象局一个时期重要文件和报告的领军人物，为几届局长所器重，在气象部门被称为一支笔。

我与陈少峰一起工作是从1975年开始的，直到他1987年他离开局办公室，我们一直在一起工作。开始我是他的直接部下，我起草公文可以说是他言传身教培养起来的。1986年以后我与他同为办公室副主任，各自分管一方面工作，互相配合很好。1987年他调离局办公室，先后组建了政策法规司和中国气象报并任领导职务后，在工作上我们仍然联系紧密，配合默契。1991年他离休后，我返聘他在局办公室的史鉴办公室工作，负责《中国气象年鉴》和《中国气象史》的编辑，一直到我离开局办后的2000年。2000年史鉴办公室挂靠气象出版社，我继续聘他在史鉴办公室工作。2003年我退休后被返聘负责史鉴办工作，他参与的《中国气象史》编完后，又邀请他参加了《中华大典·地学典·气象分典》的编纂工作，直到2010年这项工作结束。可以说，从1975年到2010年长达35年我们都是同事。他先是我的上级，中间我们平级，他离休后成了我返聘的工作人员。他是我共事时间最长的同事，也是关系最密切的同事之一。

1975年初，中央气象局准备召开第一次全国气象部门学大寨会议，成立了工作报告起草三人小组。陈少峰任组长，我和刘英金为成员。为了起草会议报告，9月他带领我和刘英金到山东气象台站调研。这是我与陈少峰第一次共事。我们先到了聊城地区气象局，参加了地区气象局召开的各县气象局（站）长会议，了解了许多当时基层气象工作情况。同时还到了冠县气象站考察。返回济南途中，在山东省气象局业务处长周祖忠（后任山东省气象局长）的陪同下，上了泰山气象站考察，既观赏了泰山的风光，又体验了高山气象站工作的艰苦。陈少峰上山时谈笑风生，评点沿途石刻诗文。有些长的石刻诗文，我们断不了句，他就一句句念给我们听。看到有一处"虫二"的石刻，我们不知何意，他说那是"风月无边"的意思，原来这里有个尼姑庵，庵内有一位风流尼姑。尼姑去世后，他的情人为她立了此碑，这只是传说之一。在登泰山最陡十八盘时，陈少峰精神抖擞，上得很快，一马当先登上了天街，到了位于泰山绝顶的气象站。气象站的一位姓侯的站长，向我们汇报了气象站的工作情况，反映了一些困难。主要是山顶雾天多，湿度大，衣被和食物容易发霉；再就是食物和生活用品那时还没有缆车，全靠人力运上山，有时供不应求。为了体验生活，也为了看日出，我们在气象站住了一晚。第二天下山时，陈少峰由于他是近视眼，怕踩空，小心翼翼，远远落在了后面。我和刘英金下到山底，把汗湿的衬衫洗后晒干了，他才下山。我们当时送了他一副对联：上山气壮如牛，下山胆小如鼠，横批是少峰登山。11月底至12月初，在青岛召开了全国气象部门学大寨会。在他的领导下，起草了题为"全体气象工作者紧张的动员起来，深入学习大寨，为普及大寨县做出新贡献"的大会报告。这是我第一次在他手下起草全国气象局长会议工作报告。从他那里学到了很多东西。他说起草重要文件，先要理出提纲即框架，按他的话来说，先要做好"口袋"。再就是要收集资料，收集资料一靠自己调研和积累，二要靠各单位上报材料。把掌握的资料往不同的口袋里放。最后要分析这些资料，决定取舍。保留具有代表性的典型资料，舍去重复的资料和没有代表性的资料。然后把各个口袋的资料经过加工整理，用关联词衔接起来，使整个框架形成一篇完整文章。

第一次在他领导下起草局长会议工作报告成功之后，接下来每年的全国气象局长会议召开前都成立了文件起草小组，他任组长，我是常务组员，其他组员根据局长会议的议题不同从有关单位抽调，直到1986年。他毫无保留地传授了我起草公文的一些要领和技巧。例如我们好不容易起草了一份初稿，拿到办公会或者务会征求意见讨论时，大家七嘴八舌，这也有意见，那也有意见，有的说文件太长了，要压缩；有的说还有好多内容漏了，要补充。还有的说要推倒重来。我听了这些意见，头都大了，不知如何是好。但他沉着冷静，总是乐呵呵的，善于把大家的意见综合起来，糅合在原文中。改动并不大，各方的意见都采纳了一些，最后皆大欢喜，顺利通过。我对他说，老陈真高明，总是能以不变应万变。头几年起草局长会议文件，他还亲自动手写一部分。80年代以后，他比较放手了，要我来执笔，他口头传授怎么写。写好后，他再进行修改。在他的言传身教下，我比较好的掌握了起草全国气象局长会议的工作报告。1986年以后，开始独立组织起草全国气象局长会议报告。我在文字水平方面的进步与提高，与他的培养和传授是密不可分。

陈少峰有较高的政策水平和文字水平。他性格开朗，对人诚恳热情，工作勤奋，成就显著。他参加了气象工作三十年历史经验总结和气象部门改革方案的制订，筹建了政策法规司和中国气象报，开创了气象宣传工作的新局面。他参加了《中国气象史》《中华大典·地学典·气象分典》等历史典籍的编纂，并做出了重要贡献。他是我的良师益友，是值得我衷心感谢和纪念的好同事，祝愿他健康长寿。

林学舜 1933年出生，江苏常熟人。"文革"前他在中央气象局办公室工作，任江滨副局长的秘书。1973年5月中央气象局与总参气象局分开回归国务院领导后，他担任中央气象局主要负责人饶兴的秘书。1979年至1982年任局办公室副主任（主持工作）。1983年调行政管理局任党委书记直至退休。

从1973年5月我调局办工作一开始，就与他在一起工作，到他1982年调离办公室，共事9年多。他一直是我的直接领导。1973年至1979年，他没有领导职务。虽然我们都是秘书，但他是一把手的秘书，是大秘书，可以指挥其他秘书。几位年龄与他差不多的秘书，他不便指挥，但我与张怀君比较年轻，他经常抓我们两人的差。他抓我的差比较多，主要是要我帮他做会议记录。开始是要我替他做饶兴主持的办公会、局务会作记录，后来局党的核心组（1979年改为党组）会议也要我去做记录。党的核心小组会大多研究一些人事安排等议题，有一定保密性，要我去记录，这在政治上对我是一个很大的信任，事先他必定向饶兴汇报同意了才行的。如果陈少峰传授了我如何起草会议文件，那么林学舜在这一期间传授了我如何组织召开会议和做好会议记录。

1979年，林学舜任办公室副主任并主持工作，成了我的名正言顺的直接领导人。我被提升为副科级秘书，接替他原来的位置，任局党组秘书兼饶兴局长秘书。就连住房，他由平房搬进单元宿舍楼，而我也由原一间12平方米筒子楼房搬入了他原住的两间20多平方米的平房，得到了较大改善。

林学舜善于思考，有主见，政治思想和理论水平较高，对气象工作的方针政策和气象事业发展的方向等重大问题，有自己的独到见解。他积极向局领导献言献策，为中央气象局在许多重大问题决策上起到了较好的参谋助手作用。

他在领导局办公室工作期间，能严格要求，严格管理，培养和锻炼出了一批作风朴实、敬业奉献，文字水平较高，办事能力较强的文秘人员；他在党的十一届三中全会后拨乱反正，在局办建立了一系列公文、会议等管理办法。他的这些工作为以后局办工作的开展和提高，出人才、出成绩打下了良好的基础。

他关心同事，爱护部下，工作上严格要求，待遇上尽量照顾。1979年国家调整40%的干部职工工资时，我和张怀君是同一学校、同一届的大学毕业生，而且同为副科级，工作表现都还不错，但我们两人只有一个晋升工资指标。此时我们两人知道领导为难，不约而同地提出自己此次不调工资的报告。他和陆广延最后以我们两人风格高为名，向局调资领导小组从很少的机动指标中争取到一个，使我们两人同时调升了一级工资。

林学舜是把我培养和推荐到中央气象局重要岗位工作的第一人，在许多方面给了我帮助和支持。他是一位好领导，好同事，他对我有知遇之恩，我一直对他怀有深厚的感恩之情。他已于2017年逝世，我将永远怀念他。

陆广延 出生于1933年，安徽合肥人。他是新中国成立初期参军的，一直在中央军委气象局和中央气象局办公室工作。"文革"前他在中央气象局公室做机要工作。1970年至1973年两局合并期间，他在中央气象局湖北战备基地参与三线建设。1973年两局分开后他在中央气象局机关业务处编辑《气象工作情况》。1975年回局办公室负责文秘机要工作。1979年7月任秘书科科长，1982年秘书科改为秘书处，他任处长，1986年任宣传处长，1989年任中国气象报社副社长，1991年至1993年任气象出版社副社长。

陆广延是我到中央气象局第一个认识的人，也是共事时间最长的人之一。1970年7月，我从南京气象学院分配到中央气象局工作，通知8月底到642工程处报到，先到那里劳动锻炼，接受再教育。642工程处是中央气象局的战备基地，在湖北省南漳县的深山里。我趁火车经过襄樊一个叫刘猴集的火车站下车。陆广延那时在642工程处工作，是他在刘猴集火车站等候，等到当天最后一班车，共到了十几位同学后用一辆大卡车把我们接进了基地。利用等候的时间他向我们介绍了642工程处的情况。第一次接触，就感到他非常热情，为我们的生活安排得非常周到。到642工程处之后，我们成立了一个由97人组成的学生连，部队派来的连长，指导员领导。他管工程，不管学生连的工作。但有空我就向他去打听中央气象局的情况。他总是热情地给我介绍。所以在我没有进中央气象局大门之前，就对中央气象局的历史、机构设置和主要领导有所了解。

1973年初，两局分开后，徐曼泽奉命组建中央气象局办公室，想要在原学生连中挑人，开始找赵乐耕推荐。赵乐耕在"文革"前任中央气象局办公室副主任，在1970年他任642工程处处长。徐曼泽原是他的部下，找他挑人顺理成章。但赵乐耕当时管整个工程处，还管许多施工部队，对学生连没具体管，并不认识学生连多少人。后来徐曼泽找了陆广延，他对学生连的人头比较熟悉，我被调到局办公室工作，应是陆广延提名推荐的，只有他对我比较熟悉。能被选调到局办工作的另一个因素与我是党员有关，当时学生连共97人，开始只有3名党员，我是其中之一。

1975年陆广延从业务处回到办公室，负责文秘机要工作。1983年8月机构改革后秘书科改为秘书处，他任处长，我任副处长。他对我给了多方面的培养与帮助。他政治思想水平和文字水平都比较高，负责公文审核，非常仔细认真，对每件公文都严格把关，精心修改，使我从中学到了许多知识。如果我起草公文主要是得到陈少峰的传授，组织会议和编写纪要主要是得到林学舜的传授，那么审核和修改公文主要就是得益于陆广延的传授了。

陆广延原则性强，敢想敢干，敢于批评不良现象。对部下非常关心和爱护，放手鼓励下属大胆工作。1975年他派我和张怀君到辽宁、山东等气象部门调研，改变以往老同志带新同志下去的传统做法，要我们两位年轻人一同下去，有意培养我们独立工作能力。1977年、1979年我两次住院做手术，他都亲自陪护，并安排秘书科的人员轮流值班，使我和家属都非常感动。

1985年底，我开始任局办公副主任，他从秘书处调到宣传处任处长。原来我是他的下级一下成了他的上级，他能正确对待，对我的工作非常支持。他工作有主见，办事有能力，处处表现精明能干。在领导秘书处工作时，他建立了一整套规章制度，保证了机关工作的有序运转。他支持创办了《中国气象年鉴》和"气象信息参考"，对推进气象部门的改革和建设发挥了重要作用。他积极建言献策，较好地发挥了领导的参谋助手作用。他善于网罗人才，培养了一支较强的文秘班子。在任宣传处长后，又积极开创了气象宣传工作新局面，他倡议举办了"全国气象文艺萌芽奖"，对促进气象部门文艺创作发挥了积极作用。1989年在气象报社任副社长和1991年在气象出版社任副社长期间，都做出了比较好的成绩。在我任气象出版社社长前一年，即1993年他退休了。退休后他任气象出版社老干部党支部书记，继续对我的工作给予支持和鼓励。我2003年退休后，他趁出版社老干部党支部换届之机辞去支部书记，推选我为出版社老干部党支部书记。

从上可见，陆广延是与我共事时间长，关系最密切的同事之一。他对我有知遇之恩，我一直对他怀有深厚的感恩之情，祝愿他健康长寿。

汪连德（1933—2018）1933年出生，辽宁瓦房店人。"文革"前曾在北京气象专科学校任团委书记。我1973年5月调局办公室工作时，他已在局办公室工作，是董涛的秘书。80年代初期，他调离局办公室，先后任局机关党委副书记，北京气象学院党委书记等职。

我与他共事有七八年时间，时间虽不长，但印象很深刻。他政治思想水平较高，组织活动能力较强，对人真诚友善、热情。我刚到办公室工作时，他主动向我介绍办公室的工作情况和人员情况，帮助我尽快熟悉工作。他口头表达能力不错，思路清晰，有条有理，有时候还比较幽默。他考虑问题周到，与同事、与上下级关系处理较好。我从他那里学到了许多为人处事的优点。20世纪80年代后期，国家气象局办公室缺秘书，他时任北京气象学院党委书记。我请他为局办公室在北京气象学院推荐两名局领导秘书，要求是优秀的。他认真办理，推荐了北京气象学院的团委书记宋善允和洪兰江来局办公室工作。这两位同志来局办公室后表现都很好。宋善允任骆继宾的秘书，洪兰江任温克刚的秘书。后来这两位同志都晋升到了中国气象局的司局级领导岗位。

2017年11月初，我邀请老办公室的人员聚餐，给他通电话时发现他声音有些嘶哑。我说如果你身体不适就不用参加了吧。他说老同志聚会一定要参加。在聚会时发现他身体还很好。没想到不到4个月他就去世了，是淋巴结癌夺取了他的生命。汪连德是一位我尊敬、怀念的好同事。

钱广春 1932年出生，东北吉林人。"文革"前在中央气象局办公室做机要工作。我1973年5月调到局办公室工作时，他已回到办公室工作了，负责机要档案工作。1982年局办公室成立档案处之后，他担任档案处处长，直到1992年退休。

我与钱广春共事近20年，时间比较长，曾一度还是邻居，对他比较了解。我刚到办公室工作，他主动向我介绍局办公室的工作和人员情况，帮助我尽快熟悉工作环境。他性格直爽，敢于向上级提意见，敢于批评不良现象。他工作认真负责，严格执行机要档案的规章制度。在他担任档案处长之后，在机关文书档案和全国气象部科技档案方便做了大量工作，制订了一系列规章制度，开展的全国气象科技档案的分类编目工作，推动了全国气象档案馆（室）的建设。我担任办公室领导分管档案工作后，他积极配合和支持我的工作，尊重我的领导。他曾与局办公室的法规处在法规性文件档案资料的编辑上发生矛盾。法规处长是江彦文，也是一位年龄比较大的老处长。徐曼泽把我推到第一线，要我去协调这两位老处长的矛盾。开始我心里一直在打鼓，这两位处长年龄比我大，资历比我深，是否能服从我的协调。但结果，通过我的工作化解了他们的矛盾，双方都很满意地接受了我的调解，使我很受感动。

钱广春是我在办公室工作期间共事比较长，关系比较好的老同志，祝愿他健康长寿。

江彦文（1937—2020）1937年出生，四川人。80年代初期调局办公室承担政策调研和文件起草工作。1982年，局办公室成立政策调研处，他任副处长、处长。1988年政策调研处从局办公室分出去组成了政策法规司，他任法规司副司长、司长，直至1997年退休。我与他在局办公室共事大约12年，经常一道起草国家气象局的重要文件，一道组织召开全国气象工作会议，互相支持，建立了良好的合作关系。在1986年至1988年期间，我成了他的直接领导，他非常配合和支持我的工作，体现了他的党性原则。他有较高的理论水平和文字水平，口头表达能力也比较强。参加了气象部门历史经验的总结、气象部门改革方案和部分全国气象局长会议报告等重要文件的起草；组织起草了《气象工作条例》、《气象法》等法律法规和重要法规性文件，为气象部门的法规建设做出了重要贡献。

2003年我退休后被气象出版社返聘负责《中国气象灾害大典》的编纂，提出请出版社也返聘他协助我编纂。他在退休近5年后接受了返聘，协助我编审《中国气象灾害大典》，一干就是4年，直到2008年32卷2000万字的《中国气象灾害大典》出版完毕。紧接着又请他参加《中华大典·地学典·气象分典》的编纂工作，他负责隋唐古籍气象资料的搜集和《气象分典》仪器观测总部的主编，直到2012年才结束。这样我们退休后又共事了8年。在他年事已高，白内障比较严重，视力下降的情况下，完成了任务，为《中国气象灾害大典》和《中华大典·地学典·气象分典》这两部巨型气象典籍的编辑出版做出了重要贡献。

江彦文是我共事时间长，合作配合好，成果显著，关系密切的同事，值得永远怀念。

张怀君 1943年出生，山东人。1970年从南京气象学院分配中央气象局湖北南漳县战备基地劳动锻炼。1971年分配到气象科学研究所工作。1973年5月调中央气象局办公室工作，先后任张乃召、王瑞琪的秘书和秘书科副科长。1980年调中央组织部办公厅工作，开始任常务副部长王照华的秘书。王照华离职之后，张怀君先后到北京市对台办、中央对台办工作，最后在中央对台办办公厅主任的岗位上退休。

我和张怀君在南京气象学院是同届同学，他是农气系64届的，我是气象系64届的。虽不在一个系，但他是学院篮球队队员，个子比较高，在学校我就认识他了。真正与他同事是1973年到1980年在中央气象局办公室工作这段时间内。

他性格直爽，对人真诚热情，工作认真负责，文秘业务水平提高进步快。我们共事互相支持，互相鼓励，团结合作，关系一直很好。与他经历的有几件事情印象深刻，至今不忘。

1975年秋天，陆广延派我和他到辽宁、山东气象局调研干部职工的政治思想情况，没有指定我们两人谁负责。我们自己就确定：到了山东他负责，到了辽宁我负责。我们第一站是到辽宁，先到省气象局。省气象局政工处一位姓刘的负责人向我们汇报了省气象局开展批林批孔的情况和省气象局干部职工的政治思想情况。其中有较大的篇幅汇报了省气象台预报员韩春深的问题，说他思想有问题，表现不好，怪话连篇。但他们不知道韩春深是我的同班同学，我深知其人。所以省气象局汇报他的问题，我并不奇怪。但我们还是认真地听，认真地记，并没有表露我和韩春深是同学关系。本想利用这次出差见见这位老同学的，由于汇报了他这一连串问题，我们也不好意思提出来见他了。我们在辽宁气象局调研后，第二站是山东。从大连乘轮船到烟台，到达烟台适逢中午，张怀君提出烟台的油炸带鱼好，啤酒好，每人要了一份带鱼，一杯啤酒。我那时经常患胃病，不敢多吃，多喝。下午从烟台乘火车到济南。张怀君曾在山东省气象局实习过，对路线很熟，进气象局都没有走大门，抄近道从一个围墙的缺口进去的。晚上在省气象局的食堂用餐，张怀君正和省气象局的熟人边吃边聊。我半碗饭还没吃完就休克过去了，把满食堂的人吓坏了，以为是心脏病，连忙把我用食堂的长条凳抬到了就近的空军医院。当我苏醒后，医生问我过去有没有心脏病。我说没有心脏病，只有胃病，经常胃痛。后来化验大便，诊断为消化道大出血，住了近10天的医院才出院回京。在山东的调研就由张怀君一个人承担了。这次出师不利，给我的教训是不能贪吃贪喝，肯定是吃油炸带鱼和喝啤酒引起了胃溃疡形成的大出血。

张怀君从1973年到1980年在中央气象局办公室做了大量很有成效的工作。他在担任张乃召和王瑞琪的秘书工作中尽职尽责，认真审核公文，当好领导的参谋助手，做好为领导的服务，特别是张乃召在肝癌晚期，他经常到医院陪护，为他四处采购营养品等。

我与张怀君共事期间我们互相支持，互相帮助，建立了比较深厚的友谊，是一位难忘的好同事。

王家俊 1945年出生，江苏南京市人。1970年从南京气象学院分配到吉林省四平气象局工作。1978年调到中央气象局办公室做文秘工作，担任吴学艺的秘书。1982年担任章基嘉的秘书。1986年开始任党组秘书（副处级）。1988年成立政策法规司后，他调政策法规司任调研处处长。以后调北京气象学院任办公室主任，直至退休。

我和王家俊是南京气象学院同一届同一系的同学，他在二班，我在一班，同在一个教室里面上大课。在学校我们就比较熟悉了。他调到中央气象局办公室工作之后，我们互相都比较了解，工作上互相帮助、互相支持，关系比较融洽。

王家俊多才多艺。他的字写得好，局办公室要写会标、标语等，大多请他来写，他总是细致认真地完成。包括会议记录，他也记得非常工整。他爱好体育运动，篮球打得好，是南京气象学院篮球队的队员。保龄球打得好，是北京市老年保龄球运动队的队员。他心灵手巧，会做木工，给自家做的饭桌像工艺品似的。他还会给自家小孩裁剪衣服，织毛衣等等。在工作上，他严肃认真，一丝不苟，在局领导秘书岗位、局党组秘书岗位和政策调研处处长岗位上做出了比较好的成绩，得到了群众的好评。

在局办公室工作期间，他非常支持我的工作，尊重我的领导，经常提合理化建议，建立了比较深厚的友谊。他是一位难忘的好同事。

韩通武 1948年出生，山东青岛人。1977年从黑龙江省气象局调中央气象局办公室做文秘工作。1979年开始任邹竞蒙的秘书。1986年1月任局办公室任秘书处副处长，主持秘书处工作，1988年任秘书处处长，1992年初任办公室副主任。同年6月从局办副主任岗位调行政管理局任副局长（主持工作）、局长至1998年。1998年12月至2004年3月任计划财务司司长。2004年3月至2006年6月任中国气象局资产管理事务中心主任。2006年7月至2007年11月，任中国气象局大气探测技术中心主任。2007年12月和2008年3月任局机关党委巡视员。

韩通武是在中国气象局内调换领导岗位较多的一位同事。但他在局办公室工作时间最长，达14年之久。这是他成长并逐步显示工作才能的14年。在这14年中，我和他共事一直是互相支持，互相配合，建立了深厚的友谊。开始我们平级，后来我成了他的上级，他极其支持我的工作，成了我的得力助手。他调到其他单位担任领导职务之后，还对我的工作给予了多方面的大力支持。

1978年我任党的核心小组秘书之后，他接替我担任邹竞蒙的秘书。他在秘书的岗位上很称职，考虑问题全面，审核文件细致，建言献策主动，对领导的服务周到，许多方面做得比我好，得到了邹竞蒙的好评。1982年8月，邹竞蒙带领陈国珍、黄道高、我和他到青海气象局考核领导班子。邹竞蒙要考察海拔5000多米的高原气象站，认为韩通武身体好，选了他同行，要我们3人留在省局考核领导班子。上到5000多米高山后，邹竞蒙出现高山反应，但韩通武还可以上到更高处采摘雪莲。

韩通武任秘书处副处长、处长后，工作做得很出色，修订了气象部门公文处理办法，加强了公文管理和质量把关，开展了全国气象部门公文质量评比，举办了公文学习班，使国家气象局和全国气象部门的公文质量有了较大提高。他积极支持创办《中国气象年鉴》和《气象信息参考》，并参加编辑，参与了国家气象局一系列重要文件的起草。他在组织会议、安排局领导活动、协调督办等方面做了大量卓有成效的工作，使秘书处的工作出现了新的局面。他有较高的政治思想水平和文字水平，有较强的办事能力和较好的群众基础。他团结同志，善于处理各种关系。1992年初，经群众推荐、单位提名、组织考核、党组审定任局办公室副主任。

韩通武到行管局工作后不到两年，我也调离办公室，到气象出版社工作。他对气象出版社的工作给了大力支持。1996年，气象出版社想建业务办公楼。他负责全局的行政后勤，积极支持出版社单独建楼，并帮助出谋划策，提出建楼场地建议。气象出版社1998年能进住新楼办公，要感谢温克刚审批、李黄列项投资和韩通武大支持，提供地皮。没有他们三人的鼎力支持，出版业务楼是无法建成的。

我退休后，2009年还在返聘参与组织编纂《中华大典·地学典·气象分典》。当时人手不够，他刚退休，我建议气象出版社把他返聘过来，参加《中华大典·地学典·气象分典》的编撰工作。他积极参加，并负责《中华大典·地学典·气象分典》中清代古籍气象资料的搜集和应用总部的主编，工作了近4年，为该部大型气象史料图书的出版做出了重要贡献。2012年，他又应《中国气象百科全书》副主编王守荣的邀请，参与了《中国气象百科全书》的编纂工作，负责组织协调、重要条目编写、审稿、统稿，做了大量工作，为该部大型气象工具书的出版做出了重要贡献。我们在一起又工作了4年。这样退休后共事了8年，与在职时的共事加在一起总计30多年。所以韩通武是我共事时间最长，关系最密切的同事之一。我们之间的深厚友谊是终生难忘的。

赵同进　1948年出生，山东青岛人。他曾是中央气象台预报员，1979年援藏到西藏自治区气象局工作。1982年调到中央气象局办公室做文秘工作，开始任骆继宾副局长秘书。1986年任秘书处副处长，1988年任国家气象局办公室综合信息处处长。1992年1月至1993年3月任办公室副主任，期间1993年到广西壮族自治区气象局挂职一年，任副局长。1994年4月至2006年4月任中国气象报社社长。2006年4月至2008年1月任局政策法规司巡视员，同年退休。

我与赵同进共事是1982年至1992年他在局办公室工作这段时间。他担任骆继宾秘书很称职，工作积极主动，认真负责，为领导决策服务，及时提供有关信息和参谋意见，局领导很满意。同时他还承担了秘书处的许多其他工作，如有关文件起草、信息收集与反馈、值班室排班等。他经常加班加点，分内分外的事都积极做，人称"拼命三郎"。1988年，局办成立信息处后，他任信息处处长，认真履行职责，大力加强了气象信息的收集与服务，及时编发《气象信息参考》，在推动气象部门的改革与现代化建设方面发挥了重要作用。《中国气象年鉴》的日常工作放在信息处，他具体组织了每年气象年鉴的编辑出版工作。他还参与了国家气象局有关重要文件的调研和起草，例如国家气象局向国务院关于建立双重计划财务体制的报告，他在向国务院有关部门征求意见，反馈信息方面做了大量工作，为国务院〔1992〕25号文件"关于建立气象部门双重计划体制与相应的财务渠道"做出了一定贡献。具体组织完成了"气象部门微机中文远程网络"建设和"国务院气象信息光缆传输系统"建设。总之，在局办工作期间，他大力支持、配合我的工作，尊重我的领导，是我的得力助手之一。这期间我们建立了深厚的友谊。

1994年4月我和他双双调离局办，我到气象出版社任社长，他到中国气象报社任社长。两位社长，被人调侃为局办出来的"难兄难弟"。出版社与报社同属宣传口，业务上有不少相似之处。报社在气象部门的关注度大，影响大；出版社在下面知名度低，影响小。他对气象出版社的工作给予了多方面的支持。我想利用报社的优势宣传气象出版社的图书，还想利用气象报社在各省气象局的记者帮气象出版社宣传推销图书，他都满口应承，以实际行动大力支持。他召开全国气象记者站长会，请我参加并讲话宣传气象出版社。后来经报中国气象局领导同意，把气象报在各省的记者聘为气象出版社的图书发行业务经理，大大增加气象出版社专业图书的发行量。我们还利用全国气象局长会的空当，以两社名义举办招待会，宣传两社工作，争取各省（市、区）气象局的更多支持，取得了较好的效果。

他2008年退休，我早已退休了。但还在返聘参与组织编纂《中华大典·地学典·气象分典》。我建议气象出版社把他返聘过来，参加《中华大典·地学典·气象分典》的编纂工作。他积极参加，负责《中华大典·地学典·气象分典》中元、明两代古籍气象资料搜集和气象预报总部的主编，工作了近4年，为该部大型气象史书的出版做出了重要贡献。2012年，他又应《中国气象百科全书》副主编王守荣的邀请，参与了《中国气象百科全书》的编纂工作，负责组织协调、重要条目编写、审稿、统稿，做了大量工作，为该部大型气象工具书的出版做出了重要贡献。我们在一起又工作了4年。这样退休后共事了8年，与在职时的共事加在一起总计30多年。

所以赵同进也是我共事时间长，关系最密切的同事之一。我们之间的深厚友谊是终生难忘的。

游有源　1952年出生，江苏泰州人。1978年从南京气象学院毕业分配到中央气象局办公室做文秘工作，先后担任过王瑞琪、温克刚的秘书。1988年任秘书处副处长。1992任秘书处处长，后来也调离局办公室，先后任局机关党委副书记、局老干办副主任、国家气候中心党委副书记。

我与游有源共事是他在局办公室的17年。1978年他刚到局办公室，工作勤奋，虚心学习，很快熟习了文秘工作。他担任王瑞琪、温克刚秘书比较称职，严把公文审核关，发现问题及时修改，领导决定事项及时催办，经常向领导反馈信息和提出建议，参谋助手作用发挥比较好，得到领导的好评。他对我的工作积极支持、尊重和服从领导。平时还承担了局领导秘书之外的其他工作，如起草公文、会议记录、昼夜值班、编发信息、编辑气象年鉴等任务，他都积极主动参加。他任秘书处副处长之后，主动配合韩通武的工作，在制定公文处理办法，认真审核送室、局领导审批公文关，提高公文质量方面做了大量工作。他大胆工作，严格管理，讲真话，办实事，敢于对不良现象提出批评。他也是我在局办公室领导岗位上的一位好助手。长期共事使我们建立了比较深厚的友谊。这种友谊是难忘的。

朱祥瑞 1950年出生，江苏宿迁人。1977年南京气象学院毕业，分配到中央气象局办公室做文秘工作。他开始在局办公室值班室做值班秘书，后来兼任中央气象局总工程师（原副局长）程纯枢院士的秘书，并负责信息的收集和信访工作。1988年任局办信息处副处长，以后任处长、办公室副主任，2001年任办公室主任。他是局办公室自己培养起来，从秘书、副处长、处长、副主任直到主任岗位的唯一干部。以后调到政策法规司任司长，直至退休。

我与朱祥瑞1976年至1994年在局办共事有18年之久，我们相处关系一直比较好。他刚到局办时比较低调，为人随和，虚心好学，经常向老同志请教公文审核、会议记录、值班电话和来信来访处理等方面的知识，很快能独当一面，做好本职工作。我任秘书处和办公室领导后，他积极支持我的工作。他肯动脑筋，办事有主见，在公文写作、信息综合编辑等方面进步很快。我记得在80年代中后期，他在局机关党委办的宣传栏上发表了两首诗，写得不错。这时发现他有些深藏不露，实际上还是很有文采的，因此加大了对他使用的力度，让他参加了全国气象局长会议文件的起草或简报的编发等重要工作。他还参加了《中国气象年鉴》和《气象信息参考》的部分编辑工作。他也是我在局办最后两年领导工作的比较好的助手之一。

朱祥瑞是我共事时间比较长，关系比较密切的同事之一。我们之间的工作友谊是难忘的。

郑明一 1954年出生，山东青岛人。原来他在局人事司干部处工作，1983年调入局办公室做秘书处工作，负责国家气象局顾问薛伟民（原局长）的秘书工作，并兼做值班室和信息收集编发工作。1986年《中国气象年鉴》创办后，他承担责任编辑和编务等的工作。1992年初任局办公室信息处副局处长。不久调到行政管理局任机关服务处处长。

我与郑明一在局办公室同事近10年，他对我的工作，是一直很支持的。他工作认真负责，积极努力，对人热情，善于交际，办事能力较强。他在为薛伟民做秘书期间服务周到。那时薛伟民已任顾问，不经常上班，他经常上薛伟民家送文件，汇报局内外大事，提供相关信息，询问健康情况等。薛伟民对他的秘书工作很满意，多次嘱咐我要好好表扬他。在他负责《中国气象年鉴》的责任编辑工作中，他积极主动，认真负责，每年从组稿、催稿、分配审稿、核稿、联系印刷出版到发行（包括将书发到气象台站的打包）全过程他都一抓到底，不出差错，完成得很出色。在年鉴印制经费方面他精打细算，有时为降低印制价格与印刷厂的同志争得面红耳赤，为气象年鉴节省了不少费用。郑明一还在局值班室昼夜值班、收集编辑气象信息、组织重要会议、迎来送往等方面做了大量工作，得到好评。

郑明一是我共事时间比较长，关系最密切的同事之一。我们之间的深厚友谊是终生难忘的。

胡桂琴 1952年出生，江苏扬州人。1978年从南京气象学院毕业后分配到中央气象局办公室工作。她开始在局办公室宣传科参加《气象工作情况》的编辑工作。1982年宣传科改宣传处之后她仍留在宣传处工作。1988年任宣传处副处长，1992年任宣传处处长。以后先后任局办公室副巡视员、气象报社副社长、气象出版社副社长、公共气象服务中心党委副书记，直至退休。

我与胡桂琴共事是在1978—1994年这段时间。她对我的工作积极支持和配合，我们关系比较密切。她工作事业心、进取心强，工作认真负责，大胆泼辣，熟悉气象宣传业务快。她担任宣传处领导之后，积极建立气象部门自己的宣传队伍，加强开拓与社会新闻媒体的联系，使气象宣传工作出现了良好局面。他在气象新闻，气象影视等宣传方面做了大量工作，得到了比较好的评价。

1979年8月，我随薛伟民副局长到四川、云南等地出差，她也同往。薛伟民是江苏六合人，离她的老家扬州不远，与薛伟民攀上了老乡，长途乘车中他们用家乡话有说有笑。从此她与薛伟民建立了良好关系。我也曾任过薛伟民的秘书，关系比较好。在薛伟民离休之后，每年春节她都与我一道去薛伟民家看望。胡桂琴也是我在局办工作的好同事。

在局办公室工作期间，还有许多同事，如顾兴本、李桂英、于绍芬、庞亮、沈晓农、高学杰、宋善允、洪兰江、冯继超、刘扬、齐小夏、梁晔、程宪、田宜泉、赵相国、张发喜、徐长伟、陈卫星、张桂森、殷惠卿、张桂悌、杨桂兰、李玲、周秀芬、戴萍、黄晓燕、梁景华、陆㢆、李赛、江洪、高巍、刘道基、吴震、蔡艳秋、赵秋霞、杨连英、刘士清、李小平、宋广、戴质铎、朱显昌、田志新、刘俊武、卜令芬、周淑清、饶玉舸、吴子杰、顾德芳、王瑞兰、刘锦文、王前堂、宋光斗、王仲方、姚波、刘少华、杨莉、李向文、宋小桃、陈小霓、侯书路、张京杰等，他们在局办公室下属文秘、宣传、档案、文印、展览、保卫等单位工作，都是爱岗敬业，恪尽职守，努力工作的好同事，在各自的岗位上做出了比较好的成绩。他们对我的工作给予了多方面的信任、支持与配合，在此不一一列举了，只是对他们心存感谢之情而已。

（三）局机关和各直属单位

高侠 山东人，是1949年前参加革命工作、行政十二级的老干部（高干）。他在"文革"前是中央气象局党组织的政治部人事处处长。"文革"前夕上级曾电话告知已提升为中央气象局副局长，但正式书面任命通知未下来。"文革"后这个口头通知不算数了。1975年中央气象局党的核心小组成立，他是核心小组成员之一。1978年我任党组秘书后与他接触比较多。他政治水平较高，凡事有主见，但又比较谨慎，尽量与党组主要领导人和多数人意见保持一致。确有不同意见时，小问题就忍了，不轻易发表不同意见；大问题发表意见也比较婉转，拐弯抹角，不仔细听还听不出来。他的有些意见，有时不好记录，我会下问他，为什么表态不明确。他说点到为止，免得引起争论。但在用人问题上他却非常坚持己见，很少让步，这大概是他长期管干部工作，对干部个人情况比较熟悉的缘故吧。他对我做党组秘书工作很满意，我们关系不错。局党组会讨论的一些重要议题，他经常在会前向我表示他的意见，其目的是想通过我向党组书记透露，以便主持会议时做到心中有数。高侠严格要求自己，不计较个人得失，是一位值得尊敬和怀念的老同志。

方齐 是一位老气象业务技术人员，在民国时期就从事天气观测和预报工作。新中国成立后，他就在中央气象局做气象业务管理工作。1978年改革开放后，他在局机关负责全国气象业务管理，先后任气象业务处处长、司长。我到局办工作后，就经常与他接触，感到他非常熟悉全国气象工作情况，在许多会议上他经常率先发言，说话直截了当，简明扼要，有观点，有办法，不讲大话、套话。我作为会议记录，是非常喜欢他的发言的，因为好记录、好整理。1984年，我参加了陈少峰和他组织编写的《当代中国·气象卷》。他首先提出了新中国气象事业发展历程划分的几个阶段的意见，得到了大家的认可并写进了该书，为以后历次总结气象事业发展所沿用。到了20世纪90年代末期，他已退休多年还在关心气象工作。他对我说，他手里有许多50、60年代基层气象台站的老照片，希望能出版一本书，记载过去气象台站面貌，以便今昔对比。我觉得这个意见很好。曾申请列项出版，可惜未获批准，未能办成此件好事。我退休后，2006年中国气象局组织编辑出版了《中国气象台站》系列史书。在该书列项论证会上，我曾建议将方齐保存的许多全国气象基层气象台站老照片收入该系列书。但我未能参与该书的编写，最后是否收入却不得知。方齐是一位值得尊敬的老气象人员。

陈德鉴 福建人，"文革"前他在局办工作，任饶兴局长的秘书。"文革"后他在业务管理处做方齐的副手。方齐退休后他任业务发展司司长。我在局办工作时期与他联系较多。他为人正直，说话直率，办事效率较高。在80年代前期有次由他组织在北京平谷召开的全国天气预报工作会议。我作为会议工作人员参加会议，参加他负责的会议简报编发工作。他以身作则，自己动手，编发简报又快又好，一人顶好几个人，我从他身上看到了老秘书办文办事的精干高效。90年代初，我夫人张凤英股骨头骨折住院。陈德鉴夫人陆岸（曾在局办与我同过事）亲自为我们送饭菜到医院。饭菜做得很可口，她说是德鉴动手做的，那时他已退休了。这时我才知道陈德鉴不仅在机关工作是把好手，在家做饭菜也是一把好手。他夫妇俩对同事都很关心，热情，谁有困难都及时伸出援助之手。此事时隔多年，我还记忆不忘。

彭光宜 上海人，"文革"前他在局办公室做宣传编辑工作，"文革"后他在气象科学研究院情报所做期刊编辑工作。80年代中后期，他在中国气象学会秘书处任秘书长。我1973年到局办公室工作后认识他，并在工作上经常接触。70年代后期，每次召开全国性气象工作会议，林学舜负责会议组织工作，经常请彭光宜来帮忙，负责会议简报组的工作。那时我在局办好使唤，会前是文件起草组成员，受陈少峰领导；会中是简报组成员，受彭光宜领导。彭光宜是一位肯动脑筋，有主见有胆识的智囊性人物，遇事能拿出主意。他工作细心，凡经过他审改后的文章就很少再出现错漏字现象。所以无论是局或局办发出重要文件前，常要他过过目，以减少错情。这尽管不是他的本职工作，他也认真去做。他在任学会秘书长之后，我在出版社工作，在出版气象科普图书方面与他进行过多次合作。1996年我以气象出版社名义上报了编写《中国气象百科全书》的报告，得到了时任中国气象局局长邹竞蒙的支持，并成立了以邹竞蒙为主任、我和他等为副主任的编委会。他为此在气象学会做了许多组织工作。我在担任气象学会科普委员主任时，他作为学会秘书长，给予了多方支持，使我十分感谢。

阳世勇 四川成都人，生于1945年，成都气象学校毕业。曾在中国气象局仪器装备司工作，并任过处长。后调到局政策法规司，负责仪器标准方面的工作，在副巡视员（机关副司）岗位上退休。他头脑清醒，工作勤奋，了解全国气象仪器装备情况，协作和配合精神较强。我在局办工作期间与他进行过多次合作。每次全国气象局长会议经常抓他的差，请他当工作人员，帮助起草会议文件和编写简报，他总是出色完成任务。还经常请他撰写仪器设备方面的《中国气象年鉴》稿，多次与他一起在全国各地出差。我退休后，还找他一起编纂《中华大典·地学典·气象分典》《中国气象年鉴》。特别是我们二人晚饭后有走步的习惯，每天走一个多小时，边走边聊，家事国事，大事小事，天南海北，无所不谈，有20多年的历史，几乎从没间断。记得2006年夏天的一个傍晚，我与他在紫竹院沿湖走步时我心脏病突然发作，是他叫救护车和我家人把我送医院的。在长期工作交往和走步中我与他建立了比较深厚的友谊。

李泽椿 江苏南京人，出生于1935年。1966年北京大学气象研究生毕业，曾任中央气象台预报员、预报组组长、中央气象台台长、国家气象中心主任等职。1995年被评为中国工程院院士。我1973年到局办工作后就开始认识他。他那时已是中央气象台预报组负责人，经常到局机关向局领导汇报天气情况，我也参加听，感到他天气预报水平较高，但又比较低调。他待人热情，乐于助人，有事求他时，他都在力所能及的范围内尽力帮助。20世纪90年代后期和我退休以后，多次与他一起参加项目可行性论证和成果评审会，他一般任专家组组长，常指派我修改专家组评审意见的文字。2008年，他负责组织《20世纪杰出人才》中气象杰出人才的编撰，他请我撰写一万字左右的邹竞蒙传略。我遵照办理，及时交稿。该系列书已由科学出版社出版。平时与他交往不多，但他的高超气象业务水平和助人为乐的品格给我留下了深刻印象。

陈联寿 1934年出生于浙江舟山定海，南京大学大气科学专业毕业。曾在中央气象台先后任预报员、预报室副主任、副台长、中国气象科学院院长等职，1997年被评为中国工程院院士。1970年我刚到中央气象局，作为入局熟悉情况，听过他关于天气预报是怎么做出来的讲课。那时就认识他，觉得他不是教师，又没讲稿，讲起课来有条不紊，十分佩服。1973年我到局办工作后，他也经常到局机关向局领导汇报天气，我也随听，觉得他天气预报的理论与实践经验都很丰富，大家都称他是台风预报方面的权威专家。我平时与他交往不多，但有两次印象较深。一次是1995年，他要在气象出版社出一本有关台风方面的书。我那时任出版社社长，对他出书很重视，列入了年度重点出版计划，可是到了年底也没见书稿。第二年照样列了计划，年底还是不见书稿。责任编辑多次催稿，他总说工作太忙，没时间写稿。我们也无奈，只好耐心等稿了。1997年夏，他终于交稿了。我动员编辑加班加点，赶在了院士评审会之前见书。那年他真的评上了中国工程院院士。

另外一次是2008年，他私人招待从美国回来探亲的他的一个学生程宪时请我作陪。程宪曾是陈联寿的部下，20世纪80年代末陈联寿将他推荐到局办任骆继宾副局长的秘书，后来他争取到了去美国留学的机会，我征得骆继宾同意后就把他放出国了。事后人事部门还责问过我为何放走此人。2008年程宪回国，陈联寿为他设宴接风，问程宪还想见谁？他说想见在局办的毛主任、韩通武和赵同进，要当面表示感谢他们。因此陈联寿把我们请去作陪。平时我与陈联寿交往不多，但他的博学多才给我印象较深。

丁一汇 1938年出生于安徽省。1957年考入北京大学地球物理系，1963年本科毕业后进入中国科学院研究生院就读硕士研究生，随后在中国科学院大气物理所、国家海洋局海洋环境预报中心从事科研和领导工作。1986年担任中国气象科学研究院副院长。1994年出任国家气候中心第一任主任。2005年当选中国工程院院士。我与丁一汇接触是从1986年他调到中国气象局后。丁一汇是一位发表论文和出版图书最多的气象专家。我1994年到气象出版社后与他联系较多，经常参加他组织的课题论证和成果评审会。他思路敏捷，专业知识渊博，综合概括能力较强，在较短时间就能把会议发言人的意见综合起来。有两部书的编撰出版，我与他合作很好。一本是2004年出版的《全球变化热门话题》丛书，秦大河挂名任主编，我和他是副主编，全书18本一套。我负责组织全书作者的选定和书稿的编审；他亲自负责撰写了《气候系统的演变及预测》和部分审稿。该系列书获得了2005年国家科技进步二等奖。另一部是《中国气象灾害大典》，全书32卷，温克刚任主编，我和他任副主编。我是专职副主编，负责全书的组稿、审稿、出版和发行；他负责《综合卷》的主编，组织综合卷的编写，并亲自撰写了部分书稿。在其他比较大型专业书编写中，他大多是编委会副主任，但他与其他编委会主任、副主任、委员不一样，不仅仅是挂名，而且办实事，亲自动手写稿，所以气象出版社的编辑都乐于与他合作出书。他的博学多才和多部学术著作给我留下了深刻印象。

此外，我在局机关和局直属单位还与以下领导人有着较好的同事关系：

南京气象学院朱乾根院长、张培昌院长、屠其璞院长、孙照渤院长，院办公室吕继成主任；成都气象学院张玉坤院长、缪金海院长、邓忠德副院长、黄宗捷副院长等；北京气象专科学校刘国璋校长（中国气象局党组成员）；北京气象学院申忆铭院长、丑纪范院长（中国科学院院士）、王强院长、副院长李公顺、高学浩等；国家气象中心李先坤主任、裘国庆主任、王世平副主任、梁孟铎副主任、王祖林副主任，陈玉佩党委专职副书记等；中国气象科学研究院唐昭东院长、张家诚院长、齐生英副院长、姚瑞新副院长、徐宝祥副院长等；国家卫星气象中心高峰主任、岳川主任、许健民主任（中国工程院院士）、纽寅生主任、梁雨副主任、蒋恩永副主任等；国家气候中心王锦贵主任、宋连春主任等；局行政管理局（局机关服务中心）王志远局长、段从众局长、白海局长、褚庆生、董文凯、阮祖俊、张国信副局长等；中国气象报社殷曰均社长、林完红社长、林之光总编，李仁先副社长，办公室李中主任；局机关党委章贻荪、方燠冬、李士斌、赵东儒专职副书记；局纪检组李登桂、钱纪良、龙云琴、徐松庆、孙先健（为中国气象局党组成员）等组长、副组长；局人事司安谦民、历复仁、萧永生（党组成员）司长，张书贵、王祖亭、张玉敏、蔡镇方、孔佑坤副司长；局计财司黄根生司长、嵇启武司长、沈葆洪副司长及罗晓勇、陈佩珠、张道荣、陈敏珍等；局业务发展司吴贤纬司长、陆家琏副司长等；局气候司沈国权司长、阮水根司长；局仪器设备司张兴亚副司长、瞿心田副司长、徐志根副司长；局科教司王鼎新、刘玉滨司长、朱刘龙、王远忠、陈高远副司长，许维娜、徐昭；局外事司吴均、岳民、王才芳司长，王辅民副司长。

各省（自治区、直辖市）气象局：

我在局办公室工作期间，由于在中国气象局领导人身边工作和局办公室是全国气象工作的综合管理部门等原因，在各省（市、区）气象部门与不少领导干部和其他工作人员联系较多，与他们在工作中建立了良好的合作关系。现在印象比较深的有以下一些同志：

北京市气象局：沙昌煦局长、恽耀南局长、李修池副局长（后任福建省气象局长、中国气象局法规司司长）、杨宝忠副局长，办公室高留柱主任、敦克刚主任（副巡视员）。

河北省气象局：朱品局长、汤仲鑫局长、安保政局长、张广智副局长，办公室郭春德主任（后升任局纪检组组长）、张显涛主任、张润民调研员等。

天津市气象局：王文辉局长、曾凡喜局长、王中信局长，办公室田雅丽主任（后升副局长）、崇路主任等。

山西省气象局：田铮局长、霍成福局长，办公室刘庆桐主任等。

内蒙古自治区气象局：湖春局长、夏彭年局长，乌兰局长，办公室陈维忠主任，任致忠、武秀林副主任等。

辽宁省气象局：王琦局长、陆一强局长、王观涛局长、王锦贵局长、宋达人局长、王江山局长（曾在青海省任气象局长）、李波副局长（巡视员）、刘桂芬副局长（巡视员）、王潭副局长、张裕道副局长、盛军副局长，赵大庆主任（现任吉林省气象局长），办公室孙义德主任、徐凤莉主任、《辽宁气象》编辑部王奉安主任等。

大连市气象局：孟庆楠局长、赵国卫局长（曾任内蒙古气象局长）、办公室李光亮主任等。

吉林省气象局：赵荣堂局长、丁士晟局长、宋玉发局长、靳家宝副局长、张克选副巡视员（副局级），办公室杭彤主任、窦广生主任、宣兆民主任等。

黑龙江省气象局：阮永胜局长、陈立亭局长、贾世民副局长，办公室张广学主任、李荣芳副主任、宋英华副主任。

山东省气象局：周祖忠局长、刘志刚局长（后调北京气象学院任院长）、蒋伯仁局长、王建国局长（后调河南省气象局任局长）、刘克先副局长，办公室胡光旭主任、陈茂奎副主任等。青岛市气象局：肖惠卿局长、左克进局长，办公室钟志伟主任。

上海市气象局：王雷局长、盛家荣局长、束家鑫总工程师、徐一鸣副局长，办公室李文志主任、徐佑棣主任、陆亚龙主任、鲍宝堂学会秘书处长。

江苏省气象局：任广昌局长、胡辛陵局长、卡兴辉局长，办公室徐南侠主任、桑凤章主任、朱卫星副主任。

浙江省气象局：潘云仙局长、席国耀局长、王守荣局长（后升任中国气象局副局长），办公室葛旭鹏主任、吴富主任（后任浙江省气象局副局长）、谢康主任、邓兆林调研员等。

宁波市气象局：陈德林局长、国良和副局长等。

福建省气象局：叶榕生局长、杨维升局长、董熔局长、林有年副局长，办公室高时彦主任，省局业务处严光华处长（南气院同学），省局科研所陈敬平所长（南气院同学），省局气象台付秀芝台长（南气院同学）等。厦门市气象局：陈仲局长、陈荣让副局长，办公室林秀斌主任等。

安徽省气象局：张锋生局长、汪百川局长、章晓今副巡视员，局办公室卞礼智主任、李修加副主任。巢湖市气象局：吴英厚局长、蚌埠市气象局李广春局长。

江西省气象局：解中局长、潘根发局长、陈双溪局长、刘兴安副局长、李义源副局长、刘荣春副局长，办公室邓晓明主任等。

河南省气象局：代加洗局长、阎秀峰局长、张绍本局长、王银民副局长（现任重庆市气象局长），办公室顾万龙主任（现任云南省气象局副局长）、柳俊高主任、刘晓副主任（后任中国气象局招待所所长）等。

湖北气象局：霍俊亭局长、翁立生局长、朱正义局长、刘志澄局长、崔讲学局长、刘汉民副局长，向世团纪检组长，办公室姜海如主任（后任副局长、巡视员），匡献如主任、刘力成副主任等。

湖南省气象局：刘如湘局长、阮水根局长、张正洪局长、祝燕德局长、刘家清局长、于连芳副局长、曾庆华副局长，办公室王福琪主任、李公才主任、张建鑫副主任、向德龙副主任，省局计财处詹玉才处长（南气院同学）等。常德市气象局：沈正元局长、蒋茨林局长、陈仁和局长、张东之局长、陈建明副局长。长沙市气象局：周益辉局长（南气院同学）等。

广东省气象局：谢国涛局长、余勇局长、张延松副局长、肖书凯副局长，办公室袁亦康主任等。

广西气象局：赵月年局长、许善伦副局长（主持工作）、李明经局长、林少雄局长、韦力行局长、李建山副局长，办公室廖桂奇主任、卢笙主任等。

海南省气象局：邓昌松局长、吴岩俊局长、甘宇副局长，局办公室符超主任等。

云南省气象局：秦新法局长、朱云鹤局长、刘建华局长、陈建刚局长、恽彭副局长，办公室范汝增主任等；四川省气象局王昌华局长、王为德局长、薛智副局长，办公室薛今农主任、杨卫东主任（现黑龙江省气象局长）、李扬富副主任（现任四川省气象局副局长）、付金琳副主任等；

重庆市气象局：申学勤局长、王银民局长（原在河南气象局任局长）、王涛副局长等，办公室段相洪主任（现任重庆市气象局副局长），段朔舸主任等。

贵州省气象局：李国文局长、郑志敏局长、赵广忠局长、罗宁局长、许炳南副局长，办公室刘中坤主任、罗光荣记者站长（副处长，同学加湖南老乡）。

西藏气象局：王明山局长、朱品局长、毛如柏局长（后任西藏自治区副主席，建设部部副部长，宁夏回族自治区党委第一书记等职）、马添龙局长、索朗多吉局长、刘光轩党组书记，办公室高扬主任（后任西藏自治区副秘书长）。

陕西省气象局：延祖铎局长、孙海鹰局长、程廷江局长、翟佑安副局长，局办公室杨武圣主任、王志学主任。

宁夏气象局：马占山局长、夏普明局长、刘秀桐副局长，办公室陈力主任、杨泾森主任（后为纪检组组长）、郑右兵副主任等。

甘肃省气象局：胡继文局长、谢金南局长、野桂林副局长、李芝华副局长、邵志忠副局长，局办公室俞灿慰主任、杨义文主任（后任局纪检组长）。

青海省气象局：魏家麟局长、代加洗局长（后调河南省气象局长）、徐建伟局长、王江山局长、吴正康副局长，局办公室李鹏杰主任、王存录主任等。

新疆气象局：苏占澎局长、王为德局长（后调四川）张家宝局长、徐羹惠局长，局办公室张加生主任、王秋香等。

在以上同事中关系比较密切、交往比较多的有以下同志：

李波，辽宁人，出生于1954年，曾长期任辽宁省气象局办公室主任，后任副局长，巡视员。该同志在全国气象部门办公室主任中才华出众，政策水平较高，综合分析能力强，口才和文笔俱佳，多次参与全国气象局长会议文件的修改。我曾想将他调到中国气象局办公室做领导工作，后因辽宁省气象局强调他们将有重用不放，此事未能办成。我们一直保持着良好的关系，每次到辽宁出差，他都热情接待，亲自陪同。退休前后我在辽宁安排的几次书稿编审活动，他都鼎力相助，并积极参加。他是我在各省局中关系最密切的同事之一。

刘家清，湖南常德人，1965年出生。他南京气象学院毕业之后分配在云南省气象部门工作。1994年在昆明召开全国气象局长会议，我担任会议秘书长，他作为云南省气象局办公室的工作人员参加会务工作。我们在这次会上初次认识并谈上了老乡。后来我发现他政治思想水平较高，工作能力较强，文笔不错，写得一手好字，觉得是一个人才。曾向时任湖南省气象局局长张正洪推荐过。20世纪90年代中期，他被调到湖南省气象局，先后任办公室主任、人事处长、省气象局副局长、广西壮族自治区气象局局长（曾为广西书法协会副主席）。2018年调回湖南省气象局任局长。我在职时与他经常在一起开会，互相交流工作情况；退休后过年过节我回老家有时还能会在一起，互相聚一聚。他一直把我尊为长辈，有一次他在电话里告诉我，我们是亲戚了，我大惑不解。他说他的侄女儿刘娟和我外甥女的儿子肖遥都在常德市气象局工作，他们谈上恋爱并很快要结婚了。听到此消息，我也很高兴，名副其实地成了他的长辈了。他的年轻有为，多才多艺给我留下深刻印象。

张正洪，江苏人，1943年出生，南京气象学院毕业（62级），毕业后分配在宁夏气象局工作，曾任宁夏气象局副局长。20世纪90年代中期调任湖南省气象局局长。我是他在任湖南省气象局局长后开始接触多了起来。他为人正直，恪尽职守，组织领导能力较强，坚决贯彻实施中国气象局关于结构调整改革方案，成为各省（市、区）气象局的先进典型，他为湖南气象事业的发展做出了重大贡献。当时在改革方面我与他有共同语言，交流较多。我到衡阳等地考查图书市场，他全程陪同。在多年交往中我们建立了比较深厚的友谊。他求真务实，为人正直，诚恳热情给我留下深刻印象。

祝燕德，湖南常德市人，出生于1953年。20世纪90年代中后期开始任湖南省气象局副局长。21世纪初张正洪退休后他接任湖南省气象局局长。我与他的接触是从他任湖南省气象局副局长后开始的，因为都是常德人，交往甚多。他的才能在任副局长期间尚无大的显露，但在他任局长之后却大显身手，在短短几年内大手笔地重建了一个现代化的气象局，不仅办公条件和气象业务现代化水平一跃走到了全国前列，而且职工的住房条件也是全国气象部门第一，每位职工在原有住房基础上再增加了一套两室或三室的新住房，不少干部还分到了别墅，赢得了一遍赞美的口碑。多年交往，我们之间建立了比较深厚的友谊。他在湖南省气象工作中的突出业绩给人们留下深刻印象。

王奉安，辽宁人，1944年出生。我在1984年任办公室副主任主管宣传工作之后开始认识他。他是《辽宁气象》编辑部的主任，是气象部门知名的科普作家，写了许多好的科普文章。1992年我主持全国气象期刊评选时，他主编的《辽宁气象》获得了一等奖。我1994年到气象出版社工作之后，要组织出版气象科普图书，经常请他来咨询，并请他编写部分气象科普图书，他都乐意接受并出色地完成了任务。我还请他参加了《中国气象史》部分稿件的编写和审稿，以及一些其他重要图书的审稿。在这些工作交往中，我们建立了比较深厚的友谊。我退休后我们全家到沈阳、大连旅游时，他和夫人全程陪同上鞍山游玩，他的编辑水平和写作能力给我留下了深刻的印象。

王观涛，上海人，曾任辽宁省气象局办公室主任、局长。1981年7月我陪薛伟民局长在大连棒棰岛休假，他时任辽宁省气象局办公室主任，与辽宁省气象局副局长王潭一起陪我们度假，开始和他接触多了起来。那时召开全国办公室主任会，大会之后一般分南北两个小组讨论。南方组组长是江苏省气象局办公室主任徐南侠，北方组组长是他，时称"南侠北涛"。这两位办公室主任资历比较老，综合分析能力比较强，文笔又比较好，能及时地把大家讨论的意见疏理上报。他任辽宁省气象局局长之后我们关系仍然比较密切。他在东北区域中心大楼使用上出问题挨批时，要我给他出主意，怎样能使中国气象局的领导听听他们的汇报和解释。我给他提了点向邹竞蒙局长汇报的建议，后来他说，我的建议奏效了。我每次到辽宁省气象局出差，他都出面热情接待。他为人坦诚，处事周全给我留下良好的印象。

孟庆楠，北京人，1945年出生，曾任大连市气象局局长。他多才多艺，为人豪爽热情，生活潇洒，擅长绘画。他对工作忠于职守，有较高的工作能力和领导艺术，使大连的气象工作在计划单列市中走在前面。每次召开全国气象局长会议，我负责会务工作，他都积极支持与配合。他是一个孝子，每年几次回北京探望母亲。2012年我在阜外医院做心脏搭桥手术后，他还指派在北京出差的大连市气象局办公室主任李光亮到医院探望慰问。这是我大手术后唯一的京外同事来探望慰问，使我十分感动，至今难忘。

蒋伯仁，1944年出生，江苏人，南京气象学院67届本科毕业生。他毕业后开始在广西基层气象单位工作，由于他工作努力，成绩突出，一路晋升至广西壮族自治区气象局副局长。20世纪90年代中期任山东省气象局局长，直至退休。蒋伯仁工作有能力、有魄力。他任山东省气象局长后大力推进深化改革，加快气象现代化建设，很快化解了省气象局与地方政府有关部门的矛盾，改善了与地方政府的关系，充分利用双重计划财务体制的优势，使山东各级地方政府支持气象事业发展的投入成倍增加，气象工作上了一个大台阶。蒋伯仁性情开朗，待人热情，又十分话跃，在南京气象学院学生中很有知名度。我虽比他低两届，但在学校时我就认识他了。工作后与他有过多次交往。他任山东省局一把手后，每年全国气象局长会和研讨会上我们都见面，互致问候。90年代后期，我作为气象出版社社长到山东出过几次差，他都非常热情接待。记得有一次我从济南到合肥，沿途到基层气象台站宣传气象出版社的图书，他把局长专车派给了我用，直送到安徽境界。2001年，出版社想到南京信息工程大学进2名大气专业的研究毕业生，派陶国庆前去挑人。陶国庆去晚了，研究生被别的单位挑完了。于是我要陶国庆降格挑好的本科生。陶说好的本科生也被人挑走了，他看中一名好的本科生，被山东省局要走了，拟分配到威海气象局。我立马电话给蒋伯仁局长，请他把这位本科生让给气象出版社。他很快答应了，说只要本人同意省局没意见，威海气象局的工作我来做。这样这位本科生很顺利地调整分配到出版社工作了，现在已是出版社的领导骨干。我想此事一定要很好感谢蒋伯仁局长的大度支持，也是我们同学加同事长期共事形成友谊的佐证。

曾凡喜，出生于1943年，湖北人，曾在云南、山东、天津气象部门担任领导工作，为这三省市气象工作做出了重要贡献。特别是他最后一站在天津市气象局任局长期间，大力推进深化改革和气象现代化建设，做出了显著成绩。曾凡喜思路敏捷，待人热情，广交朋友，是全国气象局中人缘较好的一位。我认识曾凡喜比较早。早在1979年夏天，我随薛伟民第一副局长到云南出差调研，到了曲靖地区气象局。那时曾凡喜任地区气象局局长，他汇报全局工作条理清楚，主题明确，语言表达得体，就觉得很有水平。以后他晋升为省气象局领导后，我和他交往的机会多了，觉得与他谈得来，交换意见较多。每次我到他所工作的省局出差，他都以老朋友相称，热情接待，给我留下了非常友好的印象。

霍成福，出生于1943年，山西人。他是20世纪90年代初期，从山西省的一个县委书记岗位调到山西省气象局任副局长的，不久任山西省气象局局长。他虽不是学气象出身，但调到气象部门后熟悉气象工作快，接受新事物快，保持了山西气象工作走在全国前列的良好发展势头。霍成福不擅长长篇大论，但他说话务实，幽默风趣，对人诚恳热情，喝酒豪爽，歌唱得好，是全国气象局长中的活跃分子。90年代后期，他和广西林少雄局长被推选为全国气象局长会议联欢晚会的主持人（俱乐部主任）。我与霍成福关系较好，他对我在出版社的工作很支持，积极推进山西气象台站图书阅览室的建立和气象专业图书的购买。他大力支持《中国气象灾害大典》的编辑出版，气象灾害大典32个分卷中，《山西卷》篇幅最长，质量最好，支持出版经费最多。别的省气象局一般支持 5～6 万元，山西气象局支持了 10 万元。而且还支持在山西省气象局召开了《中国气象灾害大典》编撰经验交流会。他退休后仍然担任《中国气象灾害大典》山西卷主编，参加了 2006 年在海南召开的第二次灾害大典编撰经验交流会。霍成福的求真务实，待人诚恳热情给我留下深刻印象。

林少雄 广东人，长期在广西气象部门工作，曾任广西气象局业务处处长、气象台台长，副局长，90 年代中期任广西气象局局长。他思想解放，工作有主见，有魄力，敢想敢干，敢担当。广西气象局在 80 年前期领导班子比较薄弱，内部思想涣散，各项工作处于落后状态。后来中国气象局调整领导班子，调广东省气象局副局长李明经到广西气象局任局长，林少雄、蒋伯仁等任副局长，很快改变了广西气象工作面貌。李明经回广东后，林少雄任局长，使广西气象工作又上了一个大台阶。我与林少雄关系比较密切，很早就认识他了。在 80 年代前期，我还是局办秘书处副处长时到广西出差，由他出面接待我。按常规应是办公室领导接待我的，由于办公室领导不在，委托他来接待我，所以认识他很早。他任区气象局领导后，我们接触的机会更多了。他为人直爽，热情，思想前卫，敢说真话，在全国气象局长中有一定影响。在 90 年代后期被推选为全国气象局长会议俱乐部主任，与霍成福共同主持联欢晚会。在退休后我们还有过多次接触。2006 年，刘英金主持的气象工作改革开放 30 年总结课题研讨会在重庆开会，他和我都参加了。会议结束后顺长江乘船而下，他善于摄影，沿途在丰都、大小三峡等景区照了许多照片，给我拍了一张戴着草帽，独坐船头的照片，是我认为最珍贵的照片之一至今保存。2007 在青岛召开全国各省局退休一把手老干部座谈会，我录像，他摄影。后来由他将录像和摄影的资料刻录到了一张光盘上，同时他还印制了有每个人特写镜头，并标出姓名和电话通信录的照片印发给大家，成了老同志十分珍贵的具有纪念意义的资料。2016 年，我建议他出面组建全国气象部门退休司局长老干部微信群，他欣然采纳，现已建起了有 58 人参加的气象老人微信群，使全国气象部门老干部能在微信群内互致问候和交流信息。林少雄有胆有识，敢想敢干，业绩出众给我留下了深刻印象。

任广昌，江苏人，南京大学气象系毕业。在 20 世纪 80 年代中前期开始任江苏省气象局长。从他任江苏省气象局局长开始我就认识他了，觉得他凡事有主见，求真务实，不赶时髦，不求虚名，江苏气象事业发展很快，但在全国气象局长会议上一直很低调，很少表现邀功。我与他接触有几件事印象较深。记得 1992 年我带队办几位江苏籍的处级干部到宜兴气象疗养院编审《中国气象年鉴》稿，审核结果后按预定计划到江苏气象部门调研。我们从宜兴先到了无锡、镇江，再到扬州和苏北其他地区气象部门。他知道后，立马放下手中的工作赶到扬州，陪我们调研。哪知他刚到扬州，我一天接到局办三个电话，说邹竞蒙局长有急事，要我们终止调研，尽快回京。无奈我们只好终止行程，购票回京。害得他空跑一场，我久久过意不去（见本章轶事拾零）。还有一次是 1996 年夏我带着气象出版社的编辑和发行人员到江苏进行图书市场调研。在南京调研完后还准备到镇江、常州、无锡、苏州等地调研，最后到上海。我们正准备购买火车票，任广昌来了，要派他的局长专车送我们，并派办公室主任桑凤章陪我们调研，一站一站，直把我们送到上海市气象局。听开车的司机说，我们走时省局的车都派出去了，只剩下这辆局长专车准备应对防汛用的，轻易是不准动的。任局长亲自调动这辆车给你们用，可见你们与任局长的关系非同一般。听了司机之言，我当时非常感动，至今记忆犹新。再有一次是2001年国庆节前，我作为中国气象学会科普委员会主任在云南昆明主持召开全国气象科普会议。那时任广昌已退休了，但他仍为江苏气象学会科普委员会主任，出席了这次会议。他是出席这次会议级别最高、年龄最大的。他在会上发言，对加强气象科普工作提出了许多好的建议。会议结束后，正好是国庆节，我们一道到丽江旅游，还上了玉龙雪山，观赏了我国海拔高度最低的原始冰川。他有点高山反应，在上雪山时吸了一次氧，弄得大家很紧张，但他很快就调整过来了。2009年，原局长温克刚负责新中国气象事业发展60年总结课题，在江苏省气象局召开座谈会，听取老同志对60年总结稿的意见。任广昌参加了座谈会，发表了很好的意见。我是60年总结稿起草人之一，在会上相见，互致问候，回忆了过去交往情宜，交流了退休后的生活。任广昌为人正直，求真务实，待人诚恳热情给我留下深刻印象。

宋玉发 生于1943年，吉林人。20世纪90年代前期，他从吉林省农委副主任的工作岗位调到吉林省气象局任局长。他虽然不是学气象专业出身，但他原来在农口工作，对气象工作还是比较了解的。到省气象局工作以后，他熟悉业务进入角色比较快，在加快气象现代化建设和发展地方气象事业方面做出了显著的成绩。自从他调到吉林省气象局任局长之后，我就开始认识他了。他为人直爽，讲朋友义气，我和他谈得来，所以关系比较好。我与他的交往主要在历次气象局长会议上。每次局长会议会餐，我们都要互相碰几次杯。他对气象出版工作比较支持，并对气象出版社到吉林出差的同志说，只要老毛叫我买书我就不折不扣的完成，并多次邀请我到吉林气象部门考察。1999年，我带着副社长王存忠和发行部的魏宁君到东北调研，开拓图书市场。到吉林之后，宋玉发局长亲自召开省局各业务单位负责人参加的座谈会，为我宣传气象版图书提供支持。特别使我难忘的是他还动员他夫人也为销售气象版图书出力。他夫人是吉林省新华书店的副总经理。我到吉林之后，他夫人为气象出版社召开了一个专门的小型图书订货会议，把吉林市各新华书店的业务经理请来，现场订购气象版图书，使我深受感动，至今难忘。2017年秋我到东北旅游，到了长春。吉林省气象局办公室主任问我，想见哪些老同志。我第一个想到的就是要见宋玉发。老朋友相见，互问平安，感到十分亲切。宋玉发爱岗敬业，待人诚恳，重友情，助人为乐给我留下深刻印象

叶榕生，福建人，南京气象学院66届毕业生，他是调干生，年龄比一般正常入学的同学要大一些。他是20世纪80年代中期任福建省气象局局长的，论校友他是我的师兄。他任气象局长之后和我的关系比较密切。在工作上他一心一意抓改革和气象现代化建设，使原来比较落后的福建气象很快走到了全国的前列，特别是中小尺度基地的建设得到了中国气象局领导邹竞蒙等的高度赞扬。一批南京气象学院福建籍的69、70届毕业生分配时福建不要人，被分配到了浙江、江西等邻近省份，但这些同学都想回福建工作，他为了网罗人才，很快把这些福建籍同学都先后调到了福建省气象局，安排了适当的工作。这些同学很快成了福建省气象局的骨干，林有年，陈仲担任了副局长。省气象局的计财处长、业务处长、科研所长和气象台长等都是这些同学担任，说明他网罗人才做的是对的，他的工作也得到了这些同学的称赞和支持。叶榕生对福建气象事业是做出了很大贡献的，他人直率、敢想、敢说、敢干，我对他是很敬佩和怀念的。

陈仲，福建人，出生于1944年，是南京气象学院农气系69届毕业生。20世纪90年代中期他开始任福建省气象局副局长，90年代后期调厦门市气象局任局长。他为人正直、

诚恳，求真务实，不搞花架子，办实事，有成效，特别是在厦门任气象局长期间，使厦门气象现代化建设上了大台阶，建起了全国闻名的"厦门明珠塔"（天气雷达塔），不仅是气象现代化的重要标志，而且是厦门市科普宣传和旅游观光的热门景点。由于他与我在福建的同班同学张明席、蒋允治等关系密切，我每次到福建出差同学聚会他都积极参加。2000年南京气象学院40年校庆时他还参加了我们班的活动。2016年我们班在福州举行第四次聚会，他从厦门专程到福州参加我们的聚会活动。我到厦门后他又全程陪同游览厦门的景点，可见我们交情之深，在非同班同学中是少有的。

罗光荣，湖南南县人，出生于1944年，南京气象学院农业气象系68届毕业生。因为是老乡，虽然不在一个系，不在一个年级，我们在学校早就认识了。毕业后他被分到贵州省安顺气象站工作。20世纪80年代初国家恢复高考之后，他报考了兰州大学的研究生，希望改变在基层气象台站工作的环境。开始兰州大学通知他已被录取，但没隔几天又通知他英语差两分不能录取，学校承认前录取通知有误，给予更正并向他道歉。对此，他不服跑来北京上访。我当时在中国气象局办公室负责信访工作，接待了他。老友相见，无话不说。我劝他回去好好工作，将来找机会改变工作单位，使之有用武之地。20世纪80年代中期，我到贵州出差，找时任贵州省气象局局长李国文说罗光荣是一个人才，人聪明，文才口才都不错，放在基层单位有些浪费了，而且他爱人在贵阳市，身体不好，建议给他调到省气象局安排一个适当工作。此后李国文局长给他调到了贵州气象学校任教，后来又调到省气象局办公室业务处工作，先后任中国气象报记者、记者站站长、业务处副处长等职。他在任中国气象报记者站长时，撰写了不少科普文章，发表在中国气象报和贵州地方报上。2017年6月，他将这些发表的文章进一步加工后汇编成《甲秀风云——记贵州气象和气象人》一书在气象出版社出版。该书文笔精道，内容丰富，通俗易懂，是一本很接地气的气象科普图书。2018年5月下旬，我和张凤英到贵州旅游，他热情接待，并指派他女婿开车专程陪我们到黄果树瀑布游览，使我们十分感动。

徐南侠 江苏南京人。20世纪80年代初他任江苏省气象局办公室主任，那时我就认识他了。以后接触较多，关系较好。他在当时全国气象局办公室主任中年龄较大，水平较高，具有较大影响力，有"南侠北涛"之称。那时每年都召开一、二次全国气象局办公室主任会议，会议讨论时一般分南北两组，徐南侠任南方组组长，王观涛任北方组组长。他肯动脑子，凡事有独到见解，并有较好的综合分析能力和文字功底。我负责会议组织和文件起草，听取他的意见，与他打交道较多。我每次到江苏出差，他都热情接待。他退休后我几次去南京，他还出来与我一聚，共同回忆在办公室工作期间的往事。他是老一代办公室主任中能力较强、水平较高者之一。

张广学 黑龙江省人。20世纪80年代初任黑龙江省气象局办公室主任时，我就开始认识他了，并经常交往，关系较好。张广学文笔好，脑子反应快，对人热情，是全国气象局办公室主任中的活跃分子。修改全国气象局长会议文件经常抓他的差，他认真负责，笔头来得快，文件修改也比较得体，我和他在这方面合作比较多。我每次到黑龙江出差，他都热情接待。记得1998年，我带气象出版社魏宁君到黑龙江调研气象图书市场，他派办公室副主任李荣芳全程陪同，跑了许多气象台站和新华书店。结束调研离开哈尔滨那天，我们是上午九点多的火车。送我们上火车站有两辆车。过红绿灯时魏宁君在前一辆过去了，赶上了火车。我在后一辆没过去，结果没赶上火车，只好改签下一班次列车。我们是要到辽宁省继续调研。我一人上了火车后，中午车上叫卖午餐了，才发现身无分文。我的钱包放在行李箱中，被魏宁君带到前一列车上了。直到晚八时才在辽宁省气象局吃上晚饭。此事使我尝到了出门在外身无半文的滋味，印象深刻，以后我总要贴身放点钱，以免再出现那种身无分文的窘境。张广学是老一代办公室主任中能力较强、水平较高者之一。

王福琪 浙江人，80年代前期任湖南省气象局办公室主任，从那时起我就认识他了，交往较多，关系比较密切。他政治思想和文字水平较高，办事认真，在全国气象局办公室主任会议上，他开动脑筋，积极参加讨论和修改文件，主动配合和支持中国气象局办公室的工作。我每次到湖南出差，他都热情接待，安排周到。1992年在湖南大庸市召开贯彻国务院25号文件经验交流会议，在会务方面他给予了大力协助。特别是会前我们要到张家界选会址，当时他膝关节不大好，仍然坚持陪我们上山选址，给我留下深刻印象。他是老一代办公室主任中能力较强、水平较高者之一。

姜海如 湖北人，曾任湖北省气象局办公室主任，副局长等职。我在局办公室工作期间，与他关系较密切。在90年代前中期，省局一批老办公室主任退休后，姜海如与李波一样，被称为全国气象局办公室主任的后起之秀，由"南侠北涛"改为了"南姜北李"。他勤奋好学，通过在职自学，先后取得了硕士、博士学位。他思维敏捷，文笔甚佳，经常参加全国气象局长会议文件修改。我每次到湖北气象部门出差，都是他负责接待安排。2005年初夏，我巡回书展到湖北，他已任副局长，安排党办副主任刘立成陪我到宜昌、十堰等气象部门做宣传，还上了神农架、武当山等艰苦气象台站宣传展示气象图书。2010年，《中国气象百科全书》重新启动编纂后，他积极参加了综合卷"古代气象"几个长条目的撰稿，难度较大，他出色完成了任务，为该书出版贡献了一份力量。这期间，我和他多次在一起参加审稿、改稿，进一步加深了我们在职时建立起来的友情。

陈维忠 四川人，内蒙古气象局办公室主任，是20世纪80年代全国气象部门老办公室主任之一。他待人热情，考虑问题周到，文笔和口才都比较好，是当时有较大影响的办公室主任。我和他接触比较多，主要是在讨论和修改局长会议文件上，他善于思考，经常提出一些好的修改意见，我都认真听取，尽量采纳。所以我们的关系也就因此密切起来。80年代末期，我在内蒙古气象局组织召开过一次全国办公室主任会议。他作为东道主对会议的安排周到，接待热情，还安排会议代表参观内蒙古大草原和成吉思汗陵墓，代表们非常满意。他是一位给我留下印象较深的办公室老主任，是老一代办公室主任中能力较强、水平较高者之一。

张加生 上海人，新疆维吾尔自治区气象局办公室主任，也是全国气象部门80年代办公室的老主任之一。他工作认真，思想开放，会议上积极发言，敢于发表自己的意见。我和他接触比较多，关系比较密切。80年代末，我在宁夏回族自治区气象局主办全国气象信息员和年鉴联络员学习班，他参加了学习班，其他省气象局一般是秘书参加或办公室副主任参加，他作为办公室主任亲自参加这个学习班会，说明他对信息和年鉴工作的重视。在这次学习班上，他利用休息时间教大家唱歌跳舞，活跃了学习班的生活，使许多比较年轻的学员学会了跳交际舞，使气象部门办公室系统出现了一批文娱活动的积极分子。90年代初，他曾在乌鲁木齐组织召开西北气象局办公室主任会议，专门研讨办公室如何为领导做好决策提供信息服务。我应邀出席了这次会议。这两件事给我留下了比较深刻的印象。他是老一代办公室主任中能力较强、水平较高者之一。

高时彦 福建人,福建省气象局办公室主任。他也是 80 年代全国气象部门办公室老主任之一。他善于思考,勤于动笔,积极支持和配合中国气象局办公室的工作,经常借调他来北京帮助局办公室起草中国气象局的重要文件,与他接触比较多,关系比较好。他在福建省气象局创办了一份小报,称"气象用户之友",在当地宣传气象为社会各行各业服务方面发挥了较好的作用,影响比较大。我负责宣传工作之后,又进一步加深了对他务实、能干的印象。他退休后出版了一本名为《气象往事》的回忆录,对他在气象方面的重要工作进行了回顾。他送给了我一本,这是全国气象局办公室主任中我所见到的第一本回忆录,我觉得不错,给我留下了深刻的印象,也为我自己写这部回忆录增强了信心和动力。他是老一代办公室主任中能力较强、水平较高者之一。

李义源 出生于 1944 年,江西人,20 世纪 80 年代中期,他任江西省气象局办公室主任,90 年代中期任江西省气象局副局长。早在 1966 年还在南京气象学院读书时就熟悉了。他是南京气象学院比我高一届的毕业生(68 届)。他任江西省气象局办公室主任之后,我们同在一个战线上工作,关系十分密切。他才思敏捷,敢想敢说,说话逻辑性强,文字水平也比较高,每次办公室主任会议上他都能提出一些创新性的建议和意见,受到大家的重视。他是办公室主任中比较出色的一位。我到江西省气象局出差,他都热情接待。他退休后过得很潇洒,学习摄影,技术达到了专家的水平。他马不停蹄全国旅游,到处拍照,编成美编相册,图文并茂在微信里播发,使我赞叹和羡慕不已。他是老一代办公室主任中能力较强、水平较高者之一。

胡光旭 山东人,曾任山东省气象局办公室主任。他也是全国老办公室主任之一。他工作认真负责,待人诚恳热情,我到山东出差的次数最多,每次他都以礼相待。80 年代后期,曾在济南召开全国办公室主任会议。他作为东道主为会议做出周到的安排,使代表们非常满意。我在气象出版社工作之后,再到山东气象部门出差,他仍然像我在局办公室一样,热情接待,全程陪同。我 1997 年到山东出差,主要是宣传气象出版社的图书。他陪我到泰安、济宁等地出差。特别是在济宁,他为了争取当地政府宣传部门和新华书店多订气象出版社的图书,全程陪我到书店作宣传,使我十分感动,至今印象深刻。

桑凤章 江苏人,在 20 世纪 90 年代前期接徐南侠的班任江苏省办公室主任,他也是全国气象局办公室主任中的后起之秀,办事果敢,精练高效,口头表达能力和文字水平均较好。我与他在全国局长会和办公室主任会上接触较多,特别是在办公室主任会上,他开动脑筋,联系实际,积极发言,能提出一些很好的意见或建议,是一位有真知灼见的办公室主任。1992 年,我到江苏召开审稿会和调研,他全程陪同,做好服务。1997 年我到气象出版社后再到江苏出差,开拓气象版图书市场,他仍然全程陪同,协助沟通与地(市)、县(市)气象部门和新华书店联系,为扩大气象版图书的影响与销售出力,给我留下了深刻印象。

鲍宝堂,上海人,1942 年出生。从 20 世纪 80 年代中期开始,他在上海市气象局办公室做宣传工作,后来任上海市气象学会秘书处秘书长。我 1985 年任办公室副主任之后,负责全国气象宣传工作的归口管理,成立了一个影视形象化宣传小组,其任务主要是组织编写和摄制气象科教电影和气象题材的故事片。他与上海电影制片厂关系比较密切,特请他具体负责此项的工作。此后我们在工作上联系比较多。那个时候,我们制作发行了普及气象卫星知识的《全球景观》科教片,获得全国科教片一等奖,还组织拍摄了其他气象科教片和故事片《漂儿》，他做了大量卓有成效的工作。我还邀请他参加了《中国气象史》近代部分的撰稿和审稿，他都较好地完成了任务。我每次到上海出差他都组织上海市气象局有关领导出面给予热情的接待。在长期工作中我们建立了比较深厚的友谊。

陆亚龙 上海人，20世纪90年代前期开始任上海气象局办公室主任，后来任人事处长。他在任办公室主任期间，我和他接触较多。他待人诚恳热情，具有脑勤、嘴勤、手勤文秘人员的三大特点。正因为他具备这样的特点，在全国办公室主任会议上，经常被指定为动手改稿的主任之一。我在组织编写《中国气象史》的过程中，开始花了很大的精力物色撰稿人。《中国气象史》的当代部分撰稿人比较好物色，由局机关有关职能司承担即可。但古代和近代部分的撰稿人难以物色。后来经过在全国气象部门调研和充分考察后，古代部分确定请辽宁丹东气象局谢世俊撰稿，近代部分请上海气象局的鲍宝堂和陆亚龙撰稿。陆亚龙积极承担了近代气象史的部分撰稿，并按期较好地完成了任务，为《中国气象史》的出版做出了一份贡献。

向德龙 生于1954年，湖南常德县人，与我是一个县的老乡。他曾在湖南省气象局办公室任秘书，办公室副主任和处级调研员。我们既是老乡，又是办公室系统内一个战壕的战友，关系比较密切。可以说我一直是他的上级，他对我的工作总是积极支持的。向德龙对工作认真负责，对上级布置的任务一丝不苟，不折不扣地完成。他曾被指定为《中国气象年鉴》的联络员，负责湖南省气象局年鉴稿的起草，他起草的稿件不仅交稿比较早，质量也比较高，曾不止一次的被评为优秀稿件。他同时又被聘请为气象出版社的发行业务经理，他积极在湖南省气象部门宣传和推销气象版图书，使得气象专业图书在湖南气象部门的发行量处于全国前列。他还组织编辑出版了《湖南气象志》等图书，参加了《中国气象灾害大典》湖南卷的编撰工作。他还是中国气象报湖南记者站的站长，为宣传湖南气象工作做出了一定贡献。

陈仁和 1948年出生，湖南慈利人，80年代后期开始任常德市气象局局长，是我家乡的气象局长，从那时起我们就开始认识了，而且是历届常德市气象局长中与我关系最密切的一位。这大概是因为他任职时间比较长，交往比较多有关。他在任10多年中，常德市气象局的气象现代化建设进展比较快，建起了全国第一流的多普勒气象雷达站，在湖南省的地市级气象部门名列前茅。为了建设这个项目，他带领副局长张东芝、办公室主任陈建明多次来北京向中国气象局有关部门汇报情况，争取项目经费。中国气象局按分级管理的原则，一般是不直接与地市气象部门洽谈业务的。好在中国气象局的重点工程新一代气象雷达网的布点之一选定在了常德市，使他们可以直接来中国气象局有关部门汇报了。我因为家乡气象部门的领导来了，不能不接待。我不管气象雷达建设方面的业务，只好做一些穿针引线的工作，把他们介绍到有关业务部门洽谈，争取到一些建设经费。他们一直牢记在心，对我表示感谢。我每次回常德老家探亲，他们都热情接待。这种经常的礼尚往来，加深了我们之间的感情。

十二、局办公室轶事拾零

（一）记饶兴局长的一次现场会

"局长身边的人抢房了！"一时间在局机关传得沸沸扬扬。"谁呀？"一了解，说是我。

我开始有些莫名其妙，要求增加住房曾向房管部门反映过多次，但没抢呀。怎么回事？我回到家了解情况，原来是我们住在筒子楼的四家看孩子的老人阻止房屋管理人员收拾我们住房旁边空出来的两间房，要求分给我们四家做共用厨房和保姆间。行政管理处房管科的人把此事告到局里，说是局长身边的人抢房了。我在局办公室工作，目标大，竟然成了被告对象。

1972年我结婚成家后，局行政管理处安排住在原北京气象学校学生宿舍楼一间12平方米的房子里。这是一栋四层的筒子楼，我住在三层西北角东面最后一间。三层西北角一共有六间房子，五间均为12平米，一间16平米，共住了五家人。一家是中央气象局第一任局长涂长望的夫人王回珠及其女儿涂海燕，她们住一间16平米，一间12平米。其他四家每家一间12平米，都是我们1970年从南京气象学院和南京工学院分配来的大学生，而且都是气象局双职工，我和张凤英（卫星气象中心）为一家，王祖亭（气象科学研究院）和刘瑞云（卫星气象中心）为一家，仪倩菊（气象科学研究院）和陈宏尧（气象科学研究院）为一家，于绍芬（局办公室）和刘竞秋（总参气象局）为一家。1973年前后我们4家先后半年左右都生了孩子。在没生孩子之前一家住一间12平米房子还没什么问题，孩子一出生，问题就突出了。每家来了一位老人来带孩子，这样一家四口，住在这么小的一间房子里，其拥挤程度就可想而知了。更困难的是每家还有一个做饭的蜂窝煤炉放在走廊里，夏天4个灶烧起饭来，热气腾腾，又热又闷，使人透不过气来。那时没有空调，大人热得汗流夹背，小孩热得哭闹不休，生活环境几乎达到了难以承受的程度。我们4家曾多次向行管处呈递书面报告，要求调整增加住房。当时中央气象局的住房并不十分紧张，但房管单位始终没有答复。当时有人对我们说，要想改善住房，就得给管房的干部送些粮票，一送就灵。而我们4家都是年轻人能吃，粮票没有富余，我们商量了，就是有富余也不给。所以等到我们的孩子生出一年多了，也没给我们改善住房。

1974年初夏，好容易盼来一个机会。为落实干部政策，涂长望局长的遗孀王回珠一家从我们楼道搬走了，住进了正规的家属楼（小红楼）。她们腾出来的两间房子正好在我们4家隔壁，分给我们4家用正好，一间做4位带孩子的老人住的保姆间，一间做公用厨房。于是我们又向行管处写了报告，强烈要求将这两间房子分给我们4家用。但是行管处的房管人员根本不考虑我们的请求，还要再安排新户住进来。乘我们上班之后派人来打扫空房，我们4家老人搬了几个凳子放在空出来的房间里，并堵在门口，不让他们进去清理，与他们讲理，要求把这房间分给我们。这样行管处的房管人员就告到局里，并大肆宣扬局长身边的人抢房了！

我将以上情况，向办公室负责人徐曼泽、林学舜做了汇报，并建议他们现场看看我们4家拥挤不堪的环境。林学舜说，此事还带上了局长，要向饶兴局长汇报，看如何处理。这时我觉得把事情闹大了，有些紧张。其实那时我与饶兴接触不多，不能算他身边的人吧。饶兴是当时主持中央气象局工作的一把手，又是老红军、"文革"前的老局长。我初到局办任业务秘书，负责邹竞蒙的秘书工作，与邹竞蒙联系较多，而与饶兴局长接触不多。我向徐、林二位汇报后没过几天，我上午刚一上班，林学舜电话通知我说饶局长找你有事，到他办公室去一趟。我接到电话就想，肯定是饶局长找我谈话，批评所谓局长身边人抢房之事了。我做好了挨批的思想准备，想在挨批之后我一定要说明情况，而且带上了我们4家给行政管理处要求增加住房的报告。到了饶局长办公室，他并没有批评我，完全出乎我意料地说,现在召开一个局长现场办公会,你通知一下行政管理处处长,带上他房管科的科长和办事人员到现场,还通知你们四家的户主到场,地点就在你们四家住的地方,时间今天上午10点,到时你带路领我过去。听了饶局长说要到我们家门口开现场会,我非常感动,立刻电话通知了参加现场会的人员。

那天上午10点,我带路把饶局长领到了我们家住的楼道里。行管处来了4人,我们4家老少16人全在。走廊里放着4个蜂窝煤灶和4张小桌,显得非常拥挤,一个人侧着身子才能通过。家里更是无插足之地,12平米的房间放了一张双人床和一张单人床,一个大衣柜,空地只有二、三平米了,小饭桌椅都是折叠的,来人只能一个一个进,要坐只能坐在床边上。四位老太太一人抱着一个孩子,见到来了这么多生人,孩子们哭闹不止。饶局长先深入楼道,进每家看了看,又要行管处来的人一个个进去看一遍。看完后,饶局长说:"今天算是开现场会,要回答三个问题:一是要搞清楚局长身边的人有没有抢房,二是他们四家要求解决住房拥挤的报告应不应该,三是我们有没有条件解决他们的问题?请大家讲讲!"行管处的人看后都哑口无言,我们四家有人说抢占房子只是说过,如果不给我们解决,空出这两间就不让搬新住户进来了,几位老人搬了几把凳子进去,并未抢占,还是希望房管科能合理合法解决。后来行管处处长说话了,他说看了这四家挤成这个样子,应该调整改善一下住房,刚才我与房管科长商议,就把空出来的这两间分给他们四家用,一间做公用厨房,一间四位老人住,只是口头要求分房,没有构成实事,不能说抢房,更不能说局长身边人抢房。对具体办事人员,回去后要批评教育。最后饶局长说,就按处长说的意见办,你们行管处办事要深入基层,解决群众的实际困难,这么明摆着的问题,你们能解决而不解决,势必把矛盾搞激化。更错误的是耸人听闻,散布局长身边人抢房,什么用意,要好好查查。

饶局长的这个现场会,不但使我们从被告变成了原告,而且解决了我们住房拥挤困难,真是大快人心。其他三家都以为是我做的工作,对我表示感谢。我给他们说,其实我什么事情也没做,我与饶局长平时接触不多,说话也少。我只是向林学舜、徐曼泽说了,建议他们到我们住的现场看一看。开现场会的举动可能是林学舜对饶局长提的建议。饶兴局长开现场会的消息在全局传开了,反响很大,但反应不一:有的认为饶局长工作深入,体察民情,解决问题,拍手称好;也有的认为堂堂局长为何抓这等小事儿;还有的认为是局长护着身边人等。不管怎样,我和其他三家邻居从心底里感谢饶兴局长帮我们解决实际困难。特别是我,原来还揣着一颗挨批的心,结果来了个大翻转。本来我那时在中央气象局是一位默默无闻的一般干部,让房管干事这么一宣扬,反而名声大起来了。

(二)邹竞蒙的"君子动口不动手"

邹竞蒙局长有时会自嘲说:"我是君子动口不动手"。"动口",不是动口吃东西,而是说话,要说邹竞蒙局长的口才那是大家公认的好。他开起会来,无论是作正规报告,还是一般发言、讲话,无论是有讲稿或无讲稿,几乎都能长篇大论,几乎没有按时结束的,都要延长很多时间。这是因为他健谈,善于借题发挥。他记忆力好,脑子里装的资料多,讲起话来有根有据,逻辑性也比较强,只要认真记录,稍加整理,就是一篇文章。"动手"不是指动手打人,也不是指动手劳动,而是动手写文章、写材料等。按一般推理,邹竞蒙那么能说会道,一定会写;他父亲邹韬奋是新闻写作大师,如继承一点遗传基因,也应会写。但其实不然,要邹竞蒙提笔写文章、写材料等长篇大论比登天还难。何以见得,我从

1974年至1994年在他身边工作，除了他用铅笔批公文外，很少看到他自己动手写材料，这是鲜为人知的。

邹竞蒙由于"不动手"写文章，毕生很少出版自己的著作。有几本书标以他主编，但都是挂名的，是单位组织写作班子写成的法人著作。但在大会上正式作报告、讲话很多，在小会上如党组会、办公会发言无数。如果把他的报告、讲话、发言整理成文章，编辑出版出来，足可编出数百万字的竞蒙文集，甚至可以超越他父亲的韬奋文集。邹竞蒙为什么不动手写文章，我曾想过，按常理能说写起来就很容易了。能写不会说或说不好的人有的是，而能说不能写的人很少见。邹竞蒙不愿动手写东西，我猜测可能与他字写得不好有关。我记得有一次一个基层气象台站请他题词，他在南楼第二会议室，大热天，把门关起来，穿着背心汗衫，满头大汗的用毛笔题词，写了许多张，摊了一满屋。我进去后，他要我挑几张好的，请顾兴本帮助修饰下。他对自己写的毛笔字很不满意，说小学时贪玩，没好好练写字，现在怎么也写不好了。那时如果知道现在要题词，就该好好练写字了。由此可见邹竞蒙"动口不动手"大有可能是因为他字写得不够好，久而久之就不大愿意动笔写文章了。但要说明的是他批文件还是很勤奋的，喜好用铅笔批，而且批语比较细，比其他领导批得都具体，便于执行。

（三）谁动了局领导的保密柜

1979年秋，时任中央气象局副局长、党组副书记的吴学艺，突然在自己办公室发怒，说有人开了他的保密柜。局办领导林学舜知道后，立即把局公室的有关秘书叫到一起，询问谁动过吴局长的保密柜。当时经常有事可能进吴局长办公室的有他的联系秘书王家俊，我常进去送取局党组文件，机要秘书李桂英常进去送取机要文电，还有打扫局长办公室卫生的公务员田志新常进去打扫卫生。如果保密柜真被盗，我们这几个人嫌疑最大。但大家都说没有动过吴局长的保密柜。林学舜问吴学艺局长丢了什么东西没有？吴局长说，保密柜里都是文件，没有丢。我做的暗号被破坏了，肯定有人打开过，不是想窃密，就是想偷东西，你们请保卫处好好查查。

局办公室向局保卫处报了案，请他们来调查吴局长办公室保密柜被开案。一时间，把局办搞得很紧张，有点人人自危。大家也私下议论，送吴局长的那些公文，我们都看过，并且比他先看，还需要到他柜子里偷看吗？我们也经常看到吴局长从柜子里取文件，知道里面没什么值钱的东西，还会有人去开他的柜子偷东西吗？这样我们自己就把自己排除了，也就心安理得地让保卫处去查了。保卫处同志来后，先向吴学艺副局长了解情况。问吴局长在保密柜上做了什么暗号，是怎样破坏的？那时局长办公室的保密柜是像大衣柜大小的铁皮柜，统一配置的。每个柜门上安有带密码的旋转开关，只有按顺时针或反时针旋转到设定密码数字时才能打开柜门。吴学艺怕记不住密码，就把柜门旋转开关设在开启处，然后在旋转开关上沾一张小纸片。如果要打开保密柜，就要撕去小纸片。那一天，吴学艺发现贴在保密柜旋转开关上的小纸片没有了，就认为有人开了他的保密柜。后来保卫处向打扫卫生的田志新询问有没有在吴局长办公室保密柜开关上看贴着的小纸片。田志新说看到了，在他进吴局长办公室打扫卫生，先开窗通气时，风一刮进来，把那纸片吹到地板上了，打扫卫生时一齐把它扫出去了。这样，保卫处的同志弄明白了，保密柜开关上的小纸片是用胶水粘的，如果胶水粘的不多，时间一长，干了就沾不紧了，风一吹就很容易脱落。而且开关仍处在原来位置，证明没人动过。局保卫处向吴学艺和局办公室说明了调查结果，没人动吴局长办公室的保密柜。

真相大白了，吴学艺再没有说什么了。局办被解除了怀疑，自然是高兴。

（四）随薛伟民首登峨眉山

我第一次登峨眉山是1979年随薛伟民局长一起在那里度过了惊心动魄、终生难忘的两晚。那里的雷电整夜不停，惊天动地，使人难以入睡，至今心有余悸。

1979年8月11日，我随薛伟民副局长从成都出发，上峨眉山气象站考察。陪同人员除我外，还有吴贤伟、胡桂琴。四川省气象局一位姓段的副局长和办公室秘书苏怀康也陪同前往。上午到了乐山气象局听了两小时汇报，还看了乐山大佛。傍晚赶到了峨眉山脚下。那时没有缆车上山，天晚了只能住在山脚下了。哪知道省气象局给我们安排住在寺庙里。出差住寺庙，这是头一回。据苏怀康说，北京来的客人，包括中央领导同志来了，也多住在寺庙。这才知道住寺庙是种高规格接待。峨眉山是佛教圣地，山上山下寺庙很多，有些大寺庙设有专门接待客人住宿的房间。我们被安排在报国寺住宿。报国寺是峨眉山的第一座寺庙、峨眉山佛教协会所在地和佛教活动的中心。寺庙的住房是古建筑改造的，门窗都是木格子，透光透气，八月的热天，通风是一大优势。我们住在寺庙的那晚，天气很闷热。我有个毛病，换个地方后开始怎么也睡不着。后来我刚有点睡意，忽然天上电闪雷鸣。我从小就胆子小，怕响声，家里过节放鞭炮，我总要捂住耳朵，躲在一边。这里的闪电非常亮，雷声特别响。雷电一闪，大雄宝殿里的十八罗汉，各种佛像，龇牙咧嘴，十分吓人；炸雷一响，又连忙用双手掩耳，真是顾耳顾不了眼！想用床单把头捂起来，天气闷热，又大汗淋漓，连热带吓，真是心惊肉跳。按照我以往的经验，如此大雷电，不会长久，一阵子就会过去的。果然一阵猛烈之后，雷电消停了，我想这下可安然合眼入睡了。但我刚蒙蒙欲睡，雷电又再次大作。如此往复，直至天明，我通宵未眠。天亮了，太阳出来了，峨眉山的雷电不知跑到何处睡觉去了！

12日，我们一行登峨眉山，到位于山顶（金顶）的气象站考察。那时还没有直接上山顶的缆车，先乘汽车到半山腰一个叫双井子的地方下车，再要步行20余华里的山坡路才能达到山顶。薛伟民已是60出头的人了，但登起山来精神抖擞。他沿途吟诗作赋，谈笑风生。陪行的四川省气象局段副局长，也已快60岁的人，他身体较弱，一声不吭，埋头登山。我一夜没睡好，精神不佳，再加上我胃大部切除手术不到半年，体力不佳，也是一路无语。苏怀康、胡桂琴和峨眉山气象站一位姓刘的小伙子与薛伟民谈得火热。好容易到了金顶气象站，山下山上真是两重天。山下气温在30度以上，人们光着膀子还汗流浃背；山上气温只有几度，气象站还生着炉子烤火呢！这是我完全没有想到的。

峨眉山旅游景点甚多，作为旅游是绝佳的好地方。但是那里气候恶劣、复杂多变，特别是山顶，是不宜长期在那里生活居住的。峨眉山的气候，受地形地势的影响很大。山区内云低、多雾、雨量充沛，气温垂直变化显著：山顶海拔3047米，年平均气温为3.0℃，极端最低气温为-20.9℃，为寒带气候；海拔2200米～3047米的山腰为亚寒带气候，年平均气温为7.6℃；海拔1200米～2200米的山坡为温带气候，年平均气温为13.1℃；海拔1200米以下的山脚为亚热带气候，年平均气温为17.2℃，极端最高气温为38.3℃。峨眉山年平均降水量为1922毫米，年平均降雪日为83天，年平均有雾日为322.1天，年平均无霜日为141.3天。

我们到了位于山顶的峨眉山气象站，该站有8名工作人员，见到我们来了，非常高兴，说这是中央气象局领导第一次上我们这个高山气象站，表示热烈欢迎，看到我们都穿着短袖衬衫，赶快给每人一件棉大衣穿上。一进气象站，薛伟民就召集全站人员围着火炉开座谈会，先讲了这次上峨眉山气象站的目的，一是代表中央气象局来看望大家，表示慰问，二是想听听大家对气象工作有什么意见，有什么困难，三是想体验下你们在这里的工作与生活，同时也看看这里的风景。气象站的同志踊跃发言，诉说他们的困难，主要是山顶气温低，湿度大，几乎天天生活在云里雾里，好几人都得关节炎病；山上雷电厉害，气象观测场安装了防雷网，气象站只有避雷针，没防雷网，有时雷电火球穿滚进房内乱窜，随时都有生命危险；粮食和蔬菜全靠人力运上山，有时断供，只得挨饿；轮换得不到保证，有的同志到期了，没有来接替的人；高山站的补贴太低等等。听了气象站同志的意见，我们都很有触动，特别是雷的厉害，我们在山下就领教过了，到了山顶，那就更凶狠了。薛伟民做了总结讲话，表示要把意见带回去，尽快帮助你们解决困难。省局段副局长表态，这些问题都由省局来解决。领导说话了，大家都很高兴。中午用过简单午餐后，站长安排我们午睡。昨晚一夜没合眼，午睡一上床我就睡着了。正睡得香，气象站长叫我们快起床，说快下午三点了，是观看佛光的时候了。过了这个点，今天就看不到了。

上峨眉山金顶，有三景。一景是云海，二景是佛光，三景是日出。佛光又称峨眉宝光，它看上去像是一个五彩的光环，是最难看到的。当游客站在峨眉山金顶绝壁边，下午三点左右，正好背向太阳而立，而前下方是一眼看不到底的万丈深壑，当深壑里弥漫云雾时，有时会在前下方的天幕上，出现一个外红内紫的彩色光环，中间显现出观者的身影，且人动影随，人去环空。即使两人拥抱在一起，每个人也只能看到各自的身影。这就是四川峨眉山神奇的"佛光"现象。峨眉宝光在公元63年被发现，到现在已经有1900多年的历史。过去有些信徒，见到彩色光环中自己的身影，认为是佛祖召唤，于是向光环纵身一跳，立即成佛了。于是与佛光有联系的又衍生出一景，称万家灯火。万家灯火是由佛教徒的纵身和动物的失足掉入万丈深壑的台阶上，时日一久，其尸骨堆积，在一定天气的夜晚出现的磷火。磷火是因为人和动物的骨头里含有磷，磷与水或者碱作用时会产生氧化磷，在一定温度和干燥度下会自发燃烧，发出漂浮不定的绿、蓝、红色火焰，一般出现在坟地，古人不解其因，称作"鬼火"。我们那天很幸运，观看到了难得一见的佛光和容易见到的云海。在气象站住了一夜，但没见到万家灯火（鬼火）。见到许多年轻人，穿着短衣短裤上山，没想到山顶温度如此低，挤在金顶寺庙和气象站走廊过夜，冻得缩成一团，等着看当晚的鬼火和第二天的日出。我们第二天清晨起床看了日出，吃过早餐后下山。在下山途中我还作了首赞薛、段两位老局长的打油诗，如下：

> 人道蜀道难，
> 老将视等闲。
> 登上峨眉山，
> 攀高兴正酣。
> 云海浮峭峰，
> 厉雷震山川。
> 若非临绝顶，
> 安知测天艰。

（五）随骆继宾享受了一把帝王礼遇

1987年5月，我陪骆继宾副局长参观天童寺。天童寺，位于浙江省宁波市东五十里的太白山麓，始建于西晋永康元年（300年），佛教禅宗五大名刹之一，号称"东南佛国"。崇祯十三年（公元1640年）建东禅堂、新新堂、迥光阁、返照楼，并重浚万工池，修造七宝塔，所有工程，无不建造完备，奠定了今日寺院的规模和格局。全寺占地面积7.64万余平方米，建筑面积达3.88万余平方米。有殿、堂、楼、阁、轩、寮、居30余个计999间。时为寺院的鼎盛时期，现存的铸于崇祯十四年（公元1641年）的千僧锅足以佐证，该锅直径2.36米，深1.07米，重4000公斤。煮一锅饭能供1000多名僧人用一餐。

我们去天童寺参观一共开了3辆车，有浙江省气象局局长潘云仙及陪同人员，有宁波市气局局长陈德林及陪同人员。车到天童寺院前停下，我们下车一看，呀！好气派，近百名僧人列队准备欢迎。我们莫名其妙，不知所措。此时发现一老僧在嚷：不对，错了，挥手要僧人解散。此时我们才发现他们夹道欢迎是弄错了人。在参观寺院中，我们询问了一个小和尚，问他们欢迎谁？他告诉我们说今天赵朴初要来天童寺视察，早就布置要夹道欢迎，要把正门打开。过去只有皇帝和全国佛教界首领人物来了才开正门的，你们今天从正门进来，享受了最高礼遇！

等到我们参观天童寺快结来了，赵扑初的车队才到达寺院，僧侣们又重新集结，列队欢迎。我们参观完后，大家都很高兴，开玩笑地说骆局长真有福气，走寺庙正门而入，享受了一把帝王待遇。

（六）邹竞蒙为何被挡在李鹏办公室门外

1984年1月4日下午3时，国家气象局领导到中南海向国务院副总理李鹏汇报1984年全国气象局长会议召开的准备情况，并请李鹏副总理出席会议讲话。到中南海参加汇报的有邹竞蒙、章基嘉、骆继宾、薛伟民和我，主要由邹竞蒙汇报，我负责记录。进中南海的车号和人员事先已报告了李鹏办公室。此次进中南海的车没有用专职司机，由邹竞蒙局长亲自开车，在中南海警卫的指引下到了李鹏办公室门前下车。我们下车后在警卫人员的带领下进了李鹏副总理办公室，而邹竞蒙局长去停车了。我们进办公室时，李鹏副总理已在办公室等候，与我们一一握手，要我们坐下。李鹏办公室并不大，是一间古建筑改造的，也就是30～40平方米，能坐10多人。我们都入座了，等了一会儿，李鹏问："竞蒙呢？"章基嘉回答："他开的车，停车去了。"我马上起身到办公室门口去迎他。哪知他被警卫人员拦住了。警卫把他当司机，不让他进李鹏办公室，要他到司机休息室去等候。邹竞蒙正在说明自己的身份，我刚好出来，忙向警卫介绍说，他是国家气象局局长，他开的车，主要是他来汇报的。这时警卫才抱歉地说，误会了，请进。

大家就位后，李鹏副总理开门见山地说，你们先讲讲，有什么经验今后十几年有什么打算，现在水平怎么样，与国际水平有多大差距？在邹竞蒙汇报过程中，李鹏副总理有20几次插话。听完汇报后，他说你们会议的文件我还要看一看，要我讲什么，要解决什么问题你们准备一个材料，先拿来我看后再定。

回来的路上，邹竞蒙还半开玩笑地挖苦了我们几句，说："你们这些领导都进去了，就把我这个司机丢在外面不管了！"回到单位我负责整理李鹏的插话，同时负责起草供李鹏副总理到全国气象局长会议上的讲话参考稿。

（七）局领导夜宿大通铺

1991年3月，国家气象局副局长骆继宾带领局人事司司长厉复仁、天气司司长陈德鑫、计财司司长黄更生和我一行到湖南省气象局出差，宣布国家气象局对湖南省气象局领导班子调整的决定。班子调整宣布完后，湖南省局新任局长阮水根和原局长刘如湘双双陪骆副局长一行到大庸和湘西自治州气象局调研，同时也是省气象局的老局长带新局长到下面熟悉情况。下去调研省气象局派了两辆车，一辆是伏尔加牌老旧车，一辆是新买不久的上海牌国产车。20世纪90年代初期，全国各省气象局的公车有了较多改善，但湖南气象局的车况是比较差的。刘如湘局长是位模范党员，对交通工具不讲究，他到省政府开会有时自己骑自行车就去了。听说有一次省政府召开防汛会，要他限时到场，他一时找不到小车，就乘了辆大卡车开到省政府办公楼门前，看他从卡车上下来的，门卫都阻挡他进办公大楼。这次国家气象局领导来了，算是挑了两台最好的车了。到大庸和湘西自治州都是山路，哪知这两台最好的车，经不起颠簸，好容易到了大庸市都坏了。

车辆进入武陵山脉不久，发现伏尔加车水箱漏水了。深山老林，无处修车，司机只好边开车边加水，每开四五十公里就要停下来加一次水。当时我们戏称伏尔加得了糖尿病，口渴了老要喝水。天渐黑了，离目的地还有一段距离，司机找水难度大，耽误了不少时间。原计划下午6点左右能到大庸市的，结果近10点才到。祸不单行，进到大庸市区后，那辆新上海牌汽车，发动机坏了，得了"心脏病"。无奈两台车都坏了，只好送去维修，大庸市气象局当时还没车，只好请市政府出车，供我们在市内使用。

我们在大庸市气象局调研了两天，两台车也修好了，继续向湘西自治区吉首出发。又在自治州气象局调研了两天后返回。返回的第一天是从吉首出发，正好一天的路程可到桃花源，于是在桃花源内订好了宾馆。桃花源就是陶渊明所描述的世外桃源，那里面的宾馆不好联系，是省气象局提前好几天预订的。我虽是常德人，但从未进过桃花源，听说要住桃花源，自然高兴。然而车不作美，那台上海牌车的"心脏病"又犯了，抛锚在了一个前不着村后不着店的山地。无奈只好靠伏尔加车开到一个乡镇处，长途电话向湘西自治州气象局求援。湘西自治州气象局有辆帆布外罩的212老式吉普车，接到电话后立即前来救援，等了4个多小时才赶到，已经天黑。在那小镇上吃了晚饭，安顿好抛锚的车后才启程。再启程时已是晚上九点多了，但还有二百多里才能到达桃花源。凑巧天上还下起了小雨，路滑且不熟，车开得很慢。到半夜一点多钟才到达目的地桃花源。

我们到达桃花源大门口把车停下，见大门紧闭。好不容易把大门叫开，说我们要进去住宿。门卫与园内宾馆联系，宾馆称我们过了晚十点还未到，也未告之晚到，故将我们的房间安排别人住了，要我们另找住处。这样把我们晾在了门外，还有四五个小时才天亮。是在车上等，还是在附近随便找个住处？省气象局的同志还是在附近找到了一个粮店的招待所，大房间可住十几个人，小房间6人一间，但只有两个床位了。这样把骆继宾和阮水根安排到了6人一间的小房间，其余人均住进了十几个床位的大房间。我住进了大房间，满满的，好像全是民工，此起彼伏的呼噜声，闷热难闻的汗气味，使人无法入眠，直到天明。早上起来大家都问骆局长睡得怎么样？骆局长笑了笑，说还可以，和农民工住在一起，这还是第一次。

（八）最紧张的一次局长会议总结

1992年1月23日下午，在湖北武汉召开的全国气象局长会举行议闭幕，骆继宾副局长主持闭幕式，邹竞蒙局长作会议总结报告。这是历届局长会议总结最悬乎、最紧张的一次。

我是这次会议的秘书长，负责会议文件的起草工作。这次会议的总结稿草稿，我们提前两天就给了邹竞蒙，希望他提前审阅之后好修改。然而这两天邹竞蒙都忙于其他事情，没有看这个稿子。我们很着急，怕他对这个稿子有大的意见，来不及修改，但一直见不到他人。直到会议总结的前一天晚上12点他还没有回来。经了解知道他是找湖北省政府领导商谈工作去了。过了12点，他回来了开始审阅总结稿。原以为他不会有什么大的修改意见了，因为总结稿都是围绕这次会议的主要议题起草的，不会很离谱。但谁知道他修改的意见还很多。他看一段说一段，有的要增加，有的要删去，主要是要增加许多关于改革的内容和分量。但改革不是这次会议的主要议题，为何邹竞蒙要突然增加这方面的内容呢？这与他近几天频繁与湖北省领导接触有关。就在1月19日邓小平南方谈话，第一站到武汉，邹竞蒙从湖北省政府领导那里听到了一些邓小平在武汉讲话的内容，了解了主要是强调改革，"谁不改革谁下台"等精神。所以在这次总结当中要加进强调深化改革的重要性和必要性。

总结稿有近两万字，他一段一段地说下来就天亮了。早上8点半就要开大会上台总结，近两万字的稿子还要从头开始，一段一段的修改只有两个多小时，怎么也难修改完毕。我主笔修改，赵同进、庞亮等协助。因为那时起草、修改文件主要靠手写。到了8点半，我们的文件才修改出1/3。不能把整份文件拿去给他作报告。那时我们有一台四通打字机，把改好的1/3先打印出来，给他上台做报告用。后面采取流水作业，改一页，打印一页，送上主席台，由于四通打字机的速度比较慢，大家非常担心断档，供不上稿子。以往都嫌邹竞蒙说话经常借题发挥，这时我们都希望他多发挥，多说几句。赵同进开玩笑说，希望邹局长多调一些"子程序出来"，为我们赢得改稿的时间。所谓子程序，是专指邹竞蒙做报告时经常脱稿讲些其他事情，一讲就很细很长。经过4个多小时的紧张流水作业，我们保证了邹竞蒙的总结报告没断档，赶在了他报告作完之前一刻钟全部完稿，终于有惊无险。然而给大家留下的记忆却很深刻。

（九）五进中南海

我在局办公室工作期间，有4次随中国气象局领导进中南海到国务院领导同志办公室汇报工作和听取指示，还有一次是在气象出版社工作后进中南海的。

第一次，1984年1月4日下午3时，国家气象局领导到中南海向国务院副总理李鹏汇报1984年全国气象局长会议召开的准备情况，并请李鹏副总理出席会议讲话。到中南海参加汇报的有邹竞蒙、章基嘉、骆继宾、薛伟民和我，主要由邹竞蒙汇报，我负责记录。1月10日上午，李鹏副总理出席全国气象局长会议并作重要讲话。他讲了四方面的内容：一是对1949年以来气象工作的总结表示同意，认为成绩是主要的，有目共睹。有错误、有失误，不承认也不对，要好好吸取经验教训；二是气象工作的对象很广泛，各行各业都需要气象、关心气象，气象工作很重要；三是关于气象工作方针问题，万里讲了迅速、准确、经济的方针，我赞成；四是关于气象部门的奋斗目标问题，要建立五个现代化的系统，我认为这个目标是好的。气象无国界，一定要搞现代化。

第二次，1991年2月13日下午，国家气象局领导向国务委员宋健汇报1991年全国气象局长会议召开的事宜，请宋健出席会议并讲话。参加汇报的有国家气象局局长邹竞蒙，副局长章基嘉、马鹤年、李黄和我，国务委员宋健的万秘书也参加了会见。宋健听了汇报之后说："准备留半天参加你们的会议，请给我准备一个讲话的初稿。"邹竞蒙局长说："已经给你准备了。"宋健说："只有26日上午有空。世界气象组织说你邹竞蒙是世界气象之父，有这事吗？"邹竞蒙说美国人叫邹父。宋健问："马鹤年今年多大了，骆继宾还有几年退休？我们需要年轻人呀。你们基层台站非常辛苦，我到过长白山气象站，那里真艰苦啊，一下雨房子里面就漏水。"李黄说已安排改善了。

第三次是1991年12月26日，国家气象局党组在中南海第三会议室向国务委员宋健汇报1992年初召开全国气象局长会议情况，并请宋建国务委员出席会议并讲话，听取汇报的还有国务院副秘书长徐志坚、国务院秘书局三局局长苗复春。国家气象局参加汇报的有邹竞蒙局长，副局长温克刚、马鹤年、李黄。我作为国家气象局办公室副主任也参加了会议并兼记录。宋健开头就问章基嘉怎么没有来？邹说，他已经退去领导职务，去搞科研了。宋健听了汇报后说，你们的会议1月18日在武汉召开，我现在家里的事一大堆，不一定去得了，但尽量争取去。实在去不了李昌安代表我去。请得下假来，我还是愿意去的。随后他对气象工作取得的成绩进行了充分肯定，对提出的问题一一作了简要回答。

第四次是1993年1月6日下午，国家气象局党组到中南海向国务委员宋健汇报工作。参加听汇报的有国务院副秘书长李昌安，迟文江、李春生；国家气象局参加汇报的有局长邹竞蒙，副局长温克刚、马鹤年、李黄、颜宏，还有我和邹局长秘书沈晓农。温克刚副局长首先汇报5个方面的内容：一是1992年全国气象部门的主要情况，二是1993年全国气象工作的安排，三是请示成立国家气候中心的问题，四是召开1993年全国气象工作会议并请宋健出席，五是请示成立国家气候变化协调小组事宜。宋建国委员听完汇报后，作了较长篇幅的讲话，对5个问题均发表了意见。

第五次进中南海是我调到出版社工作后的事。1995年盛夏的一天深夜，我睡得正香。这时家中电话铃响了，是邹竞蒙局长来电话，要我马上起床到中南海李鹏总理办公室取题词，车都要好了。我起床，乘车很快进了中南海，到了李鹏办公室，这时已是凌晨一点了。李鹏秘书还在办公室，他说李鹏总理为你们题词，写得满头大汗，刚走，你们邹局长催得紧呀！他把我领到李鹏办公室旁的小套间，大概30平方米，摆放有一张单人床和一个办公桌。李鹏总理题的词条摆满了床，有的墨迹尚未干，说明李鹏总理刚走。我从中挑了三张，立马返回了，交请邹竞蒙等领导选定。这次题词是为了纪念延安时期气象事业50年准备出版一本书，即《延安时代的气象事业》的题词。邹竞蒙局长请了江泽民、李鹏等六位中央政治局委员题词。请江泽民题词的信也由我起草的。这本书不大，但有6位中央政治局委员题词，在1996年全国书图书订货会上展出后，引起了许多出版社关注。有的出版社长说，毛社长本事真大，一本书弄到那么多中央领导题词，很难得呀！我说这都是中国气象局局长邹竞蒙争取来的。

第八章 在气象出版社工作的10年

1994年4月20日，中国气象局以中气人发〔1994〕21号任免通知称：经局党组研究决定，毛耀顺任气象出版社社长，任期四年，免去其国家气象局办公室副主任职务。4月20日，随着任免通知的下达，我告别了工作20多年的办公室，由中国气象局副局长温克刚送我到气象出版社走马上任。

对气象出版社我并不陌生。我在局办负责过气象宣传管理，气象出版社是宣传归口管理的单位，对其基本业务略知一二。在徐曼泽退休前夕，我就不想在局办干下去了。当时考虑已在局办20多年了，工作辛苦不说，而且大多是被动性、服从性的工作，很难施展个人主见，同时对"文山会海"产生了厌倦情绪；另外徐曼泽离休后怕局办担子全压在我头上，一般来说局办主任这个岗位晋升的机会大，但我有自知之明，觉得我没有那个能力和水平，也没有向上走的想法和动力，认为还不如先找一个稳妥点的单位，发挥自己的主观能动性做出点看得见、摸得着的成绩来。所以在1992年初我就向邹竞蒙提出想到气象出版社去工作的要求，他当时没有同意。在1994年初，中国气象局批量调整司局级领导班子前夕，我又向邹竞蒙第二次提出了调气象出版社工作的要求，他当时仍没表态。但在考核干部中，多谢局办有位了解内情的同志抓住我工作中的某些问题大做文章，成全了我到气象出版社工作的愿望。

气象出版社是中国气象局直属的司局级单位，创建于1978年，属科技类出版社，承担大气科学类图书和相关学科图书的编辑、出版、发行，并以大气科学类图书为主业，以积累气象科技成果、传播和普及气象知识、提高气象科技水平、服务气象事业发展为宗旨，是中国气象事业的一个重要组成部分。我对到气象出版社工作是如愿以偿，决心要好好工作，干出点成绩来。

一、出版社10年工作概述

我1994年到出版社工作至2003年底退休整整10个年头，占了我工作年限的近1/3。开始我任社长，我到气象出版社之前林培芬任社党委书记兼社长，他本来1995年初才到退休年龄，为了给我腾位置先行免去了他的社长职务，保留了一年多的党委书记职务。这样也好，使我们有个充分交接的时间。到了1995年4月林培芬退休后由我兼任了社党委书记。2001年周诗健总编辑退休后又由我兼任社总编辑。这样我集气象出版社社长、总编、党委书记3个领导职务于一身，可谓是大权独揽了。在这10年中我忠于职守，开动脑筋，勤奋工作，尽个人之所能要把气象出版社的工作做好。我所做的工作归纳起来主要有八方面：一、在充分调研、熟悉情况的基础上提出了气象出版社发展的指导思想和方向、目标；二、大力改善气象出版社的工作环境，充分发挥气象出版在气象现代化建设中的作用，提高气象出版社在气象部门的地位；三、全力推进气象出版社的改革，包括机构改革、人员结构调整、运行机制、分配奖励办法等改革；四、积极开展出版业务现代化建设，率先在全国科技出版社中建立起电子出版业务系统，全部采用电脑排版，告别"铅与火"的印书时代；五、努力改善气象出版社的办公条件；六、集中精力组织气象出版选题，建立健全从组稿、编辑、审稿、印制到发行各个环节的规章制度，切实提高气象版图书的质量；七、千方百计地开拓气象版图书的市场，扩大发行量，提高社会经济效益，增强气象出版社的经济实力和干部职工收入；八、实行对外开放，积极参加国际书展，扩大气象版图书的影响。从1995年至2003年气象出版社的出版码洋、所有者权益（净资产）、人均收入都翻了三番。在中国气象局机关和直属单位中实现了三个"最"，即最先在所有办公室安装空调，气象出版社干部职工住房条件达标率最好，干部职工平均收入最高。在这期间，气象出版社连续被新闻出版署评为全国良好出版社，2人被评为全国百佳出版工作者，2人被评为全国优秀中青年编辑，一批精品气象专业图书获奖。"全球变化热门话题"系列丛书获国家科技进步二等奖，这是全国科技图书首次获得的国家科技进步奖，在科技图书未评出一等奖的情况下也是当年的最高奖。这10年气象出版社各项工作上了一个大台阶，社会经济效益显著提高，成为全国气象部门深化改革的先进单位，并进入了全国科技类出版社的前列。

二、明确气象出版社指导思想和发展理念

（一）深入调研，摸清气象出版社的家底

1994年4月20日，气象出版社召开处以上干部会。会议由气象出版社社长林培芬主持，中国气象局副局长温克刚出席，并宣布气象出版社的领导班子调整，免去林培芬气象出版社社长职务，保留党委书记，由我任气象出版社社长。温克刚介绍了我的情况，并对今后气象出版社的工作提出了要求。我讲话表示拥护党组的决定，乐意和热爱气象出版工作，有信心、有决心做好这项工作，并讲了做好气象出版工作的几点设想。党委书记林培芬、总编辑周诗健、老总编纪乃晋等在会上发言，一致欢迎我到气象出版社工作，表示全力支持我来主持出版社工作，并主动介绍了气象出版社的基本情况。这是我第一天到气象出版社上班，给了我做好工作的很大信心。

4月下旬到5月下旬，我通过召集单位领导汇报、分类人员座谈和个别谈话等方式，全面了解气象出版社的业务、人员、设备、经费等情况，尽量掌握第一手资料。

4月25日，我第一次主持召开气象出版社业务社务会，由各个部室汇报本单位的工作。当时气象出版社共有在职人员66人（编制78人），离退休人员14人，下设机构有：社办公室、总编室、第一编辑室、第二编辑室、第三编辑室、发行部、出版部。在会上办公室主任段万怀，总编室主任史秀菊，一编室主任陶国庆，二编室主任邹坚峰、副主任王存忠，发行部主任于宪珍，出版部主任苏振生分别汇报了本单位的基本情况。此后用了近两周的时间分别召开各部室会议，直接听取每位人员的自我介绍和对做好本单位工作的意见，既认人头，又了解全面情况。最后我又分别找各个部室的领导和骨干个别谈话，听取他们对气象出版社下一步业务建设和改革的意见及建议。经过一个多月的召开座谈会和与部室领导个别交谈，听到不少关于进一步发展气象出版业务和深化改革的意见及建议，共计有20多条。主要是思想解放不够，比较封闭保守，不适应社会主义市场经济的需要；

气象出版社当时结构和机构设置不合理,管理人员过多,人浮于事;编辑第一线人员是出版社的核心力量,人员偏少;平均主义、大锅饭比较突出,干好干坏差不多,干部群众的积极性没有充分调动起来;气象出版事业发展缺乏长远规划和年度目标,财务成本核算与预算比较混乱;出版业务流程不畅,编辑与管理、编辑与发行、发行与印制三大矛盾协调不力,互相埋怨,有时脱节;对发行工作不重视,一直是一个薄弱环节,发行量很小,发行码洋不足百万;运行机制不合理,给编辑只定编辑字数,没有把利润指标与个人收入挂钩;各部室的分工不合理,交叉扯皮,职责职权不清等问题较多;策划重点选题和重点组稿不够,缺乏精品图书和拳头产品;对气象版图书的宣传不够,特别是对新书、重点图书的宣传重视不够,在气象部门、在全国图书市场知名度太低、影响很小。

我接手气象出版社时的经营情况:全社固定资产107万元,所有者权益194万元;1993年出版业务收入85万元,补贴收入43万元,图书销售19万元,国库券和存款利息收入30万元,其他收入2万元,暂存款中潜在毛收入151万元,共计收入287万。人均创利润1.4万元,每本书创利润0.2万元,人均年收入0.937万元。其经营的规模很小,利润更低。如果不是当时国家气象局的补贴收入和国库券、存款利息的收入,靠本版图书销售收入和所创利润,那是连职工的基本工资都会发不出来的。

通过近三个月的调研,我对气象出版社的机构、人员和经济状况有了一个全面了解,基本摸清了家底,为下一步开展工作打下了基础。

(二)认真学习,尽快熟悉出版业务

出版也是一门科学。我从局办公室工作转到出版工作,实际上是改行了。要领导出版社的全面工作,必须学习出版知识,熟悉出版业务,尽快由外行变内行。在初到出版社的半年多内,我花费了一定精力认真学习出版知识和出版业务。一是找书看,学习了有关编辑、出版、发行知识,重点学习了图书和著作权法规方面的文件。二是向纪乃晋、周诗健等老同志请教,请他们详细介绍出版业务的各个环节和注意事项。三是不耻下问,向出版业务第一线的编辑、印制、发行人员深入了解出版业务中的重点和难点。从这三方面着手,使我较快地熟悉了气象出版业务。出版业务实际上是从著作到组稿、读稿、列选、审稿、出版、发行各环节既特殊又紧密相连的"一条龙"的业务。

著作:是出版社的前沿性工作。出版社要出版必须有适合的著作,否则将成为无米之炊。著作来源于作者,培育和广泛联系适合本社出版选题范围的作者群,对每个编辑、编辑室和整个出版社都是非常重要的。气象出版社的作者群,重点在气象科研单位、气象大专院校的专家和气象业务第一线的专家,以及科技人员。这些重点单位和重点作者是气象出版社的"上帝",一定要盯紧不放。要与有水平、有写作能力的专家和科技人员交朋友,建立联系,了解他们的科研、业务成果,鼓励和支持他们及时总结,大胆著书立说。

组稿:是出版业务的起点。组稿主要由编辑来做,社领导和编辑室领导也应积极组稿。组稿的依据:一要符合本社出书范围,气象出版社的出书范围是以大气科学类图书为主,兼顾相关科学和面向市场的科技类图书;二要符合年度出版选题计划,气象出版社每年年初都制定年度出版计划,每位编辑都应围绕完成年度计划任务而组稿;三要符合本编辑室的选题分工和落实到每位编辑选题任务的要求。

读稿或称初读:是出版社收到书稿后由组稿编辑或指定其他编辑初读。初读的目的是审查书稿内客是否符合本社的出版范围，是否具有出书的文字基础，是否有出书的价值。最后要提出该书稿能否列为出版社的选题计划。如基本可以，提出列选建议；如不具备出书基本条件，则将原稿退作者，明确不使用或修改后使用。

列选：是将初读通过的稿件经编辑室主任审核同意后报社列为出版选题。各编辑室上报的选题由总编辑汇总，定期或不定期召开社务会审议决定。选题审议社务会由社领导、各部室领导和有关编辑参加。选题经社务会通过后，责任编辑必须与作者方签订规范的出版合同，作者为甲方、出版社为乙方，明确甲乙双方的责、权、利，包括稿酬等。同时对书稿进行编辑加工。

审稿：是出版业务流程中的中心环节，关系到图书出版的质量。出版社一般实行"三审制"，一审，是责任编辑，他要在书稿全部审读的基础上进行认真的编辑加工，将原稿编排成图书的格式，仔细审核全书的内容和文字。发现内容上有较大错误或需要较大修改的，要协商作者同意或请作者修改；一般文字性错误编辑可自行修改。二审，又称复审，一般由编辑室主任或副主任审核，也可以由室主任指定其他具有副编审资质的编辑审核。二审也要对全部书稿进行认真审核，重点是对一审的审改意见进行复核，发现问题，及时提出，由责编处理。如一审编辑加工不到位，还可退回一审再进一步编辑。三审，又称终审，是审稿的最后一道关口，一般由社总编辑或总编辑指定具有编审资质的专家审核。终审要求认真审读全部书稿的三分之一以上，重点审核全书在政治、政策法规和科学性等方面有无问题。三审审核修改通过后，总编辑签字发稿，进入出版环节。审稿就是要保证图书质量。新闻出版署规定，合格图书的错情要在万分之一以下，优秀图书的错情要在五万分之一以下。有违反政治、政策、法规方面的问题或科学技术方面的问题，实行一票否决。

出版：有两道工序，一是排版，二是印制。排版实际上是与审稿交叉进行的。审稿有"三审"，排版有与之相对应的"三校"。每审一次稿，都会有许多修改，都要排一次版，打出"清样"，进行校对。第三校又称核红，一般由责任编辑来承担。校对也是保证图书质量的重要一环，切不能忽视。印制是书稿成书的最后一道工序。排版核红后的书稿就可以送印刷厂印制了。在印刷前，还要有封面、封底设计，并明确图书用什么字体、字号、开本、印张、字数、印数、定价等要素。印刷厂在印好全书后先装订几本样书送出版社审查，如发现重大错误，还有最后一次补救机会；如果没有错误，印刷厂即按印数印刷装订成书了。

发行：是将出版社出版的图书通过市场向社会发送出去，使之与读者见面，实现图书传播知识、交流成果、传承文化的功能，同时也是出版社实现社会经济效益的唯一窗口。出版社是图书的一级批发商，发行主渠道是全国新华书店，通过向新华书店寄送新书目录、刊登《全国书目征订》、参加全国书展和全国图书订货会议、借助媒体宣传等方式发行本版图书；二渠道是直销，出版社一般设有读者服务部，向有关图书馆、科研单位和大专院校直销本版图书；三渠道是作者和作者单位包销。出版社一般都是狠抓主渠道不放，积极拓展二、三渠道，千方百计扩大本版图书的发行码洋。码洋是图书发行数量，并以人民币为计算单位。

书号与书号管理：书号即由 ISBN 字母后加地区、出版社代号、书的类别、顺序号等一串数字组成，国内书号还在版权页标有 CIP 数据。书号是一本书的身份证，由新闻出版署每年核发给各出版社法定使用的。由于有些出版社的编辑单纯从经济利益考虑，打着协作出书的名义卖书号，使得新闻出版署三令五申禁止买卖书号。协作出书是作者或作者单位与出版社签订合作协议，即图书出版后全部或部分由作者方包销，作者方统一返回图书销售款或补贴出版利润,这种方式是合法的;卖书号是将书号按一定价格卖给个体书商,书稿的选题、编、印、发全部由个体书商操作。这种方式是违法的,它虽然省力、赚钱快,但难免粗制滥造,使许多伪劣产品,甚至格调低下、有政治问题的图书上市,扰乱图书市场。各出版社的领导必须对书号严加管理,把紧列选关,防止买卖书号的不法行为在本社发生。

(三)勇于实践,逐步明确气象出版工作的指导思想和发展理念

在上述深入调研和认真学习的过程中,又经过一段工作实践,了解到了气象出版社的基本情况和主要问题,我根据党和国家关于新闻出版工作的方针政策和气象事业发展的需求,联系单位实际,形成了一系列带有指导思想、发展理念和发展方向的意见,归纳起来有以下几点:

1. 要坚决贯彻党和国家的新闻出版工作方针政策,坚持为社会主义现代化建设服务、为人民服务的方向,结合到气象专业就是要为气象现代化建设服务,为提高气象干部队伍专业素质服务,把党和国家对新闻出版工作的"二为"方针落到实处。

2. 坚持社会效益和经济效益两手抓,以社会效益为前提,经济效益为中心,在社会效益与经济效益发生矛盾时,经济效益要服从社会效益,并强调"三不出",即政治上有问题的书不出,伪科学的书不出,格调低下的书不出,牢牢把住气象出版工作正确的政治方向。

3. 要形成"立足本专业求生存,面向大科技谋发展"和"一手抓局长,一手抓市场"的发展思路。"立足本专业求生存"是说气象出版社是以气象科学为基础的科技出版社,而气象科学是以大气为对象研究天气和气候等的科学,它密切联系为人类和社会发展服务的实践,也是一门生命力很强的应用科学。气象科学是气象出版社生存之本,发展之基,脱离为气象事业发展服务,气象出版社就没有存在的根基和理由。"一手抓局长"就是要抓好气象出版为气象事业发展服务,抓好向中国气象局领导和各级气象部门领导的宣传,使他们认识到气象出版工作在气象现代化建设中的作用,推动全体气象工作者学习阅读气象版图书,支持气象出版工作,提高气象出版工作在整个气象工作中的地位和作用。"一手抓市场"是说气象行业不足10万人的队伍,其专业图书市场是有限的,但是面向全社会的普及气象科学的图书市场是非常广阔的。气象出版社必须大力抓面向社会需求的图书市场。"面向大科技谋发展"是说气象专业性强,读者面窄,市场有限,难以满足气象出版事业发展。由于气象学与天文学、地质学、地理学、水文学等一起,是地学中的一个重要分支,它的理论基础是物理学与数学,所以又是现代物理学的组成部分之一,因此气象出版业务还必须向气象学的边沿、交叉领域扩展,谋取更大的发展空间。

4. 要以改革为动力,以"专而精,小而强"为发展目标。气象出版社要发展,必须深化改革,即调整人员结构、改革机构设置、转变运行机制,使出版社图书的社会效益和经济效益与职工的收入和职务晋升挂钩,充分调动每个职工的积极性和主观能动性。"专而精"具有双重含义:一是人员要专,编辑既要懂气象专业,又要懂出版专业,做到精通专业,精干高效;二是出版的图书要专,质量要精,多出精品专业图书,形成特色,创出品牌。"小而强","小"是因为气象专业性强,读者面窄,不盲目求扩大,规模控制在规定的编制内(70人左右),守住中小出版社的规模。"强"就是要求出版图书优秀比例大,获奖图书多,人均出版图书所获经济效益和职工平均收入在全国同类出版社中处于前列。

10年的实践证明:这些指导思想和发展理念是正确的,取得了很大成效。

三、营造气象出版工作的良好氛围

我到气象出版社工作之前,气象出版社在全国气象行业知名度比较低,许多基层气象台站不知道有气象出版社这样一个单位。在各级气象部门领导中对气象出版社也不够重视,认为可有可无。办公条件全局最差。气象部门现代化建设突飞猛进,而气象出版社却无建设项目、无基建户头。在中国气象局大院,气象出版社单位小、级别不低但地位低,是一个一无权、二无钱、三无地盘的"三无"单位。我到气象出版社后就提出要改变这种状态,为气象出版工作争得一席之地,提高它应有的地位和作用。

(一)争取领导支持

我采取的办法:一是勤向局领导和局机关有关职能部门汇报,利用我在局机关工作多年,人头熟、单位职责职权熟、办事程序熟的优势,经常汇报出版社的工作情况,既报喜又报忧,更报需要解决的问题。二是在中国气象局召开的大会小会中都积极发言,宣传气象出版社的工作和在气象现代化建设中的地位及作用。为此,一改我内向型性格和过去在局办低调作风。在局办工作时我习惯于幕后策划,遇到抛头露面的事总是往后退;到出版社后,我似乎脸皮也厚了起来,一有机会就申请大会发言,早早呈上发言稿。大会没有机会时,就在小组会上发言。有的省局领导说:毛社长每次开会,言必讲出版、讲图书,引用的"书是人类进步的阶梯"这句名言我们都记住了。三是写文章,上报刊宣传气象出版工作。四是召开与气象出版有关的专题会议。在这一过程中有两件事在全国气象部门的反响很大。

(二)争取中国气象局下发重视气象出版工作的文件

我到气象出版社工作不久,经过充分调研和多方面的工作,于1994年6月,争取到中国气象局以中气办发〔1994〕13号文下发了"关于加强气象出版工作的通知"。这个通知首先指出"气象出版工作是我国气象事业的重要组成部分,又是精神文明建设的重要内容和舆论宣传的重要阵地,在气象部门两个文明建设中具有重要作用",充分肯定了气象出版工作的地位和作用。接着在分析气象出版工作已取得的成绩和存在的不适应等问题的基础上提出了七条加强气象出版工作的要求:一要坚持出版宗旨,把握政治方向。始终把社会效益放在首位,努力实现社会效益与经济效益的统一;二要以市场为导向,优化选题。优化选题要从加快气象现代化和提高气象队伍科技水平着眼,以满足广大气象科技人员和基层气象台站的需求为原则;三要强化气象出版的归口功能,气象出版社在气象部门具有出版发行气象图书、资料、文集、法规文件、期刊等归口功能;四要多渠道建立出版基金,特别强调气象业务、科研、教育等部门、重大科研项目和重点工程,要安排一定比例的经费出版其专著和科技成果;五要大力开拓发行渠道,努力提高发行量;六要认真开展图书审读和优秀图书评奖活动;七要进一步解放思想,加大出版社的改革力度。这个文件,下发到各省、自治区、直辖市气象局,计划单列市气象局,各直属单位、院校,在全国气象部门引起了较大的反响,对提高气象出版社的地位和作用效果显著。这个文件,明确了气象出版社的性质、任务、地位和作用,是做好气象出版工作求来的尚方宝剑,是一个指导性、实用性很强的文件。我抓住贯彻这个文件精神不放,为气象出版社办成了一系列大事、好事。

（三）大造学习气象专业知识的舆论

1996年全国气象局长会议前夕，我在中国气象报上发表了一篇"豆腐块"小言论，题目是"人均购书不够5元的忧思"，是说全国气象部门人均购买气象专业图书不够5元钱，这与号称高科技的气象部门不相匹配。谁知这篇小文章被时任中国气象局局长的邹竞蒙看到了。他把我叫去，要我为他准备一个素材，把各省气象部门购气象专业书的多少按顺序排列出来，交给他，他要在全国气象局长会议上讲。我当时有些顾虑，提供这样的材料，怕得罪许多省气象局局长。无奈邹局长催得紧，只好把材料交给他了。但他在大会上并没有讲，我松了口气，认为他忘了。大会结束后，留下省局和各直属单位一把手参加的小会，原定是小范围研究人事司提出的培养后备干部的方案。会议开始邹竞蒙说今天增加一个议题，就是出版社调研的人均购气象专业书不够5元的问题，把各省局购书统计表发给你们，国家发给干部职工的书报费都干什么去了。然后他讲了一大篇学习现代科学知识和读书的重要性，要求各省局的一把手要重视学习专业知识，过问配备气象专业图书问题。此次会议后，各省气象部门对气象出版社都刮目相看，我出差到省气象局，大多一把手出面接待，先汇报他们购气象专业书的情况。

（四）营造气象出版工作良好环境的实录资料

1994年5月19日，我作为气象出版社社长第一次向中国气象局主管领导温克刚汇报气象出版社的工作和要求局里面帮气象出版解决的问题。我提要求解决的问题是：请局领导每年听取气象出版社一次全面汇报，请以局的名义向全国气象部门发一个加强气象出版工作的文件，请帮助和支持气象出版社建立一个全国气象部门内部专业图书发行网，请尽快解决气象出版社办公用房的困难等，以上问题温克刚副局长都一一表示同意并帮助解决。

1994年11月9日，中国气象局办公室在河北石家庄召开全国气象部门办公室主任会议。会议由中国气象局办公室主任刘英金主持，我作为气象出版社社长参加了这次会议。中国气象局副局长温克刚出席会议并讲话，他一共讲了六个问题。其中第五个问题是讲关于气象出版社工作的问题。他要求各省（自治区、直辖市）气象局要关心和支持气象出版工作，气象出版工作是气象事业的重要组成部分，要建立气象出版基金和气象图书发行网络。这是我调换工作后第一次参加全国气象部门办公室主任会。会议安排我在闭幕式上讲话。我先对各省（自治区、直辖市）气象局办公室主任对我在办公室长期工作期间的一贯支持表示感谢，然后介绍和宣传了气象出版社的图书，并要求在建立气象出版基金和气象图书发行网络，以及宣传、购买气象专业图书方面给予大力支持。气象出版社副社长谢炳源也随同我参加了这次会议。11月10日上午，全国办公室主任会议专门安排半天，由我主持讨论如何加强气象出版社的工作问题。在会上有陕西省气象局办公室副主任翟佑安、上海市气象局办公室主任陆亚龙、江苏省气象局办公室主任桑凤章、南京气象学院办公室主任吕继成、浙江省气象局办公室主任俞连根、新疆区气象局办公室主任张加生、青岛市气象局办公室主任王方友、山东省气象局办公室副主任杨清军等发言，一致表示要加强与气象出版社的联系，加强气象图书的宣传。11月10日下午，我和中国气象报社社长赵同进到河北省气象局召开座谈会，请河北省气象局有关领导和业务单位的领导参加会议，座谈如何建立联系，加强对气象出版工作和气象报社工作的理解与支持问题。通过这次会议，使气象出版社与各省（自治区、直辖市）气象局办公室建立了比较紧密的业务联系，改变了气象出版社过去与各省（自治区、直辖市）气象局和基层台站联系甚少的局面。

1994年9月5日，我到山东省气象局主持召开座谈会，征求对出版气象专业图书的意见。参加座谈会的有山东省气象局办公室主任胡光旭、副主任陈茂奎，科教处副处长孙仁邦，业务处副处长黄实东，气象台台长刘剑西，农业气象中心主任郝云理，气候中心副主任王少文等。他们希望气象出版社能多出版一些实用的科技图书，提了许多好的建议。

1994年9月21日下午，气象出版社主持召开《大气科学辞典》《五国文字气象学辞典》首发式。林培芬主持首发式，我就这两部工具书编辑出版的过程以及重要意义和作用向会议作报告。出席会议并讲话的领导和专家有：中国气象局副局长温克刚，中国工程院院士章基嘉、丁一汇，中国科学院院士丑纪范、巢纪平、陶诗言，中国气象学会秘书长彭光宜，中国版协科技委主任周宜。

1994年11月17日下午，我应邀到北京气象学院举办的有各省（自治区、直辖市）气象局领导参加的高级研讨班介绍气象出版社的情况。我在介绍了气象出版的基本情况之后，重点宣传了中国气象局"关于加强气象出版工作的通知"精神，并按照这个通知精神，对各省（自治区、直辖市）气象局提出了五点要求：一是培育作者队伍，推荐优秀出版选题；二是赞助气象出版基金；三是在省、地、县三级气象部门建立图书阅览室；四是在省气象局建立全省气象专业图书发行网；五是各级气象部门要留出适当经费购买气象图书。这些要求得到了各省（自治区、直辖市）气象局不同程度的支持。

1995年4月19日至22日，中国气象局在湖北宜昌召开第三次全国气象服务工作会。中国气象局副局长温克刚、李黄、颜宏主持会议，温克刚做报告和会议总结。我作为气象出版社的代表被选定在大会上发言，我发言的题目是"努力做好气象出版工作，全面为气象现代化建设服务"。

1995年5月12日，中国气象局副局长温克刚主持局办公会议，听取气象出版社的工作汇报，研究气象出版社需要解决的几个困难问题。参加会议的有：李黄、颜宏、黄更生、萧永生、董文凯、毛耀顺、谢炳源、周诗健、顾兴本、王存忠、朱祥瑞、申敏。会上我先汇报了出版社的工作，同时提出了要求解决的困难、问题及办法：一是经费困难，提出建立气象出版基金；二是办公用房困难，提出在建气候中心大楼中把气象出版社纳入在内；三是设备条件困难，建议局里立项建设气象电子出版系统。会议研究原则同意我提出的解决问题的方案，并对我到气象出版社一年的工作成绩给予了充分肯定。

1995年8月11日至15日，我带领气象出版社副总编王存忠、发行部魏宁君到东北三省进行调研，征求省级气象业务、科研和管理单位对气象出版图书的意见。第一站到吉林省气象局。8月11日下午，吉林省气象局副局长薛东有主持召开座谈会，参加座谈会的有天气处李处长、人工降雨办公室主任、气候处处长、气象台王晓明台长、装备处郭处长、气象台高工王中焕、科教处处长、气候中心主任的等。在座谈会上，我首先介绍了气象出版社的基本情况和出版图书的情况，说明我们调研的目的是"四多"，即希望大家多写书、多读书、多买书、多出书。与会人员都积极发言，谈了他们对气象图书的需求和改进意见。8月12日下午，我们到长春新华书店，与新华书店的各位业务经理座谈气象版图书的销售问题。他们说气象出版社出版的《气象历书》和《五笔字型》实用性比较强，发行量比较大，建议扩大印数，满足市场的需要。第二站到黑龙江省气象局。8月9日，黑龙江省气象局副局长贾世民主持召开座谈会。参加座谈会的有《黑龙江气象》编辑部主任、黑龙江气象局科研所所长、天气处高工、人控办副主任、装备处副处长、省气象学校校长、计划财务处处长、天气处处长、科教处处长、省气象中心副主任、省气象台副台长、省科研所农气高工、办公室副主任李荣芳共13人。第三站到辽宁省气象局。8月15日，辽宁省气象局副局长宋达仁主持召开座谈会议。参加座谈会的有省气象学校校长张连举，省气象业务处处长王振喜，省气象科研所农气室主任于系民，省气候中心副主任班显秀，省气象台台长盛军，省气象科研所副所长、《辽宁气象》主编王奉安等。通过到东北三省召开调研座谈会，了解了气象业务、科研、教育、管理等部门对气象图书需求的第一手资料，同时也宣传了气象出版社和气象图书，加强了气象出版社与地方气象部门的联系，一举两得，收获很大。

1995年9月5日下午，中国气象局在延安举行纪念人民气象事业50周年座谈会。座谈会由中国气象局副局长温克刚主持，陕西省政府领导，延安地区政府领导，中国气象局各职能司室、各直属单位和各省（自治区、直辖市）气象局领导，以及青年代表100余人参加会议。在座谈会上讲话的有：中国气象局局长邹竞蒙，陕西省副省长王双锡，延安地区副专员孙志明；在座谈会上发言的有：延安时期老气象工作者周鲁女，中国气象局原局长薛伟民，青年代表高学浩，陕西省气象局局长程廷江，延安地区气象局局长万北忠，上海市气象局局长王雷，国家气候中心主任王锦贵。我在会上发言，主要内容是介绍了《延安时代的气象事业》这本书的编写、审稿、出版过程和它的基本内容及重要意义，以此扩大气象出版社的影响。

1995年9月23日，中国气象报社在山东泰安召开全国气象记者站长会议。会议由中国气象报社社长赵同进主持，参加会议的有山东省气象局局长蒋伯仁，泰安市副市长刘仁安，泰安市气象局局长吴殿明，各省（市、区）气象报记者站站长共40余人。我应邀参加会议，并在会上讲话，介绍气象出版社的业务和出版图书的情况，希望各记者站站长给予宣传。

1995年10月7日至13日，中国气象局在青岛气象度假村召开党组扩大会，学习贯彻十四届五中全会精神。参加扩大会的有中国气象局党组成员，以及中国气象局机关、直属单位各单位的主要负责人共38人。会议主题是贯彻五中全会精神，结合气象部门的实际，讨论气象事业发展"九五计划"和长远规划的修改问题。我作为气象出版社社长参加会，并于13日在大会上发言，我发言的主题是"对气象事业发展面临形势的分析"，提出了气象新闻出版事业是气象事业的一个重要组成部分，也是精神文明建设的重要组成部分，对气象事业发展具有基础性、先导性作用，所以气象新闻出版现代化建设，包括电子采编系统和电子出版系统应该纳入气象事业"九五"计划和长远发展规划。

1996年1月17日上午，中国气象局在北京召开全国气象科技大会。在科技大会开幕之前，中共中央总书记江泽民来中国气象局视察，接见全体会议代表并合影（共用时171分钟），我作为会议代表被接见和参加了合影。17日下午，全国气象科技大会开幕，温克刚副局长主持开幕式，邹竞蒙作"实施科教兴气象"的报告。18日分组讨论科教兴气象的工作报告。19日下午大会发言，交流各地科教兴气象的经验，在大会上发言的有国家气象中心主任李泽椿，气象科学研究院院长陈联寿，北京市气象局局长恽耀南，福建省气象局局长叶榕生，辽宁省气象局局长刘万军，四川省气象局局长万泽喻，江苏省气象局局长任广昌。我在大会上发言，主要是强调气象出版在科教兴气象中的地位和作用。

1996年8月15日下午，中国气象局举行气象事业可持续发展学习座谈会。邹竞蒙局长主持，中国气象局机关各职能单位和直属事业单位主要领导人参加会议，结合气象部门的实际学习可持续发展战略。我作为气象出版社社长参加会议并发言。我发言的题目是"气象出版工作在可持续发展战略中的地位和作用"。

1996年10月20日，我向中国气象局温克刚局长汇报气象出版社贯彻十四届六中全会精神的五点建议。六中全会的主题是加强精神文明建设。精神文明建设的四大任务中，有两大任务直接与出版行业关系密切，结合气象出版社的实际提出了五点贯彻举措。一是根据"五个一工程"出一本好书的要求，认真出一批在大气科学方面学术水平高、保存价值高、社会经济效益好的"两高一好"图书。"九五"期间列为重点图书出版工程的项目有：《中国气象灾害大典》《中国气象百科全书》《跨世纪大气科学系列书》《气象科普系列书》《气象岗位培训系列书》等。二是建议将省、地、县三级气象部门建立图书阅览室作为气象部门贯彻六中全会精神的一项重要内容，并明确阅览室的气象专业图书应该占到60%以上。气象出版社将积极配合，为广大气象科技人员和基层气象台站出版更多适用图书，为提高气象科技队伍的素质做贡献。三是建议中国气象局和大院直属事业单位联合开展向边远艰苦气象台站赠书活动。气象出版社、中国气象报社和气象学会可以作为发起单位，准备向100个边远气象台站，每个台站赠1000元气象专业图书。所需经费请局里出1/3，直属事业单位赞助1/3，三个发起单位出1/3。四是为推动气象部门学科学的浓厚读书气氛，建议将全国大气科学竞赛作为一项经常性的科技活动开展下去。今年已由气象出版社主办首届，建议今后每两年举办一次。请中国气象局继续在经费上给予支持。五是建议利用气象部门的网络优势，积极开拓和建立图书发行网络。先发行好气象版专业图书，然后扩展发行外版图书。做好这项工作，不但有很好的社会效益，而且会有可观的经济效益。这需要气象部门的行政管理支持和气象专业网络的支撑才能进行。温克刚局长听了我以上五点汇报后说："这五条很好，都可以办，有些要报局里面批准后办，可形成一个文字材料，你们开全国发行业务经理会的时候我去讲一讲，如果工作安排不开，去不了，可给我准备一个书面讲话。"

1997年1月17日下午，由我主持召开首届大气科学知识竞赛组委会，审定第一届大气科学知识竞赛评奖结果。此次大气科学竞赛是由气象出版社发起，气象报社和气象学会秘书处支持，并经中国气象局局长温克刚批准后在全国范围内举行的。1996年7月拟出大气科学知识竞赛办法和竞赛试题，在《中国气象报》和《气象知识》上全文刊登。到1996年12月底，收到402人的应试试卷。经技术组交叉阅试卷，结果：最高分97分，有3人；96分，53人；95分，171人；94分及以下，175人。再用抽奖的办法，在3名97分中抽取1名一等奖，奖金3000元；在97分剩余2人和96分中共抽8名二等奖，奖金1000元；在95分以下的人员中抽50个三等奖，奖金200元；在剩余未获奖的人员中抽100名鼓励奖，奖《大气科学辞典》1本。此项活动扩大了气象图书在全国气象部门的读者群，产生了良好影响。

1998年9月17日上午，气象出版社召开成立20周年纪念座谈会。会议由周诗健总编主持。出席会议的有中国气象局局长温克刚，名誉局长邹竞蒙，中国气象局各职能司和直属单位的领导，中国气象局原副局长骆继宾，上海市气象局局长王雷；中宣部出版局副局长张小影，中宣部原出版局局长、中国版协副主席伍杰，中国版协科技委主任周宜，地震出版社社长程仁泉，海洋出版社社长孙志辉；总参气象局参谋张力军，中国科学研究院大气所研究员王明星，北京大学大气物理系教授黄嘉佑，气象科学研究院研究员周星煜，五笔字型发明人、气象出版社的作者代表王永民；气象出版社处以上干部和业务骨干近100人。我在会上作主旨讲话，对气象出版社20年的工作进行了全面回顾总结，对今后的发展提出方向和目标任务。在座谈会上讲话和发言的有：气象科学研究院副院长徐宝祥，中科院院士丑纪范，地震出版社社长程仁泉，中科院大气所研究员王明星，五笔字型发明者王永民，中宣部出版局副局长张小影，中国版协科技委主任周宜，中宣部出版局原局长、中国版协副主席伍杰，中国气象局名誉局长邹竞蒙，中国气象局局长温克刚，同时编发了气象出版社20周年纪念册。

1998年12月16日，中国气象局召开纪念党的十一届三中全会20周年座谈会。座谈会由中国气象局局长温克刚主持，中国气象局领导和机关各职能单位、各直属单位负责同志以及部分老同志和青年专家代表等参加。大会有15位代表发言，畅谈改革开放20年的成绩与经验。我作为气象出版社的代表被安排在第10位发言，主要内容是介绍气象出版社深化改革的基本做法和主要成绩。

1999年3月30日，中国版协科技委主办部分专业面窄的科技出版社社长座谈会。科技委主任周宜主持会议。气象、地震、海洋、地质、宇航出版社等社长和总编参加会。会上交流了各个出版社的业务情况。我被安排第一个发言，主要介绍了气象出版社的基本情况和存在的主要问题。在会上发言的还有地震出版社社长程仁泉、地质出版社社长姚秉忠、海洋出版社副社长盖广生、宇航出版社总编辑任原博、兵器出版社总编辑王坚、宇航出版社社长助理韩文伟、石化出版社副总编丁纵宇、新闻出版署科技图书处孙宏伟。最后周宜主任作总结。

1999年4月5日，中国气象报主办气象报社创建10周年纪念会。我在会上发表讲话表示祝贺和感谢。4月7日，中国气象报召开全国气象部门记者站站长会，总结交流建社10周年的经验和体会。我在会上讲话感谢记者站对气象图书的宣传，同时推荐了气象出版社的重点图书，希望他们进一步做好宣传。

1999年5月15日，第三届全国气象宣传工作会议在海南海口召开。会议由中国气象局办公室主任嵇启武主持，各省（自治区、直辖市）气象局领导和办公室主任，中国气象局各直属单位的领导参加会议。中国气象局副局长刘英金出席会议，并作题为"高举邓小平理论伟大旗帜，努力开创气象宣传工作新局面"的工作报告。9月17日上午，大会发言，我作为气象出版社社长被安排在第4位大会发言，主要内容是关于气象部门精神文明建设的意见、建议。

1999年11月9日上午，新闻出版署在北京主持召开第12届全国科技出版社社长、总编年会。会议开幕式由新闻出版署图书司副司长吴尚之主持。龚心瀚、邬书林、张小影、于友先、杨牧之、卢玉艺、殷成川、孙儒泳、周宜、张学良等领导出席开幕式。参加会议的有140多家出版社的160多名代表。会议为获奖图书颁奖，中国版协科技委主任周宜作工作报告，新闻出版署署长于友先讲话，中宣部出版局局长邬书林讲话。11月9日下午和10日下午，大会交流经验。在交流经验大会上发言的有：教育出版社社长于国华、上海科技出版社社长吴智仁、广东科技出版社社长黄达传、清华大学出版社总编辑蔡鸿程、电子出版社原社长梁祥丰、农业出版社副总编陈江凡、气象出版社社长毛耀顺、广东科技出版社社长黄思铭、电子工业出版社社长王志刚。我在大会上发言，介绍了气象出版社的改革经验和今后的打算，受到大会的重视。

1999年12月2日，全国气象部门事业结构调整经验交流会在北京召开。出席会议的有各省（自治区、直辖市）气象局和各直属单位的代表共70余人。开幕式由中国气象局法规司司长沈国权主持，中国气象局副局长郑国光讲话，总结了气象部门事业结构调整的成绩、经验和存在的问题，提出了进一步深化改革，推进事业结构调整的任务。然后安排大会交流经验，一共有17位同志在大会上发言，交流本单位事业结构调整的情况和经验，我被安排在第13位大会发言。在大会发言的有湖南省气象局李文华，湖北省气象局姜海如，江西省气象局李坚，广西壮族自治区气象局韦力行，黑龙江省气象局王志德，北京市气象局杨晋辉，陕西省气象局翟佑安，宁夏回族自治区气象局杨泾森，贵州省气象局陈光德，浙江气象局王贤扬，内蒙古自治区气象局任致中，湖北省十堰气象局陈家奎，湖南省气象培训中心龚秋萍，福建省厦门市气象局吴春富，浙江省温州市气象局叶子龙，辽宁省台安县气象局长。我在大会上发言介绍了气象出版社的改革经验和今后的打算，受到大会的重视。

2000年5月14日上午，南京气象学院举行40年校庆。校庆大会由南京气象学院党委书记屠其璞主持。参加校庆的有中国气象局全体领导，江苏省政府领导，江苏省教委的领导，中国气象局机关、直属单位以及各省（自治区、直辖市）气象局的领导和校友共400多人。南京气象学院院长孙照渤作建校40周年校庆报告，江苏省副省长、中国气象局副局长刘英金、江苏省教委领导、中科院大气所王明星、中国气象局人事司司长萧永生代表颜宏、中科院院士兼校友代表吴国雄讲话。在大会上还宣读了贺信、礼品、捐赠等。我代表气象出版社为校庆捐赠了价值近2万元的700多册书，并被安排在校庆大会的主席台就座。

2001年10月12日，中国气象局局长秦大河到气象出版社检查工作。先由我主持召开气象出版社领导、处级干部和高级工程师以上的干部会议。在会上我汇报了气象出版社的基本情况和全面工作。秦大河在会上讲话，给气象出版社如何发展讲了三点意见。然后秦大河视察了气象出版社各单位和地下书库等。

2002年5月14日，全国气象部门办公室主任培训班在北京培训中心举行。我应邀在培训班上讲课。主要讲了气象出版与气象现代化的关系，同时介绍了气象出版社的基本情况和重点图书。

2002年7月9日下午，中国气象报举办《气象文化论坛》。论坛会由中国气象报社社长赵同进主持。论坛的题目是关于建设中国气象文化的内涵、特点、主要内容、如何建设及其作用等。在论坛上发言的有：中国气象局副局长刘英金（怎样从贯彻"三个代表"思想认识气象文化建设），湖北省气象局局长刘志澄（关于中国气象文化建设的实践与思考），湖北省气象局办公室副主任刘立成（气象文化的历史内涵及其现实意义），重庆市南川市气象局局长梁正会（营造单位文化，促进事业发展），中国气象局直属机关党委副书记李士斌（建设气象文化，塑造气象灵魂），中国气象报社总编辑林完红（做好新闻工作，促进气象文化建设）。我作为气象出版社社长发言的题目是关于"建设气象文化的几点思考"。

2002年11月8日上午，中国气象局党组中心组开展十六大专题学习。中国气象局党组成员、各单位党委书记、行政主要领导参加学习。集中学习江泽民总书记的十六大报告，随后举行大会发言，交流学习十六大报告的体会。我作为气象出版社社长、党委书记参加这次学习会议，并被安排在第12位大会发言，汇报了气象出版社对贯彻十六大精神的安排与设想。

2002年12月26日，中国气象局安排局机关各职能部门和各直属单位的一把手年度工作述职。这是中国气象局首次开展局机关和直属单位的一把手述职。我作为气象出版社社长被安排在第18位述职。前几年只要求部分省气象局的局长来中国气象局述职。此后，每年各省气象局局长，机关各单位、各直属单位一把手到年底集中述职已经成为常态。

2003年4月7日下午，我应邀到气象培训中心为17省气象局长培训班讲课。我简要介绍了气象出版社的概况和气象专业图书编辑出版的基本知识及基本程序，向省气象部门提出了"五多"的要求，即多著书、多看书、多买书、多出人才、多出成果。

四、大力推进气象出版社的深化改革

1994年，全国各行各业都在贯彻邓小平的南方谈话，深化改革的浪潮席卷神州大地，气象部门更是深化改革的势头方兴未艾。为了顺应改革的大潮，同时根据出版社内在的需要，在深入调研的基础上，我于1994年10月开始着手起草了《气象出版社深化改革方案》，报中国气象局党组批准后大力组织实施，取得了显著效益，使气象出版社跃进了全国气象部门深化改革的先进行列。

（一）气象出版社深化改革方案概要

气象出版社深化改革方案分四部分：

第一部分，气象出版社深化改革的必要性、紧迫性分析。气象出版社是气象部门改革起步比较早的单位之一。从1985年起就实行了岗位目标管理责任制，1986年又实行了差额预算管理，对把出版社推向市场起到了一定的促进作用。但是原有的改革无论从内容上还是力度上，都远不能适应当时形势的发展。随后从五个方面分析了不适应，阐述了改革的必要性、紧迫性。

第二部分，改革的指导思想、基本原则和主要目标。基本原则列了6条：1.必须坚持办社宗旨，把社会效益放在首位，大幅度提高经济效益。2.必须体现按劳分配原则，通过建立一定机制，按照效益高低、贡献大小拉开分配档次。3.必须有利于采用先进的电脑编辑技术，提高劳动生产率和图书的质量与时效。4.必须调整人员结构和建立相应的运行机制，引进竞争机制，实行双向选择和优化组合。5.必须以市场为导向，实现气象出版社资源的优化配置和图书的实用价值。6.必须正确处理好改革与发展、稳定的关系。深化改革的目标主要是建立起以社会效益为前提，以经济效益为中心的适应社会主义市场经济发展和气象现代化建设需求的气象出版工作的新型结构和机制，大幅度提高经济效益。

第三部分，深化改革的主要内容。一是调整人员结构，将出版社人员分成管理、编辑和发行（包括综合经营）三部分。精简管理人员，由原来占全社人员的40%减到20%左右，减少一半；加强编辑人员，从40%增加到60%左右；充实发行人员，从10%增加到20%左右。二是转换运行机制，对三部分人员分别采用不同的运行机制。第一部分人员实行岗位目标责任制，第二部分人员实行以经济指标为中心的综合目标责任制，第三部分人员实行以纯利润指标为中心的综合目标承包制，使第二、三部分人员的收入与他们创造的经济效益挂钩。三是改革机构，化小核算单位，由2个大编辑室调整为5个编辑室，编辑室对气象类图书的出版范围由社里按专业分工，分为气象学术专著与教材、应用气象与气象工具书、气象科普、气象资料与图表、气象期刊5个编辑室，面向大科技的出版选题各编辑室自由竞争。四是实行优化组合，先定机构，再经个人申报、群众提名、民意测验、组织考核、党委审定等程序确定部室负责人，再在全员中实行双向选择。五是配套政策。

第四部分，实施步骤从1995年1月1日开始，为期三年。并附有实施细则，即"气象出版社综合目标承包办法"。

该方案经中国气象局温克刚副局长（主管领导）审定，并经局党组批准后，于1994年12月28日以气出发〔1995〕35号文下发实行。三年后，即1998年再经过总结、改进与完善后进行第二轮深化改革。2000年进行了第三轮改革。这三轮改革一轮比一轮完善、深化，取得的成绩是有目共睹的，在全国气象部门被评为深化改革先进单位，我于1998年被评为全国优秀司局级干部。

（二）深化改革的主要目标

通过深化改革要加速实现两个转变：即由生产型向生产经营型转变，由数量规模型向质量效益型转变，建立起以社会效益为前提、以经济效益为中心的适应社会主义市场经济发展和气象现代化建设需求的气象出版工作的新型结构、机制和流程；要大幅度提高两个效益：坚持社会效益第一，图书质量不断提高，要使优秀图书达20%，形成具有气象出版社特色的名书和拳头产品，气象出版社在部门、行业、社会的地位和作用显著提高；加大出书力度，扩大本版图书的发行量，提高出书码洋，出版发行纯利要达到自负盈亏，并每年以20%左右的速度增加；坚持"一业为主，多种经营"，积极稳妥地开展综合经营，增强气象出版社的经济实力和自我发展、自我改善的能力；提高全社职工的实际收入，奔小康的步伐走在部门前列，生活达到北京同行业中等以上水平；坚持两手抓，两手都要硬，切实加强精神文明建设，坚持理论学习和专业知识学习，提高全社人员的政治业务素质，保证政令畅通；坚持民主集中，坚持四有教育，提倡务实、高效、团结、协作、奋进、奉献精神，增强凝聚力和战斗力。

（三）深化改革的主要内容

气象出版社的改革内容既要与新闻出版署的要求相一致，又要结合自身的特点，与中国气象局关于深化改革的精神相吻合，重点在以下几个方面深化改革。

调整结构 调整人员结构：气象出版社当时在职人员68人，其中编辑占32%，出版占25%，发行占9%，管理占34%，下设四室两部，管理和印制人员偏多，发行人员偏少，结构不尽合理，为适应社会主义市场经济体制的建立，根据中国气象局关于气象事业划分为三部分的调整原则，结合气象出版社的实际，也划分为三部分：

第一部分管理，负责组织制定气象出版社的规划、计划、规章制度和工作流程，并监督实施；负责气象图书的选题、终审、成本核算把关；负责财务管理和会计工作；负责目标责任制、承包责任制和奖惩办法的制定与实施；负责协调、服务和宣传，这一部分要保证精干高效，人员拟由全社的34%调减到20%左右。

第二部分编辑出版，这是气象出版社的基本业务，负责了解图书市场的现状与预测，组织选题；尽量采用现代先进技术进行编辑加工，并负责与工厂联系，保证图书的高质量和及时出版；负责图书成本的具体核算，并协助发行部门开拓发行渠道，创造社会、经济效益。这一部分要充实力量，提高图书质量，划小核算单位，实行以经济指标为中心的综合目标承包责任制，创造经济效益，人员拟由32%调增至45%左右。

第三部分发行和综合经营，负责图书市场预测和发行渠道的开拓与管理，负责本版图书的发行（包括批发与零售），负责图书市场信息反馈，负责其他有关项目的经营。这一部分直接进入市场，以直接创造利润为中心，要大力加强，实行以纯利润指标为中心的综合目标承包责任制，人员拟由9%调增至30%。

优化选题结构。气象出版社的图书结构要按照"立足本专业、面向大科技"的政策来考虑，从大的方面划分为气象专业及其相关学科、交叉学科类和面向社会的其他类。应明确以专业类为主体，其比例不得低于全社出书总数的50%，在专业类中又要合理考虑各分专业，包括天气、气候、资料、通信、探测、海洋、航空气象、管理等的比例，以气象现代化建设中的急需为重点；在层次上要调整好普及、中级和高级专业图书的比例，主要由计划与市场相结合的机制来调节；在其他类中要调整好面向大农业、高科技、智力开发、经济管理、生活等方面图书的结构，主要由市场机制来调节。

大力开拓收入渠道，尽量减少亏损。开拓收入渠道、广开财源是出版社赖以存在和发展的关键。通过图书进入市场获取利润是收入的主渠道，要通过大力开拓，达到出版社总投入的60%以上；综合经营的创收、固定资产的增值等渠道都要积极开拓，占有相当比例并同步增长；同时要积极争取作者单位和个人补贴、出版基金、中国气象局补差等途径弥补亏损。

转换机制　转换机制是深化改革的重点和难点，是衡量改革成败的关键，务必下决心抓好。对人员结构调整的三部分分别建立相应的运行机制。

第一部分管理人员，实行岗位目标责任制，参照机关公务员的要求，其工资（按差额预算单位标准）在完成岗位目标的前提下，由社里发给，其奖金和福利待遇按全社平均数发给，对管理中有突出贡献的，由社评定奖励；对完不成岗位目标者，或在工作中造成损失者，扣发平均数和工资中的津贴部分。

第二部分编辑人员，在保证图书质量、合理结构和社会效益的前提下，实行以编辑室为单位的、以经济指标为中心的综合目标承包责任制。完成目标后工资全额照发；完不成的按缺额的百分比扣发工资的津贴部分；超额完成的按超额部分的一定比例提取奖金，超额越多提取的比例越大。经济指标的确定既要参考类似出版社的指标，又要从气象出版社的实际出发，要考虑到全社的总支出，包括工资、奖金、发展基金、福利基金、行政支出等诸因素，全社以60万元为基数分解到各部室，并每年以20%以上的速度增长。取消编辑字数定额指标、尽量减少指令性任务。个别由社确定的指令性任务，也要进行经济核算。以编辑室为单位在会计科单列科目，除工资、奖金和全社统一的集体福利由社负责统一开支外，其他费用，包括旅差、交通、文具、公关等费用均由编辑部自行负责，建立起相对独立自主（列选权、财务宏观审批权、终审权归社）的自我约束机制。承包基数的增长速度和超额提成的比例一定三年不变。

第三部分发行人员，充分运用市场机制，实行以纯利润指标为中心的综合目标承包责任制，财务单独核算，为出版社的二级财务核算单位。发行人员以批发和零售气象版图书为主（不低于80%以上），在社的宏观调控下与编辑签定折扣合同，由社定出上交利润指标，其行政业务开支、工资、奖金及福利待遇全部自行负责。但完成上交利润指标后，才能按差额预算单位标准发放工资的固定部分和活动部分，超额部分的提成比例比编辑要适当高一些。完不成上交指标的按比例扣发工资的活动部分。综合经营实体的人员按发行人员的机制运行。作为过渡，这一部分人员1995年暂按第二部分人员运行机制实行。

改革机构 改革机构是为了适应结构调整和建立相应的运行机制，以求精简层次、理顺关系、提高效能。在原定编制不增加、处级领导职数不增加的情况下，考虑出版社的工作特点拟设7室2部：

设办公室：负责全社年度工作计划、总结和综合、负责规章制度和目标责任制的制定和监督实施，负责人事文秘和档案工作，负责行政业务后勤工作，负责财务工作。下设人事文秘科1人，行政后勤科2人，会计科3人。配办公室主任1人。

设总编室：负责编辑出版计划、规划的综合，负责出版、发行业务的协调与管理，负责本版图书书号、版权的申报、统计和质量监督，负责样书、资料的保管，负责出版信息的收集和业务宣传。总编室设副总编或总编助理1人（处级），高编1人，编辑1人。

设5个编辑室：负责图书市场调研和预测、负责与作者的联系并组织选题；负责图书的编辑加工（一、二审）；负责落实出版的有关事宜（联系校对、制图、工厂、封面设计等）；协助发行部开拓发行渠道和负责图书成本核算微观管理；在保证图书质量的前提下负责承包上交利润指标；负责全室任务落实、奖惩和双文明建设等。每个编辑室由5~6人组成，设主任1人（处级），高编（编审或副编审）2~3人，编辑2~3人，编务1人。各编辑室的任务既有原则分工，又允许适度互相交叉、互相竞争。气象专业图书分工：一编室主要负责学术专著和气象教科书；二编室主要负责气象应用技术书、工具书、业务手册等；三编室主要负责气象资料、图表、画册、年鉴和气象法规汇编等；四编室主要负责气象科普书和历书等；五编室负责气象学报（英文版）、外文译著和其他期刊。其他类图书可由5个编辑室自行组织选题。

设发行部：负责图书市场信息的调研、预测和反馈，负责本版图书的批发和零售，负责自办发行渠道的开拓和网络的建设，归口全社图书的发行管理，负责利润指标的承包，负责发行部内部双文明建设和其他任务的落实、奖惩的兑现。发行部设10人左右，设主任1人，副主任1人（处级），高级技术职务1人。

设综合经营部：负责气象出版社综合经营项目的开拓与管理，负责承包上交利润和有关任务的落实，充分运用市场机制，自主经营，自负盈亏。设主任兼经理1人（处级），副经理由经理提名，拟兴办京云公司、庆典气球服务等实体，编制5~7人。

设出版服务科（由总编室代管），负责书稿录入、校对、服务制图和公文的打印，在会计科单列财务核算，实行经济指标承包责任制、采用编辑室的运行机制。编制5~8人，设科长1人，副科长1人。

优化组合：根据以上改革机构的设想，引进竞争机制，实行双向选择、优化组合和全员聘任制。

进行任务分解，设定岗位的具体任务、职责、权限和目标及基本要求并张榜公布。

确定部室领导岗位和直属科长人选，领导岗位的确定拟按个人报名、民主推荐、人事部门考核、社党委审议、报局人事司审核、最后由社长聘任的程序进行。

实行双向选择，全员聘任，根据各岗位的设置，由个人报名所应聘岗位、由部室领导选择，并确定聘任，签订聘任合同。

配套政策：各部室选择应聘人员要符合机构设置的人员结构，高、中、低技术职称按（3∶5∶2）考虑，同时要考虑合理的专业结构。

未聘人员不宜超过 10%，如超过这一比例，由社领导与各部室领导协商安排，或实行试用期制度。

未聘上岗人员实行离岗待业，待业期间，本人应积极寻找落实工作单位。在离岗待业期间其待遇按中国气象局统一规定的政策办理。

科、处两级干部实行能上能下政策，未被双向选定的原科、处级干部，不保留原待遇。

对工作年满 30 年的人员，或男满 55 岁、女满 50 岁，且工作年限满 20 年的未聘人员或本人提出经社务会批准，可提前办理退休手续。

凡在岗人员，背着社里从事第二职业并有固定收入，或转移选题、通过体外循环谋取私利者，一经发现，严肃处理，直至除名、开除处理。

全社实行分级管理、加强宏观调控。一方面尽量扩大部室领导的自主权，实现其责、权、利的统一；另一方面选题审批权、财务标准审批权和终审发排审定权仍由社里负责，并加强监督。

社领导和部室领导按完成目标的情况实行同奖同罚。

对已达到退休年龄的老同志，原则上按中国气象局的规定办理退休手续，但要继续发挥他们的作用，各编辑室可请他们帮助完成一定的编辑和审稿任务，并按规定标准付给报酬。

加强思想政治工作，发挥党团员的先锋模范作用，保证深化改革方案的顺利实施。

（四）第一轮深化改革成效显著（1995—1997 年）

气象出版社深化改革方案于 1995 年开始实施。深化改革方案 3 年一调整，连续实施了三轮。改革的重点是调整结构，转换运行机制。将出版社的工作划分为编辑图书的基本业务、开拓市场的发行业务和党政后勤管理任务三部分，分别运行不同的激励机制。激励机制主要是在坚持社会效益第一的前提下以经济效益为中心，按效益优先、兼顾公平的原则，实行经济指标超额提成的奖励办法。即将职工的收入分为三部分：第一部分为国家规定的基本工资；第二部分为岗位津贴，每个岗位按照承担任务、责任的不同确定岗位系数，再把国家规定的津补贴和社公积金中按年度全社总效益抽出一定比例的经费捆绑起来定一单位数的金额，岗位系数乘这个单位金额数即为岗位津贴，或称岗位工资；第三部分为奖金，即完成定额指标后的超额部分按一定比例提取奖金，完不成定额指标的要从岗位工资中按一定比例扣除。社领导和其他管理人员拿全社平均奖金。

第一轮深化改革从 1994 年 12 月开始，将气象出版社原设的 2 个编辑室改为 5 个编辑室，每个编辑室设置 5～6 个岗位，配备处级领导，其他人员双向选择上岗。原设办公室、总编室、发行部不变。双向选择富余人员设三产（公司）吸纳。

我在推进气象出版社深化改革方面花费了很大精力，做了大量工作。特别是第一轮改革做了大量的提高认识、统一思想、化解矛盾等准备工作和方案实施过程中的协调工作。1995 年 1 月 1 日开始，气象出版社按改革后的新机构、新机制运行。全社干部职工工作积极性空前高涨，自动加班加点很普遍，晚上各办公室灯火通明。那时出版社与机关同在一栋办公楼，机关人员看到出版社每晚灯火通明，大惑不解，还以为是忘了关灯。许多编辑白天出去组稿，晚上回到办公室编稿。改革实施的第一年，大部分编辑都超额完成了任务，编书的经济效益增加了一倍多。到1997年底，3年下来，气象出版社出版了650种图书。出书品种略有减少，但单本书的经济效益大幅度提高，发行码洋、出版利润翻了一番多：发行总码洋从439万元增加到950万元，全社固定资产从107.3万元增加到281万元，所有者权宜从194万元增加到617万元，人均年收入从0.937万元增加到2.236万元，均在改革前的基础上翻了一番多，显著增强了气象出版社的经济实力，有效地调动了全社干部职工的积极性。

（五）第二轮深化改革稳中有进（1998—2000年）

第二轮深化改革是1998年初开始实施的，为期3年到2000年为止。第二轮改革是在第一轮深化改革方案基础上进行的。先总结了第一轮改革实践的经验和不足，肯定原方案基本可行，不做大的修改，只对一些不完善之处进行补充，不妥当之处进行修改，对任务指标有所提高。下设业务机构仍为5个编辑室和发行部，管理机构仍为办公室（含财务）和总编室，将完全按市场机制运行的出版服务部注册为"天地生公司"。然后是人员重新组合，部室领导个人报名、全社公开答辩、民意测评、社党委确定。确定部室领导后，各部室人员双向选择，基本人员确定后报社务会审定。

第二轮深化改革的最大特点是提高了定额基数，加大了奖励力度，有人戏称是"鞭打快牛"。超出定额基数的奖金提成比例和岗位工资的单位数均有较大幅度的提高。同时还特设了一项对室主任的奖励，即编辑室的整体经济效益达到一定指标后，超额部分社里奖励一台小轿车的使用权。第二轮深化改革，继承和发展了第一轮的良好势头，巩固和发展了第一轮的改革成果。1998年，被新闻出版署在全国200多家科技出版社中评为良好出版社。2000年全社出书300多种，其中新书270种，重印70种，发行码洋突破2000万元大关，单本图书经济效益从改革前的平均0.2万元超过了1万元，有的编辑室纯利润超100万元。这3年出版社的发行码洋、出版利润、人均收入又都在前一轮改革的基础上翻了一番，使深化改革的成果进一步巩固和扩大。

（六）第三轮深化改革大见成效（2001—2003年）

第三轮深化改革是在进入新世纪之初开始的，到2003年正是我退休、工作画上句号的一年。我在2002年心梗康复后，抓紧这宝贵的一年工作，力争划个圆满的句号。这一轮改革是在前两轮改革基础上进行的。由于有前两轮改革的实践基础，这一轮改革起步较顺利，只是对原有深化改革方案做了进一步完善和微调，主要是加大了力度，提高了经济指标，强调了精品意识，狠抓了市场开拓。这一轮改革取得了比前两轮更大的成效，出现了一批单本利润超10万元的精品、双效图书，5个编辑室中有3个编辑室创利润超过100万元以上，其编辑室主任获得了社专购小汽车使用权的奖励。

1995—2003年气象出版社经过连续三轮（一轮3年）的深化改革后，经济效益成倍增加，发行码洋超过了2000万元；总资产增长了2.5倍；所有者权益达到1300多万元，增加了3.4倍；固定资产增加了3.2倍；人均年收入超过5万元，增加了5.8倍。气象出版社的经济实力显著增强，干部职工的积极性空前提高，各项工作都上了一个大台阶，在中国气象局被评为优秀单位，在新闻出版署被连续评为全国良好出版社，两人被评为全国"百佳工作者"，两人被评为"全国中青年优秀编辑"，多部图书获得不同层次的奖项，使气象出版社在部门内外的知名度不断扩大，在全国出版界的地位显著提高。

（七）我抓改革的部分实录

1994年10月13日，我主持召开气象出版社社务会，讨论气象出版社深化改革的问题。在会上二编室主任邹坚峰、一编室主任陶国庆、二编室副主任王存忠、总编室主任史秀菊、出版部主任苏振生、发行部主任于宪珍、办公室主任段万怀、办公室副主任李太宇发言，支持气象出版社的改革，就改革机构、改革管理方式和运行机制等方面提了许多好的建议，为制定气象出版社深化改革的方案打下了基础。4月25日下午，我主持气象出版社领导酝酿改革方案，社党委书记林培芬、副社长谢炳源、总编辑周诗健参加，讨论由我提出的关于编印一体化（即半条龙的）改革方案。大家原则同意，可以试试。

1994年11月18日，林培芬主持召开党委会，讨论由我提出的气象出版社改革要点和改革方案。党委会讨论一致同意我的改革思路和改革方案，并进一步提交社务会讨论。21日由我主持召开社务会讨论了这个方案，并原则通过。

1994年12月8日上午，我主持召开气象出版社离退休干部座谈会，征求他们对气象出版社改革方案的意见。参加座谈会的有老编审赵开化、原一编室主任杨长新、高级编辑张蔚才、老编审顾均禧、原社副主任沈洪欣、老编辑庞金波等，一直认为改革方案很好，表示支持。

1994年12月8日下午，中国气象局副局长温克刚主持局长碰头会，审议气象出版社的改革方案。参加局长碰头会的有中国气象局副局长李黄、颜宏，局计划财务司司长黄更生，局办公室主任刘英金，局人事司副司长王祖亭，局办公室秘书处处长朱祥瑞。气象出版社参加会议的有我和林培芬、谢炳源、周诗健。会议由温克刚作总结，他说同意李黄、颜宏和各职能司的意见，气象出版社的改革思路不错，改革方案很好，同意这个方案，要做好思想工作，尽快实施，并不断完善，不断向市场开拓，力争取得好的效益。

1994年12月19日下午，我主持召开气象出版社全体大会，动员实施改革方案。我先作动员报告，副社长谢炳源介绍改革方案实施细则，党委书记林培芬讲话。会议明确双向选择年底前完成，改革方案从1995年1月1日起开始实施。

1994年12月23日下午，林培芬主持社党委会，讨论改革后的处级领导班子。经双向选择、群众推荐、人事部门考核等程序，最后党委会审议决定：王存忠任副总编兼总编室主任，于宪珍任办公室主任，陶国庆任一编室主任，黄丽荣任二编室主任，苏振生任三编室主任，陈云峰任四编室主任，李太宇任五编室主任，史秀菊任发行部主任。

1995年12月7日至8日，中国气象局召开事业单位结构调整研讨会。温克刚副局长主持会议，李黄副局长及各单位负责人参加会议，交流各单位深化改革、实行事业结构调整的经验。在会上介绍经验的有：华风总经理秦祥士，国家卫星气象中心主任许健民，国家气候中心副主任王守荣，气象科学研究院副院长徐宝祥，行政管理局局长韩通武，中国气象报社副社长李仁先，局政策法规司司长江彦文。我在这次研讨会上发言，主要介绍了气象出版社的改革方案和实施情况。

1996年2月9日下午，气象出版社召开全体人员大会，由我总结气象出版社1995年的工作，安排1996年的任务。这是气象出版社实施深化改革方案一年后的总结，效益显著。

1996年3月21日上午，温克刚副局长召开局机关有关单位领导参加的会议，听取气象出版社和气象报社1995年工作汇报。会议对气象出版社1995年所进行的改革和取得的成绩给予充分肯定。温克刚副局长说，气象出版社做得不错，改革迈出了一大步，指导思想正确，效益显著，今后还要继续努力。

1997年12月23日，我向新上任的中国气象局副局长刘英金（分管气象出版社）汇报气象出版社第一轮（为期3年）改革的情况和第二轮改革方案，并提出了11个问题希望局领导明确和解决。刘英金副局长听了汇报后充分肯定了气象出版社在第一轮改革中取得的成绩，明确第二轮改革方案很好，就可以按这个思路走下去，并对提出的11个问题分3类作了原则答复。

12月24日上午，我主持召开社务会，部署气象出版社第二轮改革方案的实施，审定第二轮改革编辑出版和发行的经济指标和奖励机制。12月29日，我主持召开气象出版社社务会议，审定第二轮改革的双向选择方案。

1998年11月17日，我主持召开气象出版社党委会，讨论决定成立气象出版社的股份合作制公司，定名为风云科技文化公司，后改名为"天地生文化信息股份有限公司"，又改名为"润笔公司"。每位职工投入5000元入股，出版社投入20万元控股。公司主营计算机开发与推广应用、图形图像创意设计及信息处理、软件开发及人员培训、出版技术咨询与服务等业务。公司由我任董事长。18日下午召开全社大会，动员出版社职工入股参加风云科技文化公司。12月28日召开第一次股东大会，我作为董事长主持会议，推选朱汉玉任公司总经理。公司注册资金50万元，其中职工入股28万元，出版社投入22万元。

1999年9月7日至10日，中国气象局在青岛气象度假村召开全国气象局长研讨会，研讨全国气象部门事业单位改革的问题。我作为气象出版社社长参加了这次会议，并发言介绍了气象出版社深化改革的体会，受到会议的关注。

2000年11月20日，我主持召开气象出版社全体干部职工大会，动员发动群众讨论气象出版社进行第三轮深化改革的方案。我作动员报告，讲了三个方面的问题。11月24日，我主持召开出版社社务会，传达中国气象局新任局长秦大河上任的通知，传达新闻出版署2001年的工作任务安排、传达全国科技出版社社长会议精神等，并结合上级会议精神进一步强调了气象出版社深化改革的重要性。

2000年12月1日下午，我主持召开出版社社务会，审议第三轮改革方案、2000年出版社工作总结、2001年选题计划等。12月7日，气象出版社在气象宾馆召开社务会。各部室汇报2000年的工作情况，汇报对第三轮改革方案的意见，以及2001年的工作任务与计划（详见工作记录本）。

2000年12月25日，气象出版社召开全社大会，动员实施第三轮改革方案，我作了动员报告和说明。12月26日下午，我主持召开气象出版社党委会，审定第三轮改革双向选择中的部室领导名单。会议决定：朱汉玉任办公室主任，戒维伦任主任会计师（正处级），张斌任总编室副主任，陶国庆任第一编辑室主任，黄丽荣任第二编辑室主任，成秀虎任第三编辑室主任，陈云峰任副总编兼第四编辑室主任，郭彩丽任第四编辑室副主任，李太宇任第五编辑室主任，俞卫平任第五编辑室副主任，于宪珍任发行部主任，张润年任发行部副主任，王存忠任副社长兼服务部经理，王昱任服务部副经理（副处级）。这样，进一步健全了实施第三轮改革的中层领导班子。谢炳源、周诗健相继退休后，在局党组的支持下，提拔了王存忠任副社长，陈云峰任副总编，使社级领导班子年轻化得到很大加强。

2001年9月7日，我主持召开气象出版社社务会议，传达中办发〔2001〕17号文中共中央办公厅、国务院办公厅关于转发《中央宣传部、国家广电总局、新闻出版署关于深化新闻、出版、广播、电视改革的若干意见》的通知，该通知要求将出版社由事业单位转为企业。

2002年9月4日下午，中国气象局副局长刘英金到气象出版社调研，主要调研气象出版社如何贯彻中办、国办关于新闻出版单位转制为企业问题。我主持召开气象出版社社务会议，先汇报了气象出版社对转制的意见，提出了离退休老同志从出版社剥离出去转入全额预算的事业单位管理，在职人员实行"一社两制"的方案，即成立中国气象局宣传中心，老人按宣传中心事业单位管理，转制后新参加工作的人员按企业化管理。刘英金副局长表示，气象出版社的想法很好，但如何操作还需要研究。

2003年2月19日至20日，新闻出版署召开在京出版单位工作会。新闻出版署图书司司长阎晓宏主持会议，在京200多家出版社的社长、总编参加了会议。会议传达了全国出版局长会议精神，通报了2003年出版工作任务，传达了中央领导同志到新闻出版署视察工作时的讲话，重点传达了政治局常委李长春和中宣部部长刘云山的讲话精神。会上新闻出版署副署长柳斌杰作了工作报告，他的报告着重强调了新闻出版单位的体制改革问题，要求出版单位尽快实行企业化转制改革。我作为气象出版社社长参加了这次会议，并进一步提出了贯彻会议精神、适应出版单位转制改革的方案建议。

2003年7月31日下午，我召开气象出版社社务会，传达和学习中办、国办〔2003〕21号文转发中宣部、文化部、广电部、新闻出版总署《关于文化体制改革试点的通知》，该通知涉及出版社转制的一系列具体方针政策。为了贯彻这个文件精神，我和中国气象报社社长赵同进分别向政策法规司和刘英金副局长专题汇报了组建局宣教中心的方案。建议组建的局宣教中心为全额预算的司局级事业单位，下设综合办公室，新闻出版办公室，史鉴办公室、展览办公室、期刊管理办公室。气象出版社、气象报社转制为企业后挂靠在宣教中心，作为宣教中心的实体。这样以便实行"老人老办法"，将两社老同志安排在宣传中心，享受事业单位待遇，新同志按企业人员对待。局法规司和刘英金副局长都同意这个方案，但需要人事司审核后报中国气象局党组审定。此事当时因与局一把手沟通不够而没办成，但郑国光任局长后，还是新成立了类似我们方案的局宣传科普中心。对气象出版社离退休干部的管理还是采纳了我的意见，转制前将退休关系转到了全额预算的事业单位。

五、努力推进气象出版社的现代化建设

气象部门从1984年开始实施气象现代化发展纲要，在这个纲要的指导下，气象现代化建设快速发展，无论是气象预报、资料、通信、观测和气象服务等业务，还是气象科研、教育、气象仪器装备、气象管理等，包括气象办公条件都在全面进行现代化建设，取得了显著进展。但气象出版社作为气象事业的一部分，这时还置身于气象现代化建设之外，没有规划，没有项目，没有户头（基本建设财务户头），设备落后，办公条件非常差。那时微机的应用已普及到了气象部门的各个方面，但气象出版社的编辑仍然用手工抄写书

稿，用铅字排版印刷图书；办公用房挤在局机关楼顶轻体加层的西侧，冬冷夏热，七八人甚至十多人一间，拥挤不堪。全社开大会没有场所，只好大家坐在走廊里开会。

（一）制定气象出版社发展规划，建立电子出版业务系统

为了迅速改变这种状况，按当时气象出版社的财力是难以自我解决的。我积极向中国气象局领导和有关职能部门反映，争取将出版社的现代化建设纳入气象现代化建设的规划，列上基本建设户头。经多方宣传，中国气象局同意了气象出版社单列基本建设户头，但首先必须有建设项目。为此我主持制定了气象电子出版业务系统。该系统是以微型电子计算机为基础，建成气象出版社的局域网，实现录入、编辑、审核书稿电脑化，发行、库房、财务、行政管理网络化。该系统列入中国气象局现代化建设项目，于1996年底建成，使气象出版社在全国100多家科技出版社中全部采用电脑排版、全部书稿胶印出版，率先淘汰了铅字印刷，告别了铅与火的时代。

（二）改善业务办公条件，推进建设出版业务楼

第二项是建气象出版业务办公楼。建气象电子出版业务系统比较顺利，但建气象出版业务办公楼却颇费周折。中国气象局领导都认为气象出版社办公用房差，应该解决。但怎么解决，意见不一。开始要出版社到局大院外找地方盖办公楼，但气象出版社职工大多住在大院内，不愿到外面去。后来又说局内要建气象科研大楼，把出版社放进去，我还参加了筹建小组。由于要挤进科研大楼单位多，嫌出版社小，他们找了不少理由不想接纳。在这种情况下，我只好另辟蹊径，想在局大院的边边角角找块地，单独建栋小楼。在时任行政管理局局长韩通武的大力支持下，找到了局大院东北角一个废弃多年的游泳池占地上可以建一栋3000平方米的小楼。为此我在1995—1996年间向中国气象局连续写了三次报告，要求单独建设出版业务楼。前两次迟迟未批，时任主管计财的副局长李黄叫我不要着急，等几个月写报告，可能就批了。等几个月后，我第三次报告，果然很快就批复同意了。后来我才知道是邹竞蒙局长还想恢复游泳池，不批我的报告。他退去局长职务后，温克刚任局长，知道恢复游泳池是不可能的。这个游泳池是"文革"前北京气象专科学校修建的一个简易游泳池，"文革"中放水游过一段时间。20世纪70年代后期想改成正式游泳池，但由于北京市水源紧张，始终未获批准。没有水源，闲置了20多年，原来的水泥已多处裂缝，成了一个大垃圾坑。所以在此地建设出版业务楼是合适的，这一点我在报告前就已经做好了调查和论证。中国气象局于1997年初批准建气象出版业务楼，在李黄、韩通武等领导的大力支持下，于1998年秋出版业务楼建成，在气象出版社庆祝建社20周年前夕搬进了新楼。当时中国气象局大院只有领导同志办公室和特殊业务办公室才配空调，气象出版社的编辑要接触大量书稿，用电扇容易吹散书稿，作为特殊办公室气象出版业务楼各办公室全部配上了空调，这在当时全局是第一家，办公条件大大改善，干部职工的工作热情空前高涨。

1995年3月13日下午，中国气象局办公室主持召开《气象图书电子出版业务系统》可行性论证会。参加论证会的有刘英金、吴贤纬、季本峰、赵同进、韩通武、郑荣然、霍耀先、胡桂琴、李桂英、王立凯，并由这些人组成专家组。我先介绍了《气象图书电子出版业务系统》主要内容和基本功能，以及投资概算。专家组同志发言，原则同意建设《气象图书电子业务出版系统》，同时也提了不少修改意见。会议认为可作进一步修改后上报中国气象局审批。

1996年1月8日下午，中国气象局副局长温克刚主持办公会议，听取我关于贯彻全国出版工作会议的精神和气象出版"九五"计划汇报。马鹤年、李黄、颜宏副局长参加办公会。我提出要建设电子出版系统，出版《中国气象百科全书》和《中国气象灾害大典》，开展全国大气科学知识竞赛，将气象出版社"九五"计划纳入全国气象事业发展"九五"计划。会议研究原则同意我的意见。

　　1996年11月6日下午，我主持召开气象出版社业务办公楼项目立项咨询会。出席会议的有计划财务司司长黄更生，行政管理局局长韩通武、副局长董文凯，中国气象局办公室主任刘英金，基建处处长李茹、工程师王履坦，计划财务司处长霍耀先、副处长郑荣然，气象出版社副社长谢炳源。在咨询会上，我先介绍了气象出版社业务办公用房的现状与困难，提出了在游泳池北面建气象出版业务办公楼的方案。谢炳源副社长介绍了建楼的具体方案。经过会议讨论一致同意为气象出版社在游泳池北面盖一栋3000平方米左右的出版业务办公楼。明确该项目统一由行政管理局负责建设，气象出版社从使用角度提功能设计要求。要尽快将立项报局审批同意后实施。

　　1997年1月27日，我主持召开气象出版社社务会，研究申报1997年气象出版社的基本建设投资项目问题。会议决定向局申报的基本建设投资项目有：①气象出版业务楼的建设670万元；②电子出版业务系统40万元；③更新车辆25万元；④库房搬迁13万元。4项共计748万元。上述项目经费获局同意并安排在年度计划之中。

　　1998年6月18日上午，中国气象局副局长刘英金主持会议，协调气象出版业务办公楼的使用问题。会议协调结果，出版业务办公楼三层的一半划归气象学会秘书处使用，其他全部由气象出版社使用。气象出版社使用的机关办公楼应全部腾出。6月22日上午，我主持召开气象出版社党委会议，研究审定气象出版社搬进新业务办公楼的方案。

　　1998年7月8日下午，行政管理局与气象出版社举行气象业务楼的交接会议。会议由行政管理局局长韩通武主持，副局长董文凯及行管局有关人员参加。气象出版社参加会议的有我、谢炳源及有关同志。韩通武局长先介绍了出版业务楼的建设过程。气象出版业务楼从1996年开始立项调研，1997年9月开工，到1998年6月竣工，现在行管局作为产权管理单位，正式交给气象出版社使用，并提出几条说明意见。我代表气象出版社感谢行管局对气象业务楼的立项、施工建设和分配使用全过程的大力支持，同时提出了在验收中发现的电路开关负荷不够、库房没暖气和水等6个问题，请行管局进一步协助解决。7月20日，我主持召开气象出版社全社大会，总结出版社迁入新业务楼的工作。

六、着力抓好气象图书出版

（一）着力抓图书出版概况

　　图书出版是气象出版社的核心业务，但又是我到出版社时工作的短板。当时的问题主要是出版图书缺乏长远规划，没有重点，没有主动组稿，大部分是与作者协作出书，缺乏精品图书和"双效"图书。编辑缺乏组稿动力，很少走出去，主要是等作者上门，与作者协作出书。每本图书出版的经济效益低下，一般只有2000元左右，全社全年的出版利润只有几十万元。这种状况，是难以维持气象出版社独立生存的，更不要说发展了。为此，我花了很大气力抓图书出版工作。

第一，调整充实编辑力量，把编辑人员由原来占全社人员的30%左右调升到50%以上，通过改革方案建立激励机制，使编辑人员所编图书的经济效益直接与个人收入挂钩，充分调动其主动性与创造性。

第二，制定图书出版规划和年度计划，先抓紧制定了"九五"气象出版规划，并列入了中国气象事业"九五"规划的一部分。同时提出了"立足本专业求生存，面向大科技谋发展"的选题理念，要求每个编辑室在分工范围内气象专业图书的选题要在60%左右，保证为气象现代化服务的方向不出偏差；面向大科技、大市场的选题更要注重社会效益和经济效益，保证为社会主义建设服务、为人民服务不出问题。

第三，亲自组织策划并参与编撰了一批重点图书出版，主要有《中国气象灾害大典》《中国气象百科全书》《中国气象史》《气象减灾防灾指南》《中华五千年长历》《"九八"大洪水（系列书）》《新编气象知识（系列书）》《气象万千（系列书）》《延安时代的气象事业》《全球变化热门话题（系列书）》等。其中《中国气象灾害大典》《中国气象百科全书》被新闻出版署列入了全国"九五"重点图书出版计划；《延安时代的气象事业》有江泽民等6位中央政治局委员题词，这在全国图书出版中是罕见的；《全球变化热门话题（系列书）》被评为全国科技进步二等奖，这是全国科技图书第一次获得的最高奖；《气象万千（系列书）》被评为全国优秀科普图书；《中国气象史》成为新中国第一部行业史。这些重点图书的出版发挥了很好的作用，扩大了气象出版社在气象行业的影响，提高了在全国科技出版社的地位和作用，更重要的是带动了气象出版社的图书编辑出版上了一个大台阶，使气象出版社年出书量稳定在300种左右，每本书的经济效益在3万～5万元，比我到出版社初期增长了10多倍，大大提高了气象出版社的经济实力。

组织编写《延安时代的气象事业》 该书的编撰是1989年延安气象局局长雷增寿发起的，得到了陕西省气象局、中国气象局领导的积极支持。同年4月25日，国家气象局以国气办发〔1989〕21号文下发通知，决定编写《延安气象史》（出版时书名改为《延安时代的气象事业》），并成立编委会，邹竞蒙局长任编委会主任，孙海鹰、曾宪波、毛耀顺任副主任。该书从1989年到1995年出版前后经过了6年。我在局办一开始就负责组织整个编撰工作，1994年调到出版社后仍然负责组织编撰工作。期间我主持过3次审稿会，参加撰稿、编稿和审稿的人员有邹竞蒙、温克刚、曾宪波、傅涌泉、徐曼泽、韩通武、杨武圣、王志学、雷增寿、周鲁女、孔永、康振兰、张安勇、黄增全、李新亚、张来相、杨喜兰、吴建民等。

本书荟萃了大量延安时代的珍贵气象史料，全面系统地展示了1945—1949年中国共产党领导的人民气象事业酝酿、开创、发展的历史进程，多侧面记述了老一辈气象工作者艰苦创业、忘我工作、无私奉献的革命情操，简明扼要地概括了延安时代气象事业成功的经验，是一部优良传统教育的好教材。

邹竞蒙局长请到了多位中央领导同志为该书题词：江泽民的题词是"继承和发扬延安精神，促进气象事业快速发展"，李鹏的题词是"弘扬延安精神，发展气象事业"，邹家华的题词是"艰苦奋斗创基业，延安精神放光芒"，钱其琛的题词是"艰苦创业，无私奉献，人定胜天，风云可测"，宋健的题词是"发扬延安革命精神，加速气象事业现代化"。其中请江泽民总书记题词的信是由我起草、以邹竞蒙的名义发出的（附后），请李鹏总理的题词是我深夜到中南海从总理办公室取回的。

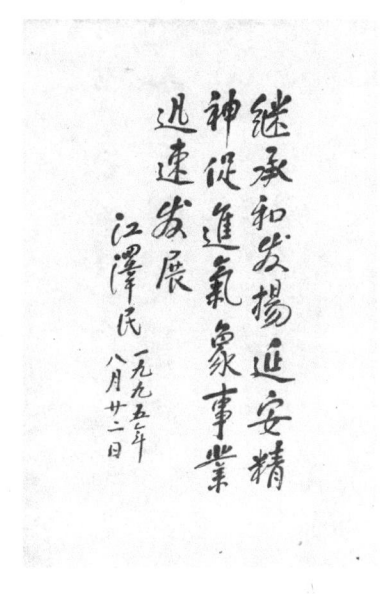
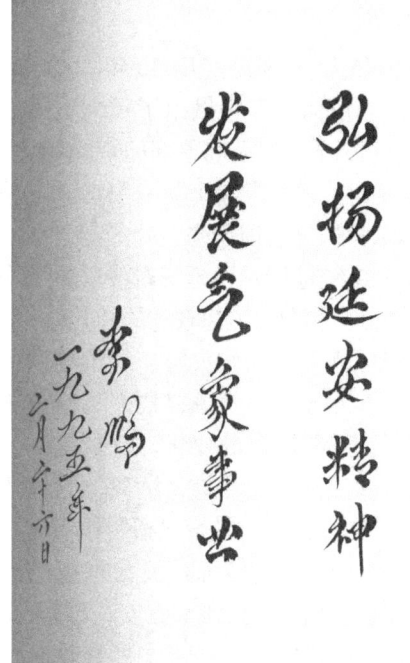
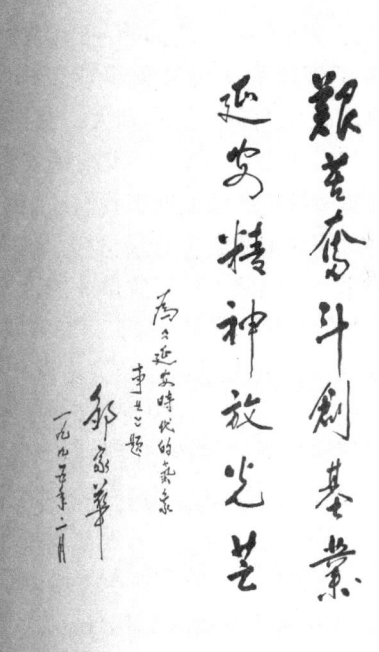

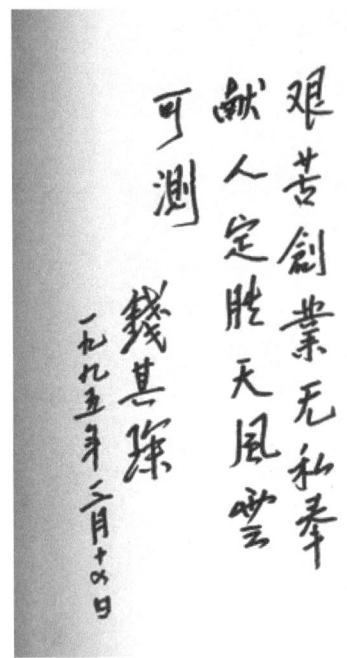
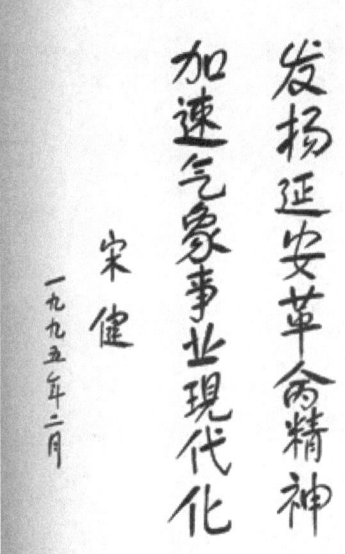

写给请江泽民总书记题词的一封信的大体内容如下：

我党我军创建的人民气象事业发祥于延安，从1945年至今已经历50年。50年来，人民气象事业从无到有，从小到大，获得了很大发展，为革命和建设做出了重大贡献。为了纪念人民气象事业50周年，发扬延安精神，继承优良传统，加强气象部门双文明建设，除拟于5月初举行纪念活动外，我们还组织编著了《延安时代的气象事业》一书。该书荟萃了大量延安时代的革命历史背景材料，真实记载了毛泽东、朱德、周恩来、叶剑英等老一辈无产阶级革命家对创建人民气象事业的重视与支持，全面系统地展示了延安时代气象工作者艰苦创业、无私奉献的革命情操，是对气象部门进行革命传统和职业道德教育的好教材。

我国气象工作者承担着为经济建设和社会发展监测预测天气气候灾害、提供趋利避害服务的艰巨任务。现在，气象部门2600多个气象台站，6万5千多气象科技人员遍布全国各地，不分严寒酷暑，坚持定时测报、昼夜值班，监视着气象风云的变化。特别是一大批（约占台站总数的1/2左右）分布在高山、海岛、荒远、沙漠的气象台站，远离领导，环境艰苦、工作辛苦，生活清苦，开展"发扬延安精神，继承优良传统"教育显得特别重要。

我从总书记的许多讲话中体会到，党中央对延安精神、延安传统是极为重视的，多次强调要大力继承和发扬。您担任总书记后不久第一次出外视察就到了延安，明确指出："自力更生、艰苦奋斗的延安精神没有过时，抗日战争、解放战争的艰苦岁月要发扬延安精神；社会主义初级阶段也离不开延安精神。"你在去年全国宣传思想工作会议上的讲话中，强调了"必须以科学的理论武装人，以正确的舆论引导人，以高尚的精神塑造人，以优秀的作品鼓舞人"。我们编著出版《延安时代的气象事业》，开展传统教育，就是为了贯彻落实党中央的这些精神。

党中央、国务院领导同志对气象工作一直十分关怀和重视。1949年以后，毛泽东、周恩来、邓小平、叶剑英等老一辈无产阶级革命家都亲自过问过气象工作，分别接见过先进气象工作者代表、亲临气象部门视察和为发展气象事业讲话题词。以江总书记为核心的第三代中央领导集体，对气象工作也非常关怀和重视。江总书记曾多次来电话询问天气气候情况，并亲自主持中央政治局会、常委会，直接听取气象工作汇报；李鹏总理等中央领导多次为气象工作讲话、题词，给了广大气象工作者极大的鼓舞。这次我们开展传统教育，李鹏总理已欣然为《延安时代的气象事业》一书题词。我们恳请江总书记百忙中能为该书赐一手书，这将是总书记首次对气象工作的题词，必将对气象部门广大科技工作者和干部职工产生巨大的鼓舞，激励广大气象工作者发扬延安精神，促进气象事业更加快速发展，为伟大的社会主义祖国的现代化建设，保护人民，发挥更大的社会经济效益做出新的贡献。

（注：本文由我起草，以邹竞蒙名义写给请江泽民总书记为《延安时代的气象事业》一书题词的信。江泽民阅读该信后欣然题词："继承和发扬延安精神，促进气象事业快速发展"。）

组织编写《中国气象史》 1991年4月9日，国家气象局办公会议决定编写《中国气象史》，并决定成立编委会及下设编辑部。温克刚任主编，刘英金和我任副主编，由我负责编委会的常务工作。下设编辑部，由陈少峰、王奉安、谢世俊、鲍宝堂组成。

《中国气象史》的编纂从1991年开始酝酿到2004年正式出版经历了三个阶段。第一阶段，从1991—1994年，调研和制定编纂方案，包括框架、体例等；第二阶段，1995—2000年，收集资料，撰写书稿；第三阶段，2001—2004审稿、改稿、定稿、出版。我作为编委会常务副主编负责组织了这三个阶段工作的全过程。

《中国气象史》是一部气象通史。本书广泛收集了自有史以来至2000年，上下3000多年中国气象史的资料，系统地编纂了从古代、近代到当代三个历史时代的气象发展史，是一部跨度时间很长、涉及面极广、长达近140万字的巨著，是气象文化的一项重要基本建设，对知古鉴今、资政育人、有着重要的作用。

本书全面系统地鉴别史料、确定史实、借鉴历史和阐述史论；全面记述了气象对人类的影响，人类与气象的关系，人类认识天气现象、掌握气象规律、战胜气象灾害，以及改造局部气象环境等各方面的工作成果和经验。全书分为古代、近代、当代三大编。

古代编：古代部分是从远古到公元1840年，时间跨度达到1万年以上，对气象知识和人与气象关系的认识，从萌芽到系统化，经历了不同的发展阶段，基本上是按朝代顺序来分章的，只是把周朝分为西周和东周二章，西周和夏商以前为一章，东周的春秋战国为一章，是华夏文明的辉煌时期，对气象的贡献也不小。其他均以朝代来列章。

近代编：为1840年至1949年，时间跨度110年，是中国气象事业远远落后于世界的100年。但经过老一辈气象科学家的努力，奠定了近代气象科学的基础，人民气象事业出现了胜利的曙光。

当代编：为1949年至2000年，时间跨度51年。新中国气象事业以空前的速度发展，迅速走向世界前列，为两个文明建设服务，取得了辉煌成果，对人类气象科学事业做出了重大贡献。其中也经历了不少艰难曲折，为后人留下了许多宝贵的借鉴经验。

本书由于工程浩大，又是全国各部门中包括有古代、近代、当代的第一部行业史书，无先例可循，难度较大，因此编纂时间较长。1991年立项，开始用了4年左右的时间调研和准备编纂方案及框架。真正起步是我调到气象出版社工作之后的1995年。我作为常务副主编和气象出版社的社长,把它纳入气象出版社的一项重点工作来抓。经过各方的努力和支持,该书于2004年正式出版面世。

期间我主持了三次重要审稿,进行了四次大的修改。该书的撰稿人:《古代编》由谢世俊撰写,《近代编》由鲍宝堂和陆亚龙撰写,《当代编》各章由中国气象局各职能司分别撰写,并由陈少峰、王奉安负责统稿。该书的审稿人:初审,王奉安、鲍宝堂、陆亚龙交叉初审各编;复审,张家诚负责《古代编》和《近代编》的复审,江彦文负责《当代编》的复审;我和陈少峰负责全书三审。束家鑫、王鹏飞、陈学溶等专家对本书提出了许多好的修改意见。书稿交气象出版社后,出版社又按规定程序进行了审稿,我负责出版终审。

温克刚作为主编,对该书的编纂给予了重要的指导与协调,在人力和经费上给予了大力支持,保证了该书的顺利出版。中国气象局原局长薛伟民对该书的立项起了重要的推动作用。

组织编写《纪念涂长望》和《涂长望文集》 涂长望是中国气象局第一任局长,"九三学社"秘书长,著名的气象科学家,是新中国气象事业和"九三学社"的创始人之一。为了纪念涂长望诞辰85周年,1991年5月,国家气象局决定由局办公室牵头开始编辑出版《纪念涂长望》文集,成立了由章基嘉、彭光宜、纪乃晋和我组成的编委会,下设编辑部,我任编辑部主任,实际总抓这件事。编辑部成员有顾兴本、王秀芹、钱广春。《纪念涂长望》一书分两部分内容,一部分是回忆纪念涂长望的文章,一部分是涂长望的重要讲话及文章,同时还附有涂长望传略、大事年表和主要科学论著目录。1991年10月28日,是涂长望诞辰85周年日,中国气象学会和"九三学社"联合在全国政协礼堂举行纪念大会,周培元、钱伟长、叶笃正等著名学者、专家300余人与会。《纪念涂长望》一书赶在纪念日前出版,发到每位与会者手中,得到家属和各位专家的赞扬。

《涂长望文集》是在《纪念涂长望》之后,于1996年开始撰写的。中国气象局党组决定成立《涂长望传》编辑组,温克刚任组长,刘英金和我为副组长,他们两位都是无暇顾及,实际工作还是由我来抓了。编辑组成员有王秀芹、张桂森、谢世俊、王鼎新,并特请叶笃正作序、陶诗言主编、洪世年顾问。我主要负责编辑组各成员任务的分配与协调、与家属的沟通、各部分内容的审核及出版安排等。该书于2000年10月在气象出版社出版。全书内容分为三部分:气象科学论文,关于气象工作的讲话和气象科普著作,社会科学及有关著作。

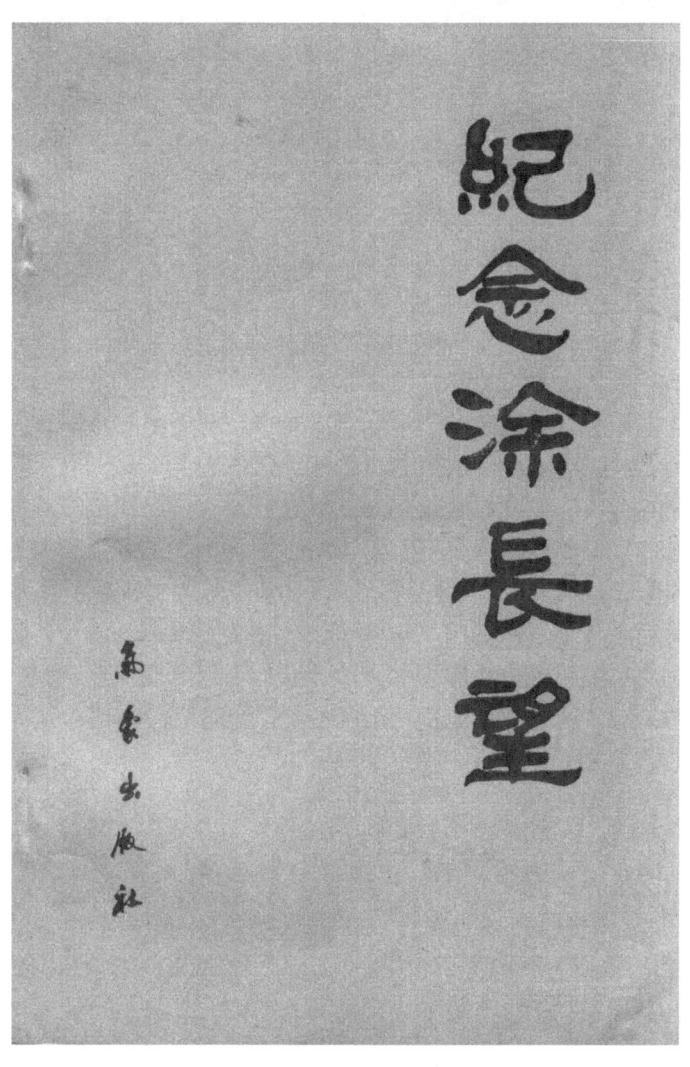

主持编辑《中国改革开放成就十四年·气象卷》 1992年6月1日,温克刚副局长召开局办公会议,部署《中国改革开放成就十四年·气象卷》(以下简称《气象卷》)的编辑工作,明确《气象卷》由邹竞蒙局长任主编,局办公室负责组织编撰。我负责整个编撰工作的组织协调。参加该书的编撰人员有:陈少峰、江彦文、方齐、王鼎新、王奉安、郑明一、王仲方、张桂森、宣兆民、任超。各省(区、市)气象局提供了大量素材。

本书系统全面地总结了气象部门从1978年至1992年改革开放十四年的宝贵经验,如实记载了这一时期气象部门的奋斗历程和在改革开放、气象现代化建设、气象服务、科研教育等方面的辉煌成就。全书80万字,分综述篇和分述篇:综述篇按气象部门机关内设机构主管的业务分类记述全国改革和发展情况,共设16章;分述篇按中国气象局直属事业单位和各省(自治区、直辖市)气象局分章记述本单位和本地区改革开放和发展的情况,共设50章。此外该书还有前言、后记和附录,附录设有大事记、十四年气象技术装备、人员素质等情况统计表。

《气象卷》只是《中国改革开放辉煌十四年》丛书的一个分卷之一,于1992年12月由中国经济出版社出版。全书由顾明任主编,乔石、李瑞环分别为全书题词,同时得到了朱镕基、田纪云、邹家华、李岚清等中央领导同志的大力支持。

发起并主编《中国气象灾害大典》 《中国气象灾害大典》从 1995 年由我发起到 2008 年 12 月全部出版面世经历 14 年。这是一部将我国历史上各种古籍所记载的气象灾害和截至 2000 年底的现代气象灾害资料以时间为经、以灾害种类为纬编纂而成的巨型资料性工具书。该书是中国气象局和气象出版社组织编纂出版的至今花费编纂时间最长、投入人力最多、编纂篇幅最大的国家级重点图书。该书的出版发行无论对普及气象灾害知识、提高全民减灾防灾意识，还是对研究我国气象灾害发生发展规律、制定减灾防灾的有效措施、促进我国经济社会发展都具有重要意义。

《中国气象灾害大典》14 年的编纂历程 酝酿编纂出版《中国气象灾害大典》始于 1995 年，由我首次提出，并以气象出版社的名义于 1995 年 3 月 20 日向中国气象局呈送了关于组织编纂出版《中华天灾大典》的报告（后定名为《中国气象灾害大典》）。该报告在送局会签上报过程中得到了主管部门领导减灾司司长沈国权和气候中心主任丁一汇的大力支持，使报告很快顺利地呈达中国气象局领导审批。时任中国气象局局长的邹竞蒙和副局长温克刚、马鹤年、颜宏、李黄都作了批示，一致同意编纂出版《中华天灾大典》，只是书名按局领导同志的意见改为了《中国气象灾害大典》。随后即以中气办发〔1997〕32 文正式批复，同意编辑出版《中国气象灾害大典》（以下简称《大典》），列入"九五"计划，纳入气候系统建设项目。当时还根据局领导的批示成立了编委会和相应的编辑部，温克刚任编委会主任，颜宏、沈国权、丁一汇和我任副主任，并于 1998 年 7 月 2 日召开了编委会，初步安排了《大典》的编纂工作，明确了由国家气候中心承担《大典》的编写任务，气象出版社负责全书的出版。此后由于机构调整、领导变动、承办单位和项目经费没落实等原因，整个"九五"期间《大典》的编纂处于"停机"状态，没有开展实质性工作。

2000 年 5 月 25 日，我又向中国气象局第二次呈送了关于加快《大典》编纂工作的建议，提出了调整编委会的组成和承办单位，承办单位由国家气候中心调整到气象出版社，切实纳入"十五"计划,落实专项经费。这个报告得到了时任中国气象局局长温克刚的大力支持和其他局领导的一致同意。调整后的编委会仍由温克刚任主任,李黄、丁一汇和我、阮水根、朱祥瑞任副主任。编委会下设编辑部,由我兼编辑部主任,负责《大典》的具体编纂任务,使这项工作开始了重新启动。

为了加强对《大典》编纂工作的指导,调整后的编委会从2000年至2008年一共召开了5次编委会、3次全国性编纂工作研讨交流会,中国气象局下发了4个文件,及时明确了《大典》编纂各阶段的目标任务,有力地推动了《大典》编纂工作的顺利进展。第一次编委会于2000年6月14日召开。这次会议分析了《大典》编纂工作进展缓慢的主要原因,着重强调了开展这项工作的必要性、重要性和艰巨性,要求尽快启动这项工作,并通过了这项工作的实施方案,形成了第一次编委会纪要。中国气象局以气办发〔2000〕29号文下发了这次会议纪要,要求各省(自治区、直辖市)气象局确定1名局领导负责《大典》的编纂工作,组成3~5人的编写小组,尽快开展工作。第2次编委会于2001年3月26日召开。这次会议审定了《大典》编写纲要、编委会及其编辑部的职责任务和各省(自治区、直辖市)分编委的组成,同时明确了《大典》编纂工作的进度安排。这次会议形成的纪要,中国气象局以气办发〔2001〕11号文下发到各省(自治区、直辖市)气象局,要求按照《大典》编写纲要尽快开展工作。第三次编委会于2002年6月13日召开。这次会议听取了编辑部关于《大典》编纂工作情况汇报,研究了存在的主要问题,强调要进一步提高对《大典》重要性的认识,把它作为一项气象业务和服务工作的基本建设抓紧抓好。中国气象局以气办发〔2002〕19号文批发了这次会议纪要,要求各单位要把编纂《大典》作为基本业务建设来抓,做到组织、经费、进度三落实。第四次编委会于2004年8月11日召开。这次编委会是在15个省(自治区、直辖市)气象局完成了《大典》分卷初稿、即将陆续进入出版阶段的基础上召开的,着重研究了编审质量、篇幅控制、出版册数和匹配经费比例等问题。中国气象局公开了这次会议纪要,要求各省(自治区、直辖市)气象局遵照执行。《大典》编纂出版的后续工作是我退休后完成的,请见下章。

发起编辑出版《中国气象百科全书》 1995年初,大百科全书出版社要重新修订《中国大百科全书》,其中有大气海洋卷。该社曾派编辑来我局,提出大气科学已是一个大的学科,可与海洋分开,单独成卷,希望中国气象局支持,并请邹竞蒙任大气科学卷的主编。不久,农业出版社副编审陈月书同志也找邹竞蒙局长,说《农业百科全书》中的气象卷出版于1980年初,已10多年了,再版时需要修订,并建议趁这次修订之机将气象卷从《农业百科全书》中独立出来为《气象百科全书》。他还提出由农业部出资,列入农业出版社的选题,也请中国气象局支持,请邹竞蒙任主编。

对此,邹竞蒙局长和温克刚副局长都找到时任气象出版社社长的我,要我做些调研,并提出处理意见。我向大百科全书出版社和农业出版社调研后,于1995年7月18日向中国气象局领导呈送了"关于出版《中国气象百科全书》的汇报"的书面材料。

这个书面汇报材料有两部分内容。第一部分主要是了解到的情况:《大百科全书》是国家的综合性百科全书,那时正在大规模修订中。大百科全书出版社认为,大气科学可以单独列卷,但不可能从全书中独立出来。无论中国气象局支持与否,他们都会修订后出版;《农业百科全书》是一个专业学科的百科全书,农业科学本身的分支学科很多,且气象并非农业学科的有机分支学科,农业出版社希望气象卷独立成书,而且曾作为大农业的水利、林业均已在单独编纂《中国水利百科全书》《中国林业百科全书》。同时还了解到农业部对出版大型农业工具书很重视，投入了较大的人力和财力。当时农业出版社正在编辑出版三套大型全书：第一套是《农业全书》，主要是资料性的工具书，面向行政领导使用，农业部出资60万元，由刘江部长兼主编；第二套是《农业大百科全书》，农业部也有较大的投入进行修订后再版；第三套是《农业科技全书》，正在筹划中。第二部分内容是我关于编辑出版《中国气象百科全书》的意见。我提出：考虑到气象事业和大气科学的发展需要，应该单出一部兼顾类似《农业全书》《农业百科全书》和《农业科技全书》三者功能的《中国气象百科全书》。该书建议由中国气象局组织编纂，由气象出版社负责出版，无须到大百科或农业出版社出版。并说明了气象出版社完全有能力出版这样大部头的书。因为气象出版社有关气象专业方面的编辑力量比大百科和农业出版社都要强，而且气象出版社已出版的大型工具书《大气科学辞典》已证明了有这个能力。而且中国气象局已明确了气象出版社有归口出版气象专著的职能。气象出版社拟将其列入"九五"出版计划，并专题报请中国气象局审批。温克刚副局长在这个汇报材料上批示：请邹局长阅示，建议将《中国气象百科全书》列入"九五"计划实施，并以气象出版社为主编辑出版。邹竞蒙局长批示：同意克刚同志意见，安排办公会议讨论一下可行性问题。副局长马鹤年、李黄、颜宏均已圈阅。与此同时，我还向新闻出版署报告，将《中国气象百科全书》列入了国家"九五"重点图书出版计划。

根据局领导在我汇报材料上的批示，1997年2月16日，我起草了"关于编辑出版《中国气象百科全书》的方案"，并以气出发〔1997〕13号文报中国气象局审批。中国气象局于1997年5月16日以中气办发〔1997〕32号文批复："同意编撰出版《中国气象百科全书》，由气象出版社组织出书，2000年前完成。按财务管理规定，报送经费核算报告，审定后实施。"按照以上批复，我又起草了"关于组成《中国气象百科全书》编委会的请示。请示的第一部分是组成编委会的原则，列了4条：1. 由于是部委级大部头书，参照其他部委编此类书的一般做法，必须有中国气象局的领导挂帅；2. 由于是气象百科知识方面的重要工具书，为了保证全书的科学性和权威性，必须以气象行业高层次著名专家为主；3. 由于全书不仅要涵盖气象各学科领域的知识，还要涵盖气象工作各方面的新情况，必须适当吸收掌握全面情况的专家型管理干部进编委会；4. 编委会既要充分考虑广泛性和代表性，又要贯彻精简的原则，使之不过于庞大。从这4条原则考虑，并与有关单位和人员协商提出了编委会组成人员名单。同时提出了编委会的6条职责任务。中国气象局领导审阅后同意这个方案，并于1998年2月20日由时任中国气象局名誉局长的邹竞蒙主持召开《中国气象百科全书》第一次编委会，形成会议纪要，标志着《中国气象百科全书》的编撰工作正式开始启动。邹竞蒙名誉局长3月14日在该纪要上批示："耀顺同志：今年安排纪要上还是粗线条的，就是这样也要盯住，力求实现，若不抓紧，我担心进度会拖后，要采取一些措施。"

我按照邹竞蒙在第一次编委会纪要上的批示精神，盯紧此事，采取了包括成立全书协调指导小组，接二连三召开会议，落实编写人员与经费，印发编写进度简报、参考资料、样条等措施来推动这项工作。

根据第一次编委会精神，会后成立了以常务副主编马鹤年为组长，周秀骥、彭光宜、毛耀顺、周诗健5人组成的《中国气象百科全书》编撰协调指导小组。1998年5月19日召开了第一次协调指导小组扩大会,明确了协调指导小组的组成与任务,审议了各分编委的组成,制定了《中国气象百科全书》的编撰进度,确定了全书的框架,提出了编写条目和样条的要求。明确《中国气象百科全书》的条目分长、中、短三类,长条3000字左右,中条1000千字左右,短条300字左右。1998年12月23日召开第二次协调指导小组扩大会议,汇总各分编委提出的条目,并进行初步审议。1999年7月8日召开第三次协调指导小组扩大会议,再次审议协调各分编委提出的条目,全书由第二次协调指导小组会上提出的2900条调整压缩到2500条,并决定将原定的第10部分"气象业务与管理"和第11部分"气象科教与管理"合并为"气象科技管理"。

在这三次协调小组扩大会议的推动下,各分编委从2000年开始都进入了撰稿阶段,着手条目的编写工作。期间,《中国气象百科全书》编辑部还编发了反映各分编委编撰进度的简报,印发了有关编写大百科全书的基本知识材料和有关样条。经过一年多的紧张工作,各编委开始陆续交稿,第一个交稿的是由丑纪范院士负责的"动力气象学"部分。截至我退休的2003年为止,除了孙照渤负责的"天气学"部分和陈新强(已去逝)负责的"气象科技管理"部分未交稿外,其他均已完成了初稿。此次《中国气象百科全书》的编纂工作,由于新老交替没有衔接上,原来支持这项工作的局长温克刚退休了,原主管这项工作的副局长马鹤年也退休了,具体抓这项工作的我和周诗健也退休了,而新上任的局长对此事并不热心,再加上专家们对一些条目存在分歧,所以这项快要办成的大事停摆死机,无果而终,前功尽弃,十分可惜。好在时隔8年之后,在郑国光局长的支持下又重新启动了对《中国气象百科全书》的编纂工作,并取得了满意的成果,在本部分第九章中我作了详细记述。

主编《新编气象知识丛书》 我1996年开始兼任中国气象学会科普委员会副主任,邹竞蒙局长兼主任,后来他不兼了,由我任中国气象学会科普委员会主任。所以我对气象科普工作一直很重视,写了一些文章,也编辑了一些书来宣传气象科普工作,还被评为2002年度全国先进气象科普工作者。我所主编出版的气象科普图书主要有三套,其中第一套就是《新编气象知识》丛书。气象出版社曾在1983年出版过一套《气象知识丛书》,全套共18册,比较系统地介绍了气象科学方方面面的基础知识,在社会上引起了较大反响,成为各行各业了解气象科技和增长气象知识的良好读物。但是,10多年过去了,气象科学本身取得了长足的发展,读者的阅读要求也发生了很大的变化。为此,我于1997年提出要编写出版一套《新编气象知识丛书》。当时向中国气象局报送了编写方案,请求支持并请中国气象局领导出任主编。中国气象局批复同意编写出版《新编气象知识丛书》,但不出任主编,由出版社领导担任主编就行了,于是我就担当了《新编气象知识丛书》的主编。

《新编气象知识丛书》定位于中级气象科普图书,主要面向广大具有中等文化水平的读者。本套丛书不按气象学科的专科分类来写,而是选择与民众生产、生活和经济建设中联系紧密的气象事件与现象,或通过一个故事来阐述其中的气象科学知识,从而增加丛书的可读性、趣味性。我所做的第一件事就是组成以我为主编的编委会,拟定编写提纲。然后通过编委会在全国气象部门遴选作者。经过充分调研和协商终于选定了张家诚、王奉安、谢世俊、金传达等著名气象学家和科普作家充当作者。经过作者的精心撰稿,气象出版社科普编辑室主任陈云峰、副主任郭彩丽等的认真编辑加工,最后由周诗健和我分工终审,丛书于1999年4月全部出版了。

《新编气象知识丛书》共分8册。第1册《撩开地球的神秘面纱》，王奉安编著。该册主要是通过几十个奇特的天气、气候现象来阐述大气中发生这些现象的科学原理，使广大读者更好地了解"看不见、摸不着"的大气的秉性。第2册《祸从天降》，金传达编著。该册搜集了古今中外的暴雨、干旱、大风、雷电、冰雪、高温、寒潮、大雾等灾害性天气对人民生活、生产及军事等方面造成损失的典型事例，阐述了气象科学减灾防灾的重要性。第3册《天地沧桑》，谢世俊编著。该册从开天辟地说起，通过大禹治水、恐龙为什么会灭绝、猿为什么能变成人、人的肤色为什么会不同、河南为什么叫豫州等问题，阐述了全球气候变化的事实及其对人类生产、生活的影响。第4册《我们赖以生存的气候资源》，张家诚编著。该册以茅台酒的奥秘、丝绸路上瓜果香、李冰和都江堰等史实，阐述了气候也是一种资源，唤起人们要认识气候资源，保护气候资源，利用气候资源。第5册《大自然的语言》，刘秀珍、于系民编著。该册主要是通过许多观测、记录动植物变化的事例来预测天气气候变化，并分析其科学原理，使更多的人掌握大自然的语言，指导自己的生产、生活。第6册《保卫蓝色天空》，李光亮编著。该册以"中国几多伦敦雾"，"地球之肺还能呼吸多久"等生动事例，揭示了污染破坏大气环境的危害性，以提高人们对保护环境重要性和紧迫性的认识。第7册《识破天机的现代神探》，汪勤模编著。该册主要介绍利用卫星、雷达、遥感、激光、电脑等先进的科学技术探测大气的知识，使大家了解现代天气预报是怎样制作出来的。第8册《呼风唤雨不是梦》，郭恩铭编著。该册通过人工局部影响天气的一系列成功试验，预测未来随着科学技术的发展，呼风唤雨的神话是有可能变成现实的。

主编《气象万千》丛书 《气象万千》是我主编的第二套气象科普图书，于2002年7月出版。这是一部初级气象科普图书，面向广大农村的农民和中小学生。全套丛书一共18册，分别为《大气》《大气压力》《温度与湿度》《风》《云》《雨》《暴雨》《雪》《雾》《雷电》《冰雹》《台风》《寒潮》《霜和凇》《洪水》《干旱》《厄尔尼诺》《海市蜃楼》。这18册图书的作者大多是编著《新编气象知识丛书》的作者，他们用更通俗浅显易懂的语言述说了各种天气现象形成的原理。每册篇幅不长，8千字左右，可以一气呵成地读完。该书出版后深受广大读者欢迎，被有关部门选定为农家书屋配书的重点图书，多次被评为优秀科普图书。编写这套图书组成了编委会,由我任主编,王奉安任副主编,委员有于系民、朱振全、李光亮、陈云峰、张沅、张家诚、张海峰、汪勤模、金传达、赵同进、胡桂琴、韩世泉、谢世俊、斯迪。

策划并参与主编《全球变化热门话题》丛书 《全球变化热门话题》丛书是继《新编气象知识丛书》《气象万千》丛书之后由我策划并参与主编的第三部气象科普丛书。这是一套高级气象科普图书。2002年在编辑出版《气象万千》丛书时就在考虑:气象出版社初级、中级气象科普图书都有了,作为配套,应该出版一套高级气象科普图书。这套高级气象科普图书要力求做到"三高":第一,选题立意要高;第二,作者水平要高;第三,读者定位要高。这一想法得到了气象出版社副社长王存忠、总编辑陈云峰的积极支持,共同研究了这套高级科普图书的选题、组稿和出版方案,并于2003年初报中国气象局审批。适逢时任中国气象局局长秦大河也要求气象出版社出版气象科普图书。方案上报后,很快得到了他的支持,并欣然答应出任该书主编。工程院院士丁一汇和我任副主编。秦大河身为中国气象局局长、丁一汇是大专家,本职工作繁重,都是"大忙人",该书的组织选题、撰稿、编审、出版等一系实际工作主要由我负责组织了。但丁一汇院士亲自编写了其中的一本，即《气候系统的演变及其预测》。

首先，在选题立意方面，我们是动了一番脑筋的。当时考虑以气象科技为切入题材又能引起社会关注的，或者称能叫得响的，就算"气候变化"了。新世纪之初，气候变化的影响不但引起了国人的广泛关注，在国际上也引起了各国政要的高度重视，成了全球的一个热门话题。其影响不仅仅在气象这一领域，也不仅仅在科技这一领域，而且涉及环境、生态、经济、政治、外交等广泛领域。为此，确定了"气候变化"这一选题，开始起名为《全球气候变化热门话题》丛书。后来有专家建议将"气候"二字去掉，因为国际上通常把"全球气候变化"就称为"全球变化"，最后定名为《全球变化热门话题》。撰写这套科普图书进行了多项创新，其中之一就是转变传统的气候观念，跳出大气圈做文章，把全球变化放在整个气候系统来观察，它包括了太阳对地球的作用和影响，地球"五大圈"之间的相互作用和影响，这不仅涉及大气物理、大气化学、大气动力学、天气学等，同时还涉及太阳的辐射与传递、遥感探测、信息工程、生态环境、水文地理、森林植被、人文经济等多领域多学科的交融。

从这一大的选题出发，遴选出了18个分题，即18个分册，46名作者。这18册可以划分为五部分内容。第一部分为人类活动引起的全球变化，计有4个分册：《温室气体与温室效应》，吴兑编著；《全球碳循环》，周广胜编著；《大气臭氧层和臭氧洞》，王庚辰编著；《气候系统变化与人类活动》，李爱贞、刘厚凤、张桂芹编著。第二部分为自然原因引起的全球变化，计有7个分册：《气候变化与荒漠化》，王澄海编著；《沙尘暴》，杨德保、尚可政、王式功编著；《洪涝》，彭广、刘立成、刘敏、周月华等编著；《干旱》，宋连春、邓振镛、董安祥编著；《厄尔尼诺》，翟盘茂、李晓燕、任福民编著；《太阳风暴》，张元东、王家龙编著；《中国的自然灾害与全球变化》，高庆华、苏桂武、张业成、刘惠敏编著。第三部分为地球气候系统、全球变化及未来趋势预测，计有3个分册：《冰川》，沈永平编著；《全球水循环与水资源》，王守荣、朱川海、程磊、毛留喜编著；《气候系统的演变及其预测》，丁一汇、张锦、徐影、宋亚芳编著。第四部分为全球变化对生态系统与人类社会的影响以及减缓和适应全球变化的对策，计有2个分册：《气候变化对农业生态的影响》，王馥堂、赵宗慈、王石立、刘文泉编著；《减轻气候变化的经济分析》，潘家华、庄贵阳、陈迎编著。第五部分为监测全球变化的工具与方法，计有2个分册：《对地观测卫星在全球变化中的应用》，方宗义、刘玉洁、朱小祥编著；《地理信息系统及其在全球变化研究中的应用》，江东编著。46名作者均为高级技术职称以上专家，大部分是学科带头人，有的院士也参与了丛书的编写。选题的立意，作者的水平不可以不谓"高也"。该套丛书读者对象主要是面向水利、环保、能源、农、林、牧、高等院校、军队、党政机关的科技人员和决策者。

《全球变化热门话题》丛书于2003年3月出版，受到了广泛的好评。2005年被评为国家科技进步二等奖。

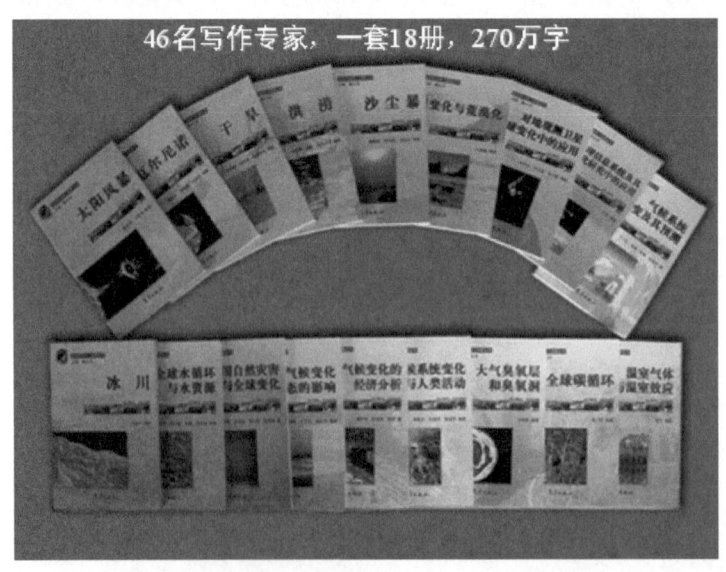

46名写作专家，一套18册，270万字

主编《中华五千年长历》 历书 严格地说历书是属于天文学范畴。但古时候，天文和气象是一家，是不分的。即使现在，也有不少人把天文与气象两个不同的大学科混为一谈。就拿国家的图书分类来说，硬是把气象科技图书归到了天文类，这是一个绝大的错误。在新闻出版署召开的会议上我曾提出意见，要求将气象科技图书从天文类划出来单列类或划归到地学类，但无人理睬，延至今日。不过，历史中的二十四节气及许多物象是属于天气范畴的，正因为如此，气象出版社自成立以来，出版了一系列历书，形成了一批专业作者群和一定的编辑力量。

《中华五千年长历》是气象出版社出版的一部最大、最权威的历书。责任编辑刘美琳在送我审批《中华五千年长历》列为气象出版社2002年重点图书出版计划时提出要我担任该书主编，我是社长兼总编，又是编审，说这样以示气象出版社重视，提高其权威性。我当时是推辞的，因为天文方面我只了解一些课本上学到的常识，对这个专业了解不多，对历法更是接触甚少。后因大家劝说，我勉强答应了，但提出了几个条件：一要遴选国内知名的历算专家撰稿；二要请历法界的学科带头人审稿，进行技术把关；三要聘请一名编写过历书的专家担任执行主编，通审全书。我这些条件都做到了。聘请了中国科学院紫金山天文台历算专家唐汉良、徐振韬任顾问，徐振韬还作了序。请了曾多次编写气象历书的湖南省益阳市气象局曾强吾任执行主编，这样使该书的质量有了保障。我作为主编，也花了一些时间学习历法基础知识，对全书的框架、前言、各表说明及附录进行了认真审稿。该书于2002年10月出版。

《中华五千年长历》是目前我国正式出版的时间跨度最长，历注最全面的一部历书。本书吸纳了国家"九五"重点科技攻关项目"夏商、断代工程"的研究成果，即《夏商周年表》。应用该年表确定的中国历史纪年来编排《中华五千年长历》。

中国的传统农历与当今世界通用的公历相互换算，通常被称为中西历互换问题，许多学者为此花费了大量心血，取得了许多重要成果。本书就是在吸收总结前人成果的基础上完成的。全书正文的内容就是五个表：一，综合查用表；二，28宿、日建、八卦、六十花甲子表；三，年历表（公元前2070年—公元1949年）；四，月历表（公元前1500年—公元前221年）；五，日历表（公元前221年—公元2100年）。此外还附有：分至八节表（公元前221年—公元1900年），二十四节气交节时刻表（1900—2060年），朔望时刻表（1900—2050年），我国可见日食月食时间表（2003—2020年），我国部分城市日出日没时刻表，我国主要城市气候资料表，中国历史朝代简表，中国历法一览表。本书资料丰富，具有时间跨度长、实用价值高的特点，是家庭必备、值得一读，并可长期传承的好书。

参加《中华五千年长历》编审人员：顾问唐汉良（中国科学院紫金山天文台历算专家），徐振韬（中国科学院紫金山天文台研究员）；执行主编曾强吾；编委周诗健、曾庆华、李耀华、常国刚、张家诚、陈云峰、刘美琳、刘德寿、曾强喜；参加编校人员曾娟娟、刘电英、唐少诚、王乐辉、玲芳、夏可为、阳令文、舒芳、陈润华、杨秀文。

(二) 抓图书出版的部分实录

1994年8月30日上午，我主持召开《延安气象史》（后改名为《延安时代的气象事业》）审稿会。参加审稿会的有中国气象局副局长温克刚，曾在延安气象台工作过的曾宪波、苏中、周鲁女、孔永、傅涌泉等老同志。我先汇报了《延安气象史》书稿的编写过程和出版该书的重要意义。9月1日，邹竞蒙局长作为在延安气象台工作的老同志也参加了审稿会，发表了重要的修改意见，并明确出版《延安气象史》要请中央领导同志题词。

1994年11月26日，我再次主持《延安时代的气象事业》审稿会。参加审稿会的有中国气象局局长邹竞蒙，副局长温克刚，陕西省气象局局长程廷江，中国气象局办公室主任刘英金，中国气象局行政管理局局长韩通武，延安时代气象工作的老同志苏中、齐秀芬、曾宪波（原国家卫星气象中心主任）、周鲁女（空军司令部师职退休老干部）、毛雪华（系毛泽东的远房堂侄子）、陈汝珉、孔永（山东空军司令部退休老干部）、冯生臣（河北省气象局原副局长）、傅涌泉（陕西省气象局原总工），陕西省气象局办公室主任杨武圣、副主任王志学，延安市气象局局长雷增寿等。会议先由我介绍了审稿的安排、审稿办法和征求大家对审稿的意见等。邹竞蒙讲话，传达了中国气象局党组决定1995年举行创建人民气象事业50周年纪念活动，并把出版《延安时代的气象事业》作为纪念活动的一项重要内容，要求通过这次审稿，要把全书的稿件定下来，保证在纪念活动之前出版。

1995年3月9日上午，中国气象局办公室主任刘英金向我传达邹竞蒙局长的意见，说《延安时代的气象事业》要在出版前请中央领导同志题词。其中请江泽民总书记题词要先给他写一封能情感动人的信，要我代为起草。该信要说明气象部门任务重大，工作艰苦，需要发挥延安优良传统的重要性;《延安时代的气象事业》一书,体现了总书记多次强调的要发扬党的优良传统的精神;总书记的题词将对气象部门是一个极大的鼓舞,对推动气象行业的双文明建设也意义重大。我遵照邹竞蒙局长的委托起草了给江总书记的信(草稿附后),并于同年8月22日获得了江总书记的题词:"继承和发扬延安精神,促进气象事业迅速发展"。

1996年3月25日,气象出版社召开气象出版"九五"重点选题专家咨询会,我主持会议。参加会议的有中国气象局副局长李黄,科学院院士、北大教授赵柏林,科学院院士周秀骥、丑纪范,工程院院士李泽椿、丁一汇,中国气象局办公室主任刘英金,中国气象学会秘书长彭光宜,业务发展与天气司副司长许小峰,计划财务司司长黄更生,行政管理局局长韩通武,中国气象报社社长赵同进,气象科学院研究员徐祥德,科技教育司的巡视员王远忠,业务发展司司长阮水根,北京市气象局研究员吴正华,局机关党委副书记李士斌,中科院大气所研究员王明星,气候司处长王树庭,北京气象学院教授王强等。咨询会上,我先介绍了气象出版社对"九五"出版计划和重点选题的初步设想。各位领导和专家踊跃发言,基本肯定气象出版社的设想,同时对出版规划和重点选题提出了许多很好的修改、补充意见。通过这样一个咨询会,加强了气象出版工作与专家学者的联系沟通,提高了气象出版工作在气象学术界的地位与影响,有利于建立高水平的作者队伍,更好地发挥气象出版工作的作用。

1997年2月28日上午,我主持召开关于修改气象科普系列图书的研讨会,参加会议的有气象学会副秘书长庄肃明、学会秘书处科普处副处长王琼仍、局办公室宣传处处长胡桂琴等,研究决定投资30万元(局办支持10万元)对原有气象科普系列图书18本一套进行修改,并明确了修改执笔人。

1997年3月13日下午,我作为气象学会科普委员会副主任主持召开中国气象学会23届科普工作委员会的第二次会议。参加这次会议的有中国气象学会秘书长彭光宜,副秘书长庄肃明,学会秘书处科普处副处长王琼仍和阮忠家、林之光、胡桂琴、王远忠、朱振全等科普委员会各位常委。会议传达了全国科普工作会议和科协五次大会精神,审议了气象科普"九五"计划。

1997年4月4日上午,中国气象局副局长马鹤年主持召开建立气象局出版基金协调会议。会议研究决定由中国气象局拨款100万元建立气象出版基金,用基金的利息支持气象科技图书出版。成立基金管理委员会,由马鹤年任主任,我和科教司长萧永生、周秀骥院士任副主任,气象出版社、科教司、局办公室、计划财务司指定一名处级干部为成员,负责管理和审查气象出版基金支持出版项目。基金委员会的办公室设在气象出版社。该方案报温克刚局长批准后实施。

1997年8月5日上午,平安保险公司在国家卫星气象中心学术厅召开《人寿保险系列丛书》编委会。出席会议的有中国保险协会常务副理事长潘履复,我作为该丛书的编委会委员和出版方社长出席会议并讲话。

1997年8月14日下午,马鹤年副局长主持召开气象出版基金委员会第一次会议。出席会议的有周秀骥、顾兴本、李泽椿、丁一汇、丑纪范、郭裕福、许健民、刘式达、倪允琪、黄更生、章国材、沈国权、周诗健。马鹤年宣布经中国气象局批准成立气象出版基金委员会(由上列到会同志组成)。我作为该基金委员会的副主任参加会议,并首先汇报了气象出版基金筹集情况和管理章程、办法。会议讨论并通过了该管理章程和办法。筹集到气象出版基金100万元，会议决定用这100万元购买5年期国库券，用所获利息支持高水平气象学术专著的出版。

1998年2月18日下午，中国气象局名誉局长邹竞蒙主持《中国气象百科全书》第一次编委会，审议《中国气象百科全书》编写方案。我作为《中国气象百科全书》编委会副主任和编纂出版该书的发起人汇报了前阶段编纂该书的酝酿和准备情况。出席第一次编委会的委员有：马鹤年副局长，周秀骥院士，彭光宜秘书长，中科院大气所王明星研究员，中科院院士丑纪范，气象科学研究院院长倪允琪，天气司司长章国材，科教司司长萧永生，气候司司长沈国权，国家气象中心高级工程师姚奇文、蔡道发，气象科学研究院研究员陈德辉等。

1998年7月2日，中国气象局局长温克刚主持《中国气象灾害大典》第一次编委会。审议了由我代表气象出版社提出的编写《中国气象灾害大典》实施方案。会议决定编写《中国气象灾害大典》作为国家短期气候预测业务系统重点项目的子项目列项，投资300万元，办事机构设在国家气候中心，由国家气候中心组织有关人员编写，气象出版社负责编辑出版。我作为编委会副主任，除了负责该书的出版外，还要参与组织书稿的编写工作。

1998年8月31日，我作为中国气象学会科普委员会主任主持召开第五届气象科普评奖会。出席会议的有科普委员顾兴本、王远忠、胡桂琴、王永中、阮忠家、明方元、范晓茅、王琼仍等。科普作品按照科普图书、科普文章和科普影视三类，分别评出了一、二、三等奖。

1998年12月23日，中国气象局马鹤年副局长主持召开《中国气象百科全书》编委会协调指导小组会议。出席会议的有周秀骥院士、彭光宜，我和周诗健、陶国庆等也参加了会议。研究各分编委条目的编写数量和质量等问题，并明确"管理"也作为一个分科编写条目。

1999年3月31日下午，我主持召开《涂长望文集》编写组会。参加会议的有谢世俊、王秀芹、张桂森、洪世年、陶国庆等。明确编写组由温克刚局长任组长，刘英金副局长和我任副组长，组员为谢世俊、王鼎新、王秀芹、洪世年、徐家奇、张桂森、陈少峰。其中主要执笔人是王秀芹和张桂森。要求当年10月底前出书。

1999年12月2日，我主持召开全社编辑会议，为提高气象出版社的编辑水平，请人民教育出版社原副社长安明勋来社讲课，讲课的题目是"关于编辑的选题策划"，内容全面、实用，反映良好。

2000年3月24日，我主持召开《气象赤子——深切怀念邹竞蒙同志》一书的首发式。在中国气象局办公室的组织下编写了《气象赤子——深刻怀念邹竞蒙同志》一书。气象出版社赶在邹竞蒙去世一周年前出版，并召开首发式表示纪念。参加首发式的有中国气象局局长温克刚，副局长颜宏、郑国光、马鹤年；邹竞蒙的夫人朱中英，邹竞蒙的妹妹邹家骊；中国气象局机关各职能司、直属单位、家属及其他生前好友共63人。在会上讲话和发言怀念邹竞蒙同志的有：中国气象局局长温克刚，副局长马鹤年，空司气象局原局长王锡友，工程院院士李泽椿，中科院大气所院士王明星，中国工程院院士丁一汇，北京大学地球物理系教授黄嘉佑，国家卫星中心主任纽寅生，气象科学研究院院长倪允琪，中国气象局外事司司长王才芳，邹竞蒙夫人朱中英。

2000年4月6日上午，中国气象局副局长马鹤年主持召开《中国气象百科全书》指导小组会，审议《中国气象百科全书》编写指南和有关条目。参加会议的有彭光宜、毛耀顺、周诗健、陶国庆、林雨晨。

2000年6月15日上午，我主持召集有关同志参加研究出版新气象科普系列图书的会议。参加会议的有胡桂琴、王奉安、陈云峰、于宪珍等。会议研究在原气象科普图书的基础上再出版一套新的气象科普图书。原8本一套的气象科普图书定位为中级气象科普图书，再出版18本一套的初级气象科普图书，定名为《气象万千》，面向气象业余爱好者和广大农村农民。并决定成立该书编委会，我任主编，由科普编辑室尽快物色作者，请中国气象局办公室给予经费支持，争取年内出版。

2000年6月15日下午，温克刚局长主持《中国气象灾害大典》编委会，进一步审议该书编写出版的实施方案。先由我汇报了该书编写的进展情况，总的是不够理想。此次会议决定了4件事：一是书名将《中华天气气候灾害大典》改为《中国气象灾害大典》；二是《中国气象灾害大典》收录的资料截至2000年底为止，由近及远，厚今略古；三是《中国气象灾害大典》编辑部由国家气候中心转到气象出版社，由我任编辑部主任；四是编辑出版该书的经费暂定300万元，从短期气候预测业务系统中列子项目。

2000年10月8日下午，我主持召开《中国气象灾害大典》框架咨询会。参加会议并发言的有陈少峰、陆广延、纪乃晋、王存忠、丁一汇、方宗义、朱祥瑞、周诗健、张家诚、姚瑞新等领导和专家。会议讨论了入典标准，按灾种分类、按地区分卷、按时间排序等问题。

2001年2月25日下午，中国气象局办公室举行《中国气象年鉴》编辑部交接会。根据中国气象局领导的批示：《中国气象年鉴》编辑部由中国气象局办公室成建制地转交到气象出版社。参加交接仪式的中国气象局办公室有：嵇启武、朱祥瑞、宋善允、庞亮、李桂英、胡桂琴、赵秋霞、张桂森、黄晓燕、缪旭明、顾兴本、陈少峰；气象出版社有：我和王存忠、戒维伦、李义玲、白凌燕。会议形成了交接纪要。

2001年3月21日，温克刚主持召开《中国气象灾害大典》第二次编委会。参加这次编委会的有：李黄、阮水根、周曙光、宗曼晔、倪允琪、裘国庆、董超华、沈国权、朱祥瑞、韩通武、王存忠、黄丽荣、李维京。我参加会议先在会上汇报了《中国气象灾害大典》撰稿的进展情况。温克刚说，"我已经从局长岗位上退下来了，其他的事情我都推掉了，就《中国气象灾害大典》编委会主任这个头衔还保留着，秦大河局长要我还继续抓下去，要尽快把资料收起来，保质保量地出版。"

2001年6月26日上午，我主持召开《中国气象史》编写组会议。出席会议的有：陈少峰、王奉安、鲍宝堂、谢世俊、张桂森。会议交流各部分的编写情况。《中国气象史》分三部分编辑：谢世俊负责古代部分的编辑，鲍宝堂和陆亚龙负责近代部分的编辑，王奉安负责现代部分的编辑，我和陈少峰负责全书的统稿，张桂森负责编务。

2001年10月29日，第四次《中国气象年鉴》联络员会议在湖南省气象局华云宾馆召开。我主持这次会议，这是时隔8年之后我又来主管气象年鉴工作。出席会议的有各省（自治区、直辖市）气象局的年鉴联络员。湖南省气象局副局长曾庆华、中国气象局办公室主任朱祥瑞出席开幕式。这是《中国气象年鉴》转制到气象出版社之后的第一次联络员会。在会上朱祥瑞对在办公室期间的年鉴工作作了总结，对今后年鉴工作如何开展提出了建议，并就年鉴稿件如何撰写提出了进一步的要求，同时各联络员交流了撰写年鉴稿的经验。吉林省气象局办公室副主任宣兆民、青海市气象局办公室助理调研员袁兆森、湖南省气象局办公室副主任向德龙在大会上介绍了撰写年鉴稿的经验。实际上这是气象年鉴工作转制到出版社后在全国气象部门的一次交接会议。

2002年1月21日下午，中国气象局局长秦大河给我来电话，电话内容记录如下："你约我谈出版选题的条子收到了，现在比较忙，抽不出空来，以后再说。现在我主要想给你讲点关于气候系统要出点中级科普书的问题。现在基层台站的业务人员很多不知道气候系统是什么。环境科学出版社出了一套环保科普丛书，把我们应该出的内容都被他们抢去了。你们也要有竞争抢地盘的意识。气象出版社这半年改进很大，你们过去做得不错，但不能小富即安。气象培训中心关于气候系统热点问题讲习班的题目有七八个，每个题目都可以出一本书，还有碳循环、水循环、干旱、沙尘暴等都可以出书，每种书出那么两三万册，每个省气象局购几百册。今年要开全国气候大会，明年世界上还要开气候大会，希望你们积极配合把书出版出来。"1月22日，我主持召开气象出版社社务会，贯彻秦大河局长的电话指示，安排落实编写《全球变化热门话题》丛书。考虑到气象出版社前面已出版了中级气象科普系列图书《气象》（8本套）和初级气象科普图书《气象万千》（18本套）。拟出版的《全球变化热门话题》（18本套）面向广大气象台站、农林水等相关部门的科技人员和各级党政领导等，定位于高级科普性质。根据秦大河局长的这一电话精神，气象出版社组织编写并出版了《全球变化热门话题》18本一套系列丛书（高级科普），获得了2005年国家科技进步二等奖。

2002年6月13日上午，温克刚主持召开《中国气象灾害大典》第三次编委会。中国气象局主管财务的副局长李黄参加会议。会议议题是汇报《中国气象灾害大典》的编写进度、2002年的工作安排和研究几个需要解决的问题。由我先汇报各卷编写进度。会议研究决定台湾要单列卷（后因不可行未办成），港澳放在广东省，综合卷要浓缩各分卷（省）的气象灾害。项目经费要保证到位，仍下达到国家气候中心，从气候中心列支。

2002年7月16日，在山西省气象局召开《中国气象灾害大典》编撰研讨会。《中国气象灾害大典》主编温克刚主持会议。出席会议的有各省（自治区、直辖市）气象局《中国气象灾害大典》分卷编委会主任或指定的代表，气象出版社领导及有关同志共40余人。我作为《中国气象灾害大典》编委会常务副主任作工作报告。在大会上交流发言的有山西省气象局办公室主任刘庆桐，辽宁省气象局副局长李波，海南省气象局办公室副主任符之趁，江西省气象局办公室主任吴涛。7月17日上午会议闭幕。我主持闭幕式，温克刚作会议总结。

2002年8月8日上午，《中国气象史》审稿会议在辽宁省葫芦岛市气象局召开。会议由《中国气象史》主编温克刚主持，该书的副主编我和陈少峰负责全书的统稿。参加审稿的有辽宁省气象局副局长李波，《辽宁气象》主编王奉安，上海市气象局办公室主任陆亚龙，上海气象学会秘书长鲍宝堂，中国气象局原法规司司长江彦文，中国气象局办公室主任朱祥瑞。辽宁省气象局局长宋达仁和葫芦岛市气象局局长赵书生看望了审稿的同志。温克刚主编说:《中国气象史》经历了中国气象局三届党组，都很重视，从1995年开始，已经七八年了，这是史无前例的，出版这样一部书意义重大，有历史作用，有收藏价值，要以科学严肃的态度把这部书审好、编好、出好，要对后人负责。全国气象部门，包括收集资料的、参与编写的有200多人。编写这部《中国气象史》是非常艰巨、艰苦细致的工作，寻找资料，鉴别分析资料花费了很多精力，在座的同志付出的最多。我作为这本书的主编向大家表示感谢。《中国气象史》到了出版的最后阶段了，这是最后一道把关，就有劳各位了。

2002年8月18日下午，召开第六届全国气象科普作品评奖会。我作为气象科普委员会主任主持这次会议。参加会议的有中国气象局办公室主任朱祥瑞，局办宣传处处长胡桂琴，总参气象局刘俊，以及万振权、张文达、贾朋群、刘墨坤、许协江、郑新江、王琼仞、吴建忠、林芳曜、陈烨、王金英等气象科普委员会委员。会议按气象科普图书、气象科普文章、气象影视作品三类分别评出一、二、三等奖。对气象科普先进单位和个人分配了名额，由各省（自治区、直辖市）气象学会组织自评。

2003年7月30日上午，气象出版社召开《全球变化热门话题》丛书首发式。秦大河局长、刘英金副局长以及各单位主要负责人参加了首发式。秦大河局长在首发式上讲话。他说感谢气象出版社做了件大好事，这套书的出版提高了气象部门在社会上的影响，有着重要的作用，意义深远，非常重要，表示祝贺，感谢该书的作者和丁一汇、毛耀顺主编。他希望气象出版社要坚持改革发展，多出书，出好书，坚持面向市场，坚持出有特色的图书，每年都有精品。这套书对内也有很大的教育意义，机关要带头学习这套书，业务单位要组织学习，行政后勤也要组织学习，要列入培训教材。要在社会上宣传，做好发行工作。

七、千方百计扩大气象图书的发行

图书发行是实现出版社会效益和经济效益的关键。图书出得再多，质量再好，发行不出去，不与读者见面，放在仓库里，等于废纸一堆，既浪费了国家的印刷、纸张等资源，又使策划选题、作者的撰稿和编辑的审稿等这一流水线上的一系列辛勤劳动付之东流。我初到气象出版社时，发行是一个薄弱环节，投入人力少，主要靠临时工搞发行，年发行量只有一二百万元码洋，全年实现发行图书利润只有20万～30万元，根本维持不了出版社的生存和发展，只能靠中国气象局补贴过日子。为了改变这种状况，我在出版社第一轮改革中重点向发行倾斜，采取了一系列措施加强发行工作。

（一）充实发行力量，转换运行机制

1994年气象出版社图书发行人员只有3人，其中工人是临时工只能应付上门购书的事务，难以承担开拓图书市场的重任。我到出版社后，经过调研认为发行必须大力加强。加强发行，首先调整编制，充实力量，把发行部的人员编制增加到10人左右，力争达到全社人员的1/5；其次是加强领导，把出版社具有开拓性和领导能力强的中层干部调到发行部任主任；再就是转换发行部的运行机制，这是最关键的一步。明确发行图书的年度总体目标，将任务分解到每位发行人员。发行人员都给予发行业务经理称号，对全国新华书店按区域分片，每位业务经理分片负责对省级、地级新华书店的联系。使发行人员的个人收入与发行码洋、发行折扣、发行成本、发行利润和回款率几个经济指标综合挂钩，激励多发书、多创收、多回款。这样大大调动了发行人员的积极性，在短短几年，使发行码洋由200万元左右提高到二三千万元，增加了10多倍。

（二）狠抓发行主渠道

我在抓发行工作中采取了"两手抓"，一手抓对气象部门专业图书的发行，一手抓对全国新华书店的气象版图书的发行。新华书店在省、地、县三级都设有众多门店，面向全国，网络健全，接触的读者面广，发行量大，是出版社的发行主渠道。原来气象出版社有种论调，认为气象图书专业性强，在新华书店难以上架，与他们拉关系得不偿失。其实这是一种偏见。应该看到，在广大人民群众中有许多关心气象的业余爱好者需要气象科普书，还有许多与气象科学有关的科技人员也需要气象专业书，何况气象出版社不断拓展出版领域，还出版了一批面向社会的科技实用图书。所以我认为气象出版社必须狠抓对新华书店的发行。认真抓好参加一年一度的全国图书订货会，展示气象出版社的新书和精品畅销书，制作好书目单，配好摊位讲解员；积极参加各种全国性图书展销会，提高气象版图书的知名度；定期做好气象版图书上《全国图书征订书目》；登门上新华书店调研和宣传。我曾多次带领发行部和编辑室的有关同志，并带着样书到山东、江苏、上海、浙江、福建、湖南、辽宁、吉林、黑龙江、河南、湖北等省（自治区、直辖市）的新华书店调研宣传，取得了良好效果。

（三）大力组建气象专业图书发行网络

气象出版社的发行除了依靠新华书店主渠道外，还抓了开拓直销渠道。气象专业图书终究有专业性强、读者面窄的特点，其发行大部分还得靠气象行业自己购买，而气象部门又有以部门为主的领导管理体制优势，建立直销渠道比较容易，比较有效。1996年初，我就提出了在气象部门建立气象专业图书发行网的设想，并得到了当时中国气象局副局长温克刚的支持，很快组建了全国气象专业图书网，召开了会议，温克刚出席会议讲话。全国气象专业图书发行网挂靠在各省（自治区、直辖市）气象局办公室，办公室副主任或记者站站长或秘书被气象出版社聘为发行业务经理。明确业务经理的任务有三条：一是负责气象专业图书在本地区省、地、县三级气象台站的宣传与征订；二是负责购买图书的回款；三是负责反馈对气象专业图书的意见。该发行网络建立后，气象专业图书的发行量大幅度增加。

（四）推进省、地、县三级气象部门图书阅览室建设

为了促进全国气象部门的文化建设，同时增加气象专业图书的发行量，1997年我提出了在全国省（自治区、直辖市）、地（市）、县（市）三级气象部门建立图书馆、阅览室、柜的建议，即在省（市、区）气象局建图书馆，地（市）气象局建图书阅览室，县（市）气象局建图书阅览室或柜。这一建议得到了中国气象局领导温克刚等和有关部门的支持，并以中国气象局办公室和中国气象局精神文明办联合发出通知，要求各级气象部门建立图书阅览室（柜），既作为气象现代化建设的重要内容，又作为精神文明建设的重要项目，列入计划，尽快实施。通知还明确图书阅览室（柜）要配备不少于60%的气象专业图书。这一通知在全国气象部门贯彻实行，为气象专业图书的发行拓展了有效的发行空间。

这个文件以中国气象局办公室和中国气象局精神文明办公室联合发出后，各省（自治区、直辖市）气象局认真贯彻，气象出版社积极配合，开展了为基层气象台站送书、配书的一系列活动，促进省（自治区、直辖市）、地（市）、县（市）三级气象部门图书阅览室

（柜）的建设，使气象出版社获得了社会效益与经济效益的双丰收。

与此同时，扩展出版社的直销书店，在中关村书城设立气象出版社书店，在中国气象局大院建立读者服务部，并把读者服务部由局机关南楼迁至局大院入门口醒目之处，以方便全国气象部门来京出差人员阅读、购买气象专业图书。为了解决读者服务部的场地与用房，我专题向中国气象局领导写信，要求将局没收的华云公司在局大门口建筑的准备做汽车维修车间的80多平方米的房子（因违章建筑和违反局大院规划被没收）划给气象出版社做读者服务部。得到了局领导同意，但也费了很大周折才把读者服务部建起来。

（五）开展大气科学知识竞赛

为了激发气象部门广大科技工作者学习和更新气象知识、应用气象最新成果的积极性，同时激发气象专业图书的需求量，我于1996年联合中国气象报社和中国气象学会秘书处提出了在全国气象部门开展大气科学竞赛的建议。该建议得到了中国气象局领导和有关单位的支持，并提供了评选活动的奖金等经费。这次活动组织很成功，收到参赛试卷1555份，最高分数为97分，有3人，即江苏连云港市气象局南树春、湖南回隆县气象局彭春、河北承德市气象局张建军，获一等奖，其他分别评出了二、三等奖和慰问奖，有效地提高了气象部门学习、钻研气象科学知识的积极性。

（六）抓图书发行的部分实录

1995年3月29日，气象出版社在北京主持召开组建全国气象图书发行网络会议。气象出版社副社长谢炳源主持开幕式，参加会议的除气象出版社领导和各部室领导之外，还有各省（自治区、直辖市）气象局办公室的主任、副主任或秘书等32人。我在开幕式上先就建立气象图书发行网络的目的意义及任务、要求等作主题讲话。接着气象出版社各部室领导介绍本单位的出版业务情况。然后大会发言，在大会上发言的有：江西省气象局办公室副主任洪积良，青海省气象局办公室主任王存录，山东省气象局科教处副处长孙仁邦，黑龙江省气象局办公室副主任李荣芳，广西壮族自治区气象局办公室秘书李耀先，天津市气象局办公室秘书王子安，内蒙古自治区气象局办公室副主任温宝元，江西省气象局办公室秘书冯超，贵州省气象局办公室编辑罗光荣，四川省气象局办公室秘书张万英，河南省气象局办公室秘书吴大成，辽宁省气象局办公室秘书侯乃学，吉林省气象局办公室秘书刘祥玉，湖南省气象局办公室秘书陈江民，湖北省气象局办公室秘书刘立成。

3月31日下午，发行网络组建会闭幕。中国气象局副局长温克刚出席闭幕式并讲话。他说组建气象图书发行网络很重要，各省局出席会议的代表都是气象出版社聘请的业务经理了，要起到搭桥和牵线的作用，共同努力，把气象专业图书及时宣传、发行到广大气象科技人员中去。接着他向发行业务经理提了三点要求：一，气象出版事业是整个气象事业非常重要的一个组成部分，是不可缺少的，起着很重要的作用，即推进科技进步的作用、转化科技成果的作用、培育人才的作用、繁荣文化市场的作用。各省（自治区、直辖市）气象局一定要重视气象出版工作，更要重视气象图书的发行工作。二，要加强学习，鼓励读书，特别是要鼓励读气象专业类的图书。要采取措施，改变现在读书空气不浓的现象。中国气象局办公室和政工办联合发了通知，要求省、地、县三级气象部门建立图书阅览室，这是精神文明建设的需要，是提高全员素质的需要。希望引起各级领导的重视，花点钱，买点书，把图书阅览室建立起来。三，各位参加会议的代表回去后要向省局领导汇报，请他们支持气象图书发行网络的建设，尽快把本地区省、地、县三级气象图书网络建立起来，发挥作用，在做好气象部门内部气象图书发行宣传的同时，还要向社会做宣传和发行。

1995年8月11日至15日，我带领气象出版社副总编王存忠、发行部魏宁君到东北三省进行调研，征求省级气象业务、科研和管理单位对气象出版图书的意见，同时到新华书店宣传和推销气象图书。

1996年5月20日，我主持召开气象出版社社务会，研究安排气象出版社走出去调研的问题。会议决定分4个组赴全国各地气象部门和新华书店调研。我带一编室主任陶国庆、发行部副主任李如彬到山东、安徽、江苏、上海、浙江调研；发行部主任杨长新带魏宁君到广西、云南、贵州、四川调研；总编周诗健带发行部副主任张润年到陕西、甘肃等地调研；副社长谢炳源带办公室主任于宪珍、发行部业务员刘冬燕到东北三省调研。调研内容有四项：了解各地气象部门贯彻中国气象局关于加强气象出版工作通知的情况和建立图书阅览室的情况；调研省、地、县三级气象部门气象专业图书的需求和改进的意见等；调研建立气象图书代销点的可行性；到当地新华书店调研，并宣传、推销气象版图书。要求用一个月左右的时间调研，6月底返回。

1996年5月21日至6月17日，按气象出版社社务会议的决定，我带领陶国庆、李如冰一行3人组成的调研组到山东、安徽、江苏、上海三省一市进行调研，具体到了济南、泰安、曲阜、济宁、枣庄、徐州、蚌埠、合肥、巢湖、九华山、黄山、芜湖、南京、镇江、常州、无锡、张家港、苏州、上海19个城市的气象部门和新华书店调研。

5月24日，调研组到山东省气象局调研。山东省气象局副局长于文龙主持召开座谈会，省局机关和直属单位的领导、专家边道相、杨景武、梁统平、孟昭瀚等参加座谈会，先由于副局长汇报省局建图书发行网和图书阅览室的情况。大家踊跃发言，对出版气象专业图书提出了许多好的建议。

5月29日，调研组到安徽省气象局调研。安徽省气象局副局长矫梅燕主持召开座谈会，省局机关有关单位和各业务单位的负责人出席座谈会。与会同志踊跃发言，充分肯定气象出版社最近所做的宣传工作不错，增加了他们购买气象图书的欲望，表示要在科研课题经费中留出一定额度用来购买气象专业图书。

6月5日，调研组到江苏省气象局调研。江苏省气象局办公室副主任朱卫星主持召开座谈会，参加座谈会的有省机关和直属事业单位领导同志12人。座谈会上提出了许多好的建议，他们建议要扩大出版基金，加强岗位培训图书的出版，缩短出版周期，扩大面向市场的图书出版等。

6月12日，调研组到上海市气象局调研。上海市气象局局长王雷主持座谈会，参加会议的有市局气象科学研究所、气象台、气象资料室、局办公室、人事处等单位的领导和专家近20人，市气象局总工程师秦曾灏也出席座谈会。会上，先由市气象局办公室主任陆亚龙汇报了市气象局图书馆的情况。秦曾灏等同志发言说，气象出版社成立以来，出版了许多好的书，起到了很大的作用，功不可没。现在又主动上门沟通信息，这样做很好啊！现在气象知识方面的书还是太少了，对青少年还是缺少气象教材。上海市教委与环保局搞了一个环保教育第二课堂，气象是否也可以搞一个第二课堂。现在学习气象专业的气氛不浓，上海市气象局应该拿出点钱来购买气象专业图书，鼓励大家业余学习，提高素质。

6月13日下午，调研组到上海市新华书店发行所召开座谈会。参加座谈会的有上海市新华书店发行所总经理张金富、直销科长马一勤、发行二科科长徐新海、业务经理王幼芬、上海市气象局办公室主任陆亚龙、鲍宝堂。经过座谈，双方达成四点合作意向：（1）上海市新华书店积极为气象出版社推荐畅销选题，共同投资出版，或以优惠折扣大批量邮寄上海新华书店包销；（2）代气象出版社向上海下属各新华书店或全国征订气象版图书；（3）组织下属新华书店采取订数与备货相结合的方式直销气象版图书；（4）气象版图书有大批量订数的情况下，气象出版社让利1.2个折扣。同时，上海市新华书店的同志对气象出版社图书的封面设计、选题内容等方面提出了许多好的建议。

此次下去调研的收获和体会：

一是所到三省一市的气象部门对气象出版工作都比较重视。省市气象局领导亲自主持座谈会，汇报贯彻落实中国气象局"关于加强气象出版工作的通知"情况，提出了许多改进气象出版工作的意见和建议。同时为我们的调研提供车辆，办公室主任或副主任全程陪同，并协助我们联系当地新华书店。认为气象出版社走出来调研这种形式很好，加强了互相沟通，有利于气象事业的发展。二是通过调研我们感受到了三省一市气象现代化建设和结构调整取得了很大成绩，以及积累的经验值得气象出版社借鉴和学习。更重要的是了解了他们对气象专业图书的需求，有利于我们多出适销对路的气象专业图书。三是通过调研了解到在全国气象部门自办发行网络，开拓发行渠道"有潜力、有优势、有人才、有积极性"，只要气象出版社下功夫，抓住不放，就会"有规模效应"，这即是我总结的所谓"五有"。四是通过这次调研，向沿途新华书店宣传了气象版图书，加强了社店联系，初步建立了社店关系，扩大了气象出版社的影响和知名度，有利于了解图书市场，有利于优化选题，有利于广交朋友，有利于拓展发行渠道。即这是我总结的"四个有利"。五是通过这次调研，带样书登门是促销本版图书的一种好方式。此次沿途带样书展示，当场订货15万元左右。虽然数目不大，但许多新华书店是第一次与气象出版社接触，对气象版图书是很欢迎的，气象版图书开拓发行主渠道的潜力还很大。

1996年12月1日上午，第二届全国气象图书发行业务经理会议在湖北宜昌召开。参加会议的有各省（自治区、直辖市）气象局负责气象图书发行的业务经理共40余人（多为办公室领导或秘书兼任）。开幕式由副社长谢炳源主持。参加开幕式的有湖北省气象局副局长陈汉民，中国气象局办公室副主任朱祥瑞。在开幕式上朱祥瑞宣读了温克刚局长的书面讲话，我作了会议主旨讲话，陈汉明副局长作为东道主讲话，谢炳源介绍了图书发行网络管理办法，朱祥瑞代表中国气象局办公室讲话。下午全体会议讨论，各发行经理汇报自己的工作情况，同时发表对发行网络管理办法的意见。在全体会议上发言的有：黑龙江省气象局办公室副主任李荣芳，青海省气象局办公室主任王存录，上海市气象局办公室高工鲍宝堂，湖北省气象局办公室主任姜海如，甘肃省气象局副局长李芝华，浙江省气象局办公室主任邓兆林，宁夏回族自治区气象局办公室副主任郑又兵，北京市气象局办公室副主任孟军荣，辽宁省气象局办公室秘书侯乃学，江苏省气象局办公室副主任朱卫星，云南省气象局办公室秘书甘黎，陕西省气象局办公室秘书王玉辰，河南省气象局办公室秘书樊兵。12月2日下午会议结束，由我作会议总结。

1996年12月11日，我和刘冬燕到湖南省气象局调研对气象专业图书的需求。中国气象局在湖南省气象局挂职的副局长沈晓农主持座谈会。参加座谈会的有湖南省气象局机关和直属单位的领导及专家共20余人。在座谈会上，我首先介绍了气象出版社的出书概况和发行的基本要求，并要求湖南省气象局支持科技人员多写书、多买书、多读书。出席座谈会的有湖南省气象局局长张正洪，办公室主任李公才，科研所所长徐志刚，计财处处长陈健民等，他们在会上发言，一致认为气象出版社经常下来与省局沟通，这种方式很好，表示支持气象出版社提出的要求。随后到益阳、常德、湘潭、长沙气象局和新华书店进行了调研。

1997年6月17日，上海市新华书店主办气象图书发行会。上海市新华书店参加的有副总经理陈木林、供应科王幼芬等。气象出版社参加的有我和发行部主任于宪珍、气象科普编辑室主任陈云峰。我向新华书店的同志介绍了气象出版社的概况，于宪珍介绍了气象出版社的重点发行图书。上海市20多家新华书店的业务员在会上看样订货，取得了较好效益。

1997年9月12日至19日，气象出版社与中国气象局机关党委联合送气象专业图书到天津、北京基层气象台站。参加送书下基层台站的有我和局机关党委副书记赵东儒，还有出版社发行部主任于宪珍、业务经理刘冬燕。9月12日至15日，到天津市的塘沽、蓟县等气象站送书。9月17日，在北京市气象局副局长杨宝忠和机关党委书记周宝山的陪同下，到北京市的朝阳区、通县、大兴县气象局考察图书阅览室的情况，并送气象专业图书。9月18日，到北京市的丰台区、海淀区、昌平县气象局考察图书阅览室情况，并送气象专业图书。9月19日到北京市的门头沟区、石景山区、房山县气象局考察图书阅览室情况，并送气象专业图书。

1997年10月15日至17日，我带队到辽宁省朝阳市送书扶贫。辽宁省朝阳市是中国气象局的扶贫点。气象出版社以送书的形式进行扶贫，很受欢迎。随我到朝阳扶贫送书的有出版社发行部副主任张润年、发行业务经理席大光，社办公室岳景增，局办公室宣传处处长胡桂琴。朝阳市副市长吕昌军，市教委王主任，市气象局张局长，中国气象局第四期驻朝阳扶贫组组长罗晓勇、组员李小平接待我们一行，并参观了市气象局的现代化建设和当地的样板小学，与市教委商谈了在教辅材料出版与发行方面的合作等事宜。此举反映良好。

1998年10月6日至14日，我与气象出版社办公室主任朱汉玉开车到西安参加第九届全国书市。9日下午我在书市主持五笔字型王码系列图书出版发行新闻发布会。11日，登华山慰问华山气象站的职工。12日到河南洛阳，在河南省气象局办公室副主任刘晓的陪同下参观洛阳市气象局，受到该局副局长胡长海、高级工程师任炳潭的热情接待，征求他们对气象专业图书的意见。

1999年4月16日，我到河南省气象部门调研。河南省气象局王银民副局长主持座谈会，座谈对气象出版社出版图书的意见、建议。参加座谈会的有省气象局机关、直属单位的领导和专家20多人。他们对气象出版社反映不错，信息沟通比较及时，几年前培训材料没有了，最近已经有了，地面观测规范也很需要。但也提出基层台站买气象出版社的书比较难，不知道出了什么书。还建议气象出版社不要只出气象专业的书，与气象关系密切的农业、水利、环保等方面的书也可以出。

2000年2月5日至20日，我到湖南气象部门和当地新华书店调研。11—13日在常德市调研，常德市委副书记莫道宏，鼎城区委书记文承保、副书记郑立祥等接待我，同时介绍当地新华书店领导，促进建立与气象出版社的业务关系。2月14日到常德市新华书店洽谈气象版图书的销售业务。常德市新华书店总经理张乾坤及副总经理和业务科、销售科的同志接谈，初步建立了图书销售业务关系。在北京时曾发现湖南常德有个别学校冒用气象出版社名义印发教辅材料，为查处此事，我2月15日到常德市教委教科所查处，市教委庹主任委托其秘书和教科所副所长何正湘接谈，表示要调查冒用气象出版社名义出书事宜，表示要严肃查处。2月16日到益阳市新华书店，书店李副经理和业务科长接谈，表示愿意与气象出版社直接建立图书销售关系。下午到市教委查处冒用气象出版社印教辅材料事宜，教科所蔡子文所长表示要依法严肃查处。2月17日至18日，在长沙去湖南省教委、省科技出版社、省气象学校、省新华书店调研，商谈与这些单位建立业务联系等事宜。湖南科技出版社社长汪华是我在新闻出版署举办的第三期全国社长学习班上的同学，重点谈了两社合作交流出版信息等事宜。

2001年3月21日上午，中国气象局办公室宣传处、中国气象学会科普委员会、气象出版社和贵州省气象局、贵州省科协等单位联合举办"三下乡"活动，到贵州省雷山县开展"三下乡"工作。雷山县张副县长主持有乡镇干部80余人参加的座谈会，欢迎气象科技"三下乡"活动。气象部门参加这一活动的有贵州省气象局副局长罗宁，贵州省气象局高级工程师杨树良，中国气象局办公室宣传处处长胡桂琴，中国气象学会副秘书长庄肃明和我。12日下午在雷山县城举行现场气象科普咨询。13日到雷山县西江镇苗寨送气象科普书下乡。14日到遵义革命遗址参观。15日到贵阳市九中、贵州省农经网及省气象学会商议气象科技图书代销等问题。

2001年4月12日至18日，我与气象出版社发行部主任于宪珍、刘冬燕参加福州16联图书订货会。在订货会前后我们带着销售样书沿途到新华书店登门订货。首站到了浙江省新华书店，与其总经理王忠义（系与我一道参加纽约国际书展的成员）洽谈气象图书的销售业务，同时到了浙江省气象局老年委调研对气象图书的需求。离开杭州后，我们沿途到福建省的三明、厦门、漳州、泉州、莆田、福州市的新华书店，展示和推销气象出版社的图书。同时还到省气象局宣传了气象图书，参观了省气象局的现代化建设。再到武夷山参观了景点和邵武县气象局。随后到江西省气象局、江西省新华书店、九江市新华书店宣传和推销气象图书。

2001年9月10日至18日，为了贯彻中国气象局关于援藏工作会议精神，我与气象出版社办公室主任朱汉玉到西藏气象部门调研和商谈以气象专业图书援藏等事宜。9月10日到达拉萨。11日上午，参观西藏自治区气象局及其直属单位，下午参观布达拉宫及拉萨市新华书店。9月12日上午，西藏自治区气象局李长华副局长主持座谈会。西藏气象局的处级干部、高工等30人参加会议。会上我先讲话，讲明来意并介绍气象出版社的图书概况。然后听取他们需要什么图书的要求和意见。参加会议的代表踊跃发言，他们提出要气象出版社的新书目录，要气象工具书，要生态环保、人工影响天气、气候资源开发、气象通信、地理知识等方面的图书。9月13日上午，从拉萨到林芝，经过了海拔5200米的山峰，海拔5013米的米拉山是拉萨与林芝地区的分界山口。下午到林芝气象局召开科以上干部座谈会，听取他们对气象科技图书的需求意见。

八、参加国际图书展

气象部门早在20世纪80年代初就开放了，起步比较早，走在了全国的前列。然而气象出版社开放却比较晚，直到1998年尚无一人因公干走出国门，到发达国家去开开眼界。我到气象出版社不久，就向中国气象局外事主管部门反映，要求气象局出国组团也能把出版社考虑在内。他们答复，气象与出版专业不同，不能组团在一起，要我们找新闻出版署，跟新闻出版单位组团出去，这样才对促进本职工作有利。新闻出版署的官方公务组团出国，气象出版社根本沾不上边。但其所辖的图书贸易公司经常组织国内出版社考察国外图书市场和参加国际图书展，完全是商务性的出国，政策上比行政出国要宽松一些。通过这一渠道，从1998年至2002年，我先后4次带领气象出版社的部分中层骨干出国参加国际书展和考察国外图书市场，对开阔眼界、改进气象图书出版起到了一定作用。现将4次出国的行程和所见所闻，有些是道听途说纪事于后。

（一）参加德国莱比锡国际书展

1998年3月23日至4月5日，我参加了德国莱比锡国际图书展，并随团考察了德国、法国、意大利、梵蒂冈、比利时、荷兰、卢森堡等国家的图书市场。

参加在德国莱比锡举办的1998年国际书展的中国代表团是由天津新闻出版局版权贸易公司组织的。中国代表团由中国铁道出版社2人、财经科技出版社2人、气象出版社1人、贵州教育出版社3人（其中一人是贵州省新闻出版局局长兼团长）、安徽教育出版社2人、吉林教育出版社2人、山西教育出版社2人、浙江教育出版社2人、河北教育出版社2人、河海大学出版社2人，再加主办单位2人和书展联系人1人，共23人组成。

26日在莱比锡正式参加国际图书展览。展馆非常之大，长有500米，宽约200米，估计展览馆的面积在10万平方米左右。有来自60多个国家的书商参加此次国际图书展。中国图书展位在两条主通道的交叉口，非常醒目。中国驻德国柏林办事处一秘郝建国前来参加书展开幕式，并到中国展区接见了展览团的全体成员，并说中国书展办得不错。气象出版社选了30多种图书参加这次国际图书展览，在中国馆中比较显眼。英文版的气象学报被英国书商看好，声称要在欧洲帮助我们代销。在观摩国际书展中我们也看到了与发达国家的差距，主要在图书封面设计、印制、美观方面我们的差距很大。发达国家的图书用纸精良，封面设计新颖美观，图书开本灵活多样，大的图书有1米见方的开本，小的图书是128开袖珍本，与一包香烟大小差不多。他们书中的内容，由于本人不识英文，无法评论。该书展展出了3天，我一直坚守在展位，接待了10多起外国书商的询问，并有两起合作意向性交谈。书展完后，展团组织了在欧洲考察了德国、法国、荷兰、比利时、卢森堡、意大利等国的图书市场。

（二）参加新加坡世界书展

1999年5月28日至6月11日，我带团参加新加坡世界书展。参加新加坡书展展团有气象出版社三编室主任成秀虎、发行部副主任张润年、办公室副主任戎维伦、局计划财务司财务处处长罗晓勇、辽宁省气象局办公室副主任赵大庆、湖北省气象局办公室主任向世团、甘肃省气象局科教处处长邓振镛、广东省气象局科研所所长。

新加坡世界书展从1986年开始每年一次，1999年是第14届，是东南亚国家最大的书展。书展由新加坡报业控股华文出版集团和时报出版集团联合主办，地点在新加坡国际展览中心。该书展向世界各国招展，各种文字的图书、期刊、音像制品、电子制品都可以参加展销，其中华语图书期刊占到60%～70%。本届书展是历届书展规模最大的一次。参展单位有200多家出版单位和书商，参展图书8万多种。中国新闻出版署所属的中国图书进出口公司组织了国内25家出版社参展。此外还有天津、上海的新闻出版局组织了当地出版社参展，商务出版社单独参展。气象出版社是中国图书进出口公司组织的参展出版社之一，我们带了30多种气象出版社的优秀图书在会场展出。图书展览开幕式由新加坡教育部长兼卫生部长简丽中（女）博士主持，有关国家大使馆派人出席，中国大使馆也派工作人员出席了开幕式。

5月28日下午，我们代表团到新加坡机场。下午5时赶到新加坡城会展中心，找到了气象出版社参展的展位为TW54号，迅速将我们所带的样书和书目展出。下午6时参加书展开幕式。新加坡教育部长兼卫生部长简丽中女士剪彩，并发表讲话。她强调了书的作用，说书是海洋，学校是船，学生是船员，老师是舵手，这几年来新加坡逐步解决了"口袋里有钱，家里没有书"的问题。气象出版社的图书展出后还是很受欢迎的，所展图书很快被一家书商全部代为包销了。书展结束后，组团单位组织了到泰国、马来西亚、香港、澳门等地参观书店和有关出版单位。

（三）参加美国纽约书展

2000年10月9日至24日，我和气象出版社发行部副主任李如彬参加了美国纽约书展。这次书展是新闻出版署图书进出口总公司组织的，国内共有30多家出版社参展。此次书展规模较大，是美国一家书商发起的华文书展。我们将参展图书交给筹展方，由他们举办了一个简单的开展仪式后参展团就组织我们在美国考察了旧金山、纽约、华盛顿、拉斯维加斯、洛杉矶、夏威夷等地图书市场。

（四）澳大利亚、新西兰考察

2003年1月13日至24日，在新闻出版署图书公司的组织下我带气象出版社四编室主任郭彩丽随团到澳大利亚悉尼、堪培拉、布里斯班和新西兰奥克兰进行图书市场考察。

九、在气象出版社的其他日常工作

我在气象出版社除做了上述重点工作外，还做了大量其他日常工作，包括参加中国气象局每年一次的全国气象局长会议及其他全国性专业会议，以及参加这些会议的会前准备和会后的传达贯彻；组织出版社开展党中央在全国统一组织的"三讲"、学习"三个代表"、学习"科学发展观"等政治思想工作；参加新闻出版署中国版协科技委组织的各种出版业务会议及传达贯彻；主持召开气象出版社每周一次的社务会和每半年、一年的工作总结与计划安排等会议；还包括党务工作会议和与工作有关的出差调研及其他社会活动等。这些工作保证了气象出版社的正常、高效运转。

还参加了出版界的许多会议和重要活动，保证了新闻出版方针政策在气象出版社的贯彻执行。

参加全国性气象会议和重要活动实录 1995年1月6日上午，全国气象局长会议在北京召开。中国气象局副局长温克刚主持会议，局长邹竞蒙致开幕词。出席会议的有国务委员陈俊生、国务院副秘书长刘济民，农业部、林业部、防汛总指挥部、总参谋部、海洋局等部门的领导，各省（自治区、直辖市）气象局局长，中国气象局机关各单位和各直属单位的领导共180余人。我作为气象出版社的代表参加会议。以前参加全国气象局长会议我是会议的组织者，忙得不可开交。这次参加全国气象局长会议我是代表，只在小组会上作了一个宣传气象图书的发言，感到很轻松。

1995年3月14日至16日，我参加在通县宾馆主办的北京地区出版社长总编培训班。培训班由北京市出版局局长何卓新主持。中宣部出版局局长高明光出席开班式并讲话。他说出版行业成绩显著，问题突出。全国500多家出版社，北京占了200多家，抓好北京地区的出版社长、总编的培训很有必要，出版行业面临三大转变，从七个方面讲了如何做好出版工作。北京市新闻出版局解宇处长专题讲了各出版社的业务分工和出书范围。北京市出版局副局长孙向东专题讲了北京图书市场的管理规定。对我刚跨入出版行业的新人来说，参加这次培训班非常及时，非常重要。

1995年3月22日上午，全国人工影响天气会议在北京开幕。开幕式由中国气象局局长邹竞蒙主持。出席会议的有国务委员陈俊生、国务院副秘书长刘济民，国家计委、国家科委、经贸委、财政部、民政部、农业部、林业部、水利部、民航总局、中国科学院的领导，五个省的副省长，各省的秘书长或副秘书长，各省（自治区、直辖市）气象局局长，中国气象局各单位负责人共178人。在开幕式上陈俊生首先讲话。我作为气象出版社的代表参加了会议的全过程。

1995年6月15日下午，气象出版社召开扩大的社务会，欢送社党委书记林培芬退休。中国气象局副局长温克刚出席会议并讲话。在会上，林培芬、其他社领导、各部室领导和我都发言，充分肯定了林培芬对气象出版社的贡献。

1995年7月15日，中国版协科技出版工作委员会在机械工业部信息研究院召开成立15周年纪念大会。会议由科技委副主任张学良主持。出席会议的有部分科技出版社的社长、总编近100人。科技委主任周宜作工作报告，中国出版工作者协会主席、新闻出版署署长宋木文讲话。新闻出版署副署长桂晓风讲话，原中宣部出版局局长、版协副主席许力以讲话，原科技委主任刘果讲话。我作为气象出版社社长参加了这次会议，了解了科技委员会的历史和现状，认识了一批科技出版社的社长、总编，特别是认识了新闻出版署副署长桂晓风，他是我局天气司司长章国材的妹夫。

同日，全国"八五"图书成果展在北京展出，江泽民等中央领导同志参观了展览。气象出版社也参加了这次图书展出。

1995年9月8日，在延安举行的人民气象事业创建50周年纪念大会结束后，我陪骆继宾副局长到宁夏回族自治区调研。宁夏回族自治区气象局局长马占山、副局长刘秀桐主持召开宁夏回族自治区气象局机关和各单位负责人会议，汇报宁夏回族自治区气象工作的全面情况，骆继宾副局长听了汇报后讲话，对宁夏气象工作取得的成绩给予充分肯定。

1995年12月26日至29日，新闻出版署在北京召开全国科技出版工作会。26日上午开幕式由新闻出版署副署长惠永正主持。参加开幕式的有国务委员宋健，新闻出版署署长于友先，中宣部副部长徐光春，中宣部出版局局长高明光，新闻出版署图书司司长杨牧之、殷鹤令、刘昭东等领导和全国科技出版社社长、总编共200多人。我作为气象出版社社长参加会议，这是我第一次参加全国出版界的工作会议。在开幕式上，于友先作工作报告，惠永正、徐光春讲话。26日下午分组讨论，我被分到第五组，水利出版社社长史梦熊任组长。

12月29日下午，中国版协科技委召开全国科技出版社社长、总编第十届年会。会议由全国版协科技委员会秘书长郭有声（卫生出版社副社长）主持，科技委主任周宜（原建工出版社社长）作工作报告，新闻出版署前署长宋木文讲话。然后大会发言，科技委副主任张学良（地图出版社社长）汇报了科技委经费收支情况。共有9位代表大会发言。然后分组讨论周宜的工作报告。30日下午会议闭幕。我第一次参加这样的会议，没有在大会上发言，主要是听报告，了解党和国家对新闻出版工作的方针政策，熟悉全国出版工作情况，认识人头，广交朋友。

1996年1月21日上午，在全国气象科技大会闭幕之后，紧接着召开全国气象局长会议。温克刚副局长主持开幕式，邹竞蒙局长作工作报告。此次会议的主题是讨论和审议气象事业发展"九五"计划，同时总结1995年全国气象工作，部署1996年的任务。我作为气象出版社代表参加这次会议。1月24日，全国气象局长会议闭幕，邹竞蒙局长主持闭幕式。国务委员宋健、国务院副秘书长刘济民出席闭幕式，国务院副总理姜春云给会议发来贺信。闭幕式上宣读了姜春云的贺信，宣读了表彰1995年防汛抗旱先进集体109个、先进个人158人的决定，国务委员宋健讲话，温克刚副局长作大会总结。

1996年5月10日，气象出版社召开第二届党员代表大会，换届选举新的党委。应到党员35人，实到32人。我主持党员大会，并代表上届党委会作工作报告。大会选举出由我和周诗健、陶国庆、黄丽荣、王存忠、谢炳源、于宪珍7人组成的出版社第二届党委会。同日下午，召开第二届党委会第一次会议，研究拟定我任党委书记，谢炳源任党委副书记，周诗健任宣传委员，于宪珍任组织委员，陶国庆任纪检委员，王存忠任青年委员兼保卫委员，黄丽荣任妇女委员。于宪珍兼党委办公室主任，白凌燕任党委秘书。

1996年8月29日至9月2日，中国气象局在山东威海召开全国气象局长工作研讨会。各省（自治区、直辖市）气象局局长，中国气象局各单位主要负责同志参加会议。温克刚副局长主持会议。邹竞蒙局长作了"提高认识，统一思想，积极推动实施气象可持续发展战略"的报告。我作为气象出版社社长参加会议。会议开幕当天接到中央通知，免去邹竞蒙党组书记、局长职务，由温克刚任党组书记、局长。

1996年9月16日至10月12日，新闻出版署在印刷学院举办第三期全国科技类出版社社长、总编岗位培训班。我作为气象出版社社长参加了这次岗位培训班。培训班开幕式由新闻出版署培训班主任、印刷学院院长田胜利主持。中央宣传部出版局局长高明光、新闻出版署副署长桂晓风、中国版协科技委主任周宜等出席开幕式并讲话。期间请了多位专家讲课。通过这次岗位培训，了解了全国出版行业的形势和国家对新闻出版工作的方针政策，学到了不少有关出版方面的基础知识，对我这样刚跨入出版行业的新兵来说，是十分必要的。10月12日培训班结业，并发了结业证书。

1997年1月20日上午，中国气象局在北京召开全国气象科技扶贫工作会议，交流全国气象部门科技扶贫的经验和部署下一步科技扶贫的任务。1月21日下午，中国气象局召开全国气象部门精神文明建设工作会议。1月22日下午，中国气象局召开1977年全国气象局长会。我作为气象出版社社长参加了上述三个会议的全过程。

1997年3月18日上午，由水利出版社主持召开水利、气象、林业、地震出版社社长、总编座谈会，会议由水利出版社社长史梦熊主持。出席会议的有水利出版社总编金炎；地震出版社社长程仁泉；林业出版社社长张柏涛、副社长陈利。气象出版社除了我参加之外，还有副社长谢炳源、总编周诗健、副总编王存忠。会议交流了各出版社的基本情况，研讨了专业面窄的出版社如何开拓市场、摆脱困境、加快发展等问题。

1997年5月24日至28日，中国气象局在青岛气象度假村召开全国气象工作研讨会。此次研讨会主要是讨论修改《气象法》第四稿。我作为气象出版社社长参加了这次研讨会。

1997年9月10日上午，邹竞蒙名誉局长作为气象科普委员会主任主持全国气象科普会议。出席这次会议的有中国气象局领导、中国气象学会常务理事、各省（自治区、直辖市）气象局主管学会的领导和学会秘书处长等180余人。11日下午大会发言，交流开展气象科普工作的经验和体会。我作为气象出版社社长也在大会上发了言，主要谈了出版气象科普图书的重要作用和今后出版科普图书的打算。

1997年9月23日至25日，中国气象局召开党组扩大会，学习十五大文件。我作为气象出版社社长参加了扩大会，并分在第一小组学习讨论。29日上午，我主持召开气象出版社处以上干部会议，学习十五大报告。

1998年1月11日上午，全国气象局长会议在上海召开。中国气象局副局长马鹤年主持开幕式。出席开幕式的有上海市市长徐匡迪、副市长冯国勤、市农委副主任潘龙清，中国气象局领导和各省（自治区、直辖市）气象局局长及中国气象局机关、各直属单位领导共150余人，我作为气象出版社社长参加会议。开幕式上温克刚局长致开幕词并作工作报告，徐匡迪市长讲话。此次会议主题是贯彻十五大精神，进一步加快气象现代化建设和深化改革等。

1998年8月18日上午，我主持召开气象出版社党委会，讨论推荐气象出版社副社长人选。会议一致同意推荐王存忠为气象出版社副社长人选，接替谢炳源副社长退休以后的工作，并报中国气象局党组按干部任免程序审定。

1998年11月1日至13日，我参加中国气象局举办的邓小平理论学习班。学习班第一阶段，请中国科学院、中央党校、北京大学教授等上了6堂课。第二阶段联系气象部门的实际，研究了气象部门机构改革的方案。

1999年1月13日，全国气象局长会议在陕西省西安市召开。参加会议的有中国气象局领导，各省（自治区、直辖市）气象局局长，单列市气象局，局直属单位、局机关职能单位共150人。温克刚局长主持开幕式。陕西省副省长王寿森出席开幕式并讲话。温克刚局长作题为"认清形势，抓住机遇，开拓进取，以优异的成绩迎接新世纪的到来"的工作报告。我作为气象出版社社长参加了这次会议。

1999年1月28日下午，气象出版社召开全体大会，由我总结气象出版社1998年的工作和1999年的任务安排。中国气象局办公室主任嵇启武、副主任朱祥瑞，宣传处处长胡桂琴出席了会议并讲话，充分肯定了气象出版社的工作。

1999年1月29日至30日，中国气象局机关党委召开第5次党员代表大会，选举新一届党委。我作为气象出版社的代表继续被当选为机关党委委员。

1999年2月4日至5日，新闻出版署在北京召开出版单位工作会，有22家在京出版社长、总编参加会。会议由新闻出版署图书司司长阎晓宏主持，并传达中宣部召开的全国宣传局长、出版局长会议精神，重点传达了李岚清、丁关根和龚心瀚讲话的要点。2月5日下午会议结束，新闻出版署副署长杨牧之作关于当前图书出版形势和任务的总结报告。我作为气象出版社社长参加了这次会议。

1999年2月23日上午，温克刚局长主持局务会，中国气象局局领导和各单位的主要负责同志出席，通报名誉局长邹竞蒙遇刺身亡之事。温局长说："昨晚10点20分，接到北京市政府秘书长电话，告昨晚6点至7点，邹竞蒙在当代商城购物，遇到歹徒刺杀身亡。公安部已报到国务院，朱镕基总理表示向家属慰问，罗干也在抓此案，江总书记、李鹏委员长也非常关心此案。今天正月初八，正好是邹竞蒙70岁生日。"我作为气象出版社社长参加了这次会议，及时知道了邹竞蒙遇刺身亡的不幸消息。

1999年3月25日，中国气象局党组召开"三讲"（讲学习、讲政治、讲正气）教育动员大会。党组书记温克刚作"三讲"动员和部署。我作为气象出版社社长参加了这次会议。

1999年4月9日上午，人事任免处处长王怀刚到气象出版社考核选拔副社长的人选问题。此前气象出版社党委报人事司拟提王存忠为副社长。王怀刚向我反馈了在出版社考核的情况，对提出的问题我都作了解释。

1999年4月26日，我主持社务会，通报谢炳源副社长退休等事宜。4月30日下午，我主持召开全社大会，欢送谢炳源副社长退休，充分肯定了谢炳源对气象出版社所做的贡献。

1999年7月6日，我主持召开气象出版社全社大会，作气象出版社开展"三讲"（讲学习、讲政治、讲正气）出席并讲话的动员报告。中国气象局派往气象出版社的"三讲"指导小组组长嵇启武，成员王怀刚、冯继超也参加了会议。"三讲"分四个阶段，第一个阶段学习，第二个阶段对照检查，第三个阶段整改，第四个阶段通过验收，最后还有一个回头看。9月2日下午，我主持召开气象出版社全体职工及退休党员会议，作"三讲"教育工作总结报告。陈少峰作为中国气象局派往气象出版社的巡视员参加会议并讲话，他充分肯定气象出版社的"三讲"工作。他说气象出版社的"三讲"在全局事业单位中起了好的带头作用，很有特色，很有成绩。

1999年7月21日下午，中国气象局召开全局处以上干部大会，由刘英金副局长传达中央关于反对法轮功的文件和情ални：〔1999〕中发13号文件关于中国共产党党员不准修练法轮功的通知，胡锦涛7月19日在各省领导同志会上关于制止法轮功的讲话，江泽民在中央政治局常委会上关于制止法轮功活动的讲话。上述讲话精神，我在气象出版社进行了传达贯彻，气象出版社没有出现参与法轮功活动的人员和事。

1999年9月16日，气象出版社总编辑周诗健主持气象出版社学术委员会，推荐气象出版社申请高级技术职称和中级技术职称人选。会议一致推荐我申报编审职称，并于同年年底获新闻出版署编审职称评审委员会通过获得编审职称。

1999年9月27日，中国气象学会24届科普委员会扩大会议在云南昆明召开。气象科普委员会副主任赵同进主持开幕式。在开幕式上我作为气象科普委员会主任作气象科普工作报告，中国气象局办公室主任嵇启武宣读温克刚局长的书面讲话，马鹤年副局长作为气象学会副理事长讲话，云南省科委副主任赵世坤、云南省科协副主席涂济民、云南省气象局局长刘建华作为东道主讲话。中国气象学会秘书处科普处处长王琼仍作气象科普

"十五"计划讨论稿的说明。江苏省气象局原局长任广昌也参加了会议。27日下午，大会交流气象科普工作经验。大会由气象科普委员会副主任、总参气象局参谋刘军主持。在大会上交流经验的有四川省气象局办公室主任傅金琳、黑龙江省气象局办公室副主任李荣芳、宁夏回族自治区气象学会秘书处秘书长冯建民、陕气象学会秘书处秘书长李必强、中国教育报记者陈宝泉、武汉中心气象台负责人柯怡羽、江苏省气象学会秘书处秘书长陈开喜、广东省汕头市气象科普基地负责人蔡学宏、上海市气象学会秘书处秘书长鲍宝堂。9月28日下午，24届科普委员会扩大会议结束。我主持会议，赵同进作总结。

1999年12月8日，中国气象局举行庆祝建局50周年座谈会。温克刚局长主持会议并作50周年庆祝报告。中国气象局离退休局级领导、各省（自治区、直辖室）气象局和各直属单位已退休的一把手，各职能单位、直属单位的现任领导，以及新闻单位等代表150余人参加会议。气象行业的院士叶笃正、陶诗言、曾庆存、巢纪平、丑纪范均出席会议并讲话。气象出版社除了我参加会议之外，还有林培芬、纪乃晋也出席了会议。

2000年1月4日上午，我主持召开全社大会，由中国气象局副局长刘英金到社宣布气人字〔2000〕1号文件关于任命王存忠为气象出版社副社长的通知，任期四年，并对气象出版社前些年的工作进行了充分肯定，对今后工作又提出了四点要求。我和周诗健、王存忠都作了表态性发言。

2000年1月14日上午，全国气象科技创新大会在安徽合肥召开。参加会议的有各省（自治区、直辖市）气象局、局机关和直属单位的代表共140余人。开幕式由中国气象局副局长颜宏主持，中国气象局副局长李黄致开幕词，安徽省副省长王怀忠讲话，科技部邓楠副部长给会议致贺信，温克刚局长作题为"大力加强气象科技创新，努力增强气象为我国经济和社会发展服务的综合能力"的报告。1月16日上午，全国气象局长会议在同一地点开幕。安徽省委书记、省长王太华，副省长王怀忠，省政府副秘书长张锋生出席开幕式。温克刚局长主持开幕式并作年度工作报告，李黄副局长宣读中国气象局关于表彰1999年重大天气预报服务的先进单位和个人的决定。1月18日下午，全国气象局长会议闭幕，温克刚局长主持闭幕式，刘英金通报1999年目标考核情况，李黄副局长作会议总结。我作为气象出版社社长参加了这次会议。

2000年1月31日下午，气象出版社举行春节联欢会，全社在职干部和离退休干部参加。会议由社工会委员李义玲主持，我致新年贺词，然后在职干部代表和离退休干部代表讲话，之后开展游艺活动，最后全体在局招待所聚餐，互相团拜，祝贺新年快乐。我在新年贺词中提出气象出版社在新的一年里要有"五新"，即编辑要有新突破，图书发行要上新台阶，综合经营要有新起色，业务建设要有新进展，经济效益和职工收入要有新增长。

2000年2月28日，我主持召开气象出版社党委会，研究讨论陈云峰任气象出版社副总编事宜。会议决定：陈云峰任气象出版社副总编兼四编室主任。

2000年5月8日至10日，全国气象部门人事工作会议在上海召开。人事工作会议结束后，5月11日至12日接着在上海召开第四次全国气象服务工作会。我作为气象出版社社长参加了这两个会。

2000年5月14日南京气象学院举行40年校庆。同日下午校庆分系、年级和班聚会活动。气象系64级3个班参加此次校庆的共有35位同学，由年级原政治辅导员赵育良召集大家座谈。随后分班座谈、合影、聚餐。气641班共有11人参加这次校庆。

2000年5月17日至18日，气象出版社工会和办公室组织干部职工参观河北西柏坡党中央所在地，进行传统教育，全社共29人参加。同时作为春游还参观了附近的景点。

2000年5月23日下午，新闻出版署召开通气会。北京地区各出版社社长、总编参加会议。会议议题：新闻出版署副署长杨牧之宣读对买卖书号的13家出版社处罚的决定，中宣部出版局局长邬书林通报查处《新官场》一书作者和出版情况，要求各出版社加强书号管理和出版内容的审查，严禁买卖书号。我作为气象出版社社长参加了这次会议，并在气象出版社坚决贯彻这次会议精神，加强书号管理。

2000年6月13日，中国版协科技委召集部分科技出版社开会，研究争取继续保留科技出版社增值税退还的优惠政策。版协科技委主任周宜主持会议，新闻出版署图书司司长阎晓宏、科技图书处处长李建成出席会议并讲话。参加会议的有科学、建工、电子、气象、地震等14家出版社，一致要求保留增值税退还的优惠政策。阎司长和李处长表态尽量争取。我作为气象出版社社长参加了这次会议，并强调了增值税退还的必要性。

2000年6月23日至26日，我参加中国气象局组团到西昌现场观看风云2号气象卫星的发射。6月25日上午参观西昌市气象局，下午参观中国航天城和发射场，晚上7：50风云2号02星发射，在发射基地指挥控制中心观看发射实况转播，8：40宣布发射成功。

2000年8月21日至22日，我参加新闻出版署举办的第三期中央出版社长版权高级研讨班。国家版权局版权司司长王化鹏主持开班仪式，国家版权局局长沈仁干作关于参加世贸组织和版权工作关系的报告，许超主讲与出版相关的著作权法规定，王化鹏主讲电子商务和知识产权保护问题，辛广伟（处长）主讲中国网络出版与网络书店业的现状与前瞻。通过参加此次研讨班，增加了版权意识，提高了对保护知识产权重要性的认识，了解了这方面的许多法律法规，对做好气象出版工作很有帮助。

2000年9月13日上午，中国版协科技委召开部分科技出版社社长会议，研究我国参加WTO后科技出版社面临的形势和对策。版协科技委主任周宜，副主任史梦熊、张学良、曾铎及17家科技出版社社长参加会议。我代表气象出版社参加会议。

2000年11月20日至23日，全国科技出版社社长、总编会议在北京召开。会议由版协科技委主任周宜主持，此次会议的主题是研讨中国加入WTO后科技出版社的形势和对策。会议先请人事部事业单位司司长讲课，他主讲关于事业单位的改革问题。然后大会发言，我作为气象出版社社长参加了这次会议，并在小组会上发言，并写了"参加WTO后出版业的挑战与对策"一文（详见该书第二部分）。

2000年12月20日，温家宝副总理视察中国气象局，发表了重要讲话，对气象工作提出了"三个坚持、四个一流"的要求。我作为中国气象局直属事业单位领导参加了接见。

2001年1月5日至7日，全国气象局长会议在北京召开。新上任的秦大河局长作"坚定信心，乘势前进，为21世纪气象事业的发展开好头、起好步"的工作报告。我作为气象出版社的代表参加了会议的全过程。

2001年1月16日，我在气象出版社全社职工大会上作2000年的述职报告。然后副社长、副总编和其他部室领导一一述职。

2001年2月21日至22日，新闻出版署在香山宾馆主持召开在京图书出版单位工作会。会议开幕式由新闻出版署图书司副司长吴尚之主持。会议主题是传达贯彻全国新闻出版局长会议精神，继续宣传抓住机遇、加快发展的思想，继续唱响主旋律，打好主动仗，决不允许搞指导思想的多元化，要坚持马克思主义的基本原理，充分利用网络趋利避害，加强对新闻出版行业的管理，严禁买卖书号。22日下午，杨牧之副署长作会议总结。我作为气象出版社社长参加了会议的全过程。

2001年3月9日，气象出版社召开党员大会，进行换届选举，改选第三届党委。经过选举，气象出版社第三届党委由我和王存忠、陈云峰、黄丽荣、陶国庆、朱汉玉、成秀虎7人组成。第三届党委会第一次会议选出我任党委书记、王存忠任副书记。

2001年8月27日至30日，中国气象局召开全国气象局长工作研讨会议。这次会议有三项议题：第一项是研究全国气象部门如何进一步援助西藏气象工作问题；第二项是培养和选拔年轻干部问题；第三项是研讨地方国家气象机构改革的问题。我作为气象出版社社长参加了会议的全过程。

2002年1月7日至9日，全国气象局长会议在江西南昌市召开。我参加了会议，会议结束后，10日至13日随参加会议多数代表到井冈山参观。

2002年1月29日下午，中国版协科技委召开出版管理创新研讨会。研讨会由版协科技委主任周宜主持，科学、建工、机工、电力、水利水电、农业、林业、气象、图书商报、轻工、化工、铁道、国防、金盾等出版社社长或总编参加会议。会上各自介绍了自己的管理经验或方法。我在会上介绍了气象出版社的管理情况，受到不少出版社的重视。

2002年4月1日，中国气象局副局长刘英金电话征求我的意见，说局里想从局机关派人进气象出版社的领导班子。我当即表示了不同意见，并说明气象出版社领导职数已满，后备干部社里已有人选报局，派来的干部不一定能适合气象出版工作等理由回应。后来局里只好作罢。

2002年4月5日，我主持召开出版社党委会，会议建议提拔陈云峰任总编，整理材料上报中国气象局审批。

2002年10月18日上午，国务院总理朱镕基视察中国气象局。随朱镕基总理来视察的有副总理温家宝，国务委员、国务院秘书长王忠禹和国务院及有关部委领导徐冠华、刘江、解振华、杜青林、翟浩辉、王曙光、马凯、尹成杰、李伟等；中国气象局参加接见的有中国气象局领导，机关各司、各直属单位的领导，正参加气象会会议的省气象局长，气象部门的院士，重大项目的负责人共100人左右。我作为气象出版社社长参加了接见会议。会议由国务院秘书长王忠禹主持，中国气象局局长秦大河汇报，温家宝副总理讲话，最后朱镕基总理讲话。朱镕基总理说："温克刚要我来气象局看看，我当时承诺了，但是来晚了，再不来就遗憾了。我确实没想到气象有这么大的发展，接近世界先进水平，某些还达到或超过了，没想到取得这么大的成绩，很高兴。气象工作确实与各个方面息息相关。我国计算机的最大用户就是气象。气象现代化建设很重要，过去取得了很多成绩，最近我们又批了一些项目，还要继续推动气象现代化建设。现在很多人国务院文件不一定看，但天气预报天天要看。所谓追星热，要追气象明星。气象卫星、气象预报准确、快速、敏捷，要超过任何演员。我预祝全国气象工作者在今后几年做出更大的成绩，迅速全面接近和达到世界先进水平，成为世界第一。中央和国务院一定会支持你们的。"

2003年1月5日上午，中国气象局在北京昌平九华山庄宾馆召开全国气象局长会议。出席会议的有中国气象局党组成员，各省（自治区、直辖市）气象局局长和代表，中国气象局机关、直属单位代表,特约代表等共183人。这次会议贯彻十六大精神,总结了气象工作13年所取得的成绩和提炼的六条基本经验,明确了新时期、新阶段气象事业发展的思路、目标和任务,提出了"一个坚持,两个面向,三大战略,四个转变,三项服务"的发展思路。我作为气象出版社社长参加了这次会议。

2003年4月15日,我召开气象出版社社务会议,传达和布置防"非典"(非典型肺炎传染病)工作,成立了以我为组长的防"非典"工作小组,采取了一系列防非典的措施。

2003年6月20日,我向中国气象局领导刘英金汇报"非典"期间图书市场受到很大影响,销售量明显下降。气象出版社采取了五条应变措施,弥补非典期间的损失。其中有些措施希望局里面给予支持。

2003年7月23日下午,我主持召开气象出版社全体干部职工大会,传达中共中央中发〔2003〕8号文件和中国气象局中气党发〔2003〕35号文件,气象出版社气党发〔2003〕3号文件。根据这三个文件精神,动员气象出版社兴起学习贯彻"三个代表"重要思想新高潮,并提出了几点具体要求,做出了具体安排。

2003年7月31日上午,中国气象局召开纪念中国气象事业50周年座谈会。刘英金副局长主持会,秦大河作主题讲话。中国气象局各单位负责人、有关专家和总参军队系统气象单位的领导和专家参加会议。我作为气象出版社社长参加了这次会议。

2003年8月24日,中国气象局在河北廊坊举办学习"三个代表"重要思想专题研讨班。刘英金副局长主持研讨班开幕式。参加研讨班的有各省(自治区、直辖市)气象局局长,各职能司和直属单位领导。研讨班请了中宣部理论局副局长作关于"三个代表"认识的报告,请了中央党校哲学部庞元正教授作题为"发展是第一要务"的讲课。8月26日,接着召开全国气象局长研讨会。这次气象局长研讨会主要讨论和修改《中国气象事业发展战略研究报告》(草案)。我作为气象出版社社长参加了这次培训班和研讨会。

2003年10月17日下午,中国气象局副局长刘英金找我谈话,话题是关于我退休的问题。我是2003年6月8日年满60岁,2003年初我就向人事司呈递了退休报告。直到10月中旬中国气象局党组才研究决定我退休。刘英金在谈话中对我在气象出版社工作期间的工作给予了充分肯定。他说我在气象出版社工作期间,掌握党的路线方针政策准确,实施的三轮改革,促使气象出版事业快速稳定发展,是气象部门改革成功的典型。加强内部管理,化解了许多内部矛盾,特别是建立了一系列出版规章制度,工作有序,管理出色,成绩显著,代表中国气象局党组表示感谢。在局机关工作很长时间,也很熟悉,对机关建设做出了很大贡献,对整个气象事业的发展也是功不可没的。希望退下来后,继续关注气象事业的发展,以休息为主,还可以帮助做些力所能及的工作。退休后的待遇保证与局大院其他事业单位同级职务的干部持平。

2003年10月20日,我主持召开气象出版社全体干部职工大会,也是最后一次主持这样的会议。参加会议的有中国气象局副局长刘英金、机关党委副书记李士斌、人事司副司长王怀刚。会议议题是举行我的退休仪式。王怀刚宣读免去我气象出版社社长职务,并办理退休手续的通知。刘英金代表中国气象局党组讲话。他讲了三点意见:1. 毛耀顺免职退休是正常的,国家规定到了年龄都要退休。毛耀顺退休是他本人在还未到60岁之前就主动提出来了,而且对今后气象出版社的发展提出了一系列好的意见建议,对接替他的人选也提出了建议。这种认真负责的态度精神可嘉，令人感动。2. 毛耀顺主持气象出版社的工作以来，气象出版社的工作取得了很大的成绩。多著书、多出书、出好书，他走到哪里就宣传到哪里，紧紧抓住气象出版事业发展这个主线不放，出版了一大批好的气象专业图书，为气象现代化建设做出了很大贡献。他在气象出版社抓改革，促发展。抓了每期三年的三轮改革，改革的力度都比较大，是中国气象局大院改革的先行者之一，使气象出版社的工作出现了新起色，新面貌，特别是在人员分流方面取得了很成功的经验。他制定了气象出版业务的一系列管理办法，建立了规范的出版业务流程和秩序，保持了气象出版业务的稳定、快速发展。总之，中国气象局党组对毛耀顺主持气象出版社的工作是充分肯定的。3. 经中国气象局党组研究，今后气象出版社的工作由王存忠主持。希望气象出版社要保持现在好的势头，争取做得更好。要继续抓改革，促发展。发展了才有实力，才有出路。多出书、出好书才是我们的出路。刘英金讲话后我和王存忠都在会上作了表态性的发言。这次会议标志着气象出版社领导班子的新老交替顺利完成了。

2003年10月28日上，王存忠主持气象出版社党委会。其中议题之一是研究我退休后气象出版社返聘我继续工作事宜。党委会决定返聘我为社级编审，负责中国气象局史鉴办公室的工作，继续承担《中国气象年鉴》主编和《中国气象灾害大典》常务副主编的工作，同时还承担气象出版社部分重点图书的终审工作。返聘期间原工资福利待遇不变。

十、气象出版社工作期间的同事

我的一生都是从事气象工作，在中国气象局内的三个单位工作，气象出版社是我工作时间仅次于办公室的单位。由于我任出版社主要领导，同事不是同级就是下级。单位不大，互相都比较熟悉。对工作联系较多的同事将重点回忆。同时还有些关系比较好的出版界同事，也作些个别回忆。

（一）气象出版社同事

林培芬 出生于1935年，福建惠安人。我1994年4月调气象出版社工作前，他任社长兼党委书记，距退休年限正好还有一年。中国气象局为了安排我任社长，把他的社长职务提前免除了，保留了党委书记职务。我到出版社后，很是过意不去。当时想，我先到出版社任一年副社长，等他一年退休后再把我转正也不迟。中国气象局党组可能考虑到与其他干部平衡和换个单位一般要升一级等原因才提前一年免了他的社长职务。但林培芬毫不在意，拥护局党组决定，真诚热情欢迎我到出版社工作。

我与林培芬共事了一年，1995年6月他退休了。在这一年多的共事中我们配合得很好。我刚到出版社，他毫无保留地向我介绍出版社的情况。我要深化改革，他也积极支持。这涉及要改变他在任时的机构设置、管理办法、人事安排等，他也从不计较。他为人正直，办事稳重，注意掌握政策，坚持原则，顾全大局。

林培芬在主持气象出版社工作期间做了大量很有成效的工作。组建了一支具有中等规模出版社的编辑队伍，制定了一系列编辑、出版、发行管理的规章制度，进行了定额管理等初步改革，组织出版了以《大气科学辞典》为代表的一批气象专业图书。这些工作，为气象出版社的进一步发展奠定了较好的基础。应该说他为创建气象出版社做出了重要贡献。

纪乃晋 出生于 1931 年，天津河西区人，1952 年毕业于北京大学气象学专业。我到出版社工作时他已退休近两年，但仍关心出版社的工作，帮助周诗健终审书稿。退休前他是社总编辑，是气象出版社创始人之一。他气象专业基础知识雄厚，图书编审水平较高，与气象部门领导和专家关系密切，人脉关系广泛，为气象出版社网罗人才，培养编辑队伍做出了重要贡献。周诗健就是他从中国科学院大气所要过来的人才。他任总编期间组织编辑出版了一批气象业务急需的图书，如《大气科学辞典》《中英俄法西五国气象学词典》等，都是他任总编时费了很大功夫组织编辑出版的。

我到出版社工作后，他主动向我介绍情况，传授气象出版业务经验，积极支持我推行深化改革方案，并帮助出谋划策。继续帮助审阅书稿，关心气象出版社的发展。我退休后，我们还经常联系，一齐关注气象出版社的发展。他为气象出版社的创建和发展做出了重要贡献。

周诗健 出生于 1940 年，江苏南京人，南京大学气象专业大学本科毕业。我到气象出版社工作时，他已担任气象出版社总编辑，直到他 2000 年退休，我们共事了 6 年。他在到气象出版社之前在中国科学院大气所工作，是《大气科学与进展》期刊的主编。1988 年前后，为了编辑出版《中国气象学报》英文版，时任气象出版社总编的纪乃晋把他从大气所挖到了气象出版社，他英文很好，创办了英文版的《气象学报》。纪乃晋 1990 年退休后，他接任了气象出版社总编辑职务。

在我与周诗健共事期间，他全方位配合我的工作，是我的得力助手之一。他有较深厚的气象专业知识和较高的编辑水平，负责气象出版社的图书组稿和审稿，对工作认真负责，严把质量关，使气象版图书没有出现重大质量问题，而且还出版了一批高质量的优秀图书。他是享受国务院津贴的专家，1998 年被评为全国百佳出版工作者。他为人正直，爱岗敬业，积极支持气象出版社的深化改革和出版业务现代化建设，为气象出版社各项工作上一个大台阶做出了重要贡献。

谢炳源 出生于 1939 年，浙江绍兴人，北京气象专科学校毕业，长期从事会计工作，被称为中央气象局的"铁算盘"。我刚调气象出版社任社长时，中国气象局主管局领导温克刚向我推荐了几名副社长人选名单，其中有谢炳源。我毫不犹豫地选择了谢炳源。因为我知道气象出版社的业务，包括图书的成本、图书的发行都要涉及财务，而我又不懂财务。谢炳源是这方面的专家，他原在行政管理局机关服务处任处长，各方面关系较熟，选他来任副社长，能弥补我的一些不足。

我到气象出版社没几个月，谢炳源就被任命为副社长了，直到他 1999 年退休，我们共事了 5 年多。在共事期间，谢炳源大力支持配合我的工作，是我得力的好助手之一。他负责气象出版社的财务和后勤保障工作，对工作认真负责，在财务上精打细算，贯彻勤俭办事的原则，努力做到生财、用财有道。他积极支持气象出版社深化改革，参与了深化改革方案的制定和实施，特别是在承包责任制的经济指标核定方面下了很大功夫。他在气象出版社的后勤服务方面做了大量工作，为改善工作条件和干部职工住房条件做出了较好的成绩。总之，他对气象出版社各项工作上一个大台阶做出了重要贡献。

王存忠 生于 1962 年，山东安丘人，南京气象学院研究生毕业，后又在职读南气院博士生毕业。我到气象出版社工作时他已是二编室副主任。从 1994 年到我 2003 年退休与他共事整整 10 年，我退休后又被出版社返聘 13 年，还是与他共事，前后加起来，与他共事23年。所以他是我在气象出版社共事最长的同事，也是关系最密切的同事。

在我刚到出版社了解情况普遍谈话时，我就发现王存忠有思想、有见解，对气象出版社的现状分析比较透彻，对今后如何发展思路比较清晰，那时就认定了他是个人才。我问林培芬对王存忠的看法，林也认为他不错。他气象专业基础扎实，是当时出版社仅有的研究生，学历最高，又是党员，政治思想好。思维敏捷，工作勤奋，各方面条件都不错，一开始我就把他当作气象出版社后备干部进行培养了。在1995年气象出版社第一轮深化改革中，他被提任为总编室主任，这是出版社培养后备干部的一个重要工作岗位。1999年谢炳源副社长退休后，他被提任为副社长。2003年我退休后，经我推荐，并由局党组指定他主持气象出版社的工作。

在我任气象出版社社长期间，王存忠对我的工作全面配合，大力支持，是我最得力的助手。他积极支持出版社的深化改革。在深化改革前，一些同志思想不通，他主动做群众的思想工作，分析深化改革的必要性和重要性，起到了很好的带头作用。他参加了出版社深化改革方案的制定和实施。他非常热心于出版业务现代化建设，参加了电子出版业务系统方案的制定和实施。他还在编辑、出版和发行等业务管理和成本核算、奖金兑现等方面做了大量很有成效的工作，为气象出版社各方面上一个大台阶做出了重要贡献。

陈云峰　出生于1964年，江苏南通人，南京气象学院本科毕业。我到气象出版社工作前，他是出版社一般编辑。在我熟悉出版社工作和人员过程中，发现陈云峰也是一个人才。他人很聪明，思维敏捷，对事有自己的见解，不轻易人云亦云。我在与他初次谈话中发现他对气象出版社的工作有许多好的见解。在1995年第一轮改革中他被任命为气象科普编辑室副主任（主持工作）。个别老同志不服气，曾找我闹过，说我用人有问题。后来的实践证明，陈云峰政治上要求进步，很快入了党。在三轮改革中，他所领导的编辑室社会效益和经济效益都走在了五个编辑室的前面。2000年周诗健总编辑退休后，他被任命为副总编。后来他被任命为气象出版社总编辑。

陈云峰思想解放，工作有主见，有能力，积极全面支持、配合我的工作，是我的得力助手之一。他积极支持深化改革，并带头实践，起到了很好的示范作用。他参加了出版计划的制订，大力开发出版选题，组织出版了《新编气象知识》《气象万千》《全球变化热门话题》等一系列重要气象科普图书，取得了良好的社会经济效益。他严格执行图书编审规章制度，严格把好图书的编审关，使他编辑室的图书质量有了很大提高，不少被评为优秀图书。总之，陈云峰在气象出版社的深化改革和现代化建设中做出了重要贡献。

段万怀　出生于1935年，河北饶阳人，北京大学气象专业毕业。我1994年4月到气象出版社工作时，他是社办公室主任。与他共事不到一年他就退休了。在这不长共事期间，感到他对我的工作积极支持，全面配合。他认真细致地向我介绍出版社的全面情况和每个人的工作状况，为我尽快熟悉出版社的工作给予了很大帮助。他对本职工作兢兢业业，坚持原则，为人正直，办事公道，敢于管理，为气象出版社的行政管理和后勤服务做了大量很有成效的工作，为气象出版社的发展做出了积极贡献。

史秀菊　出生于1939年，山东临清人。我1994年到气象出版社工作时，她已是总编室主任。在1995年第一轮深化改革中，她被调整到发行部任主任，直至退休。

史秋菊办事有主见，精明能干，积极支持出版社深化改革。当时气象出版社的发行很薄弱，力量不够，发行量很小。把她调到发行部负责，是想加强和大力发展这项工作。她任发行部主任后，想了不少办法，加强了宣传力度和与新华书店的联系，使气象版图书的发行量有了明显上升，发行码洋从几十万元增加到了几百万元，上了一个大台阶。这除了得益于出版社深化改革整体方案的成效外，史秋菊的努力工作功不可没。

于宪珍 出生于1947年，山东文登人，北京气象专科学校毕业。1994年前任出版社办公室副主任，1995年段万怀退休后任办公室主任。1999年史秀菊退休后她调任发行部主任，社党委委员，直至2005年退休。她是我在出版社任职期间的有力助手之一。

于宪珍为人正直，办事公道，敢想敢做，敢于批评不良倾向。忠于职守，工作大胆泼辣，能力较强。在负责社办公室工作期间，思想解放，积极支持配合深化改革，参加了方案的制定与实施。在社办公室进行了机构、人员的大幅度精简，制定了一系列行政、后勤方面的规章制度，保障了出版社改革和发展的顺利进行。她任发行部主任后，全力开拓发行渠道，加强了向气象台站和新华书店的宣传力度，使图书的发行码洋从几百万元上升到了几千万元，再次上了一个大台阶。总之，于宪珍对气象出版社的改革和发展，特别是发行方面做出了重要贡献。

朱汉玉 出生于1957年，江苏泗洪人。我在局办公室工作期间，他在局办公室宣传处负责《气象工作情况》的编务工作，那时就是同事了，但接触不多。1994年我调出版社工作时，他早已调入出版社办公室任行政后勤干事。1995年出版社第一轮改革中，他任社办公室副主任，协助于宪珍负责全社的后勤服务工作。1999年他接替于宪珍任办公室主任，直至我退休。我退休后不久，他调离出版社到局行政管理局任基建处长和党办主任等职。

朱汉玉忠诚老实，为人正直，克己奉公，忠于职守，积极支持出版社的深化改革和现代化建设，努力做好后勤保障工作，是我在出版社工作期间的有力助手之一。在深化改革中，社办公室的行政后勤管理人员精简了50%以上。他在人少事多的情况下，通过提高办事效率和加班加点等方式，较好地完成了各项任务。出版社改革中精简了两个司机岗位，全社没设专职司机，朱汉玉既是办公室主任，又是司机，能上能下，经常为老同志晚上出车。他还随我长途开车参加订货会和下气象台站宣传气象图书。他工作不辞劳苦，不分份内份外，为出版社各项工作连续上大台阶做出了重要贡献。

陶国庆 出生于1953年，江苏常州人，南京气象学院大学本科毕业。我1994年到气象出版社工作时他已是第一编辑室主任，是前社长林培芬重点培养的中层骨干。我任社长后，他一直担任一编室主任。他政治思想比较强，群众关系较好，一直担任社党委委员。

他积极支持出版社的深化改革和现代化建设。他领导的一编室负责气象教材的编辑出版，出版了一批好的气象教材，虽然经济效益不高，但社会效益很好。他对新进人员认真"传帮带"，为培养气象人才做出了积极贡献。他对编辑业务比较精通和认真细致，出版图书质量较高，被新闻出版署评为"全国优秀中青年编辑"和"全国百佳出版工作者"。他为气象出版社思想建设和提高图书质量做出了积极贡献。

黄丽荣 出生于1950年，湖北广济人，南京气象学院毕业。我1994年到气象出版社工作时，她在出版社任编辑工作。1995年出版社第一轮深化改革时，她任第二编辑室主任，直到我退休后还一直任二编室主任。

黄丽荣思想解放，全力支持气象出版社的深化改革和现代化建设。她事业心强，担任二编室主任，除做好气象科技图书出版外，还积极开拓面向图书市场的选题。她组织出版的中学《希望杯数学竞赛试题分析》系列图书,获得了很好的社会经济效益。在三轮9年的深化改革中,她所领导的编辑室创造的经济效益在五个编辑室中始终名列第一。在实施改革的第一年,她就拿出个人奖金1万元,支持其他编辑室的奖金分配。在第二轮改革中,她的编辑室的纯利润率先超过100万元,获得了社里购置一辆小轿车使用权的奖励。她连续被评为中国气象局的优秀党员,并被新闻出版署评为"全国中青年优秀编辑"。她在气象出版社的改革和发展中起到了先锋表率作用。她为气象出版社深化改革、开拓选题、提高图书质量做出了重要贡献。

苏振生 出生于1946年,北京人,北京气象专科学校大专毕业。我到出版社时,他已是出版部主任。1995年实施第一轮深化改革方案,撤销了出版部,经双方选择,他被任命为三编室主任,负责气象资料、图表的出版。同时担任出版社工会主席。

苏振生对工作认真负责,积极组织出版选题,出版了一批气象部门急需的资料图书和工具书。虽然他们编辑室出书的经济效益不高,但不甘落后,为提高出版双效做了多方努力,取得了一定成效。他热心公益活动,热爱工会工作,为组织气象出版社的文体活动和落实职工的福利待遇方面做了大量工作。1998年在全局文艺比赛活动中气象出版社获得了一等奖。他为气象出版社的工会工作和文体活动做出了重要贡献。

李太宇 出生于1949年,河南滑县人,北京大学毕业。我到气象出版社时,他已任编辑室副主任。1995年第一轮深化改革时,他任第五编辑室主任,负责英文版气象学报的编辑出版,同时兼出一些其他气象科技图书。

李太宇积极支持出版社深化改革和现代化建设,敢于坚持原则,批评不良倾向。他热爱本职工作,组稿能力强,积极开拓选题,与气象知名专家联系广泛,建立了比较好的作者群,除编好英文版气象学报外,还组织出版了一批高水平的气象学术专著,取得了较好的社会效益和经济效益。他为气象出版社开拓选题,提高图书质量做出了积极贡献。

戎维伦 出生于1947年,江苏苏州人。我到出版社时她任会计。1998年出版社第二轮深化改革时她被提升为社办公室副主任,负责社财会工作。2001年第三轮深化改革时她被提为正处级,仍然负责全社财会工作。

戎维伦积极支持出版社的深化改革和现代化建设,她精通财会业务,工作认真负责。在财会上坚持原则,精打细算,主动向社领导提生财、聚财建议,严格按财务规章制度办事,多年来没出差错。她性格开朗,能歌善舞,在群众中有一定凝聚力,是出版社文娱活动骨干,在她的带领下在1998年全局文艺汇演中气象出版社的女生小合唱节目获得了一等奖。她克己奉公,努力工作,为出版社的财务工作做出了重要贡献。

成秀虎 出生于1964年,江苏海安人,南京大学天气动力专业本科毕业。我到出版社时,他是编辑。1998年第二轮改革开始任三编室副主任,第三轮改革他任主任。我退休后不久,他调出出版社,在局干部培训学院任处长。

成秀虎思维敏捷,肯动脑子,有主见,气象专业基础知识较好,编辑水平较高,积极开拓出版选题。他所组织出版的安全生产培训教材系列图书取得了很好的社会经济效益。他任三编室主任后,也创造了年利润超百万,获得了由社购车编辑室使用权的奖励。他为气象出版社开拓选题,提高图书质量做出了积极贡献。

郭彩丽 出生于1967年,天津人,北京大学气候专业本科毕业,是中科院资深院士陶诗言的最后一名研究生。她原为一般编辑,1998年第二轮深化改革时,她被任命为第四编辑室副主任。我退休后不久,她调出出版社到局机关先后在科技司、人事司任处长、副司长。

郭彩丽思想解放,积极支持出版社的深化改革和现代化建设。她气象专业基础知识扎实,编辑水平较高,对本职工作认真负责,编书质量较高,获奖图书不少。她积极配合陈云峰的工作,在做好气象科普图书出版的同时,还组织出版了一批双效俱佳的气象专业图书,创造了年利润超百万的良好效益,也获得了社购车使用权的奖励,为出版社的改革与发展做出了积极贡献。

张润年 出生于1957年,河北任丘人,北京气象专科学校大专毕业。我到出版社时,他在出版部工作。1995年出版社第一轮改革时,他任发行部副主任。

张润年是一位有思想、有见解的人,考虑问题冷静、周到,不爱多说话,但发表意见条理清楚,办法可行。他在图书发行方面下了很大功夫,建立了与全国许多新华书店的联系,为气象出版社图书发行码洋上大台阶做出了重要贡献。

李如彬 出生于1965年,河南汝阳人,中山大学天气动力专业本科毕业。我到气象出版社时,他为一般编辑。1998年出版社第二轮深化改革时,他被提任为发行部副主任。在2000年第三轮改革时,由于在发行部没有达到他任职前的承诺,又回到编辑室任一般编辑。我退休后他调出出版社到公共气象服务中心工作。

李如彬人很聪明,对出版工作有很多好的想法。他认为出版社的发展主要靠发行,要加强发行工作,对发行也有一些具体意见。我原想在发行方面重点培养他,把他安排在发行部任副主任。2000年我还带他参加了纽约国际书展,对他寄予很大希望,但结果他感到发行难度大,又要求回编辑室。他是一位有理想、有事业心的人,为气象出版社的发行工作做出了不少努力。

岳景增 出生于1964年,北京平谷人,兰州气象专科学校毕业。我到出版社时他为助理编辑,负责出版编务。出版社实施深化改革方案中,我认为他本质是好的。在双向选择中他被选定到社办公室负责行政后勤岗位。他感到岗位重要,是对他的信任,所以积极工作,认真负责,经常主动加班加点,进步很大,得到全社好评。后来很快担任了主任科员、行政科长,还加入了中国共产党。我与岳景增关系不错,他帮我学习开车花费了很多力气。特别是我在退休之前突发心脏病后,他多方照顾,亲自陪床,结果自己的癫痫病发作了,使我很是过意不去。我退休后,他负责社老干部服务工作,对我依然比较尊重和照顾。他为气象出版社的行政后勤工作做出了一定贡献。

李义玲 出生于1964年,北京市人,北京大学档案专业大专毕业。她思想解放,积极支持出版社的改革,办事精明能干,效率较高。我到出版社推行第一轮改革时,将总编室由6人减到3人,一些同志有意见,私下串联双向选择时都不报总编室的岗位。但李义玲不顾这些,以实际行动支持改革,毅然报名总编室科员岗位,1人承担起改革前3人的任务。她具体负责全社的书号申报和管理,负责出版合同的管理,并安排所有书稿的终审等管理任务。这些任务具体繁杂,牵涉面广,工作量大,但她做得有条不紊,游刃有余,为出版业务工作的高效运行做出了重要贡献。她待人热情诚恳,团结同志,合作共事好。她能歌善舞,是社里的文体骨干,为开展全社文娱活动做出了积极贡献。

此外,我在气象出版社工作期间还有许多同事,主要有:顾仁俭、俞卫平、张斌、都平、席大光、吴庭芳、殷钰、潘根娣、樊志兰、焦强、刘冬燕、魏宁君、崔晓军、马翠英、白凌燕、方益民、刘美琳、韩履英、王桂梅、王小甫、金平、林雨晨、杨泽彬、陈红、王丽梅、王元庆、刘扬、魏春红、李继康、刘祥玉、彭淑凡、郭健华、唐立岩、姜文印、刘厚堂、吴晓鹏、周露、张锐锐等，他们对我的工作都给予了很大支持，在各自岗位上为气象出版社的改革和发展做出了积极贡献，在此不一一列举了。

（二）出版界的同事

在出版界除了上述气象出版社的同事外，还有上级出版部门和其他出版社的一些同事，主要有中宣部出版局局长兼中国出版者协会副主席伍杰、新闻出版署副署长桂晓风、新闻出版署图书局科技图书处处长李建臣，中国出版协会科技委员会主任周宜（原建工出版社社长）、副主任兼秘书长郭有声（原卫生出版社副社长）、副主任史梦熊（原水利出版社社长）、副主任张学良（原地图出版社社长）、副主任曾铎（原国防工业出版社社长）、副主任蔡盛林（原农业出版社社长）、副主任汪继祥（科学出版社社长）、副主任梁祥丰（电子工业出版社社长），农业科技出版社社长王子聪、林聚家，海洋出版社社长孙志辉、盖广生、总编杨绥华，地震出版社社长程仁泉、张宏，建工出版社社长刘慈慰，轻工业出版社社长赵济青、总编杜文勇，化工出版社社长俸培宗，中国林业出版社社长张伯涛、副总编陈利，兵器工业出版社社长王坚，北京科技出版社社长张敬德，湖南科技出版社社长汪华，北京大学出版社社长彭松建，清华大学出版社总编蔡鸿程，铁道出版社副社长王中锋等。我与这些同事经常在会上交流情况，会下互通信息，建立了比较良好的个人关系。

特别是下面两位同事交往较多，关系较密切。

伍杰：出生于1930年，湖南常德县人，是我的同乡。曾任中央宣传部出版局局长，中国出版协会副主席，中国书译学会会长，现任《中华大典》编辑工作委员会办公室主任。他在任中央宣传部出版局局长时对气象出版社的工作非常重视，给予了多方具体指导与关心，使气象出版社被评为良好出版社，并两人被评为全国"百佳出版工作者"，这些许多大出版社也是望尘莫及的。他退出领导岗位后，负责国家超级图书出版工程《中华大典》的修编工作，并大力支持我提出的将气象列入《中华大典》的建议，促成了《中华大典·地学典·气象分典》的出版。1998年，他不但亲自参加，而且还把中宣部出版局的副局长张晓影也带来参加气象出版社建社20周年纪念活动。伍杰还是一名知名作家，著有《我的书译观与书译》《书译30家》等著作。现已近90岁高龄，仍在致力于《中华大典》的编修，实在令人敬佩，我一直把他当作出版界的前辈尊敬他、感谢他。

周宜：出生于1933年，湖南长沙人，也算是我的老乡。曾任中国建工出版社社长兼中国版协科技出版委员会主任。他对专业面比较窄、科技性比较强的出版社非常关心，对气象出版社也很关心和支持，多次在全国科技出版社长会议上推荐气象出版社的工作经验，多次参加气象出版社的活动，如气象重要图书首发式等，并发表热情洋溢的讲话。我一直把他当作出版界的前辈尊敬他、感谢他。

第九章 退休后返聘工作的13年

我2003年10月退休后并没有完全休息，而是被气象出版社返聘上班，承担组织一些重点图书的编纂和出版等专项任务，直到2016年才彻底辞掉了出版社的所有工作，开始过上了真正的退休生活。这13年的返聘工作与退休前的工作有着很大的差别：主要是任务单一，不负领导责任了，不管单位的人、财、物了，不为单位创收而承受着巨大压力了，不用做人的思想工作而产生无穷烦恼了，不需要总结和述职了，也不用准时上下班了。总之，退休解除了全面负责一个单位工作的种种压力，使我感到非常轻松。与原来相比，做点专项工作，我不管别人，别人也很少管我，很是自由。虽然如此，我作为一位退下来的领导干部还是自觉严格要求自己的，对返聘份内的工作任务始终是一丝不苟、认真负责、全力做好的。在这13年中，我集中精力，组织几位老同志办成了几件我在职时想办而没有办成的引为自豪的大事、好事。

开完欢送我的退休会后，气象出版社主持工作的副社长王存忠找我，要我"扶上马，再送一程"，给新班子当当参谋，并负责一些专项工作。我当即说已公开宣布退休后对社领导班子的工作"不参与、不干预、不出难题"。对领导班子的事我是不会参与的，不存在"扶上马，送一程"的问题。对社领导班子的决策等工作我是不会沾边的，必须新班子自主进行，不受前任领导的一些条条框框的约束，目的是让他们放开大胆地干。但要我做一些专项工作，或具体工作，我还是有兴趣的，特别是我在职时尚未完成的几项重点图书编写与出版，还想继续抓下去，使之尽快完成。

2004年1月1日，王存忠主持气象出版社党委会议，讨论我退休后返聘工作问题。会议一致同意返聘我为社级编审，负责中国气象局史鉴办编辑部的工作，承担《中国气象年鉴》《中国气象灾害大典》等编审任务，以及其他有关重点图书的终审等任务。

退休返聘13年，主要做了以下几件大事：一是组织了气象专业图书的巡回展览，二是组织完成了《中国气象灾害大典》的编纂和出版任务，三是组织完成了《全球变化热门话题》系列图书的编写和出版任务，四是参与组织完成了《中华大典·地学典·气象分典》的编纂和出版任务，五是参与了《中国气象百科全书》综合卷的审稿、统稿和部分条目的编写工作，六是负责完成了《中国气象年鉴》三年的组稿、编辑、出版和发行任务。这六件事，主要是后五件事是我引以为自豪的。此外，最后还用了一年时间参与了气象灾害资料（古代）数据库部分资料的整理工作。

一、组织气象专业图书巡回展

我还没有退休的时候就想组织一次气象专业图书在全国各地气象台站的巡回展出，一方面使基层气象台站的科技人员能亲眼看到气象出版社的专业图书，以扩大气象专业图书在广大气象台站的影响与发行；另一方面考察一下基层气象台站图书阅览室的图书状况，推动和促进图书阅览室的建设，有利于气象出版社的长远发展。由于在职时工作繁忙，无暇安排这项活动。退休后，我觉得有空闲时间了，就把这一想法向主持工作的副社长王存忠汇报了。他认为我的想法很好，积极支持我趁刚退下来，对全国气象部门的人头还比较熟悉之时，组织一次气象专业图书的巡回展，对气象出版社的发展、对气象事业的发展都有好处。

在气象出版社领导的大力支持下，我于2004年5月10日至28日组织了为期18天的气象专业图书巡回展。首先我们精心挑选了200多种适合基层气象台站阅读的专业图书，制作了全面简介气象版图书的宣传卷帘，社里抽调了发行部主任于宪珍、办公室主任朱汉玉、发行业务经理肖广慧参加。同时还调配了出版社当时最好的车辆，由朱汉玉和我轮流开车，从北京出发到山东、江苏、上海、浙江、安徽、湖北、河南、河北沿途的30多个气象台站开展气象专业图书巡回展，行程近8000公里。每到一地，我们先在气象台站会议室展示图书和宣传卷帘，向气象台站的领导和科技人员介绍气象专业图书。此举很受气象台站的欢迎。所到气象台站都热情接待，领导亲自出面召集骨干会议，动员大家参观书展。我们第一站到山东省气象局布展后，反响很大。该省气象局领导李勇等60多人参观书展，许多科技人员说，过去不知道气象出版社出了这么多好书，我们非常需要，如果单位不出钱买，我们自己掏钱买，一次订书就上千元。省气象局局长王建国等领导，还陪同我们到聊城、临沂等气象台站举行书展，引起了基层台站的高度重视。临沂气象局二十几层的办公楼落成不久，我要参观他们的图书阅览室，但该局局长有些为难，说搬迁办公楼时把图书打包了，新楼里还没安排图书阅览室的位置。省气象局局长知道后，当场责令他们安排房间，把图书阅览室尽快办起来。上海市气象局的图书阅览室面积大、藏书多、环境好、管理严、使用好，我们沿途宣传。通过这样的巡回展，真是促进了图书阅览室的建立。在安徽省气象台展览时，来了近百名干部群众参观，有的科技干部对我们展出的图书爱不释手，想当即买下。我们说这是样书，还要到其他台站巡回展出，现在不能当场卖。如果需要可在书目订单上定购，我们可以邮寄过来。有一位同志发现他们主管财务的领导没来参观书展，就把他从办公室叫来了。这位领导很开明，说大家需要什么书，尽管在订单上划出来，你们打钩，单位付款，场面很热闹。这个省气象台一下就订了近万元的图书。这种情况在其他气象台站也大多出现过。这次巡回图书展得到了沿途气象局的大力支持和高度评价，认为气象出版社送货上门，服务到家，对基层台站帮助很大；对气象出版社来说，达到了宣传、销售气象专业图书和促进图书阅览室建立的双重目的，取得了良好的社会经济效益。

二、参加起草《中国气象事业改革开放三十年总结》

2008年，是党的十一届三中全会召开后的30年。为了总结气象事业发展成果，中国气象局于年初成立了以原副局长刘英金为组长的"中国气象事业改革开放30年研究"课题组，我是课题组成员之一。课题组的任务是全面总结党的十一届三中全以来30年气象事业改革发展的历程、成绩、问题、经验和今后的建议、展望，最后形成一份研究报告，供中国气象局领导在纪念全国气象部门改革开放30周年大会上讲话作参考。与此同时，还要求各省（自治区、直辖市）气象局、各直属单位都要总结改革开放30年的工作，并提交一份文字材料，以资编辑出版《气象部门改革开放三十周年纪念文集》。

课题组经过半年多的调研和查阅历史资料，并在多方征求意见、反复研讨的基础上形成了"中国气象事业改革开放30年研究报告"。报告分5个部分：第一部分前言；第二部分气象部门改革开放的历史进程，将30年划分为拨乱反正、调整发展（1978—1983年），推行改革、全面发展（1984—1991年），深化改革、快速发展（1992—1999年），扩大开放、持续发展（2000—2008）共4个阶段；第三部分，气象部门改革开放的主要成就，从10个方面以图、文、表并用的形式反映了气象事业方方面面的发展成果；第四部分，气象部门改革开放的基本经验，一共列了六大条；第五部分，问题与建议，指出了5个方面的问题，提出了六条加强和改进气象工作的建议。我负责起草报告第二部分中的前两个阶段，即1978—1992年全国气象部门的改革开放历程的起草和修改，还负责报告第四部分气象部门改革开放的基本经验的起草与修改。

该报告全长近8万字，报告的"总论"部分编入于2008年12月出版的《气象部门改革开放三十周年纪念文集》。此外，我代气象出版社起草的"回眸气象出版事业改革开放30年"一文也编入了该文集。

三、参加起草《新中国气象事业60年》

在总结改革开放30年不久，又迎来了新中国成立60周年，也是中国气象局建局60周年。为了纪念建国、建局60周年，中国气象局于2009年初成立了以原局长温克刚为组长的《新中国气象事业60年》编写小组，我又被列入了编写小组成员之一。温克刚同志要我参加该编写组时，开始我是推辞的。因为我是1970年参加工作的，对20世纪50—60年代的气象事业没有经历过，感受不深，不好写，并建议找些建国初期参加中国气象局组建的更老一点的同志来写更好一些。温克刚同志说，那些老同志年事已高，不能动笔了，但可以多征求他们的意见。能动笔写、又了解全国气象工作情况的还得找你几位了（指我和韩通武、赵同进等），他坚持要我参加。碍于老领导的情面，我只好答应了。当时想我退休都快10年了，发誓参加这一次为中国气象局编写材料后，就"金盆洗手"，再也不参与编写任何东西了。然而这誓言并没兑现，后来又为局里代笔写了一些文章，如郑国光局长在中国气象报发表的关于气象事业发展的基本经验，就是由我起草的。

《新中国气象事业60年》是在"气象事业改革开放30年总结"的基础上再向前追溯30年的总结。全书分概述、新中国气象事业发展历程、主要成就、基本经验、优良传统与作风五大部分。我负责起草了该书的"发展历程"和"基本经验"两部分。

发展历程在阶段的划分上比改革开放30年的总结更宏观一些，只划了3个大的阶段。第一阶段为20世纪50年代，为艰苦奋斗、创业发展阶段。第二阶段为60—70年代中前期，为经受干扰、曲折发展阶段。第三阶段为70年代后期至今，为改革开放、快速发展阶段。主要成就是从10个方面展开叙述的。基本经验提炼了6条，并从正反两个方面进行论述。优良传统和作风总结了4条，试图概括为"气象人精神"，希望今后得到传承与发扬光大。

2009年8月，中国气象局建局60年总结形成初稿后，起草小组在原局长温克刚的带领下到江苏南京、湖北武汉召开座谈会，征求省气象局老同志对60年总结初稿意见。我和韩通武、赵同进参加了这些会议。同时在局内也召开多次座谈会，征求老领导、老专家的意见，并召开过多次研讨会反复修改。全书约6万字，在2009年11月以中国气象局的名义正式印发，全国气象部门学习。

四、继续主持完成《中国气象灾害大典》编纂和出版任务

编纂出版《中国气象灾害大典》是我在职时于1995首次提出至2004年一共召开了3次编委会、1次全国性编纂工作研讨交流会，中国气象局下发了2个文件，及时明确了《中国气象灾害大典》编纂各阶段的目标任务，有力地推动了《中国气象灾害大典》的编纂工作。截至2003年底，各省（自治区、直辖市）气象局承担的分卷和国家气候中心承担的综合卷撰稿任务大部已完成。

2004年我退休后，经中国气象局同意，气象出版社返聘我继续负责完成《中国气象灾害大典》的编审和出版任务。在我退休前就已返聘的中国气象局法规司原司长江彦文参与《中国气象灾害大典》的审稿。这样从2004年开始，我和江彦文共同承担《中国气象灾害大典》的审稿任务，以我为主。我的具体任务有四项：一是继续催稿，对未交稿的分卷抓紧催稿，对已交稿的分卷进行初审，返回修改；二是进一步落实出版经费，《中国气象灾害大典》除中国气象局补助专项经费200万元落实外，还需各省（自治区、直辖市）气象局再补贴6万元左右，以出版合同的形式予以明确，我代表出版方与之签署出版合同，落实补贴款；三是审稿，全书32卷，近2000万字，绝大部分由我与江彦文交叉审稿，少部分请外人审稿，我们用了近3年的时间审稿；四是宣传与发行，我负责《中国气象灾害大典》在气象部门内部发行，共发出1000多套，收回近200万元。期间争取中国气象局为《中国气象灾害大典》发了2个文件，召开了2次编委会，3次全国性会议。

《中国气象灾害大典》的编纂工作从2000年第一次编委会正式启动开始到2008年全书面世，经历了资料搜集、书稿编写、编辑审稿和出版发行4个阶段。我负责组织上述4个阶段的全过程，包括组织会议的召开，所有文件、会议通知、纪要、中国气象局发文和领导讲话稿等的起草。这些会议和文件在《中国气象灾害大典》编纂的各个阶段都发挥了重要的指导作用。2008年底《中国气象灾害大典》终于全部出版完毕，并在全国公开发行，受到广泛好评。这是我一生做的最重要、最得意的一件大事。

《中国气象灾害大典》是一部近2000万字的鸿篇巨著，设有综合卷和各省（自治区、直辖市）分卷，共32卷。各分卷按气象灾害种类设章，一般设有暴雨洪涝灾害、干旱灾害、大风灾害（包括台风、寒潮大风、龙卷风）、冰雪灾害、霜冻冷害、连阴雨灾害、冰雹灾害、大雾灾害、雷电灾害和泥石流、森林大火、农作物病虫害等气象次生灾害各章，有些地区没有或极少出现的气象灾种就不设章。章下设节，节的设置一般按概述、古代、近代、现代的顺序排列，各节具体年代的断分主要根据气象灾害资料的收集情况决定，并未严格按历史时期的一般断代年份来划分。节下设条目，条目按灾害出现的时间顺序排列，条目一般由灾害种类，出现的时间、地点，受灾的范围、程度及减灾防灾措施、效果等要素组成，但有些条目，如古代资料不要求每个要素都具备，有多少收入多少。大典综合卷是全书的总揽，在框架结构上与分卷有所不同，为方便综合分析起见，则以时代为章（即设总论、现代、近代、古代共4章），以气象灾种为节，条目设置与分卷相同。

《中国气象灾害大典》将时间跨度长达近3000年的各种气象灾害资料按一定规则编辑成书，在国内还从未有过，在国外也未见过，它多方面的使用价值将会不断被人们所发掘。现在我能认识到的《中国气象灾害大典》的价值至少能体现在以下几个方面：

一是《中国气象灾害大典》以大量气象灾害所造成的人民生命财产损失触目惊心的实例，唤醒和启发人们的忧患意识，对提高全民减灾防灾意识具有重要作用，是一部极好的减灾防灾教材。

二是气象灾害造成的损失占整个自然灾害损失的70%以上，可见气象灾害对社会经济发展的影响至关重要。《中国气象灾害大典》能为国家和各级领导部门规划社会经济发展和制定防灾减灾预案提供丰富决策资料。

三是对气象灾害发生发展规律我们至今尚未完全掌握，《中国气象灾害大典》所收集的长时间跨度和广空间领域的气象灾害资料，为气象科技人员研究我国灾害性随时空分布和发生发展规律提供了宝贵的基础资料，不断提高灾害性天气的预测水平，最大限度地减少国民经济和人民生命财产的损失。

四是无数事实证明，气象灾害的大小、轻重与我国社会发展、朝代兴衰的历史紧密相关。《中国气象灾害大典》所收集的历代气象灾害资料从一个侧面折射出中华民族的发展历史，为有关社科专家研究我国社会、政治、经济、文化、军事、哲学、科技等方面的历史提供佐证。

总之,《中国气象灾害大典》是一部填补空白、具有良好使用价值和保存价值的巨型资料性工具书,随着时间的久远,其现实的使用价值和历史的保存价值将会越来越凸显。这是我一生中所做的最大气、最满意的一件事情。但由于编纂这样巨型资料性工具书时间跨度长,涉及范围广,编纂难度大,再加上能力和水平有限,难免存在不少问题,这也是意料之中的。

五、编纂出版《中国气象灾害大典》工作的部分纪事

2004年7月4日,我主持会议听取《中国气象灾害大典》山西卷的编辑汇报。参加人员有江彦文、山西省气象局原办公室主任刘庆桐、姚彩霞。山西卷是编撰得比较好的一卷,收集的资料比较详细,并注有资料的出处,所以篇幅比较长,超出了原定的每个分卷60万左右的篇幅。听了汇报后,肯定了他们工作做得比较细比较好,但要求篇幅适当压缩,要把资料的准确性放在第一位。

2004年8月11日,温克刚主持召开《中国气象灾害大典》第四次编委会。我作为编委会副主任兼编辑部主任对《中国气象灾害大典》的编撰工作做了汇报。此前一共开了三次编委会。第一次编委会是2000年6月16日召开的,通过了编辑出版《中国气象灾害大典》的方案。第二次编委会是2001年3月26日召开的,通过了《中国气象灾害大典》的编写大纲。第三次编委会是2002年6月13日召开的,下发了气办发〔2002〕19号文件,要求各省(自治区、直辖市)气象局把编写《中国气象灾害大典》作为一项业务服务的基本建设来抓,明确省(自治区、直辖市)为单独列卷,并落实匹配出版经费。本次编委会希望解决 4 个问题：一、请中国气象局办公室再发一个文，强调该项工作的重要性，进一步引起各级领导的重视；二、拟召开各省气象局分卷编委会主任会议，交流进展情况和经验，进一步统一大纲和细则；三、控制篇幅，每卷在 60 万字左右；四、加强撰稿和审稿力量，要求报送文字版和电子版，在报送前必须送分卷主编审阅。编委会讨论原则同意我汇报的 4 点意见。此次会议之后，大大加快了《中国气象灾害大典》的编纂速度。

2004 年 10 月 10 日，全国气象史鉴志会议在甘肃省气象局召开。参加这次会议的有各省（自治区、直辖市）气象局的代表共 74 人，我以中国气象局史志办主任的名义主持这次会议。开幕式议程：一、宣读了中国气象局副局长刘英金和原局长温克刚的书面讲话；二、甘肃省地方志办公室领导讲话；三、甘肃省气象局领导讲话；四、传达全国地方志三次会议精神；五、我作气象史鉴志工作报告；六、大会发言，有甘肃、辽宁、四川的代表在大会上发言。会议分两个组讨论，在分组讨论时发言的有：湖北省气象局副局长姜海如，湖南省气象局副局长曾庆华，贵州省气象局副局长许炳南，青海省气象局副局长张国胜，四川省气象局办公室主任谭周林，云南省气象局办公室档案科科长林国兆，新疆区气象局气象杂志编辑王秋香，宁夏区气象局梁旭，重庆市气象局办公室主任王涛。还有湖南省气象局的向德龙、湖北省气象局的刘立成等也在小组会上发言。11 日上午会议闭幕，我作会议总结。会议明确：要提高对气象史、志、鉴工作的认识，确定专人负责，落实专项经费；各省气象志的编辑出版要争取纳入地方志的规划，争取多渠道经费支持；《中国气象灾害大典》的编撰要按中国气象局办公室转发的第四次会议纪要精神抓好落实；中国气象年鉴一要抓好栏目的创新，二要抓好发行工作。

2005 年 5 月 19 日，我辞去中国气象局史鉴办公室主任的职务，将史鉴办公室纳入气象出版社编辑室的机构序列管理。我只保留了《中国气象灾害大典》编委会常务副主任兼编辑部主任职务，继续负责完成《中国气象灾害大典》的编辑出版任务。5 月 26 日，我辞去润笔公司董事长职务，并将公司移交气象出版社管理。

2005 年 7 月 22 日，我召集会议研究气象灾害大典湖南卷的修改，参加会议的有编辑部的王存忠、江彦文、杨泽彬，湖南省气象局的曾庆华、向德龙。

2005 年 11 月 8 日，气象出版社社长刘燕辉主持召开研究《中国气象灾害大典》的出版专题会议。我代表编委会汇报了编辑进度，提出了出版前后要做的几项工作。

2006 年 2 月 22 日，编纂《中国气象灾害大典》第三次研讨会在海南省海口市召开。参加会议的有各省（自治区、直辖市）气象局分卷的主编和部分编委共 58 人。局办公室主任朱祥瑞主持开幕式，编委会主任温克刚致开幕词并讲话。在开幕式上，海南省气象局局长吴岩俊、琼海市副市长陈大剑、气象出版社社长刘燕辉讲话；气象出版社副社长王存忠代表《中国气象灾害大典》编辑部汇报，甘肃省气象局董安祥、辽宁省气象局韩玺山、山西省气象局刘庆桐介绍了各自分卷的编辑情况。我作为《中国气象灾害大典》编委会常务副主任主持大会讨论。在大会讨论上发言的有山西省气象局原局长霍成福、江西省气象局办公室主任邓晓明、上海市气象局气象学会原秘书长鲍宝堂、山东省气象局气象台长薛德强、河北省气象局气候中心主任郭迎春、内蒙古气象局副局长沈建国、吉林省气象局科研所所长刘爱霞、北京市气象局李书严、黑龙江省气象局办公室副主任宋英华。我作会议总结：为编撰出版《中国气象灾害大典》，先后召开了四次编委会，三次全国性的研讨会，中国气象局办公室发了3个文件，有效地促进了《中国气象灾害大典》的撰稿和编辑。

2006年7月13日，《中国气象灾害大典》综合卷举行第一次审稿会。审稿会由国家气候中心副主任李维京主持。温克刚和我出席了审稿会。综合卷主编丁一汇院士汇报了综合卷的编撰情况。

2006年12月25日，《中国气象灾害大典》综合卷组织第二次审稿。审稿会由国家气候中心副主任李维京主持。出席审稿会的有温克刚、丁一汇、我和江彦文及综合卷的全体编辑人员。温克刚说综合卷有了很大的进展，但进度还不够，还在拖全书的后腿。50万元经费已落实，2007年一定要交稿。

2007年8月28日，《中国气象灾害大典》综合卷召开第三次审稿会。我和江彦文参加了这次审稿会，并发表了修改意见。

2008年1月30日，《中国气象灾害大典》在北京气象宾馆召开第五次编委会，温克刚主持编委会会议，由我汇报全书编辑出版情况。至此全书31个分卷已全部出版，综合卷已多次审稿，尚待出版。此次编委会是最后一次编委会，充分肯定了各分卷编委会和大典编辑部的工作，要求综合卷抓紧审稿，务必在年内第三季度前出版，并要求年底做好整个《中国气象灾害大典》编纂出版的总结和宣传发行工作。

2008年11月17日，温克刚主持召开研究《中国气象灾害大典》编撰出版工作总结会方案。《中国气象灾害大典》总结会于11月28日至9月1日在四川成都新华国际酒店召开。会议由温克刚主持并致开幕词，由我作总结报告。出席会议的有各省（自治区、直辖市）气象局的分卷编委会主任和工作人员50余人，其中1/2是省气象局领导。此次会议的会务由四川省气象局办公室负责。至此《中国气象灾害大典》的编纂出版画上了圆满的句号。

六、发起并参与编纂《中华大典·地学典·气象分典》

发起并参与编纂《中华大典·地学典·气象分典》是退休后做的另一件使我引以为豪的大事。如果2003年退休至2008年5年间我的主要精力是编纂《中国气象灾害大典》，那么2008年至2013年5年间我的主要精力是编纂《中华大典·地学典·气象分典》（以下简称《气象分典》）。《气象分典》的编纂经历了立项起动、编纂大纲即指南编写、编制普查书目、实施普查资料、分类编辑和核红出版稿几个阶段。我作为《气象分典》的发起者和具体组织实施者参加了上述各个过程。

（一）编纂《气象分典》的缘由

2006年6月22日，《光明日报》头版头条刊登了龙新民关于编纂出版《中华大典》答记者问的消息。我原来略有所闻，知道国家正在组织编辑出版《中华大典》，没有特别在意。看了这条报道后就心生一个念头，想将我们很快就要出版的《中国气象灾害大典》综合卷纳入《中华大典》系列。于是就向新闻出版署打听到了编纂《中华大典》的工作机构地点，我立刻拿了一本已出版的《中国气象灾害大典》分卷样书前往《中华大典》办公室，洽谈《中国气象灾害大典》纳入《中华大典》系列的事宜。《中华大典》工作委员会办公室主任伍杰热情接待了我。伍杰是原中央宣传部出版局局长、中国版协副主席、全国著名书评家和作家,和我是湖南常德县的老乡,我在职时经常与他联系。他是出版界的顶头上司,对气象出版社的工作曾给过许多指导和帮助。我退休后与他再无联系,没想到他在负责组织《中华大典》的编纂工作。他见到我也很高兴,还说有事有求于我。

我将来意向伍杰说明了,他大致看了一下气象灾害大典分卷后说,《中国气象灾害大典》纳入不了《中华大典》,主要是体例与内容完全不一样。《中国气象灾害大典》与《中华大典》同是类书,但《中国气象灾害大典》是类事性类书,也是专业性类书,即把同一类事件编辑成书;《中华大典》是类文性类书、综合性类书,即把同一类图书、文章、人物传记等编辑成书,类似于四库全书和古今图书集成。收集内容的时间范围也不一样,《中华大典》只收入民国以前,即1911年以前的古籍内容,而且是繁体字竖排版。随后伍杰向我介绍了编纂《中华大典》的概况。他说《中华大典》是要将有文字记载以来到辛亥革命前(1911年)浩如烟海的古籍按现代科学分类编成中国迄今为止最大的类书,最早是他任中宣部出版局局长时,1986年由十几家古籍出版社社长发起的。当时他们走访了国内300多位知名专家学者,以单位或专家联名的形式多次向中央和国务院陈述编纂出版《中华大典》的重要性和可行性,得到了当时中央领导江泽民、李鹏、丁关根等的支持,于1992年正式列项并开始试点。2005年以前在试点的基础上出版了几卷文学典的分典(约5000万字),期间由于人员变动等原因停滞了一个时期。直到近两年,在刘云山、陈至立等中央领导的过问下,才进一步明确了任务,调整充实了编纂工作班子,落实了"十一五"国家重点图书出版项目,重新启动了这项工作。最近,经《中华大典》编委会研究决定,《中华大典》的一级典总数由原定22个调整为23个,其分典也随之由100多个增加到近200个,总篇幅控制在8亿字以内。目前已有1/3左右的典进入了编纂阶段,1/3的典已启动,1/3的典尚未启动,即尚未组织落实。要求整个《中华大典》再用3～5年完成全部编纂出版工作。但在《中华大典》原定框架中设有《天文地学》典,该典的编纂工作尚未启功,是否其中设气象分典,气象局可以积极争取。

伍杰还特邀我参加了2006年12月24日在北京举行《中华大典》编纂经验交流会。会议由新闻出版署副署长于永湛主持,出席会议的有国家图书馆馆长、《中华大典》主编任继愈,中国版协副主席伍杰等。任继愈作为《中华大典》主编在会上讲了编撰《中华大典》的重要性、必要性和总体要求。伍杰作为《中华大典》的常务副主编介绍了编纂《中华大典》的指导思想和历史沿革。原定的天文与地学合成一部一级典,在会上我发言认为天文和地学是两个顶级大学科,不宜合成一典,建议分设天文典和地学两个一级典。地学典中应该设地质、地震、地理、气象、海洋、测绘等分典。会后我又向伍杰主任写了封信,进一步简要说明了单列气象分典的理由和地学与天文分设典的建议。我的建议得到了《中华大典》编委会的采纳,同意天文与地学分设一级典,并将《气象分典》列入《地学典》。伍杰说他在文科方面人头较熟,但在自然科学方面人头不太熟悉,要我帮助他推荐《地学典》《气象分典》的主编,并要求主编要由地学、气象学界的顶级科学家领衔才行。

2007年开始,我按照伍杰主任的要求协助他推荐《地学典》和《气象分典》的主编。当时《地学典》方面顶级科学家我所知道的有资深院士叶笃正、刘东生、陶诗言等,我一一电话联系,征求他们可否愿意承担《地学典》的主编,他们都以年老体弱、难以承担给以挽言拒绝。于是伍杰他们亲自物色了中国科技馆馆长王渝生任《地学典》主编。但王渝生是一位非常活跃的人物，挂有许多头衔，又是全国政协委员，活动很多，他应承任《地学典》主编一年多后，一次编委员也没开过。到了2009年，伍杰主任又要我帮忙推荐《地学典》主编。于是我推荐中国气象局局长、气候学专家郑国光博士。郑国光毫不犹豫地表示愿意承担《气象分典》主编，后又答应担任《地学典》主编并在经费上给予支持。

（二）做好《气象分典》编纂立项和组织准备工作

我参加了2006年12月24日在北京举行的《中华大典》编纂经验交流会后，又与《中华大典》工作委员会办公室多次沟通，原则同意在《中华大典·地学典》下设《气象分典》，并同意郑国光任《气象分典》主编。在此基础上，中国气象局于2007年3月19日以气办函〔2007〕47号关于申请《气象分典》列项的函。该函由我起草，阐述了《气象分典》列项的三点理由：一、气象具有丰富的古籍资料源；二、气象行业在此前先后编辑出版了《中国气象灾害大典》《中国气象史》《中国三千年气象记录总集》《各地方气象志》等气象史书，编纂气象分典已有一定基础；三、气象行业有一批热心并熟悉气象史志工作的专家和老同志。《中华大典》办公室于3月23日以〔2007〕04号文批复同意《气象分典》由中国气象局立项，并明确《地学典》包括气象、海洋、地质、自然地理等分典；同时明确中国气象局局长郑国光任《地学典》主编兼《气象分典》主编，温克刚任《气象分典》顾问。

2007年4月13日，我向中国气象局局长郑国光汇报《中华大典》办公室以〔2007〕04号文批复精神和《气象分典》编纂的初步设想，提出了组建编委会和落实项目经费的建议。2007年中国气象局以气发〔2007〕207号文通知成立《气象分典》编委会，下设编辑部。编委会主编郑国光，顾问温克刚、丑纪范、王鹏飞，副主编许小峰、孙健、王存忠（专职副主编），委员于新文、王奉安、王春乙、王绍武、毛耀顺、江彦文、李维京、沈国权、张家宝、张家诚、张德二、陈少峰、胡欣、洪世年、鲍宝堂。编辑部主任王存忠（兼），成员陶国庆、毛耀顺、陈少峰、江彦文。其中陶国庆因在职，另有本职工作，未参加《气象分典》的实际工作。随着《气象分典》编纂任务的增加，编辑部先后增加了赵同进、韩通武、阳世勇、张安芹、朱振全退休老同志。这样编辑部的任务除王存忠承担一部分具体工作外，其他全部由退休老同志来承担了。后期还增加了年轻人黄红丽承担了一些具体工作。王存忠任气象出版社领导，工作较忙，委托我负责编辑部老同志的工作安排与协调。《气象分典》编纂项目中国气象局投入300万元，从2008年开始，一年100万，3年内完成。开始曾考虑要我任副主编，后考虑我已退休多年，负责任的头衔还是在职的同志担任好，我在编委会中做些实际工作就是了。

2007年10月19日，召开气象分典第一次编委会。会议由编委会副主编许小峰主持，并宣布编委会组成名单。会议议程：一、郑国光主编讲话。二、我作为编委会委员汇报编纂《气象分典》的由来和背景情况。三、王存忠副主编汇报编纂工作方案和编写大纲的初步设想。会议讨论原则通过了《气象分典》编纂工作方案。参加会议的有办公室主任孙健、气象科学研究院原副院长张家诚、北京大学地球物理系教授王绍武、中国气象学会原秘书长洪世年、国家气候中心研究员张德二、国家气候中心副主任李维京等。会议还明确了项目挂靠单位和经费落实等问题。这次会议，标志着《气象分典》的编纂工作已正式启动。

（三）制定《气象分典》的编纂框架和工作细则

制定《气象分典》的编纂框架和工作细则是《气象分典》编纂的第一项重要工作。这项工作主要由我和王存忠具体完成。第一步是吃透《中华大典》的体例和对一级典及分典的原则要求。《中华大典》原则上是采取清代《古今图书集成》的体例，设经目和纬目，矩阵式框架布局。经目按学科内容的层级来设置，纬目按不同文体来设置。在《中华大典》中，《地学典》是一级经目，《气象分典》是二级经目；《气象分典》下设总部，是三级经目；总部下设分部是四级经目；分部下面如果不再分层，就是条目，属五级经目，也就是最低一级经目了。纬目按文体有题解、论说、综述、传记、纪事、著录、艺文、杂录、图表九项。每一层级的经目都可以设上述九项纬目，但具体实施时要看收集资料的文体而定，有则设之，无则不设，有几项设几项，不求九项全设。

根据上述要求制定了《气象分典》的编纂框架。《气象分典》设大气与天气现象、气象观测与仪器、气象预报、气象、应用气象、气象灾害、气象人文七个总部。各总部下设数量不等的分部。例如气象灾害总部下设有综合、干旱、洪涝、冰雹、雷电、霜冻、冰雪、连阴雨、大风、台风和其他气象灾害11个分部。分部下不再分层，为条目，系《气象分典》的最小单元。条目一般要求带有朝代（年代）、作者、书名、卷章、原文（繁体字、竖排版、只点标点，不许改动、原汁原味照抄）、原文版所载版本等要素。纬目主要在总部和分部两级经目上遵循"有则设之，无则不设"的原则设置，其内容顺序以古籍形成年代由远及近排序。

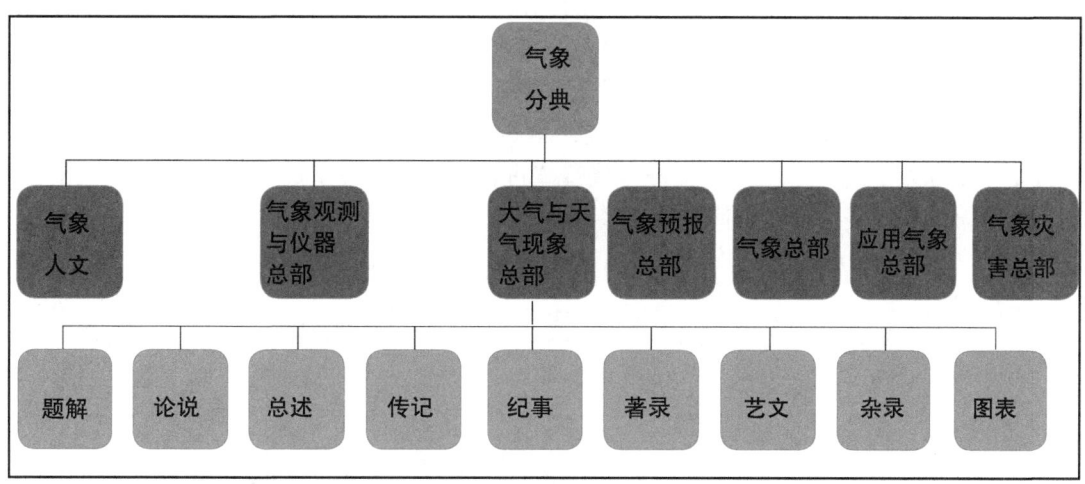

在制定《气象分典》编纂框架的同时还制定了《气象分典》编纂工作细则、普查资料工作细则、编辑及校点工作细则、审稿工作细则等，使《气象分典》编纂流程上的各项工作有章可循。

2009年4月22日第二次编委会对《气象分典》编纂框架进行了个别调整，将8个总部改为7个，决定不设甲骨文总部，并将综论总部改名为人文总部。

（四）普查气象资料

普查气象资料是编纂《气象分典》中工作量很大的一项工作。这项工作对人员要求较高，要有比较好的文言文基础和历史知识。年轻人大多不识繁体字，古籍文章没有标点符号,难以承担这项任务。我们这些老同志,虽然还认识繁体字,有点基础,但对许多古文也读不通,经过一段时间跑图书馆、看工具书、查百度等认真学习,才逐步有所适应。

2009年4月22日第二次编委会审定了《气象分典》普查资料专用书目和天气总部的样条,全面部署了《气象分典》普查资料工作。会议强调要大力抓好资料普查。资料普查是《气象分典》编纂的基础,是工作量最大、难度最大的一环,要在前一阶段工作的基础上进一步按照"全""精""准"的要求,保证质量,加快进度,力争年内基本完成。

此次会议标志着普查资料正式开始,按照拉网式"一网打尽"的要求,编辑部充实了力量,先增加了赵同进、韩通武,后增加了阳世勇、张安芹退休老同志。编辑部人员进行了分工:陈少峰、阳世勇负责秦汉之前的古籍气象资料普查,江彦文负责南北朝和隋唐的古籍气象资料普查,我负责宋代的古籍气象资料普查,赵同进负责元、明两代的古籍气象资料普查,韩通武负责清代的古籍气象资料普查,后期张安芹协助韩通武参与清代的古籍气象资料普查。

2009年5月至2010年6月,是编辑部集中普查资料阶段。开始我们购置了一部分中华书局出版的《二十四史》《资治通鉴》等权威版本史书,从这些书籍中搜集气象资料,逐条按统一规定格式手抄下来。购书有限,我们又发挥离国家图书馆近的优势,直接到图书馆去普查资料,一本一本翻阅,一条一条用手摘抄,费工费时,进度很慢。按照这种进度,3年也难完成普查资料的任务。这时幸好发现国图网上有一部由上海人民出版社与台湾有关部门合作出版的电子版《四库全书》(文津阁版)。北京图书馆让我们免费下载回来,编辑部每人拷贝一份。我们要普查的古籍绝大部分都在这套电子版的《四库全书》内,这样我们就不用每天跑图书馆了。并且在电子版上搜集的气象资料不用手抄了,直接可以拷贝下来,既快速,又准确,比手抄效率提高了许多倍。这样我们一年多点就基本上完成了古籍气象资料的普查任务。共普查古籍645种,总字数23 308万字,搜集到气象资料字数516万字。其中由我负责的宋代普查古籍220种,总字数6600万字,搜集到气象资料字数120万字,是各朝代中比较多的(详见下面统计表)。

《气象分典》编辑部普查古籍气象资料统计表

朝代	普查古籍种数(种)	普查古籍字数(万字)	气象资料字数(万字)	普查人
秦汉及以前	136	2000	45	陈少峰 阳世勇
南北朝隋唐五代	101	2816	25	江彦文
宋代	220	6600	120	毛耀顺
元、明代	80	5457	86	赵同进
清代	108	6435	240	韩通武 张安芹
合计	645	23308	516	

在《气象分典》编辑部普查《四库全书》中经、史、子、集和其他重要古籍的同时,还发动了各省(自治区、直辖市)气象局开展了地方志的气象资料普查工作。2009年11月3日至5日,在南宁市召开了全国普查地方志气象资料会议。参加会议的有各省(自治区、直辖市)气象局代表和编辑部人员共37人。会议由中国气象局办公室副主任覃武主

持,气象出版社副社长、《气象分典》编委会专职副主编王存忠传达了两次编委会纪要精神,介绍了《气象分典》的缘由、框架和工作细则,布置了普查地方志的任务。此次会议之后,各省(自治区、直辖市)气象局积极行动,开展了对本区域内,有的包括邻近区域内地方志中记载气象资料的普查,有的还发动了地市气象部门普查,江西省气象局还发动了县市气象局普查。经过半年多的努力工作,各省(自治区、直辖市)气象局于2010年上半年基本上完成了任务,将搜集的气象资料按规定格式上报了文字版和相应的电子版。各地共普查各级地方志1356种,普查字数20393万字,搜集到气象资料269万字。

(五)分类编辑形成书稿

分类编辑资料是《气象分典》编纂中工作最细、难度最大,也是工作量最大的一项中心工作。这项工作从2010年下半年开始到2011年底基本完成。分两步走:第一步,将普查资料按《气象分典》最后确定的框架7个总部分类,由于普查资料远超出《中华大典》办公室关于《气象分典》篇幅不超过400万字的限额,在分类时还需要筛选掉一定资料。谁普查的资料谁负责分类和筛选。我负责普查宋代气象资料分类和筛选(详见古籍气象资料分类情况统计表)。

古籍气象资料分类情况统计表　　　　　　　单位:万字

朝　代	气象人文	仪器观测与仪器	天气观象	气象预报	气候	应用气象	气象灾害
秦汉及以前	3	1	7	0.5	8.5	12.5	12.5
南北朝隋唐五代	3.5	1	2.5	2.5	3	2.5	8
宋　代	5.4	7.5	16	5.7	18.2	6.3	28.3
元　明代	3.98	8.63	25	11.13	9.8	10.24	21.97
清　代	9.2	27.38	30.8	42.92	13.84	31.28	73.54
合　计	27.08	45.51	80.95	62.75	53.34	62.82	144.31

上表不含各地从地方志中搜集的气象资料。地方志气象资料由后返聘的朱振全负责分类,由于量比较大,只分类了一小部分被各总部主编采用,大部分资料转气象出版社数字编辑室在以后建立古代气象资料数据库时考虑采用。第二步按总部设置的栏目进行编辑。《气象分典》编辑部对工作人员进行了分工,一人或两人负责一个总部,称总部主编,负责该总部资料的编辑,其具体任务:一是逐条鉴别分类出来的普查资料内容是否符合本总部的要求,条目要素是否齐全,文字和语句是否有疑问;二是点标点符号,这是难度很大的一项工作。古文是没有标点符号的,要用标点断句,先要读通古文,这对我们非文科人员确实是一道难题。古文中纪事内容还比较好点,论述和综述内容的标点符号很难点断。有时为了点开一篇文章要花几天时间,上网查,在其他出版物上找,甚至找古汉语专家咨询。就这样,我们仍然对少部分古文断句没把握。三是把以条目为最小单元的资料找准在总部中的经、纬位置,以及同类条目的秩序,一般以条目出处古籍的时间先后来排列。这样又要返回查证古籍作者的成书年代,以确定是谁先谁后。

这项任务编辑部分工:王存忠主编天气现象总部;江彦文主编气象观测与仪器总部,黄红丽协助;赵同进主编气象预报总部;陈少峰、阳世勇主编气候总部;韩通武主编应用气象总部,张安芹协助;我主编气象灾害总部,朱振全协助;南京信息工程大学文理学院主编气象人文总部。

气象灾害总部是我主编的总部，是气象分典7个总部中的一个重要总部，也是篇幅最长的一个总部。气象灾害是一种重要的自然灾害，现在已占到整个自然灾害的百分之七十以上，所造成的经济损失约占国内生产总值的百分之四左右。狂风刮倒房屋，暴雨引起洪涝，干旱导致庄稼干枯、人畜渴死，雷电致人死亡和引起火灾。总之，气象灾害破坏生产，损坏建筑，阻塞交通，威胁人民生命财产安全。如何防御和减轻气象灾害，使其损失降到最低程度，已是当代社会经济发展的重大课题。自古以来，我们的祖先与气象灾害进行了漫长而顽强的斗争，对气象灾害发生、发展的原因进行过种种猜测、研究和总结，对气象灾害造成的人民生命财产损失做了大量翔实、生动的记载。在我国历朝历代，上至秦汉以前，下至唐宋之后，无论是在官方推崇的经典著作和修纂的历史书籍中，还是在文人墨客编撰的浩如烟海的子集及其他古籍、报刊中，都有许多气象灾害的记录。把这些繁杂的古籍资料按《中华大典》的体例有序地编纂成一个总部，对我们现在进一步研究气象灾害长时间和广域的时空分布规律，无疑是十分珍贵的。气象灾害是《气象分典》中资料最丰富、篇幅最长（约90万字）的一个总部。

其他各总部与气象灾害总部以同样的体例、格式和进度于2012年初基本完成，并向重庆出版社提交了初稿。《气象分典》初稿篇幅约377万字，其中天气现象总部27.8万字，气象观测与仪器总部29万字，天气预报总部56万字，气候总部85万字，应用气象总部55万字，气象灾害总部95万字，气象人文总部27万字，引自书目6万字。

（六）核红出版

《地学典》的出版单位是《中华大典》办公室在全国有古籍出版资质的出版社中招标决定的，最后定为由重庆出版社出版。2012年初《气象分典》完稿，并向重庆出版社提交了初稿。重庆出版社组织力量用了近一年的时间对《气象分典》初稿进行了出版编辑和一、二次审稿，提出了若干问题和修改意见。比较大的问题以条文的形式提出，个别文字标点问题用红笔改在原稿上，然后返回《气象分典》编辑部处理问题，核定出版社修改处是否适当。

《气象分典》编辑部对重庆出版社编审《气象分典》书稿提出的问题和所做修改的地方又用了3个多月进行处理。2013年5月29日，气象出版社王存忠社长召集我、赵同进、韩通武、阳世勇专题研究了重庆出版社对《气象分典》书稿在一审、二审中提出的问题和所做的修改如何处理作了总结，充分肯定了重庆出版社对《气象分典》初稿的认真修改，大部分修改意见是对的，应承认他们的文言文水平技高一筹，但也有少数修改失当，要再改过来了，并形成了几条统一处理意见。

2013年6月底以前《气象分典》编辑部将核红稿退交重庆出版社终审，同时《中华大典》办公室还抽取《气象分典》部分稿件请张家诚、王奉安等专家审稿。最后《气象分典》以近370万字篇幅分上、下两册于2013年年底正式出版并公开发行。

《中华大典·地学典·气象分典》

2011年9月16日,《中华大典·地学典·气象分典》主要编纂人员合影。左起黄红丽、韩通武、朱振全、毛耀顺、王存忠、陈少峰、江彦文、阳世勇、赵同进

七、又编《中国气象年鉴》

2013年初《气象分典》的编纂任务基本结束,我正准备向气象出版社请辞回家。这时王存忠刚从副社长转正任社长,他找我说前些年《中国气象年鉴》放到编辑室没人抓,稿件上不来,质量下降,发行萎缩,由原来每年发行4000多本降到了1300多本,而且钱还收不上来,编辑室没积极性。如此下去,可能就难以办下去了。他请我再留两年,帮助负责抓一下。由于《中国气象年鉴》是我1986年在国家气象局办公室时提出创办的,并

担任编委会副主任兼主编多年,对它很有感情,如果停办了,那太可惜了。我未多加思索就答应了。为此,气象出版社于2013年6月27日召开办公会,决定返聘我和阳世勇负责编辑《中国气象年鉴》,希望我们两位提高年鉴的编辑质量,尽快恢复和扩大发行量。从2013年三季度开始我就与阳世勇接手编辑当年的《中国气象年鉴》了。

我负责气象年鉴框架的修订、组稿和发行关系的重新建立、全部稿件的复审;阳世勇负责催稿、初稿编辑(责任编辑)、征订统计和回款催办。我们两人配合默契,效率较高,除了做年鉴工作,每人还兼做了一些其他工作。我很大一部分精力还参加了《中国气象百科全书》的编纂,阳世勇也参加了一些其他审稿。我们一直干到2016年,这3年《中国气象年鉴》有很大起色,增加了名录功能,使地(市)、县(市)气象局局长上了年鉴名录,增加了基层气象台站对气象年鉴的关注和发行量,到2015年发行量大大增加,达到了5000份。这期间《中国气象年鉴》的质量也大大提高,连续被中国出版协会年鉴工作委员评为全国年鉴二等奖。《中国气象年鉴》需要年年都编,我和阳世勇都已年过70岁,不可能年年编下去,所以2015年初我们就向出版社领导提出尽快找人接替,到2016年我们坚决交出来。这样,出版社从2015年下半年就开始调王小甫来熟悉《中国气象年鉴》了,使我们按时交出了《中国气象年鉴》的全部工作。

《中国气象年鉴》从1986年出版第一卷开始,到2015年,整整40年,我都与之结下了不解之缘,为它高质量、高水平地出版尽心尽力,使《中国气象年鉴》在众多行业、部门年鉴中首屈一指,多次评奖。2015年中国出版协会年鉴工作委员要为从事年鉴工作30年以上的同志颁发"明鉴春秋"纪念章。全国气象部门搜索了一遍,够30年编年鉴的人仅有我一人,报上去很快就给我颁发了纪念章(见下图),算是我多年花在《中国气象年鉴》工作辛勤付出的一个见证吧!

八、参与重新启动《中国气象百科全书》的编纂出版

2003年底我退休以后,《中国气象百科全书》的编纂工作就停摆了,也就是有人说的"死机了"。记得在2003年我还在职时曾明确:我退休后准备集中精力做好《中国气象灾典大典》的编纂工作,《中国气象百科全书》我不管了,希望我的继任者能亲自把这项工作继续抓起来。然而事与愿违,由于中国气象局和气象出版社主要领导的更替,这项工

作没有承接下去。这一停摆就是七八年。究其原因很多，主要有两条，一是缺乏推动之人，气象出版社是推动这项工作的原动力，这项工作困难很多，难度很大，如果没有人想方设法去克服这些困难，确实是寸步难行的。二是缺乏主事之人，热心这项工作的中国气象局名誉局长邹竞蒙于1999年2月不幸去世了，积极支持这项工作的中国气象局局长温克刚也退出了局长岗位，具体负责这项工作的中国气象局副局长马鹤年也退休了，可以说是"群龙无首"了，再加上中国气象局继任领导对前任领导支持的这项工作并不热心，失去上面的支持，非停不可。直到2010年，我见到时任气象出版社社长刘燕辉，建议他重新向上级单位报告，把《中国气象百科全书》的编纂工作再启动起来。刘燕辉采纳了我的建议，以气象出版社的名义向新闻出版署重新申报了《中国气象百科全书》的编辑出版项目，获得了新闻出版署的批准，再次列入全国重点图书出版项目，并给予了出版经费支持。同时又得到了中国气象局局长郑国光的支持，由他任主编，于2011年重新启动了《中国气象百科全书》的编纂工作，并指派刚退休不久的副局长王守荣任常务副主编和《中国气象百科全书》的编纂协调指导小组组长，具体负责抓这项工作，使筹划了17年之久的《中国气象百科全书》的编纂出版工作又"起死回生"，指日可待了。

2011年重新启动《中国气象百科全书》的编纂工作时，我一方面忙于编纂《中华大典·地学典·气象分典》，另一方面我发生第二次心梗，准备做搭桥手术，没有参加编纂工作班子，也没参加《中国气象百科全书》编辑重启的前期工作。2013年，我做完心脏手术后，身体见好、基本稳定，王守荣开始逐步抓我的差，又逐步把我拉进了《中国气象百科全书》编审工作班子。这项工作是我发起的，我即使有些困难，也乐于看到《中国气象百科全书》早日面世。开始没有名份我也积极干，后来看我可以发挥一些作用了，就把我列进了《中国气象百科全书》协调指导小组成员、《综合卷》编委会委员、《综合卷》审稿组组长和统稿人等重要工作成员。

2013年至2016年，我一方面承应气象出版社返聘，负责《中国气象年鉴》的编辑出版与发行，一方面参与《中国气象百科全书》协调指导小组的工作，参与了《中国气象百科全书》的部分编辑、审稿和撰稿工作。

重新启动编纂的《中国气象百科全书》与原来的方案在指导思想、定位、内容等方面都有较大变化，基本上是另起炉灶。原来方案侧重于大气科学，重启的方案侧重于气象事业各个方面，包含了大气科学和气象管理与人文等内容，增加了全面性、包容性。《中国气象百科全书》重新启动后的定位是：以大气科学为基础，以中国气象事业发展为主线，以气象业务为重点的专科性百科全书，既是一部面向广大读者的集知识性、资料性和可读性于一体的工具书，又是为有一定知识水平的社会大众提供气象知识的科普书，同时在一定程度上还是记载气象事业发展史的典籍书。中国气象局以郑国光局长为主编的第一次编委会审定了《中国气象百科全书》框架和基本内容，包括气象事业发展、大气科学中各分支学科领域、气象服务、气象预报预测、综合气象观测与信息网络等各个方面的知识。全书分《综合卷》《科学基础卷》《气象服务卷》《气象预报预测卷》《气象观测与信息网络卷》五卷，共辑录1700多个条目，约500万字（包括插图、索引）。全书按知识门类分卷出版，不列卷次，每卷只标出分卷名称。分卷的内容按各知识门类的体系、层次，以条目的形式编写。各分卷所收条目均较为详尽地叙述和介绍该门类的基本知识，适于高中以上、相当于大学文化程度的广大读者阅读。同时，也为气象专业读者提供了较全面的专业知识,并作为向深度和广度阅读的桥梁和阶梯。

重新启动编纂的《中国气象百科全书》分启动、条目的编写和审稿、编辑出版3个阶段进行。第一阶段启动阶段:从2011年11月召开第一次《中国气象百科全书》编委会,标志着《中国气象百科全书》的编纂工作全面启动。这一阶段主要是建立《中国气象百科全书》编纂机构,确定《中国气象百科全书》的定位、构架,编写《编纂指南》和样条,组织编写队伍等工作;第二阶段编写审稿阶段:这一阶段(从2013年3月至2016年5月)是《中国气象百科全书》编纂工作的主要阶段,在启动阶段的基础上全面启动条目的编写和审改工作,这一阶段主要是推进条目的编写和审改(先后六稿),组织专家评审,组织综合统稿等;第三阶段编辑出版阶段(从2016年5月至2016年12月):主要是由气象出版社组织编辑按出版程序对《中国气象百科全书》样稿进行"三审""三校"后正式出版。

我没有参加启动阶段的工作,这一阶段工作主要是由王守荣、赵同进、韩通武、陶国庆等同志做的,我是在2012年底编写审稿阶段才逐步介入的。我主要做了四方面的工作:一是负责组织专家对《综合卷》的第二稿至第六稿的审稿、改稿。第一稿是由刘英金负责组织专家审改的,刘英金因病住院后就指定我为《综合卷》审稿专家组组长,直到完稿;二是负责《综合卷》的交叉统稿和"一支笔"最后统稿,参与大事记的审稿;三是参与了《综合卷》有关条目的撰写,包括前言、后记、卷前文章、气象文化、气象宣传、气象出版社、饶兴、薛伟民、邹竞蒙等条目的撰写;四是负责《综合卷》部分科目的主题词选取和索引编制;五是参与协调指导小组对其他卷的协调指导工作。

《中国气象百科全书·综合卷》的编写工作,自2012年组成《综合卷》编委会以来,经275名撰稿人和40多名指导、审稿专家的共同努力,于2016年3月底完成了"齐、清、定"书稿。《综合卷》是《中国气象百科全书》的总揽卷,宏观概括了气象事业发展全貌,设10个分科,453个条目(其中长条目133条,中条目218条,短条目85条,参见条目17条),总字数约140万字,还附有图片154幅。

综合卷分科设置

分科名称	总条目数	长条目	中条目	短条目	参见条
气象事业	34	21	13		
气象机构	78	41	20	10	7
气象业务	17	6	9	2	
气象科学研究	48	7	38	2	1
气象人才队伍与教育培训	39	4	22	6	7
气象法律法规	10	2	8		
国际与地区气象合作	40	10	27	3	
各地气象	56	36	19	1	
气象文化与科普	18	6	10	2	
气象代表人物	113		52	59	2
合计	453	133	218	85	17

图为《中国气象百科全书》部分编纂人员
从左至右：陶亦为、范祥鹏、裴顺强、郭亚田、韩通武、毛耀顺、王守荣、赵同进、姜海如

九、参加古代气象灾害资料数据库的建立工作

2015 年底我和阳世勇把气象年鉴的工作交给了王小甫，正准备静下心来写我的回忆录时。社长王存忠又一次找到我和阳世勇谈话，说气象出版社申请到一个大项目获得批准了，就是要建立一个很大的气象灾害数据库，要把古代的、近代的、现代的气象灾害按灾

种、时间、地点、受灾情况等要素录入数据库。《中国气象灾害大典》《三千年气象记录》均有电子版，好输入数据库，但《中华大典·地学典·气象分典》的大量古代气象灾害资料不能直接入库，需要按数据库格式逐条加工整理后才能入库。还有各省报来的许多没有收入《中华大典·地学典·气象分典》的地方志中的气象灾害资料，也需整理后输入数据库。我们两人对这些资料熟悉，想再聘请我们做这项工作。我和阳世勇商量，认为这是一件好事。我们花了三四年，搜集那么多古代气象资料，即使大部分收入了《气象分典》，但使用的人十分有限。还有很大一部分，特别是大部分地方志资料没收入《气象分典》太可惜了。如果都进了数据库，用起来方便，用的人也会多起来。我们答应承担此项任务，但明确时间为一年，到2016年底走人。

2015年12月7日，王存忠主持课题组会议，宣布再返聘我和阳世勇一年，参加建立气象灾害数据库的工作。我和阳世勇负责整理《气象分典》普查的古籍气象灾害资料，逐条按数据库的格式分解，并录入数据库。我分工负责整理、分解、录入已收入《气象分典》的灾害资料，阳世勇负责整理、分解、录入未收入《气象分典》的各省上报地方志中的气象灾害资料。

实际做起来，这项工作的难度大，工作量也比较大。主要是古代气象灾害的记载大部分是定性的，定量的很少。其时间、地点、受灾程度、范围比较模糊，鉴别很费时，要查证许多其他资料，有的还是难以断定。特别是地点，各个朝代称谓许多都不一样，今昔难以统一。有不少难以断定的，只好原文录入，由应用这些资料的专家去深入研究了。从2016年初开始返聘我们二人，一年到后于12月21日我们将所做的工作向出版社作了汇报。

我除帮助《中国气象百科全书》综合卷审稿、统稿、撰写有关重要条目外，从2016年下半年开始集中精力整理录入古代气象灾害资料，完成了《中华大典·地学典·气象分典》灾害总部8个分部纪事的全部灾害资料整理、分解并录入数据库，共计12731条，82.9万余字。阳世勇全年主要对各省（区、市）气象局在编纂《中华大典·地学典·气象分典》时报来的地方志中的气象灾害资料进行整理、分解、录入，同时还处理了上年年鉴回款等工作。截至2016年12月20日，已对北京、天津、河北、辽宁、吉林、江苏、安徽、江西和山东9个省（市）共200余本地方志中涉及气象灾害的条目录入了数据库，共计有13680条164万余字。地方志的气象灾害资料只录入了1/3，其余需另外找人完成。

在所有录入资料中，按数据库的设计要求，每条一般含有灾害原文、年代、日期、地点、灾种、出处等，但有几点说明：

1.时间：有些条目不全，"年"一般都有，但"月、日"，有的有，有的缺。"年"在古籍中一般给出的是皇帝年号，如"永兴三年"等，而中国历史上有4个皇帝使用过这个年号，共有33个年号被2个以上皇帝使用过，这样在自动翻译成公元年制时还需要个例鉴别。

2.地点：更复杂，古代地名变化多、差异大，各朝各代设置不一样，如州、府、郡、军、路、省、县等的从属关系多各不一样，与现代地名难以对应，应用时还需认真鉴别。地方志书的地点比较具体明确，但古籍史书上的地点难以按现代的省、地、县、村来分列，均放一栏，存在粗细不均和需专门鉴别等问题。

3.内容：主要是灾情，有两点要说明。一是重复较多，由于灾情来源于各种古籍，就必然有同一时间、地点的灾害被许多种古籍所记载,我们是全收,没有去重,以增强灾情的可信度;二是详略不一,地方志记载的灾情比较详细,正史及其他古籍记载比较简略,如正史中对干旱灾害的记载一般就是"旱""大旱""赤地千里"等几个字,不能与现代记载的灾情详细相比拟。

我们将所录入数据库的资料以电子文件形式全部转交出版社项目负责人冷家昭。

十、退休后的其他工作

我退休后,除了做上述几项大的工作外,还做了一些其他工作,主要有退休干部党支部工作,中华人民共和国国史学会工作,气象局有关课题论证、评审工作,组织老同志郊游、聚会工作等。

(一)退休干部党支部工作

2003年底我退休后,气象出版社退休干部党支部就增选我为支部委员并任副书记,陆广延为书记。2011年12月25日,气象出版社退休干部召开党员大会,换届选举支部委员。原支部书记陆广延自称年龄偏大,不再担任支部书记。支部大会一致选举我、于宪珍、马翠英、李太宇、王桂梅为支委。第一次支委会研究,决定我任支部书记,于宪珍任副书记,马翠英任组织委员,李太宇任宣传委员,王桂梅任生活委员,并请陆广延为老干部支部的顾问。2016年6月15日,气象出版社退休老干部党支部换届选举,我和陶国庆、马翠英、王桂梅、白凌燕5人当选为支部委员。经第一次支委会研究,我任党支部书记,陶国庆任副书记,马翠英任组织委员,王桂梅任宣传委员,白凌燕任生活委员。我主要负责组织退休支部党员每两个月过一次组织生活,传达文件,学习时事政治;负责组织出版社全体退休干部每年的春游、秋游和新年联欢活动;负责落实老干部的福利待遇和春节、"七一"对老同志的慰问等。2013年4月15日,我主持召开气象出版社全体老干部会议,集体祝贺八位同志八十岁生日,并编印了《祝贺气象出版社八位老同志八十周岁纪念册》。这次会议后,决定对气象出版社老干部"逢十"都集体过生日,即凡到七十、八十、九十、一百岁的都举办一次集体祝贺的活动。

(二)参加中华人民共和国国史学会工作

中华人民共和国国史学会挂靠在中国社会科学院,参加学会的都是全国著名史学家,级别很高。我是接替陈少峰代表气象行业参加该会的,先为一般委员。2004年9月26日,中华人民共和国国史学会举行第三次会员代表大会。会议由张启华主持,参加会议的有陈奎元、段若非、朱佳木、陈中元等150余人,我作为气象界史志单位代表参加了会议。此次会议的议题是换届选举。朱佳木宣读了刘云山的贺词。段若非代表第二届理事会作报告。会议换届选举,我被选举为中华人民共和国国史学会第三届委员会的常务理事(29名常委)。接着参加了第三届理事会的第一次会议、国史学会第三次代表大会学术报告会和当代中国国史高级研讨会。

陈少峰曾经组织气象部门专家写过一篇"三年困难时期"确有天灾的学术论文在该年会上交流,引起了当代中国研究所的高度重视。因为当时史学界正为"三年困难时期"是人祸还是天灾为主造成的争论不休。气象专家的这篇论文为主流观点提供了证据。所以他们认为在国史研究上气象很重要,气象是唯一一个自然科学部门进国史学会的常委。而我什么工作也没做，一下就升为29位常委之一，真使我不知所措。因为对国史史学方面的知识我从未涉足过，只好低调，慢慢退隐了出来。

（三）参与有关事项的论证工作

2004年11月11日，初审《党和国家领导人与中国气象事业发展》稿。沈晓农主持会议，局办公室档案处张安芹汇报编纂情况。我参加会议，并发表了一些修改意见。

2009年5月26日，中国气象局机关党委主持召开基层气象台站史编写大纲咨询会。会议由机关党委常务副书记张世英主持。参加会议的有中国气象局原局长温克刚、副局长刘英金，办公室主任于新文，法规司司长朱祥瑞，气象出版社社长刘燕辉，原局计财司司长韩通武，原中国报社社长赵同进、现社长林完红。我也应邀参加了会议并发表了意见。

2011年11月30日，气象出版社讨论转制为企业的改革方案。会议由刘燕辉社长主持，我作为气象出版社的老干部代表参加会议，并提出了两条意见。第一条，气象出版社转为企业之后，要实行老人老办法，新人新办法，将气象出版社的离退休干部转到全额事业单位，与全额拨款事业单位离退休干部一样享受同等待遇。第二条，气象出版社离退休干部的医疗要参加全额拨款事业单位的医疗改革。我的这两点意见在以后的实施中得到采纳，使气象出版社的离退休干部非常满意。

第十章　休闲旅游和与病共舞

我退休后的生活大体可以划分为三部分：第一部分是返聘工作，第二部分是休闲旅游，第三部分是与病共舞。关于返聘工作在第九章中比较详细地回顾了。本章主要记述我休闲旅游和与病共舞的一些主要经历及体会。

休闲旅游应是退休生活的主要内容。我退休之后虽然应聘上班工作，但是这类上班与在职时候的上班是大不相同的，比较自由，可早可晚，可紧可松。在这种宽松上班的条件下，我还是抓住时机，每年都安排一定时间出去旅游。

一、休闲旅游

（一）休闲旅游概况

有人会问，许多地方你都去过了，退休后为什么还要出去旅游？我是一个爱运动而又有好奇心的人，有些著名景点并不满足去过一次。那时是工作时间去的，只是走马观花地看一看，时间一长，印象不深了。况且去得比较早，那时还比较简陋，后来许多景点重新开发建设了。要看现代化的景点，还得现在去。更重要的是我的老伴张凤英20世纪90年代初把腿摔坏了，行走不方便，单位很少安排她出差，国内的许多景点她都没有去过。退休之后，我想陪她在全国各地走走，看看祖国的大好河山。同时听到老同志们旅游回来，津津乐道地谈论旅游见闻，也时时驱动我旅游的意愿。我也想通过旅游，开阔视野，增长见识，愉悦心情，丰富老年生活，促进健康长寿。所以我对出门旅游总是持积极的态度，尽量争取的态度。但由于我身患心血管病，也影响了我一些外出旅游计划的实现。

从2003年底退休到2018年，我除了2012年第二次心梗住院，接着又做搭桥手术没外出旅游，其他每年都安排旅游。旅游有远有近，近距离旅游主要是在北京附近，一天之内，每年出版社老干部安排春、秋两次郊游，我与张凤英都报名参加；张凤英单位（国家卫星气象中心）安排老干部郊游，我也随同参加，这种郊游一般每年4次。远距离旅游是离开北京，时间在3～15天，每年1～3次。外出远距离旅游的形式主要有五种：一是随女儿、女婿自驾车旅游；二是自费随旅游公司或自由行旅游；三是回湖南常德顺便旅游；四是同学聚会旅游。旅游地点在国内，大部分是我在职时都去过的景点，只有少数未曾去过。原想还出国到北欧等旅游，终因怕心脏病突发而未成行。

（二）旅游实录

下面把我2004年退休开始至2018年出去旅游情况按时间顺序，分地点、随行人员、游览景点几个要素实录如下。

2004年5月10日至28日，到山东、江苏、上海、浙江、安徽、湖北、河南、河北气象部门开展气象专业图书巡回展。行程近万里，到了30多个气象台站。我曾作了一首打油诗："驱车九千里，行走半中国。主旨展天书，顺便观景色。"沿途观赏了济南趵突泉、连云港花果山、舟山普陀山、宁波奉化溪口蒋介石故居、淮安周总理故居、杭州西湖、宜昌三峡大坝、神农架、武当山、武汉黄鹤楼等名胜景点。

2004年10月12日至15日，我陪张凤英和江彦文、闫惠茹等游览了敦煌石窟、月牙泉、嘉峪关、麦积山等景点。

2004年10月21日至22日，中国版协科技委组织科技类出版社退休社领导到怀柔座谈并旅游，住宽沟招待所，游览怀柔水库等景点。气象出版社除我外，还有周诗健、谢炳源参加了这次活动。

2004年11月26日至30日，南京气象学院气象系64级、65级部分同学在南京聚会。气641班13人，气651班17人，气652班1人，气653班4人。气641班除我外有董超华、贾大康、胡敏菊、朱应珍、王允东、蔡秀芳、秦灯娣、文绮新、杨保贵、魏维宽、严崇华、翟才春参加。这次聚会游览了南京气象学院、扬州瘦西湖、泰州、无锡灵山、南京夫子庙、北极阁、总统府等景点。

2005年8月5日至10日，我和夫人张凤英、女儿毛艳华、女婿赵麟、外孙赵哲恺，还有亲家公赵祖德、亲家母王志敏一齐到北戴河避暑旅游，同时到山海关、南戴河等景点游览。

2005年10月1日至3日，我和张凤英、毛艳华、赵哲恺回河南遂平。我与毛艳华、赵哲恺游览了遂平县内五星级景点嵖岈山。

2006年6月1日，我们全家带赵哲恺从紫竹院乘船到颐和园游玩，阎惠如一家同行。

2006年7月27日至8月2日，我们全家（包括赵祖德、王志敏）、陈光全家和江彦文全家乘三辆自驾车（江彦文家为面包车）一行老少18人到内蒙古赤峰、克什克腾旗旅游，游览了贡格尔草原、阿斯哈图石林、坝上草原等景点。

2006年8月12日，自驾车游北戴河黄金海岸。同行的有张凤英、毛艳华、赵麟、赵哲恺、赵祖德和王志敏。

2006年10月25日至31日，以中国气象原局副局长刘英金为组长的气象部门改革开放30年总结课题小组在重庆市召开研讨会。参加研讨会的有中国气象局原党组成员人事司司长萧永生、广西区气象局原局长林少雄、山东省气象局原局长蒋伯仁、上海市气象局原局长盛家荣、湖北省气象局原局长刘志澄、湖北省气象局副局长姜海如、中国气象局业务发展司原司长阮水根、中国气象报社原社长赵同进。我作为课题组主要成员参加会议，张凤英随同。我们在重庆开会期间，张凤英单独游玩了邓小平故居和广元等景区。会议结束后，会议代表乘游船顺江而下，游览了丰都鬼城、小三峡和三峡大坝、三峡发电厂等。在游船上我得知张凤英父亲去逝消息，当时没诉她。到武汉下船后我才告诉她，与她直奔河南遂平。

2006年11月27日至12月1日，气象出版社退休干部组织到海南兴隆、东山岭、三亚、大东海、天涯海角等景点旅游。这是我第三次到海南，主要陪张凤英前往（她是第一次去海南）。

2007年2月14日，春节期间，我和张凤英回湖南常德老家，参观了常德市诗墙、屈原公园等景点，并去了南县厂窖我姑姑家拜年。当时姑姑毛玉春已90多岁高龄。

2007年6月1日至5日，气象出版社退休干部组织到河南云台山旅游，同时还顺便游览了洛阳白马寺、龙门石窟、少林寺（我第二次去）。

2007年8月2日至6日，中国气象局在青岛召开全国气象部门各省局、各直属单位退休一把手老干部座谈会，征求对气象现代化指示体系的意见，我参加了会议，并自驾车全家去青岛游玩。同行的有张凤英、毛艳华、赵麟、赵哲恺。那时赵哲恺6岁，在会议文艺晚会上主持人要每家出一个节目，我家无人上台，赵哲恺自告奋勇，上台朗诵了一首毛主席诗词《沁园春·雪》，获得全场最热烈掌声。

2007年9月23日，气象出版社组织老干部支部到天津杨柳青一日游。我和张凤英参加了一日游。

2007年10月2日至5日，自驾车到外甥女婿陈光老家辽宁朝阳喀左县游玩。同行的有我全家7人，陈光全家及陈光好友几家共20余人。在他家睡大坑、摘苹果、采红枣、挖地瓜、掰玉米、吃大锅饭菜，大人小孩都玩得很开心。

2008年5月5日至10日，气象出版社组织老干部到南昌、景德镇、九江、婺源古镇、江湾（江泽民祖居地）、三清山、龙虎山等地旅游，我和张凤英及出版社20余名老同志参加。江西省气象局局长常国刚、办公室主任邓晓明从南昌赶到九江专程接待了我们。

2008年8月29日，气象出版社老干部一日京郊游，我和张凤英参加，游览了延庆野鸭湖风景区和参观了湿地展览馆。

2008年10月3日，自驾车游密云金鼎湖，同行的有张凤英、赵祖德、王志敏、赵麟、赵哲恺和陈光全家，韩通武及亲家周付林等也同行，一并钓鱼和游览农村风光。

2008年10月15日，国家卫星气象中心组织秋游通州运河，我和张凤英参加，同时参观了电影城。

2008年10月26日，气象出版社老干部党支部组织天津一日游。从北京南站乘高铁到天津，之后乘大巴到塘沽码头，我和张凤英参加，游览了塘沽码头和天津开发区。

2008年11月27日至9月3日，我参加在四川成都召开的《中国气象灾害大典》编纂出版工作总结会，张凤英随同，会间重庆气象局副局级干部、好友王涛陪同我们参观了成都市市区景点和市郊三星堆等景点。会后我与张凤英游览了九寨沟（我是第二次去），黑龙江省气象局办公室副主任宋英华同行。

2009年1月30日，自驾车到延庆龙庆峡观冰灯，我和张凤英、赵祖德、王志敏等参加。

2009年4月2日至9日，我和张凤英回湖南常德给父母和老去的长辈扫墓。3日，韩逸乡开车送我和张凤英游桃花源。同行的还有我弟弟毛耀喜和小妹夫朱忠云。6日，湖南省气象局向德龙陪同我和张凤英游览张家界、黄龙洞，之后又前往凤凰古城游览，中途路过芙蓉镇。10日，从湖南回到河南遂平，给大娘和岳父扫墓。

2009年4月17日，国家卫星气象中心组织京郊秋游，我随张凤英参加，游览了双龙峡和爨底下村。

2009年7月25日，温克刚在秦皇岛气象局招待所主持召开60周年气象工作总结课题研讨会，我参加了会议。会后我和张凤英、韩通武、蓝孝癸等游览了山海关、老龙头、北戴河鸽子窝（毛主席曾在此处写下了《浪淘沙·北戴河》的诗篇）。此外，还参观了北戴河集发农业观光园等景点。

2009年8月8日至10日，自驾车到山东烟台长岛，我和张凤英、毛艳华、赵麟、赵哲恺全家5人同行，住农家乐，观海景，吃海鲜。11日游泰山，在从长岛到泰山的路上，因高速路维修，下了高速走国道，天黑迷路，误入沂蒙山区，到泰安已深夜。12日游曲阜三孔（孔府、孔庙、孔林）。

2009年8月20日至23日，局政策法规司刘宪华副司长在辽宁清源县主持召开气象政策研讨会，我和韩通武、赵同进等参加了该研讨会，省气象局副局长李波、盛军出席。会后游览了清源景点，重点到红河峡谷漂流，全长25公里，是我参加所有漂流中路程最长、印象最深的漂流。

2009年8月26日，我到河北易县外甥女丽华家，同行的有张凤英、毛艳华、赵麟、赵哲恺和朱忠云、毛耀云、朱艳平、陈光、陈思危。返回途中游览了清西陵。

2009年8月，中国气象局建局60年总结起草小组在原局长温克刚的带领下在江苏南京召开座谈会，征求对60年总结初稿意见。我参加了会议。会后随起草小组游览了南京等地景点（我是多次故地重游了）。9月1日到苏州吴江市，游览了同里古镇等。

2009年9月23日至24日，中国版协科技委组织科技类出版社退休社长、总编到延庆座谈并旅游，住中国气象局延庆温泉大城堡。气象出版社我和周诗健参加，并游览了松山森林旅游区等景点。

2009年9月29日，国家卫星气象中心组织老干部到顺义花卉博览会参观，我随张凤英同行。

2009年10月5日，自驾车游延庆野鸭湖。同行的有我和张凤英、毛艳华、赵麟、赵哲恺5人，这是全家第二次游野鸭湖。

2009年10月20日至24日，气象出版社退休干部组织到延安旅游，张凤英随行。游览了延安杨家岭中央领导旧居住窑洞等革命遗址，我是第二次，张凤英是第一次。同时游览了西安市夜景、黄帝陵和黄河虎口瀑布等。

2009年10月26日，国家卫星气象中心组织老干部到廊坊花卉蔬菜观光园参观，我随张凤英同往观光。

2009年11月6日至9日，在参加南宁市召开的全国普查地方志气象资料会议后，我和张凤英在广西区气象局办公室调研员吴艳莲的陪同下游览了广西乐业、靖西的大石围天坑、大峡谷、德钦瀑布等景区。随行的还有江彦文、闫惠如、赵同进、阳世勇等。

2009年11月11日至13日，原中国气象局局长温克刚在武汉召开总结气象工作60年征求老同志意见会议，我参加会议后游览了黄鹤楼（多次）、野生动物园等景点。

2010年3月17日至24日，我和张凤英、赵祖德、王志敏随卫星气象中心、气象出版社等单位部分老同志组团到台湾旅游，环台湾岛游览了台北、台中和台南主要景点：淡水渔人码头、总统府广场、台北夜市、士林官邸、台北101大楼、慈湖、故宫博物馆、阿里山森林风景区、日月潭、花莲县、玉石厂、高雄夜市、垦丁风景区、北回归线标志塔、太鲁阁国家公园大峡谷、野柳地质公园等景点。

2010年5月11日，国家卫星气象中心组织老干部春游清西陵，我随张凤英同往。

2010年7月26日至8月1日，我和张凤英、毛艳华、赵麟、赵哲恺一家5口到上海参观世博会，在上海期间，我们住侄女毛广慧家，并在城隍庙吃小吃。之后，我们全家到杭州游览。在杭州游览了西湖、雷锋塔、西溪湿地、灵隐寺和千岛湖。

2010年8月31日至9月4日，国家卫星气象中心组织老干部到黑龙江旅游，我随张凤英同行。先后参观游览了佳木斯气象卫星地面接收站、抚远中国第一哨、黑瞎子岛、黑龙江畔民族村（对面是俄罗斯）等。之后前往五大连池游览。最后在哈尔滨市游览了太阳岛、中央大街、仿制俄罗斯的圣彼得堡冬宫、索菲亚教堂等景点。

2010年10月1日至8日，我和张凤英、毛艳华、赵麟、赵哲恺一家5口自驾车经河南张凤英老家遂平到湖南常德。这是赵哲恺第一次回常德，带他参观了岳阳楼和常德市景点，并回了黄珠州农村老家。

2012年4月27日，气象出版社退休干部组织到怀柔春游，张凤英随行，游览了国际鲜花港。

2012年6月24日，全家人在北京气象宾馆庆祝我70岁生日，弟弟耀喜、妹妹耀云、妹夫肖才、朱忠云从湖南老家专程来京祝贺，亲家赵祖德、王志敏也参加，加上晚辈们共3桌30余人。

2012年9月12日至13日，气象出版社退休干部组织到天津市旅游，张凤英随行。游览了天津市开发区、仿古食品街、瓷房子、科技广场等景点。我曾多次去天津，张凤英第一次去。

2014年4月4日，我和张凤英回湖南常德老家，首次入住我在常德市鼎城区滨江花园购置的新房，我做东在久光国际饭店召集了中学老师和同学聚会，参加聚会的有初中班主任张凤池及老伴，高中班主任刘正南，初高中老同学魏长春及夫人、邓德华及夫人、章亮袆及夫人、杨梅春、刘菊芳、刘竹清、卢光汉、向华阶、詹松柏及夫人等。詹松柏夫妇陪我们游览了柳叶湖、河袱山区等景点。

2014年5月24日至25日，气象出版社退休干部组织到保定春游，张凤英随行，参观游览了总督府、古莲花池公园、陆军步兵学校等。

2014年9月3日至4日，气象出版社退休干部组织到河北野三坡秋游，张凤英随行，游览了百里峡等景区。

2014年9月17日至19日，《中国气象百科全书》协调指导小组在怀柔开会。会议由王守荣主持，参加会议的有赵同进、韩通武、陶国庆和我，还有各卷学术秘书。会后游览了怀柔云雾山等景点。

2014年10月12日，国家卫星气象中心老干部组织到北京古北口水镇秋游，我随张凤英同往，游览了古北口水镇各景点。

2014年10月17日至20日，南京气象学院气641班老同学第三次聚会，地点在北京。由住北京的我、董超华、潘锡元、王允东做东。我负责组织安排了聚餐、座谈会等，游览了奥林匹克公园、鸟巢、八达岭等景点。出席聚会的外地老同学有贾大康、胡敏菊和夫人刘翠花、朱应珍、秦灯娣、文绮新、杨保桂和夫人韩惠芝、严崇华、翟才春、蒋允治、李晋芝。

2015年1月4日至5日，《中国气象百科全书》协调指导小组在密云开会，会议由王守荣主持，参加会议的有赵同进、韩通武、陶国庆和我，还有各卷学术秘书。会后游览了雁栖湖及国际首脑会议会址等景点。

2015年4月1日至3日，《中国气象百科全书》协调指导小组在长沙召开座谈会，征求湖南省气象局领导和专家对《中国气象百科全书》有关条目的意见。王守荣和湖南省气象局局长常国刚主持会议，赵同进、韩通武、陶国庆和我参加会议。会后在常国刚等陪同下游览了岳阳楼、君山和桃花园等景点。这些景点我曾到过3～4次，张凤英同往，她是第一次游览这些景点。4月4日至5月底，我与张凤英住在常德市鼎城区滨江花园购置的新房。

2016年10月31日至11月4日，南京气象学院气641班老同学第四次聚会，地点在福州。张明席、朱应珍、蒋允治、李晋芝、陈守武在福建的同学做东。张明席、蒋允治安排聚餐与座谈、游玩。参加这次聚会的除东道主外，外地老同学有我和张凤英、胡敏菊和夫人刘翠花、秦灯娣和丈夫石传庆、杨保桂和夫人韩惠芝、翟才春和夫人刘玉英、杨万梅和丈夫毕普章。农64班陈冲，气642班严光华、陈敬平也参加了部分活动。我们游览了福州南后街的"三坊七巷"、林则徐纪念馆、西禅寺、鼓山等景点。

2016年11月4日至8日，福州同学聚会后，我与张凤英在朱应珍的陪同下游览了漳州花博园、火山岛公园、双渔岛、南靖土楼等风景区。6日到厦门后又在厦门市气象局原局长陈仲和同班同学严建基的陪同下参观了厦门市气象局，游览了厦门天气雷达海上明珠塔、演武大桥、环岛大道、厦门植物园等景点。

2017年4月初至7月底，我和张凤英回湖南常德住在新购房近3个月，于5月6日参观了毛主席故居韶山，这是我第5次上韶山，张凤英是第一次。同月13日至14日，我和张凤英在詹松柏的陪同下，韩逸乡开车游览了湖南第一高峰石门壶瓶山景区（海拔2098米）。该山传说曾有华南虎出没。詹松柏任常德市林业局副局长时曾在此蹲过点，并未发现华南虎。

2017年9月8日至18日，我和张凤英、王志敏自由行，经沈阳，到通化，游览了通化市花海、集林（古墓、东方金字塔、鸭绿江漂流）、长白山天池（分别从西、北坡两次登顶）、敦化六顶山大佛、渤海古国广场和黑龙江镜泊湖等景点。同时在长春市内还游览了伪满政府总统府、银行、广场、公园等景点。在沈阳受到辽宁省气象原副局长、巡视员李波及办公室主任热情接待，在通化、长白山、敦化受到当地气象局热情接待。在长春受到现任气象局局长赵大庆的热情接待，并会见了吉林省气象局原局长宋玉发，原办公室主任杭彤、窦广生、宣兆民等老朋友，张凤英同班同学张克选、李雅琴全程陪同。

2017年8月26日，我和张凤英在北京首次游览恭王府。

2017年9月28日，我和张凤英时隔多年后在国庆节前游览天安门广场，瞻仰毛主席纪念堂，并参观改建后的历史博物馆。11月1日，我和张凤英参观北海公园菊花展。

2017年11月7日，我和张凤英游览圆明园遗址公园秋景。

2018年4月17日至19日，我和张凤英到南京。17日在张凤英同班同学的陪同下拜访了张凤英班的政治辅导员吕继成老师及夫人。18日在蒋昌华及夫人冯俊如、气642班同学郭富德的陪同下参观了母校南京信息工程大学（这是我毕业后第四次返校），18日下午游览了夫子庙。19日上午参观总统府、梅园新村等景点。

2018年4月19日至22日，南京气象学院气641班同学第五次聚会，地点在江苏常州。参加这次聚会的有江苏的同学贾大康、翟才春和夫人刘玉英、胡敏菊、严崇华、秦灯娣和丈夫石传庆，外地的有我和张凤英、董超华和丈夫胡光华、杨保桂和夫人韩惠芝、杨万梅和丈夫毕普章、朱应珍、蒋允治、李晋芝、文绮新。江苏的同学做东，翟才春和夫人刘玉英负责食宿、座谈会和市内游览安排。在常州市游览了春秋淹城、东坡园、恐龙异想世界公园、天宁寺等景点，还参观了瞿秋白故居和纪念馆。

2018年4月23日，同学聚会结束后，我和张凤英、蒋允治及夫人李晋芝冒雨游览了无锡鼋头渚、灵山大佛等景点。24日、25日我们4人到苏州游览了周庄、狮子林、留园、拙政园、寒山寺、苏州古运河、盘门三景等景点（我是多次游览些景点了）。

2018年5月20日至25日，我和张凤英，中学同学曾广益、曾广朋从湖南常德出发，到贵州旅游。游览了凯里西江千户苗寨、荔波大小七孔、黄果树瀑布、青岩古镇和贵阳市甲秀楼、花溪等景区。老同学罗光荣热情接待，并派他女婿何林开车陪我们上黄果树游览。

2018年5月26日至6月2日，我和张凤英、曾广益、曾广朋从贵阳出发，到云南旅游。在昆明游览了大观楼、滇池、九乡、石林等景点；在丽江古城游览了四方街、木府、大水车、古城观景台、夜景等景点；在大理上苍山（坐缆车）、看表演（白族婚礼）、下耳海（乘游船）、逛古城（包括城门、洋人街、夜市等）、游三圣塔公园等。

二、我的病历（与病共舞）

（一）概况

我人生的旅途中如果说在仕途上从家门到校门到工作之门还算是一帆风顺的话，那么在身体的健康上却多有坎坷，可以说是多灾多难，多经磨难。特别是晚年，看病、治病、手术、吃药，与病共舞成了我退休生活中的重要内容之一。

父母给了我一个完美、健康的身体，青少年时代很少生病。只是1955年家乡大水，受蚊虫叮咬，患过一次疟疾。三年困难时期（1960年前后），因吃不饱对身体的成长和发育可能产生过一些影响。由于我从小在家里爱劳动，在学校爱锻炼，身体素质是很好的。"大跃进"时代，白天上学，晚上到生产队劳动，白天黑夜地干活。那时有病可以不出工，在家休息，我真想得场病，在家睡上几天。可是怎么忙累，就是盼不到生病。我当过搬运工人，挑100多斤的担子上下坡如走平地。在中小学我喜欢运动，我的百米短跑最好成绩12.8秒，跳远5米多，在班上名列前茅。我的腰、腿部力量较强。1970年在湖北战备基地学生连时，我能扛起近200斤的一麻袋大米走下上百米的山坡，当时在学生连能扛一袋大米到食堂的没几人。但我手臂力量较弱，在大学里加强了手臂力量的锻炼。"文革"中后期我成了逍遥派，没有课上，又不热衷于派仗，就经常到操场上跑步，锻炼身体。主要是做单双杠，苦练腹肌和手臂力量。我坚持天天早晚锻炼，很有成效。不久引体向上和双臂曲撑我一口气能做20～30个，腹肌和胸肌明显增加。同时还经常到附近老百姓的水塘里去游泳（学校和周围没有游泳池），把小时在农村学的狗刨式改成了比较规范的蛙泳和自由式泳，游泳技术和体能明显加强，曾两度在南京参加横渡长江。

从小学一直到大学，我的身体可以说是很健康的。高中毕业时，我身高1.64米，是当时全国男性的平均身高；体重55公斤，不胖微瘦。但原本身强力壮的体格，经过几十年的岁月蹉跎，到现在（2018年75岁）已是多病缠身。人体的五个系统我有三个系统出问题，消化系统十二指肠溃疡、分泌系统甲状腺机能亢进、循环系统心肌梗死。为治这些疾病，我抹过脖子（甲状腺开刀）、剖过肚子（胃开刀）、开过胸膛（心脏搭桥），三个刀口从脖子到肚脐连成一线。这么多大病，动过这么多次大手术，却并没把我压倒，居然在退休后还继续工作了十多年，还到全国旅游了那么多名胜古迹。这种情况，在中国气象局还是少见的，这也是我人生中难忘的一部分经历。

（二）延绵不断的胃病缠身

我得胃病比较早，对我折磨的时间比较长。早在1968年还在南京气象学院时就得了此病。那年的10月，院群众组织的头头派我和李长勋调查学院政治部主任陈鹤泉的历史。10月7日到了黑龙江省白安市引龙河劳改农场，提审劳改犯，获取证明材料。那天天气很冷，室外已经结冰，我们穿戴的衣服单薄，吃的是高粱米饭。那晚我又冷，吃过高粱米饭后肚子胀痛不停，整夜翻来覆去睡不着觉。这天以后我经常胃部胀痛，渐成常态。随后演变成有规律的痛，即空腹就痛，进食就缓解。开始诊断为胃炎，进而诊断为十二指肠溃疡。胃溃疡折腾了我近10年，时好时坏。饮食小心翼翼，服药延绵不断，氢氧化铝液不知喝了多少瓶也不见好。胃部疼痛时，我有时用手顶着，有时站起来用椅子背顶着。别人的毛线衣服都是从袖子上先坏，而我的毛线衣服先在胃部磨坏，就是我经常顶压胃痛部位形成的。

1975年春，我调中国气象局办公室后第一次出差，与张怀君同行到山东省气象局。刚到局食堂吃晚饭，我突然晕倒在凳子上了。省气象局的同志以为我是心脏病，把我连凳子一起抬到了附近的空军医院。医院检查发现我是消化道大出血，即胃溃疡出血。住了一周医院，不准进食，靠输液维持，直到血完全止住后才准吃东西。这是我第一次住医院。出院后仍遵照医生的嘱咐，继续吃药，保守疗法，胃痛依然存在。

1979年初的一天，我感到胃部胀痛与以往不同，一天没吃没喝，胃部越来越胀，越来越大，胃液反流呕吐。我看过许多有关胃病的医书，自知这时已是肠胃梗阻的症状了。于是电话告诉时任秘书科负责人的陆广延，请他尽快要车送我上医院。陆广延很快要了车，陪同我上北医三院急诊室。急诊室的医生问问病情，按摩了一下肚皮，没做其他检查，就从鼻腔插管排胃液，接着洗胃。胃镜诊断为十二指肠幽门梗阻，必须马上动手术。

住进医院第二天就安排了我的胃开刀手术。主刀医生与我同姓，也姓毛，是一位40岁左右的中年医生，据说经验丰富。1979年初，十一届三中全会刚开过，改革开放还没有起步，医疗界那时还是很清廉的，医生和患者都还没有收送红包的意识。我开刀，没有给医生送分文礼包，但主治医生都十分认真、热情、耐心。手术前毛大夫告诉我：只要是胃部手术，不管溃疡面怎么小，整个胃都要切去1/2以上。只有超过一半以上，剩下的胃才能再生，手术才能成功，这是世界上经过无数成功与失败实验后得出的结论，说我的胃要切除3/5才行。他的一番话，给我上了堂科普课，打消了我的许多顾虑。我那时只得听医生的，要夫人张凤英立马签字同意手术。手术进展顺利，不到两个小时就推出了手术室，我夫人张凤英、同事陆广延等在手术室外等候。我被推出手术室后都问我怎么样？我说局部麻醉，一点也不疼。现在就是全身发冷，冻得直打哆嗦。医生说，肚子翻开清洗了一遍，热量都跑光了，能不感到冷吗？这是正常的，过一会儿就会暖和起来的。给我做手术的副手是一位女医生，刀口缝得特别平整吻合。同房间好几位都是胃开刀的，就数我的刀口缝得好。这位女大夫来查房时，同房病友都夸奖了她，可惜我现在忘了她的姓名了。手术后毛大夫告诉我，做手术前原准备按一式方案做，即切除大部分胃后保留的小部分胃接在十二指肠球部，这样不改变食物消化流程。但切开后发现我十二指肠球部溃疡疤痕太多，无法将胃接上去，只得临时改变按二式方案做手术，就是将十二指肠球部结扎阻断，将剩余的胃直接连接到十二指肠末端与小肠交接处，这样吃进去的食物就绕过原来的必经之道十二指肠了，直接进入小肠。原来分泌的胆汁是在十二指肠内与食物混合帮助消化的。二式手术后，胆汁从十二指肠下流到小肠，在小肠内才能与食物混合帮助消化。这样可能对饮食习惯会有些影响，但不会很大，要注意少吃油腻食品。

　　胃部手术一周后刀口拆线回家，医生开了三个月的假条，要我好好休息，多吃流食，少吃多餐。开始很不适应，只喝一小碗藕粉或稀饭，肚里就觉得满了，一天吃五六次，时饱时饿。这种情况不到两个月就大有改观，食量逐步增加，食欲越来越好。更重要的胃病一次也没犯过了，摆脱了过去经常胃痛疼的长期折磨，我非常高兴。在家只休息了一个多月，我就上班了。人体是那样的神奇，切除了3/5的胃不到三个月就再生到了原来大小，后来甚至比原来还大了。食欲逐步增加，原来喜欢吃的东西并未改变。在手术前我是滴酒不沾的，别说酒，就是白开水过冷过烫我都不敢喝，怕刺激胃；手术后，到了20世纪80年代随着改革开放的深入，我随中国气象局领导出差机会越来越多，开始陪领导喝酒，进而为领导代酒，后来自己当了领导，参加各种宴请喝酒，酒量越来越大。到我退休前鼎盛时期，我曾一次喝过一瓶白酒，也曾一次喝过十多杯啤酒（4瓶）。这时的胃远远比手术前大多了。喝那么多酒居然胃一次也没痛过了，也很少醉过。1979年到现在快40年了，我的胃还比较好，食欲不错，经过几次犯心脏病，终于把酒戒了。但我现在依然还是比较喜欢吃小时候喜欢吃的饭菜和杂粮（包括肥肉等）。现在回忆起来，我由衷地感谢北医三院毛大夫等为我成功做的那次胃部开刀手术。

（三）莫名其妙地甲亢降临

　　1975年春我胃部大出血在济南治疗出院回家后，除了原来的胃部仍然时好时坏外，还发现我的脖子有点粗了，脾气也变坏了，在家里时常为一点小事生大气，吃饭总觉得没吃饱。于是我到北医三院去检查，检查结果是甲状腺机能亢进，是一种分泌系统的疾病。我得胃病后，看了一些医书，对消化系统的病还有些基础知识了，但对分泌系统的病一无所知，忙找有关医疗手册来看，得知：甲状腺是长在人脖子两侧受脑垂体指挥，分泌一种激素，控制人体的新陈代谢速度的腺体。甲状腺功能亢进症（简称"甲亢"），是由于甲状腺合成释放过多的甲状腺激素，造成机体代谢亢进和交感神经兴奋，引起心悸、出汗、进食和便次增多、体重减少的病症。多数患者还常常同时有突眼、眼睑水肿、视力减退等症状。

　　我为什么会得甲亢？医生说得甲亢的人一般是因受过某种刺激引起的，问我发现这病前受过什么刺激，例如家庭生活或单位工作中发生了什么变故和难题等。我考虑再三，确实没有发生什么问题，家庭和睦，工作顺利，没什么值得忧郁、刺激大脑的问题。我感到莫明其妙。但我想起了胃大出血后住院的情景，并给医生说了半年前因胃部大出血后在济南住院，医生要求一周内不准进食，靠输营养液维持。头两三天不吃东西还没什么反映。后两三天，看着同房病友吃饭，我特别馋嘴，特别想吃东西。出院后总觉得吃不饱了，饭量也大了，甲亢症状逐步表现出来了。会不会因治疗胃病时禁食刺激了大脑，引发了甲亢？医生听后，感到有道理，认定我的甲亢是因为治疗胃大出血中触发的。

　　我被诊断为甲亢时尚处初期，许多症状尚未显露，只有脖子粗、脾气大、吃不饱比较明显。开始医生要我吃一种叫"他巴坐"的药，控制甲亢症状有些缓解。但脖子变粗，且越来越硬，还有些挤压气管的感觉。这时医生说靠吃药不行了，还有手术治疗和放射性碘131治疗两种治疗方法。这两种方法各有利弊：放射性碘131治疗，服用剂量难以控制，因人而异，多了杀死甲状腺过多，可能反而患甲状腺机能低下的病，少了甲亢仍然存在；外科手术治疗，就是将脖子两侧的甲状腺大部分切除，保留很小一部分，这样90%以上能根治。但手术也有风险，一是脖子处血管丰富，容易引起大出血；二是甲状腺旁激素只有黄豆大小，如果被误切除，将影响身体终身不能吸收钙，需要每天静脉输钙；三是如果手术损坏声带神经，会使人变哑。这种三风险都是怪吓人的。

  1976年1月，我选择了对甲亢进行外科手术治疗的方法，因为其他治疗方法都难以把我已经粗大的脖子缩回去了，于是我住进了北京大学第三附属医院。给我主刀的是一位姓侯的中年大夫，他很热情，向我详细介绍了手术的基本情况，特别讲了手术的三大风险。但也说了作为医生会尽力避免这些风险的发生，而且发生的概率是很低的，要我放宽心。这些我事先都有思想准备，很容易接受。没有思想准备的是麻醉。侯大夫说甲状腺手术不大，但过去都是全身麻醉，对身体损伤大。现在作为"文革"的一项改革，像甲状腺这样的小手术改为了针刺麻醉，会有些疼，但能忍受。好处是不用麻醉，人清醒，可以边手术边说话，不易伤害声带神经，恢复也快。平时，我手脚上扎进刺了用针去挑都怕疼，现在不用麻药要在脖子上开刀，我真是害怕了，想打退堂鼓。折腾了一夜，最后还是豁出去了，要张凤英签字同意手术了。

  推进手术室后，护士先给我在后脊椎上打了一针，说是帮我镇静的。这一针打进去后，我紧张的心情顿时放松了，继而飘飘欲仙，昏昏欲睡，对即将的手术却无所谓了。在手术台上，先给我两手的虎口穴位插进了针，针通上了脉冲电流，脉冲一下，我全身麻一下，把我的注意力都引到了针麻上来了。然后主刀侯大夫等开始在我脖子上下刀了。在我身边还有一位女医生（不知姓名）一边监视绑在我身上的视心电图、血压计等仪表，一边与我聊天，问我老家哪里，家里几口人，哪个单位工作等，目的一是分散我的注意力，二是说话能看到我的声带振动，手术中避免误伤声带神经。手术进行了半个多小时，我感到有些疼痛难忍了，忙问还有多久。侯大夫说，马上完了。接着真的很快就开始缝合刀口了。侯大夫还把从我脖子上割下来的两个像小香蕉的甲状腺给我看了看。回到病房后侯大夫对我说，手术很顺利，没碰伤其他部位，出了一些血，但给你输了500 CC血可以补上了。根据你的病情，甲状腺切除了绝大部分，只留了一小部分（1/10），应该能根治你的甲亢了，要注意到时复查。

  手术一周后拆线回家，脖子不粗了，甲亢的各种症状逐渐消逝了。几次复查，甲状腺功能既不亢进，也不低下，新陈代谢正常。从1976年到现在已40多年了，我的甲状腺再没出现过症状，就由那保留下的很小一部分保证了我全身新陈代谢的正常运行。我由衷地感谢为我治病的医院和医生。

（四）痛不欲生的腰椎间盘突出

  20世纪70年代后期三年连续两次手术治疗后，我的身体一直很好，没有患过什么大的疾病，平平安安地度过了80年代。80年代是我一生中第一个黄金10年。这10年身体健康，事业顺利，从一个一般干部逐步跻身到了国家高级干部（厅局级）行列。但好景不长，1990年初我发现左侧坐骨神经痛，开始并不严重，没把它当回事。但后来从坐骨神经传导到左大腿外侧痛，又往下传到左小腿外侧，直到左脚大指，而且疼痛程度逐步加大。到北京医科大学第一附属医院检查，做了椎管造影，发现是4～5腰椎之间的间盘突出，压迫神经根水肿，引起疼痛。这种病称为腰椎间盘突出。我又开始查看骨骼与神经科的医书，想知道腰椎间盘突出如何得的，怎么治疗。所谓"久病成良医"，确实如此。前面我得过胃病、甲状腺病，对消化系统、分泌系统的结构、主要病理、治疗方法都有所了解。

腰椎间盘突出症主要是因为腰椎间盘各部分（髓核、纤维环及软骨板），尤其是髓核，有不同程度的退行性改变后，在外力因素的作用下，椎间盘的纤维环破裂，髓核组织从破裂之处突出（或脱出）到后方或椎管内，导致相邻脊神经根遭受刺激或压迫，从而产生腰部疼痛，一侧下肢或双下肢麻木、疼痛等一系列临床症状。腰椎间盘突出症以腰椎部4～5椎发病率最高，约占95%。是一种常见的疑难病症。

我是因何得这种病症的？我向医生诉说了三个原因：一是在得病前两年，我为了省钱，请木工在家做了一个弹簧床，弹性很大，一睡一个坑。但由于弹簧床垫弹性分布不均，时间长了，睡觉时身体受力不均，可能引起了腰椎间盘突出；二是半年前我随温克刚副局长到黑龙江出差，适逢夏天高温，黑龙江许多公路翻浆，高低不平，我们连续坐长途汽车，颠簸很厉害，当时就觉得腰都颠痛了；三是我每天早晨起床后都有锻炼的习惯，其中必有弯腰压腿拉韧带的动作。医生说这三种原因的任何一种都有可能引发腰椎间盘突出，或者三种原因叠加造成的。

腰椎间盘突出疼痛的强烈程度远远超过胃痛。胃痛比较温和，只在空腹时痛，进食后就缓解。腰椎间盘突出痛比较强烈、持久。开始卧床趴着睡可以减痛，后来怎么躺下没有一个姿势不痛的。人也站不直了，成了"S"型，路也走不动了，那时我家到办公室只有100多米，我要10多分钟才能走到。有一段时间，一天24小时疼痛不止。半夜痛饿了，还要加餐抗痛。吃止痛药也不管用。真是痛得"上天无路，入地无门"。"有病乱求医"，我请过盲人按摩，找过江湖郎中针灸，到医院打过封闭，做过牵引，吃过最厉害的止痛药，绑过铁沙袋热敷等，都无济于事。当时有人劝我用手术治疗。我想已两次开刀，不想再动第三刀，且腰椎处神经多，动得不好就可能全身瘫痪。因此咬牙坚持保守疗法。折腾了两三个月，最后医生建议我在家牵引，说到医院牵引只能半小时，来回行走，在医院拉得松开的腰椎回家又回去了，不如回家牵引，不受时间限制，不用来回走动。我认为这个意见不错，就从局门诊部借了一套牵引设备，在自家木板床上牵引起来。又从局办公室印刷厂借来几个大块铅，加大牵引重量到60公斤，一边30公斤（医院一般只有20公斤）。这样牵引，很有疗效，疼痛逐步减轻。我24小时不起床一直牵引着，而且睡觉、吃饭都不停。这样牵引了三四天，我感到突出的腰椎间盘复位了，被压迫的神经开始好转。觉得腰椎里面痒痒的，直想用手伸进去挠挠。我想这是好的兆头。这样牵引不到10天，腰椎竟然好了。我把软沙发床拆除扔掉了，连续坚持睡了三个月的硬板床，使椎间盘复位得到了巩固。期间我到杭州主持召开全国气象局办公室主任会议，在宾馆我不敢睡沙发床，只好睡在地板上。后来我换新床是选购弹性较小的名牌产品，防止腰椎间盘突出复发。

腰椎间盘突出症已过去快30年了。这30年再也没有复发过，也没留下任何后遗症，真是万幸。我现在还一直坚持弯腰压腿锻炼，每天早晨两腿绷直，双手手掌着地，压200多次，腰也无事。这说明那时患腰椎间盘突出症与弯腰压腿锻炼无关。

（五）突如其来的心肌梗死

腰椎间盘突出症康复后过了10多年（1990—2002年），我事业有成，身无大病，这是我人生中的第二个"黄金10年"了。但又好景不长，到2002年一场突如其来的心脏病，差点把我送到了阎王殿。

第一次心梗 2002年2月23日我突发心肌梗死，起因于早晨身体锻炼。自从大学毕业参加工作后我一直坚持晨练，主要是跑步、活动腰腿、做单双杠，除个别时间、环境不允许外，我一般是天天坚持不断。2002年春节休息了一周未出门晨练。2月23日这天是双休日星期六，许多人还在睡早觉，我早晨6点多就来到了局大院的北京气象学院操场锻炼，这是春节长假后第一次出来锻炼身体。按以往的规定动作，先慢跑了两圈，再压腿做操，最后做一组单双杠。单杠是双脚并直勾杠20个，主要练腹肌；双杠是双手曲臂摆撑20个，主要练手臂和胸肌。刚做完准备回家，恰好南气院气642班的老同学沈振平来了，我劝他也坚持锻炼，为了摆弄多年坚持锻炼的成果，并给他表演了这套单双杠动作。他看后连连称赞，但表示自己做不了这样用力的动作了。

上午8点左右我回到家里，吃过早饭，觉得有点与往常不一样。以往锻炼回来，感到全身活动开了，一身轻松。而今天感到全身没活动开，有点闷得慌，头还有点晕。先上床躺一会儿，看会不会好些。但越躺越不舒服，主要是头部沉闷。我想会不会是高血压了？于是起床想到局医务室去查查血压。我家离医务室只有大概300米远，走到离医务室不到50米处突发胸部剧烈疼痛。这时我意识到是心脏病了，只好咬着牙走到了医务室的急诊室。一进急诊室我就自己躺在了急诊床上，忙说心脏痛，告诉我家的电话，要家里马上来人。值班医生是江岚，我要他快叫救护车，快止痛、吸氧。江岚吓得手忙脚乱，先给我服上硝酸甘油和救心丸，再给我家人打电话，听心脏、量血压、叫急救车。在准备输氧气时，发现氧气瓶内却没有氧。不到5分钟我老伴张凤英到了，女儿刚生孩子没几天，正在"坐月子"，不能出门。张凤英赶到时我正大汗淋漓，全身无力，眼前发黑，两手像触电一样阵阵发麻，脑子嗡嗡发热，嘴里痛得直叫唤，但神志尚清。听张凤英说我的血压直线下降，十分危险。大约半小时左右急救车到了，车上有一名医生，两名助手，立刻用担架把我抬上了救护车，吸上了氧气。张凤英也随同上了救护车。救护车医生问张凤英上哪个医院？张凤英毫不犹豫地说上阜外医院。我听到了救护车沿途的呼叫声。医生要张凤英做好最坏的思想准备，拿出了电击器，说一旦停止跳动，就要用电击了！

经过20多分钟，大概上午9时左右到达了阜外医院的急诊室。随后到达的是我女婿赵麟带着住院物品开车赶到，接着是气象出版社副社长王存忠、社办行政科科长岳景增也开车赶到。急诊挂号治疗等手续由赵麟和王存忠、岳景增办理。我被送入急诊室之后，医生简单地给我看了看，吃了点止痛药，就把我晾在那儿没人管了，我心脏痛得仍然还在哼个不停。我女婿说急诊室要求交6万元押金才能治疗，那时家里没有那么多现金，到银行去取因是双休日还没开门。钱不到人家就不给你动真格治病。王存忠很着急，说这位病人是我们单位领导，享受高干医疗，不会不给钱的。这样说也不行，王存忠找出版社会计，也因双休日一时找不到。幸好气象出版社办了一个小公司，王存忠找到了公司会计，由公司经理王昱立马送来一张支票押上6万元钱。这时已经上午11点多了，急诊室医生才给我打了一针。据说是8千元左右的消溶针，并让我住进了重症监护室。住进重症监护室，护士们七手八脚，帮我吸上了氧气，安上了心脏监视仪，绑上了血压计，吊上了几瓶输液针，就像蜘蛛网似的，从头到脚缠满了管线。这样一折腾，我心脏疼痛大有缓解。

当天下午，医院要张凤英签字后做心脏冠状动脉造影手术。冠状动脉造影是诊断冠状动脉粥样硬化性心脏病（冠心病）的一种有效的方法，就是利用血管造影机，通过特制定型的心导管经皮穿刺入下肢股动脉或手动脉，沿降主动脉逆行至升主动脉根部，然后探寻左或右冠状动脉口插入，注入造影剂，使冠状动脉显影。这样就可清晰地将整个左或右冠状动脉的主干及其分支的血管腔显示出来，可以了解血管有无狭窄病灶存在，对病变部位、范围、严重程度、血管壁的情况等作出明确诊断，决定治疗方案（介入、手术或内科治疗），还可用来判断疗效。这是一种较为安全可靠的有创诊断技术，现已广泛应用于临床，被认为是诊断冠心病的"金标准"。开始我以为心脏造影手术是什么大手术呢，其实是一种创伤不大的小手术。我躺在手术台上，先在大腿胯骨处的动脉血管开个小口，只比平时打针大一点，插进一根很细的纤维管，输进显影剂。这样心脏动脉血管的图像就在屏幕上显示出来了。医生和我都能看得到，就像地图上绘的道路和河流一样，有粗有细，一目了然。造影显示我是心脏后下肢动脉梗阻。整个手术过程不到20分钟，一点也不受罪。受罪的是手术后的压沙袋。为了防止血液从动脉进管口冒出来，在大腿进管口处压了一个2～3公斤的沙袋。要压24小时，只能平躺，不能动弹。以前觉得躺着很舒服，但是如果只一个姿势躺着，不到几小时，照样很累。特别是大小便更难办，把我憋得难以忍受。

2月28日，在重症监护室治疗了一个礼拜，心梗症状已解除，医院决定给我做支架手术。给我做支架手术的是吴永健大夫，他当时已是心内科二病室主任。做支架是种介入手术，不属心外科。做支架前又要张凤英签字，一周前造影签字为了应急，未细看具体内容。做支架签字前认真看了文字内容，那里面列了十几种可能的风险，有一半是致命风险。张凤英有点不敢签了，要我细看。这时医生也反复说明，这些风险发生的概率很小，他们会尽量避免的。我考虑再三，还是要她签了"同意"字样。做心脏支架手术前半段与做造影手术完全一样，后半段是在心脏血管造影显现后，玻璃纤维管头部带有一个气囊，放在血管狭窄处，用气囊把狭窄处的血管撑开，然后送进事先准备好的支架。把支架放在血管狭窄处释放撑开，抽回玻璃纤维管，封好进管口，压上沙袋，手术完毕。我躺在手术台上，全过程在屏幕上看得清清楚楚；吴永健大夫指挥助手送气囊、准备支架型号和长短、释放支架的位置，我听得清清楚楚。吴大夫还在屏幕上特地指示血管梗阻的位置。在未放支架前就像在那里打了一个结一样，支架放进去后那个"结"消失了，前后基本一样粗细了，血流通畅了，心梗所有症状也随之消除了。安了支架后，把我从重症病房转到了普通病房。在普通病房住了3天，准备出院了。准备出院的前一天，我想在阜外医院住了快半个月，医院是什么样还没有看过，就一个人跑到院子里面转了一圈，但在回来的电梯上突然晕倒了。病友们把我用轮椅推回病房。本来第二天就可以出院了，医生又留我住了3天医院观察，确定我晕过去是由于放支架不适应引起的一过性反映。

在我住院期间，知名专家秦学文、吴永健等多次来病房查床，他们对我平时血压血脂血糖都不高，又喜欢体育锻炼，何为突然发生心梗有点疑惑不解。秦学文说，这样的病例要专题研究研究。果不其然，我出医院以后有一位叫尤士杰的大夫跟踪了我一年多，要我每一两个月去复查一次，他亲自给我做B超、彩超等检查，各种化验和其他检查的项目也比较多，每次复查结果他都有详细记录。他曾说我的动脉血管弹性很好，远端血管清晰，但比一般人要细点，比较容易引起狭窄。还可能与遗传和饮食习惯也有关系。发生心肌梗死也不要过于紧张,百分之八九十的人是不会丢命的。心脏是一个很灵巧的器官,主动脉堵塞停止供血之后,它还有一个应急系统,就是启动毛细血管供血。毛细血管虽然供血有限,但能保证维持心脏的最低需要。一旦主动脉开通,毛细血管又自动关闭了。只有个别人主动脉梗死后,心情紧张或者处之不当,毛细血管尚未开启他就失去了生命。他告诉我,心梗后不要过于紧张,只要血管没有破裂,只要五六个小时之内送到医院,医生都有办法把你救过来。他的这番话,既给我普及了关于心梗的科普知识,也给我增强了战胜心脏病的信心,我也向心脏病患者经常传播这些知识。

2002年3月初我放了第一个支架从阜外医院出院后,遵照医生的嘱咐坚持服药,改变饮食习惯,不做激烈运动,我每天坚持服用抗凝固、扩血管、调心率、降血脂等多种药物,恢复较快,不到一个月就转入了正常的生活与工作,并开始恢复了部分体育锻炼。单双杠等爆发力动作不做了,继续做压腿拉韧带,做操,把跑步改成了走步。在饮食上注意清淡,减少大鱼大肉,并开始戒酒。但戒酒没坚持下去,两年后又恢复饮酒。

从2002年至2011年,这近10年我的身体处于亚健康状态,没什么大病,基本上平安无事,是我退休后的第一个"黄金10年"了。但这10年,心脏有时还是有些反应的,有时活动过多,或饮食不当,心脏会隐隐作痛,停下来休息下也就没事了。只有一次,反应较大,大概是2008年夏天的一个晚上,我与阳世勇在紫竹院走步,突然觉得心脏不舒服,有点心梗症兆,我立马躺在了公园的座椅上。阳世勇等连忙叫来急救车,把我送到阜外医院急诊室,观察一晚,无大问题,第二天清晨就回家了。

第二次心梗 我第二次心梗发生在2011年3月的一天。早晨6点钟左右,我在家正做每天定点定时的扩胸、弯腰、压腿、晃脖子等早操常规动作,突然感到脑海一阵发热,随着心脏疼痛,气闷,大有第一次心梗时的症兆。我马上停止运动,服了硝酸甘油和救心丸,躺在大厅的沙发上,并唤醒张凤英起床要她叫救护车。救护车很快到了,我家住二楼,救护车上2人、我女婿赵麟和邻居江彦文家女婿赵宇4人用担架把我抬上救护车,不到1小时就送到了阜外医院急诊室。救护车上的医生在行车途中就给阜外医院急诊室主任颜红兵打电话,要他们做好接收危急病人的准备。这次到急诊室,带够了押金,就诊很顺利。很快给我住进了重症监护室。经过检查、服药、输液,病情很快稳定,疼痛逐渐消失。重症监护室不许家属陪护,完全由医护人员护理,我要家属和单位赶来的王存忠、岳景增等中午前都回家去了。当天晚上半夜后我一觉醒来,睡不着了。折腾了一个多小时,正看着一名护士进来检查我邻床病友装支架手术后的沙袋是否压好时,我的心脏又开始痛了,憋气也很厉害,我坚持了半小时想挺过去,但觉得越来越严重。这时我按了床头的急救警报器。病室的值班医生立马赶到我的病床前,问情况,看仪表,听心脏。原想待几天我的病情稳定之后,再做造影确定是否做支架,根据我当时的情况,医生决定将做造影和支架提前了。就在凌晨两点多钟,重病监护室的主任医生给我家打电话,要求家属马上赶到医院来。我老伴张凤英、女儿毛艳华接到电话后非常紧张,深夜医院来电话,可别是大事不好了。到了重症监护室才知道是连夜给我做造影、装支架,需要家属签字。据说手术室的颜红兵主任和一班人马刚做完一台支架手术,回到值班室正准备上床睡一会儿,又被重病监护室叫回了手术室,为我做造影和安装支架。凌晨3点左右,我的手术开始了。

这次做造影的纤维管进入处的手术大有改进,10年前第一次造影是在右大腿动脉血管处开口插进玻璃纤维管,这次是在右手内关穴位处的动脉血管插进玻璃纤维管。这样,做完手术后不用压沙袋，用绷带缠着手腕刀口即可止血。手术后就可以自由活动，消除了 24 小时平躺不能动弹的痛苦。颜红兵主任一面指挥做造影安支架，一面在屏幕上告诉我，说这次梗阻的仍然是后下支主动脉，上次梗阻的是后下支主动脉的中上段部位，2002 年放的那个支架还很好。这次梗阻的部位在这根主动脉的中末端，而且梗阻血管比较长，要放 3 个支架才行。所以这次手术时间比较长，用了 1 个小时左右才做完。在放最后 1 个支架的时候，颜主任要助手选最小型号的支架，并自言自语地说，到了血管的末端，支架这么细，今后堵不堵有点够呛。支架手术完毕后，天已亮了，我心梗症状已消除，观察 3 天就出院了。

第二次放 3 个支架，出院后，我在家休息了 3 个月，没有什么大的活动，也没发现心脏有什么问题。但 3 个月后我开始出门走步，在北气院操场上以中等步行速度走两三圈后背就开始隐隐作痛了，而且每次几乎都这样。这种情况以前是没有的。第一次放支架出院后我走 10 多圈心脏都没什么反应，甚至爬山也反应不大，与好人一样。我感到这次装支架后血管又狭窄了，血流不畅。半年后，大概九月中旬，我到阜外医院复查，要求再次做造影检查。当时心内科无病床，我即找到原邻居周琼，她是阜外心衰病房副主任，把我安排住进了她负责的心衰病房，准备排队做造影检查。周琼是我在气象局大院的邻居，2001 年底至 2002 年初她的儿子和我的外孙子几乎同时出生，那时邻居中还有两个孩子也几乎同时出生，三男一女，号称"四人帮"，小孩经常在一起玩儿，家长也就互相熟悉了，况且周琼的籍贯是湖南人，与我是老乡。我找她看病都不用挂号，她非常热情。住进她安排的心衰病房之后，哪知心衰病房对病人的管理比重症监护室还严格，不准下床，吃喝、大小便都在床上，有人专门侍候。我根本没病到那种程度，但护士们按规定就是不让我下床。后来找周琼特批，才准我下床大小便。住院 4 天后安排给我做心血管造影检查。为我做造影的是一位姓李的主任大夫，我未住在他的病室，与他不太熟悉。这已是我第四次做心血管造影，有点习以为常了。李大夫给我做完造影，与其他大夫在外面会商了一会儿后回来告诉我，第二次做的 3 个支架的末端那个最小的支架全部堵塞了。后下支向心脏的供血主要依赖侧支和毛细血管，很有限。如何治疗，再与主治大夫商定去吧。回到病房，我把检查结果告诉周琼。周琼说，两种办法，一是药物治疗，维持现状，有一定风险；一是做搭桥手术，手术成功会大有改善，但也有风险。要我出院再多听听各方意见后考虑决定采取哪种办法。

这次出院后我反思了为何会发生第二次心梗。主要还是自己注意不够，好了疮疤忘了痛。第一次心梗后的开始两年，我还是小心翼翼的，戒了酒，少吃大鱼大肉，不做激烈运动，注意按时吃药等。二三年之后，我觉得和好人一样了，能上山观景，能下水游泳，酒也开始喝起来了，甚至喝得和原先一样多。大鱼大肉也时常吃一些，体重未减反而有些增加等。其次是吃药不到位，没有吃他汀类降脂药。第一次支架后，阜外医生给我开的"血脂康"，是一种中药，降脂并不明显，没有把血脂降到下限，一直处在中上限处。周琼大夫告诉我如果那时能改为他汀类药物，第二次心梗或可避免。我认为这两方面的原因导致了第二次心梗。第三枚支架装在血管末端就比较勉强，埋下了堵塞的隐患。

支架堵塞后做心脏搭桥手术 经过 3 个多月的多方调研和反复考虑，我决定趁我刚到 70 岁，身体还比较健壮的时候做心脏搭桥手术。心脏搭桥手术又称为冠状动脉旁路移植术，指当一条或多条冠状动脉由于动脉粥样硬化发生狭窄、阻塞导致供血不足时，在冠状动脉狭窄的近端和远端之间建立一条通道，使血液绕过狭窄部位而到达远端的手术。多取患者本身的血管，如大隐静脉、乳内动脉、胃网膜右动脉、桡动脉、腹壁下动脉等，将狭窄冠状动脉的远端和主动脉连接起来，让血液绕过狭窄的部分，到达缺血的部位。心脏搭桥手术是目前公认的治疗冠心病最有效的方法，可以改善心肌血液供应，达到缓解心绞痛症状、改善心功能、提高生活质量、延长寿命的目的。

2012年2月10日，我又住进了周琼负责的心衰病房，在那里做搭桥前的检查和等待外科病房安排手术。搭桥是要开胸腔的大手术，都说要找一个好大夫。有人向我推荐国家卫星气象中心有一位同事的爱人在阜外医院，是医院的三把刀之一，还是副院长，建议我们去找他。但我没有采纳，我认为越是权威专家，他带了一大批研究生，自己不可能动手，托了很大的人情，结果还是他手下的助手或实习生们动手术，同样有风险。住医院多了，这种情况我也看得多、知道得多了。我仍然请周琼帮我选择手术大夫。我说不一定要大专家做手术，但要在心外科手术第一线的，年龄在40岁到50岁之间的有丰富临床经验的大夫主刀为我做手术。周琼按照我的要求，选定了一位叫冯钧的大夫帮我做搭桥手术。冯大夫也十分乐意给我做手术。冯钧1994年任阜外医院住院部医师。2010年任27病区医疗指导医师，主刀完成心脏外科手术1000余例，拥有比较丰富的临床工作经验，擅长冠心病搭桥。

冯钧大夫接受为我搭桥手术任务后，认真查看了我的病历，仔细调阅了我2011年9月心血管造影光盘。手术的前一天，他给我说了具体方案。他说我的前降支两根主动脉血管和后降支一根主动脉血管均狭窄70%以上，3根主动脉都需要搭桥，一次解决问题。但后降支末端最后支架堵塞后面的血管是否还畅通，造影光盘上显示不出来。如果堵塞支架后面的小血管是通畅的，桥能搭成；如果后面小血管也堵塞了，搭桥没有桥头堡就搭不成了。只能搭前降支两根血管的桥了。支架放得不久，估计后面的血管没有堵死。如果后下肢搭不了桥，前降支更重要，搭上桥以后会有很大改善。最后征求我的意见，这个手术做不做？当时认为箭至弦上，不得不发了，决定手术按原定计划进行。

2012年2月12日，阜外心外科病房安排我下午3点做搭桥手术。手术前先把我推到麻醉室进行麻醉。麻醉是手术中很重要的一环，主要是要控制麻醉的剂量，使手术刚做完，人就基本上能清醒过来。心血管搭桥手术，由于我有3根血管要搭桥，手术比较复杂，必须全身麻醉。麻醉药如果用多了，可能手术后很久醒不来，对身体损伤比较大；如果麻醉药用少了，手术没做完人就醒了，就会疼痛影响手术进行。所以麻醉药用得不多不少，恰到好处才行。此前，我对麻醉还有这么多窍门不太了解。在20世纪70年代全麻开刀，大多要一天以后才能醒过来，现代的麻醉讲究精准了。护士把我推进麻醉室，他一边与我聊天，一边给我在鼻子前喷了一些像酒精似的东西闻，再给我全身擦酒精消毒，我慢慢迷迷糊糊了，以后什么也不知道了。我的手术大概进行了3个多小时。把我从手术室推到特别观察室时，冯大夫拍拍我的脑袋，把我摇醒。我迷迷糊糊地听他说：老毛，你的手术很成功，原来担心后下支搭不上桥的，你那堵塞支架后面的那段血管还是通的，所以3根桥都搭上了，你放心，好好休养恢复吧。我当时好像说了"谢谢"两字。手术做完后，要我在特别观察室观察一段时间之后才能回病房。特别观察室的护士长，她爸爸是我住心衰病房的病友，她经常去看望她爸爸，也认识了我。我被推入特别观察室后，她给予了特别的照顾，还特许家属提前进来看我，特别观察室是不许家属进入的。

手术中并没有感到受什么罪,但手术后却受了一连串的罪,过了五道难关。第一道难关是口渴。医生嘱咐手术后 3 天不能喝水,可是手术清醒后我就口渴,嘴唇干裂,很想喝水。病房的护士们说,大手术后都不能喝水。实在渴得厉害时,求护士开恩给点水喝,只给一矿泉水瓶盖水,让湿润一下嘴唇,并说你打着吊针输液,身上并不缺水,只是你口里渴罢了,坚持一下就过去了。那几天我做梦都在喝水。第二道难关是小便不出来。手术时在膀胱插了引流管,手术后引流管拔了,我平躺着小便怎么也便不出来。一天没排出小便,膀胱胀得大大的。护士要我放松,不然又要插引流管了,但我又害怕再插引流管难受,俗话说,活人不能被尿憋死。我趁护士不在时,偷偷在床边站立起来。人站立起来,小便就自然排出来了,排出了满满的一壶,解除了憋尿之危,顿时觉得轻松、舒服多了。第三道难关是继小便之危后又出现了大便之危。术后 4 天了,还没大便,肚子越来越胀。进食较少,平躺着肠内动力不够,大便干结在肛门前受阻,把人憋得很难受。如果能上厕所坐马桶,问题很快就会解决。但此时心脏上接有监视器,手臂上绑着输液管,胸部刀口紧缠松紧带,要上厕所很困难,也是不允许的。但趁夜深人静,大约凌晨两点多,我拔掉心脏监视器,推着带滑轮的输液架,忍着刀口疼痛,偷偷上了病房的厕所,这样神不知、鬼不觉地解决了排便难题。第四道难关是咳嗽。手术的刀口在胸部,如果咳嗽一下,刀口就要痛一阵。按道理应该是尽量避免咳嗽。然而心脏手术不一样,医生要求要尽量咳嗽,通过咳嗽把因手术刺激分泌出来的废物排出来,而且要求陪床人帮助捶背咳嗽。我当时担心咳嗽会把刀口崩开,也有些怕痛,咳嗽不够用劲,结果给后来留下了一些隐患。第五关是感冒。为了赶在春节前出院,我手术后一周多就办了出院手续。回到家以后,家里的温度没有医院高,很快就感冒了,在医院的被动咳嗽变成了主动咳嗽。而且咳嗽不止,越咳越厉害,甚至喘不过气来,有点像哮喘症了,吃止咳药也不管用。这时正是春节长假,大家都在过节,我却咳嗽得彻夜难眠,还影响家人休息,刀口还在经常疼痛。坚持到大年初五,我给阜外医院周琼大夫去电话,说了我的症状。他正好在急诊室值班,要我马上到急诊检查。女婿赵麟开车、老伴张凤英陪同把我又送到了阜外医院急诊室。周琼给我做了心脏彩超等检查,发现我的肺部已经积液很多。立马在我的背部打了一个小孔,插管引流肺部的积液,一次就引流出 2000 毫升。积液排出之后,人可轻松多了。周琼把我安排住进了她负责的心衰病房,引流管放了一周多,确认肺部无新增积液后才撤除。同时帮我做化痰治疗,并调整了我的长期用药。这是我第三次住进心衰病房,住了两周多,病情大有好转后才出院了。以上算是我搭桥手术后的"过五关斩六将"吧。

心脏搭桥手术,远比我前面做过的几个手术对身体的损伤大,够得上是大伤元气了。前面的甲状腺开刀和胃开刀,出院后不到一个月就基本恢复了。四次心脏造影手术都是微创,对身体没有什么损失。这次搭桥手术,我"二进宫"从心衰病房出院以后在家休养,一个月之内全身无力,在家的厅里面走走都觉得累。三个月之后才敢出门。半年之后才得到初步恢复,体重减去了 10 多公斤。以后我一方面遵照医生的嘱咐坚持吃药;另一方面开始恢复锻炼,坚持每天早晨做操压腿,晚上走 1 万步左右。身体逐步调整到了正常状态。

从 2012 年 2 月心脏搭桥手术至 2018 年已经过去 6 年了。这 6 年可以说是我与病共舞的 6 年。前 4 年我还被返聘上班,参加《中国气象百科全书》的编纂等工作(详见第八章)。与此同时我每年还参加了一些外出旅游(详见第九章)。心脏搭桥以后,身体状况基本良好，但也有时出现气短、胸闷、乏力症状。这种情况有时是短暂的，有时连续数天。出现这种情况，我注意休息，调整饮食和运动量，很快就得到了恢复。从医生嘴里得知：像我这样两次心梗放支架，支架堵塞后又搭桥的人，平均存活率在世界上是10年左右。我达到平均数只有4年了。但我现在仍然保持一个乐观的良好的心态，争取达到和超过平均数。第一步，争取达到北京人的平均年龄80岁，第二步向90岁和百岁进军。

三、我对疾病的态度

经过我以上病历的回忆，总结出了一些对待疾病的态度或者是指导思想，进一步指导我度过今后的风烛残年。

目前在老年人当中最时尚的一句话是"以健康长寿为中心"。健康长寿是一个美好的愿景，但对于绝大多数老年人来说那是不现实的。随着年龄的增大，过了六七十岁，对大多数人来说，或者是百分之八九十以上的老年人来说，都会有这样或那样的疾病缠身，完全没有疾病的老人少之又少。所以对大多数老人来说要做好长期与病共存、与病共舞的思想准备。疾病来了，不要惊慌失措，更不要悲观失望，失去信心，放弃治疗。在战略上要藐视它，在战术上要重视它，做到病进我退，即病来了抓紧治疗，好好休息；病退我进，病好了，该吃的吃，该玩儿的玩儿，该锻炼的锻炼。具体来说要做到以下几点：

第一点，要相信医学科学，要相信绝大多数医务人员是好的和比较好。有病了要及时治疗。绝大多数疾病是能够治好的，或许不能根治也能缓解。我20世纪70年代患的甲亢和严重的胃溃疡，经过医生的手术治疗，可以说是妙手回春，40多年了，没再复发，得到根治。20世纪90年代初的腰椎间盘突出症，也因及时治疗得到康复，没再复发。2002年突发的心肌梗死，经过4次造影手术、两次安放支架和2012年搭桥手术，从开始到现在已有16年了。现在我每天还能坚持行走上万步，还能到处旅游。2017年还登上了2000多个台阶的长白山，这不能不归功于及时医疗。我治病遇到的医生都是非常敬业的，医术都是不错的，他们没有要过、我也没有给过什么红包，照样治好了我的病。只是2002年第一次心梗时未交6万元的押金就不给下药，那也是医疗制度改革的弊端，不能错怪医生个人。相信医学科学要中西医结合。急性病、显性病，要以西医为主，中医为辅；慢性病、隐性病可以中西医结合或以中医为主。自己也要学点医疗知识，争取做到"久病成良医"，使自己的病做到心中有数。我2002年第一次心梗后，用血脂康这种药长达10年之久，以为它降脂有效。其实它是一种中药，降血脂远不如他汀类西药有效。我缺乏这一知识，没有及时调整用药，把血脂中的低密度蛋白降到下限，导致了2012年的第二次心肌梗死。这一教训对我来说是深刻的。现在我按照周琼大夫的药方服药，使血压控制在低压70左右，高压110左右；胆固醇中的高密度蛋白控制在上限以上，低密度蛋白控制在下限以下，大大减少再次血管堵塞的风险；心率调整在每分钟50次左右，尽量减轻对曾经受伤的心肌的工作量而又保证血液的正常循环；体重保持在60公斤左右，整个身体感到还是比较舒适的。防止血管的再狭窄，是我预防疾病的重中之重。60岁以上的老年人，其血管每年以1%的速度狭窄，这是正常现象。八九十岁以上的老年人，能保证血管30%左右的畅通率就够了。我搭桥后的血管估计现在有些部位可能已狭窄了50%左右，今后力争保持在1%或1%以下的速度狭窄。这样才有可能实现我健康长寿的第一步、第二步目标。

第二点，要坚持科学平衡的饮食。坚持科学平衡的饮食习惯，对预防和治疗疾病至关重要。俗话说"病从口入"，一点也不假。许多疾病归根究到底可以说是吃出来的。不仅是吃了不卫生的食物拉肚子等疾病是吃出来的，即使吃了卫生的东西，吃得过多过好，也会出现肥胖、血压、血脂、血糖三高等现象，引发一系列疾病。我2002年突发心梗，导火线是那天多做了一组单双杠，但根本的原因还是血管硬化和狭窄，也是吃出来的。自1978年改革开放以来，物质生活不断改善，各种宴请应酬频频不断，体重不断增加，到了最重时70公斤，营养在体内不断积累，引起了血管狭窄。特别是在气象出版社任社长期间，为了争取领导部门的支持，为了开拓图书发行市场，应酬不少。参加各种会议，也是大餐不断。有些时候几乎天天有应酬，有时还一天好几次。这样长期无节制的餐饮为心梗埋下了隐患。所以把住"进口关"非常重要。2002年放了第一个支架之后，我开始戒酒和减少参加宴会等应酬。客观上退休之后，没有在职时那么多应酬了。但坚持不长，两三年之后心脏比较正常，以为好了，我慢慢地开始恢复了喝酒，积极参加老同志和在职同志的各种聚餐，做到有请必到，有到必喝，直到2011年发生第二次心梗，才使我彻底觉悟，决定要坚持科学平衡饮食原则。特别是2012年搭桥手术之后，我在饮食上尽量按照科学平衡，控制总量，量出为入，防止营养在体内的过剩。

我采取的措施首先坚决戒酒。第一次戒酒不成功，2011年二次心梗后第二次戒酒不彻底，给自己留了白酒一次不超过一两、葡萄酒和啤酒不超过一杯的后路。2018年3月底，我的心脏病犯了半个多月，周琼医生劝我彻底戒酒。我才下决心彻底戒酒，已坚持半年了。实际上酒是活血的，能提高血液中的高密度蛋白，帮助清除血管中的垃圾，少量的饮酒对心脏是有一定好处的。但由于我的心肌有少部分坏死，比较脆弱，为防止再发生意外，还是把酒戒了好。

其次是尽量少参加聚餐。党的十八大以后，公款吃喝少多了，但老同学、老同事和家庭聚餐仍然不少。对于聚餐我是尽量少参加，能推掉的就推掉，推不掉的尽量控制进食总量。每次吃大餐之后回家减少进食，使多余的热量消耗掉，保持摄入热量进出口总体平衡，使体重始终保持在60公斤左右，不增加心脏的负担。

再就是调整饮食结构，尽量做到科学平衡。坚持每天三餐，主食定量，主要是大米和面食，每餐不超过2两。副食荤素搭配，荤菜鸡鸭鱼肉轮流，每天2两左右；蔬菜做到品种多样，不偏食，轮番食用。例如早餐，一碗自打豆浆，豆浆中加有花生、黄豆、芝麻、燕麦和苦荞5种杂粮，不过滤，连渣带汤一起喝；一个煮鸡蛋、一小块红薯、一小截山药、半个小土豆、半个玉米。这样我早餐就吃了10种食物之多，营养是很丰富的。中午我们一般吃米饭，一荤一素或两素。晚上一般吃面条，凉面（夏天）、打卤面、炸酱面、炒面、汤面轮流吃，有时也吃烧饼加稀饭等，再配一、两个小菜。这样的一日三餐我觉得很舒适，既不会使营养在体内过剩，又能保证身体正常运行的能量需要。

第三点，要坚持适度的运动。法国思想家伏尔泰早在300多年前提出了"生命在于运动"的格言。我是非常信奉这一格言的，一直坚持运动不动摇。我经历了那么多大病的折腾，还能闯过难关，较好地活下来，这与坚持运动关系甚大。我从小参加劳动，中小学时代遇上"大跃进"，看牛、插秧、割稻，甚至当过挑夫，参加过一系列重体力劳动，练就了比较坚实的身体基础。在大学，"文化大革命"期间不能上课，我用了不少时间到操场上去锻炼身体，跑步、游泳、做单双杠，把身体的各个部位锻炼得比较结实了。参加工作以后，我仍然坚持运动，早上晨练，包括跑步、做操和单双杠等；晚上快走或散步，很少间断，增强了我身体抗病、耐病的能力。

2002年我第一次突发心肌梗死之后，许多人都认为我的心脏病是锻炼过度引起的，劝我停止运动。包括我的顶头上司温克刚局长也说，耀顺的病是锻炼过头了，要我悠着点儿。我的老伴张凤英更是唠唠叨叨，成天念叨要我少运动。我对这些好心的劝说既不是充耳不闻、置之不理，也不是言听计从，从此不敢运动了。听取了我认为对的一部分意见，停止了跑步和做单双杠等需爆发力的运动；但仍保留和新创了一些活动筋骨、动作平缓的运动。时间上仍然坚持每天早晚运动各1小时左右，尽可能不间断。就在2012年我心脏开刀搭桥的前一天晚上，我还围绕病房走廊走了100圈（每圈100米），并压腿做操一个多小时。病房一位老护士长说她在病房多年，还没有见过在手术前还若无其事坚持锻炼的病人。

我每天早晨6点钟左右起床，洗漱完毕后，一面打豆浆、小火蒸红薯、土豆、玉米、鸡蛋等准备早餐；一面在客厅里做操，我自创了一套动作，做完这套动作，大概要1小时左右，做完运动我的豆浆、玉米、红薯都蒸好了。这套动作，能使我的四肢，主要关节、大部分器官都能有所运动。

除早晨做操的锻炼之外，其他的运动主要是走步。走步的好处很多，所以，坚持走步是我运动的中心内容，只要不是时间不允许和身体明显不适等原因，我都每天坚持走步，一般每天坚持三次走步，晚餐后走40分钟左右，从下午7点左右开始走步，大约1小时，走8000步左右，三次走的步数加起来，全天大约有13000步左右。晚餐后走步，我和韩通武、赵同进、阳世勇、游有源等几位关系较好的老同志组成了一个遛弯小组，走完步后汇集在小区游乐场，一边自由做操，一边天南海北地聊天，交换信息，大约半个小时左右。每天如此，很少间断。

我长期坚持运动的具体目标有六项：一是消耗体内过剩的热量，保持体重稳定在60公斤左右；二是坚持各个关节、各个器官的适度活动，使全身能协调自如动作；三是适度锻炼四肢和胸部肌肉，减缓萎缩衰老速度；四是促进全身的血液循环，减缓血管狭窄速度，防止再度心梗；五是加强颈椎活动，保证大脑供血的基本畅通，防止脑梗发生；六是加强心肌功能的锻炼，这是我运动的重点目标。我的心脏在两次急性梗阻之后，已有一小部分心肌坏死。我2012年心脏搭桥手术后，主刀冯大夫告诉我打开胸腔后有一小部分边沿心肌发白了，正常人应该是鲜红的，说明发白的心肌坏死了，今后还要注意锻炼。阜外医院有一位叫杨跃进的专家在养生堂讲：心肌部分坏死，就像一个单位下岗了部分职工。要保持单位正常工作，就要提高在岗职工的能力，承担起下岗职工的任务。对好的那部分心肌首先要保证它的营养，同时也要进行适度的锻炼，提高它的工作效率。坚持长期走步是对心肌最好的锻炼。此外我运动还有降低血糖的目标。我还患有胰岛素抵抗症，也就是胰岛素分泌滞后，餐后血糖偏高，空腹时血糖又偏低。餐后走步，能抑制血糖的升高速度。我早餐和晚餐后都出来走步，就考虑了降血糖的因素（中餐后要睡午觉，无法运动）。我长期运动的体验，感到在上述六七个具体目标方面都发挥了一定的作用，使我的身体总的保持了一个基本良好的状态。

第四点，要保持良好的心态。对待身患疾病，除了及时就医、科学膳食、适度运动外，还要有良好的心态。人的心态是随时间和环境变化的，生病之后容易产生忧虑的心态，这是人之常情。但我们应该理智地克服这种心态，变消极为积极，变悲观为乐观。我对疾病的态度是既来之，则安之。一方面要持积极的、乐观的态度，向最好的方面多想，多努力争取；另一方面也要做好最坏的思想准备，尽量避免它发生。有了最坏的打算，无非是老命一条，每人都会有这一天的，那就没有什么可怕的了。有人说"心态决定一切"，有一定的道理。想要什么结果，就以什么心态去期盼、去迎接。结果如你所愿，就珍惜时下的身体，过好每一天。结果如果很不好，也没关系。人人都要走向的一条路，早去晚去，都是定数，没啥好忧心的。当下的每一天才是真正值得我们努力的，端正心态，将每一天都过得更美好、更有意义。

我对自己的心脏病，既做好了最坏的思想准备，又力求保持了一个比较良好的心态，积极向好的方面想和好的方面做。先想到是医学科学的发展，今后可能对心脏病的治疗会有更加先进的方法。例如我搭桥之后，左腿的静脉血管取去搭桥了，右腿静脉曲张不能做搭桥血管用，如果心血管再度梗阻就没有血管可用了，也就是没有后路了。但我想再隔几年，人造血管，甚至人造心脏都有可能试验过关了，用于临床手术时我就又有救了。我还想着我身体的自我调节和自我恢复功能是非常强大的，经过这么几次大病我都熬过来了，相信大家送我的"大难不死，必有后福"的吉祥语言能够成为现实，所以我对健康长寿信心满满。同时我对最坏的结果也有思想准备。总之顺其自然，听天由命，重在过好每一天。

对自己身体的病要有一个良好的心态，对社会、家庭的种种大事、小事也要有一个良好的心状。特别是遇到一些不公正、不公道的事情时，要冷静，切忌大动肝火，以防伤身伤心。少管闲事，多做善事，清闲寡欲，与世无争应是我们老年人的处事哲学。

第二部分
照片选编

第二部分 照片选编

概　述

　　照片选编是我所记忆中的事和人的重要组成部分之一，而且是最真实、最形象化的部分。照片是历史往事的真实写照，蕴藏着非常丰富的信息，一方面能促使人们回忆起工作中的许多重大事件、重要工作、重要人物；另一方面也能勾起对家人前辈的怀念，对亲人、同学、朋友的亲情、友情的珍惜，以及对涉足过的国内外名胜古迹和旅游景点的回味。照片还客观记载了个人一生的足迹和成长的历程，是留存于世的宝贵资料。

　　我家在农村，20世纪50年代无照相条件，故儿童时代没有任何影像，直到初中毕业前即1960年才开始有了自己的照片。上高中、大学时有了一些照片，但也不多，那时拍一次照是一种奢侈的消费，是很不容易的。刚参加工作70年代照片也不多，到了80年代初，出现了彩色照片，个人家中有了照相机，工作和生活照片才逐步多了起来。90年代后期，出现了数码相机，个人照片大量增加。跨入20世纪后，特别是2010年以后智能手机普及应用，各种照片成倍增加。截至目前为止，我所拥有的黑白、彩色、数码照片总数大概有数万张。为了该书的照片选编，我花了两个多月的时间来挑选，还请了夫人张凤英协助，费力不小，包括挑选精品图照，确认图中人员姓名、图照时间地点，特别是早期照片，确认这些并非易事，然后写好每张的说明词语。最后从中挑选了几百张我认为很有意义的照片汇编起来，原想专门出本画册，后来考虑还是合并在本书为好。

　　对挑出的这些图片分为工作照和生活照两部分编排：工作照按时间划分为局办公室工作阶段、出版社工作阶段、退休后工作阶段，每一阶段分为会议图照和与领导、同事的合影；生活照分为家人和亲人照、同学和朋友照、个人单照几个单元。每张照片均标明了时间、地点。人员较多的合影只标出了我本人和主要领导人的姓名及所处的位置，有些限于说明语不宜过长而未标出工作单位职务的同事可从第一部分回忆文字中查到；人员较少的合影均标出了每位同事的姓名、职务和所处的位置。生活照包括与我家人亲戚、同事同学、同乡的合影和我个人在不同时间及地点的留影，记录了我的一部分生活轨迹。

一、与中国气象局领导同志合影

1978年9月下旬，我随中央气象局局长饶兴在南京雨花台的留影。左一为王玉莲（饶兴夫人），左二为饶兴，左三为李凤鸣（江苏省气象局局长），我位左四。

1979年8月上旬，我陪中央气象局第一副局长薛伟民到四川、云南气象部门调研。图为上峨眉山气象站的途中，我在前，薛伟民第二位。

1980年8月，我随中央气象局局长薛伟民在鞍山千山的留影。

1982年8月，我陪国家气象局局长邹竞蒙到青海等气象部门调研。我在右一，邹竞蒙右二，陈国珍右三。

1986年6月7日，国家气象局副局长骆继宾（前排左六）与全国气象部门第一期秘书进修班全体学员合影，我作为国家气象局办公室副主任参加合影，位前排右四。参加合影的有国家气象局办公室主任徐曼泽（前排左五）、副主任陈少峰（前排左四）、北京气象局学院常务副院长申忆铭（前排左七）等。

1986年7月，邹竞蒙局长（前排左四）、骆继宾副局长（前排左三）与参加中央党校国家机关分校理论学习班的学员合影。我作为该班学员位二排左四。

1987年12月，国家气象局副局长骆继宾（前排左三）在福建厦门召开华东、华南气象局长座谈会并合影。我作为局办公室领导参加座谈会，位第二排左三。

1989年4月，国家气象局副局长章基嘉（前排左三）在西安召开西北气象局长座谈会并合影。我作为国家气象局办公室副主任参加会议（前排右二），参加合影的还有国家气象局办公室秘书处处长韩通武（前排左一），新疆区气象局局长张家宝（前排左二）、天津市气象局局长王文辉（前排左四）、国家气象局法规司司长江彦文（前排右三）、陕西省气象局局长孙海鹰（前排右一）等。

1989年6月，国家气象局副局长温克刚（右二）召开东北区域气象工作会议，图为听取汇报，我作为局办公室负责人参加听取汇报（左二）。

1989年7月,温克刚副局长(位中)到吉林长春调研合影,我位右三。

1989年9月,邹竞蒙局长(左三)与延安时代气象台工作的曾宪波(左四)、周鲁女(左二)合影,我位右二,韩通武(位左一)。

1989年10月,随温克刚副局长(前排中)到广西桂林出差,并与阳朔气象局工作人员合影,我位左三。

1991年3月，骆继宾副局长（位中）带队到湖南气象部门调研，与调研组在长沙清水塘合影，我位右一。参加合影的还有国家气象局计财司司长黄更生（左一）、人事司长厉复仁（左二）、气象业务发展司司长陈德鉴（右二）。

1992年8月，国家气象局副局长温克刚（前排左五）、李黄（前排右四）、机关党委书记章贻荪（前排左四）、人事司司长厉复仁（前排右三）等接见新进局人员合影，我位前排右二。

第二部分　照片选编

1992年10月，气象史编纂工作会议在山东莱川召开，原局长薛伟民（左三）、原副局长骆继宾（左一）、山东省气象局局长刘志刚（右二）出席会议，我（右一）作为国家气象局办公室副主任主持会议。

1992年12月，全国气象部门第二次宣传工作会议在上海召开，参会人员合影。温克刚副局长（前排居中）主持会议。上海市气象局局长王雷（前排右三）、中国气象局办公室主任徐曼泽（前排左三）和我（前排左二）出席会议。中国气象报社副社长殷日均（前排左一）、气象出版社副社长陆广延（前排右二）等参加合影。

1993年9月，邹竞蒙局长（前排居中）、马鹤年副局长（前排右三）、颜宏副局长（左三）到青岛市气象局调研时合影。山东省气象局局长刘志刚（前排右二）、青岛市气象局局长肖惠卿（左二）、广西区气象局局长李明经（右一）和我（左一）参加合影。

1993年11月，温克刚副局长与参加在张家界召开的建立双重计划财务体制经验交流会的部分代表合影。温克刚在前排左五、我在前排左三。参加合影的还有湖南省气象局局长阮水根（前排右四）、局计财司司长嵇启武（前排左四）、河南省气象局局长代加洗（前右三）、湖北省气象局副局长陈汉民（前左二）、湖南省气象局副局长曾庆华（二排右二）等。

1993年11月，我（左一）主持在张家界召开的贯彻国务院【1992】25号文件经验交流会开幕式，中国气象局温克刚副局长（左三）讲话，湖南省农委主任陈彰嘉（左四）出席。在主席台的还有湖南省气象局局长阮水根（右二）、局计财司司长嵇启武（右一）和大庸市政府副市长（左二）。

1995年4月，中国气象局副局长温克刚（前排左10）、李黄（前排左8）、颜宏（前排右7）与第三次全国气象服务工作会议代表合影，我作为气象出版社的代表位前排右二。

1994年10月,温克刚副局长(前排左四)与在石家庄召开的全国气象部门办公室主任会议代表合影,我作为气象出版社社长位前排左六。参加合影的还有局办公室主任刘英金(前排左二),河北省气象局局长汤仲鑫(前排左五)、副局长张广智(前排左三)、气象报社社长赵同进(后排左三)、气象出版社副社长谢炳源(后排左二)等。

1995年3月,中国气象局邹竞蒙局长(前排中)、温克刚副局长(前排左三)与《延安时代气象事业》编审会成员合影。我作为该书编辑出版的负责人之一位后排左二。参加合影的还有局办公室主任刘英金(前右二),陕西省气象局局长程廷江(前右三)、局行管局局长、该书编辑负责人之一韩通武(前左二),延安市气象局局长、该书编撰发起人之一雷增寿(前左一),陕西省气象局办公室副主任王志学(前右一)等。

1995年9月,与中国气象局温克刚副局长(中)和气象报社社长赵同进(右一)在延安宝塔山合影,我位左一。

1995年9月,与原局长薛伟民(右二)、郑明一(左二)、胡桂琴(左一)在陕西黄帝陵合影。

1995年9月，与中国气象局局长邹竞蒙（左四）在延安宝塔山合影，我位右一。从左至右为气象报社社长赵同进、局公室副主任季本峰、局办公室主任刘英金，局机关服务处处长郑明一。

1995年9月，在延安参加纪念人民气象事业创建50年活动后与原副局长骆继宾（中）、宁夏气象局副局长刘秀桐（右）在银川合影。

1995年9月，在延安合影。左起、局人事司副司长张玉敏、黑龙江省气象局局长陈立亭、辽宁省气象局局长王锦贵、中国气象局副局长温克刚、陕西省气象局局长崔讲学等，我位右三。

第二部分　照片选编

1996年10月22日，邹竞蒙局长（前排左八）、温克刚副局长（前排左七）、颜宏副局长（前排左九）与参加全国电视天气预报节目观摩评比活动代表合影，我位第三排左四。

1998年11月，局长温克刚（前左八）、名誉局长邹竞蒙（前左九）、副局长马鹤年（前左七）、李黄（前右六）、颜宏（前左六）、刘英金（右五）与邓小平理论学习班合影，我作为学员位最后一排右五。

1998年，全国气象服务工作会议代表合影。局长温克刚（前排左九），副局长颜宏（前排左八）、刘英金（前排右九）、郑国光（前排左七）参加合影，我作为气象出版社代表位第三排中。

1999年12月，郑国光副局长（前排左八）与气象事业结构调整经验交流会代表合影，我作为会议代表位前排右五。

第二部分　照片选编

2000年3月20日，我（主席台左一）主持《气象赤子》首发式，参加首发式在主席台的有局长温克刚（右四）、副局长马鹤年（左五）、颜宏（左二）、邹竞蒙夫人朱中英（左三）等。

2001年10月12日，秦大河局长（居中）在气象出版社会议室，听取气象出版社和气象报社汇报。左四为气象报社社长赵同进，我（左六）作为气象出版社社长主持会议。

2001年10月12日,秦大河局长(右一)到气象出版社视察,我(左二)和副社长王存忠(左一)陪同。

2002年9月,刘英金副局长(右一)参加气象出版社学习党的十六大报告动员会,我在向全社作动员报告。

世界气象组织南京区域培训中心北京分部挂牌仪式合影留念 2003.4.1 北京

2003年，世界气象组织南京气象培训中心北京分部挂牌仪式合影。参加合影的有世界气象组织秘书长奥巴西（前排左八）、中国气象局局长秦大河（左九）等，我作为气象出版社社长参加挂牌仪式，位于第三排左五。

2003年7月,秦大河局长(中)、刘英金副局长(左四)参加《全球变化热门话题丛书》首发式,我(左五)作为该书副主编和出版者主持会议。

2004年,李黄副局长(前排左五)与中国气象学会气象史分会代表合影(我位前排右一)。参加合影的有原国家气象局业务司司长方齐(前排左一)、局办公室主任朱祥瑞(左三)、原副局长骆继宾(左四)、原气象学会秘书长洪世年(右三)、原中国气象报社社长陈少峰(右二)等。

《气象现代化指标体系》座谈会

热烈欢迎参加全国《气象现代化指标体系》座谈会的各位领导

2007.8.2 青岛

2004年，原局长温克刚（前排左八）、副局长刘英金（前右五）、郑国光（前左七）与在青岛召开的《气象现代化指标体系》座谈会代表合影。我位后排左三。参加合影的同志除个别在职的工作人员外，均为中国气象局机关、直属单位和各省（自治区、直辖市）气象局退休的局长、司长或主任。

《中国气象灾害大典》编纂工作总结会议 2008.11 成都

2008年11月，原局长温克刚前排（左七），原副局长李黄前排（左六）与出席在成都召开的《中国气象灾害大典》编纂总结会议的代表合影。我作为该书副主编，实际组织编纂负责人主持这次会议，位前排左五。参加合影的还有前排从左至右，气象出版社副社长王存忠，原国家卫星气象中心主任董超华，原国家气象中心主任裘国庆，原政策法规司司长江彦文，四川省气象局局长赵广忠（左八），政策法规司司长朱祥端（左九），气象出版社社长刘燕辉（二排左五），气象探测中心主任韩通武（右二），局办公室主任孙健（右一），天津气象局原局长王中信（二排左一），山西省气象局原局长霍成福（二排左九），上海市气象局原副局长陈一鸣（二排左六），山东省气象局原局长蒋伯仁（二排左七），重庆市气象局原副局长王涛（三排左六），湖南省气象局副局长曾庆华（三排左六），大连市气象局原副局长姜海如（三排左二），辽宁省气象局副局长姜波（三排右二），湖北省气象局原副局长李波（三排右二），辽宁省气象局孟庆楠（三排右一）等。

2009年2月,与中国气象局副局长沈晓农(左一)、局气象探测中心主任韩通武(左二)、邹竞蒙夫人朱中英(左三)在北京市东北旺气象卫星地面站邹竞蒙雕像揭幕时合影。韩、沈和我均任过邹竞蒙的秘书。

2009年2月,在纪念邹竞蒙逝世10周年活动后,我(左一)与原副局长骆继宾(左三),陕西省气象局原局长程廷江(左四),气象报社原社长陈少峰(左二)、赵同进(右一)在鸟巢运动场合影。

2009年11月,参加在武汉举行的建局60周年老干部座谈会后湖北省气象局局长崔讲学(右一)与原局长翁立生(右二)、朱正义(左二),四川省气象局原局长王为德(左一)陪同中国气象局原局长温克刚参观湖北省气象局预报会商室留影,我陪同参观,位右四。

2009年11月,庆祝中国气象局建局60周年座谈在武汉举行。中国气象局副局长王守荣(左三)主持会议、原局长温克刚(左四)、原副局长刘英金(左五)、湖北省气象局局长崔讲学(左二)等参加会议,我位左一。

2015年3月,《中国气象百科全书》指导协调小组在湖南岳阳调研时合影,中国气象局原副局长王守荣(右三)、局气象探测中心原主任韩通武(右八)、中国气象报社原社长赵同进(右二)、湖南省气象局长常国刚(右四)等参加,我位右五。

二、局办公室期间的会议合影

1985年12月，参加全国气象部门办公室主任会议人员在济南合影，我位二排左一。前排从左至右：局办调研处长江彦文，吉林省气象局办公室主任杭彤，江苏省气象局办公室主任徐南侠，宁夏区气象局办公室主任刘秀桐，国家气象局副局长刘少峰，山东省气象局办公室主任胡光旭，辽宁省气象局办公室主任王观涛，新疆区气象局办公室主任张加生，内蒙古区气象局办公室主任陈维忠；还有安徽省气象局办公室主任卞礼智（二排左三），河北省气象局办公室主任郭春德（二排左四），湖南省气象局办公室主任王福琪（二排左五），江西省气象局办公室主任李义源（三排左三），四川省气象局办公室主任曾熙竹（三排左四），福建省气象局办公室主任高时彦（四排右一）等。

1986年8月，我作为局办公室副主任在河北秦皇岛主持全国气象科技档案座谈会，位主席台左二，河北省气象局局长汤仲鑫（主席台左三）、局办档案处处长钱广春（主席台右一）出席会议。

1986年8月，与在秦皇岛召开全国气象科技档案会议代表合影，我位前排左六。

1988年8月,与在宁夏气象局召开的气象信息和《中国气象年鉴》联络员研讨班全体成员合影,我(前排右六)作为局办公室副主任主持研讨班,参加合影的还有宁夏区气象局局长马占山(前排右五)、副局长刘秀桐(前排右七)。

1988年10月,全国部分省气象局办公室主任会在九江召开,图为在庐山合影。我位前排左四。

1986年11月,在北京召开全国首届气象科技档案学术交流讨论会代表合影,我作为局办公室副主任主持会议,位前排右五,国家气象中心副主任梁孟铎作为主管气象科技档案馆领导出席会议,位前排右六。

1989年8月18日,在承德市气象局招待所召开第二届气象萌芽文艺奖评选会总结会,我位左四。

1989年8月,与参加气象文艺萌芽奖评委会在承德市气象局合影,我位前排右三。

1990年4月,在杭州举办气象期刊编辑研讨训练班,我(左)主持开班式。

1990年4月,我主持在杭州召开的全国气象期刊编辑研讨训练班,并与全体学员合影,我位二排左四。

1990年8月25日，西北气象部门办公室主任会在新疆乌鲁木齐召开并合影，我位前排左三。

1990年9月17日，我在天津主持全国气象文书档案学习班，并与全体学员全影，我位二排左五。

1990年12月,在广州举办的远程中文传输网学习班全体代表合影,我位前排左四。参加合影的还有广东省气象局局长谢国涛(前排左五)、副局长李明经(前排左六)等。

1991年7月,我(前排左五)与在呼和浩特举办的全国气象部门信息工作学习研讨班学员合影。参加合影的还有内蒙古区气象局局长湖春(前排左四)、副局长夏彭年(前排左六)、办公室主任陈维忠(前排左一)等。

1991年10月24日，在四川成都召开全国气象部门办公室主任会全体代表议合影（我位前排左七）。参加合影的还有国家气象局办公室主任徐曼泽（前左八）等。

1991年11月，中国气象学会气象科普工作会议在广西北海市召开，全体代表合影，我作为科普委员会副主任主持这次会议，位二排右三，中国气象学会秘书长彭光宜（二排左七）出席这次会议。

1992年5月26日,首次气象期刊评审会代表于锦川辽沈战役纪念馆前合影,我主持这次评审会,位第二排左九。原中国气象报社长陈少峰(二排左十)出席会议。

1993年12月4日,在南宁召开的中国气象报记者站长暨办公室主任会议代表合影,我主持办公室主任会议,位前排左五。前排左一俞灿慰(甘肃)、左二高时彦(福建)、左三陈维忠(内蒙古)、左四赵同进(国家局)、左六李明经(广西)、左八江彦文(国家局)、左九殷曰均(国家局)、左十张加生(新疆)、左十一朱振全(国家局)、左十二刘庆桐(山西)。

三、与局办公室同事合影

1981年，我（左三）与局办公室及有关单位同事合影，左起龙云琴、林学舜、王志远，顾兴本、陈少峰，江彦文。

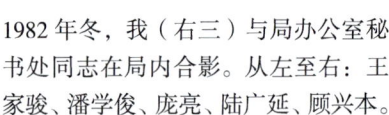

1982年冬，我（右三）与局办公室秘书处同志在局内合影。从左至右：王家骏、潘学俊、庞亮、陆广延、顾兴本。

1984年，我(右二)在慕田峪长城与(从左至右)郑明一、王福琪、王观涛、陆广延、江彦文、韩通武合影。

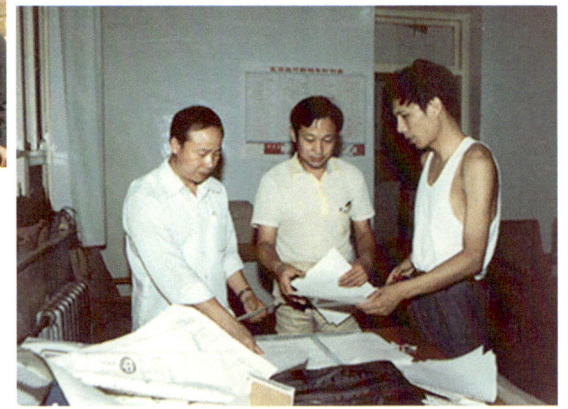

1986年8月，我（左一）与局办秘书处郑明一（中）和庞亮（右）在办公室工作合影。

1987年9月13日,与韩通武在西安捉蒋亭合影。

1987年9月13日,在西安我(左二)与王志学(左一)、陈清玉(左三)、胡桂琴(左四)、韩通武(左五)合影。

1990年4月,在杭州与胡桂琴(左一)、李桂英(右一)合影。

1990年5月,在青岛我(左二)与(从左至右)韩通武、扬文义、顾兴本、陈茂奎、江彦文、赵同进、郑明一合影。

第二部分　照片选编

1991年2月春节，在延庆龙庆峡我(左六)与江洪(左一)、余川广（左三）、顾兴本（左五）、胡桂琴（左七）等合影。

1991年春，局办公室全体人员参观卢沟桥抗日战争纪念馆合影，我位第二排左五。

1992年1月，我（后排右四）与参加武汉全国气象局长会议的工作人员在黄鹤楼合影。前排从左至右、戴萍、宋善允、谢炳源、江彦文；二排从左至右、杨连英、顾兴本、王家骏、余川广、胡桂琴、齐小夏、李桂英。

1992年5月26日,我(中)主持在锦州召开的首届全国气象期刊优秀评选会开幕式与陈少峰(右一)、陆广延(左一)的合影。

1992年5月24日,与陆广延在锦州石油宾馆合影。

1992年春节,与局办宣传处同事在办公室内合影,我(左二)与江洪、余川广、胡桂琴、顾兴本。

1993年4月,我(左三)与局办同事在八达岭长城合影,从左至右:赵相国、游有源、陈少峰、张发喜、田宜泉。

1993年4月,我(左二)与李向文(左一)、徐长伟(左四)、侯书路(左六)等在八达岭长城合影。

1993年6月,局机关学习班在北京戒台寺合影,我位前排右一。刘英金(后排左二)、江彦文(前排左二)、嵇启武(前排左三)、李仁先(前排左四)、孙金元(后排左三)等参加合影。

1993年10月28日,在张家界召开气象部门贯彻国务院〔1992〕25号文件经验交流会期间我(左二)与嵇启武(左一)、国务院办公厅三局侯秘书(左三)、局办游有源(左四)合影。

1994年4月17日，我（左六）与局办公室部分同志在北京植物园合影，从左至右：徐长伟、田宜泉、毕胜、朱祥瑞、庞亮、刘俊武、李桂英、赵相国、周淑清。

四、局办公室工作期间与各地气象部门同事合影

1977年8月17日，在山西气象战备中心我（右一）与温克刚（左一）、赵佩强（中）合影。温克刚时任山西省气象局办公室副主任。

1982年,我(二排右二)与部分省气象局办公室主任合影。

1982年,我(左二)与北京市气象局办公室主任高留柱(左一)、辽宁省气象局办公室主任王观涛(左三)、内蒙古区气象局办公室主任陈维中(右一)合影。

1982年,到云南出差实行气象部门第二步体制改革,在昆明西山龙门我(左五)与张道荣(左一)、朱刘龙(左二)、阳世勇(左三)、任庆峰(左四)合影。

1985年6月,我(左一)与江西省气象局办公室主任李义源(中)和新疆区气象局办公室主任张加生(右)合影。

1985年12月,在济南召开部分省局办公室主任会议,与江彦文(左一)、高时彦(右一)合影。

1987年9月,我带调研组到陕西省气象局调研,图为陕西省气象局局长马鹤年(左)向我介绍陕西气象工作情况。

1989年9月,在杭州召开气象影视研讨会,我(左四)与束家鑫(左二)、陈少峰(左三)、鲍宝堂(右一)等合影。

1989年10月,在湖南召开《中国气象年鉴》研讨会,我(右三)与湖南省气象局办公室主任王福琪(右一),局办庞亮(左一)、朱祥瑞(左二)合影。

1990年4月,在杭州举办气象期刊研讨班,我(右二)与王奉安(中)、胡桂琴(左一)等合影。

1990年8月21日,参加西北气象局办公室主任会议,我(右二)与陕西省气象局办公室主任杨武圣(左一)、新疆区气象局办公室主任张加生(左二)、内蒙古区气象局办公室主任陈维忠(右一)合影。

1990年8月23日，出席西北气象局办公室主任会议的代表在新疆乌鲁木齐少数民族家做客，我位左五。青海省气象局办公室主任李鹏杰（左二）、新疆区气象局办公室主任张加生（左三）、宁夏区气象局副局长刘秀桐（左四）、内蒙古区气象局办公室主任陈维忠（左六）等参加合影。

1990年10月29日，在重庆市主持全国气象部门办公室主任会议，我（左一）与重庆市气象局局长薛金龙（右二）、中国气象报社社长陈少峰（左二）等合影。

1991年7月，在内蒙古草原与参加办公室主任会议的部分代表合影，我位右四。还有陈维中（左四）、任致中（左三）、朱祥瑞（左二）等。

1991年11月,在广西北海市银滩我(右)与上海市气象局局长盛家荣合影。

1991年11月,在四川都江堰我(左四)与参加全国气象部门办公主任会议的部分代表合影。从左至右:扬文义、郭春德、吕继成、马伏光、袁梅英。

1992年7月,到东北调研,我(左一)与吉林省通化市气象局局长张克选(右)合影。

1992年11月，到东北出差，在大连我（右）与辽宁省气象局办公室主任李波（左）合影。

1992年11月，到东北出差，在沈阳我（左二）与辽宁省气象局副局长张裕道（右二）、省局办公室主任李波（左一）和中国气象局办公室处级调研员李桂英（右一）合影。

1993年5月，到江苏气象部门调研，在镇江我（右）与江苏省气象局办公室主任桑风章合影。

1993年5月,到江苏气象部门调研,在扬州我(左)与江苏省气象局局长任广昌合影。

1993年11月,到湖南省常德市气象局调研,我(左三)与常德市副市长莫道宏(左二),市农业局副局长肖宏富(左四),市气象局局长蒋茨林(左一)、副局长陈仁和(右三)、副局长张东芝(右二)合影。

1994年1月,在上海召开气象影视宣传组会议,我(中)与上海市气象局鲍宝堂(左一)、中国气象局办公室宣传处处长顾兴本合影(右一)。

五、出版社时期工作照

1995年9月5日,我(居中)作为气象出版社社长在延安纪念人民气象创建50周年会上介绍《延安时代气象事业》一书的编辑出版情况。

1995年9月23日,我(前排右五)作为气象出版社社长与在山东泰山召开的中国气象报记者站长会议代表合影,山东省气象局长蒋伯仁(前排左五)、中国气象报社社长赵同进(前排左四)参加合影。

第二部分 照片选编

1996年10月12日，新闻出版署举办的第三期社长总编培训班全体学员合影。参加合影的有中央宣传部出版局局长高明光（前排居中）、新闻出版署副署长桂晓风（前排左四）、中国版权协会科技委主任周谊（前排左二）等领导同志，我作为学员位三排左三。

1996年12月1日，我（左二）在湖北宜昌主持第二次全国气象图书发行业务经理会，气象出版社副社长谢炳源（左一）、湖北省气象局副局长陈汉民（左三）出席会议。

1996年12月3日,我(二排左四)与参加第二次全国气象图书发行业务经理会议的全体代表在宜昌市气象局合影。参加合影的有中国气象局办公室副主任朱祥瑞(二排左二)、湖北省气象局副局长陈汉民(二排左三)、气象出版社副社长谢炳源(二排左六)、湖北省气象局办公室主任姜海如(二排左七)等。

1998年9月,气象科普作品评奖会议在四川省气象局召开,我作为中国气象学会科普委员会主任主持这次评奖,图为会议代表在九寨沟合影。我位后排右二。

2000年1月24日，在太原与参加《山西气象志》审稿人员合影。参加合影的有山西省气象局局长霍成福（前排左四）、原中国气象报社社长陈少峰（前排左五）、原中国气象报社总编林之光（二排右三），我位前排左三。

2000年3月20日，与邹竞蒙的妹妹邹家骊（左二）、夫人朱中英（左三），中国气象局办公室副主任顾兴本（左一）、宋善允（右一）合影，我位左四。

情系云天——我记忆中的一些事和人

2000年6月25日，在西昌卫星发射中心观看风云2号发射时合影，我位二排右六。

2001年4月，与贵州省遵义市气象局有关同志合影，我位前排左四，中国气象报社社长位赵同进位前排左三、副社长胡桂琴位左五。

六、与气象出版社同事的合影

1995年5月,出版社干部职工参观京郊焦庄地道战遗址合影,我位后排右五。

1995年8月,我(中)与出版社王存忠(右一)、魏宁君(左一)在黑龙江调研气象图书市场时的合影。

1996年10月,与参加中国气象局第三届运动会的气象出版社全体人员合影,我位第二排左七。

1997年10月17日，我（左五）代表气象出版社到辽宁朝阳科技扶贫点慰问，与中国气象局在辽宁朝阳扶贫的罗晓勇（右一）、李小平（左一）等合影。

1997年10月17日，我（居中）代表气象出版社到辽宁朝阳科技扶贫点慰问，与同往的岳景增（左一）、张润年（左二）、席大光（左四）、刘冬燕（左五）合影。

1998年7月28日，在气象出版社成立二十周年之际与气象出版社全体人员合影，我位前排左六。

1998年10月6日，我与参加在西安召开的全国的九届书市的朱汉玉（左一）、李义玲（右一）合影。

1999年4月，与气象出版社李义玲（左一）、戎维伦（左三）、马翠英（右一）春游时在北京十三陵水库的合影。

1999年6月3日，我率代表团参加新加坡国际书展后在泰国曼谷合影，我位左六。参加合影的有赵大庆（左二）、成秀虎（左三）、罗晓勇（左五）、戎维伦（左七）、张润年（右二）等。

1999年10月，与出版社郭彩丽（中）、周诗健（右一）秋游合影。

2000年5月17日，在西柏坡纪念馆与气象出版社部分人员合影，我位第二排左八。

情系云天——我记忆中的一些事和人

2000年5月，与出版社部分同事在参观西北坡中央领导旧址前合影，我位左六。

2000年10月，我（右）参加纽约国际图书展销会与出版社李如彬在联合国总部广场中华鼎前合影。

2000年9月18日，我（左二）在云岗石窟与张润年（左一）、张凤英（左三）、朱汉玉（右一）合影。

2001年4月13日，我（中）在浙江千岛湖与发行部主任于宪珍（左一）、发行部经理刘冬燕（右一）合影。

第二部分　照片选编

2001年4月，到华东调研气象图书市场，我（中）与出版社于宪珍（右一）、刘冬燕（左一）在庐山博物馆前合影。

2001年9月，为西藏气象部门台站赠送气象专业图书后，我（右）与出版社朱汉玉在西藏羊卓雍措合影。

2001年6月，我（位二排左六）与出版社部分职工参观平津战役纪念馆合影。

2003年7月23日，我与副社长王存忠（右）在气象出版社全体干部职工大会上动员学习"三个代表"重要思想。

2003年9月30日，我（左一）慰问气象出版社第一任领导沈洪欣（左二）时合影。

七、气象出版社工作期间与各地气象部门同事合影

1994年8月，在参加青岛全国气象局长研讨会后与局办宣传处处长胡桂琴（左一）、局行政管理局局长韩通武（左二）、陕西省气象局局长程延江（左三）等合影，我位右二。

1995年5月19日，会见中日民间时代协会会长，商谈气象图书出版等事宜，我位左三，左四为副社长谢炳源。

1995年9月10日，在延安参加纪念人民气象创建50周年活动时，我（左）与湖南省气象局局长刘如湘合影。

1995年9月8日，在延安参加纪念人民气象事业创建50周年时，我（中）与天津市气象局局长曾凡喜（左一）、黑龙江省气象局局长陈立亭（右一）在延安宝塔山合影。

1996年6月，到安徽调研气象图书市场时，我（中）与巢湖市气象局局长吴英原（左一）和他夫人陈玉梅（右一）在巢湖气象局合影。

1996年10月，我（左四）与陪同送气象专业图书到北京市气象台站的北京市气象局办公室高留柱（左一）、副局长李修池（左三），中国气象局机关党委副书记赵东儒（左五）等在密云县气象站合影。

1996年12月9日，我（左四）和气象出版社发行部业务经理刘冬燕（右一）到湖南常德开拓气象图书市场，与常德县委书记文承保（左三）、市气象局局长陈仁和（左一）在座谈时合影。

1996年12月9日,我(后排左三)与常德市气象局局长陈仁和(后排左一)、常德县委书记文承保(后排左二)等在常德县花岩溪合影。

1997年10月,扶贫送科技图书到中国气象局的扶贫点辽宁朝阳时的图照,我位左四,左五是朝阳市吕副市长。

1997年10月16日,我向朝阳市小学生赠书。

第二部分　照片选编

1998年3月26日，在德国莱比锡国际书展上我（左）与英国书商交流时合影。

1998年3月29日，在德国莱比锡国际书展上与国外书商合影。我位左一，左三为河海大学出版社社长。

1998年4月，在法国巴黎与图书参展团全体成员在埃菲尔铁塔广场合影，我位左十。

· 406 ·

1998年9月4日,我(后排右三)与参加在四川举办的气象科普会议的部分代表在九寨沟合影。

1999年1月,参加在西安召开的全国气象局长会议后我(右)与海南省气象局局长邓昌松合影。

1999年1月,参加在西安召开的全国气象局长会议后我(右)与山东气象局长蒋伯仁合影。

1999年1月,参加在西安召开的全国气象局长会议后我(右)与江西省气象局局长陈双溪合影。

1999年1月,参加在西安召开的全国气象局长会议后我(右)与天津市气象局局长曾凡喜合影。

1999年5月，参加在海口召开的全国气象宣传工作会议之后我（右）与海南省气象局副局长甘宇合影。

1999年5月，与参加全国气象宣传工作会议的部分代表在海口合影，我位左二。参加合影的有敦克刚（左一）、甘宇（左三）、盛家荣（右三）、余勇（右二）等。

1999年5月，参加在海口召开的全国气象宣传工作会议后与四川省气象局局长宋达人（左一）、气象报社社长赵同进（中）合影。

1999年5月20日，在海南参加全国气象宣传工作会议后我（右一）与海南省气象局局长邓昌松（左三）、四川省气象局局长宋达人（右二）、气象报社社长赵同进（左二）合影。

1999年5月29日，我（前排居中）与参加新加坡国际书展的代表团全体成员在新加坡合影。从左至右：气象出版社三编室主任成秀虎、湖北省气象局机关党委副书记向世团、中国气象局计划财务司处长罗晓勇、甘肃省气象局气候中心主任邓仲庸、上海市气象局办公室主任李文志、辽宁省气象局办公室主任赵大庆、气象出版社办公室副主任戎维伦、气象出版社发行部副主任张润年。

1999年5月29日我（右一）与参加新加坡国际书展的罗晓勇（左一）、赵大庆（左二）合影。

1999年6月，参加新加坡国际书展后到马来西亚吉隆坡访问时与代表团全体成员合影，我位左七。

1999年6月，与罗晓勇在泰国曼谷合影。

1999年9月,全国第十届图书展销会在长沙举行。图为湖南省气象局局长张正洪(右二)、办公室副主任蔡奇亮(左一)参观气象出版社图书展位,我位左二。

1999年9月,我在长沙第十届全国图书展销会上与湖南省气象局局长张正洪(右一)合影。

2000年1月,我(中)与局计划财务司司长韩通武(右)、气象报社社长赵同进(左)在全国气象局长会议上合影。

2000年5月12日,我参加在上海召开的全国气象部门人事工作会议之后与成都气象学院副院长黄宗捷(左)合影。

1999年10月13日,我主持全国气象科普会议之后与云南省气象局副局长黄玉仁(左)在大理合影。

2000年6月25日，参加中国气象局组织的在西昌观看风云二号气象卫星发射时在发射场我（右一）与局行政管理局副局长董文凯（中）、中国气象报社副社长林完红（左一）合影。

2000年9月15日，我（前排右三）受中国气象局局长温克刚委托，代表气象出版社向山西静乐县赠款赠书扶贫，静乐县县长（前排右二）等参加赠送仪式。

2000年10月15日，参加新闻出版署国际图书公司组织的纽约国际书展团，图为全体成员在华盛顿国会大厦前合影，我位后排左七。

第二部分　照片选编

2000年10月22日，参加纽约国际书展团全体成员在夏威夷合影。我位后排左八。

2001年3月12日，我（前排左三）作为气象出版社社长参加中国气象局和中国气象学会组织的"三下乡"活动，图为向贵州省龙山县赠送气象科普图书。

2001年3月12日，我（右三）在"三下乡"活动中与贵州千家苗寨的苗族姑娘合影。

2001年3月18日，我（前排左三）与湖南省气象局局长张正洪（前排左四）、副局长刘家清（前排左五）、出版社发行部主任于宪珍（排左二）等和衡山县气象局的同志合影。

2001年3月，在长沙与湖南省气象局副局长刘家清（位右）合影。

2001年5月2日，我（左二）与张凤英（左一）在沈阳和《辽宁气象》杂志主编、气象科普作家王奉安夫妇合影。

2003年1月20日，在新西兰首都奥托兰政府公园与参加澳大利亚图书市场考察团成员合影，我位后排右三，气象出版社四编室主任郭彩丽位前排右三。

八、退休后与同事的合影

2004年2月（春节），在少林寺我（中）和张凤英与河南省气象局原副局长庞天荷（左二）、省局办公室主任柳俊高（左一）、副主任刘晓（右一）合影。

2004年2月（春节），我（中）与湖北省气象局副局长姜海如（左）、省局机关党委副书记刘立成（右）在武汉黄鹤楼合影。

2004年4月13日，在江苏淮安气象局巡回书展留影，我居右二，老同学严崇华为右一。

2004年4月，在安徽省气象局巡回书展时与安徽省气象局办公室主任卞礼智（右）、老同学魏维宽（左）在合肥合影。

2004年4月，我（右二）与出版社于宪珍（右一）、朱汉玉（左二）、肖广慧（左一）在江苏淮安周总理纪念馆前合影。

2004年4月,在巡回书展中与出版社于宪珍(左一)、朱汉玉(右一)、肖广慧(左二)在山东聊城合影。

2004年4月,在巡回书展中与出版社于宪珍、朱汉玉、肖广慧等在宁波溪口囚禁张学良旧址合影。

2004年5月24日,在巡回书展中经过神农架时合影,我位左二。

2004年10月5日,我在甘肃兰州主持召开全国气象部门史志鉴研讨会后,在敦煌莫高窟我(左三)与张凤英(左二)、江彦文(左四)、阎惠如(右一)等合影。

2004年10月6日，我（左三）在敦煌气象站与张凤英（左一）、阎惠如（左二）、江彦文（左四）及站长（右一）合影。

2004年10月9日，在兰州黄河沿江公园，我（中）与辽宁省气象局副局长李波（左一）、湖北省气象局副局长姜海如（右一）合影。

2004年10月12日，在甘肃麦积山我（位左六）与陈少峰（左五）、江彦文（左三）等合影。

2004年10月15日，在陕西乾陵我（左四）与陕西省气象局局长程廷江（左三）、吉林省气象局原局长宋玉发（左二）及夫人（左一）、张凤英（右二）、气象出版社发行部原主任于宪珍（右一）合影。

2004年10月，我作为中国气象局史志办公室主任主持召开全国气象部门史志工作研讨会，与全体代表合影，我位前排左11位。

2004年10月20日，我（右一）与出席中国气象学会气象史分会的部分代表在北京古观象台合影，参加合影的有原气象报社社长陈少峰（左二）、原气象科学院副院长张家诚（左三）、原中国气象学会秘书长洪世年（左五）、原中国气象局业务司司长方齐（右二）。

2005年4月1日，我（左三）与段万怀（左一）、陆广延（左二）、陈云峰（右一）参加气象出版社党员大会。

2006年2月，在海南博鳌召开《中国气象灾害大典》第三次编纂经验交流会，我（左二）与出版社副社长王存忠（左一）、原法规司司长江彦文（左三）、原山西省气象局办公室主任刘庆桐（右一）在海南博鳌合影。

2006年2月，我（左）与出版社社长刘燕辉在海南博鳌合影。

2006年2月，在参加《中国气象灾害大典》第三次编纂会议后到广西调研，我（右一）与广西区气象局原局长林少雄（左二）、山西省气象局原局长霍成福（左三）、中国气象报社社长赵同进（左一）在南宁合影。

2006年2月，在海南博鳌召开《中国气象灾害大典》第三次编纂经验交流会，我（中）与局大气探测中心主任韩通武（左）、中国气象报社社长赵同进（右）在海南博鳌合影。

2006年2月,在海南参加《中国气象灾害大典》第三次编纂经验交流会后到广西气象台站调研,我(右二)与原山西省气象局局长霍成福(中)、广西区气象局纪检组组长黄立谦(左二)、百色地区党委副书记(右一)等合影。

2006年6月,我(左三)与气象史志办公室杨泽彬(左一)、江彦文(左二)、陈少峰(左四)、张春玲(右一)在办公室合影。

2006年10月,在重庆参加全国气象部门改革开放30年总结研讨会时,我(左二)与夫人张凤英和河南省气象局原副局长庞天荷(左三)等在重庆合影。

2008年8月,在北京延庆参加气象出版社发行研讨会后,我(左五)与出版社副社长王存忠(左二)和气象出版社发行部全体及有关同志在延庆合影。

第二部分 照片选编

2008年9月,在辽宁气象部门征求《新中国气象事业60周年总结报告》稿意见会议上与局政策法规司副司长刘宪华(右三)、韩通武(右一)、赵同进(左二)等留影,我位右二。

2008年10月,与出版社全体职工在纪念建社30周年时合影,我位前排右三。

2008年11月，我在成都主持召开《中国气象灾害大典》编纂总结会，与出版社副社长王存忠（左三）、重庆市气象局副巡视员王涛（右一）、局法规司原司长江彦文（右四）、出版社一编室主任陶国庆（左一）、出版社总编室业务科长李义玲（左二）等合影。

2008年12月，在主持《中国气象灾害大典》总结会后与夫人张凤英（中）和黑龙江省气象局办公室主任宋英华（右一）在九寨沟合影。

2009年2月，在参加纪念邹竞蒙逝世十周年时，我（左一）与福建省气象局原局长叶榕生（中）、陈少峰（右）在鸟巢合影。

2009年2月，在参加纪念邹竞蒙逝世十周年时，我（左一）与山东省气象局原局长蒋伯仁（右一）、韩通武（中）在钓鱼台合影。

2009年2月，在参加纪念邹竞蒙逝世十周年时，与山西省气象局原局长霍成福（右）在钓鱼台合影。

2009年4月，我（右二）与湖南省气象局办公室调研员向德龙（左一）和沅陵县气象局同志合影。

2009年4月，我（左一）与夫人张凤英和湖南省气象局办公室调研员向德龙（右一）在张家界合影。

2009年4月，我（左二）与湖南省气象局原副局长曾庆华（右二），办公室原主任王福琪（左一）、李公才（左三），副主任张健鑫（右一）合影。

2009年8月，参加中国气象局在南京召开的建局60周年座谈会后，我（右）与江苏省气象局办公室主任桑凤章在苏州气象局合影。

2009年8月,我(左四)与"气象工作60年总结起草小组"成员韩通武(右二)、赵同进(右一)、林峰(左二)和江苏省气象局公室主任桑凤章(左三)等在苏州虎丘合影。

2009年9月,中国出版协会科技委员会在延庆召开离退休科技出版社长、总编座谈会,我(右一)与气象出版社原总编周诗健(左一)、中国版协科技委主任周谊(左二)、电子出版社原社长王志刚(左三)在延庆合影。

2009年11月,在广西南宁召开《气象分典》搜集地方志气象资料会议后,我(右二)与江彦文(右一)、赵同进(左一)、阳世勇(左二)、广西区气象局办公室调研员吴艳莲(左四)等在南宁青秀山公园合影。

2013年4月,参观湖南省气象局新址时,我(左)与湖南省气象局局长祝燕德在省气象局大楼合影。

2015年4月,《中国气象百科全书》指导协调小组在湖南调研时参观岳阳气象观测站,我(左一)和赵同进(左二)与气象站两位女士合影。

2015年4月,在参观湖南省常德市气象局时,我(左)与常德市气象局副局长陈建明在太阳山气象雷达站合影。

2017年9月,在参观通化市气象局时,我(右二)与夫人张凤英和集安市气象局领导合影。

2017年9月,我(左二)与夫人张凤英参观通化市气象局时和市局领导郭博(左一)等合影。

2017年9月,我(右二)与夫人张凤英和吉林省气象局原副巡视员张克选(左二)、吉林省气象局原办公室主任杭彤(左三)、宣兆民(左一)在长春聚餐时留影。

2018年9月,中央气象局1970年直属学生连第三次聚会时,我(中)与同班周维新(左)、任朝江(右)在局招待所合影。

2018年9月,中央气象局1970年直属学生连第三次聚会时,我(右二)在局招待所与刘英金(右一)、张怀君(左三)、刘玉奎(左二)、王才芳(左一)合影。

2018年9月,中央气象局1970年直属学生连第三次聚会在局干部学院楼前合影,我位二排左五。

2018年10月,我(左一)与夫人张凤英(右一)和学生连陈玉佩(左二)及夫人毕秀琴(左三)在紫竹院合影。

2019年1月,我(左)与大连市气象局原局长赵国卫在局招待所个人聚餐时留影。

2019年4月下旬,气象部门部分老同志到广西旅游,图为在北海银滩合影。左起:内蒙古区气象局原局长乌兰、大连市气象局原局长赵国卫、广西区气象局原局长林少雄、上海市气象局原局长盛家荣、气象出版社原社长毛耀顺(本人)、气象报社原社长赵同进、中国气象局原副局长刘英金。

第二部分　照片选编

2019年4月下旬，气象部门部分老同志到广西旅游，图为在北海涠洲岛五彩滩合影。左起：刘英金及夫人刘玉洁、毛耀顺及夫人张凤英、赵同进及夫人相秀珍、盛家荣及夫人孙玉桂、乌兰及夫人陶娅。

2019年4月下旬，气象部门部分老同志到广西旅游，图为结束时在崇左农庄宾馆合影。前排左起：赵同进、盛家荣、林少雄、刘英金、毛耀顺（本人）、刘玉浩；后排左起何飞（广西区气象局老干办主任）、陶娅、孙玉桂、赵国卫、刘莉莉（赵国卫夫人）、张凤英、相秀珍、乌兰。

九、与出版社离退休干部休闲合影

2005年8月19日,与陆广延(右一)、戎维伦(左二)在北京黑龙潭前合影。

2005年8月20日,气象出版社老干部在北京郊区秋游合影,我位后排左三。

2006年11月,气象出版社老干部在海南旅游时与陆广延(左)在三亚合影。

第二部分　照片选编

2007年6月，气象出版社老干部组织到河南旅游，图为在河南洛阳龙门石窟合影，我位三排左六。

2007年6月，与出版社老干部在河南云台山合影，我位前排右二。

2008年12月29日,气象出版社退休社领导合影,左起:原副社长谢炳源、原总编周诗健、原总编纪乃晋、原社长林培芬、原副社长陆广延,我位左三。

2008年12月29日,气象出版社老干部新年联谊会到会老干部合影,我位后排左六。

2009年5月,气象出版社老干部组织到江西有关景点旅游,图为部分老干部在江西龙虎山风景区合影,我位左二。参加合影的还有原副社长陆广延(左三)、原总编纪乃晋(左四)、原办公室主任段万怀(右一)等。

2009年5月,气象版社老干部到江西旅游,图为参加旅游的全体老干部在江西婺源晚起村合影,我位二排右二。

2009年10月21日，气象出版社老干部到延安等地旅游，图为参加旅游的老干部在延安中央大会堂前合影，我位站立左九。

2009年10月，气象出版社老干部到延安等地旅游，图为参加旅游的老干部在陕西黄帝陵合影，我位二排左二。

第二部分　照片选编

2009年10月,气象出版社老干部到延安等地旅游,图为参加旅游的老干部在黄河壶口瀑布合影,我位前排右一。

2009年10月,气象出版社老干部在延安旅游时与原副社长陆广延(右)在延安毛主席所住窑洞遗址前合影。

2010年3月，气象出版社、卫星气象中心、局机关等单位组成赴台湾旅游团，图为全体成员在阿里山合影，我位站立右五。

2010年3月，与参加赴台湾旅游的气象出版社老干部于宪珍（左一）、戎维伦（左二）、马翠英（左五）等在台湾日月潭合影，我位左三。

第二部分　照片选编

2012年12月,在出版社老干部辞旧迎新茶话会上与出席会议的全体老干部合影,我位二排左四。

2012年12月,我(左四)主持气象出版社老干部辞旧迎新茶话会。在主席台的有原副社长陆广延(左一)、原社长林培芬(左二)、副社长王存忠(左三)、原总编纪乃晋(右一)。

2013年10月,出版社全体老干部在祝贺八位满80岁老同志时合影,前排均为80岁以上老干部,我位二排右五。

2013年10月,与出版社退休领导成员在祝贺八位满80岁老同志时合影。原社长林培芬(前左二),原副社长陆广延(前左三)、谢炳源(后左),原总编纪乃晋(前左四)、周诗健(后右),我位前左一。

第二部分　照片选编

2014年9月4日,气象出版社老干部秋游河北野山坡百里峡合影,我位左十一。

2017年9月,气象出版社部分老干部聚餐,正面为朱汉玉背影,左起:陶国庆、谢炳源、纪乃晋、林培芬、毛耀顺、陆广延、段万怀、顾仁俭、于宪珍、史秀菊、黄丽荣、戒维伦。

2018年11月,出版社退休党支部组织到天津参观滨海开发区新建图书馆时合影,我位二排左四。

2018年12月,我(右)与出版社社长王存忠在中国气象局第十九次党员代表大会上合影。

2019年1月，在出版社退休干部辞旧迎新会主席台上，左起：副社长刘厚堂、社长王存忠、毛耀顺、党委副书记刘宪华、办公室主任胡育峰。

2019年1月，在出版社退休干部辞旧迎新会上，老同志互相敬酒时留影，我位左三。

十、与家人及亲属合影

我母亲伍梅秀留影。

慈 父 毛远新（1906年10月19日--1985年2月16日）
　母 伍梅秀（1914年11月15日--1984年5月11日）

我母亲与我和凤英合影。

1983年2月，父母在老家合影。

我父母与女儿毛艳华、侄子毛光祥合影。

1983年2月，我和夫人凤英、女儿艳华与父母在老家合影。

1983年春节，母亲与小舅父伍秀桂合影。

我小叔毛远忠（1920年6月23日至2003年5月9日）与小婶袁兰秀（1925年2月17日至2006年12月5日）合影。

我三叔毛远胜（1911年7月2日至1998年12月8日）和三婶梅玉兰（1912年1月14日至1999年1月21日）合影。

2007年2月，四姑毛玉春（1915年5月24日至2011年7月20日）在南县厂窖家留影。

1983年2月春节，大舅父伍孟达、舅母与我女儿毛艳华、外甥肖广界合影。

2005年11月，我和夫人张凤英与小姨妹袁兰秀（中）在北京合影。

2007年2月，与四姑毛玉春（前左三）、堂哥毛阳春（前右二）、表兄王建平（前右三）、王建炳（前左二）、大妹夫肖才见（前左一）、弟弟毛耀喜（后右一）在南县厂窖合影，我位前右一。

2003年2月4日，岳父张林春和岳母（继母）合影。

夫人张凤英养母（即伯母）邢秀平留影。

1972年9月1日，我与张凤英结婚纪念合影。

1974年，我与张凤英、女儿毛艳华合影。

1978年，我与女儿毛艳华合影。

1980年，我与张凤英、毛艳华合影。

1981国庆，与艳华在天坛合影。

1982年夏天，我与女儿艳华在紫竹院划船。

1983年2月春节，我回常德老家拍下全家福，第一排中间坐着父母亲、弟弟耀喜（后右五）、弟媳段元英（后右二）、大妹妹毛春年（后右三）、大妹夫肖才见（后右七）、小妹妹毛耀云（后右一）、小妹夫朱忠云（后右六）、夫人张凤英（后排左四）。我未到位就自拍了，只留背影。

1983年2月春节，我们四兄妹合影，左起弟毛耀喜、毛耀顺、大妹毛春年、小妹毛耀云。

1984年，我与女儿毛艳华合影。

1983年，我与夫人张凤英在紫竹院合影。

1985年，与夫人张凤英在北京合影。

1986年5月1日，在北京公园与夫人张凤英、女儿艳华合影。

1986年10月2日，与夫人张凤英在石景山游乐园合影。

1987年5月1日,与凤英、艳华在紫竹院合影。

1987年7月,与艳华在北戴河留影。

1988年9月,大妹春年(右一)、弟弟耀喜(左三)、弟媳段元英(右二)、侄女毛冬红(前排中)来北京,与我们全家合影。

1988年10月,我与凤英、艳华在国家图书馆前合影

1988年10月,与凤英在北京公园留影。

1988年夏天,与艳华在秦皇岛海边合影。

1989年5月1日,我和大娘(左一)、凤英、艳华在紫竹院合影。

1993年5月1日,我与凤英、艳华在中国气象局大院内合影。

1994年4月17日,与艳华在北京植物园合影。

1996年8月,与侄子毛光祥在紫竹院合影。

1998年7月,与外甥女朱艳平在北京公园合影。

1998年10月7日,与艳华在山西乔家大院合影。

1998年10月10日，与艳华在华山合影。

1999年5月2日，全家聚餐合影。一排左起毛艳华、牛二红、凤英、本人、毛光祥、朱艳平；后排左起胡景录、赵麟、肖广慧、陈光。

1999年5月，与侄女毛光慧在海南岛海口市合影。

1999年9月7日，与凤英在青岛市五四广场合影。

1999年9月12日，与凤英在泰山顶天街合影。

2000年1月30日，庆贺艳华与赵麟结婚的家宴。左起：女婿赵麟、女儿艳华、夫人凤英、本人、亲家公赵祖德、亲家母王志敏、肖广慧（外甥女）、赵谦（右一，即赵麟哥哥）。

2000年1月30日,艳华、赵麟结婚日合照,后排左一为外甥女肖广慧。

2000年2月8日,与弟弟耀喜(前左)、女儿、女婿在常德老家的合影。

2000年2月9日,与女儿、女婿在的张家界合影。

2000年2月10日,与女儿、女婿在常德桃花源合影。

2000年2月，与堂妹夫陈明生在湖南常德老家合影。

2000年3月9日，与女婿赵麟在张家界黄龙洞前合影。

2000年5月3日，与凤英在天津合影。

2000年8月，与凤英在北戴河合影。

2001年3月24日,与大娘、凤英、朱艳平(左一)、艳华(左二)、毛光慧(右二)、牛二红(右一)在紫竹院合影。

2001年3月,与女儿艳华、侄女光慧、外甥女艳平在北京合影。

2001年5月2日,与凤英、女儿、女婿在辽宁省鞍山市千山合影。

2001年5月4日,与凤英在大连海滩合影。

2001年5月,与凤英在山海关合影。

2001年5月6日,与弟弟耀喜在北京海洋馆前合影。

2001年10月4日,与凤英在承德合影。

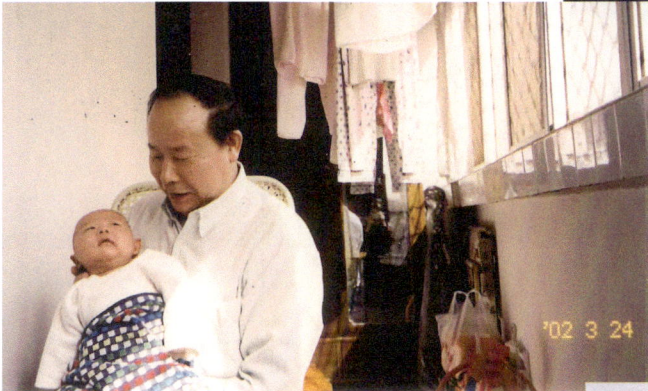

2002年3月10日,与小外孙赵哲恺(毛乐乐)满月时合影。

2002年10月1日,与凤英、耀喜、元英(弟媳)在天安门合影。

第二部分　照片选编

2002年10月3日，在世界公园与凤英合影。

2002年10月3日，在世界公园与乐乐合影。

2002年10月3日，在世界公园与乐乐合影。

2002年10月3日，在世界公园与凤英、乐乐合影。

2002年10月3日，在世界公园与乐乐、艳华、凤英和牛二凤合影。

2003年6月7日，我过生日时与乐乐合影。

2004年春节，与凤英、女儿、女婿在长沙橘子洲头合影。

2004年春节，与凤英在长沙橘子洲头合影。

2004年春节，与凤英、女儿、女婿在武汉黄鹤楼合影。

2004年春节，与凤英在湖北荆州博物馆前合影。

2004年2月春节,与夫人、女儿、女婿在长沙岳麓山爱晚亭合影。

2004年7月31日,与凤英、乐乐在北戴河合影。

2004年7月,与凤英在辽宁兴城海岸合影。

2004年2月9日,与艳华在湖南张家界黄龙洞前合影。

2004年4月,与侄女毛光慧(左)、外甥女肖广慧(右)在普陀山合影。

2004年7月,全家和亲家公赵祖德(右四)、亲家母王志敏(右三)等在北戴河合影。

2004年10月，与凤英在敦煌莫高窟合影。

2004年10月，与小外孙赵哲恺合影。

2004年10月5日，与凤英在甘肃月牙泉前合影。

2004年10月，与女儿艳华（左）、小外孙赵哲恺在河南遂平嵖岈山合影。

2005年，堂侄女毛琼在北京结婚时合影。前排左起：凤英、我、婶婶、耀东、雪梅、元英；后排：新郎孙志伟、新娘毛琼。

2006年1月，与外孙在紫竹院冰场合影。

第二部分 照片选编

2006年8月,全家及亲家在内蒙古赤峰地质公园合影。

2006年8月,与夫人、外孙在赤峰草原合影。

2006年8月,与外孙赵哲恺在北京动物园合影。

2006年10月,与凤英在三峡合影。

2006年11月30日,与凤英在海南岛万泉河上漂流留影,我位后排右一,凤英后排右二。

2006年11月,与凤英在海南三亚合影。

2007年2月（春节），毛家人全家福合影。前排左起：堂妹夫陈明生、弟弟耀喜、弟媳元英、凤英、本人、堂嫂李付香、堂哥毛阳春、堂弟媳项雪梅、堂弟毛耀东，大妹夫肖才见位二排右二。

2007年5月，与凤英在河南嵩山合影。

2007年5月，与凤英在河南云台山合影。

2007年5月，与外孙赵哲恺在游泳池合影。

2007年9月，与表妹易香桂（左三）、表弟易中选（左二）及其夫人（左一）在北京我家中合影。

2007年10月1日，全家与陈光全家在辽宁喀左县陈光老家合影。

2007年10月,与凤英和女儿、女婿在天坛合影。

2007年10月,与凤英和外孙在天坛合影。

2007年春节,与凤英在家中着唐装合影。

2007年清明节，全家在父母墓前合影。

2007年清明节，我（左三）与凤英、耀喜、耀云夫妇在父母墓前合影。

2008年3月，与凤英在北京延庆野鸭湖合影。

2008年3月，与凤英在国家大剧院合影。

2008年清明节，在长沙与侄子光祥双胞胎女儿毛雅（左左）、毛典（右右）合影。

2008年9月，与凤英、女儿艳华在鸟巢合影。

2008年9月，与凤英在参观奥林匹克比赛场时合影。

2008年10月，与凤英在天津海河留影。

2008年11月底，与凤英在成都三星堆合影。

2008年11月底，与凤英在九寨沟瀑布前合影。

2008年12月,与凤英在龙庆峡冰灯处合影。

2009年4月,与弟弟耀喜(中)、小妹夫朱忠云(左)在桃花源合影。

2009年4月,与凤英和侄女光慧、侄女婿王国兵及其子王毛易在常德老家合影。

2009年4月,与凤英在常德市武陵阁合影。

2009年4月,与凤英在湖南芙蓉镇合影。

2009年4月,与凤英在桃花源合影。

2009年4月,与堂外甥女廖春花在湖南省气象局合影。

2009年4月,与外孙赵哲恺在紫竹园儿童游乐场玩碰碰车。

2009年4月,与耀喜及双胞胎孙女合影。

2009年5月,与凤英在江西婺源风景区合影。

2009年5月,与凤英在江西龙虎山风景区合影。

2009年5月,与凤英在江西景德镇合影。

2009年5月,与凤英在江西江湾风景区合影。

2009年5月,与凤英在江西三清山风景区合影。

2009年8月,与凤英、外孙赵哲恺在山东孔府合影。

2009年10月,与凤英在延安合影。

2009年10月,与凤英在陕西黄帝陵合影。

2009年10月，全家与亲家在延庆野鸭湖合影。

2009年10月，与凤英在黄河壶口瀑布合影。

2009年11月，与凤英在南宁千年苏铁园合影。

2009年11月，与凤英在广西德天跨国大瀑布合影。

2009年11月，与凤英在广西德天和越南跨国界碑前合影。

2009 年 11 月，与凤英在广西流星天坑合影。

2010 年 1 月，与外孙赵哲恺在紫竹院冰场滑冰合影。

2010 年 3 月，与凤英在台湾总统办公楼前合影。

2010 年 3 月，与凤英在台湾故宫博物院合影。

2010年3月,与凤英在台湾日月潭合影。

2010年3月,与凤英在台湾日月潭和亲家夫妇合影。

2010年3月,与凤英在台湾子午线标志塔合影。

2010年3月,与凤英在台湾大峡谷口合影。

2010年3月,与凤英在台湾野柳地质公园合影。

2010年3月,与亲家赵祖德在台湾野柳地质公园合影。

2010年5月,与凤英、肖广慧、乐乐、姗姗在北京公园合影。

2010年6月,与凤英和妹妹耀云(右三)、妹夫朱忠云(左一)及其孙子在紫竹院合影。

2010年6月,与凤英在天安门城楼上合影。

2010年7月,全家在杭州西湖雷锋塔前合影。

2010年7月,与凤英和外孙在杭州西湖合影。

2010年7月，与凤英在浙江千岛湖合影。

2010年9月，与凤英在黑龙江佳木斯三江口（同江）合影。

2010年9月，与凤英在黑龙江五大连池合影。

2010年10月，全家在常德诗墙合影。外孙赵哲恺第一次回湖南老家。

2010年10月，我和凤英与堂哥毛阳春（左一）、堂弟毛耀东（左二）、耀东夫人项雪梅（左三）、堂妹毛冬芝（右三）、堂妹毛耀枝（左五）、弟弟毛耀喜（右一）、耀喜夫人段元英（右二）在老家合影。

2010年10月，与女儿、女婿、外孙和弟弟耀喜、外甥女肖广华（左一）在父母墓前合影。

2010年10月,与外甥朱志华、外孙赵哲恺、涵涵在常德诗墙合影。

2011年2月,与亲家和外孙赵哲恺9岁生日时合影。

2011年8月,与妹妹、妹夫、外甥女及外甥女婆婆(左一)等在北京市延庆广场合影。

2011年6月,与外孙赵哲恺在我68岁生日时合影。

2012年6月8日,我过69岁生日时与凤英合影。

2012年6月8日,弟弟、妹妹、妹夫在气象宾馆为我过70岁生日时留影。

2012年6月8日,我过69岁生日全家福。前排左起:陈光、肖才见、王志敏、赵祖德、我、张凤英、毛耀云、朱忠忌、毛耀喜。

2012年6月,与亲家赵祖德在过69岁生日时留影。

2012年6月,在过69岁生日时,晚辈向我敬酒时留影。

2012年8月,与凤英在昌平森林公园合影。

2012年8月,与外孙在昌平森林公园合影。

2012年9月,与凤英在天津瓷房子前合影。

2013年2月,外孙11岁生日时合影。

2013年4月,与凤英在保定古莲花池合影。

2013年4月,与凤英在常德太阳山气象雷达站合影。

2014年4月,与凤英在长沙植物园合影。

2014年4月,与耀喜、耀云在我常德家中合影。

2014年4月,与耀喜在老家乡村油菜花地合影。

2014年9月,与凤英在河北野三坡百里峡合影。

2014年10月,与凤英在密云古北口水镇合影。

2014年10月,与凤英在顺义国际鲜花港合影。

2015年3月,与凤英在常德桃花源合影。

2015年3月,与凤英在岳阳君山岛合影。

2015年4月,与耀喜(后排左四)、耀云夫妇(前排右一、左一)、大妹夫肖才见(后排右一)和表兄伍发喜夫妇(前排左三、左四)等在湖南南县三仙湖表兄家合影。

2015年10月,与凤英在昌平香堂村苹果园合影。

2016年2月,与凤英在参观卢沟桥抗日纪念馆合影。

2016年3月,与凤英在昌平采摘草莓时留影。

2016年5月,与凤英在开封清明上河园合影。

2016年6月,与凤英、侄女冬红在常德柳叶湖合影。

2016年6月,与凤英和亲家夫妇在密云华林养蜂基地合影。

2016年6月,与凤英和外甥女艳平(右二)及外甥女婿陈光(左一)在辽宁喀佐县水上公园合影。

2016年6月,与凤英在常德柳叶湖沙滩合影。

2016年8月,与凤英在国家卫星中心老干办补结婚照。

2016年8月,与凤英在卫星气象中心老干办补结婚照。

2017年1月春节,全家福合影。

2017年4月,与堂妹耀枝(左一)、梅珍(右一)在乡下老家合影。

2017年4月,与凤英和耀喜夫妇、堂妹冬枝(前右二)、堂妹夫陈明生(前排右一)、堂弟耀冬、堂妹耀枝、冬红、建文等在十美堂冬枝家合影。

2017年4月,与堂妹耀枝(左一)、堂外甥女廖春花(右二)在乡下老家合影。

2017年5月,与凤英和耀喜夫妇(右一、二)、小妹耀云(左二)、大妹夫肖才见(左一)在鼎城滨江花园我新家合影。

2017年5月,与凤英在常德石门壶瓶山合影。

2017年5月,与凤英在常德市河街合影。

2017年5月,与凤英在韶山毛主席铜像前合影。

2017年5月,与侄孙女毛雅、毛典在常德乡下老家合影。

2017年9月,与凤英、亲家母王志敏在长白山瀑布合影。

2017年9月,与凤英在长白山天池合影。

2017年9月,与凤英、亲家母王志敏在通化集安市鸭绿江漂流时留影。

2017年9月,与凤英在通化集安市鸭绿江边合影。

2017年9月,与女儿艳华在延庆玉渡山合影。

2018年4月,与凤英在南京老东门合影。

2018年4月,与凤英在南京民国总统府内合影。

2018年4月，与凤英在南京信息工程大学校园合影。

2018年5月，与凤英和妹妹、妹夫在常德他们新家合影。

2018年5月，与凤英在贵阳甲秀楼景区合影。

2018年5月，与凤英在常德桃花源合影。

2018年5月，与凤英在贵阳青岩古镇景区合影。

2018 年 5 月，与凤英在贵州黄果树瀑布景区合影。

2018 年 5 月，与凤英在贵州荔波大七孔景区合影。

2018 年 5 月，与凤英在贵州荔波小七孔景区合影。

2018 年 5 月，与凤英在贵州西江千家苗寨合影。

2018 年 5 月，与凤英在昆明滇池景区合影。

2018年5月，与凤英在丽江木府合影。

2018年5月，与凤英在云南大理崇圣寺三塔合影。

2018年5月，与凤英在云南石林景区合影。

2018年5月，与堂侄毛维政（左）的重孙（中）在常德合影。系我辈起毛家人的第五代玄孙，即五世同堂。

2018年9月,与凤英在昌平采摘苹果留影。

2019年4月上旬,与凤英参观河南漯河南街村时合影。

2019年4月下旬,气象部门部分老同志在广西旅游,与凤英在广西德天瀑布合影。

2019年4月下旬,气象部门部分老同志在广西旅游,与凤英在北海银滩合影。

2019年4月下旬,气象部门部分老同志在广西旅游,与凤英在北海涠洲岛五彩滩合影。

十一、与中小学老师、同学合影

1961年6月30日,常德县五中初中三班毕业合影,我位三排右八。

1961年7月,常德县五中初中三班团支部合影,我位前排左四。

1961年6月21日,常德县五中原四班部分同学合影,左起徐世香、卢光汉、黄保松、章亮均、曾广益、邱杏枝、范伏秋、毛耀顺。

1964年5月,常德县一中高十一班全体同学合影,名单依次如下:第一排老师校长左起藩道声、周伯颐、胡安、黄球研、何疏秀、高朋、张华志、代立本、刘正南、陈正思、刘春培、周奇缘、曹克武、贺志忠(二排左一);同学二排左二起范伏秋、邓德华、丁雨芝、贾仁跃、邓自英、熊任球、王超群、杨梅春、钱金枝、孙启英、孙秋云、彭立秋;三排同学左起陈作耕、孙金万、陈协祥、孙旭初、管伯武、鲁友良、谢建阳、黄保松、刘体力、张四九、梁茂林;四排同学左起胡全友、徐绪江、谢太浩、毛耀顺(本人)、陈德初、徐世桥、熊和庭、罗上贵、张国强、龚玉文、周训材。

· 486 ·

1962年6月17日，与高中同班同学解玉林（中）、李佳珍（右）合影。

1962年，与高中同班同学解玉林（后左一）、刘维中（后右一）、黄保松（前右）、邓德华（前左）合影。

1963年3月，与高中同班同学黄保松（前左一）、解玉林（后左一）、鲁友良（前中）、邓德华（后右一）、周训财（前右一）合影。

1964年7月13日，与高中同学范伏秋（左一）、曾广益（左二）、黄保松（左三）、邓德华（左五）和初中后参军的同学邱杏枝（左四）合影。

1964年7月，与高中同学曾广益（左一）、范伏秋（左二）、邓德华（左四）、黄保松（左五）合影。

1964年，与高中同班参加校运动会的同学合影。有王超群（前左）、黄保松（前中）、钱金枝（前右）、龚玉文（后左一）、胡全友（后左三）、周训财（后左四）、熊和庭（后右一）。

1964年7月，高中毕业时与十一班、十二班被推荐报考军事院校的6位同学合影，左起：熊和庭、陈作耕、我、陈协祥、徐世樵、程水香。

1967年，与考入第四军医大学的初中、高中同班同学陈作耕（左）来南京串联时在中山陵合影。

1967年，与高中十二班考入南京工学院的李新民（右）在玄武湖合影。

1968年，与初中同班、高中十二班考入东北人民大学（吉林大学）的同学曾广益（左一）、李长勋（右一）在长春市合影。

1975年，与初中、高中同学曾广益（左）在天安门合影。

1976年，与初中、高中同班同学邓德华（左）在北京动物园合影。

1978年，与初中、高中同学，并考入北京化工学院的程水香（右）在北京合影。

1990年12月，与初中、高中同班同学陈作耕在深圳（左）合影。陈作耕在深圳工作曾任深圳福田区武装部政委、深圳市商会副会长（正厅级）等职。

1990年12月，高中同班同学、并考入北京机械学院的熊和庭（右）在深圳合影，熊和庭曾任深圳市人事局处长、公司总经理等职。

1992年，与初、高中同学，考入北京化工学院的程水香（左一）和考入湖南师范学院的全国辉（左二）在北京我家合影。程水香曾任北京化工大学干部学院院长，全国辉曾任常德县文化局副局长。

2001年5月3日，我全家与曾广益（左二）及夫人（右二）、夫人妹妹（右三）在大连海边合影。

2001年5月5日，与曾广益（右）在大连合影，曾广益曾任大连市西港区教委主任。

2005年10月，与陈作耕（左）、程水香（右）在北京我家中合影。

2009年4月,与曾广益(右一)、魏长春(右三)、邓德华(右四)、陈振亚(右六)等在黄珠州合影。魏长春是我小学、初中最要好的同学之一,他入伍复原后回家乡,曾任黄珠州乡供电站站长。邓德华是我初中、高中最要好的同学之一,他高中毕业后回家乡,历任公社书记、区委书记、常德县委宣传部长等职。陈振亚是比我低一届的初中同学,关系较好,曾任黄珠州乡水电站站长。

2009年4月,与初中班主任张凤池老师(右一),高中校友、常德市副市长莫道宏(左二),陈作耕(左三),高中校友、湖南省气象局副局长刘家清(左一)在常德市聚餐合影。

2011年2月,与小学同学曾习元(中)、熊云堂(左)在老家合影。

2014年4月,与魏长春(左)、卢光汉(中)在常德我家中合影。卢光汉是我初中要好同学之一,他初中毕业后入伍,转业到常德市粮食局任党委书记。

2014年4月，在常德宴请初中班主任张凤池（前排左四）、高中班主任刘正南（前排左六）及部分中学同学时合影，我位前排右二。张凤池曾任常德县政协办公室主任，刘正南曾任常德县教师进修学校校长。

2014年4月，与中学同学邱杏枝（右）、黄保松（中）在长沙合影。邱杏枝是我初中最好的同学之一，他初中未毕业就入伍，在部队负责编辑报刊，系文职官员，转业到湖南冷水江市工作。黄保松是我初中、高中最好的同学之一，考入中南矿冶学院，先分配到广东工作，后调回沅江，任县职业学校校长兼市教委副主等职。

2014年9月，与熊和庭（左）、程水香（右）在北京聚餐合影。

第二部分　照片选编

2015年4月,与黄保松夫妇(左三、四)、刘竹清(左二)在常德市诗墙合影。刘竹清是我初中要好同学之一,他初中未毕业入伍,复员回常德市工作。

2016年4月,与凤英和魏长春(右一)及夫人曾喜九(右二)在黄珠州合影。

2016年6月,与凤英和程水香(左一)及夫人(左四)在北京紫竹院合影。

2016年9月,与曾广益(右)、程水香(左)在北京聚餐留影。

2016年9月,与曾广益(右)在怀柔日出东方凯宾斯基酒店合影。

2016年9月,与曾广益(左)在奥运村水立方合影。

· 492 ·

2017年4月，与邓德华（左一）、黄保松（左二）、曾广益（右一）在常德市丁玲公园合影。

2017年4月，与章亮衬（中）、卜东平（左）在常德市卜东平家合影。章亮衬是我初中、高中最要好同学之一，他高中未毕业即参军，在部队从医，复员后到黑山嘴乡医院工作。卜东平也是我初中要好同学，初中未毕业入伍，转业到常德市工作。

2017年4月，与詹松柏（左）、龚龙（中）在常德市丁玲公园合影。詹松柏曾任我老家黄珠州公社党委书记、蒿子港区委书记、常德市林业局副局长等职，交往较密切。龚龙是我初中同班要好同学，初中未毕业即回家务农，曾任蒿子港区副区长、武陵镇副镇长等职。

2017年4月，与中学同学在常德市丁玲公园合影。其中徐世香（左六）是我初、高中要好同学，1965年入伍，1982年转业湖南柴油机厂，曾任办公室主任，国家省律师协会会员。向华阶（右三）是我初、高中要好同学，曾入伍任团职飞行员。

第二部分 照片选编

2018年1月，与程水香（左）、王菊香（右）在北京合影。王菊香是我初中同学，初中毕业上无线电中专学校，分配在北京航天部工作。

2018年5月，与凤英和曾广益、曾广朋兄弟在贵州西江千家苗寨合影。

2018年5月，与中学同学在十美堂合影。一排左起：章亮祊、刘竹清、王春秀（前排左三，是我初中、高中同学，高中未毕业回家务农，曾任黄珠州乡医院院长）、庞厚典、我（前排右二）、魏长春；二排左起：曾喜九（魏长春夫人）、向华阶、吴菊仙（初中同学、刘竹清夫人）、刘菊芳（是我初、高中同学，高中毕业后曾任常德市滨湖印刷厂工会主席）、曾广朋、徐世香、曾广益、郭云章（初中同学，在常德市工作）。

2019年4月下旬，与小学同学、桂林乳胶厂工会主席叶建明（后改名叶虎彪）在桂林他家合影。

十二、与大学老师、同学合影

1968年，南京气象学院气象系641班全体同学在参加南京长江大桥建设时的合影。第一排左起：李文铖（老师）、文琦新、朱应珍、王允东、董超华、秦灯娣、唐惠芳、杨万梅、李晋芝；第二排左起：李文铖小孩、严崇华、胡志荣、周嗣松、潘钖元、翟才春、贾大康、小孩、蒋垂铭；第三排左起：韩春深、魏维宽、毛耀顺（本人）、潘金凤、杨保桂、胡敏菊、蒋允治、王焕法、陈守武、张明席。

1968年，气641班团支部全体团员合影。前排左起：王允东、文琦新（曾任江西省气象局高级工程师）、唐惠芳（曾任中央气象台台长、首席预报员）、李晋芝（福建省气象局高级工程师）、蔡秀芳、董超华（曾任国家卫星气象中心主任）、杨万梅；二排左起：贾大康、杨保桂（安徽省宣城市气象局高级工程师）、毛耀顺（本人）、胡志荣、潘钖元、翟才春（常州市气象局办公室主任）；后排左起：李文铖（老师）、王焕法、严崇华、潘金凤、魏维宽、韩春深、胡敏菊、张明席。

1966年12月27日，与在南京气象学院"文革"中步行串联小分队同学（左起）胡志荣、唐惠芳、韩春深、蔡秀芳（复旦大学放射医学研究所副研究员）合影。

1966年，与南京气象学院同班同学胡志荣（右）合影。他是我大学最好的同学之一，曾任安徽省黄山市气象局局长

1966年春节，与同班同学张明席（前左一）、杨万梅（前右一，高级教师）、胡志荣（二排左）、陈守武（二排右，福建气象局工程师）、魏维宽（后左）、蒋允治（后中，曾任福建省气象局计划财务处处长）、周嗣松（后右，定居美国的气象卫星资料处理专家）合影。

1967年，与同班同学张明席（前左）、周嗣松（前中）、胡志荣（前右）、贾大康（后中）、胡敏菊（后右，江苏省太仓市环保局办公室主任）合影。

1968年，气641班部分同学合影。左起：周嗣松、贾大康（江苏省交通厅处长）、毛耀顺（本人）、田林生（气651班同学、曾任胜利油田气象台台长）、胡志荣、胡敏菊。

1968年，气641班部分同学在南京长江大桥合影。前排左起：李文铖、文绮新、朱应珍、唐惠芳；后排左起：我本人、韩春深、翟才春、潘锡元（国家卫星气象中心高工处长）、蒋元治、严崇华（江苏省淮安市气象台台长）。

1969年5月1日，与田永祥（左）老师在广州合影。

1969年，与南京气象学院老师田永祥（左一）、周文贤（左二）在广州出差合影。

1970年底，与学生连连长白树林（右）到南京出差时在中山陵合影。

1990年5月,在青岛与大学同班同学、韩春深(左)(曾任青岛市气象台台长)合影。

1983年11月,与张明席(正研级高级工程师,福建省气象局高级职称评审委员会负责人)在紫竹院合影。

1992年11月,与张明席(左一)、胡光华(右一,董超华丈夫)在北京合影。

1995年11月,与大学同学聚餐。左起:唐惠芳、陆志善、沈振平、毕佩忠、毛耀顺、王家俊、高学浩、薛秋芳。

1993年1月,我(右)与朱应珍(福建省气象局高级工程师、气象科普作家)在北京合影。

1996年6月，与魏维宽（右，安徽省气象局高级工程师）在合肥合影。

2000年1月，与王良友（右）在合肥合影。

2000年5月14日，南京气象学院气641班同学在40年校庆时合影（毕业后第一次聚会）。左起：文绮新、蔡秀芳、贾大康、毛耀顺、翟才春、赵育良（气象系64级3个班的辅导员老师）、严崇华、董超华、王焕法、秦灯娣、朱应珍、蒋允治。

2000年5月14日，南京气象学院40年校庆时聚餐合影。我位左一。

2000年5月15日，南京气象学院40年校庆又回原来教室，我位前右。

2000年5月31日,与黎光清(左一,国家卫星中心资深研究员)、刘英金(左二,中国气象局副局长、气642班同学)、周嗣松(左三,同班同学)聚餐。

2001年4月21日,在福州图书订货会后与李晋芝(左一)、严光华(左二、气642班同学,福建省气象局业务处处长)、蒋允治(左四)、陈敬平(左五,气642班同学,福建省气象局科研所所长)等聚餐。

2001年4月,与蒋允治(左一)、陈敬平(右一)在福州合影。

第二部分　照片选编

2004年11月，气641班同学第二次聚会在无锡灵山合影，我位左一。

2004年11月，气641班第二次聚会时与朱应珍（中）、王允东（右，河北省石家庄市气象局高级工程师）在南京合影。

2010年4月，与周嗣松、陈桂祥（农气64级同学，周嗣松夫人、高级工程师）在北京家中合影。

2014年10月，气641班同学第三次聚会在北京鸟巢合影。左起蒋允治、胡敏菊、李晋芝、毛耀顺、朱应珍、杨宝贵、董超华、翟才春、文绮新、贾大康、秦灯娣（高级教师）、潘锡源、严崇华。

2014年10月，气641班同学第三次聚会在气象出版社会议室座谈时留影。左起：文绮新、贾大康、朱应珍（背影）、潘锡源、胡敏菊、毛耀顺、蒋允治。

2014年10月，与刘英金（左）、贾大康（右）在北京市气象局招待所宴会上留影。

2016年10月，与吴英厚（中）、毕佩忠（右，气653班同学，曾任中国气象局计划财务司处长）在北京地坛公园合影。

2016年10月，吴英厚（左一，气象系651班同学，曾位安徽省巢湖市气象局局长）、陈玉梅（左二，吴英厚夫人）夫妇在地坛附近宴请我（左四）、毕佩忠（左三）、马德贞（左五，气651班同学，曾任中央气象台高级工程师）合影。

2016年11月，气641班同学第四次聚会在福州合影。左起：蒋允治、胡敏菊、朱应珍、翟才春、杨万梅、毛耀顺、秦灯娣、杨保桂、李晋芝、陈守武、张明席。

2016年11月,与凤英和陈冲(左三,农气系64级同学,曾任厦门市气象局局长)、杨万梅(左一)、严建基(右一)在厦门植物园合影。

2016年11月,与凤英和朱应珍(左)在漳州花市合影。

2017年9月,与凤英和张克选(中,农气系65级同学,曾任长春市气象局局长、吉林省气象局副巡视员)在长春伪满皇宫博物院合影。

2018年4月,与凤英和蒋允治(左三)及夫人李晋芝(左二)、杨万梅(右一)及丈夫毕普章(左一)在苏州留园合影。

2018年4月,与蒋昌华(右,气653班同学,曾任南京气象学院工会主席)、郭福德(左,气642班同学,曾任南京气象学院中层处级干部)在南京信息工程大学合影。

2018年4月,气641班同学在常州聚会合影。左起:杨保桂、胡敏菊、董超华、贾大康、文绮新、毛耀顺、秦灯娣、翟才春、朱应珍、严崇华、王焕发、杨万梅、李晋芝、蒋允治。

2018年5月,与罗光荣(左,农气系63级同学,贵州省气象局业务处处级干部、高级工程师)在贵阳甲秀楼合影。

2019年4月下旬,与气632班同学、原长沙市气象局局长周益辉(右)在橘子洲头合影。

十三、与其他人员合影

1993年9月19日,与常德市发改委原副主任蔡子定(左)在北京我家中合影。

1998年9月,我们全家宴请凤英在美国工作时的同事,我位右二。

2000年5月,和夫人凤英在北京紫竹院与民政部办公厅原主任白华(左一)及夫人李芝霞(左二)合影。

2000年10月13日，在纽约联合国总部与保安人员合影，我位中。

2003年1月20日，我（中）在新西兰毛利村与毛利人合影。

2014年4月，与常德市林业局副局长詹松柏（左）在常德合影。

2016年5月，宴请家乡荷包湖大队原队长曾义通（右一）、会计陈复清（右三）及部分小学同学时留影，我位右二。

2016年5月，与七修龙阳毛氏家谱主编毛新法（前排左三）、鼎城区水利局原副局长毛远春（前排左五）、族长毛小韩（前排左六）、乡长（前排左二）等在祖籍汉寿毛家滩合影，我位前左四。

2017年5月，与凤英和詹松柏（左二）、韩逸香（左一）在石门壶瓶山合影。

十四、在不同时期不同地点的个人留影

1963 年

1969 年

1973 年

1978 年

1982 年

1986 年

1990 年

1996 年

2000 年

2003 年

2010 年

2013 年

2018 年

1966 年

1967 年

1969 年

1971 年

1971 年

1971 年

第二部分　照片选编

1982年9月，在长沙爱晚亭留影。

1982年10月，在昆明大观楼留影。

1986年11月，在北京圆明园留影。

1987年10月21日，在宁波普陀山留影。

1987年10月，在宁波天童寺留影。

1988年10月，在湖南张家界气象局观测场留影。

1989年3月，在河南少林寺留影。

1990年8月27日，在青藏高原留影。

1990年8月29，在青海塔尔寺留影。

1990年8月，在新疆吐鲁番火焰山留影。

1991年夏，在北京八大处留影。

1992年11月，在沈阳北陵留影。

1991年11月，在四川乐山大佛前留影。

1992年，在山东省蓬莱阁留影。

1993年5月，在江苏扬州瘦西湖留影。

1995年8月，在黑龙江镜泊湖留影。

1995年4月20日，在湖北宜昌葛洲坝留影。

1995年8月，在山东泰山留影。

1995年9月9日，在宁夏沙湖留影。

1996年9月，在山东威海刘公岛留影。

1996年12月11日，在湖南韶山毛主席旧居留影。

1996年12月17日，在湖南湘潭刘少奇旧居留影。

1998年3月27日，在德国柏林广场马克思、恩格斯铜像前留影。

1998年3月29日，在荷兰风车公园留影。

1998年3月，在德国波茨坦公约会址留影。

1998年3月，在法国巴黎塞纳河畔留影。

1998年4月，在德国科隆莱茵河畔留影。

1998年4月，在意大利比萨斜塔留影。

1998年9月，在四川黄龙风景区留影。

1998年9月，在四川都江堰留影。

1998年10月，在陕西华山留影。

1999年6月，在新加坡鱼尾狮像前留影。

1999年6月，在泰国曼谷皇宫前留影。

1999年6月1日，在马来西亚吉隆坡留影。

第二部分　照片选编

1999年6月8日，在澳门留影。

1999年6月7日，在香港留影。

1999年10月，在云南丽江玉龙雪山（海拔4506米）留影，这里有我国海拔最低的原始冰川。

2000年6月24日，在四川西昌邛海留影。

2000年9月，在山西大同石窟留影。

· 514 ·

2000年9月16日,在山西登五台山留影。

2000年10月11日,在美国旧金山大桥留影。

2000年10月13日,在美国纽约华尔街铜牛前留影。

2000年10月13日,在纽约世贸大厦顶层留影。

2000年10月13日,在纽约自由女神像前留影。

2000年10月15日,在美国华盛顿国会大楼前留影。

2000年10月15日，在美国华盛顿林肯纪念馆前留影。

2000年10月17日，在美国拉斯维加斯留影。

2000年10月20日，在美国洛杉矶好莱坞影城留影。

2000年10月，在美国夏威夷珍珠港留影。

2000年10月，在美国纽约联合国总部大厅内留影。

2001年3月13日，在贵州遵义留影。

2001年4月23日,在福建武夷山留影。

2001年4月26日,在江西南昌滕王阁留影。

2001年5月4日,在大连开发区高尔夫球场留影。

2001年9月11日,在西藏拉萨布达拉宫前留影。

2001年9月12日,在西藏米拉山留影。米拉山海拔高度5020米,是我到过的最高处。

2001年9月14日,在西藏灵芝巨柏前留影。巨柏有2500多年,是我国时间最长、最大的柏树。

2003年1月12日，在澳大利亚悉尼歌剧院留影。

2003年1月13日，在澳大利亚首都堪培拉留影。

2003年1月，在澳大利亚动物园喂袋鼠留影。

2003年1月17日，在澳大利亚黄金海滩游泳，这是我唯一一次在南半球下海。

2003年1月21日，在澳大利亚菲利普岛观看神仙企鹅返巢时留影。

2003年1月，在新西兰地热喷泉公园留影。

2004年4月24日,在湖北神农架山顶留影。

2006年2月,在广西百色起义纪念馆留影。

2004年4月26日,在湖北武当山留影。

2006年2月,在广西乐业大石围天坑留影。

2006年12月,在北京五塔寺留影。

第二部分　照片选编

2008年10月，在北京东郊运河文化广场留影。

2008年10月，在密云金鼎湖水库钓鱼留影。

2009年2月，纪念邹竞蒙逝世十周年时在北京钓鱼台留影。

2008年11月，在四川汶川大地震中心遗址留影。

2009年8月，在山东长岛留影。

2009年4月，在湖南凤凰古城留影。

2010年3月,在台湾水往上处流的奇观处留影。

2010年3月,在台湾101大楼留影。

2010年3月,在台湾野柳地质公园留影。

2010年7月,在上海世界博览会留影。

2010年7月,在上海徐家汇教堂前留影。

2010年9月,在黑龙江抚远县乌苏镇(珍宝岛)留影。

第二部分 照片选编

2010年9月,在哈尔滨市太阳岛留影。

2010年9月,在黑龙江抚远县乌苏镇东方第一哨前留影。

2010年9月,在黑龙江佳木斯气象卫星地面站留影。

2010年9月,在黑龙江五大连池留影。

2012年9月,在天津周恩来、邓颖超纪念馆留影。

2014年4月,在湖南常德沅江划船捕鱼时留影。

2015年1月,在北京怀柔雁栖湖国际会展中心留影。

2015年3月,在常德桃花源做擂茶时留影。

2015年9月,在北京密云古北水镇留影。

2015年10月,在北京卢沟桥留影。

2016年11月,在福建南靖县土楼内留影。

2016年11月,在福建南靖云水谣风景区留影。

2017年4月,在常德市七里桥留影。

2017年4月,在常德沅江风光带留影。

2017年5月,在韶山瞻仰毛主席铜像时留影。

2017年9月,在沈阳故宫留影。

2017年9月,在长白山天池顶中朝界碑前留影。

2017年9月,在敦化六鼎山风景区留影。

2017年9月底,在北京颐和园佛香阁留影。

2017年9月底,在北京中国历史博物馆大厅内留影。

2017年10月,在北京北海公园九龙壁前留影。

2017年10月,在北京展览馆参观五年成就展留影。

2017年10月,在北京天安门留影。

2017年10月,在北京圆明园遗址留影。

2017年10月，在北京中南海新华门留影。

2018年4月，在苏州拙政园留影。

2018年4月，在无锡太湖鼋头渚留影。

2018年5月，在贵州凯里西江千家苗寨留影。

2018年5月，在贵州安顺黄果树瀑布景区留影。

2018年5月，在云南九乡溶洞景区留影。

2018年5月，在云南大理苍山留影。

2018年5月，在云南大理崇圣寺三塔景区留影。

2018年6月，在云南大理古城门前留影。

2018年11月，在天津滨海开发区参观新图书馆留影。

2019年4月下旬，气象部门部分老同志在广西旅游，在涠洲岛火山口留影。

第三部分
附录

附录一　发表文章目录

自从1973年调中央气象局办公室以来，我就开始从科研单位转到了机关行政单位，具体从事文秘工作，用笔杆子写文章的机会也就越来越多了起来。在局办公室工作期间，确实写了不少文章。但写的文章大多数是部门工作总结、会议报告、领导讲话、重要公文等，而且写的这些文章材料都是经过多人之手，或经过会议讨论后形成的，并以单位或者领导人的名义面世，属法人作品，没有个人著作权。所以在局办公室工作期间属于我有完全著作权的文章寥寥无几。

1994年调气象出版社工作之后，我作为气象出版社的社长所写了一些文章，而这些文章都是出自我个人之手。按常规可以由出版社的文秘人员为我起草的。但由于我本人是秘书出身，不习惯使唤别人起草文件。况且我到气象出版社之后进行了机构改革，精简了管理人员，把社办公室的原来7人精简成3人，只剩办公室主任和1名行政主任科员、1名人事主任科员，没有设专职文秘人员。所以我在气象出版社工作10年期间，绝大部分文字材料都是自己动手撰写的，应该是具有我个人著作权的。

2003年我退休之后，仍然被返聘工作到2016年为止。这期间，我参加了几本大书的编辑和改革开放30年、新中国成立60年中国气象事业发展工作总结，也动手写了一些文章。

该目录表统计的文章，大部分都在公开出版物上登载过的，少部分是在全国性会议上的讲话和发言，未公开发表过。还有几篇是与他人联合署名发表的。在局办公室工作期间的文章内容，主要是论述全国气象事业蓬勃发展的基本经验，推进全国气象部门办公自动化建设的重要性和必要性，转变机关职能，实行宏观管理的思考等。在气象出版社工作期间的文章内容，主要是论述气象出版工作在社会经济建设和气象事业发展中的地位和作用；阐述气象出版社的发展战略和改革思路，以及气象出版社改革和发展所取得的成就；宣传气象图书在提高气象人员科技水平，推动气象事业发展中的重要作用；论述气象文化建设的内容、目标和作用等，以提高气象出版工作在部门、行业和社会的地位和影响。退休后的文章内容，主要是总结新中国以来和改革开放以来气象事业发展的过程和经验，撰写重大图书的前言和后记，编写对气象事业有重大贡献的人物传略，并为《中国气象百科全书》撰写词条等。

发表主要章文目录表

文章标题	发表时间	发表载体	备注
略谈气候在四化建设中的重要作用	1980年2月	发表在《人民日报》，《气象》月刊转载	本文由我执笔撰写，以饶兴局长的名义发表

续表

文章标题	发表时间	发表载体	备注
关于办公自动化的情况和发展设想	1992年5月	在全国气象部门办公室主任会议上的讲话，载于《辽宁气象》月刊	
关于气象部门转变职能加强宏观管理的思考	1994年1月	在全国气象软科学研讨会上交流的学术论文，载于《气象软科学》	
概论我国气象事业的蓬勃发展与基本经验	1994年8月	载入当代出版社出版的《辉煌的45年》一书	与陈少峰，张桂森联名发表
抓住机遇，深化改革，为气象出版工作上一个新台阶而努力	1994年9月	在《大气科学辞典》首发式上讲话，载于《气象出版动态》	
做好气象出版工作，为提高气象服务的科技水平铺设阶梯	1995年4月	在第三次全国气象服务工作会议上的大会发言，编入《会议文集》	
向人民气象事业创建者们学习 为气象事业再创辉煌而努力奋斗	1995年9月	载于《中国气象报》	与温克刚副局长联名发表
立足本专业，多出精品书	1995年12月	在全国科技在全国科技出版社长年会上的交流材料，刊于《气象出版动态》	
略论气象出版工作的基础性先导性作用	1996年10月	在全国气象局长会议上的书面交流材料，编入《会议文件汇编》	
要充分发挥气象出版工作在"科教兴气象"中的重要作用	1996年10月	在中国气象局党组学习研讨会上的书面交流文章，编入《会议文集》	
二十年艰辛结硕果 跨世纪奋发展宏图	1998年7月	在纪念气象出社成立20周年大会上的讲话并刊在《中国气象报》和《气象出版社二十年纪念册》	
进一步坚持"两为"方针，为积累和传播气象科学知识做出更大贡献	1999年5月	在全国第三次气象宣传工作会议的交流材料，编入《会议文集》	
试论知识积累与传播在可持续发展战略中的地位与作用	1996年8月	在全国气象局长研讨会上的交流材料，编入《会议文集》	
从李洪志歪理邪说的泛滥看加强科普出版工作的重要性	1999年8月	刊于《中国气象报》	
要重视气象专业人员的呼声	1999年	刊于《气象出版动态》	
气象出版社深化改革的基本做法和今后的打算	1999年11月	在全国科技出版社长年会上交流材料，刊于《科技与出版》	

续表

文章标题	发表时间	发表载体	备注
加入WTO后对出版业将会产生的影响与对策	2000年	刊于《气象出版动态》	
关于中国气象文化建设的一些思考	2002年7月	在中国气象局党组夏季中心组学习会上书面交流材料，编入《会议文集》	
中国气象队伍中的特殊团队——学生连	2005年11月	载入气象出版社出版的《风雨征程》第一集	
气象出版工作与两位局长	2007年12月	载入气象出版社出版的《风雨征程》第二集	
《中国气象灾害大典》后记	2008年9月	载入《中国气象灾害大典》的后记	
回眸气象出版社改革开放30年	2008年12月	载入气象出版社出版的《气象部门改革开放30周年纪念文集》	
改革开放30年中国气象事业发展进程回顾（1978--1991）	2008年12月	载入气象出版社出版的《气象部门改革开放30周年纪念文集》	本人撰写，经刘英金牵头的课题组讨论定稿。
改革开放30年的基本经验总结	2008年12月	载入气象出版社出版的《气象部门改革开放30周年纪念文集》	本人撰写，经刘英金牵头的课题组讨论定稿。
新中国气象事业发展60年概要	2009年11月	载入中国气象局主编的《新中国气象事业60年》	本人撰写，经温克刚牵头的课题组讨论定稿。
我们心目中的邹竞蒙——回忆邹竞蒙对中国气象事业的三大突出贡献	2008年	载入中国气象局2008年主编的纪念邹竞蒙诞生80周年《气象赤子风雨人生》一书	与赵同进、韩通武
邹竞蒙传略	2010年10月	载入科学出版社出版的《20世纪中国知名科学家学术成就概览》环境与轻纺工程卷第一分册	
《中国气象百科全书》前言	2016年12月	载入《中国气象百科全书》综合卷	我执笔撰写，经王守荣、赵同进、韩通武等修改，由主编郑国光审定
《中国气象百科全书》后记	2016年12月	载入《中国气象百科全书》综合卷	与赵同进、韩通武共同执笔撰写，常务副主任王守荣审定

续表

文章标题	发表时间	发表载体	备注
气象出版社条目	2016年12月	载入《中国气象百科全书》综合卷	与王存忠、吴晓鹏联名
中国气象文化条目	2016年12月	载入《中国气象百科全书》综合卷	与李德善联名
气象宣传条目	2016年12月	载入《中国气象百科全书》综合卷	与李晔联名
中国气象标志条目	2016年12月	载入《中国气象百科全书》综合卷	与刘立成联名
饶兴条目	2016年12月	载入《中国气象百科全书》综合卷	
薛伟民条目	2016年12月	载入《中国气象百科全书》综合卷	
邹竞蒙条目	2016年12月	载入《中国气象百科全书》综合卷	与赵同进联名

附录二　休闲诗词

对于诗词，特别是古诗词我是门外汉。在职时因不懂古诗词的韵律和格调，很少涉足。退休后有了空闲时间，经常出去游山玩水。近几年在我几位中学同学微信群中诗词爱好者的鼓励和带动下，写了一些触景生情的打油诗，难登大雅之堂。但这些诗词一定程度上表达了我对老年幸福生活的情怀，编在附录中，权当我经历的一点陪衬吧。

诗词 93 首

该部分还有一部分内容是我的诗词。对于诗词这大千世界，本来我是一个门外汉。在我的工作生涯中尽管大部分时间是从事文字工作，但对诗词，特别是古诗词这个领域很少涉足，知识甚少，不敢触及。这主要是对诗词我缺乏基本功，发音不准，辨不清汉字的声韵，也不熟悉律诗的平仄和韵律。但近几年悠闲无事，经常游览名山大川，却情不自禁地编几句打油诗，抒发自己的情感。特别是我们中学的微信群里面，有陈作耕、邱杏枝、章亮衮、徐世香等几位对古诗词很有功底的群友带动下，兴趣有所提高了，写了一些旅游中见景生情的素描性诗词。这些诗词虽然水平不高，当作我作品的一部分辑录下来，从一个侧面反映我退休后的心态和新时代的美好生活。该部分共收录了 93 首诗。最早两首是我在整理工作记录本发现是 20 世纪 80 年代前后随薛伟民局长和邹竞蒙局长出差途中写的，其他都是 2015 年以后写的。

自嘲两首

（一）

儿时学习未用心，不辨一字发四声。
欲作律诗难平仄，常把打油面视听。

（二）

舞文弄墨一辈子，撰稿编书不涉诗。
而今闲下无所事，顺口几句防老痴。

陪薛伟民局长考察峨眉山气象站

人道蜀道难，老将视等闲。
登上峨眉山，攀高兴正酣。
云海浮峭峰，厉雷震山川。
若非临绝顶，安知测天艰！

注：薛伟民系中国气象局第四任局长，1979 年 8 月 11 日我随他首次登峨眉山，当时他已 63 岁。该诗在最近整理工作记录本中发现。

颂青藏高原气象战士

（一）

拔地山峰刺青天，极目四望无炊烟。
劲松尚且避三舍，雪莲独伴气象员。

（二）

遥遥西天起风云，一泻东土变无穷。
微妙信息谁先知，根扎高原气象人！

注：1982年8月，我随邹竞蒙局长（系中国气象局第五任局长）出差青海，为长年坚守在海拔4000米以上的气象工作者所作。该诗在最近整理工作记录本中发现。

与光汉下河捕鱼

夜幕降临雾色轻，小船慢行沅水中。
我在船尾摇双桨，船头稳立光汉兄。
运足大力撒手网，顷刻下沉丈余深。
鱼翔浅底正欢快，捞上水面满舱惊。
昔时捕捞为生计，今朝撒网情意新。
不但盘中添美味，更是强骨又健筋。

注：该诗为我2015年春回常德，与初中同学卢光汉下沅江撒网捕鱼所作。

清明还乡扫墓三首

（2016年4月3日）

（一）

朝辞京城朗朗天，午至长沙雨绵绵。
天公何须不作美，难为游子祭祖先。

（二）

清明时节雨纷纷，同路尽是扫墓人。
千里迢迢回故里，祭祖探亲会友朋。

（三）

毛氏墓基修一新，难感父母养育恩，
唯有儿孙多出彩，光宗耀祖慰先灵。

赞洞庭美景两首

（2016年4月）

（一）

巍巍武陵镇湖湘，浩浩洞庭吞四江。
芙蓉国里多奇观，美景星罗布城乡。

（二）

洞庭小镇十美堂，朗州内外名飞扬。
何许引来人潮涌，不是美人是花黄。

答亮昀诗

一生职守事风云，两袖清风未染尘。
过眼功名何挂齿，老来总念旧时情。

附亮钧诗
（2016年5月）

慧眼看穿万里云，几人能及篆书生。
居功至伟身心洁，高位不忘亲友情。

夕阳西照

夕阳西照人渐老，诗情画意情趣高。
功名全无秉性在，我行我素任逍遥。

忆母校白鹤山一中
（2016年春）

白鹤山头满葱茏，隽新育才显峥嵘。
广招弟子过三千，贤人辈出超孔孟。
书声惊醒林中鸟，击水打搅水底龙。
良师谆谆传真谛，桃李芬芳报春风。

重上白鹤山
（2016年04月30日）

人老怀旧情谊深，纪念母校故地寻。
苍苍树木今犹在，栋栋校舍荡无存。
脚踏落叶沙沙响，目睹荒凉默默斟。
天赐绝好学园地，何苦迁址入闹城？

赞沅江风光园
（2016年4月）

沅江绵绵十里岸，滩头起伏曲弯弯。
去年还是菜野地，今日已成风光园。
文体设施样样全，花草林木处处鲜。
河风轻拂游人醉，欣赏美景几忘还。

水调歌头·赞常德
（2016年04月30日）

才赏江南园，又游柳叶湖。
万倾碧波荡漾，景点依水布。
登上摩天巨轮，有如腾云驾雾，
城廓览无余。高楼成林立，
阔道纵横铺。

诗墙立，画廊兴，起宏图，
三桥飞架南北，江底贯通途。

更立梁山天眼，监测洞庭云雨，
年丰保民福。善卷应无恙，
当惊朗州殊！

注：回老家湖南常德小住，因家乡巨变有感而作。

1．江南园是在沅水经过常德市区南岸建的十里风光带。

2．柳叶湖是位于常德市北郊的内湖，有杭州西湖的3个大，是世界皮划艇训练基地，沿湖建有众多景点和马拉松跑道，人造海滩，湖中岛上建有水世界和摩天轮。

3．诗墙，建于沅江经常德市区北岸防洪大堤江面一侧，全长近2000米，石墙刻有2532首中外著名诗词和与常德市有关的名人轶事，被收入了吉尼斯世界纪录。

4．画廊，建于诗墙对岸，长度是颐和园长廊的5倍，且更宽更高，墙上刻有中国革命史长篇画卷和其他众多历史名画，其壮观空前少见。

5．天眼，指建设在常德市北郊最高处凉山，又称太阳山顶峰的新一代气象雷达。

6．善卷是隐居常德德山的高人。传说：善卷者，古之贤人也。尧闻得道，乃北面师之。及舜又以天下让卷。卷不受，入深山，不知其去处。

7．朗州，常德古时曾有朗州，武陵，鼎城区之称。

春游紫竹院
（2016年春）

红杏白玉垂柳岸，春意盎然人满园。
东边歌声西边舞，湖中漫游戏水船。

夏游紫竹院赏荷
（2016年夏）

满湖荷叶欲遮天，小小荷苞心不甘。
挣出绿叶齐开放，亭亭玉立美如仙。

下班回家偶感
（2016年6月）

（一）

埋头审稿忙一天，回家先把微信翻。
阅读资讯刚入胜，老伴吆喝备晚餐。

（二）

餐后行走八千步，常年坚持很少误。
再读三友忆母校，往事幕幕眼前浮。

北京雾霾
（2016年11月）

（一）

天天盼风风不来，京城大地起雾霾。

街头巷尾人掩面,千家万户窗不开。
（二）
忽闻大风滚滚来,雾霾顿散蓝天开。
男女老少齐欢笑,天人合力共和谐。

读刘禹锡往来无白丁诗句偶感

猴年回老家,日日没空暇。
妄改司马句,以俗换高雅。
谈笑有知己,往来无高下。
坐上客常满,杯中酒不假。

悼屈原

（2016年端午节）

端午时节悼屈原,一曲离骚千古传。
伟人难挽强楚灭,不步后尘唯清廉!

补婚照有感四首

（一）
与时俱进弄新潮,古稀之年补婚照。
风华已随流年去,老枝逢春花也俏。
（二）
当年成婚事草草,一无婚礼二无照。
今日有幸还宿愿,合影留作百年好。
（三）
补婚照片一张张,三番五次细端详。
人老珠黄不经看,打扮一番变了样。
（四）
凤英结发近金婚,披纱重现二度春。
暮年幸运逢盛世,返老还童或许真!

注：2016年夏，国家卫星气象中心老干部办公室请来了专业摄影师，为离退休老干部补结婚照。我与张凤英1972年结婚时连一张黑白照片都未正式合影过，早有补结婚照的打算，只是要到照相馆去又觉得麻烦。此次登门拍照，我们欣然报名补照，觉得效果不错，加印了一辑专题相册，并赋以上四首，以资永久纪念。

气641班第一次聚会二首

（2000年9月）

（一）
弱冠及笄巧同窗,学业届满各一方。

三十年后再聚首,友情未改发已霜!
（二）
南气发展处处新,当年建筑几无存。
桃李云集贺校庆,师生携手话友情。

气641班第二次聚会二首
（2004年10月）
（一）
二次聚会在南京,老友重逢喜盈盈。
阳澄湖畔品闸蟹,总统府前留合影。
（二）
殚精竭虑事风云,两袖清风正人生。
功名已随流年去,同学情谊尚长存。

气641班第三次聚会感言：
（2014年9月）
三次聚会在北京,茅台美酒迎佳宾。
茶余饭后忆往昔,会上会下话养生。
首都古今多名胜,年迈身老少亲临。
全员择要观鸟巢,尚有好汉登长城。

气641班第四次聚会感言：
（2016年11月）
榕城聚会正时宜,食宿游玩皆如意。
精神抖擞登名山,谈笑风生览古迹。
道道佳肴温旧情,杯杯美酒添新谊。
三日相处恨时短,别时便盼再会期。

气641班第五次聚会
（2018年4月22日）
烟花三月江南行,同班老友聚毗陵。
春风扑面送温暖,东家笑脸迎客人。
舌尖尝够中吴味,心中载满常州情。
临别互嘱多保重,相约来年会星城!

参观漳州火山岛有感
（2016年11月5日）
违背医嘱出远门,开阔视野洗陋闻。

不恋漳州花果香,哪知前亭火山喷!

参观漳州南靖县土楼
（2016年11月7日）
东斜西歪七百年,外圆内方几十家。
和睦相处宜居室,建筑独秀一枝花。

退休十三年做了五件事六首
（一）
夕阳西下起宏图,气象万千谱春秋。
五部书典案前立,十年汗水未白流。
（二）
气象灾害世人愁,生消规律学者求。
古今资料汇大典,探密天机惠神州。
（三）
气候变化话全球,冷暖升降道缘由。
科技图书评大奖,万书林中占鳌头。
（四）
中华大典国家修,气象资料拉网搜。
经史子集全寻遍,三百分典气象优。
（五）
气象百科早运筹,编纂艰辛停又续。
风云知识包万象,工具书中添新秀。
（六）
气象年鉴创已久,存史资政信息稠。
主编终审三十载,去年坚辞方罢休。

注1：以上六首诗是反映我2003年10月退休后所做的工作,即由我发起并担任主编、副主编或参与编纂的《中国气象灾害大典(32卷)》《全球变化热门话题丛书(18本一套)》《中华大典·地学典·气象分典(上下卷)》《中国气象百科全书(6卷)》《中国气象年鉴(每年一卷)》。这几部气象大作的编纂详情请参见本书第一部分。

注2：《中国气象百科全书》出版后我将诗（五）在微信群内发表后,有张明席、詹松柏、徐世香等老同学和诗附下：

赞气象百科全书出版
（2017年1月4日）
千呼万唤终出台,风云耕者笑颜开!
授业解惑双精彩,书海新科好气派!
张明席

贺气象宏著告成
（2017年1月4日）

天文宏著告成功，填补气象史上空。
风雲百科添异彩，留名青史独称雄。

詹松柏

贺气象百科出版
（2017年1月4日）

披肝沥胆数年功，殚精竭虑始得成。
宇宙风云藏尺幅，功在社稷福儿孙。

徐世香

好花知人意
（2017年1月）

好花知人意，鸡年元日开。
旧符刚换去，清香扑面来！

注：鸡年初一真巧，家中的兰花和水仙花同时开！

观油菜花不见
（2017年4月）

花谢籽结不见黄，万亩油菜绿茫茫。
蝶舞春风添锦绣，人醉暗香卧美堂。

清明日前往十美堂探望堂妹冬芝，顺便游览油菜花风景区。

游壶瓶山有感
（2017年5月）

石门境内壶瓶山，自然生态非一般。
苍苍古树蔽天日，涓涓流水响溪川。
清风习习送负氧，阳光缕缕穿林间。
长生不老何处寻，就在此地可成仙！

游壶瓶山记：2017年5月13日，在詹松柏和韩逸乡的热情陪同下，与老伴张凤英驱车从常德市出发，上高速，下省道，绕水库，穿重山，行程200多公里，到达国家重点自然生态保护区景点。当天游览了象鼻子沟，第二天游览了石碾子沟和铁索桥。这里景色秀美，自然生态原汁原味，几乎可以与九寨沟比美。

沅江涨水所思
（2017年6月）

风雨飘摇一夜哮,推窗望外江面高。
波涛滚滚拍河岸,密雨绵绵润嫩苗。
昔日抗洪舍外劳,今朝水来室内笑。
何由得来如是变,只因防洪堤坝牢!

2017年9月,与老伴张凤英、亲家母王志敏三人游览沈阳、长白山、通化、敦化、镜泊湖、长春等景点,玩得很高兴,写了几首打油诗。

东北行
（2017年9月）

金秋立意东北行,一路风光一路情。
长白山顶天池静,镜泊湖岸瀑布鸣。
敦化六鼎立金佛,集安古迹申遗成。
祖国山河多壮丽,走走看看长精神!

登长白山西坡
（2017年9月）

西坡台阶一千四,斗胆上山观天池。
秋高气爽天作美,边走边喘人坚持。
登顶成功我真棒,云开雾散正逢时。
心旷神怡连声妙,巅峰美景盖世殊!

登长白山北坡
（2017年9月）

北坡乘车起清晨,观景台上空无人。
俯视天池水如镜,环顾山腰林似裙。
峡谷瀑布轰隆响,阔池温泉热气腾。
此山美景看不尽,举世无双不虚名!

游镜泊湖
（2017年9月）

镜泊湖上乘游船,八大景观现两岸。
右山隐座小平楼,左岸横卧毛公山。
绵绵绿山挂倒影,栋栋别墅藏林间。
吊水楼前观胜景,黑龙潭傍赏水帘!

游敦化有感
（2017年9月）

敦化历史有源渊，千年古都百年县。
远溯盛唐渤海国，近究满清始发源。
六鼎山上坐万佛，正觉寺中贡千仙，
古墓花海招游客，五A景点美名传。

参观五年成就展有感
（2017年10月）

砥砺五年谱新章，精心图治铸辉煌。
神器件件展中厅，视图幅幅陈两旁。
五洋捉鳖蛟龙下，九天揽月天宫上。
强军若将宝岛收，人民再把领袖唱。

在延庆过中秋
（2017年10月）

中秋赏月妫水城，合家举杯乐盈盈。
远离闹市图清静，近入山野更迷人。
玉渡山峦层林染，康熙草原骏马腾。
葡萄园内飘果香，妫河两岸飞鸟鸣。

学十九大报告有感
（2017年10月）

习总报告暖人心，字字句句值千金。
砥砺奋进结硕果，治国理政出新论。
宏伟目标两步走，中华复兴一党擎。
撸起袖子加油干，美好生活都有份！

游延庆百里画廊二首
（2017年10月）

（一）

百里画廊一日游，景点连连布满途。
青山着色披五彩，绿水息哮分三流。
滴水壶旁观瀑布，白河渔家溯源头。
满目山水美如画，一饱眼福颂金秋。

（二）

秋季到来天渐凉，山间小道变画廊。
绿水依旧清如许，青山一改换彩裳。
片片枫叶红似火，树树银杏金样黄。

层林尽染游人醉，贪色却把归时忘。

读"探密城头山气象智慧"一文有感：
（2017年10月）
人杰地灵说家乡，常德渊源道周详。
谈古论今加气象，引经据典好文章！

注：常德市气象局高级工程师余学知写了一篇"探密城头山气象智慧"的论文，看后感慨不已，写了如上字句，以表赞赏。

游圆明园
（2017年11月）
历经沧桑圆明园，史上两度遭劫难。
亭台楼阁化灰烬，庙宇殿堂留残垣。
西方文明何曾有？烧杀抢掠本性残！
斑斑遗迹今犹在，不忘国耻抗霸权。

我的老年梦四则
（2017年12月）
（一）
梦想有个健康，好吃好喝微胖。
耳聪目明不呆，能走能写会唱。
（二）
梦想有片菜园，就在家的旁边。
自种自收自用，无毒无害还鲜！
（三）
梦想有所宅地，能随气候迁移。
不冷不热气爽，一年全是春季。
（四）
梦想有辆好车，自驾周游列国。
访遍亲朋好友，阅尽环球美色！

庆贺张凤池老师九十华诞
（2018年春）
祝贺恩师诞耄耋，张灯结彩堂满客。
凤巢高筑催鸟飞，池水渊博助鱼跃。
健脑不减当年颖，康体还是铮如铁。
长生不老享盛世，寿比南山阅春色！

注：张凤池是我初中的班主任老师，2018年满90岁。家乡的老同学为他聚会祝寿，我因参加大学气641班同学聚会未能前住，特作藏头诗一首，以表祝福。

初三游览紫竹院行宫文化展
（2018年2月）

行宫院内设展厅，文化作品竞创新。
黄杨雕出天仙女，葫芦刻满金刚经。

不出大门也看花
（2018年4月12日）

身体不适休在家，不出大门也看花。
樱花桃花竞相开，房前房后美如画！

再游南京
（2018年4月）

烟花三月江南行，首站观光到金陵。
南信大内寻旧迹，夫子庙前看人群。
总统府中读民国，梅园新村敬伟人。
两天行程真圆满，学友陪同情义深！

苏州游
（2018年4月）

风和日丽游苏州，神清气爽乐悠悠。
周庄品尝万三蹄，留园观赏飞角楼。
寒山寺外读古诗，拙政园内数名流。
景点多多难游遍，忍痛割爱舍虎丘。

再游桃花源
（2018年5月）

世外桃源非世外，八方游客接踵来。
人间仙景符名实，花山古城胜蓬莱。

云贵游
（2018年5月）

江南之行未思归，百尺竿头上云贵。
七孔响水步步高，黄果瀑布幕幕飞。
石林九乡盖世奇，丽江洱海可摘桂。
滇黔美景迷游客，不饮茅台人也醉。

谢罗光荣
（2018 年 5 月 25 日）

戊戌初夏贵州行，奇景处处醉游人。
茅台美酒醇最浓，不及老罗待我情！

注：罗光荣系南京气象学院比我高一届的同学，他是湖南南县人，又是老乡，在贵州省气象局工作，工作中多次来往。此次到贵州旅游，承蒙热情接待，特作此诗以表谢意。

中秋赏月
（2018 年 9 月）

一轮明月悬九天，中秋神州万民瞻。
孙辈不知天高厚，尽想一口往下咽！

注：中秋赏月时我女艳华为我外孙哲恺拍了幅"张口吞月"的照片发到全家微信群中，我见照片后觉得很好，即吟诗一首，连同照片转发到中学微信群中。中学群中有三位老同学和诗附后：

戏和群主与竹青
（2018 年 9 月）

宋将牛皋欲吞月，冲天豪气永不灭。
贤孙壮怀凌云志，定是呼风唤雨客。

注：牛皋与兄弟中秋饮酒时曾有："吟得诗人口中渴，连酒和月带杯吞"的诗句。

邱杏枝
（2018 年 9 月）

无题

频中小子确实狂，乾坤朗朗没商量。
美味月饼全不屑，张口便要吞月亮！

刘竹清

咏月
（2018 年 9 月）

一轮明月悬九天，芳香丹桂撒人间。
又是一年中秋节，万家欢聚喜团圆。

黄保松

出版社老干部秋游密云蔡家洼
（2018 年 9 月）

莫道年岁老，游兴格外高。
草原摆舞姿，花海弄艳照。

下窖品陈酿，上坡尝葡萄。
情洒玫瑰园，魂销艾菲堡。

学生连三次聚会有感
（2018年9月22日）

学生连时情谊深，四十八年再重温。
别时老友常惦念，相逢互把安康问。
谈论已非风云事，话题尽是养生经。
满头白发立壮志，昂首争做百岁人。

制作学生连二次聚会相册有感
（2018年9月）

二〇〇五刚退休，七连二聚托月楼。
回首当年风华貌，笑谈如今多白头。
酒过三巡放豪气，舞起快步尽风流，
何处可寻开心药？同学聚会解千愁。

注：七连又称学生连。1970年时中央气象局与总参气象局合并，由总参谋部领导，那时正是战备紧张时期，中央气象局的机构按战备要求共设八个连，局机关为一连，1970年新进大学生为学生连，排序为七，故称七连。

国庆长假游怀柔
（2018年10月）

国庆长假未出门，今日早起入乡村。
远离名胜无人海，走近山野有农情。
玉米稻谷片片黄，萝卜白菜垅垅青。
农贸市场选鲜果，渔家傲里品红鳟。

重阳狂想
（2018年10月）

重阳度度老人春，四季循环永不停。
长生不老非梦想，敢与日月共枕眠。

小雪之日游紫竹院
（2018年11月）

小雪之日不见雪，满园萧萧飘落叶。
时令无情催寒冬，游人有意留秋色。

游北海
（2019 年 4 月）

南宁乘车到珠城，欢声笑语一路行。
半日车程不觉累，见到大海更精神。
银沙滩上观巨浪，老街深处访渔民。
北海美景游不尽，莫忘一绝红树林！

注：广西气象局原局长林少于2019年4月20日至28日邀请了刘英金、李明经、盛家荣、乌兰、赵国卫、毛耀顺、赵同进及夫人到广西北海、涠洲岛、北部湾、德钦瀑布等景点旅游。旅游圆满成功，大家非常高兴。

首登涠洲岛
（2019 年 4 月）

北海一日游兴高
贪玩又上涠洲岛。五彩滩上留合影，
火山口处听海涛，刚识树结菠萝蜜，
又辨阔叶生芭蕉。莉莉生日全员贺，
又歌又舞渡良宵！

重上岳麓山
（2019 年 4 月）

返回长沙未休闲，重游故地岳麓山。
书院亭墓皆旧貌，缆车观光添新颜。
名山深藏多雄才，学达天性有渊源。
神州沉浮谁主宰？指点江山一少年！

西游感言
（2019 年 10 月）

国庆之后西北游，首观黄河滚滚流。
张掖地貌观七彩，嘉玉雄关念军侯。
额济胡杨胜百景。居延海鸟解千愁。
西域美景游不尽，止步国门方回头！

注：2019年10月8日至14日，我和夫人张凤英随《老吾老》旅游公司组织的22人旅游团到西北旅游。游览了兰州黄河铁桥、张掖丹霞地貌、嘉玉关、额济纳胡杨林、弱水胡杨林、怪树林、黑水古城、居延海、策克口岸、3000年神树等景点。旅游圆满成功。国门指策克中蒙边境口岸。

入气象诗社感言
（2020 年 5 月）

气象骚客建微聊，万水千山不觉遥。

谈天说地少寂寞，吟诗作赋多热闹。
篇篇华章如圣果，首首诗词似佳肴。
以文会友生快乐，延年益寿有长效！

注：承蒙邓晓明副社长介绍加入气象诗词微信群，非常高兴。本人不擅长写作诗词，但爱好阅读诗词，本着学习欣赏的态度入群。入群三天，认真拜读了各位佳作，感受良多，获益匪浅。第一次在群内露面，向大家问好，并献感言一首。

第三部分 附录

附录三 个人大事年表

时间	大事简要内容	备注
1943年6月8日（阴历五月初六）	出生在湖南常德县十美堂乡介福村农民家庭。当时正是日本军侵略到家乡，常德会战前夕，兵荒马乱，父母抱着不到半岁的我在洞庭湖芦苇丛中东躲西藏，饱受大雨淋漓、烈日煎晒、蚊虫叮咬之苦。	
1949年8月5日至1951年8月	湖南和平解放，我刚读私立学校的"三字经"近两个月，私立学校被解散，在家等待上公立学校。	
1951年9月至1954年6月	我在人民政府开办的公立牛望嘴小学学习，至1954年6月小学三年级。	
1954年7月至1955年9月	1954年夏，家乡大水，7月30日垸堤溃塌，校舍冲毁，在家劳动一年多，期间当难民、摆渡、放牛、捕鱼虾、种地等。	
1955年9月至1958年8月	在介福小学上学，期间加入少先队，任全校少先队大队长和班长。同时参加了生产队的劳动，经历了家乡的"大跃进"和人民公社化运动。	
1958年9月至1961年9月	考上初中，在常德县五中（蒿子港）上初中。分在中四班，任副班长、班长。	
1960年5月	加入共产主义青年团，介绍人为吴定芝、胡玉兰。	
1960年9月	中四班撤销，全班同学一分为二并入到中二班和中三班，我被分到中三班。	
1961年9月至1964年7月	初中毕业考入高中常德县一中（白鹤山），分在高十一班，一年级时任班长，二、三年级任班团支部书记，连续三年被评为全校"三好学生"。寒暑假期回家参加生产队的农业劳动，还当过挑运工（挑夫）等。	
1964年9月	高中毕业后考入南京气象学院，分在气象系641班，第一学期任班长，第二学期任班团支部书记。	
1965年3月8日	加入中国共产党，为预备党员，一年后转为正式党员。入党介绍人是赵育良、刘彦玉。	
1966年5月初	"文革"开始，逐步停课闹革命，经历了批判资产阶级反动学术权威、破四旧等运动。	
1966年5月末	被选举为南京气象学院革委会筹备委员会委员，并任常委。筹委会工作不到两个月，即被批为是资产阶级反动路线的产物而自动解散。	
1966年6月	第一次参加红卫兵组织。南京气象学院建立了红卫兵组织。	
1966年9月	第二次参加红卫兵组织。红一司被认为是保皇派组织而垮台，随后又加入了红三司，即红卫兵第三司令部，为一般成员。	
1966年9月15日	参加毛主席在天安门城楼第三次接见全国红卫兵，我被推选上观礼台。	
1966年9、10月	开始徒步串联。组成5人小组，从南京出发，经皖南到井冈山、韶山，行程超千里，全部步行。	
1967年8月至10月	为躲避"文革"发生的武斗，历尽艰险，回常德乡下老家探亲访友。	
1967年11月至1968年初	开展复课闹革命，学了近三个月的气象观测、天气学等专业课程。后因批复课即复辟而被停止。	
1968年7月12日至11月14日	与李长勋同学参加南京气象学院红卫兵第三司令部指派对学院原有关领导的历史问题进行调查，到江苏、山东、北京、辽宁、吉林、黑龙江的数十个城市，调查近百人。在黑龙江北安引龙河农场调查时首次胃疼，后发展为十二指肠溃疡。	
1969年4月	参加气象系由张培昌为首的审查"六二"级一位同学的经济问题专案组，与周文贤、田永祥老师到浙江、广东等地调查。	

·550·

情系云天——我记忆中的一些事和人

续表

时间	大事简要内容	备注
1970年7月	南京气象学院对69、70两届同学进行毕业工作分配，我被分到中央气象局工作。	
1970年9月1日	到中央气象局在湖北南漳县的战备中心(642工程处)报到，参加新组建的学生连的劳动锻炼，我任二排三班班长。	
1970年12月	从湖北南漳回到北京中央气象局，以学生连形式接受入局教育和气象基础知识学习。	
1971年2月	学生连同学陆续开始分配工作单位，我作为第一批被分配到气象科学研究所二室311组，从事我国第一颗气象卫星预研工作。	
1971年4月	到北京大学旁听计算数学、线性代数、大气辐射、遥感等课程。	
1972年9月1日	与张凤英结婚，在那革命年代未大操大办，在领取结婚证后向单位同事以散发喜糖形式通报和回双方老家与亲友聚餐见面完事。	
1973年5月	调中央气象局办公室工作，担任局领导人邹竞蒙的业务秘书，同时负责信访和值班等工作。	
1973年7月6日	女儿在海淀医院妇产科出生，体重6.4斤，取名毛艳华。母女平安。	
1975年6月	与张怀君到辽宁、山东出差，我在山东省气象局食堂吃晚饭时因胃部大出血休克，住济南空军医院一周后出院。这是我第一次住医院。	
1975年12月	参加在青岛召开的全国气象局长会议工作报告的起草，这是我第一次参加全国气象局长会议文件起草。以后几乎参加了每年一次的历届全国气象局长会议文件起草。	
1976年1月6日	因甲状腺机能亢进住进北医三院外科，施行甲状腺初次切除手术。手术顺利，14日出院。	
1976年5月16日	随中央气象局负责人邹竞蒙参加在河北廊坊召开的气象卫星地面系统方案讨论会，提出了用三年时间完成气象卫星地面系统建设的任务。我作为邹竞蒙的业务秘书为他起草了主持会议的讲话稿。这是我第一次随邹竞蒙参加重要业务会议。	
1977年8月17日	随中央气象局副局长邹竞蒙参加在山西太原召开的全国气象测报座谈会。这次会议，提出了气象测报开展"百班无错情"评比表彰活动。	
1978年2月	任中央气象局党的核心小组秘书，兼饶兴局长秘书，提拔为副科级。	
1978年9月下旬	随饶兴局长到江苏气象部门调研，了解气象台站清除"左"的影响，开展"三大讲"和气象业务等情况。先后到了江苏省气象局、南京气象学院、南京大学气象系、宜兴、无锡、苏州、东山等气象台站视察。	
1978年10月20日	邓小平等中央领导接见气象部门"双学"大会代表并合影。我作为会议工作人员参加了接见合影。	
1979年1月初	参加中央气象局领导干部学习十一届三中全会精神，起草气象工作重点转移的方案。	
1979年3月	因胃部幽门梗阻，送入北医三院急诊室，实行胃大部（二式）切除手术。手术顺利成功，一周后出院。这是我第二次手术。	
1979年8月3—20日	参加中央气象局第一副局长薛伟民在成都主持召开的西南气象局长片会和随薛伟民在四川、云南等气象部门调研体制改革问题，同时参与气象部门领导管理体制改革方案的起草。	

第三部分 附录

续表

时间	大事简要内容	备注
1979年12月21日	邓小平等中央领导接见1979年度全国气象局长会议代表并合影。我作为会议工作人员参加了接见合影。	
1980年12月1—9日	参加中央气象局在南宁召开的全国气象局长会议,交流贯彻中央"调整、改革、整顿、提高"八字方针的情况及各项任务完成情况。我负责会议记录、编写简报和参与文件起草,并负责局领导活动安排等事项。	
1981年7月25日至8月28日	陪中央气象局薛伟民局长在大连棒槌岛休养,并参加他主持召开的14省气象局长会议。同时到辽宁省气象局、大连市气象局及下属有关气象台站进行调研。	
1982年5月4日	中央气象局更名为国家气象局,邹竞蒙任局长。国务院批准国家气象局机关设司(室),司(室)下设处。我被任命为国家气象局党组秘书,副处级。	
1982年8月20日	随邹竞蒙局长到青海省、甘肃省气象局出差,考核调整省级气象局领导班子。此外,还参加了云南、贵州、广西气象局领导班子的考核与调整工作。	
1983年1月8日—15日	参加在北京召开的全国气象局长会议,负责起草会议工作报告和会议简报的编发。	
1983年6月23日	随戈锐副局长到贵州省实施领导管理体制改革,办理将贵州省气象局人、财、物划归国家气象局管理的交接工作。	
1983年8月16日	国家气象局办公室成立秘书处,我任秘书处副处长兼局党组秘书,分管机要保密、会议安排、计划总结、公文运转、信息值班等工作。	
1983年11月2—11日	国家气象局党组召开扩大会,讨论《建国以来气象工作的总结》《气象现代化建设发展纲要》等重要文件。我参加《建国以来气象工作的总结》的起草工作。	
1984年1月4日	国家气象局领导到中南海向国务院副总理李鹏汇报1984年全国气象局长会议召开情况,并请李鹏副总理出席会议讲话。到中南海参加汇报的有邹竞蒙、章基嘉、骆继宾、薛伟民和我。邹竞蒙向李鹏汇报,我负责记录。这是我第一次进中南海。	
1984年1月1日	1984年全国气象局长会议在北京召年,是气象事业发展史上一次重要会议,审议通过了《建国以来气象工作的总结》《气象现代化建设纲要》等重要文件,我参加了前一个文件的起草和后一个文件的修改。	
1984年3月	我在秘书处首次提出创办《气象信息参考》和《中国气象年鉴》,得到秘书处全体同志赞同,并获得办公室领导、有关局领导支持,使之顺利开办起来。	
1984年5—9月	国家气象局机关按中央部署开展整党工作。此次整党按思想动员、对照检查、民主评议、重新登记四个阶段进行,我参加了这次整党全过程,顺利过关,重新登记。	
1984年7月16日	我提出的机关办公自动化建设方案经局办公会议讨论通过。我被指定为局办公自动化小组组长。	
1984年12月16日	全国气象局长会议在吉林省长春市召开,审议《国家气象局关于改革的意见》和推进《气象现代化建设纲要》实施等文件,我参加会议并参加了前一文件起草。	
1985年6月25日	骆继宾副局长主持召年局长办公会议,审议通过了我和陆广延提出的编辑出版《中国气象年鉴》的方案。	
1985年11月16—19日	国家气象局办公室在济南召开全国部分办公室主任会,座谈起草1986年全国气象局长会议文件,我为该文件起草执笔人之一。	
1985年12月16日	国家气象局以[1985]国气任字第557号通知任命我为国家气象局办公室副主任,分管文秘、档案方面的工作,协调办公室内部各处工作,并暂兼局党组秘书。	

续表

时间	大事简要内容	备注
1986年1月8日	在北京召开全国气象局长会议。我任会议副秘书长,负责组织工作报告起草,并在会议期间负责组织编写简报等。	
1986年3月20日	正式将局党组秘书工作移交给王家骏。同日,我在北京气象学院主持首期全国气象部门秘书学习班开班式。	
1986年5月31日	组织召开《中国气象年鉴》编委会,审定1985年气象年鉴稿,这是出版的第一本《中国气象年鉴》。	
1986年8月19日	在秦皇岛市气象局招待所主持召开全国气象档案工作会议。	
1986年9月至1987年1月	在中央党校国家机关分校进修班学习,主要学习了唯物辩证法、资本论、矛盾论、实践论、实践是检验真理的标准等马列主义、毛泽东思想、邓小平理论和政治经济学等科目,各科考试成绩优秀,准予毕业。	
1987年2月14日	国家气象局办公室党支部进行换届选举,我被选为党支部委员并担任支部书记。随后担任局机关党委常委。	
1987年3月10日	在北京国家气象局主持全国气象部门中文远程传输网络扩大试验训练班开班仪式。	
1987年9月9—17日	受国家气象局党组委托,我带领韩通武、胡桂琴、陈清玉到陕西气象局调研,重点是调研陕西省气象局局长马鹤年的工作情况。这是我第一次带队到省气象局调研。此次调研写出了一份很好的调研报告,得到了国家气象局领导的表扬,不久马鹤年提拔到国家气象局任副局长。	
1987年10月15日	陪骆继宾副局长到宁波参加全军气象工作会议。会后到舟山参观了潜水艇、普陀山、奉化溪口等地。	
1987年12月18日	参加骆继宾副局长在福建鼓浪屿主持召开中南、华东气局长会议,主题是贯彻党的十三大文件,研究如何进一步深化气象部门的改革问题。当晚,厦门市习近平副市长宴请出席这次会议的国家气象局司以上干部。我应邀参加了宴会。	
1987年12月29日至1988年1月18日	参加国家气象局党组扩大会议,研究气象部门如何深化改革的问题。参与组织起草"气象部门全面深化改革的总体方案"和8个配套分方案,准备提交1988年全国气象局长会议审定。	
1988年4月12日	参加在九江召开的华东气象局办公室主任会议,交流办公室工作的经验,建立区域内办公室工作的互相联系。	
1988年4月26日至11月2日	参加在江苏宜兴太湖气象疗养院召开全国气象局长工作会。会议讨论省(自治区、直辖市)气象局"三定"方案和修改《气象法》草案等事项。我作为局机构改革领导小组成员参加了"三定"方案的起草与修改。	
1988年8月3—21日	主持在宁夏回族自治区举办的全国气象信息员训练班和气象年鉴研讨会。	
1988年11月14日	国家气象局召开党组会审定我组织制定的局办公机构"三定"方案,最后决定局办公室设秘书处、信息处、档案处、宣传处、保卫处,人员编制35人。	
1988年11月9日	参加由国家保密局主持召开的中央国家机关保密工作会议。	
1988年11月23日	国家气象局以国气人发字[1988]166号文任命通知,决定徐曼泽任国家气象局办公室主任,毛耀顺任副主任。	
1989年1月25日	参加国务院秘书局召开公文处理工作座谈会。根据这次会议文件精神,主持制定了"国家气象局公文处理办法"。	

第三部分 附录

续表

时间	大事简要内容	备注
1989年2月28日	在郑州主持召开全国气象部门办公室主任会议，讨论修改1989年全国气象局长会议工作报告，研究审议全国气象部门公文处理、信息收集反馈、宣传和档案管理办法等4个文件。	
1989年4月3日	在西安与陕西省气象局局长孙海鹰主持研究编写《延安时代的气象事业》。	
1989年4月12日	参加在本局招待所召开的1989年全国气象局长会议。我任会议副秘书长，负责会议的文件起草、简报编发和宣传报道3个组的工作。	
1989年4月25日	参加邹竞蒙局长传达国务院紧急会议精神，主要是政治局常委和邓小平关于当前发生学潮动乱的讲话精神，要求大家不信谣，不传谣，旗帜鲜明的反对动乱，维持社会稳定，坚持正常上班。	
1989年5月20日	参加国家保密局在北京怀柔召开全国保密工作会议，重点研究5月1日开始实施的《保密法》等问题。会议结束时，北京市学潮闹得很凶了，大部分交通已经中断，许多代表回不了原单位。我局办公室收发室司机戴质铎冒险开着送公文的吉普车把我从怀柔接回单位。	
1989年6月4日	参加骆继宾副局长主持召开的国家气象局各单位负责人会议，传达国务院办公厅通知，学潮动乱的性质已变，部队已进城区戒严，要求机关和直属单位的领导干部和全体党员要与党中央保持一致，要坚守岗位，做好工作。	
1989年6月28日	随温克刚副局长参加在哈尔滨召开的东北区域气象中心会议。会后到黑龙江省和吉林省气象台站调研。	
1989年7月20日	主持召开国家气象局机关有关人员参加的会议，研究安排撰写《气象工作40年》一书。	
1989年8月12日	主持在承德召开第二届气象文艺萌芽奖评选会议。	
1989年9月23日	主持国家气象局办公室中级技术职称评委会，并审定了局办公室包括我在内的12名同志工程师的任职资格。	
1989年10月7—23日	为编制气象事业"八五"计划，随温克刚副局长到广西、湖南两地气象部门调研。	
1989年12月8日	在本局招待所主持召开12省（自治区、直辖市）气象局办公室主任会议，讨论修改1990年全国气象局长会议工作报告草稿。	
1989年12月29日	主持召开气象行业标志图案评选会议。经此次会议评审结果：预选6个，建议1个入选，5个奖励，提交中国气象局领导审定。	
1990年1月	开始患腰椎间盘突出症，前后三个月，最重一个月，身体歪曲变形，腰腿疼痛难忍。后经过牵引等多方面治疗康复。	
1990年3月1日	局办公室党支部召开全体党员大会，评议每位党员在"八九"政治风波中的表现，通过重新登记为共产党员。	
1990年4月20日	在杭州主持召开全国气象科技期刊编辑人员研讨训验班，学习编辑学的基本理论和知识，交流各省（自治区、直辖市）气象局气象期刊的经验和问题，讨论和修订《优秀气象期刊评选办法》。	
1990年4月27日	在青岛主持《中国气象年鉴》研讨会，总结气象年鉴创办五年来的经验、问题和研究进一步改进的措施。温克刚副局长出席会议并讲话。会后对1989年年鉴进行审稿。	
1990年7月25—30日	在上海主持审查上海电影制片厂拍摄的科教电影片《地球全景》（即气象卫星云图）和故事片《漂儿》。骆继宾副局长出席并讲话。	

续表

时间	大事简要内容	备注
1990年8月20—28日	参加在乌鲁木齐召开西北气象部门办公室主任会议,会议着重研讨办公室的职责职权和决策民主化等问题。会间组织参观了乌鲁木齐天池和吐鲁番葡萄沟。会后,到青海省气象局调研。	
1990年9月22日	主持召开气象学会、气象出版社和办公室有关同志参加的会议,专题研究涂长望诞生85周年纪念活动,决定编辑出版《涂长望诞生85周年》纪念册。	
1990年10月4日	国家气象局第三届机关党委组成,我被选为党委委员、并任常务委员。	
1990年10月23—26日	全国气象局办公室主任会议在重庆召开,我主持开幕式,局办公室主任徐曼泽等做工作报告,国家气象局副局长温克刚等领导出席开幕式并讲话。	
1990年12月15—18日	在广州市主持召开全国气象部门远程中文网络传输系统业务学习班,推进气象部门公文和行政信息网络传输。此举得到国务院秘书局赞扬,称走在全国前列。	
1991年2月13日	随国家气象局领导进中南海向国务委员宋健汇报1991年全国气象局长会议召开等事宜,请宋健出席会议并讲话。	
1991年2月26日至3月2日	参加在北京召开全国气象局长会议,着重审议气象事业10年发展规划。我担任此次会议的秘书长,负责局长会议文件和领导讲话的起草和简报工作。	
1991年3月28日	随骆继宾副局长等到湖南宣布省气象局领导班子调整,并到湘西、常德等地气象台站考察。	
1991年5月14—18日	在湖南省气象局主持召开当年《中国气象年鉴》联络员学习研讨班,并应湖南省气象局的要求就公文在机关工作中的地位和作用、公文的种类和运转流程、纠正公文中的常见病、标引用公文主题词等方面进行了讲课。	
1991年6月10日	主持召开《涂长望文集》编辑组会议,落实编写任务。	
1991年6月15日	中国气象学会换届以后新成立的科普委员会由邹竞蒙局长任主任,林之光、刘余滨和我任副主任。	
1991年7月20—27日	在内蒙古自治区主持全国气象信息员研讨班,文流和研讨改进、提高气象部门政务信息工作的办法、措施等。	
1991年9月11日	在北京主持全国气象部门公文学习研讨班,交流和研究提高公文质量,加快公文运转的办法、措施等。	
1991年9月21日	主持召开全国气象部门好新闻评选委员会第一次会议,审定气象好新闻的评选办法和程序,评出气象好新闻一等奖6个,二等奖11个,三等奖20个。	
1991年9月23日	参加在上海召开的世界气象组织第二区协会管理技术会议。参加会议的有第二区协20多个国家的气象部门代表。这是我第一次参加外事工作方面的会议。	
1991年10月21日	全国气象部门办公室主任会议在四川省气象局(成都)召开,研究公文处理和目标管理两项议题。我主持开幕式,徐曼泽主任致开幕讲话,我作会议总结。	
1991年11月6日	全国气象科普工作会议在广西北海开幕。我作为中国气象学会科普委员会副主任主持这次会议,并从气象科普工作取得的成就和今后要做好的几项工作等方面作会议总结。	
1991年12月26日	随国家气象局领导到中南海第三会议室向国务委员宋健汇报1992年初召开全国气象局长会议情况,并请宋建国委员出席会议和讲话。这是我第三次进中南海。	

第三部分 附录

续表

时间	大事简要内容	备注
1992年1月18日	全国气象局长会议在武汉召开。上午随邹竞蒙局长、湖北省副省长等前往武汉火车站迎接前来参加全国气象局长会议的宋健国务委员。因火车晚点三个多小时,全国气象局长会议推迟到下午开幕。	
1992年1月31日	国家气象局党组专题研究如何进一步完善气象部门现行领导管理体制问题,指定我和赵同进负责组织起草建立全国气象部门双重计划财务体制向国务院的报告。该报告上报后,国务院办公厅以[1992]25号文件批发实行。	
1992年3月11日	随马鹤年副局长参加局总体室在福建连江县召开的全国气象服务系统研讨会。会后到宁德、福州、龙岩、厦门等气象台站调研气象服务方面的情况。	
1992年4月11日	主持在山东莱州召开《中国气象史》编写座谈会,会议传达国务院办公厅[1991]13号文件关于《中华人民共和国国史编撰工作研讨会纪要》精神,交流各省(自治区、直辖市)气象局编写《气象志》的经验和情况,研讨《中国气象史》编撰的设想和框架等。	
1992年4月24日	主持召开《中国气象史》编辑部会议,宣布中国气象史编辑部正式成立,我任编辑部主任。会议议定了1992年的编辑计划,包括搜集有关史料,学习有关编史的基本知识,拟出气象史的编写大纲等。	
1992年5月11日	主持在上海召开的气象影视协作组会议,总结了"七五"计划气象影视工作取得的成绩,明确了"八五"计划期间气象影视工作的任务,讨论了气象影视作品的评奖办法、选题计划和协作分工细则等。	
1992年5月18日	主持中国气象史编辑部会议,研究落实《中国改革开放辉煌成就13年》气象卷的编写方案。	
1992年5月26—28日	主持在辽宁省锦州市召开的全国气象期刊首届评选会。评选出:一等奖3个,即《气象》《气象学报英文版》《辽宁气象》;二等奖5个。	
1992年6月1日	主持在北京召开各省(自治区、直辖市)气象局办公室主任会议,布置落实《改革开放13年成就》气象卷的编写任务。	
1992年9月20日	经国家气象局高级专业技术职务评审委员会评审,通过我高级工程师任职资格。	
1992年9月30日	局办公室主任徐曼离休,由我开始主持局办公室的全面工作。	
1992年11月9—14日	我带郑明一、李桂英到辽宁进行调研,调研如何深化气象部门改革,加强气象事业结构调整和服务产业化等。	
1992年12月6日	第二次全国气象宣传工作会议在上海召开,我做气象宣传工作报告。	
1993年1月6日	随国家气象局领导进中南海向国务委员宋健汇报工作:即1992年全国气象工作的主要情况,1993年全国气象工作的安排,并请宋健出席,请示成立国家气候中心和国家气候变化协调小组事。	
1993年4月6日	全国气象工作会议在北京京西宾馆开幕,审议全国气象工作年度报告、气象现代化发展纲要(1990-2020年),气象事业十年发展规划(1990-2000年)等重要文件。会议邀请了各省主管气象的副省长参加。我任会议秘书长,负责会议工作报告起草和会议的组织安排。	
1993年4月28—30日	国家气象局贯彻国务院[1992]25号文件经验交流会在湖南省大庸市召开。参加这次会议的有:各省(自治区、直辖市)计委、财政厅、农委或办公厅的领导60人,各省(自治区、直辖市)气象局的领导和中国气象局有关部门的领导56人。我负责筹备并主持大会的开幕式,温克刚副局长做报告。	

情系云天——我记忆中的一些事和人

续表

时间	大事简要内容	备注
1993年5月17—25日	带队到江苏省气象部门调研和在宜兴气象疗养院集中《中国气象年鉴》编辑部同志审稿，并到无锡、镇江、扬州等气象部门调研。	
1993年8月25—31日	参加在青岛气象疗养院召开全国气象工作研讨会，主题是气象事业结构调整后的运行机制、宏观调控和发展高新技术产业三个专题进行研讨。	
1993年10月23日	沈阳气象区域中心挂牌成立。我随中国气象局局长邹竞蒙等参加挂牌仪式。辽宁省委书记岳歧峰等也参加了挂牌仪式。邹竞蒙局长委托我到区域中心裙楼查看出租办阳光大娱乐城问题整改情况。	
1993年11月13—16日	全国气象为农业服务经验交流会在北京召开。国务委员陈俊生等出席开幕式。中国气象局副局长温克刚致开幕词。16日上午我受温克刚委托主持经验交流会。	
1993年12月6—9日	全国气象部门办公室主任会议在广西壮族自治区南宁市召开。出席这次会议的有各省（自治区、直辖市）气象局、计划单列市气象局、直属单位办公室主任50余人，我主持这次会议。	
1994年1月11日	中国气象局办公室举办首都新闻界记者迎春座谈会。我主持这次会议，通报了1994年全国气象宣传工作要点。	
1994年2月22—26日	全国气象局长会议在云南昆明召开。我作为会议秘书长负责会议的筹备和组织工作，这是我在中国气象局办公室最后一次参与筹办的全国气象局长会议。	
1994年3月18日	马鹤年副局长主持召开"气象现代化管理课题研究"座谈会。审议验收了我主持的"气象现代化管理体系的基本功能和矩阵式的框架结构"课题。	
1994年3月30日	中国气象局在福州召开"福建省中尺度灾害性天气预警系统"论证审定会。参加会议的领导和专家共54人。我作为国家气象局办公室的代表参加会议。	
1994年4月20日	气象出版社召开处以上干部会。中国气象局副局长温克刚出席并宣布气象出版社的领导班子调整，免去林培芬气象出版社社长职务，由我任气象出版社社长。	
1994年6月28日	中国气象学会科普委员会在大连召开第四届气象科普评审会。我作为科普委员会副主任出席会议。评审会结束后，7月4日上午我到辽宁省气象局召开省局领导和处级干部座谈会，征求他们对气象出版工作的意见。	
1994年8月30日	中国气象局副局长温克刚主持召开《延安时代的气象事业》审稿会。我先汇报了《延安时期气象事记》书稿的编写过程和出版该书的重要意义。	
1994年9月5日	我到山东省气象局召开省局领导和处级干部座谈会，征求对出版气象专业图书的意见。	
1994年9月21日	气象出版社主持召开《大气科学辞典》《中英法俄西气象学辞典》首发式。我就这两部工具书编辑出版的过程以及重要意义和作用向会议作报告。	
1994年10月13日	我主持召开气象出版社社务会，讨论气象出版社深化改革的问题。	
1994年11月9日	中国气象局办公室在河北石家庄召开全国气象部门办公室主任会议。会议安排半天，由我主持讨论如何加强气象出版社的工作问题。	
1994年11月17日	我应邀到北京气象学院举办的有各省（自治区、直辖市）气象局领导参加的高级研讨班介绍气象出版工作的情况。	
1994年12月8日	温克刚副局长主持局长碰头会，审议气象出版社的改革方案，同意这个方案并报局党组审定后于1995年1月1日起实行。	
1994年12月19日	我主持召开气象出版社全体人员大会，动员实施深化改革方案。	

续表

时间	大事简要内容	备注
1995年1月6日	全国气象局长会议在北京召开。我作为气象出版社的代表参会，只在小组会上做了一个宣传气象出版社的发言，第一次享受当代表比组织会议轻松多了。	
1995年3月9日	局办公室主任刘英金向我传达邹竞蒙局长意见，要我代为起草以他的名义请江泽民总书记为《延安时代的气象事业》题词的信。我遵照邹竞蒙局长的委托起草了给江泽民总书记的信并于同年8月22日获得了江泽民总书记的题词："继承和发扬延安革命传统，促进气象事业迅速发展"。	
1995年3月13日	局办公室主任召开《气象图书电子出版业务系统》可行性论证会，原则通过气象出版社建设《气象图书电子业务出版系统》可行性方案。	
1995年3月14日—16日	我参加由北京市出版局在通县宾馆主办的北京地区出版社长、总编培训班。对我刚跨入出版行业的新兵来说，参加这次培训班，非常及时、重要。	
1995年3月29日	我在北京主持召开组建全国气象图书发行网络会议，参加会议的有各省（自治区、直辖市）气象局办公室主任、副主任或秘书32人。温克刚副局长出席会议讲话支持。	
1995年4月19—22日	中国气象局在湖北宜昌召开第三次全国气象服务工作会。我在大会上作了题为"努力做好气象出版工作，全面为气象现代化建设服务"的发言。	
1995年6月15日	气象出版社召开全社大会，欢送社党委书记林培芬退休。此后由我兼任社党委书记。	
1995年8月11—15日	我带领气象出版社副总编王存忠，发行部魏宁君到东北3省进行调研，征求省级气象业务、科研和管理单位对气象图书出版的意见。	
1995年9月1日	中国气象局在北京召开人民气象事业创建50周年纪念大会，有中央领导、各部门领导等共300多人出席会议。我作为气象出版社代表参加了会议。	
1995年9月5日	中国气象局在延安举行纪念人民气象事业50周年座谈会。我在会上发言介绍了《延安时代的气象事业》一书编写、审稿、出版过程和它的基本内容和重要意义。	
1995年9月23日	中国气象报社在山东泰安召开全国气象记者站长会，我应邀参加会议，并在会上介绍气象出版社的业务和出版图书的情况，希望各记者站对气象出版社图书给予大力宣传。	
1995年10月7—13日	中国气象局在青岛气象度假村召开党组扩大会，讨论气象事业发展"九五"计划和长远规划的修改问题。我参加会议在大会上发言，主题是"对气象事业发展面临形势的分析"，同时提出了将"电子出版系统"纳入气象事业"九五"计划和长远发展规划的意见。	
1995年12月26—29日	新闻出版署在北京召开全国科技出版工作会。参加开幕式的有国务委员宋健，新闻出版署署长于友先，中宣部副部长徐光春，中宣部出版局局长高明光，新闻出版署司长杨牧之等领导和全国科技出版社社长，总编共200多人。我作为气象出版社社长参加会议，这是我第一次参加全国出版界的工作会议。	
1996年1月8日	温克刚副局长主持局办公会议，听取我关于气象出版"九五"计划汇报。会议原则同意将气象出版"九五"计划纳入全国气象事业发展"九五"计划中。	
1996年1月17日	中国气象局在北京召开全国气象科技大会，大会开幕前，江泽民总书记来中国气象局视察，接见全体会议代表并合影，我作为会议代表被接见和参加了合影。	
1996年1月21—24日	在全国气象科技大会闭幕之后，紧接着召开全国气象局长会议。我作为气象出版社代表参加了这次会议。	

续表

时间	大事简要内容	备注
1996年5月10日	气象出版社召开第二届党员代表大会,换届选举新的党委,由我正式兼任社党委书记。	
1996年5月21日至6月17日	我带领陶国庆、李如冰到山东、安徽、江苏、上海的气象部门和新华书店进行图书市场调研与开拓。	
1996年7月15日	中国版协科技出版工作委员会召开成立15周年纪念大会。我作为气象出版社社长参加了这次会议。同日全国"八五"图书成果展在北京展出,江泽民等中央领导同志参观了展览。气象出版社图书也参加了这次展出。	
1996年8月29日至9月2日	中国气象局在山东威海召开全国气象局长工作研讨会。我作为气象出版社社长参加会。	
1996年9月16日至10月12日	新闻出版署在印刷学院举办第三期全国科技类出版社社长、总编岗位培训班。我作为气象出版社社长参加了这次岗位培训班。	
1996年10月20日	我向中国气象局温克刚局长汇报气象出版贯彻十四届六中全会精神的五点建议,包括"九五"期间将《中国气象灾害大典》《中国气象百科全书》《跨世纪大气科学系列书》《气象科普系列丛书》《气象岗位培训系列书》列为重点图书出版工程的项目和建立省、地、县三级气象部门图书阅览室等,均得到了温克刚的同意与支持。	
1996年11月6日	我主持召开气象出版社业务办公楼项目立项咨询会。经过会议讨论一致同意为气象出版社在游泳池北面盖一栋3000平米左右的出版业务办公楼,尽快将立项报局审批同意后实施。	
1996年12月1日	我在湖北宜昌召开第二届全国气象图书发行业务经理会议,参加会议的有各省(自治区、直辖市)气象局负责气象图书发行的业务经理共40余人(多为办公室领导或秘书兼任),交流气象图书发行经验。	
1996年12月11日	我和刘冬燕到湖南省气象局调研对气象专业图书的需求。中国气象局在湖南省气象局挂职的副局长沈晓农主持座谈会议。随后到益阳、常德、湘潭、长沙的气象局和新华书店进行了调研。	
1997年1月17日	我主持召开首届全国大气科学知识竞赛组委会,审定第一届大气科学知识竞赛评奖结果。	
1997年1月20日—25日	中国气象局在京召开全国气象科技扶贫工作会议、气象部门精神文明建设工作会议和全国气象局长会议。我作为气象出版社社长参加了上述三个会议。	
1997年3月13日	我作为气象学会科普委员会副主任主持召开中国气象学会23届科普工作委员会的第二次会议,传达全国科普工作会议和科协五次大会精神,审议气象科普"九五"计划。	
1997年3月18日	我参加水利出版社社长史梦熊主持召开水利、气象、林业、地震出版社社长、总编座谈会,交流、研讨专业面窄的出版社如何开拓市场,摆脱困境,加快发展等问题。	
1997年4月4日	马鹤年副局长召开建立气象局出版基金协调会议,同意我提出的由中国气象局拨款100万元建立气象出版基金,用基金的利息支持气象科技图书出版。	
1997年5月24—28日	中国气象局在青岛气象度假村召开全国气象工作研讨会,讨论修改《气象法》草稿。我作为气象出版社社长参加了这次研讨会。	
1997年9月12—19日	气象出版社与中国气象局机关党委联合送气象专业图书下北京、天津基层气象台站。参加下基层送书的有我和局机关党委副书记赵东儒等。	

续表

时间	大事简要内容	备注
1997年10月15—17日	我带队到辽宁省朝阳市送书扶贫,朝阳市副市长吕昌军,市教委王主任,市气象局张局长等接待我们一行。	
1997年12月24日	我主持召开社务会,部署气象出版社第二轮深化改革方案的实施,审定第二轮改革编辑出版和发行的经济指标、奖励机制和双向选择方案。	
1998年1月11日	全国气象局长会议在上海召开,主题是贯彻十五大精神,进一步加快气象现代化建设和深化改革等。我作为气象出版社社长参加会议。	
1998年2月18日	中国气象局名誉局长邹竞蒙主持《中国气象百科全书》第一次编委会,审议《中国气象百科全书》编写方案。我作为编委会副主任和编纂出版该书的发起人汇报了前阶段编纂该书的酝酿和准备情况。	
1998年2月19日	中国气象学会科普委员会1998年委员会在北京召开。我作为气象科普委员会主任主持这次会议(上届气象科普委员会主任是中国气象局局长邹竞蒙),研究讨论了1998年气象科普工作的任务(共9项任务)。	
1998年3月20日	我学习开车,通过了钻杆和路考,取得了汽车C本驾驶执照。	
1998年3月23日至4月5日	我参加了德国莱比锡国际图书展,并随团考察了德国、法国、意大利、梵蒂冈、比利时、荷兰、卢森堡等国家的图书市场。	
1998年7月2日	中国气象局局长温克刚主持《中国气象灾害大典》第一次编委会。审议由我提出的编写《中国气象灾害大典》实施方案。会议明确温克刚为主编,我为常务副主编。	
1998年7月8日	行政管理局与气象出版社举行气象业务楼的交接会议。气象出版业务楼1996年立项,1997年9月开工,到1998年6月竣工,并正式移交气象出版社使用。7月20日气象出版社全部搬进新业务楼。	
1998年9月17日	气象出版社召开成立20周年纪念座谈会。出席会议的有中国气象局局长温克刚,名誉局长邹竞蒙,中宣部原出版局局长、中国版协副主席伍杰,中国版协科技委主任周宜等领导和专家近100人。我在会上对气象出版社20年的工作进行了全面回顾总结,对今后的发展提出方向和目标任务。	
1998年9月22日	中国气象局副局长颜宏主持召开办公会议,研究编写和出版"98'"大洪水系列图书。我组织气象出版社于1998年12月出版了该系列图书共4本。	
1998年10月6日	我到西安参加第九届全国书市,并在书市召开了"98'"王码出版发行新闻发布会。	
1998年11月17日	我主持召开气象出版社党委会,决定成立气象出版社股份合作制公司,开始定名为"风云科技文化公司",后改名为"天地生文化信息股份有限公司",又改名为"润笔公司",我任董事长。	
1998年12月23日	中国气象局马鹤年副局长召开《中国气象百科全书》编委会协调指导小组会议,研究各分科提条目数量和质量等问题,并明确管理也作为一个分科编写条目。我作为编委会副主任组织这次会议。	
1999年1月13日	全国气象局长会议在陕西省西安市召开,着重研究了进一步推进气象事业现代化建设和加强气象服务体系建设等问题。我作为气象出版社社长参加了会议。	
1999年1月29—30日	中国气象局召开第5次党员代表大会,选举新一届中国气象局机关党委,我继续被选为党委委员。	
1999年2月4—5日	新闻出版署在北京召开出版单位工作会,有220多家在京出版社长、总编参加会议,明确当前图书出版形势和任务,我作为气象出版社长参加这次会议。	

情系云天——我记忆中的一些事和人

续表

时间	大事简要内容	备注
1999年2月23日	温克刚局长主持局务会，通报名誉局长邹竞蒙遇刺身亡事，我作为气象出版社负责人参加这次会议。	
1999年3月25日	中国气象局党组召开"三讲"教育动员大会，党组书记温克刚作"三讲"动员和部署。气象出版社也开展了"三讲"，我个人也按要求进行了"三讲"。	
1999年3月31日	我主持召开《涂长望文集》编写组会，提出年内10月底前出书的要求。	
1999年5月15日	第三届全国气象宣传工作会议在海南市海口省召开，我作为气象出版社社长参加会议，并被安排在第4位大会发言。	
1999年5月28日至6月11日	我带团参加新加坡世界书展，书展后考察了马来西亚、泰国、香港、澳门的图书市场和参观有关景点。	
1999年7月6日	我主持召开气象出版社全社大会，部署气象出版社开展"三讲"。"三讲"分四个阶段，第一个阶段学习，第二个阶段对照检查，第三个阶段整改，第四个阶段通过验收，最后还有一个回头看。	
1999年9月7—10日	中国气象局在青岛气象度假村召开全国气象局长工作研讨会，研讨全国气象部门事业单位改革的问题。我作为气象出版社社长参加了这次会议。	
1999年9月16日	气象出版社学术委员会一致推荐我申报编审职称。同年12月新闻出版署高级职称评委会通过了我编审（正研级）技术职称资格。	
1999年9月27日	中国气象学会24届科普委员会扩大会议在云南省昆明市召开，我作为气象科普委员会主任作气象科普工作报告。会议结束后，我们参观了大理、洱海、丽江、玉龙雪山等地的气象台站和景点。	
1999年11月9日	新闻出版署在北京主持召开第十二届全国科技出版社社长、总编年会，我作为气象出版社长参加这次会议。	
1999年12月2日	全国气象部门事业结构调整经验交流会在北京召开。出席会议的有各省（自治区、直辖市）气象局和各直属单位的代表共70余人。我被选为大会典型发言，介绍气象出版社的改革受到好评。	
2000年1月14日	全国气象科技创新大会在安徽合肥召开，我作为气象出版社社长参加了这次会议。	
2000年1月30日	女儿艳华与赵麟结婚，举行家宴庆贺，未大操大办。	
2000年2月5—20日	我到湖南气象部门和当地新华书店调研，并到常德市教委教科所查处冒用气象出版社名义非法印发学生暑假作业和乡土教材事件。	
2000年3月24日	我主持召开《气象赤子—深切怀念邹竞蒙同志》一书的首发式。	
2000年5月8—10日	全国气象部门人事工作会议在上海召开。5月11—12日接着在上海召开第四次全国气象服务工作会。我作为气象出版社代表参加了这两个会。	
2000年5月14日	南京气象学院举行40年校庆。我代表气象出版社为校庆捐赠了700多册气象图书，并被安排在校庆大会的主席台上就座。	
2000年6月5日	中国气象局局长第五次[2000]办公会议决定：将局办公室管理的史鉴编辑部的机构、编制、业务，包括《中国气象年鉴》从2000年开始全部划归气象出版社。	
2000年6月15日	我主持召开出版社选题会议，研究出版气象科普系列图书事，会议决定再出版18本一套初级气象科普图书，面向气象业余爱好者和广大农村农民，定名为《气象万千》，我任主编。	

第三部分 附录

续表

时间	大事简要内容	备注
2000年6月15日	温克刚局长主持《中国气象灾害大典》编委会，进一步审议该书编写出版的实施方案。先由我汇报了该书编写的进展情况。此次会议决定《中国气象灾害大典》收录的资料截至2000年底为止，编辑部由国家气候中心转到气象出版社并由我兼任编辑部主任，该书的出版经费暂定300万元。	
2000年6月23—26日	中国气象局组团到西昌现场观看风云2号气象卫星的发射，我作为气象出版社代表参团观看了现场发射。	
2000年8月21—22日	我参加新闻出版署举办的第三期中央出版社长版权高级研讨班，了解了版权方面的许多法律法规，对做气象出版工作很有帮助。	
2000年9月13日	中国版协科技委召开部分科技出版社长会，研究我国加入WTO后科技出版社面临的形势和对策，我参加了该会并提出了气象出版社如何应对的意见。	
2000年10月9—24日	我和发行部副主任李如彬随中国展团参加美国纽约国际书展。书展后考察了旧金山、华盛顿、拉斯维加斯、洛杉矶、夏威夷等地的图书市场。	
2000年11月20日	我主持召开气象出版社全体干部职工大会，动员发动群众讨论气象出版社进行第三轮深化改革的方案。	
2000年11月20—23日	全国科技出版社社长、总编会议在北京召开。此次会议的主题是研讨中国加入WTO后科技出版社的形势和对策。我参加了这次会议，并在小组会上发言。	
2000年12月20日	温家宝副总理视察中国气象局，提出了气象工作"三个坚持、四个一流"的要求。我作为中国气象局直属事业单位领导参加了接见。	
2001年1月5日	全国气象局长会议在北京召开，新上任的秦大河局长作工作报告。我作为气象出版社社长参加了会议。	
2001年2月21—22日	新闻出版署在香山宾馆主持召开在京图书出版单位工作会。会议要求是决不允许搞指导思想的多元化，要坚持马克思主义的基本原理，充分利用网络趋利避害，加强对新闻出版行业的管理，严禁买卖书号。我作为气象出版社社长参加了会议。	
2001年3月9日	气象出版社召开党员大会进行换届选举，经过选举气象出版社第三届党委由毛耀顺、王存忠、陈云峰、黄丽荣、陶国庆、朱汉玉、成秀虎7人组成，我任党委书记、王存忠任副书记。	
2001年3月21日	中国气象局办公室、中国气象学会科普委员会、气象出版社和贵州省气象局、贵州省科协等单位联合开展"三下乡活动"，我参加了向贵州雷山县西江千家苗寨送书活动。	
2001年4月12—18日	我带领气象出版社发行部主任于宪珍、刘冬燕参加福州16联图书订货会，并到浙江省新华书店、福建省的三明、厦门、漳州、泉州、莆田、福州市的新华书店，江西省气象局、江西省新华书店、九江市新华书店宣传和推销气象图书。	
2001年6月26日	我主持召开《中国气象史》编写小组会议，交流各部分的编写情况，明确下一步任务。	
2001年8月27—30日	中国气象局召开全国气象局长工作研讨会，会议研究援助西藏气象工作、培养和选拔年轻干部、地方及国家气象机构改革等问题。我作为气象出版社社长，参加了会议。	
2001年9月7日	我主持召开气象出版社社务会议传达中办发[2001]17号文中共中央办公厅、国务院办公厅关于转发《中央宣传部、国家广电总局、新闻出版署关于深化新闻、出版、广播、电视改革的若干意见》的通知。该通知主要精神是要将出版行业转制为企业。	

情系云天——我记忆中的一些事和人

续表

时间	大事简要内容	备注
2001年9月10—18日	为了贯彻中国气象局关于援藏工作会议精神,我与气象出版社办公室主任朱汉玉到西藏气象部门调研和商谈以气象专业图书援藏等事宜。	
2001年10月12日	中国气象局局长秦大河到气象出版社视察工作。先由我主持召开气象出版社领导、处级干部和高级工程师以上的干部会议,汇报了气象出版社的基本情况和全面工作。	
2001年10月29日	第四次《中国气象年鉴》联络员会议在湖南省气象局华云宾馆召开。我主持这次会议,这是时隔8年之后我又来主管年鉴工作。	
2002年1月7—9日	全国气象局长会议在江西南昌市召开,作为气象出版社社长参加会议。会议结束后我到井冈山参观。	
2002年1月22日	我主持召开气象出版社社务会,安排落实秦大河要求加强科普图书出版的精神,决定编写出版高级气象科普《全球变化热门话题丛书》。	
2002年2月23日上午	我突发心肌梗死,由救护车及时送往阜外医院抢救。抢救成功并放支架,于3月12日出院。	
2002年5月14日	全国气象部门办公室主任培训班在北京培训中心举行,我应邀在培训班上讲课,主要讲了气象出版与气象现代化的关系。	
2002年6月13日	温克刚主持召开《中国气象灾害大典》第三次编委会,我汇报了编写进度,审定了2002年的工作安排及几个需要解决的问题等。	
2002年7月9日	中国气象报举办《气象文化论坛》,我参加该论坛,并发表了"建设气象文化的几点思考"。	
2002年7月16日	温克刚主持在山西太原召开的《中国气象灾害大典》编纂研讨会,我作为该书编委会常务副主任作会议报告,温克刚作会议总结,进一步明确了下一步编纂工作的任务。	
2002年8月8日	我在辽宁葫芦岛主持《中国气象史》审稿会议。《中国气象史》从1995年开始,已经七、八年了,此次审稿是出版前的最后一道把关。	
2002年8月18日	我作为气象科普委员会主任主持召开第六届全国气象科普作品评奖会,按气象科普图书、文章,影视作品分别评出了一、二、三等奖。	
2002年4月18日	国务院总理朱镕基视察中国气象局,参加接见的有中国气象局领导、机关各司、各直属单位的领导、正参加气象局长会议的省气象局长、气象部门的院士、重大项目的负责人共100人左右。我作为气象出版社社长参加了接见。	
2002年11月8日	中国气象局党组中心组开展十六大专题学习,我作为气象出版社社长、党委书记参加这次学习会议,并被安排在第12位大会发言。	
2003年1月5日	中国气象局在北京昌平召开全国气象局长会议。这次会议贯彻十六大精神,提出了一些新的发展思路。我作为气象出版社社长参加了这次会议。	
2003年1月13—24日	我带领气象出版社四编室主任郭彩丽到澳大利亚和新西兰图书市场调研,顺道参观了有关景点。	
2003年2月19—20日	新闻出版署召开在京出版单位工作会议,重点强调了新闻出版单位的体制改革问题,要求出版单位尽快实行企业化转制改革。我作为气象出版社社长参加了这次会议。	
2003年3月14日	刘英金副局长召开局长办公会,听取我汇报气象出版社的工作,提出了气象出版社转制需要局里解决和明确的9个问题,会议原则同意。	

第三部分　附录

续表

时间	大事简要内容	备注
2003年4月7日	我应邀到气象培训中心为17省气象局长培训班讲课。我简要介绍了气象专业图书编辑出版的基本知识和程序，向省气象部门提出了多著书，多看书，多买书，多出人才，多出成果的"五多"的要求。	
2003年4月15日	我召开气象出版社社务会议，传达和布置防非典工作，成立了以我为组长的防非典工作小组，采取了一系列防非典的措施。	
2003年7月23日	我主持召开气象出版社全体干部职工大会，根据党中央和中国气象局的文件精神，动员气象出版社开展学习"三个代表"重要思想的活动，并提出了几点具体要求。	
2003年7月30日	我作为气象出版社社长兼副主编主持召开《全球变化热门话题》丛书首发式。秦大河局长（主编），刘英金副局长以及各单位主要负责人和专家80多人参加首发式，秦大河局长在首发式上讲话。	
2003年8月24日	中国气象局在河北廊坊举办学习"三个代表"重要思想专题研讨班和研讨会，各省（自治区、直辖市）气象局局长，各职能司和直属单位领导参加，主要讨论和修改《中国气象事业发展战略研究报告》（草案）。我作为气象出版社社长参加了这次培训班和研讨会。	
2003年10月24日	我主持召开气象出版社全体人员大会，中国气象局副局长刘英金，机关党委副书记李土斌，人事司副司长王怀刚出席会议，宣布我的退休通知，刘英金讲话，充分肯定和高度评价了我的工作。	
2003年10月28日	王存忠主持气象出版社党委会，研究我退休后气象出版社返聘我继续工作事。党委会决定返聘我为社级编审，负责中国气象局史鉴办公室的工作，继续承担《中国气象年鉴》主编和《中国气象灾害大典》常务副主编的工作，同时还承担气象出版社部分重点图书的终审工作。返聘期间保留在职时的工资福利待遇不变。	
2004年5月10—28日	我带领气象出版社朱汉玉、于宪珍、肖广慧开车到山东、江苏、上海、浙江、安徽、湖北、河南、河北气象部门开展气象专业图书巡回展，行程近万公里，到了30多个气象台站展示气象专业图书，很受气象台站的欢迎。	
2004年7月4日	我作为《中国气象灾害大典》编委会常务副主任主持会议听取《山西卷》的编辑汇报，肯定了《山西卷》做得比较细比较好，但要求适当压缩篇幅，把资料的准确性放在第一位。	
2004年8月11日	温克刚主持召开《中国气象灾害大典》第四次编委会。我作为编委会常务副主任兼编辑部主任对《中国气象灾害大典》的编撰工作作了汇报，并提出了下一步编审工作安排。	
2004年9月26日	中华人民共和国史学会举行第三次会员代表大会。我作为气象界史志单位代表参加了会议，而且被选举为中华人民共和国国史学会第三届委员会的常务理事（29名常务理事）。	
2004年10月10日	我以中国气象局史鉴办主任名义在甘肃省气象局主持召开全国气象"史志鉴"会议。参加会议的有各省（自治区、直辖市）气象局的代表共74人。会议要求提高对气象史、志、鉴工作的认识，支持编写好《中国气象灾害大典》分卷和《中国气象年鉴》。	
2004年12月2日	中国气象局根据举报决定对王存忠主持气象出版社2014年工作时的财务进行审计，后又延伸审计，涉及我主持工作时财务上一些违规问题。	

续表

时间	大事简要内容	备注
2005年4月10日	气象出版社召开社党委会议，宣布中国气象局审计气象出版社账外账的处理意见：对气象出版社设账外账，属违反财经纪律问题，我虽然退休了，主动承担了主要领导责任。	
2005年5月19日	我辞去中国气象局史鉴办公室主任的职务，将史鉴办工作纳入编辑室的机构序列管理，我只保留了《中国气象灾害大典》编委会常务副主任职务，继续完成《中国气象灾害大典》的编辑出版任务。	
2005年5月19日	我组织编辑出版的《全球变化热门话题丛书》获2005年度国家科技进步二等奖。	
2006年2月22日	《中国气象灾害大典》第三次研讨会在海口市召开。参加会议的有各省（自治区、直辖市）气象局分卷的主编和部分编委共58人。我作为编委会常务副主任主持大会，编委会主任温克刚开幕讲话，会议主要交流各分卷编写进展情况。	
2006年12月24日	《中华大典》编纂经验交流会在北京举行。会议由新闻出版署副署长于永湛主持。我应《大典》办公室伍杰主任邀请参加会议，并建议分设天文典和地学典。地学典中应该设《气象分典》。我的建议得到了编委会的采纳，同时委托我帮助组建《气象分典》的编纂班子。	
2006年12月25日	我参加《中国气象灾害大典》综合卷主编丁一汇院士组织的第二次审稿。当时综合卷的编写进度已落后各省分卷，要求他们2007年底以前必须交稿。	
2007年4月13日	我向中国气象局局长郑国光汇报参加《中华大典》编纂经验交流会的情况和编纂气象分典的方案建议。方案中建议组成《气象分典》编委会，请郑国光局长任编委会主任，即主编。郑国光原则同意出任主编和编纂方案。	
2007年7月23日	王存忠主持召开《气象分典》可行性报告专家论证会。会议通过了我与王存忠起草的可行性报告。	
2007年10月19日	副局长许小峰作为编委会副主任主持召开《气象分典》第一次编委会，局长郑国光主编讲话，我作为编委会委员汇报编纂《气象分典》的由来和背景情况。会议讨论原则通过了我和王存忠起草的编纂工作方案和编写大纲。	
2007年11月29日	《中华大典》工作委员会办公室召开会议听取各典编纂进度汇报，督促各一级典抓紧落实分典的编纂班子。我应邀列席了会议。	
2008年6月24日	《中华大典·地学典·气象分典》编辑部召开会议。编辑部主任王存忠主持会议，正式启动气象分典的编纂工作。会议明确我负责编写样条和普查资料的书目，并由我向《中华大典》办公室联络，协调安排返聘老同志的工作。	
2008年11月4日	《中华大典》办公室领导新闻出版署副署长兼办公室主任于永湛、中国版协副主席兼副主任伍杰、《地学典》主编王渝生（后换为郑国光）来中国气象局听取《气象分典》的汇报。许小峰汇报《气象分典》编纂工作的落实情况。我作为《气象分典》编委会委员参加汇报。	
2008年11月28日	温克刚主编在成都主持召开《中国气象灾害大典》编撰出版工作总结会并作开幕讲话。各省（自治区、直辖市）气象灾害分卷主编（一般为局长或副局长）及责任编辑80余人参加会议，我作全书编写、审稿、出版的总结报告，标志《中国气象灾害大典》这项为时14年的重大任务已完成。	
2009年2月10日	《气象分典》编辑部召开会议，研究启动《气象分典》普查古籍气象资料事项，我分工负责普查宋代古籍中的气象资料，并明确了普查资料的几条原则。	
2009年3月	中国气象局成立以原局长温克刚为组长的《新中国气象事业60年》编写小组，我被列入了编写小组成员之一，负责起草该书的"发展历程"和"基本经验"两部分。	

第三部分　附录

续表

时间	大事简要内容	备注
2009年4月22日	编委会主任郑国光主持召开《气象分典》第二次编委会，由于普查地方志中气象资料的任务很大，决定交由各省（自治区、直辖市）气象局去完成；编辑部只普查经史子集古籍中的气象资料。我作为编委会委员参加会议。	
2009年5月22日	《气象分典》编辑部召开会，研究编写《气象分典编纂指南》等事项，决定由王存忠编写指南，我编写普查资料细则。	
2009年11月5日	《气象分典》编辑部在南宁召开会议，贯彻第二次编委会决定，布置各省（区、市）气象局普查地方志气象资料的任务。会议由编委会副主任兼编辑部主任王存忠主持，我作为编委会委员参加会议。	
2010年7月6日	《气象分典》编辑部召开会，总结普查资料阶段性工作，我负责普查宋代古籍189种古籍，收集到了150多万字的气象资料。下一步转入将这些资料按《气象分典》设的9个总部进行分类。	
2010年11月30日	刘燕辉社长主持研讨气象出版社转制为企业的改革方案，我作为气象出版社老干部代表参加会议，提出气象出版社转为企业之后，要实行老人老办法，将气象出版社的离退休干部关系转到全额事业单位，享受与全额事业单位离退休人员同等待遇和医疗服务。我的意见在以后的实施中得到采纳，使气象出版社的离退休干部非常满意。	
2010年12月7日	《气象分典》编辑部召开会议，明确《气象分典》的编纂工作由分类普查资料转入分总部编辑阶段，并明确我负责《气象分典》灾害总部的主编。	
2011年12月25日	气象出版社退休干部召开党员大会，换届选举支部委员。原支部书记陆广延称年龄偏大，提出不再担任支部书记。支部大会一致选举我任支部书记。	
2012年7月17日	《气象分典》编辑部召开会议，协调平衡各总部的篇幅：天气现象总部30万字，观测仪器总部30万字，气象预报总部60万字，气候总部80万字，应用气象总部50万字，气象灾害总部95万字，著录9万字；明确王存忠负责起草《气象分典》的说明，我负责著录的编写。	
2011年9月15日	《气象分典》编辑部召开会议，明确各总部的编辑任务基本完成，扫尾工作要继续抓紧，留下我和韩通武、赵同进、阳世勇继续处理出版社编审中提出的问题。编辑部的陈少峰、江彦文、朱振权、张安芹四位同志退出。	
2013年3月29日	《中国气象百科全书》综合卷编委会召开会议，审议录入《全书》的人物原则和名单。会议由综合卷的副主编刘英金主持，我作为综合卷的专家组组长参加会议，并重新开始参加《中国气象百科全书》编纂工作。	
2013年5月29日	《气象分典》编辑部召开会议，研究处理出版《气象分典》的重庆出版社对分典书稿初审和复审提出的若干修改意见。	
2013年6月27日	气象出版社召开办公会，决定返聘我和阳世勇负责《中国气象年鉴》的组稿、编辑、出版、发行一条龙工作。这是我中断10年后第三次又负责气象年鉴工作。	
2014年9月16日	《中国气象百科全书》指导协调小组在密云县召开会议，研讨各分卷的个别条目调整修改问题。我作为协调指导小组成员参加了会议。	
2014年9月26日	王守荣召开《中国气象百科全书》协调指导小组会议，汇报各卷审稿进度。随后我负责《综合卷》审稿小组对第四稿进行了多次审稿修改，形成了第五稿。	
2015年6月4日	王存忠主持会议，根据我和阳世勇提出从2016年开始我们不再应聘上班了，出版社决定将《中国气象年鉴》交王小甫负责，交接期为半年。	
2015年9月6日	许小峰副主编主持召开专家组评审会，对《综合卷》第五稿进行评审，并原则通过。我作为专家组成员参加会议。	

续表

时间	大事简要内容	备注
2015年12月7日	应出版社社长王存忠要求再返聘我和阳世勇一年,为建立气象灾害数据库的工作,负责整理《气象分典》普查的古籍气象灾害资料,使之符合数据库的录入格式。我们答应只应聘一年,到2016年年底为止。	
2016年1月初	我负责组织审稿小组对《综合卷》根据评审会意见进一步修改,形成了第六稿。协调指导小组和各卷编委会于2016年1月下旬组织专家进行《全书》各卷综合统稿。我负责组织《综合卷》的统稿,并于2016年3月底完成。	
2016年5月5日	《中国气象百科全书》总编委会召开办公会,听取协调指导小组和各卷编委会的进展情况汇报,我作为协调指导小组成员和《综合卷》编委会委员参加会议。会议认为《中国气象百科全书》各卷书稿基本达到了"齐、清、定"的要求,同意送气象出版社进入编辑出版程序。至此,《中国气象百科全书》的编写工作基本结束。	
2016年6月15日	气象出版社退休老干部党支部换届选举。我和陶国庆、马翠英、王桂梅、白凌燕五人当选为支部委员。经第一次支委会研究,我继续任党支部书记。	
2018年12月30日	我作为气象出版社推选的党代表参加中国气象局第九次党员代表大会,是180多名代表中年龄排第三的老党员代表。	

附录四　毛氏探源

对毛姓的起源，史书上有多种说法，主要有四种：1.叔郑封于毛国说。此说认为毛姓出自姬姓，系周文王第八子叔郑封于毛国（今陕西扶风）说，其后遂以国为氏，即为陕西毛姓。2.伯聃封于毛邑说，此说亦认为毛姓出自姬姓，系周文王第九子伯聃被封在毛邑（今河南宜阳），其后子孙以邑为氏。3.古代氏族部落首领名毛氏，子孙遂以为姓。4.他族改姓或赐封，明朝有伏羌侯毛忠，正统时以边功赐毛姓。原名哈喇，字允诚。现在大多数毛姓持第一种说法。这样，周文王的第八子毛叔郑（毛伯郑）就是毛姓的始封受姓之祖。

春秋末期，毛国灭亡，毛氏开始迁播四方，导致毛氏的第一次大迁徙。有一支迁入荥阳（今河南境内）的毛氏出了毛遂、毛苌、毛宝等著名人物而最为兴旺。经过战国、秦、汉、西晋几个朝代，人丁兴旺，名人辈出，构成河南毛氏，史称北毛。北毛发展壮大后，再向全国各地迁徙，从而使荥阳成为毛姓的望郡和南方毛姓有据可查的祖根地。

西晋末东晋初，以毛宝为首的毛氏将官为建立在江南的东晋王朝累建奇功，因此毛宝被封为州陵县开国候、征虏将军，食邑一千六百户。毛宝是江北毛氏的五十二代，是江南毛氏的始祖，即第一代。毛穆之为江南毛姓二世祖，毛璩为三世祖，定居在三衢安信，今浙江衢州及周边地区，称"三衢毛氏"。这支毛姓在南方最为兴旺发达，后又迁徙各地。

"三衢毛氏"繁衍生息到北宋初年，须江县（今浙江江山）毛宝八世毛元琼后裔中出了个毛让，官至南唐大理评事、宋工部尚书，其子毛休由朝廷任命为吉州（今江西吉水）太守。他上任不久，携父母全家迁入江西吉州龙城定居，不久成为望族，即吉州毛氏。湖南的大多数毛姓是在元末明初战乱时期从吉州迁入的。毛泽东的家族也是这一时期从吉水几经周折迁入湖南湘潭韶山地区定居的。我们这个家族也是在这一时期从吉水迁入湖南汉寿的。

我的祖籍在常德市汉寿县（古时曾称龙阳县）毛家滩，根据毛炳汉编著的《中华毛氏通书》，应属于湖南常德的龙阳毛氏谱系。现就龙阳毛氏的迁播截录如下：

龙阳毛氏的迁播：为避战乱，图存发展，毛左德和毛右德两胞兄坞族兄族弟毛绍德、毛成德与毛仁德，于明永乐二年甲申岁（即公元1404年），先后驾船，自江西豫章吉安府吉水县永丰八都之吉水滩头拖船埠大栗树土地，经郡阳湖口，溯长江入洞庭，沿沅、澧二水而西来。数月后，左德公与右德公，舟泊龙阳沧港，见数百丈内，沧、浪、青三溪之水绕面合而流之，既如同太极周而复始，又犹似青龙昂首回而环之。感天地之灵气，左德公便首选马井、铁桥一带而居之，右德公乃次择江东鸟山毛虎湾一带而居之，成德公则择武邑牛鼻滩渔码头七丘村一带而居之，仁德公便择武邑之河口、津市之北嘉一带而居之，绍德公乃择武邑石门桥圆普庵之毛家桥一带而居之。其后，左德公之长子承物徙蜀填川，三子承毒寻祖回吴。后又复有右德公之四代孙植青适蜀，成德公之子孙留荆州钟祥，仁德公子之孙移地慈利、桃源、大庸、石门、澧县和安乡，后绍德公之子孙又有支脉远迁云贵之筑县是也。从左德公之三子承荀，寻祖回吴而推演，吾江西豫章吉安之始迁祖，溯源疑为江浙吴越之地所迁也。据汉寿《毛氏六修族谱》记载，始迁祖左德公，字良正，明洪武丙辰（1367年）8月13日丑时生，1446年9月5日卒，享年七十，墓葬龙阳鸟开荣象询畔。左德公娶妻肖氏，生三子，因长子与三子后嗣不祥，惟二子承己有子二，一曰壬心，二曰壬闻。壬闻后嗣不祥，其壬心亦有二子。大曰美锦，次曰美得。美得后嗣不祥，然美锦有子四，名植清、植泰、植民、植安，合为"清泰民安"四房传其今也。

历史上的毛氏名人　在历史上，毛姓出了不少知名人物，为中华民族的发展做出了很大贡献。主要有战国时代的毛遂，三国时代的毛玠，晋代的毛宝及其子孙，当过陈朝宰相的毛喜，当过蜀国宰相的毛文锡，当过明代宰相的毛纪，善于诗词的宋代文学家毛滂，明代著名战将毛忠、毛胜，状元毛澄，镇边名将毛文龙，兵部尚书毛伯温，明末清初被称为"浙中三毛，文中三豪"的毛奇龄、毛际可、毛先舒。更有秦汉时代保存和研究《诗经》的大学者毛亨和毛苌，使《毛诗》成为一门显学，他们被尊称为大毛公和小毛公。还有汉代一流大画家毛延寿和毛惠远兄弟，令公卿惧怕的唐代监察御史毛若虚，第一位为毛氏修谱的宋代毛渐，一生编著韵书的南宋毛晃、毛居正父子，力主抗金的状元毛自如，私人刻书最多的明代大藏家毛晋等。更有现代的毛泽东是扭转中国乾坤的绝世伟人。

龙阳毛氏派衍字序　龙阳毛氏的始祖是公元1404年从江西吉安迁至湖南汉寿（曾称龙阳）沧港的毛左德。龙阳（汉寿）毛氏派衍辈代为四十字，其序为：**德承壬美植，碧琮庭世兴。仲尚国学羽，正丽文华新。远耀光繁荫，荣和守大经。井仪昭厚固，隆盛庆昌明。**据龙阳《毛氏七修家谱卷五》记载，我的先祖从毛左德的第九代起派衍如下：兴楚（九代）–仲良（十代）–尚鸣（十一代）–国举（十二代）–学长（十三代）–羽荷（十四代）–正路（十五代）–丽有（十六代）–文扶（十七代）–华瀛（十八代），到我爷爷新清（新动、新玉）已是十九代了。我处于二十一代，属"耀"字辈。

附录五　龙阳毛氏七修家谱中的家族人员名单

龙阳毛氏完成第七次修订族谱。毛新清及其后代有 150 人收入龙阳毛氏七修族谱中，现摘录的列表如下。

表 1：新字辈

姓名	亲属关系	出生时年	逝世时间	学历	葬　地
毛新清 字玉田	毛华瀛长子	1879 年 08 月 28 日	1966 年 08 月 15 日		鼎城区十美堂介福村
曾兰英	毛新清之妻	1878 年 10 月 06 日	1963 年 12 月 20 日		鼎城区十美堂介福村

表 2：远字辈

姓名	亲属关系	出生时年	逝世时间	学历	葬　地
毛远来	毛新清长子	1901 年 10 月 22 日	1972 年 10 月 10 日		鼎城区十美堂介福村
毛远新	毛新清二子	1906 年 10 月 19 日	1985 年 04 月 05 日		鼎城区十美堂荷包湖
伍梅秀	毛远新之妻	1914 年 11 月 15 日	1984 年 05 月 13 日		鼎城区十美堂荷包湖
毛远胜 毛南山	毛新清三子	1911 年 07 月 02 日	1998 年 12 月 08 日		鼎城区十美堂介福村
梅玉南	毛远胜之妻	1912 年 01 月 14 日	1999 年 01 月 21 日		鼎城区十美堂介福村
毛玉春	毛新清长女	1915 年 05 月 24 日	2011 年 07 月 20 日		南县厂窖
王保华	毛玉春之夫	1916 年 12 月 02 日	1981 年 06 月 09 日		南县厂窖
毛满秀	毛新清二女	1918 年 05 月 23 日	1985 年 07 月 29 日		汉寿罐头咀
王泽朋	毛满秀之夫	1919 年 10 月 03 日	1976 年 09 月 10 日		南县八百弓
毛远忠	毛新清四子	1920 年 06 月 23 日	2003 年 05 月 09 日		鼎城区十美堂介福村
袁兰秀	毛远忠之妻	1925 年 02 月 17 日	2006 年 12 月 05 日		鼎城区十美堂介福村

表 3：耀字辈

姓名	亲属关系	出生时年	逝世时间	学历	住地（或葬地）
毛耀顺	毛远新长子	1943 年 06 月 08 日		大学	北京中关村
张凤英	毛耀顺之妻	1946 年 12 月 06 日		大学	北京中关村
毛春年	毛远新长女	1944 年 12 月 15 日	1990 年 09 月 20 日		鼎城区十美堂荷包湖
肖才见	毛春年之夫	1942 年 05 月 11 日			鼎城区十美堂荷包湖
毛耀喜	毛远新二子	1949 年 02 月 14 日			鼎城区十美堂荷包湖
段元英	毛耀喜之妻	1947 年 09 月 29 日			鼎城区十美堂荷包湖
毛耀云	毛远新二女	1953 年 11 月 12 日			鼎城区区滨江路

续表

姓名	亲属关系	出生时年	逝世时间	学历	住地（或葬地）
朱忠云	毛耀云之夫	1950年10月13日			鼎城区区滨江路
毛耀先 毛阳春	毛远胜之子	1930年12月14日	2014年09月28日		鼎城区十美堂介福村
李付香	毛阳春之妻	1930年11月01日	2009年07月06日		鼎城区十美堂介福村
毛津云	毛远胜之女	1934年04月16日	2004年12月20日		鼎城区十美堂介福村
曾敬保	毛津云之夫	1934年08月17日	1979年01月19日		鼎城区十美堂介福村
王建平	毛玉春长子	1937年08月09日			南县厂窖
杨世清	王建平之妻	1940年11月29日	2015年04月01日		南县厂窖
王建炳	毛玉春次子	1939年04月06日			南县厂窖
张先梅	王建炳之妻	1942年05月19日	2014年10月02日		南县厂窖
王景科	毛满秀长子	1940年02月01日	2015年04月09日		汉寿罐头嘴
龚卒兰	王景科之妻	1948年11月18日	2009年08月08日		汉寿罐头嘴
王景山	毛满秀次子	1942年05月28日			南县八百弓
毛冬枝	毛远忠长女	1948年11月16日			鼎城区十美堂
陈明生	毛冬枝之夫	1946年03月02日			鼎城区十美堂
毛耀枝	毛远忠二女	1956年10月22日			鼎城区十美堂介福村
廖华美	毛耀枝之夫	1952年09月01日	2009年10月		鼎城区十美堂介福村
毛跃东	毛远忠之子	1959年11月17日			鼎城区十美堂介福村
项雪梅	毛跃东之妻	1959年11月04日			鼎城区十美堂介福村
毛梅珍	毛远忠三女	1965年01月22日			鼎城区十美堂信阳湖
张德明	毛梅珍之夫	1961年04月27日			鼎城区十美堂信阳湖

表4：光字辈

姓名	亲属关系	出生时年	逝世时间	学历	住地（或葬地）
毛艳华	毛耀顺之女	1973年07月06日		大学	北京中关村
赵麟	毛艳华之夫	1973年07月12日		大学	北京中关村
肖广华	毛春年长女	1963年07月09日		大学	常德武陵区
于立泉	肖广华之夫	1963年02月23日		大学	常德武陵区
肖广界	毛春年之子	1965年08月17日			鼎城区十美堂荷包湖
陈爱群	肖广界之妻	1967年06月01日			鼎城区十美堂荷包湖
肖广慧	毛春年小女	1968年03月06日			河北易县
胡景录	肖广慧之夫	1967年09月18日			河北易县

续表

姓名	亲属关系	出生时年	逝世时间	学历	住地（或葬地）
毛冬红	毛耀喜长女	1969年11月23日			鼎城区区
江应志	毛冬红之夫	1970年05月10日			鼎城区区
毛光慧	毛耀喜二女	1972年05月27日		大学	上海
王国兵	毛光慧之夫	1970年02月01日		大学	上海
毛光祥	毛耀喜之子	1974年01月01日		大学	长沙雨花区
郭桂芳	毛光祥之妻	1975年11月28日		大学	长沙雨花区
朱艳平	毛耀云之女	1979年08月20日		大学	北京中关村
陈光	朱艳平之夫	1972年04月17日		大专	北京中关村
朱志华	毛耀云之子	1981年01月12日			鼎城区区
蒯桥	朱志华之妻	1986年11月03日			鼎城区区
毛光政	毛耀先长子	1949年08月03日			鼎城区区
颜乐枝	毛光政之妻	1949年05月06日			鼎城区区
毛光明	毛耀先次子	1955年12月07日			益阳千山红农场
潘菊秀	毛光明之妻	1957年09月19日			益阳千山红农场
毛光前	毛耀先三子	1961年11月22日	2007年12月06日		鼎城区十美堂介福村
陈梅香	毛光前前妻	1964年11月16日	1999年04月20日		鼎城区十美堂介福村
邢冬枝	毛光前续妻	1966年05月05日			鼎城区十美堂介福村
毛光贵	毛耀先四子	1964年03月22日			鼎城区十美堂介福村
邢月桃	毛光贵之妻	1966年01月16日			鼎城区十美堂介福村
毛华美	毛耀先长女	1958年04月08日	1997年09月04日		鼎城区十美堂介福村
郭仕和	毛华美之夫	1958年08月24日			鼎城区十美堂介福村
毛光华	毛耀先次女	1966年10月08日			鼎城区十美堂介福村
梁照喜	毛光华之夫	1966年05月25日	2009年11月15日		鼎城区十美堂介福村
叶红	毛光华续夫	1972年02月01日			鼎城区十美堂介福村
毛元枝	毛耀先小女	1968年08月08日			鼎城区十美堂介福村
曹立新	毛元枝之夫	1967年02月2日	2012年10月03日		鼎城区十美堂介福村
熊珅强	毛元枝续夫	1967年01月20日			鼎城区十美堂介福村
曾腊梅	毛津云长女	1953年12月05日			汉寿洋淘湖农场
秦美君	曾腊梅之夫	1952年02月16日			汉寿洋淘湖农场
曾爱枝	毛津云二女	1964年05月27日			鼎城区十美堂荷包湖
蔡建明	曾爱枝之夫	1962年07月08日			鼎城区十美堂荷包湖
曾小红	毛津云三女	1968年08月27日			鼎城区十美堂介福村
贾腊顺	曾小红之夫	1967年12月09日			鼎城区十美堂介福村
曾春梅	毛津云四女	1971年03月09日			鼎城区十美堂荷包湖
杨冬红	曾春梅之夫	1971年07月06日			鼎城区十美堂荷包湖

续表

姓名	亲属关系	出生时年	逝世时间	学历	住地（或葬地）
曾元枝	毛津云五女	1974 年 01 月 05 日			鼎城区十美堂介福村
李　华	曾元枝之夫	1971 年 07 月 22 日			鼎城区十美堂介福村
曾振强	毛津云之子	1976 年 07 月 23 日			鼎城区十美堂介福村
张宪珍	曾振强之妻	1978 年 10 月 17 日			鼎城区十美堂介福村
陈起桂	毛冬枝长子	1973 年 09 月 16 日			鼎城区十美堂
段小红	陈启桂之妻	1973 年 01 月 08 日			鼎城区十美堂
陈介文	毛冬枝二子	1976 年 09 月 07 日			鼎城区十美堂
郭　霖	陈介文之妻	1983 年 07 月 29 日			鼎城区十美堂
陈美娥	毛冬枝之女	1967 年 09 月 07 日			鼎城区十美堂
黄安林	陈美娥之夫	1968 年 07 月 28 日			鼎城区十美堂
廖春花	毛耀枝长女	1983 年 01 月 11 日		大学	长沙
韩　晋	廖春花之夫	1983 年 07 月 21 日		大学	长沙
廖春芳	毛耀枝二女	1985 年 03 月 04 日			鼎城区十美堂
李　波	廖春芳之夫	1984 年 01 月 26 日			鼎城区十美堂
毛　艳	毛跃东长女	1982 年 09 月 22 日		大学	北京中关村
李宏伟	毛艳之夫	1982 年 10 月 15 日		博士	北京中关村
毛　琼	毛跃东二女	1984 年 08 月 09 日		大学	北京
孙延伟	毛琼之夫	1977 年 02 月 29 日		大学	北京
张　波	毛梅珍长子	1984 年 11 月 27 日			鼎城区
秦　珍	张波之妻	1988 年 01 月 08 日			鼎城区
张　枫	毛梅珍二子	1987 年 01 月 08 日		大学	武汉
龙金春	张枫之妻	1988 年 01 月 17 日			武汉

表5：繁字辈

姓名	亲属关系	出生时年	逝世时间	学历	住地
赵哲恺小名毛乐乐	毛艳华之子	2002 年 02 月 10 日			北京中关村
江海洋	毛冬红之子	1997 年 10 月 16 日		大学	北京理工大学
王毛易	毛光慧之子	2007 年 03 月 20 日			上海
毛　雅	毛光祥之女	2004 年 07 月 31 日			长沙雨花区
毛　典	毛光祥之女	2004 年 07 月 31 日			长沙雨花区
毛秋彩	毛光政长女	1969 年 07 月 17 日			鼎城区
胡中波	毛秋彩之夫	1968 年 10 月 08 日			鼎城区

续表

姓名	亲属关系	出生时年	逝世时间	学历	住地
毛小萍	毛光政次女	1972年04月19日			鼎城区
李 林	毛小萍之夫	1970年09月06日			鼎城区
毛小英	毛光政小女	1976年01月24日			鼎城区
代杰辉	毛小英之夫	1972年01月21日			鼎城区
毛凤英	毛光明之女	1979年11月10日			鼎城区
黄 敏	毛凤英之夫	1976年12月03日			鼎城区
毛 波	毛光明之子	1981年12月20日			益阳千山红农场
何 玲	毛波之妻	1982年11月04日			益阳千山红农场
毛凡健	毛光前长子	1985年11月23日			张家界
许 芳	毛凡健之妻	1989年10月24日			张家界
毛凡文	毛光前次子	1987年06月08日			宁乡县
毛 霞	毛光贵之女	1989年03月15日			石门花薮
蒋金文	毛霞之夫	1984年06月27日			石门花薮
毛敏锐	毛光贵之子	1990年10月25日			鼎城区
郭 艳	毛华美长女	1982年11月04日			鼎城区
潘光荣	郭艳之夫	1975年08月24日			鼎城区
郭 娟	毛华美次女	1983年10月24日			鼎城区
王克松	郭娟之夫	1983年03月07日			鼎城区
梁秀英	毛光华长女	1988年08月17日			鼎城区
王斐斐	梁秀英之夫	1985年10月18日			鼎城区
梁 霞	毛光华次女	1991年02月02日			鼎城区
周 田	梁霞之夫	1991年08月08日			鼎城区
曹志勇	毛元枝之子	1990年05月12日			鼎城区
蔡双红	曹志勇之妻	1990年05月28日			鼎城区
孙晓欣	毛琼之女	2005年06月15日			北京
李沐晗	毛艳之女	2016年05月26日			北京

表6：荫字辈

姓名	亲属关系	出生时年	逝世时间	学历	住地
胡 俊	毛秋彩之子	1993年07月14日		大学	鼎城区
陈 红	胡俊之妻	1993年10月07日			鼎城区
李冠宏	毛小萍之子	1995年06月12日		大学	鼎城区
代子敬	毛小英之子	1996年10月16日		大学	鼎城区
黄 雨	毛凤英之女	2004年02月01日			益阳千山红农场
蒋卓杋	毛霞之子	2016年04月06日			石门

续表

姓名	亲属关系	出生时年	逝世时间	学历	住地
黄帅清	毛凤英之子	2009 年 12 月 22 日			益阳千山红农场
毛钦研	毛凡波长女				益阳千山红农场
毛思仪	毛凡健长女	2012 年 08 月 24 日			张家界
毛流鑫	毛凡健二女	2015 年 04 月 10 日			张家界
蒋卓洹	毛霞之子	2014 年 05 月 03 日			石门
蒋卓枀	毛霞之子	2016 年 04 月 06 日			石门

注：龙阳（湖南汉寿毛家滩）毛氏派衍（辈代）字序为四十字：**德承壬美植，碧琮庭世兴。仲尚国学羽，正丽文华新。远耀光繁荫，荣和守大经。井仪昭厚固，隆盛庆昌明。**